预测控制的理论与方法

第 2 版

丁宝苍　著

机 械 工 业 出 版 社

本书分为基础篇和漫谈篇。基础篇介绍三类经典的启发式预测控制算法（即模型算法控制、动态矩阵控制、广义预测控制）、输入非线性系统的两步法预测控制、具有稳定性保证的预测控制综合方法，并侧重于鲁棒预测控制和阐述启发式算法与综合方法的关系。漫谈篇从多个角度、各种算法出发，讲述状态可测和输出反馈两种情况下多胞描述模型的鲁棒预测控制。对初步接触预测控制的读者，可通过学习基础篇掌握一些学习和研究预测控制的基础工具和算法。漫谈篇适合于对预测控制进行较长时间学习和研究的读者，从中可以探索鲁棒预测控制的发展规律，对鲁棒预测控制还没有解决的问题产生研究兴趣等。

本书从介绍系统、模型和预测控制的一般概念开始，一直到提出预测控制中尚未解决的问题。全书辩证地看待预测控制的各种方法，为科研人员提供研究思路，为工程技术人员提供理解和应用预测控制的关键问题和解决方法。本书可作为自动化专业研究生教材，预测控制理论研究者和工程技术人员参考用书。

图书在版编目（CIP）数据

预测控制的理论与方法/丁宝苍著．—2 版．—北京：机械工业出版社，2017.3

ISBN 978-7-111-56002-9

Ⅰ.①预… Ⅱ.①丁… Ⅲ.①预测控制 Ⅳ.①TP273

中国版本图书馆 CIP 数据核字（2017）第 023860 号

机械工业出版社（北京市百万庄大街 22 号 邮政编码 100037）
策划编辑：江婧婧 责任编辑：江婧婧 翟天睿
责任校对：佟瑞鑫 封面设计：鞠 杨
责任印制：李 飞
北京铭成印刷有限公司印刷
2017 年 5 月第 2 版第 1 次印刷
184mm×260mm · 15.75 印张 · 378 千字
0 001— 3 000 册
标准书号：ISBN 978-7-111-56002-9
定价：69.00元

序

预测控制是20世纪70年代产生于工业过程控制领域的一类新型计算机控制算法。近30年来，预测控制理论和实践的发展都取得了丰硕的成果，不仅成为最有代表性的先进控制算法受到工业界的青睐，而且形成了具有滚动优化特色的不确定性系统稳定和鲁棒设计的理论体系。纵观预测控制的发展历程，大致经历了这样三个高潮阶段：一是20世纪70年代以阶跃响应、脉冲响应为模型的工业预测控制算法，其典型算法如动态矩阵控制等，这些算法在模型选择和控制思路方面十分适合工业应用的要求，因此从一开始就成为工业预测控制软件的主体算法并得到广泛应用，但理论分析的困难使它们在应用中必须融入对实际过程的了解和调试的经验；二是20世纪80年代由自适应控制发展而来的广义预测控制等自适应预测控制算法，相对于工业预测控制算法而言，这类算法的模型和控制思路都更为控制界所熟悉，因此更适合于理论分析，由此推动了预测控制的定量分析取得了一些新进展，然而，对于多变量、有约束、非线性等情况，解析上的困难成为定量分析中不可逾越的障碍，从而束缚了这一方向研究的深入发展；三是20世纪90年代以来发展起来的预测控制定性综合理论，在这一阶段，人们因为定量分析所遇到的困难而转变了研究的思路，不再束缚于研究已有算法的稳定性，而在研究如何保证稳定性的同时发展新的算法，这些研究可以针对最一般的对象，由于充分借鉴了最优控制、Lyapunov 分析、不变集等成熟理论和方法，使预测控制的理论研究出现了新的飞跃，取得了丰硕的研究成果，成为当前预测控制研究的主流，但这些成果与实际工业应用仍存在着很大的距离。

预测控制经过上述几个阶段的发展，已成为一个多元化的学科分支，包含了具有不同目的和不同特色的诸多发展轨迹。从全局的角度对这些发展进行辨证的反思和总结，将有助于研究者在这一领域中准确定位、把握方向。我很高兴地看到，《预测控制的理论与方法》一书，正在尝试做出这方面的努力。该书作者丁宝苍博士早期曾参加过预测控制的工业应用项目，2000年至2003年在上海交通大学攻读博士学位期间，首先研究了广义预测控制系统的稳定性，然后以两步法预测控制的分析和设计为主完成了博士论文，而后又转向研究预测控制定性综合理论，特别是鲁棒预测控制的综合方法。尽管博士毕业后多次改变工作环境，但他始终坚持这一方向的研究，并且取得了丰硕的成果。因此，由他撰写的这本专著，必定能反映出他在涉足预测控制不同分支时对问题的深刻理解和丰富经验。事实上，从该书的内容和写作风格上我们很容易看到这一点。该书不仅介绍了预测控制不同发展轨迹的丰富知识，可以作为很好的入门书，而且特别注重阐明基本的思路和不同研究领域间的相互关系，包括在每一章中以注释和章末提示和理解给出的、只有经过深入研究和思考才能体会到的要点和细节。我想，这也许是该书不同于其他预测控制书籍的最大特色，这对于预测控制的研究者无疑是大有启发的。

预测控制包含了从原理、算法到理论、策略的极其丰富的内容。研究预测控制，不仅仅是学会一两种算法或了解若干分析推导过程，而需要有广阔的视野和知识，在此基础上才能领悟到算法和理论中的真谛。希望该书的出版能为读者提供这样一个平台，使读者准确认识工业预测控制、自适应预测控制和现代预测控制定性综合方法的特点和思路，加深领悟和研究能力，为推动我国预测控制的研究和应用做出贡献。

席裕庚
上海交通大学

前　言

从2008年出版《预测控制的理论和方法》（机械工业出版社）以来，预测控制研究领域发生了很多变化，网络环境下的预测控制和分布式预测控制的设计、综合成为研究热点，经济预测控制以及集成实时优化的预测控制得到了广泛的研究，在2000年前兴起的具有稳定性保证的预测控制（即预测控制综合方法）继续在稳定性研究中占据主要地位，但其服务的主流模型和系统发生较大的转移。但是，作者引用爱因斯坦的一句话来评价："这正像我们坐在火车里远行一样，要是我们只低头观察靠近轨道的东西，那么我们似乎是在极速地向前奔驰，但当我们注视远处的山脉时，景色就变得完全不同了，哪里似乎变化得非常慢"——预测控制的基本问题也是这样。

因此，作者还是决定修订《预测控制的理论和方法》，以弥补原来的不足，并增加自己在此领域的新见解。2008年版是一本试图继承和发扬的书，因此第1章的前4节参考了本书作者的硕士导师袁璞教授的专著，1.5节和1.7节则参考了博士生导师席裕庚教授的专著，1.6节采用了作者的博士论文的写法，1.8节则是和博士副导师李少远教授合作的一篇论文，第1章剩下的努力是试图将预测控制的诸多发展轨迹联系起来；接下去，第2章参考了袁璞教授的专著和作者的硕士论文，第3章参考了席裕庚教授的专著，第4、5章参考了作者的博士论文等，第6章以后则更多地体现作者在博士毕业后的研究成果。本次修订包含了基础篇和漫谈篇，它们既是关联的又有一定的独立性。基础篇是对2008年版的继承，故作者没有刻意地改变2008年版的结构和编排，尽量保持其原汁原味。漫谈篇是新版中增加的内容，但建立在基础篇的基础上。由于基础篇尽量保持了原汁原味，所以漫谈篇中稍微有一些重复的细节，但那应该不是主要的。

与此关联的是，2008年以来，作者沿着鲁棒预测控制的路线继续开展输出反馈预测控制的研究，同时系统地研究了以动态矩阵控制（包括状态空间实现）为主的工业双层结构预测控制和递阶工业预测控制（已出版《工业预测控制》一书），前者使得本书的"基础篇"不再包含输出反馈鲁棒预测控制（2008年版第10章），后者使得对2008年版第3章（动态矩阵控制）大大简化后合并到第2章。由于输出反馈鲁棒预测控制研究更加复杂，作者觉得可以不放在"基础篇"中，而是放在"漫谈篇"中。此外，作者在基础篇中还做了若干删除、添加和修正。请读者注意：本书同一个斜体字符在下标时可能变为正体，这时它所代表的物理意义和斜体字符相同。

预测控制的主要应用对象是有约束、多变量系统。一般认为预测控制是20世纪70年代后期产生的计算机控制算法，那时出现的动态矩阵控制和模型预测启发控制受到的认可度一直很高。但在此之前，早在20世纪70年代初期就有关于滚动时域控制的研究。20世纪80年代，对自适应控制的研究很热，英国学者Clarke又适时地提出了广义预测控制。广义预测控制在当时的背景下比动态矩阵控制和模型预测启发控制更适合理论分析。到20世纪90年代，国际上对预测控制的理论研究主要转向预测控制综合方法，并逐渐形成以最优控制为理论基础的具有稳定性保证的预测控制的概略性思路。并且，综合型预测控制的早期形式就是20世纪70年代初的那些滚动时域控制。到目前为止，预测控制综合方法基本上无法应用到实际工程中，原因在于它难以被完好地嵌入到递阶结构工业预测控制的框架中——即使是双层结构预测控制也没有顺利地采用综合方法。

要细致理解预测控制学术理论和工程实践的差异，将涉及控制理论的各个方面，包括系统辨识、模型近似和简化、状态估计、模型变换等等。正是这种复杂性使得人们从不同角度对预测控制方法进行突破。对一个系统采用简单的控制器，如动态矩阵控制、模型预测启发控制，可得到“难以琢磨”的闭环系统；对一个系统采用复杂的控制器，如预测控制综合方法，却可得到容易分析的闭环系统；广义预测控制采用了不太简单的控制器（考虑辨识在内），得到了更加“难以琢磨”的闭环系统，但这是自适应控制不可避免的。预测控制的科研人员要理解各种方法的差异，深知差异的根源，采用辨证的眼光看待。对一个工程技术人员，要理解任何一种方法都不是万能的，其成功和失败都可有深刻的理论原因；要理解模型的选择在预测控制实施中的重要性，不能概括为模型越准确越好，还有很多的理论支撑。

感谢上海交通大学席裕庚教授、上海交通大学李少远教授、中国石油大学袁璞教授、加拿大 Alberta 大学黄彪教授、新加坡南洋理工大学谢利华教授对我科研工作的支持和指导！博士生胡建晨、杨原青和研究生王彭军、谢亚军、陈桥参与了文稿校对工作。此外，著者的研究工作受到国家自然科学基金（编号 61573269）和陕西省自然科学基础研究计划（编号 2016JM6049）的资助，在此一并表示感谢。

由于著者水平有限，本书会有很多不尽如人意之处，衷心希望读者给予批评指正。

著者 丁宝苍

2016年10月于 西安交通大学

目　录

漫 谈 篇

基 础 篇

第1章　系统、模型与预测控制

在20世纪70年代，工业界（而不是控制理论界）首先构思出预测控制。在20世纪80年代，预测控制受到越来越广泛的重视。到现在，毫无疑问预测控制是化工和其他一些领域里应用最多的多变量控制算法。预测控制几乎可以用于任何控制问题，在如下一些问题中预测控制优势明显：

1）操作变量和被控变量的维数很高；

2）操作变量和被控变量都需要满足物理约束；

3）控制指标经常变化和/或设备（传感器/执行器）易出现故障；

4）时滞系统。

预测控制中一些著名的算法包括动态矩阵控制（DMC）、模型算法控制（MAC）以及广义预测控制（GPC）等。这些算法虽在某些细节上有所不同，但是主要思想都是类似的。最基本的线性无约束预测控制算法与线性二次型控制很接近，具有解析解。在考虑约束时，一般在每个采样时刻在线实时求解一个优化问题。预测控制充分利用当今计算机的强大运算功能，来达到其优良的控制效果。

为了对预测控制的算法基础和意义有个完整的认识（尤其是针对初学控制理论的读者），本章简单介绍系统、模型和预测控制的一些概念。本章1.1~1.4节主要以文献［6］为基础；1.5节和1.7节主要参考了文献［5］；1.6节参考了文献［1］；1.8节参考了文献［53］。

1.1　系　　统

在预测控制研究中，系统通常指被控系统、被控对象或者包含预测控制器在内的闭环系统。

系统是相对于其“环境”而独立存在的；一个系统尽管受到环境的影响，但它具有自己的特性而独立存在，并且对环境产生影响。系统与环境的相互影响如图1.1所示，环境对系统的影响表现为系统的输入，系统对环境的影响表现为系统的输出，系统输入输出之间的关系是由系统本身特性决定的。随时间变化的系统的输入输出称为输入输出变量。如果系统的输入和输出变量只有一个，则这样的系统称为单入单出（SISO）系统；如果系统有多于一个输入和/或多于一个输出，则这样的系统称为多变量（Multi - Variable）系统；如果系统有多于一个输入且多于一个输出，则称为多入多出（MIMO）系统。

系统的边界是由系统的功能和研究分析的目的决定的。因此，系统与其组成部分（称为子系统）是相对的。在研究系统时，为了更清晰地表示组成该系统的各子系统之间的关系，常常用单向信息流方式表示。如图1.2所示的控制系统，由被控对象和控制器两个子系统组成；被控对象的输出是控制器的一个输入，常常称为被控变量；被控变量的期望值（称为设定值或给定值）是控制器的另一个输入变量，这是控制器以外的环境对系统的作用；控制器的输出作用到被控对象，是被控对象的一个输入变量；外界的干扰是被控对象的另外的输入变量。各输入输出变量均标有箭头，表明其作用方向，使各系统和环境间的相互作用一目了然。

图1.1 系统与环境的相互影响

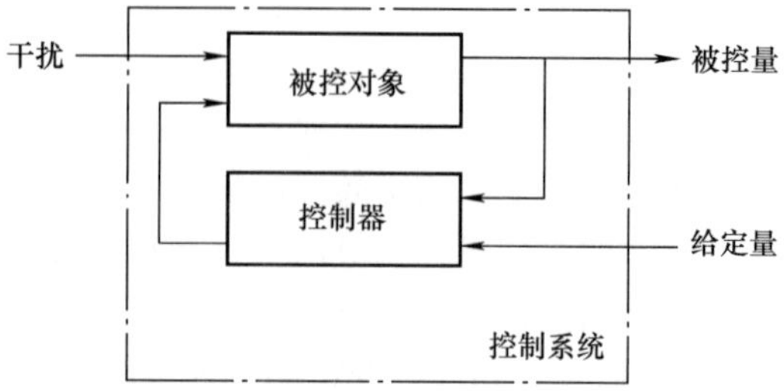

图1.2 控制系统和环境的相互作用

需要注意的是，由于系统的边界不同，同一个实物可以有不同的输入输出变量。以化学反应器为例，若考察反应器的能量（热）平衡关系，进入反应器的热量常常是系统（反应器）的输入，从反应器带出或取走的热量，则是系统的输出。但是，当反应器作为控制系统中的被控对象时，若用自反应器取出的热量作为调节的手段，以维持反应温度为期望的数值，则反应温度为反应器的输出，自反应器取出或带走的热量则是反应器的输入。

对于一个特定的系统，如果确定了其各组成部分及其每部分的输入输出变量，形成类似图1.2所示的框图（注意，图1.2中被控对象和控制器也分别是由它们的子系统组成的，确定了这些子系统和它们的输入输出变量，可以得到更细致的框图），即可简单明了地说明各子系统之间的关系。

系统可根据不同的规则划分为：

1）线性系统与非线性系统；

2）标称系统与不确定系统；

3）确定系统与随机系统；

4）时不变系统与时变系统；

5）约束系统与无约束系统；

6）连续状态系统与离散状态系统；

7）连续时间系统与离散时间系统；

8）时间驱动系统与事件驱动系统；

9）集中参数系统与分布参数系统；

10）含计算机网络的系统（网络系统）与不含计算机网络的系统；等等。

此外，兼具连续状态和离散状态，或兼具连续时间和离散时间，或兼具时间驱动和事件驱动的系统称为混杂系统。这是一种非常重要的系统。但应注意的是，本书主要研究连续状态、时间驱动、集中参数、不含计算机网络的系统。

流程工业中的大部分系统都具有非线性、不确定、时变、有约束和分布参数等特点，并以连续时间系统为主；在当前环境下，由于计算机参与过程控制，大都涉及采样系统；在未来的发展中，一般认为都要涉及计算机网络。

1.2　数学模型

为了分析研究系统，常常要建立系统的模型。模型可以分为两类，一类是物理模型（如小型实验装置）或模拟模型（如利用相似规律，用电路和网络来模拟实际物理过程）；另一类是数学模型，即用一定的数学方程式来描述系统。由于科学技术的发展，利用数学模型来分析研究系统的方法得到了越来越广泛的应用；数学模型已从分析研究的工具，进一步发展成为直接应用于实际、解决实际问题的手段。本书中，“模型”通常指“数学模型”。

实际系统是五花八门的，情况也比较复杂。加上分析系统的目的不同，数学模型的形式也是很多的，从建立模型的方法来说大体上有以下两种。

（1）按照系统运动的机理和规律建立数学模型。例如对于生产过程，通常可按照物质守恒、能量守恒和其他有关规律给出的关系式建立数学模型，其结果不但给出系统输入输出变量之间的关系，也可给出系统状态与输入输出之间的关系，使人们对系统有一个比较清晰的了解，故有时称为“白箱模型”。

（2）假设系统符合某种形式的数学方程式，测取系统的输入输出变量，以一定的数学方法确定模型中的有关参数，并可对模型的结构做出某些更改，从而得到系统输入与输出与/或状态之间的数学模型。但是，系统内部如何运动不得而知，故又称为“黑箱模型”。

第一种方法可以得到有关系统的详细描述，但必须对系统或过程做深入的研究分析，成为“过程动态学”这一学科的分支。第二种方法已发展为“系统辨识”这一学科的分支。数学模型在线辨识的控制器属于“自适应控制器”；和预测控制算法结合时形成自适应预测控制。

根据系统的不同特点，可区分或选择各种模型：

1）线性模型与非线性模型；

2）标称模型与不确定模型；

3）确定模型与随机模型；

4）时不变模型与时变模型；

5）连续状态模型与离散状态模型；

6）连续时间模型与离散时间模型（如微分方程模型与差分方程模型）；

7）时间驱动模型与事件驱动模型；

8）集中参数模型与分布参数模型（如常微分方程模型与偏微分方程模型）；

9）自动机、有限状态机；

10）智能模型（如模糊模型、神经网络模型）等。

对于混杂系统，其模型的种类更加多，包括混杂 Petri 网、微分自动机、混杂自动机、混合逻辑动态模型、分段线性模型等。

由于人们认识程度和数学处理方法的有限性，并不是一种系统一定对应相应的一种模型（如连续时间分布参数系统对应偏微分方程模型等）。模型的选择，既要根据系统的特点，也要考虑其可用性，多具有人为的性质。这样，对连续时间分布参数系统，可能采用离散时间集中参数模型；对非线性时变系统，可能采用线性不确定模型等。

在控制理论中，针对不同的系统及其描述该系统的不同模型，可找到不同的控制理论分支。如：

1）鲁棒控制采用不确定模型，但可针对各种系统，只要该系统的动态特性可以由不确定模型的动态特性所包含；

2）随机控制采用随机模型，利用系统中的一些统计特性；

3）采用在线辨识模型的自适应控制主要采用线性差分方程模型，用模型的在线更新来对付时变、非线性等影响；

4）模糊控制可针对不确定系统和非线性系统等，采用模糊模型；

5）神经网络控制针对非线性系统等，采用神经网络模型；

6）预测控制则广泛采用各种模型，研究各种类型系统（主要是多变量约束系统）的控制策略。

1.3 状态空间模型与输入输出模型

1.3.1 状态空间模型

从机理上分析一个系统，其输出（可以是系统状态，也可以是系统状态变量的函数）是由系统状态变化引起的，有时也直接受系统输入的影响；而系统的状态变量的变化，可能是由系统的输入变化引起的。为了突出状态变量的变化，系统的数学模型常可表示为

$$\dot{\boldsymbol{x}}=\boldsymbol{f}(\boldsymbol{x},\boldsymbol{u},t),\boldsymbol{y}=\boldsymbol{g}(\boldsymbol{x},\boldsymbol{u},t) \tag{1.1}$$

其中，$\boldsymbol{x}=[x_1,x_2,\cdots,x_n]^{\mathrm{T}}\in\mathbb{R}^n$是状态变量，$\boldsymbol{y}=[y_1,y_2,\cdots,y_r]^{\mathrm{T}}\in\mathbb{R}^r$是输出变量，$\boldsymbol{u}=[u_1,u_2,\cdots,u_m]^{\mathrm{T}}\in\mathbb{R}^m$是输入变量，$t$是时间，$\mathbb{R}^n$为$n$维实空间。

若系统式（1.1）的解存在，则可一般地表示为

$$\boldsymbol{x}(t)=\boldsymbol{\phi}(t,t_0,\boldsymbol{x}(t_0),\boldsymbol{u}(t)),\boldsymbol{y}(t)=\boldsymbol{\varphi}(t,t_0,\boldsymbol{x}(t_0),\boldsymbol{u}(t)),t\geqslant t_0$$

若系统在t_0时刻是松弛的($\boldsymbol{x}(t_0)=0$)，则可一般地表示为

$$\boldsymbol{x}(t)=\boldsymbol{\phi}_0(t,t_0,\boldsymbol{u}(t)),\boldsymbol{y}(t)=\boldsymbol{\varphi}_0(t,t_0,\boldsymbol{u}(t)),t\geqslant t_0$$

线性系统一定满足的叠加原理 设$\boldsymbol{\phi}_{0,\mathrm{a}}(t,t_0,\boldsymbol{u}_\mathrm{a}(t))$和$\boldsymbol{\phi}_{0,\mathrm{b}}(t,t_0,\boldsymbol{u}_\mathrm{b}(t))$分别为两个输入$\boldsymbol{u}_\mathrm{a}(t)$和$\boldsymbol{u}_\mathrm{b}(t)$引起的系统的运动，则由$\alpha\boldsymbol{u}_\mathrm{a}(t)+\beta\boldsymbol{u}_\mathrm{b}(t)$引起的运动为

$$\boldsymbol{\phi}_0(t,t_0,\alpha\boldsymbol{u}_\mathrm{a}(t)+\beta\boldsymbol{u}_\mathrm{b}(t))=\alpha\boldsymbol{\phi}_{0,\mathrm{a}}(t,t_0,\boldsymbol{u}_\mathrm{a}(t))+\beta\boldsymbol{\phi}_{0,\mathrm{b}}(t,t_0,\boldsymbol{u}_\mathrm{b}(t))$$

其中，α和β为任意实系数。

对于线性系统，若系统不是松弛的，则由系统初始状态$x(t_0)$引起的运动，也可以用叠加原理加到系统松弛时的运动轨线上。满足叠加原理，是预测控制一些经典算法的基本近似或假设。

满足叠加原理的系统可进一步简化表示为

$$\dot{\boldsymbol{x}}=\boldsymbol{A}(t)\boldsymbol{x}+\boldsymbol{B}(t)\boldsymbol{u},\ \boldsymbol{y}=\boldsymbol{C}(t)\boldsymbol{x}+\boldsymbol{D}(t)\boldsymbol{u} \tag{1.2}$$

其中，$\boldsymbol{A}(t)$、$\boldsymbol{B}(t)$、$\boldsymbol{C}(t)$和$\boldsymbol{D}(t)$是相应维数的矩阵。如果线性系统是非时变的（定常的），则由下述数学模型描述：

$$\dot{\boldsymbol{x}}=\boldsymbol{A}\boldsymbol{x}+\boldsymbol{B}\boldsymbol{u},\boldsymbol{y}=\boldsymbol{C}\boldsymbol{x}+\boldsymbol{D}\boldsymbol{u} \tag{1.3}$$

由于线性系统满足叠加原理，使得数学运算方便得多，并且可以有一般的解析解存在，

在系统的分析研究和模型的应用中，线性系统有比较完整的理论。但是，实际系统往往都是非线性的，如何将非线性系统线性化，并利用线性化以后的运算结果来分析设计系统，成为一个十分重要的问题。

线性化的一个基本理由是，一个实际工作的系统，通常是在其平衡状态附近因受各种干扰而运动的，运动的幅度并不很大。在这样一个较小的运动范围内，各变量之间的关系可以用线性关系近似。

系统处于平衡状态（$\boldsymbol{x}_{eq}$，$\boldsymbol{y}_{eq}$，$\boldsymbol{u}_{eq}$）时，其状态变量 x 是不随时间变化的，即 $\dot{\boldsymbol{x}}=0$，故由式（1.1）得到

$$\boldsymbol{f}(\boldsymbol{x}_{eq},\boldsymbol{u}_{eq},t)=0,\ \boldsymbol{y}_{eq}=\boldsymbol{g}(\boldsymbol{x}_{eq},\boldsymbol{u}_{eq},t)$$

令 $\boldsymbol{x}=\boldsymbol{x}_{eq}+\nabla\boldsymbol{x}$，$\boldsymbol{y}=\boldsymbol{y}_{eq}+\nabla\boldsymbol{y}$，$\boldsymbol{u}=\boldsymbol{u}_{eq}+\nabla\boldsymbol{u}$。假设如下的矩阵存在（称为 Jacobean 矩阵、也作 Jacobian 矩阵）：

$$\boldsymbol{A}(t)=\left.\frac{\partial\boldsymbol{f}}{\partial\boldsymbol{x}}\right|_{eq}=\begin{bmatrix}\partial f_1/\partial x_1 & \partial f_1/\partial x_2 & \cdots & \partial f_1/\partial x_n\\ \partial f_2/\partial x_1 & \partial f_2/\partial x_2 & \cdots & \partial f_2/\partial x_n\\ \vdots & \vdots & \ddots & \vdots\\ \partial f_n/\partial x_1 & \partial f_n/\partial x_2 & \cdots & \partial f_n/\partial x_n\end{bmatrix}$$

$$\boldsymbol{B}(t)=\left.\frac{\partial\boldsymbol{f}}{\partial\boldsymbol{u}}\right|_{eq}=\begin{bmatrix}\partial f_1/\partial u_1 & \partial f_1/\partial u_2 & \cdots & \partial f_1/\partial u_m\\ \partial f_2/\partial u_1 & \partial f_2/\partial u_2 & \cdots & \partial f_2/\partial u_m\\ \vdots & \vdots & \ddots & \vdots\\ \partial f_n/\partial u_1 & \partial f_n/\partial u_2 & \cdots & \partial f_n/\partial u_m\end{bmatrix}$$

$$\boldsymbol{C}(t)=\left.\frac{\partial\boldsymbol{g}}{\partial\boldsymbol{x}}\right|_{eq}=\begin{bmatrix}\partial g_1/\partial x_1 & \partial g_1/\partial x_2 & \cdots & \partial g_1/\partial x_n\\ \partial g_2/\partial x_1 & \partial g_2/\partial x_2 & \cdots & \partial g_2/\partial x_n\\ \vdots & \vdots & \ddots & \vdots\\ \partial g_r/\partial_{x1} & \partial g_r/\partial x_2 & \cdots & \partial g_r/\partial x_n\end{bmatrix}$$

$$\boldsymbol{D}(t)=\left.\frac{\partial\boldsymbol{g}}{\partial\boldsymbol{u}}\right|_{eq}=\begin{bmatrix}\partial g_1/\partial u_1 & \partial g_1/\partial u_2 & \cdots & \partial g_1/\partial u_m\\ \partial g_2/\partial u_1 & \partial g_2/\partial u_2 & \cdots & \partial g_2/\partial u_m\\ \vdots & \vdots & \ddots & \vdots\\ \partial g_r/\partial u_1 & \partial g_r/\partial u_2 & \cdots & \partial g_r/\partial u_m\end{bmatrix}$$

其中，下标 eq 表示“在平衡点处”，则在（$\boldsymbol{x}_{eq}$，$\boldsymbol{y}_{eq}$，$\boldsymbol{u}_{eq}$）的邻域内系统式（1.1）可近似为

$$\nabla\dot{\boldsymbol{x}}=\boldsymbol{A}(t)\nabla\boldsymbol{x}+\boldsymbol{B}(t)\nabla\boldsymbol{u},\ \nabla\boldsymbol{y}=\boldsymbol{C}(t)\nabla\boldsymbol{x}+\boldsymbol{D}(t)\nabla\boldsymbol{u}$$

1.3.2 传递函数模型

用系统输入输出关系所形成的框图可以一目了然地看出系统各组成部分之间的关系，物理概念清晰。因此，经典的用传递函数描述系统输入输出之间关系的方法，仍然在普遍使用，并且也在不断发展完善。

传递函数的基本思想是通过拉普拉斯变换，将微分方程变成代数方程，使运算变得比较简单。运算的结果在需要的时候，可以通过拉普拉斯反变换，再变成原来的形式。

式（1.3）对应的传递函数模型为

$$\boldsymbol{G}(s)=\boldsymbol{C}(s\boldsymbol{I}-\boldsymbol{A})^{-1}\boldsymbol{B}+\boldsymbol{D}$$

其中，s为拉普拉斯变换算子，$\boldsymbol{I}$总是表示适维单位矩阵，$\boldsymbol{G}(s)$中的每个元素可表示为

$$g_{ij}(s)=\frac{b_{ij,m_{ij}}s^{m_{ij}}+b_{ij,m_{ij}-1}s^{m_{ij}-1}+\cdots+b_{ij,1}s+b_{ij,0}}{s^{n_{ij}}+a_{ij,n_{ij}-1}s^{n_{ij}-1}+\cdots+a_{ij,1}s+a_{ij,0}}\mathrm{e}^{-\tau_{ij}s}$$

$g_{ij}(s)$表示第j个输入与第i个输出的关系，而τ_{ij}表示对应的时滞。对于实际系统，$m_{ij}\leqslant n_{ij}$。

1.3.3 脉冲响应与卷积模型

利用系统的脉冲响应可以建立系统的模型，而脉冲响应是可以实测的，这就为模型的建立提供了另一条途径。

设

$$\delta_{\Delta}(t,t_1)=\begin{cases}0, & t<t_1\\ 1/\Delta, & t_1\leqslant t<t_1+\Delta\\ 0, & t\geqslant t_1+\Delta\end{cases}$$

对于任意的Δ，$\delta_{\Delta}(t,t_1)$均有单位面积。当$\Delta\to 0$时，$\delta(t,t_1)\triangleq\lim_{\Delta\to 0}\delta_{\Delta}(t,t_1)$，称为脉冲函数或$\delta$函数。系统对脉冲信号的响应称为脉冲响应。

令$g_{ij}(t,\tau)$为第i个输出对第j个脉冲输入的响应（其中τ为加入脉冲的时间），并记

$$G(t,\tau)=\begin{bmatrix}g_{11}(t,\tau) & g_{12}(t,\tau) & \cdots & g_{1m}(t,\tau)\\ g_{21}(t,\tau) & g_{22}(t,\tau) & \cdots & g_{2m}(t,\tau)\\ \vdots & \vdots & \ddots & \vdots\\ g_{r1}(t,\tau) & g_{r2}(t,\tau) & \cdots & g_{rm}(t,\tau)\end{bmatrix}$$

为MIMO系统的脉冲响应。若系统是松弛的，则有输入输出关系模型

$$\boldsymbol{y}(t)=\int_{-\infty}^{+\infty}\boldsymbol{G}(t,\tau)\boldsymbol{u}(\tau)\mathrm{d}\tau$$

称为卷积模型。只要有了系统的脉冲响应，系统对任何已知输入$\boldsymbol{u}(t)$的响应就可以计算出来了。

对式（1.3），当$\boldsymbol{x}(0)=\boldsymbol{0}$时，系统对脉冲信号$\boldsymbol{\delta}(t)\triangleq\boldsymbol{\delta}(t,0)$的响应的拉普拉斯变换就是系统的传递函数；系统对任意输入$\boldsymbol{U}(s)$的响应的拉普拉斯变换式为$\boldsymbol{Y}(s)=\boldsymbol{G}(s)\boldsymbol{U}(s)$。

1.4 连续时间系统的离散化

1.3节讨论的为连续时间系统，即其输入、输出和状态都是随时间连续变化的。在实际中，还有一类系统，其各变量只是每隔一段时间间隔才可能改变（如银行存款计息系统），而不是随时间连续变化，称为离散时间系统。另一类系统本身在时间上是连续的，但是人们去观察和控制这一系统时，常常只是在某个离散时间进行，而不是连续的。最常见的是用数字计算机进行控制的系统，称为采样系统。预测控制通常是基于计算机的控制算法，因此主要针对采样系统。计算机在一定的时间间隔上，定期地采集过程变量。控制器由计算机得到

的数据是在各时间间隔的离散值；并采用一定的控制算法，以一定的时间间隔给出控制作用。将原来随时间连续变化的系统演变为时间离散的系统，称为连续时间系统的离散化。

一个采样控制系统的结构如图 1.3 所示。计算机定期采集输出变量 $\boldsymbol{y}$，送入计算机一个离散量 $\boldsymbol{y}^*$。在 $\boldsymbol{y}$ 和 $\boldsymbol{y}^*$ 之间相当于有一个开关，它按照给定时间 T_s（称为采样周期）定期闭合一次。控制器每隔一段时间 T_s 输出一个控制作用 $\boldsymbol{u}^*$，这也是一个离散量。为了对随时间连续变化的过程进行控制，在控制器按周期 T_s 输出控制作用的时间间隔内，常常要维持 $\boldsymbol{u}^*$ 不变（称为零阶保持器；也有用其他方法计算两个采样时刻之间的 $\boldsymbol{u}$ 值的，属于非零阶保持器）。因此，通常将控制器的输出看作由一个按周期 T_s 定期闭合的开关和一个保持器组成。

对图 1.3 所示的被控过程，假设：

1）数据采样周期和控制器输出周期是相等的，均为 T_s，两个采样开关是同步工作的；

2）采样开关闭合的时间很短，相对于采样周期可以忽略不计；

3）控制器输出 $\boldsymbol{u}^*$ 采用零阶保持器进行恢复。

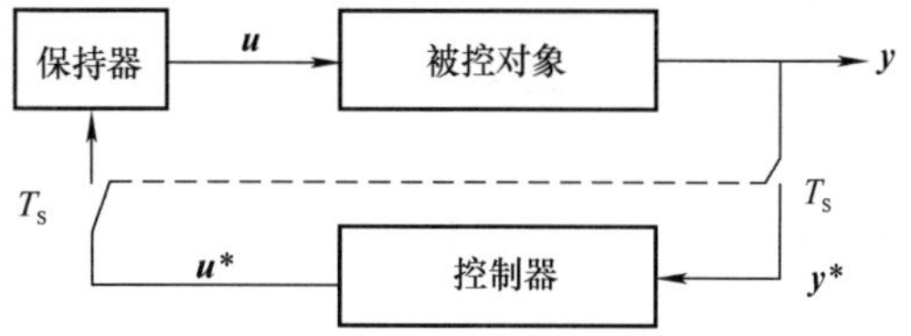

图 1.3　采样控制系统的结构

下面以上述假设为依据，给出 1.3 节中一些连续时间系统的离散化表示。

1.4.1 状态空间模型

简记 kT_s 为 k，如在第 k 个采样时刻状态、输出和输入分别表示为 $\boldsymbol{x}(k)$，$\boldsymbol{y}(k)$ 和 $\boldsymbol{u}(k)$。用

$$\frac{\mathrm{d}\boldsymbol{x}}{\mathrm{d}t} \approx \frac{\boldsymbol{x}(k+1)-\boldsymbol{x}(k)}{T_s}$$

近似 $\boldsymbol{x}$ 对时间的导数。因此对式（1.1）得到

$$\boldsymbol{x}(k+1)=\boldsymbol{x}(k)+T_s\,\boldsymbol{f}(\boldsymbol{x}(k),\boldsymbol{u}(k),k),\boldsymbol{y}(k)=\boldsymbol{g}(\boldsymbol{x}(k),\boldsymbol{u}(k),k) \tag{1.4}$$

对式（1.2）得到

$$\boldsymbol{x}(k+1)=(\boldsymbol{I}+\boldsymbol{A}(k)T_s)\boldsymbol{x}(k)+\boldsymbol{B}(k)T_s\boldsymbol{u}(k),\boldsymbol{y}(k)=\boldsymbol{C}(k)\boldsymbol{x}(k)+\boldsymbol{D}(k)\boldsymbol{u}(k) \tag{1.5}$$

很多线性系统有其运动的一般解，可用来求出各采样时刻的值，这样可得到准确的离散化结果。对线性定常系统式（1.3），准确的离散化结果为

$$\boldsymbol{x}(k+1)=\mathrm{e}^{\boldsymbol{A}T_s}\boldsymbol{x}(k)+\int_0^{T_s}\mathrm{e}^{\boldsymbol{A}t}\mathrm{d}t\boldsymbol{B}\boldsymbol{u}(k),\boldsymbol{y}(k)=\boldsymbol{C}\boldsymbol{x}(k)+\boldsymbol{D}\boldsymbol{u}(k) \tag{1.6}$$

其中，$\mathrm{e}^{\boldsymbol{A}T_s}$ 的计算可参考有关文献。

1.4.2 脉冲传递函数模型

由于离散系统只在各采样瞬间取值，其拉普拉斯变换可用一种特殊形式——Z 变换来表示。Z 变换的作用是将描述系统的差分方程变换为代数方程，在代数方程的形式下进行运算要方便得多。若系统是松弛的，或者初始状态为零，系统输入输出之间可用脉冲传递函数来关联，便于对系统进行分析和设计。如果要求系统各变量在各采样时刻的值，可采用 Z 反变换方法，从而得到系统方程的解，或者说计算出系统的运动。

考虑线性定常系统

$$x(k+1)=Ax(k)+Bu(k),\ y(k)=Cx(k)+Du(k)$$

其对应的离散时间脉冲传递函数为

$$G(z)=C(zI-A)^{-1}B+D$$

其中，z 为 Z 变换算子，$G(z)$中的每个元素可表示为

$$g_{ij}(z)=\frac{b_{ij,m_{ij}}z^{m_{ij}}+b_{ij,m_{ij}-1}z^{m_{ij}-1}+\cdots+b_{ij,1}z+b_{ij,0}}{z^{\tau_{ij}}(z^{n_{ij}}+a_{ij,n_{ij}-1}z^{n_{ij}-1}+\cdots+a_{ij,1}z+a_{ij,0})}$$

$g_{ij}(z)$表示第j个输入对第i个输出的关系，而τ_{ij}表示对应的时滞。对于实际系统，$m_{ij}\leqslant n_{ij}$。

1.4.3 脉冲响应与卷积模型

考虑线性定常系统

$$x(k+1)=Ax(k)+Bu(k),\ y(k)=Cx(k) \tag{1.7}$$

采用递推的方式容易得到

$$y(k)=CA^kx(0)+\sum_{i=0}^{k-1}CA^{k-i-1}Bu(i) \tag{1.8}$$

设$x(0)=0$，并记$CA^{k-i-1}B=H(k-i)$，则

$$y(k)=\sum_{i=0}^{k-1}H(k-i)u(i) \tag{1.9}$$

称$H(k-i)$为脉冲响应系数（矩阵），而式（1.9）及其如下的等价形式：

$$y(k)=\sum_{i=1}^{k}H(i)u(k-i) \tag{1.10}$$

被称为离散卷积模型。$H(i)$很容易由实验数据得到，它实际上是（从$k=0$）在系统输入端加入幅值为1，宽度为T_s（采样周期）的脉冲后，系统输出在各采样时刻的值。注意δ函数在零阶保持器的作用下变为方波脉冲。

1.5 预测控制及其基本特征

图1.3中的“控制器”替换为“预测控制器”，即为预测控制的（至少是早期的工业预测控制最主要的）应用背景。因此，在预测控制的研究和分析中，要注意到模型（通常是离散时间模型）和实际系统之间，一般存在着差距。实际上，预测控制正是基于“传统的最优控制方法需要准确的数学模型”这一不足而发明的。

1.5.1 轨迹和发展历史

关于预测控制的研究，非常广泛，有若干个发展轨迹，包括：

1）广泛用于过程控制中的工业MPC，以著名的动态矩阵控制（DMC）和模型算法控制（MAC）为典型代表，通常采用启发式的算法，比较成熟的工业应用软件多采用线性标称模型；

2）从最小方差控制和自适应控制发展而来的自适应预测控制，以广义预测控制（GPC）为代表；

3）具有稳定性保证的综合型预测控制，对工业 MPC 和自适应预测控制，稳定性分析很难，且稳定性结果很难推广到非线性、有约束、有不确定性的系统，综合型预测控制广泛采用状态空间模型，通过引入“稳定要素”，使得闭环系统具有稳定性保证；

4）从控制理论其他分支或应用数学等研究领域借鉴各种方法，也得到了一些预测控制方法。这些预测控制和 1）~3）中的预测控制又有很大不同。

在很长的一段时间内，1）~3）都是比较独立地发展的。从历史上看，3）中的预测控制产生最早。实际上，传统的最优控制的很多方法都可在某种程度上看作预测控制，可追溯到 20 世纪 60 年代。但是，“预测控制”这个名词，却是作为一种过程控制算法，以 1）那样的形式被正式提出的，时间是 20 世纪 70 年代。在 20 世纪 80 年代，对自适应控制的研究比较热；但是自适应控制中著名的最小方差自校正控制器却很难用于过程控制，为此才出现将预测控制的思想和自适应控制相结合。

工业预测控制的推动者基本没有能够在理论分析上取得实质性的进展，但是他们很清楚稳定性的重要性。工业预测控制没有稳定性保证。但是，如果考虑开环稳定系统，并且取优化时域足够长，则闭环系统通常是稳定的。这一重要经验实际上是“无穷时域最优控制具有稳定性保证”的反映。对 1）和 2）中的预测控制，都很难采用 Lyapunov 方法这个至今为止最为重要的稳定性分析手段。这个在理论上明显的不足，推动了具有稳定性保证的预测控制在 20 世纪 90 年代后蓬勃发展起来。进而，从 20 世纪 90 年代开始，人们把更广泛的优化控制问题，包括 1）~3），都统称作预测控制。注意在 20 世纪 90 年代前，人们心目中的预测控制主要是 1）、2）和一些特殊类型的算法。

注解 1.1　4）中的预测控制，大概从 20 世纪 80 年代初，陆续有一些算法，如内模控制、非线性分离法预测控制、预测函数控制、数据驱动预测控制等。应该说，有时也很难把 4）与 1）~3）分开。有时候，4）中的预测控制虽然不采用像综合型预测控制那样的“稳定要素”，但是稳定性分析比之工业 MPC 和自适应 MPC 更容易。

1.5.2　基本特征

不管是哪种类型和轨迹的预测控制，通常具有如下一些重要特征：

1. 预测控制基于模型并采用预测模型

预测控制是一种基于模型的控制算法。对于预测控制来讲，只注重模型的功能，而不注重模型的形式。预测模型的功能就是根据对象的历史信息和未来输入，预测其未来输出。从方法的角度讲，只要是具有预测功能的信息集合，无论其具有什么样的表现形式，均可作为预测模型。因此状态方程、传递函数这类传统的模型都可以作为预测模型。对于线性稳定对象，甚至脉冲响应、阶跃响应这类非参数模型，也可以直接作预测模型使用。此外，非线性系统、分布参数模型，只要具备上述功能，也可以作为预测模型使用。因此，预测控制打破了之前的控制中对模型结构的严格要求，更着眼于在信息的基础上根据功能要求按最方便的途径建立模型。例如，在 DMC、MAC 等预测控制策略中，采用了实际工业中容易获得的阶跃响应、脉冲响应等非参数模型，而 GPC 等预测控制策略则选择受控自回归积分滑动平均（CARIMA）模型、状态空间模型等参数模型。

预测控制摆脱了之前的控制基于严格数学模型的要求，从全新的角度建立模型的概念。预测模型具有展示系统未来动态行为的功能。这样，就可以利用预测模型为预测控制的优化提供先验知识，从而决定采用何种控制输入，使未来时刻被控对象的输出变化符合预期的目标。

在系统仿真时，任意地给出未来的控制策略，观察对象在不同控制策略下的输出变化如图1.4所示，可为比较这些控制策略的优劣提供基础。

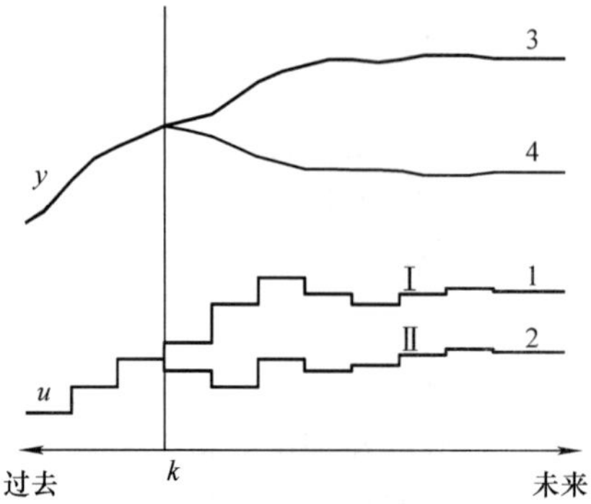

图1.4 基于模型的预测

1—控制量序列Ⅰ 2—控制量序列Ⅱ 3—对应于Ⅰ的输出 4—对应于Ⅱ的输出

2. 预测控制区别于其他控制方法的关键在于采用滚动优化、滚动实施控制作用

如果说预测控制与其他控制理论只有一个特色性的不同，那么这个不同在于预测控制实现控制作用的方式：滚动优化、滚动实施。

在工业应用和理论研究中，一般来说预测控制是采用在线优化的。预测控制的这种优化控制算法是通过某一性能指标的最优来确定未来的控制作用的。这一性能指标涉及系统未来的性能，例如通常可取对象输出在未来的采样点上跟踪某一期望轨迹的方差最小。但也可取更广泛的形式，例如要求控制能量为最小等。性能指标中涉及的系统未来的行为，是根据预测模型由未来的控制策略决定的。但是，预测控制中的优化与通常的最优控制算法有很大的差别。这主要表现在预测控制中的优化不是采用一个不变的全局优化目标，而是采用滚动式的、通常是有限时域的优化策略。在每一采样时刻，性能指标通常只涉及未来的有限的时间，而到下一采样时刻，这一优化时域同时向前推移（见图1.5）。因此，预测控制在每一时刻有一个相对于该时刻的性能指标。不同时刻性能指标的相对形式是相同的，但其绝对形式，即所包含的时间区域，则是不同的。

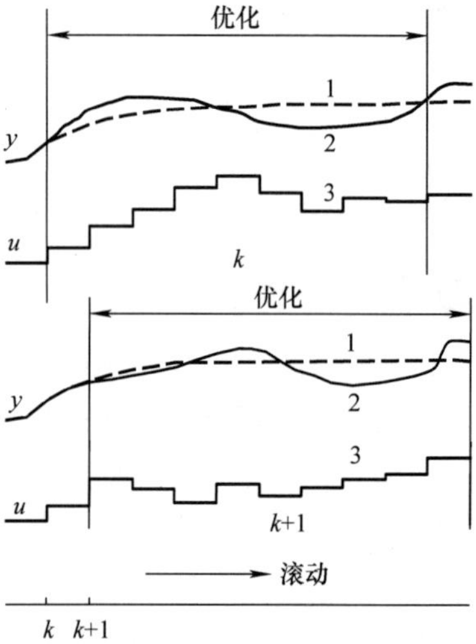

图1.5 滚动优化

1—参考轨迹 2—最优预测输出

3—最优控制作用

在预测控制中，通常优化不是一次离线进行、而是反复在线进行的，这就是滚动优化的含义，也是预测控制区别于传统最优控制的根本特点。这种有限时域优化目标的局限性是其在理想情况下只能得到全局的次优解，但优化的滚动实施却能顾及由于模型失配、时变、干扰等引起的不确定性，及时进行弥补，始终把新的优化建立在实际的基础上，使控制保持实际上的最优。

对于实际的复杂工业过程来说，模型失配、时变、干扰等引起的不确定性是不可避免的，因此，建立在有限时域上的滚动优化策略反而更加有效。

注解 1.2　后面章节将介绍一些离线预测控制综合方法。在这些方法中，不涉及在线优化问题，而是离线地完成一组优化问题，得到一组控制律。在线根据实际系统运行的状态选择合适的控制律。即使如此，这时控制律仍然是滚动实施的（即在不同时间可能采用不同的控制律），而且每个控制律也是基于优化的。

注解 1.3　后面章节将介绍一些预测控制方法，直接采用无穷时域性能指标。但是，为了得到最优解，无穷时域优化通常是不能直接求解的，而是将无穷时域优化近似转化为有限维优化问题。在另一些预测控制中，不是在每个采样周期都求解一个优化问题，而是在适当的时候，只是采用上个时刻得到的优化结果。

注解 1.4　总之，在预测控制的研究中，在线优化、有限时域优化和滚动优化的思想都可能被打破或暂时打破。但是，这些比较"特殊"的例子不能概括所有预测控制，也不能否定预测控制的基本特征，它们可以看成是遵循基本特征的一些推广形式。也可以从另一个角度看待这些"特殊"：预测控制和其他控制方法的界限有时也会变得比较模糊。

3. 预测控制在采用优化控制的同时，没有放弃传统控制中的反馈

众所周知，反馈在克服干扰和不确定性、获得闭环稳定性方面有着基本的、不可替代的作用。预测控制发展至今，可以说不仅没有放弃反馈，而是更充分地利用反馈；不仅不能否定和替换反馈的作用，而是不断证实反馈的意义。

工业预测控制从提出之时起，就明确地有反馈校正，并被总结为"三大原理"之一。自适应预测控制采用模型在线更新，达到信息反馈的效果。在综合型预测控制中，在考虑不确定系统时，闭环优化预测控制（即控制算法中优化一系列反馈控制律）要比开环优化预测控制（即控制算法中优化一系列控制作用）性能（包括可行性、最优性）更优。此外，在综合型预测控制中还采用局部反馈控制律（局部控制器）。更为重要的是，在预测控制的应用中，经常采用"透明控制"，将预测控制建立在 PID 的基础上，而 PID 本身就是反馈型控制策略。

进一步，可以说，如果没有反馈，对预测控制的分析和研究甚至是很难有成效的。

1.5.3　工业预测控制的"三大原理"

为了区别于预测控制综合方法，可以将 DMC、MAC、GPC 等称为经典形式预测控制；故经典形式预测控制一般粗略是指 20 世纪 90 年代前比较热门、人们熟悉的那些预测控制。

这里所说的工业预测控制是经典预测控制的一部分，是经典预测控制中那些成功应用于工业过程的算法。相比较而言，对综合型预测控制，还少见有工业成功应用的报道。

工业预测控制的要点可以用"三大原理"——预测模型、滚动优化和反馈校正来概括。"三大原理"是预测控制在实际工程应用中取得成功的技术关键。关于预测模型和滚动优化，前面已经说明。需要强调的是，工业预测控制更加偏好在线的、有限时域滚动优化，而预测模型和性能指标的作用也更加突出。

下面进一步说明反馈校正。

工业预测控制是一种闭环控制算法。预测控制算法在进行滚动优化时，优化的基点应与系统实际一致。但作为基础的预测模型，只是对象动态特性的粗略描述，由于实际系统中存在的非线性、时变、模型失配、干扰等因素，基于不变模型的预测不可能和实际情况完全相符，这就需要用附加的预测手段补充模型预测的不足，或者对基础模型进行在线修正。滚动优化只有建立在反馈校正的基础上，才能体现出优越性。因此，预测控制算法在通过优化确定了一系列未来的控制作用后，为了防止模型失配或环境干扰引起控制对理想状态的偏离，并不是把这些控制作用逐一全部实施，而只是实现本时刻的控制作用。到下一采样时刻，首先监测对象的实际输出，并通过各种反馈策略，修正预测模型或加以补偿，然后再进行新的优化，如图 1.6 所示。

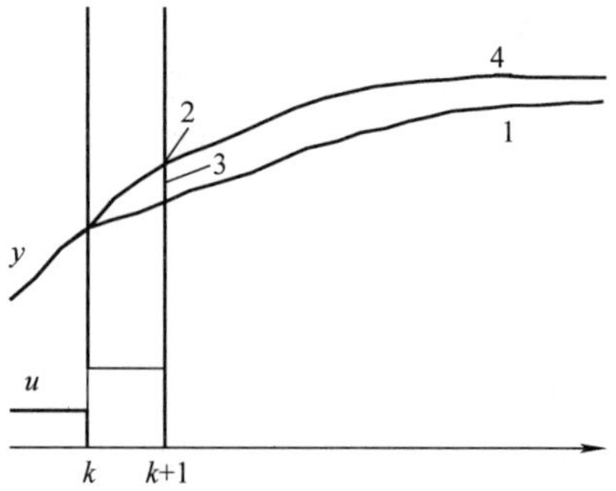

图 1.6 误差校正

1—k 时刻预测输出 2—$k+1$ 时刻实际输出 3—预测误差 4—$k+1$ 时刻校正输出

反馈校正的形式是多样的，可以在保持模型不变的基础上，对未来的误差做出预测并加以补偿，也可以采用在线辨识的方法直接修改预测模型。无论采用何种校正形式，预测控制都把优化建立在系统实际的基础上，并力图在优化时对系统未来的动态行为做出较准确的预测。因此，预测控制中的优化不仅基于模型，而且利用了反馈信息，因而构成了闭环优化。

注解 1.5 值得说明的是，在预测控制的实际应用中，反馈校正是十分关键的。但是，在预测控制的理论研究中，经常假设系统与模型完全等价（如经典预测控制的标称稳定性分析），或者系统所有可能的动态行为都被模型的动态特性所包含（如鲁棒预测控制的综合），这时候，一般不再明确地引入反馈校正。如果从理论研究和实践的角度全面考察，可以说预测控制的精髓在于滚动优化或滚动实施。没有反馈校正的预测控制经常也被称为滚动时域控制，以突出滚动优化这个特征。在用状态空间模型进行预测控制设计时，每个时刻以当前状态为起点进行预测相当于引入反馈校正。在用状态空间模型进行预测控制综合时，经常采用状态反馈的方法，形成所谓“闭环优化预测控制”，具有和反馈校正同样的效果。

1.6 三种典型的预测控制优化问题

由于以下原因，使得预测控制的优化问题（注意，有时人们还根据优化问题划分预测控制的类别）非常多样化：

1）可得数学模型的多样化；

2）实际系统的多样化；

3）实际应用和理论研究之间的巨大差距。

下面以离散状态空间模型和二次型性能指标为例，来说明预测控制优化问题的三种形式。考虑系统 $\boldsymbol{x}(k+1)=\boldsymbol{f}(\boldsymbol{x}(k),\boldsymbol{u}(k))$，其中 $\boldsymbol{f}(\boldsymbol{0},\boldsymbol{0})=\boldsymbol{0}$。假设系统可镇定。状态和控制约束为

$$\boldsymbol{x}(k+i+1)\in\mathcal{X},\ \boldsymbol{u}(k+i)\in\mathcal{U},\ i\geqslant 0 \tag{1.11}$$

满足 $\mathcal{X}\subseteq\mathbb{R}^n$ 和 $\mathcal{U}\subseteq\mathbb{R}^m$，$\mathcal{X}$ 包含 0 为内点，$\mathcal{U}$ 包含 0 为内点。

在预测控制中，通常用 $\boldsymbol{x}(k+i|k)$ 表示在 k 时刻对 $k+i$ 时刻的变量 $\boldsymbol{x}$ 的预测值，且

$x(k+i|k)=x(k+i), i\leqslant 0$；用 $x^*(k+i|k)$，$i\geqslant 0$ 表示对应的最优预测值（即采用预测控制优化问题的最优解得到的值）。

假设采用状态预测方程

$$x(k+i+1|k)=f(x(k+i|k), u(k+i|k)),\ i\geqslant 0,\ x(k|k)=x(k) \tag{1.12}$$

三种形式给出如下。

1.6.1 无穷时域

无穷时域优化的基本特点是性能指标是无限时间的正定函数的和的形式。性能指标和约束常为

$$J_\infty(x(k)) = \sum_{i=0}^{\infty}[\|x(k+i|k)\|_W^2 + \|u(k+i|k)\|_R^2] \tag{1.13}$$

$$\text{s.t. } (1.12),\ x(k+i+1|k)\in\mathcal{X},\ u(k+i|k)\in\mathcal{U},\ i\geqslant 0 \tag{1.14}$$

其中，矩阵 $W\geqslant 0$，$R>0$ 一般为对称矩阵。对任何变量 ϑ 和非负矩阵 W，$\|\vartheta\|_W^2 \triangleq \vartheta^T W \vartheta$。在每个时刻 k，式（1.13）和式（1.14）的决策变量为 $\vec{u}(k)=\{u(k|k), u(k+1|k),\cdots\}$。由于无穷时域优化涉及无穷个决策变量，一般无法直接求解。

1.6.2 有限时域：经典预测控制

经典预测控制的主要特点是性能指标为有限时间的正定函数的和的形式，不具有离线或在线设计的终端约束集和终端代价函数，也不具有任何其他人为约束。性能指标和约束常为

$$J_N(x(k)) = \sum_{i=0}^{N-1}[\|x(k+i|k)\|_W^2 + \|u(k+i|k)\|_R^2] + \|x(k+N|k)\|_W^2 \tag{1.15}$$

$$\text{s.t. 式}(1.12),\ x(k+i+1|k)\in\mathcal{X},\ u(k+i|k)\in\mathcal{U},\ i\in\{0,1,\cdots,N-1\} \tag{1.16}$$

或者

$$J_{N,M}(x(k)) = \sum_{j=0}^{M-1}\|u(k+j|k)\|_R^2 + \sum_{i=0}^{N}\|x(k+i|k)\|_W^2 \tag{1.17}$$

$$\text{s.t. 式}(1.12),\ \begin{cases} x(k+i|k)\in\mathcal{X},\ i\in\{1,\cdots,N\},\ u(k+j|k)\in\mathcal{U},\ j\in\{0,1,\cdots,M-1\} \\ u(k+s|k)=u(k+M-1|k),\ s\in\{M,M+1,\cdots,N-1\} \end{cases} \tag{1.18}$$

其中，N 为预测时域，M 为控制时域，$M\leqslant N$。在每个时刻 k，式（1.15）和式（1.16）及式（1.17）和式（1.18）的决策变量分别为

$$\tilde{u}_N(k)=\{u(k|k), u(k+1|k),\cdots,u(k+N-1|k)\} \tag{1.19}$$

$$\tilde{u}_M(k)=\{u(k|k), u(k+1|k),\cdots,u(k+M-1|k)\} \tag{1.20}$$

1.6.3 有限时域：综合型预测控制

20 世纪 90 年代以后，出现了很多通过修改优化问题式（1.15）~式（1.18）来保证闭环稳定性的预测控制。该类预测控制算法不同于经典形式的主要特点是在优化中引入离线或在线确定的终端约束集和/或终端代价函数，从而改变优化算法的收敛特性，使得性能指标

在滚动的优化中单调减小。性能指标和约束常为

$$\bar{J}_N(\boldsymbol{x}(k)) = \sum_{i=0}^{N-1}[\|\boldsymbol{x}(k+i|k)\|_{\boldsymbol{W}}^2 + \|\boldsymbol{u}(k+i|k)\|_{\boldsymbol{R}}^2] + \|\boldsymbol{x}(k+N|k)\|_{\boldsymbol{W}_N}^2 \tag{1.21}$$

$$\text{s.t. 式(1.12)},\ \boldsymbol{x}(k+i+1|k)\in\mathcal{X},\ \boldsymbol{u}(k+i|k)\in\mathcal{U},\ i\in\{0,1,\cdots,N-1\} \tag{1.22}$$
$$\boldsymbol{x}(k+N|k)\in\mathcal{X}_{\mathrm{f}}$$

或者

$$\bar{J}_{N,M}(\boldsymbol{x}(k)) = \sum_{j=0}^{M-1}\|\boldsymbol{u}(k+j|k)\|_{\boldsymbol{R}}^2 + \sum_{i=0}^{N-1}\|\boldsymbol{x}(k+i|k)\|_{\boldsymbol{W}}^2 + \|\boldsymbol{x}(k+N|k)\|_{\boldsymbol{W}_N}^2 \tag{1.23}$$

$$\text{s.t. 式(1.12)},\begin{cases}\boldsymbol{x}(k+i|k)\in\mathcal{X},\ i\in\{1,\cdots,N\},\ \boldsymbol{x}(k+N|k)\in\mathcal{X}_{\mathrm{f}}\\ \boldsymbol{u}(k+j|k)\in\mathcal{U},\ j\in\{0,1,\cdots,N-1\}\\ \boldsymbol{u}(k+s|k)=\boldsymbol{K}\boldsymbol{x}(k+s|k),\ s\in\{M,M+1,\cdots,N-1\}\end{cases} \tag{1.24}$$

其中，$\mathcal{X}_{\mathrm{f}}$ 为终端约束集，$F(\boldsymbol{x}(k+N|k)) = \|\boldsymbol{x}(k+N|k)\|_{\boldsymbol{W}_N}^2$为终端代价函数，$\boldsymbol{K}$ 为辅助控制器或局部控制器。在每个时刻 k，式（1.21）和式(1.22) 及式（1.23）和式(1.24) 决策变量分别为式（1.19）和式（1.20)。通过适当设置$\mathcal{X}_{\mathrm{f}}$，$\boldsymbol{K}$ 和 $F(\cdot)$（称为综合方法的三要素）可得到“具有稳定性保证的预测控制算法”。

$\mathcal{X}_{\mathrm{f}}$ 一般为控制不变集，见下面的定义。

定义 1.1 Ω 为自治系统 $\boldsymbol{x}(k+1)=\boldsymbol{f}(\boldsymbol{x}(k))$的正不变集是指当 $\boldsymbol{x}(0)\in\Omega$ 时，有 $\boldsymbol{x}(k)\in\Omega$，$\forall k>0$。

定义 1.2 如果存在反馈控制律 $\boldsymbol{u}(k)=\boldsymbol{g}(\boldsymbol{x}(k))\in\mathcal{U}$，使得 Ω 成为闭环系统 $\boldsymbol{x}(k+1)=\boldsymbol{f}(\boldsymbol{x}(k),\boldsymbol{g}(\boldsymbol{x}(k)))$的正不变集，则称 Ω 为系统 $\boldsymbol{x}(k+1)=\boldsymbol{f}(\boldsymbol{x}(k),\boldsymbol{u}(k))$的控制不变集。

通过滚动地求解式（1.13）~式（1.18）及式（1.21）~式（1.24）的优化问题来得到每个时刻 k 的控制作用 $\boldsymbol{u}(k)=\boldsymbol{u}(k|k)$，即形成各种预测控制算法。

当然，具体的预测控制算法中，可能会出现：

1）采用的模型不是 $\boldsymbol{x}(k+1)=\boldsymbol{f}(\boldsymbol{x}(k),\boldsymbol{u}(k))$；

2）处理的约束不同于式（1.11)；

3）采用的性能指标不同于式（1.13)、式（1.15)、式（1.17)、式（1.21）和式(1.23)；

4）对未来状态/输出的预测不同于式（1.12)。

但是以上三种预测控制优化问题的形式，包括有限时域和无限时域的区分、有无终端代价函数和终端约束集的区分，具有比较一般的意义。

在本书中，将经典预测控制的稳定性研究称为稳定性分析，而将综合型预测控制的稳定性研究称为稳定性综合。

1.7 有限时域控制：采用“三大原理”的例子

设非线性系统的模型为

$$\boldsymbol{x}(k+1)=\boldsymbol{f}(\boldsymbol{x}(k),\ \boldsymbol{u}(k)),\ \boldsymbol{y}(k)=\boldsymbol{g}(\boldsymbol{x}(k)) \tag{1.25}$$

根据这一模型，在 k 时刻只要知道了对象的状态 $\boldsymbol{x}(k)$ 及其在未来的控制输入 $\boldsymbol{u}(k),\boldsymbol{u}(k+1|k),\cdots$ 等，便可预测对象在未来各时刻的模型输出

$$\begin{aligned}&\boldsymbol{x}(k+i|k)=\boldsymbol{f}(\boldsymbol{x}(k+i-1|k),\ \boldsymbol{u}(k+i-1|k)),\ \boldsymbol{u}(k|k)=\boldsymbol{u}(k)\\&\bar{\boldsymbol{y}}(k+i|k)=\boldsymbol{g}(\boldsymbol{x}(k+i|k)),\ \boldsymbol{x}(k|k)=\boldsymbol{x}(k),\ i\in\{1,2,\cdots\}\end{aligned} \tag{1.26}$$

通过递推关系，可以得到

$$\bar{\boldsymbol{y}}(k+i|k)=\boldsymbol{\phi}_i(\boldsymbol{x}(k),\boldsymbol{u}(k),\boldsymbol{u}(k+1|k),\cdots,\boldsymbol{u}(k+i-1|k)),\ i\in\{1,2,\cdots\} \tag{1.27}$$

其中，$\boldsymbol{\phi}_i(\cdot)$ 由 $\boldsymbol{f}(\cdot)$ 和 $\boldsymbol{g}(\cdot)$ 复合而成。式（1.27）是预测模型。

当模型式（1.25）与被控系统不完全匹配时，可在实测输出的基础上通过误差预测和补偿对模型预测进行反馈校正。记 k 时刻测得的实际输出为 $\boldsymbol{y}(k)$，则可由 $\boldsymbol{\epsilon}(k)=\boldsymbol{y}(k)-\bar{\boldsymbol{y}}(k|k)$ 构成预测误差，其中 $\bar{\boldsymbol{y}}(k|k)=\boldsymbol{g}(\boldsymbol{f}(\boldsymbol{x}(k-1),\ \boldsymbol{u}(k-1)))$，并根据历史的误差信息 $\boldsymbol{\epsilon}(k),\cdots,\boldsymbol{\epsilon}(k-L)$ 做误差预测

$$\boldsymbol{\epsilon}(k+i|k)=\boldsymbol{\varphi}_i(\boldsymbol{\epsilon}(k),\boldsymbol{\epsilon}(k-1),\cdots,\boldsymbol{\epsilon}(k-L)) \tag{1.28}$$

其中，$\boldsymbol{\varphi}_i(\cdot)$ 为某一线性或非线性函数，其形式取决于所用的非因果预测方法，L 为所用到的历史误差信息长度。利用式（1.28）校正基于模型的预测，得到对输出的闭环预测

$$\boldsymbol{y}(k+i|k)=\bar{\boldsymbol{y}}(k+i|k)+\boldsymbol{\epsilon}(k+i|k) \tag{1.29}$$

在 k 时刻，控制的目的是要求出该时刻起的 M 个控制量 $\boldsymbol{u}(k),\boldsymbol{u}(k+1|k),\cdots,\boldsymbol{u}(k+M-1|k)$（假设 $\boldsymbol{u}$ 在 $k+M-1$ 时刻后保持不变），使关于输出的如下性能指标最小化：

$$J(k)=F(\tilde{\boldsymbol{y}}(k|k),\vec{\boldsymbol{\omega}}(k)) \tag{1.30}$$

其中，$\tilde{\boldsymbol{y}}(k|k)=\begin{bmatrix}\boldsymbol{y}(k+1|k)\\\vdots\\\boldsymbol{y}(k+P|k)\end{bmatrix}$，$\vec{\boldsymbol{\omega}}(k)=\begin{bmatrix}\boldsymbol{\omega}(k+1)\\\vdots\\\boldsymbol{\omega}(k+P)\end{bmatrix}$，$\boldsymbol{\omega}(k+i)$ 为 $k+i$ 时刻的期望输出，M，P 为控制时域、预测时域，$M\leqslant P$。

这样，在线的滚动优化就是在闭环预测式（1.29）约束下，寻找控制作用使性能指标式（1.30）取极小的问题。如果可由此求出最优的 $\boldsymbol{u}^*(k),\boldsymbol{u}^*(k+1|k),\cdots,\boldsymbol{u}^*(k+M-1|k)$，则在 k 时刻实施控制 $\boldsymbol{u}^*(k)$。这就是采用“三大原理”的非线性模型预测控制问题的一般描述。

一般地，即使在性能指标取二次型的情况下，由于模型的非线性，面临的仍是一个相当一般的非线性优化问题。由于其中的决策变量出现在复合函数中，无法单独分离出来，故一般难以得到 $\boldsymbol{u}(k),\boldsymbol{u}(k+1|k),\cdots,\boldsymbol{u}(k+M-1|k)$ 的解析解；而把性能指标式（1.30）结合式（1.29）当作非线性优化问题来解（即求数值解），很多情况下也缺乏有效的算法；即使应用离散极大值原理写出一系列极值必要条件，因计算量十分庞大，也难以满足实时控制的需要。因此，虽然非线性系统的预测控制问题可以用明确的数学形式描述，但其求解仍存在着由非线性带来的本质上的困难。

上述计算量问题一直是工业预测控制努力解决的目标。

1.8 无穷时域控制：双模次优控制的例子

考虑由状态空间方程表示的离散时不变非线性系统

$$x(k+1)=f(x(k),u(k)),x(0)=x_0,k\geqslant 0 \tag{1.31}$$

状态可测。并考虑如下约束：

$$x(k)\in\mathcal{X},\ u(k)\in\mathcal{U},\ k\geqslant 0 \tag{1.32}$$

假设：

1）f: $\mathbb{R}^n\times\mathbb{R}^m\to\mathbb{R}^n$二次连续、可导，$f(0,0)=0$。因此，$(x=0,u=0)$为系统的一个平衡点；

2）$\mathcal{X}\subseteq\mathbb{R}^n$，$\mathcal{U}\subseteq\mathbb{R}^m$为紧、凸集，满足：$\mathcal{X}$包含0为内点，$\mathcal{U}$包含0为内点；

3）取系统在$(x=0,u=0)$的 Jacobean 线性化形式

$$x(k+1)=Ax(k)+Bu(k),\ x(0)=x_0,\ k\geqslant 0 \tag{1.33}$$

$(A,\ B)$ 为可控对。

控制目标是将状态驱动到原点，同时满足状态和输入约束、并最小化性能指标

$$\Phi(x_0,u_0^\infty)=\sum_{i=0}^{\infty}[\,\|x(i)\|_W^2+\|u(i)\|_R^2\,] \tag{1.34}$$

假设 $(A,W^{1/2})$ 为可观对。$u_0^\infty=\{u(0),u(1),u(2),\cdots\}$为决策变量。

1.8.1 三个相关控制问题

问题 1.1 线性二次型调节器（LQR）

$$\min_{u_0^\infty}\Phi(x_0,u_0^\infty),\text{s.t. 式}(1.33) \tag{1.35}$$

问题 1.1 的解具有如下的线性状态反馈形式：

$$u(k)=Kx(k) \tag{1.36}$$

控制器增益 $K=-(R+B^TPB)^{-1}B^TPA$，其中 P 由求解如下的离散代数 Riccati 方程得到：

$$P=W+A^TPA-A^TPB(R+B^TPB)^{-1}B^TPA$$

问题 1.2 非线性二次型调节器（NLQR）

$$\min_{u_0^\infty}\Phi(x_0,u_0^\infty),\ \text{s.t. 式}(1.31) \tag{1.37}$$

问题 1.3 约束非线性二次型调节器（CNLQR）

$$\min_{u_0^\infty}\Phi(x_0,u_0^\infty),\ \text{s.t. 式}(1.31)\text{和式}(1.32) \tag{1.38}$$

CNLQR 是 NLQR 的直接推广，但是比 NLQR 更加难以求解、更加重要。通常，因为涉及无穷维优化问题，CNLQR 和 NLQR 是不能有解析解的。

1.8.2 次优解

次优解分为两步给出。第一步是在原点附近构造一个邻域，并在该邻域内采用式（1.36）形式的解，称为内部模式控制器。该邻域需要满足两个条件：

1）在式（1.36）作用下，该邻域为非线性系统式（1.31）的控制不变集；

2）在该邻域内，式（1.32）应该得到满足。

第二步是求解一个有限时域优化问题，满足一个额外的终端不等式约束，称为外部模式控制器。外、内部模式控制器组合在一起，得到次优 CNLQR 的全解。上述两步形式的控制器又称为双模控制器。

首先考虑内部模式控制器。

引理 1.1　存在常数 $\alpha\in(0,\infty)$，使得原点的邻域

$$\Omega_\alpha \triangleq \{x\in\mathbb{R}^n \mid x^{\mathrm{T}}Px\leqslant\alpha\} \tag{1.39}$$

具备如下性质：

1）在控制律式（1.36）作用下，Ω_α 为式（1.31）的控制不变集；

2）对 $\forall x_0\in\Omega_\alpha$，若采用式（1.36），则 $\lim_{k\to\infty}x(k)=\mathbf{0}$，$\lim_{k\to\infty}u(k)=\mathbf{0}$。

证明 1.1　1）由于 $\mathcal{X}$ 包含 0 为内点、$\mathcal{U}$ 包含 0 为内点，总可以找到足够小的常数 $\alpha_1\in(0,\infty)$，使得式（1.39）形式的区域满足 $x\in\mathcal{X}$，$Kx\in\mathcal{U}$，$\forall x\in\Omega_{\alpha1}$。下面将说明：存在 $\alpha\in(0,\alpha_1]$ 使得 Ω_α 为控制不变集。

为达到这个目的，定义 Lyapunov 函数 $V(k)=x(k)^{\mathrm{T}}Px(k)$，并记 $\Theta(x)=f(x,Kx)-(A+BK)x$。为表达方便，简记 $x(k)$ 为 x。故

$$\begin{aligned}
&V(k+1)-V(k)\\
&=f(x,Kx)^{\mathrm{T}}Pf(x,Kx)-x^{\mathrm{T}}Px\\
&=(\Theta(x)+(A+BK)x)^{\mathrm{T}}P(\Theta(x)+(A+BK)x)-x^{\mathrm{T}}Px\\
&=\Theta(x)^{\mathrm{T}}P\Theta(x)+2\Theta(x)^{\mathrm{T}}P(A+BK)x+x^{\mathrm{T}}[(A+BK)^{\mathrm{T}}P(A+BK)-P]x\\
&=\Theta(x)^{\mathrm{T}}P\Theta(x)+2\Theta(x)^{\mathrm{T}}P(A+BK)x-x^{\mathrm{T}}(W+K^{\mathrm{T}}RK)x
\end{aligned} \tag{1.40}$$

现取标量 $\gamma>0$ 满足 $\gamma<\lambda_{\min}(W+K^{\mathrm{T}}RK)$。为了使

$$V(k+1)-V(k)\leqslant-\gamma x^{\mathrm{T}}x \tag{1.41}$$

成立，需要满足

$$\Theta(x)^{\mathrm{T}}P\Theta(x)+2\Theta(x)^{\mathrm{T}}P(A+BK)x\leqslant x^{\mathrm{T}}(W+K^{\mathrm{T}}RK)x-\gamma x^{\mathrm{T}}x \tag{1.42}$$

定义 $L_\Theta=\sup_{x\in B_r}\dfrac{\|\Theta(x)\|}{\|x\|}$，其中 $B_r=\{x\mid \|x\|\leqslant r\}$；由于 f 两次连续、可微，故存在有限值 L_Θ。

容易知道，如果

$$\{L_\Theta^2\|P\|+2L_\Theta\|P\|\,\|A+BK\|\}\,\|x\|^2\leqslant\{\lambda_{\min}(W+K^{\mathrm{T}}RK)-\gamma\}\,\|x\|^2 \tag{1.43}$$

则式（1.42）对 $\forall x\in B_r$ 也满足。由于 $\lambda_{\min}(W+K^{\mathrm{T}}RK)-\gamma>0$，且 $r\to0$ 时 $L_\Theta\to0$，故存在适当的 r 和 $\alpha\in(0,\alpha_1]$ 使得式（1.43）对 $\forall x\in\Omega_\alpha\subseteq B_r$ 满足。式（1.43）满足则式（1.41）也满足。式（1.41）满足则表示 Ω_α 为相对于 $u=Kx$ 的控制不变集。

2）对 $\forall x\in\Omega_\alpha$，式（1.41）满足的事实说明 Ω_α 为渐近稳定的吸引域（所谓吸引域是指一个集合，当初始状态位于这个集合时，闭环系统具有相应的稳定性质），即 $\lim_{k\to\infty}x(k)=\mathbf{0}$，$\lim_{k\to\infty}u(k)=\mathbf{0}$。

证毕。

根据引理1.1的证明过程，可得到如下确定区域 Ω_α 的方法。

算法1.1（Ω_α 的确定）

步骤1. 求解问题1.1得到线性状态反馈增益矩阵 $\boldsymbol{K}$；

步骤2. 寻找 α_1 使得对所有 $\boldsymbol{x}\in\Omega_{\alpha_1}$，满足 $\boldsymbol{x}\in\mathcal{X}$ 和 $\boldsymbol{Kx}\in\mathcal{U}$；

步骤3. 选择任意正数 γ，但满足 $\gamma<\lambda_{\min}(\boldsymbol{W}+\boldsymbol{K}^{\mathrm{T}}\boldsymbol{RK})$；

步骤4. 选择 L_Θ 的上界 L_Θ^u，使得 L_Θ^u 满足式（1.43）；

步骤5. 选择适当的正数 r 使得 $L_\Theta\leqslant L_\Theta^u$；

步骤6. 选择合适的 $\alpha\in(0,\alpha_1]$ 使得 $\Omega_\alpha\subseteq B_r$。

注解1.6 Ω_α 具有一个上界，因为它必须保证不变性、状态和输入约束。

通过求解LQR，得到内部模式控制器，控制作用表达为

$$\boldsymbol{u}_N^\infty=\{\boldsymbol{u}_i^N,\boldsymbol{u}_i^{N+1},\cdots\}\tag{1.44}$$

但是，应用式（1.44）的一个特别条件是：LQR问题的初始状态 $\boldsymbol{x}(N)$ 应位于 Ω_α 内部。如果 $\boldsymbol{x}_0\notin\Omega_\alpha$，则需要采用外部模式控制器使得 $\boldsymbol{x}(N)\in\Omega_\alpha$。

下面考虑外部模式控制器。

外部模式控制器表达成一个有限时域优化问题，满足附加的终端状态不等式约束，即

$$\min_{\boldsymbol{u}_0^{N-1}}\boldsymbol{\Phi}(\boldsymbol{x}_0,\boldsymbol{u}_0^{N-1}),\ \text{s.t.}\ (1.31),\ (1.32),\ k\in\{0,1,\cdots,N-1\},\boldsymbol{x}(N)\in\Omega_\alpha\tag{1.45}$$

其中，$\boldsymbol{\Phi}(\boldsymbol{x}_0,\boldsymbol{u}_0^{N-1})=\sum_{i=0}^{N-1}[\|\boldsymbol{x}(i)\|_{\boldsymbol{W}}^2+\|\boldsymbol{u}(i)\|_{\boldsymbol{R}}^2]+\|\boldsymbol{x}(N)\|_{\boldsymbol{W}}^2$，$N$ 的选择要兼顾式（1.45）的可行性和整个CNLQR问题的最优性。

注解1.7 一般来说，不可能保证式（1.45）对任意的 $\boldsymbol{x}_0$ 都可行。如果原始的问题1.3有解（指理论解，实际上很难得到），但是式（1.45）不可行，也就是说 $\boldsymbol{x}_0$ 是问题1.3的可行初始状态而不是式（1.45）的可行初始状态，则增加 N 趋向于重获可行性。

注解1.8 增加 N 有利于改进最优性，但是将增加计算量。由于次优控制问题是离线完成的（不同于MPC那样在线求解优化问题），计算量不是很严重的问题。因此，可选择较大的 N。若式（1.45）为复杂的非凸优化问题，则其最优解是难以找到的；因此，在某个 $N=N_0$ 时，增加 N 不一定改善最优性。

注解1.9 通过适当选择 N，人为约束 $\boldsymbol{x}(N)\in\Omega_\alpha$ 可能自动满足。

假设式（1.45）的解为

$$\boldsymbol{u}_0^{N-1}=\{\boldsymbol{u}_{\mathrm{o}}^*(0),\boldsymbol{u}_{\mathrm{o}}^*(1),\cdots,\boldsymbol{u}_{\mathrm{o}}^*(N-1)\}\tag{1.46}$$

则CNLQR问题的全解由外、内部模式控制器的解组合得到，为

$$\boldsymbol{u}_0^\infty=\{\boldsymbol{u}_{\mathrm{o}}^*(0),\boldsymbol{u}_{\mathrm{o}}^*(1),\cdots,\boldsymbol{u}_{\mathrm{o}}^*(N-1),\boldsymbol{u}_{\mathrm{i}}^N,\boldsymbol{u}_{\mathrm{i}}^{N+1},\cdots\}\tag{1.47}$$

1.8.3 可行性与稳定性分析

通常来说，CNLQR的闭环系统不可能是全局稳定的。下面定义相应的集合，使得在该集合内部（即状态位于该集合内部之意），式（1.45）可行且闭环系统稳定。

定义1.3 称 $S_N(\mathcal{I},\mathcal{T})$ 为系统式（1.31）的包含于 $\mathcal{I}$ 的 N 步可镇定集，如果 $\mathcal{T}$ 是包含于

$\mathcal{I}$的控制不变集且$S_N(\mathcal{I},\mathcal{T})$包含$\mathcal{I}$中所有这样的状态：存在长度为 N 的可行控制序列，将该状态在不多于 N 步内驱动到$\mathcal{T}$，在此过程中状态始终位于集合$\mathcal{I}$的内部，即

$S_N(\mathcal{I},\mathcal{T}) \triangleq \{\boldsymbol{x}_0 \in \mathcal{I}: \exists \boldsymbol{u}_o(0), \boldsymbol{u}_o(1), \cdots, \boldsymbol{u}_o(N-1) \in \mathcal{U}, \exists M \leqslant N$ 使得 $\boldsymbol{x}(1),\boldsymbol{x}(2),\cdots,\boldsymbol{x}(M-1) \in \mathcal{I}$ 且 $\boldsymbol{x}(M),\boldsymbol{x}(M+1),\cdots,\boldsymbol{x}(N) \in \mathcal{T}, \mathcal{T}$ 为控制不变集$\}$

根据定义 1.3 容易知道，对任何正整数 i，$S_i(\mathcal{I},\mathcal{T}) \subseteq S_{i+1}(\mathcal{I},\mathcal{T})$。

定义 1.4　可行集 $\Omega_{\mathrm{F}} \subseteq \mathcal{X}$是指这样的关于初始状态 $\boldsymbol{x}_0$ 的集合：问题 1.3 存在可行解，该解使闭环系统稳定。

引理 1.2　考虑问题式（1.45）和问题 1.3，则 $S_N(\mathcal{X},\Omega_\alpha) \subseteq \Omega_{\mathrm{F}}$ 成立。进一步，$N \to \infty$ 时 $S_N(\mathcal{X},\Omega_\alpha) \to \Omega_{\mathrm{F}}$，也就是说，$S_\infty(\mathcal{X},\Omega_\alpha) = \Omega_{\mathrm{F}}$。

证明 1.2　初始状态必须满足 $\boldsymbol{x}_0 \in \mathcal{X}$，故 $\Omega_\alpha \subseteq \mathcal{X}$。在式（1.45）中，加入了人为约束 $\boldsymbol{x}(N) \in \Omega_\alpha$，故可行集一定包含于问题 1.3 的可行集。当 $N \to \infty$ 时，由于问题 1.3 渐近稳定，$\boldsymbol{x}(N) \in \Omega_\alpha$ 不再起作用，故 $S_N(\mathcal{X},\Omega_\alpha) \to \Omega_{\mathrm{F}}$。

注解 1.10　引理 1.2 表明，对某些初始状态，为了使次优的 CNLQR 可行，不得不选择很大的 N。可能存在一个整数 j 使得 $S_j(\mathcal{X},\Omega_\alpha) = S_{j+1}(\mathcal{X},\Omega_\alpha)$，在这种情况下，称 $S_\infty(\mathcal{X},\Omega_\alpha)$为有限确定的、$j$ 为确定性指数。

注解 1.11　如果 $S_\infty(\mathcal{X},\Omega_\alpha)$是有限确定的、确定性指数为 j，则只要选择 $N \geqslant j$，问题 1.3 的可行集等于式（1.45）的可行集。

定理 1.3　（稳定性）对任意 $\boldsymbol{x}_0 \in S_N(\Omega_{\mathrm{F}},\Omega_\alpha)$，双模控制器得到的式（1.47）渐近镇定非线性系统式（1.31）。

证明 1.3　根据引理 1.2，$\Omega_\alpha \in \Omega_{\mathrm{F}}$ 显然成立。当 $\boldsymbol{x}_0 \in S_N(\Omega_{\mathrm{F}},\Omega_\alpha)$时，问题式（1.45）可行、控制序列式（1.46）将 $\boldsymbol{x}(N)$驱动带 Ω_α 内部。在 Ω_α 内部，根据引理 1.1 知道：式（1.36）将会把状态驱动到原点。

证毕。

1.8.4 数值例子

考虑双线性系统

$$\begin{cases} x_1(k+1) = -0.5x_2(k) + 0.5u(k) + 0.5u(k)x_1(k) \\ x_2(k+1) = x_1(k) + 0.5u(k) - 2u(k)x_2(k) \end{cases}$$

输入和状态约束为

$$\mathcal{U} = \{u \in \mathbb{R}^1 \mid -0.1 \leqslant u \leqslant 0.1\},\ \mathcal{X} = \left\{(x_1,x_2) \in \mathbb{R}^2 \,\middle|\, \begin{matrix} -0.3 \leqslant x_1 \leqslant 0.3 \\ -0.3 \leqslant x_2 \leqslant 0.3 \end{matrix}\right\}$$

加权矩阵为 $\boldsymbol{W} = I$，$\boldsymbol{R} = 1$。在原点线性化，得到 $\boldsymbol{A} = \begin{bmatrix} 0 & -0.5 \\ 1 & 0 \end{bmatrix}$，$\boldsymbol{B} = \begin{bmatrix} 0.5 \\ 0.5 \end{bmatrix}$。

根据算法 1.1，进行如下步骤：

1）求解 LQR 问题得到 $\boldsymbol{K} = [-0.39 \quad 0.2865]$，$\boldsymbol{P} = \begin{bmatrix} 2.0685 & 0.1434 \\ 0.1434 & 1.3582 \end{bmatrix}$；

2）α_1 的选择需要满足 $\Omega_{\alpha_1} \subseteq \Gamma_{\mathrm{p}}$，其中

$$\Gamma_{\mathrm{p}} = \left\{(x_1,x_2) \,\middle|\, \begin{matrix} -0.1 \leqslant -0.39x_1 + 0.2865x_2 \leqslant 0.1 \\ -0.3 \leqslant x_1 \leqslant 0.3,\ -0.3 \leqslant x_2 \leqslant 0.3 \end{matrix}\right\}$$

尽管可通过优化方法找到最大的 α_1，但是这里仅给出一个可行的值：令椭圆 $x^{T}Px=\alpha_1$ 的长轴为 $0.2567/\sqrt{2}$，得到$\alpha_1=0.0438$。Ω_{α_1}位于阴影区域 Γ_p 内部，如图1.7所示；

3）由于 $\lambda_{\min}(W+K^{T}RK)=1$，故选择 $\gamma=0.1$；

4）由于 $\|P\|=2.0937$、$\|A+BK\|=0.8624$，由式（1.43）得到 $L_{\Theta}^{u}=0.22$；

5）选择 $r=0.13$，则对 $x\in B_r$，$L_{\Theta}<L_{\Theta}^{u}$ 成立，其中

$$\begin{cases}\Theta_1(x)=-0.19475x_1^2+0.14325x_1x_2\\ \Theta_2(x)=-0.573x_2^2+0.779x_1x_2\end{cases}$$

6）令 $x^{T}Px=\beta$ 的长轴为 0.13，选择 $\beta=0.0225$ 使得 $\Omega_{\beta}\subset B_r$㊀；选择 $\alpha=0.0225$。

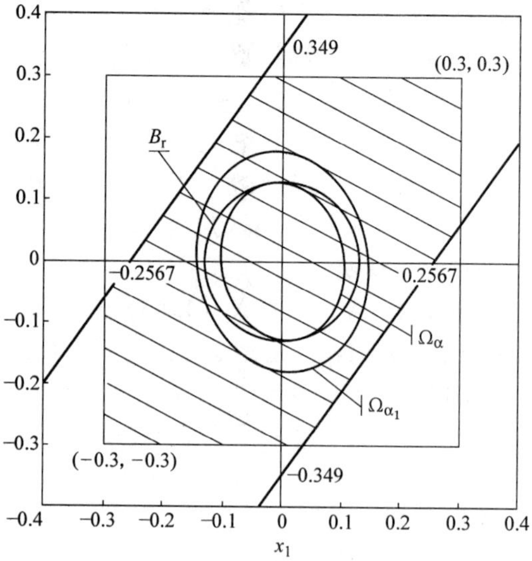

图1.7 $\Gamma_p\supseteq\Omega_{\alpha_1}\supseteq B_r\supseteq\Omega_\alpha$

然后，选择 $N=10$。运用 MATLAB 的 Optimization Toolbox，其中优化初值设为$[u(0),\cdots,u(9)]=[0,\cdots,0]$。图1.8和图1.9给出 $x_0^{T}=[0.25,0.25]$时的状态响应和输入信号曲线。对采样周期8～20的曲线进行了放大。在1～10个采样周期，求解的是有限时域优化问题。在第10个采样时刻，状态为（-0.00016，-0.00036）、位于$\Omega_{0.0225}$内部。在线性状态反馈控制的作用下，状态被最终驱动到原点。

在该例子中，如果去掉终端状态不等式约束，则得到的状态响应是完全相同的（见注释1.9）。

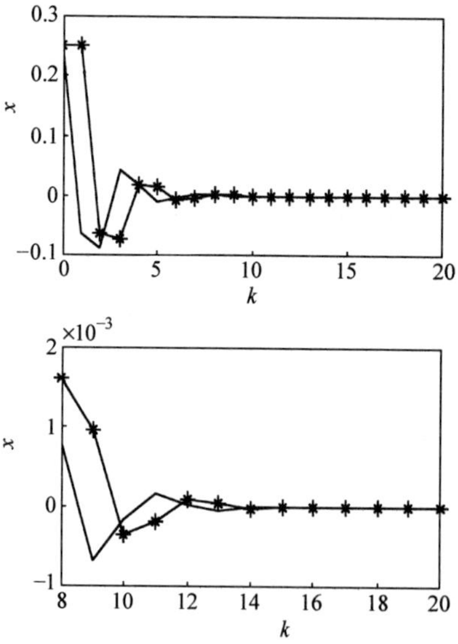

图1.8 闭环系统状态响应（带标记为 x_2）

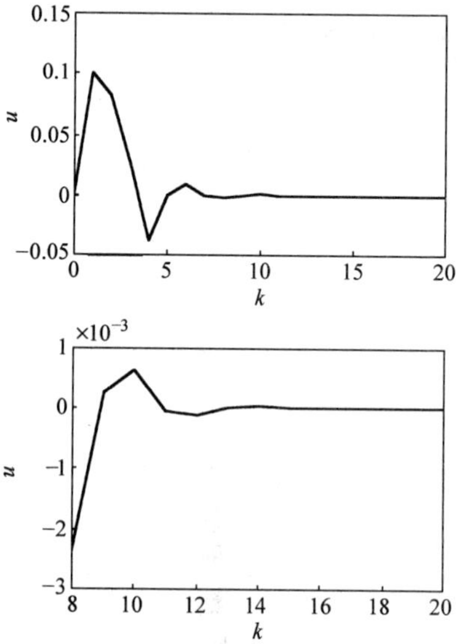

图1.9 控制输入信号

㊀ 请读者注意：本书同一个斜体字符在下标时可能变为正体，这时它所代表的物理意义和斜体字符相同。

1.9　从经典预测控制到综合型预测控制

目前，工程中采用的预测控制，一般都是求解像式（1.30）这样的有限时域优化问题；实际上，比较成熟的是采用线性模型，以使在线优化在计算量上可行。根据前面所做的描述，把基于类似的有限时域优化的预测控制称为经典预测控制。对这些经典预测控制，闭环系统的稳定性分析一直以来是很困难的。

为了克服这样的分析困难，从 20 世纪 90 年代开始，人们已经广泛地研究综合型预测控制。我们可将综合型预测控制称为现代预测控制，以便与经典形式预测控制有文字上的区别。所谓综合，是从稳定性角度的命名：对经典形式预测控制进行稳定性分析，可得到闭环系统的稳定条件；而综合型预测控制通过加入稳定的三要素，使得到的控制器具有稳定性保证。

像在注释 1.5 中所说的那样，在综合型预测控制中，一般不明确地引入反馈校正。在综合型预测控制中采用不确定模型，得到鲁棒预测控制；在工业预测控制中，常采用线性模型，在理论上则分析有建模误差（模型 - 系统失配）时闭环系统的鲁棒稳定性。由不确定模型（常用的包括多胞描述模型、有界噪声模型）所预测的未来输出/状态集中，包含实际系统的状态/输出演变，也就是说真实系统的状态演变被基于不确定模型的状态预测集所包含。

在 1.8 节给出的次优控制器中，$\{\boldsymbol{u}_o^*(0),\boldsymbol{u}_o^*(1),\cdots,\boldsymbol{u}_o^*(N-1)\}$ 和 $\boldsymbol{K}$ 都是离线计算的。在实际应用中，这些数据在运行控制器前都已经存放在计算机中；在每个采样时刻，只需要取对应的解实施就行。预测控制（包括经典预测控制和综合型预测控制）和最优控制的最大区别在于采用滚动优化。

对上一节提出的 CNLQR，如果采用滚动求解的方法，即在每个时刻求解 CNLQR 的外部模式控制器问题，并实施当前控制作用的优化值 $\boldsymbol{u}^*(k)$，则闭环系统不一定渐近稳定。在综合型预测控制中，为了得到闭环稳定性，要对终端代价函数、终端状态约束集、局部控制器（称为综合型预测控制的三要素）进行适当地组合，对此有如下结论（见文献［116］）。

引理 1.4　针对系统式（1.31）和式（1.32），假设 1）~3）成立且加权矩阵 $\boldsymbol{W}>0$、$\boldsymbol{R}>0$。则存在 $\boldsymbol{K}$、$\beta>0$ 和对称正定矩阵 $\boldsymbol{P}$ 满足如下的 Lyapunov 方程：

$$(\boldsymbol{A}+\boldsymbol{B}\boldsymbol{K})^{\mathrm{T}}\boldsymbol{P}(\boldsymbol{A}+\boldsymbol{B}\boldsymbol{K})-\boldsymbol{P}=-\beta\boldsymbol{P}-\boldsymbol{W}-\boldsymbol{K}^{\mathrm{T}}\boldsymbol{R}\boldsymbol{K} \tag{1.48}$$

进一步，存在常数 $\alpha\in(0,\infty)$，使得式（1.39）定义的原点的邻域 Ω_α 具备如下性质：

1）在控制律 $\boldsymbol{u}(k)=\boldsymbol{K}\boldsymbol{x}(k)$ 作用下，Ω_α 为式（1.31）的控制不变集；

2）对 $\forall \boldsymbol{x}_0\in\Omega_\alpha$，若采用 $\boldsymbol{u}(k)=\boldsymbol{K}\boldsymbol{x}(k)$，则 $\lim_{k\to\infty}\boldsymbol{x}(k)=\boldsymbol{0}$，$\lim_{k\to\infty}\boldsymbol{u}(k)=\boldsymbol{0}$；

3）当 $\forall \boldsymbol{x}(k)\in\Omega_\alpha$ 时

$$\|\boldsymbol{x}(k)\|_{\boldsymbol{P}}^2\geqslant\sum_{i=0}^{\infty}\left[\|\boldsymbol{x}(k+i|k)\|_{\boldsymbol{W}}^2+\|\boldsymbol{K}\boldsymbol{x}(k+i|k)\|_{\boldsymbol{R}}^2\right] \tag{1.49}$$

证明 1.4　由于（$\boldsymbol{A}$，$\boldsymbol{B}$）可正定，存在 $\boldsymbol{K}$、$\beta>0$ 和对称正定矩阵 $\boldsymbol{P}$ 满足式（1.48）是显然的。同引理 1.1，可得 $V(k+1)-V(k)=\boldsymbol{\Theta}(\boldsymbol{x})^{\mathrm{T}}\boldsymbol{P}\boldsymbol{\Theta}(\boldsymbol{x})+2\boldsymbol{\Theta}(\boldsymbol{x})^{\mathrm{T}}\boldsymbol{P}(\boldsymbol{A}+\boldsymbol{B}\boldsymbol{K})\boldsymbol{x}-\boldsymbol{x}^{\mathrm{T}}(\beta\boldsymbol{P}+\boldsymbol{W}+\boldsymbol{K}^{\mathrm{T}}\boldsymbol{R}\boldsymbol{K})\boldsymbol{x}$。类似引理 1.1 可证 1）和 2）。进一步，对充分小的 α，当 $x(k)\in\Omega_\alpha$ 时，式（1-50）成立。

$$V(k+1)-V(k)\leqslant -x(k)^{\mathrm{T}}(W+K^{\mathrm{T}}RK)x(k) \tag{1.50}$$

根据式（1.50），对预测控制

$$V(k+i+1|k)-V(k+i|k)\leqslant -x(k+i|k)^{\mathrm{T}}(W+K^{\mathrm{T}}RK)x(k+i|k) \tag{1.51}$$

将式（1.51）从$i=0$到$i=\infty$叠加得到式（1.49），其中$V(\infty|k)=0$。

证毕。

简单地说，如果：

1）按照式（1.48）选择K、$\beta>0$和对称正定矩阵P，并选择合适的α使得引理1.4的性质1）~3）满足；

2）将优化问题式（1.45）的性能指标$\Phi(x_0,u_0^{N-1})$稍做修改为

$$\Phi(x(k))=\sum_{i=0}^{N-1}[\|x(k+i|k)\|_W^2+\|u(k+i|k)\|_R^2]+\|x(k+N|k)\|_P^2$$

3）在每个时刻k最小化$\Phi(x(k))$，同时满足优化时域N以前的输入/状态约束并满足$x(k+N|k)\in\Omega_\alpha$，

则1）~3）对应的预测控制算法为综合型预测控制算法，闭环系统稳定；三要素为Ω_α、K和$\|x(k+N|k)\|_P^2$。

1. 优化控制中的最优与次优

传统最优控制中的最优，是指最小化某个性能指标。显然，预测控制同样最小化一个性能指标。如果不能绝对地最小化，而是找到次优解，则称为次优控制。区分传统的最优控制与预测控制的标准不在于是否最小化，而在于控制作用或控制律是否在线更新。

最优和次优是相对的概念。在预测控制综合方法中，往往用有限时域性能指标作为无穷时域性能指标的上界。该上界通常具有保守性，因此，相对于一个无穷时域性能指标，预测控制只是得到次优解；但是相对于有限时域性能指标，预测控制可以找到最优解。

预测控制中的性能指标的选取通常主要是从稳定性的角度着手；即选择的性能指标要有利于系统的稳定，最优性（最优性是指与最优解相比较的性质）的考虑次之。传统的最优控制的着眼点主要在于最优；如果选择无穷时域性能指标为无穷时间正定函数的和，则“闭环系统渐近稳定”与“和函数有界”是等价的。

预测控制和传统的最优控制同属于优化控制，但是很难说前者包含后者或后者包含前者。实际上，两者具有不同的工程背景，实现的方式有很大的差别，但是在理论上经常有很多等价之处。

2. 无穷时域优化控制是经典预测控制向综合型预测控制过渡的纽带

这个观点已经在前面几节得到示范性的说明。CNLQR本来是个最优控制问题，但是我们只能给出其次优解。该次优解的给出，是通过将无穷时域性能指标分成两个部分，单独求解得到的。由于在终端集合Ω_α内部，性能指标的上界是$\|x(k+N|k)\|_P^2$；把该上界加到次优CNLQR对应的有限时域性能指标中，得到无穷时域性能指标的上界。将该上界进一步作为预测控制滚动优化的性能指标，则无穷时域优化控制“渐近稳定等价于和函数有界”的优势得到继承。

3. 经典预测控制和综合型预测控制是追求相同目标的不同表现形式

既然经典预测控制是工业中采用的形式，为何还要研究综合型预测控制呢？除了综合型预测控制可能应用到其他工程领域外，可以说两类预测控制是解决相同问题，却从不同角度

着手的必然结果。

为了控制一个系统，我们希望控制器容易实施、还要保证稳定性。这是一对矛盾。通常，给定一个系统，采用简单的模型和控制器，可能得到一个复杂的、“难以琢磨”的闭环系统；经典预测控制就是这样，采用脉冲响应、阶跃响应等容易得到的模型，简化了控制器的实施，但增加了分析难度。给定一个系统，采用稍微复杂的模型和复杂的控制器，可得到一个容易分析的闭环系统；综合型预测控制就是这样，采用多胞描述、有界噪声等模型，控制器实施要在线求解复杂的数学优化问题。

目前经典预测控制和综合型预测控制有很大差别的原因，在于数学分析手段、系统辨识等很多领域的知识还不够完备。也就是说，应该存在消除差别的方法，只是人们还没有找到。在人们的不断研究和探索中，两种类型的预测控制不仅会从不同角度解决工程实际问题，而且完全可能相互结合、优势互补。

第 2 章　基于非参数化模型的预测控制

20 世纪 70 年代，人们除了加强对生产过程的建模、系统辨识、自适应控制等方面的研究外，开始打破传统的控制思想的观念，试图面向工业开发出一种对模型要求低、在线计算方便、控制综合效果好的新型算法。动态矩阵控制（Dynamic Matrix Control，DMC）和模型算法控制（Model Algorithmic Control，MAC；又称模型预测启发控制，Model Predictive Heuristic Control，MPHC）就是在这样的背景下产生的，并在工业控制中得到应用。

动态矩阵控制和模型算法控制有很多共同之处。它们都采用非参数化模型，即分别采用阶跃响应模型和脉冲响应模型，而得到了脉冲响应等价于得到了阶跃响应。就早期的算法而言，动态矩阵控制优于模型算法控制的地方是在消除稳态余差方面的有效性。但两种方法经过 40 年左右的发展，早已经就其不足进行了改进，具体技术细节因属于商业软件的技术机密而不能在各种论著中得到详细的阐述和论证。文献［18］对工业中广泛采用的双层结构动态矩阵控制，基于作者对已有的商业软件的学习进行了构造和详细阐述。从目前的情况看，动态矩阵控制是流程工业中应用最多的预测控制算法。

本章所给出的模型算法控制和动态矩阵控制都属于基本的原理性算法。工业中主流的预测控制都是位于递阶结构中的，采用的具体技术含有稳态目标计算和动态控制两层，但本章中不具体重复稳态目标计算技术。本章主要参考了文献［5，170，190］。

2.1　模型算法控制原理

模型算法控制对应的工业应用软件为 IDCOM（Identification - Command），采用多变量系统的脉冲响应模型。脉冲响应模型作为内部模型（即存放在计算机内存中的模型），用于在线实时预测系统的输入和输出。尽管该内部模型可以在线辨识得到，但在大多数时候都是离线设置好的，一般只需要在较长的时间（如一年）后，才需要更新模型。

2.1.1　脉冲响应模型

在控制方法中选择脉冲响应模型总是容易引起争议。该模型并非仅在提出 MPHC 时/之前才有，而是远早于经典控制理论的发展。但是在经典控制理论和（MPHC 之前的）现代控制理论中，一般认为采用脉冲响应模型并不方便。相比而言，微分方程、传递函数和状态空间模型非常适合做理论分析。

但是，自 MPHC 发明以来，几乎没有任何其他（不采用脉冲响应模型或具有类似特点的阶跃响应模型）的控制算法能够更有效地用到流程工业中。这一现象可以从多个角度理解，包括：

1）从系统辨识的角度看，脉冲响应模型（或阶跃响应模型）最容易得到、最原始、最准确。在选取输入输出参数化模型的阶数时，通常要有所取舍，造成模型和实际系统的差距可能比采用脉冲响应模型（或阶跃响应模型）时更大。

2）对于实施控制而言，从机理分析上得到的复杂数学模型通常也不是必需的，而且在得到机理模型时，一般也要做较多的假设。相反，脉冲响应模型（相对于机理模型而言）尽管采用更多的模型系数，却保留了系统更多的信息。

3）采用脉冲响应模型（或阶跃响应模型）可以节省控制器设计的时间，减少工作量。MPHC（以及采用阶跃响应模型的动态矩阵控制）算法原理都很简单，容易被过程工程师所接受。

假设被控过程的脉冲响应为 $\boldsymbol{H}(l)$，可用如下的卷积模型描述：

$$y(k) = \sum_{l=1}^{\infty} \boldsymbol{H}(l)\boldsymbol{u}(k-l) \tag{2.1}$$

对于稳定的被控过程，当 l 增大时，$\boldsymbol{H}(l)$ 趋于零，因此可用有限的卷积来近似式（2.1），即

$$y(k) = \sum_{l=1}^{N} \boldsymbol{H}(l)\boldsymbol{u}(k-l) \tag{2.2}$$

N 为卷积相乘数（或模型长度、模型时域），N 的选取与采样周期 T_s 有关，即 NT_s 应该相应于被控过程的响应时间，

$$\boldsymbol{H} = \begin{bmatrix} h_{11} & h_{12} & \cdots & h_{1m} \\ h_{21} & h_{22} & \cdots & h_{2m} \\ \vdots & \vdots & \ddots & \vdots \\ h_{r1} & h_{r2} & \cdots & h_{rm} \end{bmatrix}$$

符号 N 与上一章意义不同，皆为遵照文献惯例。根据式（2.2），多变量系统的每个输出 y_i $(i \in \{1,\cdots,r\})$ 是所有 m 个输入在过去 N 个历史时刻的加权和，表示为

$$y_i(k) = \sum_{j=1}^{m}\sum_{l=1}^{N} h_{ij}(l)u_j(k-l)$$

2.1.2　模型预测与反馈校正

利用卷积模型式（2.2），可得到未来 $k+j$ 时刻输出的预测值为

$$\bar{\boldsymbol{y}}(k+j \mid k) = \sum_{l=1}^{N} \boldsymbol{H}(l)\boldsymbol{u}(k+j-l \mid k) \tag{2.3}$$

利用实测输出 $\boldsymbol{y}(k)$ 与 $\bar{\boldsymbol{y}}(k|k)$ 之差（定义为：$\boldsymbol{\epsilon}(k) = \boldsymbol{y}(k) - \bar{\boldsymbol{y}}(k|k)$，或称即时预测误差），对式（2.3）给出的未来时刻的预测值 $\bar{\boldsymbol{y}}(k+j|k)$ 进行修正，一般采用下述形式：

$$\boldsymbol{y}(k+j|k) = \bar{\boldsymbol{y}}(k+j|k) + f_j(\boldsymbol{y}(k) - \bar{\boldsymbol{y}}(k|k)) \tag{2.4}$$

其中，f_j 为反馈校正系数。

若输出的给定值为 $\boldsymbol{y}_s(k+j)$，则得到输出跟踪误差预测值（输出跟踪误差定义为 $\boldsymbol{e} = \boldsymbol{y}_s - \boldsymbol{y}$）

$$\boldsymbol{e}(k+j|k) = \boldsymbol{y}_s(k+j) - f_j\boldsymbol{y}(k) - (\bar{\boldsymbol{y}}(k+j|k) - f_j\,\bar{\boldsymbol{y}}(k|k)) \tag{2.5}$$

由式（2.3）得到

$$\bar{\boldsymbol{y}}(k+j \mid k) - f_j\bar{\boldsymbol{y}}(k \mid k) = \sum_{l=1}^{j} \boldsymbol{H}(l)\boldsymbol{u}(k+j-l \mid k) + \sum_{l=1}^{N-j} \boldsymbol{H}(l+j)\boldsymbol{u}(k-l) - f_j\sum_{l=1}^{N} \boldsymbol{H}(l)\boldsymbol{u}(k-l) \tag{2.6}$$

在式（2.6）中，等号右边第一项为有关未来和当前控制作用的影响，这一项在当前时刻是未知的；后两项是有关历史控制作用的影响，在当前时刻是已知的。

将式（2.6）代入式（2.5），得到误差预测值

$$\boldsymbol{e}(k+j|k)=\boldsymbol{e}_0(k+j)-\sum_{l=1}^{j}\boldsymbol{H}(l)\boldsymbol{u}(k+j-l|k) \tag{2.7}$$

其中

$$\boldsymbol{e}_0(k+j)=y_s(k+j)-f_j y(k)-\sum_{l=1}^{N-j}\boldsymbol{H}(l+j)\boldsymbol{u}(k-l)+f_j\sum_{l=1}^{N}\boldsymbol{H}(l)\boldsymbol{u}(k-l) \tag{2.8}$$

为当前时刻及以后控制作用为零时，由实测输出 $y(k)$ 和历史的控制作用预测的未来时刻的误差值。

假设系统的输出稳态目标为 $\boldsymbol{y}_{ss}$（见文献［18］），则 $\boldsymbol{y}_s(k+j)$ 可采用如下简单的方法得到：

$$\boldsymbol{y}_s(k)=y(k),\ \boldsymbol{y}_s(k+j)=\alpha\boldsymbol{y}_s(k+j-1)+(1-\alpha)\boldsymbol{y}_{ss},\ j>0 \tag{2.9}$$

其中，α 为常数，$\alpha>0$。$\boldsymbol{y}_s(k+1),\boldsymbol{y}_s(k+2),\cdots$称为参考轨迹。

2.1.3 优化控制：单入单出情形

在模型算法控制的实际应用中，通常取 $M<P$（M 为控制时域、P 为预测时域，皆按文献惯例），且

$$u(k+i|k)=u(k+M-1|k),\ i\in\{M,\cdots,P-1\} \tag{2.10}$$

首先考虑单入单出系统。有限卷积模型表示为

$$y(k)=\sum_{l=1}^{N}h_l u(k-l) \tag{2.11}$$

根据式（2.3）、式（2.10）和式(2.11）容易得到

$$\tilde{\boldsymbol{y}}(k|k)=\boldsymbol{G}\tilde{\boldsymbol{u}}(k|k)+\boldsymbol{G}_p\tilde{\boldsymbol{u}}_p(k) \tag{2.12}$$

其中

$$\tilde{\boldsymbol{y}}(k|k)=[\bar{y}(k+1|k),\bar{y}(k+2|k),\cdots,\bar{y}(k+P|k)]^T$$

$$\tilde{\boldsymbol{u}}(k|k)=[u(k|k),u(k+1|k),\cdots,u(k+M-1|k)]^T$$

$$\tilde{\boldsymbol{u}}_p(k|k)=[u(k-1),u(k-2),\cdots,u(k-N+1)]^T$$

$$\boldsymbol{G}=\begin{bmatrix} h_1 & 0 & 0 & \cdots & 0\\ h_2 & h_1 & 0 & \cdots & 0\\ \vdots & \vdots & \ddots & \ddots & \vdots\\ h_{M-1} & h_{M-2} & \cdots & h_1 & 0\\ h_M & h_{M-1} & \cdots & h_2 & h_1\\ h_{M+1} & h_M & \cdots & h_3 & (h_2+h_1)\\ \vdots & \vdots & \ddots & \vdots & \vdots\\ h_P & h_{P-1} & \cdots & h_{P-M+2} & (h_{P-M+1}+\cdots+h_1)\end{bmatrix}$$

$$G_p = \begin{bmatrix} h_2 & \cdots & h_{N-P+1} & h_{N-P+2} & \cdots & h_N \\ \vdots & \ddots & \vdots & \vdots & \iddots & 0 \\ h_P & \cdots & h_{N-1} & h_N & \iddots & \vdots \\ h_{P+1} & \cdots & h_N & 0 & \cdots & 0 \end{bmatrix}$$

下脚标中的 p 表示 past(过去)。

进一步，根据式（2.3）~式(2.8）得到

$$\tilde{\boldsymbol{e}}(k|k) = \tilde{\boldsymbol{e}}_0(k) - \boldsymbol{G}\tilde{\boldsymbol{u}}(k|k) \tag{2.13}$$

$$\tilde{\boldsymbol{e}}_0(k) = \tilde{\boldsymbol{y}}_s(k) - \boldsymbol{G}_p\tilde{\boldsymbol{u}}_p(k) - \tilde{\boldsymbol{f}}\boldsymbol{\epsilon}(k) \tag{2.14}$$

其中

$$\tilde{\boldsymbol{f}} = [f_1, f_2, \cdots, f_P]^T$$

$$\tilde{\boldsymbol{e}}(k|k) = [e(k+1|k), e(k+2|k), \cdots, e(k+P|k)]^T$$

$$\tilde{\boldsymbol{e}}_0(k) = [e_0(k+1), e_0(k+2), \cdots, e_0(k+P)]^T$$

$$\tilde{\boldsymbol{y}}_s(k) = [y_s(k+1), y_s(k+2), \cdots, y_s(k+P)]^T$$

如果优化 $\tilde{\boldsymbol{u}}(k|k)$的准则是最小化如下性能指标：

$$J(k) = \sum_{i=1}^{P} w_i e^2(k+i|k) + \sum_{j=1}^{M} r_j[u(k+j-1|k) - u_{ss}]^2 \tag{2.15}$$

其中，w_i 和 r_j 都是非负的标量，u_{ss}为对应于 y_{ss}的稳态输入目标，则当 $\boldsymbol{G}^T\boldsymbol{W}\boldsymbol{G}+\boldsymbol{R}$ 为可逆矩阵时，利用式（2.13)和式(2.14）可得到最小化式（2.15）的结果为

$$\tilde{\boldsymbol{u}}(k|k) = (\boldsymbol{G}^T\boldsymbol{W}\boldsymbol{G}+\boldsymbol{R})^{-1}[\boldsymbol{G}^T\boldsymbol{W}\tilde{\boldsymbol{e}}_0(k) + \boldsymbol{R}\tilde{\boldsymbol{u}}_{ss}] \tag{2.16}$$

其中，$\boldsymbol{W} = \mathrm{diag}\{w_1, w_2, \cdots, w_P\}$，$\boldsymbol{R} = \mathrm{diag}\{r_1, r_2, \cdots, r_M\}$，$\tilde{\boldsymbol{u}}_{ss} = [u_{ss}, u_{ss}, \cdots, u_{ss}]^T$。

在每个时刻 k，实施如下的控制量（假设 $u(k) = u(k|k)$)：

$$u(k) = \boldsymbol{d}^T(\tilde{\boldsymbol{y}}_s(k) - \boldsymbol{G}_p\tilde{\boldsymbol{u}}_p(k) - \tilde{\boldsymbol{f}}\boldsymbol{\epsilon}(k)) + \boldsymbol{d}_2^T\tilde{\boldsymbol{u}}_{ss} \tag{2.17}$$

其中，$\boldsymbol{d}^T = [1\quad 0\cdots0](\boldsymbol{G}^T\boldsymbol{W}\boldsymbol{G}+\boldsymbol{R})^{-1}\boldsymbol{G}^T\boldsymbol{W}$，$\boldsymbol{d}_2^T = [1\ 0\cdots0][\boldsymbol{G}^T\boldsymbol{W}\boldsymbol{G}+\boldsymbol{R})^{-1}\boldsymbol{R}$。

算法 2.1(无约束模型算法控制)

步骤 0.　获得$\{h_1, h_2, \cdots, h_N\}$。计算 $\boldsymbol{d}^T$ 和 $\boldsymbol{d}_2^T$。选择$\tilde{\boldsymbol{f}}$。获得 $u(-N), u(-N+1), \cdots, u(-1)$。

步骤 1.　在每个时刻 $k \geqslant 0$，

步骤 1.1.　测量输出 $y(k)$；

步骤 1.2.　确定 $\tilde{\boldsymbol{y}}_s(k)$；

步骤 1.3.　计算 $\epsilon(k) = y(k) - \bar{y}(k|k)$，其中 $\bar{y}(k|k) = \sum_{l=1}^{N} h_l u(k-l)$；

步骤 1.4.　计算式（2.12）中的 $\boldsymbol{G}_p\tilde{\boldsymbol{u}}_p(k)$；

步骤 1.5.　用式（2.17）计算 $u(k)$；

步骤 1.6.　实施 $u(k)$。

注解2.1 将式（2.4）用于$j=0$，得到$y(k|k)=\bar{y}(k|k)+f_0(y(k)-\bar{y}(k|k))$。取$f_0=1$时，由上式得到$y(k|k)=y(k)$。这正是取$\epsilon(k)$做反馈校正的理由。式（2.4）中$f_j$取法因人而异，因此$f_j$可作为可调参数。在早期的MPHC算法中，取$f_j=1$。

2.1.4 优化控制：多变量情形

有m个输入和r个输出的系统的模型算法控制律的推导是单入单出情形的推广。关于输出的预测可按照如下步骤进行。

第一步：假设当前和未来只有第j个输入不为零，其他输入为零。则考虑第i个输出，得到$\tilde{\boldsymbol{y}}_{ij}(k|k)=\boldsymbol{G}_{ij}\tilde{\boldsymbol{u}}_j(k|k)+\sum_{j=1}^{m}\boldsymbol{G}_{ijp}\tilde{\boldsymbol{u}}_{jp}(k)$，其中

$$\tilde{\boldsymbol{y}}_{ij}(k|k)=[\bar{y}_{ij}(k+1|k),\bar{y}_{ij}(k+2|k),\cdots,\bar{y}_{ij}(k+P|k)]^{\mathrm{T}}$$

$$\tilde{\boldsymbol{u}}_j(k|k)=[u_j(k|k),u_j(k+1|k),\cdots,u_j(k+M-1|k)]^{\mathrm{T}}$$

$$\tilde{\boldsymbol{u}}_{jp}(k|k)=[u_j(k-1),u_j(k-2),\cdots,u_j(k-N+1)]^{\mathrm{T}}$$

$$\boldsymbol{G}_{ij}=\begin{bmatrix} h_{ij}(1) & 0 & 0 & \cdots & 0 \\ h_{ij}(2) & h_{ij}(1) & 0 & \cdots & 0 \\ \vdots & \vdots & \ddots & \ddots & \vdots \\ h_{ij}(M-1) & h_{ij}(M-2) & \cdots & h_{ij}(1) & 0 \\ h_{ij}(M) & h_{ij}(M-1) & \cdots & h_{ij}(2) & h_{ij}(1) \\ h_{ij}(M+1) & h_{ij}(M) & \cdots & h_{ij}(3) & h_{ij}(2)+h_{ij}(1) \\ \vdots & \vdots & \ddots & \vdots & \vdots \\ h_{ij}(P) & h_{ij}(P-1) & \cdots & h_{ij}(P-M+2) & \sum_{l=1}^{P-M+1}h_{ij}(l) \end{bmatrix}$$

$$\boldsymbol{G}_{ijp}=\begin{bmatrix} h_{ij}(2) & \cdots & h_{ij}(N-P+1) & h_{ij}(N-P+2) & \cdots & h_{ij}(N) \\ \vdots & \ddots & \vdots & \vdots & \iddots & 0 \\ h_{ij}(P) & \cdots & h_{ij}(N-1) & h_{ij}(N) & \iddots & \vdots \\ h_{ij}(P+1) & \cdots & h_{ij}(N) & 0 & \cdots & 0 \end{bmatrix}$$

第二步：假设当前和未来所有输入都不一定为零。则考虑第i个输出，利用叠加原理得到

$$\tilde{\boldsymbol{y}}_i(k|k)=\sum_{j=1}^{m}\boldsymbol{G}_{ij}\tilde{\boldsymbol{u}}_j(k|k)+\sum_{j=1}^{m}\boldsymbol{G}_{ijp}\tilde{\boldsymbol{u}}_{jp}(k)$$

$$\tilde{\boldsymbol{e}}_i(k|k)=\tilde{\boldsymbol{e}}_{i0}(k)-\sum_{j=1}^{m}\boldsymbol{G}_{ij}\tilde{\boldsymbol{u}}_j(k|k)$$

$$\tilde{\boldsymbol{e}}_{i0}(k)=\tilde{\boldsymbol{y}}_{is}(k)-\sum_{j=1}^{m}\boldsymbol{G}_{ijp}\tilde{\boldsymbol{u}}_{jp}(k)-\tilde{\boldsymbol{f}}_i\epsilon_i(k)$$

其中

$$\tilde{\boldsymbol{y}}_i(k|k)=[\bar{y}_i(k+1|k),\bar{y}_i(k+2|k),\cdots,\bar{y}_i(k+P|k)]^{\mathrm{T}}$$

$$\tilde{\boldsymbol{e}}_i(k|k)=[e_i(k+1|k),e_i(k+2|k),\cdots,e_i(k+P|k)]^{\mathrm{T}}$$

$$\tilde{\boldsymbol{e}}_{i0}(k)=[e_{i0}(k+1),e_{i0}(k+2),\cdots,e_{i0}(k+P)]^{\mathrm{T}}$$

$$\tilde{\boldsymbol{y}}_{is}(k)=[y_{is}(k+1),y_{is}(k+2),\cdots,y_{is}(k+P)]^{\mathrm{T}}$$
$$\tilde{\boldsymbol{f}}_i=[f_{i1},f_{i2},\cdots,f_{iP}]^{\mathrm{T}}$$
$$\epsilon_i(k)=y_i(k)-\bar{y}_i(k|k)$$

第三步：考虑所有输入和所有输出，得到

$$\boldsymbol{Y}(k|k)=\tilde{\boldsymbol{G}}\boldsymbol{U}(k|k)+\tilde{\boldsymbol{G}}_{\mathrm{p}}\boldsymbol{U}_{\mathrm{p}}(k) \tag{2.18}$$

$$\boldsymbol{E}(k|k)=\boldsymbol{E}_0(k)-\tilde{\boldsymbol{G}}\boldsymbol{U}(k|k) \tag{2.19}$$

$$\boldsymbol{E}_0(k)=\boldsymbol{Y}_{\mathrm{s}}(k)-\tilde{\boldsymbol{G}}_{\mathrm{p}}\boldsymbol{U}_{\mathrm{p}}(k)-\tilde{\boldsymbol{F}}\boldsymbol{\Upsilon}(k) \tag{2.20}$$

其中

$$\boldsymbol{Y}(k|k)=[\tilde{\boldsymbol{y}}_1(k|k)^{\mathrm{T}},\tilde{\boldsymbol{y}}_2(k|k)^{\mathrm{T}},\cdots,\tilde{\boldsymbol{y}}_r(k|k)^{\mathrm{T}}]^{\mathrm{T}}$$
$$\boldsymbol{U}(k|k)=[\tilde{\boldsymbol{u}}_1(k|k)^{\mathrm{T}},\tilde{\boldsymbol{u}}_2(k|k)^{\mathrm{T}},\cdots,\tilde{\boldsymbol{u}}_m(k|k)^{\mathrm{T}}]^{\mathrm{T}}$$
$$\boldsymbol{U}_{\mathrm{p}}(k)=[\tilde{\boldsymbol{u}}_{1\mathrm{p}}(k)^{\mathrm{T}},\tilde{\boldsymbol{u}}_{2\mathrm{p}}(k)^{\mathrm{T}},\cdots,\tilde{\boldsymbol{u}}_{m\mathrm{p}}(k)^{\mathrm{T}}]^{\mathrm{T}}$$
$$\boldsymbol{E}(k|k)=[\tilde{\boldsymbol{e}}_1(k|k)^{\mathrm{T}},\tilde{\boldsymbol{e}}_2(k|k)^{\mathrm{T}},\cdots,\tilde{\boldsymbol{e}}_r(k|k)^{\mathrm{T}}]^{\mathrm{T}}$$
$$\boldsymbol{E}_0(k)=[\tilde{\boldsymbol{e}}_{10}(k)^{\mathrm{T}},\tilde{\boldsymbol{e}}_{20}(k)^{\mathrm{T}},\cdots,\tilde{\boldsymbol{e}}_{r0}(k)^{\mathrm{T}}]^{\mathrm{T}}$$
$$\boldsymbol{Y}_{\mathrm{s}}(k)=[\tilde{\boldsymbol{y}}_{1\mathrm{s}}(k)^{\mathrm{T}},\tilde{\boldsymbol{y}}_{2\mathrm{s}}(k)^{\mathrm{T}},\cdots,\tilde{\boldsymbol{y}}_{r\mathrm{s}}(k)^{\mathrm{T}}]^{\mathrm{T}}$$
$$\boldsymbol{\Upsilon}(k)=[\epsilon_1(k),\epsilon_2(k),\cdots,\epsilon_r(k)]^{\mathrm{T}}$$

$$\tilde{\boldsymbol{F}}=\begin{bmatrix}\tilde{\boldsymbol{f}}_1 & \boldsymbol{0} & \cdots & \boldsymbol{0}\\ \boldsymbol{0} & \tilde{\boldsymbol{f}}_2 & \ddots & \vdots\\ \vdots & \ddots & \ddots & \boldsymbol{0}\\ \boldsymbol{0} & \cdots & \boldsymbol{0} & \tilde{\boldsymbol{f}}_r\end{bmatrix}$$

$$\tilde{\boldsymbol{G}}=\begin{bmatrix}\boldsymbol{G}_{11} & \boldsymbol{G}_{12} & \cdots & \boldsymbol{G}_{1m}\\ \boldsymbol{G}_{21} & \boldsymbol{G}_{22} & \cdots & \boldsymbol{G}_{2m}\\ \vdots & \vdots & \ddots & \vdots\\ \boldsymbol{G}_{r1} & \boldsymbol{G}_{r2} & \cdots & \boldsymbol{G}_{rm}\end{bmatrix},\quad \tilde{\boldsymbol{G}}_{\mathrm{p}}=\begin{bmatrix}\boldsymbol{G}_{11\mathrm{p}} & \boldsymbol{G}_{12\mathrm{p}} & \cdots & \boldsymbol{G}_{1m\mathrm{p}}\\ \boldsymbol{G}_{21\mathrm{p}} & \boldsymbol{G}_{22\mathrm{p}} & \cdots & \boldsymbol{G}_{2m\mathrm{p}}\\ \vdots & \vdots & \ddots & \vdots\\ \boldsymbol{G}_{r1\mathrm{p}} & \boldsymbol{G}_{r2\mathrm{p}} & \cdots & \boldsymbol{G}_{rm\mathrm{p}}\end{bmatrix}$$

如果优化 $\boldsymbol{U}(k|k)$ 的准则是最小化如下性能指标：

$$J(k)=\|\boldsymbol{E}(k|k)\|_{\tilde{\boldsymbol{W}}}^2+\|\boldsymbol{U}(k|k)-\tilde{\boldsymbol{u}}_{ss}\|_{\tilde{\boldsymbol{R}}}^2 \tag{2.21}$$

其中，$\tilde{\boldsymbol{W}}\geqslant 0$ 和 $\tilde{\boldsymbol{R}}\geqslant 0$ 为对称矩阵，$\tilde{\boldsymbol{u}}_{ss}=[\boldsymbol{u}_{ss}^{\mathrm{T}},\boldsymbol{u}_{ss}^{\mathrm{T}},\cdots,\boldsymbol{u}_{ss}^{\mathrm{T}}]^{\mathrm{T}}$，则当 $\tilde{\boldsymbol{G}}^{\mathrm{T}}\tilde{\boldsymbol{W}}\tilde{\boldsymbol{G}}+\tilde{\boldsymbol{R}}$ 为可逆矩阵时，最小化式（2.21）的结果为

$$\boldsymbol{U}(k|k)=(\tilde{\boldsymbol{G}}^{\mathrm{T}}\tilde{\boldsymbol{W}}\tilde{\boldsymbol{G}}+\tilde{\boldsymbol{R}})^{-1}[\tilde{\boldsymbol{G}}^{\mathrm{T}}\tilde{\boldsymbol{W}}\boldsymbol{E}_0(k)+\tilde{\boldsymbol{R}}\tilde{\boldsymbol{u}}_{ss}] \tag{2.22}$$

$\tilde{\boldsymbol{W}}$ 和 $\tilde{\boldsymbol{R}}$ 的一个简单取法为

$$\tilde{\boldsymbol{W}}=\mathrm{diag}\{\boldsymbol{W}_1,\boldsymbol{W}_2,\cdots,\boldsymbol{W}_r\},\ \tilde{\boldsymbol{R}}=\mathrm{diag}\{\boldsymbol{R}_1,\boldsymbol{R}_2,\cdots,\boldsymbol{R}_m\}$$
$$\boldsymbol{W}_i=\mathrm{diag}\{w_i(1),w_i(2),\cdots,w_i(P)\},i\in\{1,\cdots,r\}$$

$$R_j = \text{diag}\{r_j(1), r_j(2), \cdots, r_j(M)\}, j \in \{1, \cdots, m\}$$

取 $\tilde{\boldsymbol{R}} > 0$ 即可保证 $\tilde{\boldsymbol{G}}^{\mathrm{T}} \tilde{\boldsymbol{W}} \tilde{\boldsymbol{G}} + \tilde{\boldsymbol{R}}$ 的可逆性。

注解2.2 如果在式（2.12）的 $\boldsymbol{G}$，$\boldsymbol{G}_{\mathrm{p}}$ 中，所有 h_l 都为 $r \times m$ 维的矩阵，则无约束多变量系统的模型算法控制的解析解可以直接表达为式（2.16）。不过，如果对不同的输入（输出）采用不同的控制时域（预测时域），则式（2.22）的表达方式将更方便。

在每个时刻 k，实施如下的控制量（假设 $u(k) = u(k|k)$）：

$$\boldsymbol{u}(k) = \boldsymbol{D}(\boldsymbol{Y}_{\mathrm{s}}(k) - \tilde{\boldsymbol{G}}_{\mathrm{p}} \boldsymbol{U}_{\mathrm{p}}(k) - \tilde{\boldsymbol{F}} \boldsymbol{Y}(k)) + \boldsymbol{D}_2 \tilde{\boldsymbol{u}}_{ss}$$

其中

$$\boldsymbol{D} = \boldsymbol{L}(\tilde{\boldsymbol{G}}^{\mathrm{T}} \tilde{\boldsymbol{W}} \tilde{\boldsymbol{G}} + \tilde{\boldsymbol{R}})^{-1} \tilde{\boldsymbol{G}}^{\mathrm{T}} \tilde{\boldsymbol{W}},\ \boldsymbol{D}_2 = \boldsymbol{L}(\tilde{\boldsymbol{G}}^{\mathrm{T}} \tilde{\boldsymbol{W}} \tilde{\boldsymbol{G}} + \tilde{\boldsymbol{R}})^{-1} \tilde{\boldsymbol{R}}$$

$$\boldsymbol{L} = \begin{bmatrix} \boldsymbol{\theta} & \boldsymbol{0} & \cdots & \boldsymbol{0} \\ \boldsymbol{0} & \boldsymbol{\theta} & \ddots & \vdots \\ \vdots & \ddots & \ddots & \boldsymbol{0} \\ \boldsymbol{0} & \cdots & \boldsymbol{0} & \boldsymbol{\theta} \end{bmatrix} \in \mathbb{R}^{m \times mM}, \boldsymbol{\theta} = [1 \quad 0 \quad \cdots \quad 0] \in \mathbb{R}^M$$

2.2 模型算法控制中约束的处理

在模型算法控制的实际应用前（设计阶段）和实际应用过程中（运行阶段），使用者一般可调整如下参数：

1）采样周期 T_{s}；

2）性能指标中的预测时域 P、控制时域 M、加权矩阵 $\tilde{\boldsymbol{W}}$，$\tilde{\boldsymbol{R}}$ 或加权系数 w_i，r_j；

3）校正系数 $\tilde{\boldsymbol{f}}_i$ 或 f_i；

4）脉冲响应模型的模型系数；

5）参考轨迹，如参考轨迹中的参数 α；

6）约束：控制幅值（最大值、最小值）、控制增量的最值、中间变量（或组合变量）的约束等。

关于1）~3），可参考文献［5］的5.1节、6.2节；尽管在文献［5］中这些章节是针对动态矩阵控制的，但是大多数观点对模型算法控制也是有效的。由于本书对稳定性结论主要侧重于经过数学证明得到的结论，故涉及预测控制的经验调整时，读者需参考相关文献。在实际应用中，调整经验是很重要的。

一般不需经常调节脉冲响应模型的模型系数，主要原因在于：

1）模型算法控制具有很强的鲁棒性，一般能适应系统的变化；

2）测试脉冲响应一般要影响实际生产过程，即输入实际生产所不需要的附加信号。否则的话得到的数据信噪比比较低，误差相应增大；

3）尽管具有合适的辨识方法，但是通常实际过程的硬件条件也达不到（如测量仪表不准等）。操作人员可以知道被控过程中出现的硬件问题，但是辨识方法本身不容易做到这一点。

在实际应用过程中，参考轨迹和约束将是使用者主要调整的参数。下面具体讨论模型算法控制中是怎样处理约束的（以 MIMO 系统为例）。

1. 输出幅值约束： $y_{i,\min} \leqslant y_i(k+l|k) \leqslant y_{i,\max}$

在每个优化时刻，输出预测值为 $\tilde{\boldsymbol{G}}_p \boldsymbol{U}_p(k) + \tilde{\boldsymbol{F}} \boldsymbol{Y}(k) + \tilde{\boldsymbol{G}} \boldsymbol{U}(k|k)$。因此，可使优化问题满足如下的约束：

$$\boldsymbol{Y}_{\min} \leqslant \tilde{\boldsymbol{G}}_p \boldsymbol{U}_p(k) + \tilde{\boldsymbol{F}} \boldsymbol{Y}(k) + \tilde{\boldsymbol{G}} \boldsymbol{U}(k|k) \leqslant \boldsymbol{Y}_{\max} \tag{2.23}$$

其中

$$\boldsymbol{Y}_{\min} = [\tilde{\boldsymbol{y}}_{1,\min}^{\mathrm{T}}, \tilde{\boldsymbol{y}}_{2,\min}^{\mathrm{T}}, \cdots, \tilde{\boldsymbol{y}}_{r,\min}^{\mathrm{T}}]^{\mathrm{T}}, \tilde{\boldsymbol{y}}_{i,\min} = [y_{i,\min}, y_{i,\min}, \cdots, y_{i,\min}]^{\mathrm{T}} \in \mathbb{R}^P$$

$$\boldsymbol{Y}_{\max} = [\tilde{\boldsymbol{y}}_{1,\max}^{\mathrm{T}}, \tilde{\boldsymbol{y}}_{2,\max}^{\mathrm{T}}, \cdots, \tilde{\boldsymbol{y}}_{r,\max}^{\mathrm{T}}]^{\mathrm{T}}, \tilde{\boldsymbol{y}}_{i,\max} = [y_{i,\max}, y_{i,\max}, \cdots, y_{i,\max}]^{\mathrm{T}} \in \mathbb{R}^P$$

2. 输入幅值约束： $u_{j,\min} \leqslant u_j(k+l|k) \leqslant u_{j,\max}$

可使优化问题满足如下的约束：

$$\boldsymbol{U}_{\min} \leqslant \boldsymbol{U}(k|k) \leqslant \boldsymbol{U}_{\max} \tag{2.24}$$

其中

$$\boldsymbol{U}_{\min} = [\tilde{\boldsymbol{u}}_{1,\min}^{\mathrm{T}}, \tilde{\boldsymbol{u}}_{2,\min}^{\mathrm{T}}, \cdots, \tilde{\boldsymbol{u}}_{m,\min}^{\mathrm{T}}]^{\mathrm{T}}, \tilde{\boldsymbol{u}}_{j,\min} = [u_{j,\min}, u_{j,\min}, \cdots, u_{j,\min}]^{\mathrm{T}} \in \mathbb{R}^M$$

$$\boldsymbol{U}_{\max} = [\tilde{\boldsymbol{u}}_{1,\max}^{\mathrm{T}}, \tilde{\boldsymbol{u}}_{2,\max}^{\mathrm{T}}, \cdots, \tilde{\boldsymbol{u}}_{m,\max}^{\mathrm{T}}]^{\mathrm{T}}, \tilde{\boldsymbol{u}}_{j,\max} = [u_{j,\max}, u_{j,\max}, \cdots, u_{j,\max}]^{\mathrm{T}} \in \mathbb{R}^M$$

3. 输入变化速率约束： $\Delta u_{j,\min} \leqslant \Delta u_j(k+l|k) = u_j(k+l|k) - u_j(k+l-1|k) \leqslant \Delta u_{j,\max}$

可使优化问题满足如下的约束：

$$\Delta \boldsymbol{U}_{\min} \leqslant \boldsymbol{B}\boldsymbol{U}(k|k) - \tilde{\boldsymbol{u}}(k-1) \leqslant \Delta \boldsymbol{U}_{\max} \tag{2.25}$$

其中

$$\Delta \boldsymbol{U}_{\min} = [\Delta \tilde{\boldsymbol{u}}_{1,\min}^{\mathrm{T}}, \Delta \tilde{\boldsymbol{u}}_{2,\min}^{\mathrm{T}}, \cdots, \Delta \tilde{\boldsymbol{u}}_{m,\min}^{\mathrm{T}}]^{\mathrm{T}}$$

$$\Delta \tilde{\boldsymbol{u}}_{j,\min} = [\Delta u_{j,\min}, \Delta u_{j,\min}, \cdots, \Delta u_{j,\min}]^{\mathrm{T}} \in \mathbb{R}^M$$

$$\Delta \boldsymbol{U}_{\max} = [\Delta \tilde{\boldsymbol{u}}_{1,\max}^{\mathrm{T}}, \Delta \tilde{\boldsymbol{u}}_{2,\max}^{\mathrm{T}}, \cdots, \Delta \tilde{\boldsymbol{u}}_{m,\max}^{\mathrm{T}}]^{\mathrm{T}}$$

$$\Delta \tilde{\boldsymbol{u}}_{j,\max} = [\Delta u_{j,\max}, \Delta u_{j,\max}, \cdots, \Delta u_{j,\max}]^{\mathrm{T}} \in \mathbb{R}^M$$

$$\boldsymbol{B} = \mathrm{diag}\{\boldsymbol{B}_0, \cdots, \boldsymbol{B}_0\}\ (m\ 个)$$

$$\boldsymbol{B}_0 = \begin{bmatrix} 1 & 0 & 0 & \cdots & 0 \\ -1 & 1 & 0 & \ddots & \vdots \\ 0 & -1 & 1 & \ddots & 0 \\ \vdots & \ddots & \ddots & \ddots & 0 \\ 0 & \cdots & 0 & -1 & 1 \end{bmatrix} \in \mathbb{R}^{M \times M}$$

$$\tilde{\boldsymbol{u}}(k-1) = [\tilde{\boldsymbol{u}}_1(k-1)^{\mathrm{T}}, \tilde{\boldsymbol{u}}_2(k-1)^{\mathrm{T}}, \cdots, \tilde{\boldsymbol{u}}_m(k-1)^{\mathrm{T}}]^{\mathrm{T}}$$

$$\tilde{\boldsymbol{u}}_j(k-1) = [u_j(k-1), 0, \cdots, 0]^{\mathrm{T}} \in \mathbb{R}^M$$

式（2.23）~式(2.25）可以写成统一的形式：$\boldsymbol{C}\boldsymbol{U}(k|k) \leqslant \bar{\boldsymbol{c}}$，其中 $\boldsymbol{C}$ 和 $\bar{\boldsymbol{c}}$ 为 k 时刻已知的矩阵。考虑这些约束的 MAC 的优化问题写为

$$\min_{U(k|k)} J(k) = \| \boldsymbol{E}(k|k) \|_{\tilde{\boldsymbol{W}}}^2 + \| \boldsymbol{U}(k|k) - \tilde{\boldsymbol{u}}_{ss} \|_{\tilde{\boldsymbol{R}}}^2, \ \text{s.t.}\ \boldsymbol{C}\boldsymbol{U}(k|k) \leqslant \bar{\boldsymbol{c}}$$

具有线性二次型性能指标且带有线性等式和不等式约束的优化问题通常称为二次规划问题。

2.3 动态矩阵控制原理

考虑 SISO 定常系统，假设它处于稳态，在单位阶跃输入下的输出响应为 $\{0, s_1, s_2, \cdots, s_N, s_{N+1}, \cdots\}$。假设系统输出在变化 N 步后达到稳态，则 $\{s_1, s_2, \cdots, s_N\}$ 构成系统的完整模型；据此可以计算在任意输入下的系统输出

$$y(k) = \sum_{l=1}^{N-1} s_l \Delta u(k-l) + s_N u(k-N) \tag{2.26}$$

其中，$\Delta u(k-l) = u(k-l) - u(k-l-1)$。

阶跃响应模型式（2.26）只能用于开环稳定对象。对具有 m 个输入和 r 个输出的 MIMO 过程，可以得到阶跃响应系数矩阵

$$\boldsymbol{S}_l = \begin{bmatrix} s_{11l} & s_{12l} & \cdots & s_{1ml} \\ s_{21l} & s_{22l} & \cdots & s_{2ml} \\ \vdots & \vdots & \ddots & \vdots \\ s_{r1l} & s_{r2l} & \cdots & s_{rml} \end{bmatrix}$$

其中，s_{ijl} 为针对第 j 个输入和第 i 个输出的第 l 个阶跃响应系数。

给定输出 y_i 和输入 $u_1, u_2, \cdots, u_m$ 的历史数据：

$$\tilde{\boldsymbol{y}}_i = \begin{bmatrix} y_i(1) \\ y_i(2) \\ y_i(3) \\ \vdots \end{bmatrix}, \quad \tilde{\boldsymbol{u}} = \begin{bmatrix} u_1(1) & u_2(1) & \cdots & u_m(1) \\ u_1(2) & u_2(2) & \cdots & u_m(2) \\ u_1(3) & u_2(3) & \cdots & u_m(3) \\ \vdots & \vdots & & \vdots \end{bmatrix}$$

可估计系统的阶跃响应

$$\begin{bmatrix} s_{i11} & s_{i21} & \cdots & s_{im1} \\ s_{i12} & s_{i22} & \cdots & s_{im2} \\ \vdots & \vdots & \ddots & \vdots \\ s_{i1l} & s_{i2l} & \cdots & s_{iml} \\ \vdots & \vdots & & \vdots \end{bmatrix}$$

为估计阶跃响应系数，可将系统（以 SISO 为例）写成如下形式并首先估计 h_l：

$$\Delta y(k) = \sum_{l=1}^{N} h_l \Delta u(k-l)$$

其中，$\Delta y(k) = y(k) - y(k-1), h_l = s_l - s_{l-1}$。$s_l$ 由 $s_l = \sum_{j=1}^{l} h_j$ 给出。具体辨识方法见文献[18]。

考虑开环稳定模型。给定现在和将来的输入增量 $\Delta\boldsymbol{u}(k), \Delta\boldsymbol{u}(k+1|k), \cdots, \Delta\boldsymbol{u}(k+M-1|k)$，可以预测系统未来的输出 $\boldsymbol{y}(k+1|k), \boldsymbol{y}(k+2|k), \cdots, \boldsymbol{y}(k+P|k)$，$M \leqslant P \leqslant N$，其中现在和将来的输入增量是通过求解相应的优化问题得到的。尽管求得了 M 个控制输入增量，仅仅第一个值 $\Delta\boldsymbol{u}(k)$ 是实际实施的。在下个采样时刻，在新的输出测量值的基础上，优化窗口向

前移动一步，重复与上个时刻同样的计算。

以下仅介绍单入单出系统的动态矩阵控制，而多变量和约束处理已经在文献［18］中详细阐述。

2.3.1 单入单出情形

在时刻 k，利用式（2.26），可得到未来 P 个时刻的输出预测值为

$$\begin{aligned}
\bar{y}(k+1|k) &= \bar{y}_0(k+1|k)+s_1\Delta u(k)\\
&\vdots\\
\bar{y}(k+M|k) &= \bar{y}_0(k+M|k)+s_M\Delta u(k)+s_{M-1}\Delta u(k+1|k)+\cdots+s_1\Delta u(k+M-1|k)\\
\bar{y}(k+M+1|k) &= \bar{y}_0(k+M+1|k)+s_{M+1}\Delta u(k)+s_M\Delta u(k+1|k)+\cdots+s_2\Delta u(k+M-1|k)\\
&\vdots\\
\bar{y}(k+P|k) &= \bar{y}_0(k+P|k)+s_P\Delta u(k)+s_{P-1}\Delta u(k+1|k)+\cdots+s_{P-M+1}\Delta u(k+M-1|k)
\end{aligned}$$

其中

$$\begin{aligned}
\bar{y}_0(k+i|k) &= \sum_{j=i+1}^{N} s_j\Delta u(k+i-j)+s_N u(k+i-N)\\
&= \sum_{j=1}^{N-i} s_{i+j}\Delta u(k-j)+s_N u(k+i-N)\\
&= s_{i+1}u(k-1)+\sum_{j=2}^{N-i}(s_{i+j}-s_{i+j-1})u(k-j),\ i\in\{1,2,\cdots,P\}
\end{aligned}\tag{2.27}$$

为假设当前和未来时刻控制作用不变时的输出预测值。

另记

$$\epsilon(k)=y(k)-\bar{y}_0(k|k)=y(k)-\bar{y}(k|k)\tag{2.28}$$

反映了模型中未包含的不确定因素对输出的影响，可用来预测未来的输出预测误差，以补偿基于模型的预测。其中

$$\bar{y}(k|k)=s_1u(k-1)+\sum_{j=2}^{N}(s_j-s_{j-1})u(k-j)\tag{2.29}$$

用式（2.28）来校正未来的输出预测。记

$$y_0(k+i|k)=\bar{y}_0(k+i|k)+f_i\epsilon(k),\ i\in\{1,2,\cdots,P\}\tag{2.30}$$

$$y(k+i|k)=\bar{y}(k+i|k)+f_i\epsilon(k),\ i\in\{1,2,\cdots,P\}\tag{2.31}$$

将经式（2.30）和式(2.31）校正后的输出预测值写成矢量形式为

$$\tilde{\boldsymbol{y}}(k|k)=\tilde{\boldsymbol{y}}_0(k|k)+\boldsymbol{A}\Delta\tilde{\boldsymbol{u}}(k|k)\tag{2.32}$$

其中

$$\tilde{\boldsymbol{y}}(k|k)=[y(k+1|k),y(k+2|k),\cdots,y(k+P|k)]^{\mathrm{T}}$$

$$\tilde{\boldsymbol{y}}_0(k|k)=[y_0(k+1|k),y_0(k+2|k),\cdots,y_0(k+P|k)]^{\mathrm{T}}$$

$$\Delta\tilde{\boldsymbol{u}}(k|k)=[\Delta u(k),\Delta u(k+1|k),\cdots,\Delta u(k+M-1|k)]^{\mathrm{T}}$$

$$A=\begin{bmatrix} s_1 & 0 & \cdots & 0 \\ s_2 & s_1 & \ddots & \vdots \\ \vdots & \vdots & \ddots & 0 \\ s_M & s_{M-1} & \cdots & s_1 \\ \vdots & \vdots & \ddots & \vdots \\ s_P & s_{P-1} & \cdots & s_{P-M+1} \end{bmatrix}$$

假设优化 $\Delta\tilde{u}(k|k)$ 的准则是最小化如下性能指标：

$$J(k)=\sum_{i=1}^{P} w_i e^2(k+i|k)+\sum_{j=1}^{M} r_j \Delta u^2(k+j-1|k) \tag{2.33}$$

其中，w_i 和 r_j 都是非负的标量；$e(k+i|k)=y_s(k+i)-y(k+i|k)$ 为跟踪误差；$y_s(k+i)$ 为未来输出参考值（设定值）。性能指标式（2.33）中的第二项主要用于抑制过于剧烈的控制增量，以防止系统超出限制范围或发生剧烈振荡。

当 $\boldsymbol{A}^{\mathrm{T}}\boldsymbol{W}\boldsymbol{A}+\boldsymbol{R}$ 为可逆矩阵时，利用式（2.32）可得到最小化式（2.33）的结果为

$$\Delta\tilde{\boldsymbol{u}}(k|k)=(\boldsymbol{A}^{\mathrm{T}}\boldsymbol{W}\boldsymbol{A}+\boldsymbol{R})^{-1}\boldsymbol{A}^{\mathrm{T}}\boldsymbol{W}\tilde{\boldsymbol{e}}_0(k) \tag{2.34}$$

其中

$$\boldsymbol{W}=\mathrm{diag}\{w_1,w_2,\cdots,w_P\},\boldsymbol{R}=\mathrm{diag}\{r_1,r_2,\cdots,r_M\}$$

$$\tilde{\boldsymbol{e}}_0(k)=\tilde{\boldsymbol{y}}_{\mathrm{s}}(k)-\tilde{\boldsymbol{y}}_0(k|k)$$

$$\tilde{\boldsymbol{e}}_0(k)=[e_0(k+1),e_0(k+2),\cdots,e_0(k+P)]^{\mathrm{T}}$$

$$\tilde{\boldsymbol{y}}_{\mathrm{s}}(k)=[y_{\mathrm{s}}(k+1),y_{\mathrm{s}}(k+2),\cdots,y_{\mathrm{s}}(k+P)]^{\mathrm{T}}$$

e_0 为当前时刻及以后控制作用不变时，由实测输出 $y(k)$ 和历史的控制作用预测的未来时刻的跟踪误差值。

在每个时刻 k，实施如下的控制量：

$$\Delta u(k)=\boldsymbol{d}^{\mathrm{T}}(\tilde{\boldsymbol{y}}_{\mathrm{s}}(k)-\tilde{\boldsymbol{y}}_0(k|k)) \tag{2.35}$$

其中，$\boldsymbol{d}^{\mathrm{T}}=[1\quad 0\quad \cdots\quad 0](\boldsymbol{A}^{\mathrm{T}}\boldsymbol{W}\boldsymbol{A}+\boldsymbol{R})^{-1}\boldsymbol{A}^{\mathrm{T}}\boldsymbol{W}$。

实际上，利用式（2.27）可得到如下向量形式：

$$\breve{\boldsymbol{y}}_0(k|k)=\boldsymbol{A}_{\mathrm{p}}\tilde{\boldsymbol{u}}_{\mathrm{p}}(k) \tag{2.36}$$

其中

$$\breve{\boldsymbol{y}}_0(k|k)=[\bar{y}_0(k+1|k),\bar{y}_0(k+2|k),\cdots,\bar{y}_0(k+P|k)]^{\mathrm{T}}$$

$$\boldsymbol{A}_{\mathrm{p}}=\begin{bmatrix} s_2 & \cdots & s_{N-P+1}-s_{N-P} & s_{N-P+2}-s_{N-P+1} & \cdots & s_N-s_{N-1} \\ \vdots & \ddots & \vdots & \vdots & ⋰ & 0 \\ s_P & \cdots & s_{N-1}-s_{N-2} & s_N-s_{N-1} & ⋰ & \vdots \\ s_{P+1} & \cdots & s_N-s_{N-1} & 0 & \cdots & 0 \end{bmatrix}$$

$$\tilde{\boldsymbol{u}}_{\mathrm{p}}(k)=[u(k-1),u(k-2),\cdots,u(k-N+1)]^{\mathrm{T}}$$

则根据式(2.30)和式(2.31)得到

$$\tilde{\boldsymbol{e}}(k|k)=\tilde{\boldsymbol{e}}_0(k)-\boldsymbol{A}\Delta\tilde{\boldsymbol{u}}(k|k) \tag{2.37}$$

$$\tilde{\boldsymbol{e}}_0(k)=\tilde{\boldsymbol{y}}_s(k)-\boldsymbol{A}_p\tilde{\boldsymbol{u}}_p(k)-\tilde{\boldsymbol{f}}\epsilon(k) \tag{2.38}$$

其中

$$\tilde{\boldsymbol{e}}(k|k)=[e(k+1|k),e(k+2|k),\cdots,e(k+P|k)]^{\mathrm{T}}$$

$$\tilde{\boldsymbol{f}}=[f_1,f_2,\cdots,f_P]^{\mathrm{T}}$$

这样，在每个时刻 k，实施如下的控制量（假设 $\Delta u(k)=\Delta u(k|k)$ 和 $u(k)=u(k|k)$）：

$$\Delta u(k)=\boldsymbol{d}^{\mathrm{T}}(\tilde{\boldsymbol{y}}_s(k)-\boldsymbol{A}_p\tilde{\boldsymbol{u}}_p(k)-\tilde{\boldsymbol{f}}\epsilon(k)) \tag{2.39}$$

式（2.39）与式（2.35）是等价的。

注解 2.3　将式（2.30）用于 $i=0$。并利用式（2.28）得到 $y_0(k|k)=\bar{y}(k|k)+f_0[y(k)-\bar{y}(k|k)]$。如果取 $f_0=1$，则得到 $y_0(k|k)=y(k)$。这正是选择式（2.28）进行反馈校正的理由。在式（2.30）中，f_i 的选择会因人而异，因此 f_i 可作为可调参数。在 Matlab MPC Toolbox 和文献［18］中，选择 $f_i=1$。

算法 2.2（I－型无约束 DMC）

步骤 0.　获得 $\{s_1,s_2,\cdots,s_N\}$。计算 $\boldsymbol{d}^{\mathrm{T}}$。选择 $\tilde{\boldsymbol{f}}$。获得 $u(-N),u(-N+1),\cdots,u(-1)$。

步骤 1.　在每个时刻 $k\geq 0$，

　步骤 1.1.　测量输出 $y(k)$；

　步骤 1.2.　确定 $\tilde{\boldsymbol{y}}_s(k)$（可采用模型算法控制的做法）；

　步骤 1.3.　用式（2.28）和式（2.29）计算 $\epsilon(k)$；

　步骤 1.4.　计算式（2.36）中的 $\boldsymbol{A}_p\tilde{\boldsymbol{u}}_p(k)$；

　步骤 1.5.　用式（2.39）计算 $\Delta u(k)$；

　步骤 1.6.　实施 $\Delta u(k)$。

2.3.2　单入单出情形：另一种推导方式

在如席裕庚著《预测控制》中，从不同的角度对 DMC 进行了介绍。假设 $y_0(k+i|k)$ 为当前和未来时刻控制作用不变时的输出预测值。则可得到：当前和未来时刻控制作用发生变化时，未来 P 个时刻的模型输出预测值为

$$\begin{aligned}
y(k+1|k)&=y_0(k+1|k)+s_1\Delta u(k)\\
&\vdots\\
y(k+M|k)&=y_0(k+M|k)+s_M\Delta u(k)+s_{M-1}\Delta u(k+1|k)+\cdots+s_1\Delta u(k+M-1|k)\\
y(k+M+1|k)&=y_0(k+M+1|k)+s_{M+1}\Delta u(k)+s_M\Delta u(k+1|k)+\cdots+s_2\Delta u(k+M-1|k)\\
&\vdots\\
y(k+P|k)&=y_0(k+P|k)+s_P\Delta u(k)+s_{P-1}\Delta u(k+1|k)+\cdots+s_{P-M+1}\Delta u(k+M-1|k)
\end{aligned}$$

将输出预测值写成矢量形式，直接得到式（2.32）。假设优化 $\Delta\tilde{\boldsymbol{u}}(k|k)$ 的准则是最小化性能指标式（2.33）。则当 $\boldsymbol{A}^{\mathrm{T}}\boldsymbol{W}\boldsymbol{A}+\boldsymbol{R}$ 为可逆矩阵时，可得到最小化式（2.33）的结果为式（2.34）。

下面说明在每个时刻如何计算 $\tilde{\boldsymbol{y}}_0(k|k)$。

首先，在初始时刻 $k=0$，假设系统处于稳态。启动 DMC 时可以取 $y_0(i|0)=y(0)(i=1,2,\cdots,P+1)$，因为这时输出不随时间变化。

每个时刻 $k\geqslant 0$，执行式（2.35）（假设 $\Delta u(k)=\Delta u(k|k)$ 和 $u(k)=u(k|k)$，否则可参考文献［18］）。考虑时刻 $k+1$。为此，记

$$\breve{\boldsymbol{y}}_{N,0}(k+1|k)=[y_0(k+2|k),y_0(k+3|k),\cdots,y_0(k+N|k),y_0(k+N|k)]^{\mathrm{T}}$$

根据定义，$\breve{\boldsymbol{y}}_{N,0}(k+1|k)$ 为 k 时刻及以后时刻的控制作用不再变化时的输出预测值，记

$$\bar{y}_0(k+2|k+1)=y_0(k+2|k)+s_2\Delta u(k)$$
$$\vdots$$
$$\bar{y}_0(k+M+1|k+1)=y_0(k+M+1|k)+s_{M+1}\Delta u(k)$$
$$\vdots$$
$$\bar{y}_0(k+N|k+1)=y_0(k+N|k)+s_N\Delta u(k)$$
$$\bar{y}_0(k+N+1|k+1)=y_0(k+N|k)+s_N\Delta u(k)$$

它们用作构造

$$\tilde{\boldsymbol{y}}_{N,0}(k+1|k+1)=[y_0(k+2|k+1),y_0(k+3|k+1),\cdots,y_0(k+N|k+1),y_0(k+N+1|k+1)]^{\mathrm{T}}$$

的基础。

记 $\bar{\epsilon}(k+1)=y(k+1)-y(k+1|k)$。可采用如下的方式对 $y_0(k+i|k+1)$ 进行预测

$$y_0(k+2|k+1)=\bar{y}_0(k+2|k+1)+f_1\bar{\epsilon}(k+1)$$
$$\vdots$$
$$y_0(k+M+1|k+1)=\bar{y}_0(k+M+1|k+1)+f_M\bar{\epsilon}(k+1)$$
$$\vdots$$
$$y_0(k+N+1|k+1)=\bar{y}_0(k+N+1|k+1)+f_N\bar{\epsilon}(k+1)$$

总结上面的推导得到：在每个时刻 $k>0$，$\tilde{\boldsymbol{y}}_{N,0}(k|k)$ 的计算方法为

$$\tilde{\boldsymbol{y}}_{N,0}(k|k)=\breve{\boldsymbol{y}}_{N,0}(k|k-1)+\boldsymbol{A}_1\Delta u(k-1)+\breve{\boldsymbol{f}}\bar{\boldsymbol{\epsilon}}(k) \tag{2.40}$$

其中

$$\bar{\boldsymbol{\epsilon}}(k)=y(k)-y(k|k-1) \tag{2.41}$$
$$y(k|k-1)=y_0(k|k-1)+s_1\Delta u(k-1) \tag{2.42}$$
$$\boldsymbol{A}_1=[s_2\quad s_3\quad\cdots\quad s_N\quad s_N]^{\mathrm{T}}$$
$$\breve{f}=[f_1,f_2,\cdots,f_N]^{\mathrm{T}}$$
$$\breve{\boldsymbol{y}}_{N,0}(k|k-1)=[y_0(k+1|k-1),y_0(k+2|k-1),\cdots,y_0(k+N-1|k-1),y_0(k+N-1|k-1)]^{\mathrm{T}}$$

上述算法总结如下：

算法 2.3（Ⅱ－型无约束 DMC）

步骤 0.　获得$\{s_1, s_2, \cdots, s_N\}$。计算 $\boldsymbol{d}^{\mathrm{T}}$。选择 $\breve{\boldsymbol{f}}$。

步骤 1.　在 $k=0$，

步骤 1.1.　测量输出 $y(0)$；

步骤 1.2.　确定 $\tilde{\boldsymbol{y}}_{\mathrm{s}}(0)$；

步骤 1.3.　取 $y_0(i|0)=y(0), i\in\{1,2,\cdots,N\}$ 并构造 $\tilde{\boldsymbol{y}}_{N,0}(0|0)$，而 $\tilde{\boldsymbol{y}}_0(0|0)$ 是 $\tilde{\boldsymbol{y}}_{N,0}(0|0)$ 的前 P 个值；

步骤 1.4.　用式（2.35）计算 $\Delta u(0)$；

步骤 1.5.　实施 $\Delta u(0)$。

步骤 2.　在每个时刻 $k>0$；

步骤 2.1.　测量输出 $y(k)$；

步骤 2.2.　确定 $\tilde{\boldsymbol{y}}_{\mathrm{s}}(k)$；

步骤 2.3.　用式（2.41）计算 $\bar{\epsilon}(k)$；

步骤 2.4.　用式（2.40）计算 $\tilde{\boldsymbol{y}}_{N,0}(k|k)$，而 $\tilde{\boldsymbol{y}}_0(k|k)$ 是 $\tilde{\boldsymbol{y}}_{N,0}(k|k)$ 的前 P 个值；

步骤 2.5.　用式（2.35）计算 $\Delta u(k)$；

步骤 2.6.　实施 $\Delta u(k)$。

注解 2.4　在式（2.40）中，$\tilde{\boldsymbol{y}}_0(k|k)$ 包含了 $i\in\{1,2,\cdots,P\}$，故

$$y_0(k+i|k)=y_0(k+i|k-1)+s_{i+1}\Delta u(k-1)+f_i\,\bar{\epsilon}(k), i\in\{1,2,\cdots,P\}$$

将上式用于 $i=0$，并利用式（2.41）和式（2.42）得到

$$y_0(k|k)=y_0(k|k-1)+s_1\Delta u(k-1)+f_0[y(k)-y_0(k|k-1)-s_1\Delta u(k-1)]$$

如果取 $f_0=1$，则得到 $y_0(k|k)=y(k)$。这正是选择式（2.41）进行反馈校正的理由。在式（2.40）中，f_i 的选择会因人而异，因此 f_i 可作为可调参数。

注解 2.5　在算法 2.2 中，反馈校正具有如下的形式：

$$y_0(k+i|k)=\bar{y}_0(k+i|k)+f_i[y(k)-\bar{y}_0(k|k)], i\in\{1,2,\cdots,P\}$$

而在算法 2.3 中，反馈校正具有如下的形式：

$$y_0(k+i|k)=y_0(k+i|k-1)+s_{i+1}\Delta u(k-1)+f_i[y(k)-y_0(k|k-1)-s_1\Delta u(k-1)]$$
$$i\in\{1,2,\cdots,P\}$$

易知，两种算法是一致的。

注解 2.6　当 $N=P$ 时，$\tilde{\boldsymbol{y}}_{N,0}(k|k)=\tilde{\boldsymbol{y}}_{P,0}(k|k)=\tilde{\boldsymbol{y}}_0(k|k)$。在上面的 DMC 的推导中，采用了 $y_0(k+N+1|k)=y_0(k+N|k)$，因为模型长度为 N，这种做法更合理些。$P<N$ 时可以用 $\tilde{\boldsymbol{y}}_{P,0}(k|k)$ 代替 $\tilde{\boldsymbol{y}}_{N,0}(k|k)$ 并取 $y_0(k+P+1|k)=y_0(k+P|k)$，但此方法引入更多的预测误差。在文献［15］中相当于取这种误差大的方法。

注解 2.7　算法 2.2 的推导方式与模型算法控制一致，是在 MATLAB 预测控制工具箱的说明书的基础上整理的，它不需要 N（只需要 P）个预测值，但需要过去 N 个控制作用。由

于这种推导方式用 P 个预测值，不能建立状态空间表示，因此不能建立预测与 Kalman 滤波的关系。见文献［18］，算法 2.3 的推导方式能用状态空间表示并且能够得到与 Kalman 滤波的关系。

2.4 预测控制的递阶实施方式

工业预测控制（MPHC）器输出的作用方法有两种。一种是直接数字控制（DDC），即预测控制器输出直接作用（传送）到物理执行机构；另一种是所谓“透明控制”，即预测控制器输出作为 PID 控制回路的设定值，因此预测控制器的决策变量 u 即为 PID 控制回路的设定值。通常，采用“透明控制”的方法更加安全，因此实际应用中多采用“透明控制”。

在实际实施预测控制算法时，一般涉及如下四层递阶结构：

第一层（底层）：辅助回路的控制，通常 PID 控制就足够了。

第二层：采用预测控制算法实施多变量控制，满足输入饱和、输入变化速率等物理约束。

第三层：优化预测控制的设定值，最小化一个代价函数，满足产品质量、数量等要求。

第四层：产品的规划与生产调度。

这样的一个四层结构，可能解决读者的某些疑问。首先，实施预测控制不等于用预测控制完全代替 PID，PID 的作用是实实在在地存在着的，这进一步解释了为什么在过程控制中 PID 仍然占主要地位。其次，在实际应用中，第一层和第二层所能带来的经济效益是几乎可以忽略的，即仅仅采用预测控制的基本原理设计控制器，通常不等于可以提高经济效益。通常，提高经济效益的主要是第三层。第一层和第二层（尤其是第二层的预测控制）的作用是实现第三层的优化结果。既然经济效益是从第三层中得来的，那么预测控制中的优化问题的主要作用仍在于提高控制效果，而不是提高经济效益；预测控制中性能指标的选取主要为了获得稳定性和快速性等性能，通常没有经济上的考虑（和传统的最优控制是不同的）。

那么，如果舍弃第二层，在第三层中直接优化 PID 的设定值是否更好呢？不然。这个四层结构的应用对象通常具有数量很多的变量，输入变量个数不一定和输出变量个数相同。而且变量的个数也经常变化。再者，预测控制所控制的输出和 PID 所控制的输出也不一定完全相同。由于预测控制可将多变量的控制“一揽子”解决，而不是像 PID 那样采用单回路调节，因此预测控制的控制效果更加强有力，能够使第三层的优化结果更快、更准确地得到实现。要知道预测控制采用了优化方法，而且可以方便的处理约束和纯滞后，这些都是 PID 所不具备的。还有，如果在第三层中直接优化 PID 的设定值，一般会涉及更复杂的、更高维数的优化问题，是很不现实的。

注解 2.8 采用“透明控制”还有其他好处，包括克服模型不确定性的影响、增大预测控制的吸引域等。对于过渡时间长的对象，采用基于脉冲响应模型或阶跃响应模型的预测控制时，由于考虑计算量等原因，采样周期不能取得过小（否则的话，模型长度可能需要取得很大）；这时采用透明控制，抗干扰可由内部采样频繁的 PID 控制处理。

由于采用“透明控制”、多变量控制和多步预测等原因，对于工业预测控制稳定性不是主要问题；也就是说，工业预测控制的稳定性是很容易得到的，而且工业预测控制具有很强的鲁棒性。工业预测控制在实际应用中，控制结构（变量的个数）经常处于变化之中；更主要的是，工业预测控制的应用对象通常都具有非常复杂和“琢磨不定”的动态特性；因此，想要从理论上分析工业预测控制的稳定性是很难的，也是很难有效指导实践的。

图 2.1 给出第三层实施中的一些参考策略（见文献［2］，原引自文献［7］）。该策略采用静态模型进行优化，因此在执行优化算法前，要检查生产装置是否处于稳态；如果装置处于稳态，则更新优化用数学模型的参数、执行优化运算；在决定是否执行优化结果时，要再次判断装置是否处于原来的稳定状态。

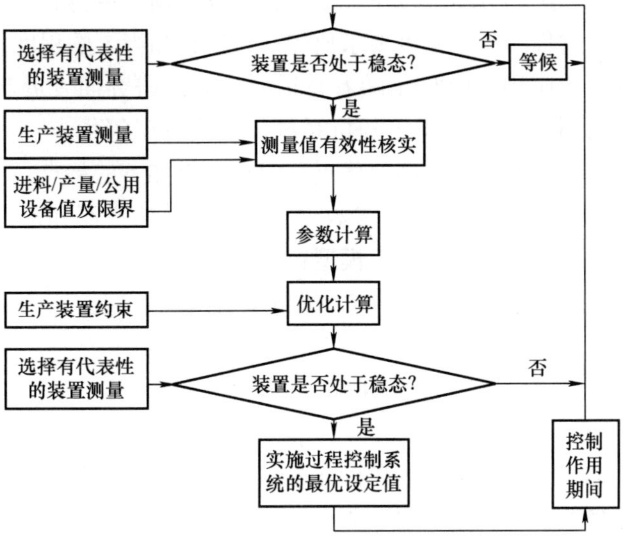

图 2.1　预测控制设定值的静态优化

第 3 章　广义预测控制

广义预测控制（GPC）算法是由 Clarke 等人于 1987 年提出的一种重要的预测控制算法。由于自适应控制技术，如最小方差自校正控制，在过程控制领域得到了广泛的重视并取得了很大的发展，但它们对过程的模型精度要求比较高，这在相当大的程度上限制了自适应控制技术在复杂工业过程中的应用。GPC 是随着自适应控制的研究而发展起来的一种预测控制算法，GPC 既吸收了自适应控制适用于随机系统、在线辨识等优点，又保持了预测控制算法中的滚动优化策略、对模型要求不高等优点。GPC 具有如下的特点：

1）基于传统的参数模型，因而模型参数少，而模型算法控制和动态矩阵控制则基于非参数化模型，即脉冲响应模型和阶跃响应模型；

2）是在自适应控制研究中发展起来的，保留了自适应控制方法的优点，但比自适应控制方法更具有鲁棒性；

3）由于采用多步预测和动态优化等策略，因而控制效果好，更适合于工业生产过程的控制。

由于以上优点，所以它一出现就受到了控制理论界和工业控制界的重视（以文献［195］作为九牛一毛的举例），成为研究领域最为活跃的一种预测控制算法。

本章 3.1 节参考了文献［5，45］；3.3 节参考了文献［10］。

3.1　算法原理

3.1.1　预测模型

考虑如下 SISO 的 CARIMA 模型，即

$$A(z^{-1})y(k)=B(z^{-1})u(k-1)+\frac{C(z^{-1})\xi(k)}{\Delta} \tag{3.1}$$

其中

$$A(z^{-1})=1+a_1z^{-1}+\cdots+a_{n_a}z^{-n_a},\ \deg A(z^{-1})=n_a$$
$$B(z^{-1})=b_0+b_1z^{-1}+\cdots+b_{n_b}z^{-n_b},\ \deg B(z^{-1})=n_b$$
$$C(z^{-1})=c_0+c_1z^{-1}+\cdots+c_{n_c}z^{-n_c},\ \deg c(z^{-1})=n_c$$

z^{-1}是后移算子，即$z^{-1}y(k)=y(k-1)$，$z^{-1}u(k)=u(k-1)$；$\Delta=1-z^{-1}$为差分算子，$\{\xi(k)\}$是均值为零的白噪声序列。对有 q 拍时滞的系统，$b_0\sim b_{q-1}=0$，$n_b\geqslant q$。为了突出方法原理，这里假设 $C(z^{-1})=1$。

为了利用模型式（3.1）导出 j 步后输出 $y(k+j|k)$的预测值，首先考虑下述丢番图（Diophantine）方程：

$$1=E_j(z^{-1})A(z^{-1})\Delta+z^{-j}F_j(z^{-1}) \tag{3.2}$$

其中，$E_j(z^{-1})$，$F_j(z^{-1})$是由$A(z^{-1})$和预测长度j唯一确定的多项式，表达为

$$E_j(z^{-1})=e_{j,0}+e_{j,1}z^{-1}+\cdots+e_{j,j-1}z^{-(j-1)}$$

$$F_j(z^{-1})=f_{j,0}+f_{j,1}z^{-1}+\cdots+f_{j,n_a}z^{-n_a}$$

在式（3.1）两端乘以$E_j(z^{-1})\Delta z^j$，并利用式（3.2）可以写出$k+j$时刻的输出预测值为

$$y(k+j|k)=E_j(z^{-1})B(z^{-1})\Delta u(k+j-1|k)+F_j(z^{-1})y(k)+E_j(z^{-1})\xi(k+j) \tag{3.3}$$

由于在k时刻，未来的噪声$\xi(k+i)$，$i\in\{1,\cdots,j\}$都是未知的，所以对$y(k+j)$最合适的预测值可由式（3.4）得到。

$$\bar{y}(k+j|k)=E_j(z^{-1})B(z^{-1})\Delta u(k+j-1|k)+F_j(z^{-1})y(k) \tag{3.4}$$

在式（3.4）中，记$G_j(z^{-1})=E_j(z^{-1})B(z^{-1})$。结合式（3.2）可得

$$G_j(z^{-1})=\frac{B(z^{-1})}{A(z^{-1})\Delta}[1-z^{-j}F_j(z^{-1})] \tag{3.5}$$

再引入另一丢番图方程

$$G_j(z^{-1})=E_j(z^{-1})B(z^{-1})=\tilde{G}_j(z^{-1})+z^{-(j-1)}H_j(z^{-1})$$

其中

$$\tilde{G}_j(z^{-1})=g_{j,0}+g_{j,1}z^{-1}+\cdots+g_{j,j-1}z^{-(j-1)}$$

$$H_j(z^{-1})=h_{j,1}z^{-1}+h_{j,2}z^{-2}+\cdots+h_{j,n_b}z^{-n_b}$$

则由式（3.3）和式(3.4）可以得到

$$\bar{y}(k+j|k)=\tilde{G}_j(z^{-1})\Delta u(k+j-1|k)+H_j(z^{-1})\Delta u(k)+F_j(z^{-1})y(k) \tag{3.6}$$

$$y(k+j|k)=\bar{y}(k+j|k)+E_j(z^{-1})\xi(k+j) \tag{3.7}$$

3.1.2 丢番图方程的解法

为了由式（3.3）或式（3.4）预测未来输出，必须首先知道$E_j(z^{-1})$，$F_j(z^{-1})$。文献[45]给出了一个$E_j(z^{-1})$，$F_j(z^{-1})$的递推算法。

首先，根据式（3.2）可写出

$$1=E_j(z^{-1})A(z^{-1})\Delta+z^{-j}F_j(z^{-1})$$

$$1=E_{j+1}(z^{-1})A(z^{-1})\Delta+z^{-(j+1)}F_{j+1}(z^{-1})$$

上边两式相减可得

$$A(z^{-1})\Delta[E_{j+1}(z^{-1})-E_j(z^{-1})]+z^{-j}[z^{-1}F_{j+1}(z^{-1})-F_j(z^{-1})]=0$$

记

$$\begin{aligned}\tilde{A}(z^{-1})&=A(z^{-1})\Delta=1+\tilde{a}_1z^{-1}+\cdots+\tilde{a}_{n_a}z^{-n_a}+\tilde{a}_{n_a+1}z^{-(n_a+1)}\\&=1+(a_1-1)z^{-1}+\cdots+(a_{n_a}-a_{n_a-1})z^{-n_a}-a_{n_a}z^{-(n_a+1)}\end{aligned}$$

$$E_{j+1}(z^{-1})-E_j(z^{-1})=\tilde{E}(z^{-1})+e_{j+1,j}z^{-j}$$

则可得

$$\tilde{A}(z^{-1})\tilde{E}(z^{-1})+z^{-j}[z^{-1}F_{j+1}(z^{-1})-F_j(z^{-1})+\tilde{A}(z^{-1})e_{j+1,j}]=0 \tag{3.8}$$

等式（3.8）恒成立的一个必要条件是：$\tilde{A}(z^{-1})\tilde{E}(z^{-1})$中所有阶次小于$j$的项为零。由于$\tilde{A}(z^{-1})$的首项系数为1，很容易得出结论：使式（3.8）恒成立的必要条件是

$$\tilde{E}(z^{-1})=0 \tag{3.9}$$

进而，使式（3.8）成立的充要条件是式（3.9）和式（3.10）成立。

$$F_{j+1}(z^{-1})=z[F_j(z^{-1})-\tilde{A}(z^{-1})e_{j+1,j}] \tag{3.10}$$

将式（3.10）等式两边各相同阶次项的系数逐一比较，得到

$$e_{j+1,j}=f_{j,0}$$

$$f_{j+1,i}=f_{j,i+1}-\tilde{a}_{i+1}e_{j+1,j}=f_{j,i+1}-\tilde{a}_{i+1}f_{j,0},\ i\in\{0,\cdots,n_a-1\}$$

$$f_{j+1,n_a}=-\tilde{a}_{n_a+1}e_{j+1,j}=-\tilde{a}_{n_a+1}f_{j,0}$$

这一$F_j(z^{-1})$系数的递推关系亦可用向量形式记为

$$\boldsymbol{f}_{j+1}=\tilde{\boldsymbol{A}}\boldsymbol{f}_j$$

其中

$$\boldsymbol{f}_{j+1}=[f_{j+1,0},\cdots,f_{j+1,n_a}]^{\mathrm{T}}$$

$$\boldsymbol{f}_j=[f_{j,0},\cdots,f_{j,n_a}]^{\mathrm{T}}$$

$$\tilde{\boldsymbol{A}}=\begin{bmatrix}1-a_1 & 1 & 0 & \cdots & 0\\ a_1-a_2 & 0 & 1 & \ddots & 0\\ \vdots & \vdots & \ddots & \ddots & 0\\ a_{n_a-1}-a_{n_a} & 0 & \cdots & 0 & 1\\ a_{n_a} & 0 & \cdots & 0 & 0\end{bmatrix}$$

此外还可得$E_j(z^{-1})$系数递推公式为

$$E_{j+1}(z^{-1})=E_j(z^{-1})+e_{j+1,j}z^{-j}=E_j(z^{-1})+f_{j,0}z^{-j}$$

当$j=1$时，方程式（3.2）为

$$1=E_1(z^{-1})\tilde{A}(z^{-1})+z^{-1}F_1(z^{-1})$$

故应取$E_1(z^{-1})=1$，$F_1(z^{-1})=z[1-\tilde{A}(z^{-1})]$为$E_j(z^{-1})$，$F_j(z^{-1})$初值。这样，$E_{j+1}(z^{-1})$和$F_{j+1}(z^{-1})$便可按式（3.11）来递推计算。

$$\left.\begin{aligned}&\boldsymbol{f}_{j+1}=\tilde{\boldsymbol{A}}\boldsymbol{f}_j,\ \boldsymbol{f}_0=[1,\ 0,\ \cdots,0]^{\mathrm{T}}\\&E_{j+1}(z^{-1})=E_j(z^{-1})+f_{j,0}z^{-j},E_0=0\end{aligned}\right\} \tag{3.11}$$

由式（3.9）知道：$e_{j,i}$，$i<j$的值与j没有关系，故可简记$e_i\triangleq e_{j,i}$，$i<j$。

考虑第二个丢番图方程。由式（3.5）知道，$G_j(z^{-1})$的前j项和j没有关系；$G_j(z^{-1})$的前j项的系数正是对象单位阶跃响应前j项的采样值，记作g_1，…，g_j。这样，

$$G_j(z^{-1}) = E_j(z^{-1})B(z^{-1}) = g_1 + g_2 z^{-1} + \cdots + g_j z^{-(j-1)} + z^{-(j-1)}H_j(z^{-1})$$

故有

$$g_{j,i} = g_{i+1},\ i<j$$

由于 $G_j(z^{-1})$ 是 $E_j(z^{-1})$ 和 $B(z^{-1})$ 卷积的结果，运算上比较方便，因此 $\tilde{G}_j(z^{-1})$ 和 $H_j(z^{-1})$ 的系数容易得到。

3.1.3　滚动优化

在 GPC 中，k 时刻的性能指标具有以下形式：

$$\min J(k) = E\left\{\sum_{j=N_1}^{N_2}[y(k+j|k) - y_s(k+j)]^2 + \sum_{j=1}^{N_u}\lambda(j)\Delta u(k+j-1|k)^2\right\} \tag{3.12}$$

其中，$E\{\cdot\}$表示取数学期望；$y_s(k+j)$为未来输出的参考值（期望值、设定值）；N_1 和 N_2 分别为预测时域的起始与终止时刻；N_u 为控制时域，即在 N_u 步后控制量不再变化，即 $u(k+j-|k) = u(k+N_u-1|k),\ j>N_u$；$\lambda(j)$为控制加权系数，为简化计一般常可假设其为常数 λ。

性能指标式（3.12）中，N_1 应大于对象的时滞数，而 N_2 应大到对象动态特性能充分表现出来（即尽量包含受当前控制影响的时间区间，一般可取为系统的上升时间）。关于 N_1、N_2、N_u 的选择可进一步参考文献［8，45］等。由于采用多步预测优化，即使对时滞估计不当或时滞发生变化，仍能从整体优化中得到合理的控制，这是 GPC 对模型不精确性具有鲁棒性的重要原因。除去随机系统带来的差别外，上面的性能指标与动态矩阵控制中的性能指标非常相似。在动态矩阵控制性能指标中，只需把 N_1 以前的权系数 w_i 取为零，即可得到相同的形式。

利用预测模型式（3.4），可以得到

$$\begin{aligned}
\bar{y}(k+1|k) &= G_1(z^{-1})\Delta u(k) + F_1(z^{-1})y(k) = g_{1,0}\Delta u(k|k) + f_1(k)\\
\bar{y}(k+2|k) &= G_2(z^{-1})\Delta u(k+1|k) + F_2(z^{-1})y(k)\\
&= g_{2,0}\Delta u(k+1|k) + g_{2,1}\Delta u(k|k) + f_2(k)\\
&\ \ \vdots\\
\bar{y}(k+N|k) &= G_N(z^{-1})\Delta u(k+N-1|k) + F_N(z^{-1})y(k)\\
&= g_{N,0}\Delta u(k+N-1|k) + \cdots + g_{N,N-N_u}\Delta u(k+N_u-1|k)\\
&\quad + \cdots + g_{N,N-1}\Delta u(k|k) + f_N(k)\\
&= g_{N,N-N_u}\Delta u(k+N_u-1|k) + \cdots + g_{N,N-1}\Delta u(k) + f_N(k)
\end{aligned}$$

其中

$$\left.\begin{aligned}
f_1(k) &= [G_1(z^{-1}) - g_{1,0}]\Delta u(k) + F_1(z^{-1})y(k)\\
f_2(k) &= z[G_2(z^{-1}) - z^{-1}g_{2,1} - g_{2,0}]\Delta u(k) + F_2(z^{-1})y(k)\\
&\ \ \vdots\\
f_N(k) &= z^{N-1}[G_N(z^{-1}) - z^{-(N-1)}g_{N,N-1} - \cdots - g_{N,0}]\Delta u(k) + F_N(z^{-1})y(k)
\end{aligned}\right\} \tag{3.13}$$

均可由 k 时刻已知的信息$\{y(\tau),\ \tau\leq k\}$以及$\{u(\tau),\ \tau<k\}$计算；N 与第 1 章意义相同而不同于第 2 章，均遵照文献惯例。

如果记

$$\vec{\boldsymbol{y}}(k|k)=[\bar{y}(k+N_1|k),\cdots,\ \bar{y}(k+N_2|k)]^{\mathrm{T}}$$

$$\Delta\tilde{\boldsymbol{u}}(k|k)=[\Delta u(k|k),\cdots,\Delta u(k+N_{\mathrm{u}}-1|k)]^{\mathrm{T}}$$

$$\overleftarrow{\boldsymbol{f}}(k)=[f_{N_1}(k),\cdots,\ f_{N_2}(k)]^{\mathrm{T}}$$

并且注意到$g_{j,i}=g_{i+1}(i<j)$是阶跃响应系数，则可得

$$\vec{\boldsymbol{y}}(k|k)=\boldsymbol{G}\Delta\tilde{u}(k|k)+\overleftarrow{\boldsymbol{f}}(k) \tag{3.14}$$

其中，$\boldsymbol{G}=\begin{bmatrix} g_{N_1} & g_{N_1-1} & \cdots & g_{N_1-N_{u+1}} \\ g_{N_1+1} & g_{N_1} & \cdots & g_{N_1-N_u+2} \\ \vdots & \vdots & \ddots & \vdots \\ g_{N_2} & g_{N_2-1} & \cdots & g_{N_2-N_u+1} \end{bmatrix}$，$g_j=0$，$\forall j\leqslant 0$。

用$\bar{y}(k+j|k)$替换式（3.12）中的$y(k+j|k)$，从而把性能指标写成向量形式：

$$J(k)=[\vec{\boldsymbol{y}}(k|k)-\vec{\boldsymbol{\omega}}(k)]^{\mathrm{T}}[\vec{\boldsymbol{y}}(k|k)-\vec{\boldsymbol{\omega}}(k)]+\Delta\tilde{\boldsymbol{u}}(k|k)^{\mathrm{T}}\lambda\Delta\tilde{\boldsymbol{u}}(k|k)$$

其中，$\vec{\boldsymbol{\omega}}(k)=[y_{\mathrm{s}}(k+N_1),\cdots,y_{\mathrm{s}}(k+N_2)]^{\mathrm{T}}$。这样，当$\lambda\boldsymbol{I}+\boldsymbol{G}^{\mathrm{T}}\boldsymbol{G}$非奇异时，得到使性能指标式（3.12）最优的解：

$$\Delta\tilde{\boldsymbol{u}}(k|k)=(\lambda\boldsymbol{I}+\boldsymbol{G}^{\mathrm{T}}\boldsymbol{G})^{-1}\boldsymbol{G}^{\mathrm{T}}[\vec{\boldsymbol{\omega}}(k)-\overleftarrow{\boldsymbol{f}}(k)] \tag{3.15}$$

即时最优控制量则可由下式给出（假设$\Delta u(k)=\Delta u(k|k)$和$u(k)=u(k|k)$）：

$$u(k)=u(k-1)+\boldsymbol{d}^{\mathrm{T}}[\vec{\boldsymbol{\omega}}(k)-\overleftarrow{\boldsymbol{f}}(k)] \tag{3.16}$$

其中，$\boldsymbol{d}^{\mathrm{T}}$是矩阵$(\lambda\boldsymbol{I}+\boldsymbol{G}^{\mathrm{T}}\boldsymbol{G})^{-1}\boldsymbol{G}^{\mathrm{T}}$的第一行。

也可以进一步根据式（3.7）将输出预测写成如下向量形式：

$$\tilde{\boldsymbol{y}}(k|k)=\boldsymbol{G}\Delta\tilde{\boldsymbol{u}}(k|k)+\boldsymbol{F}(z^{-1})y(k)+\boldsymbol{H}(z^{-1})\Delta u(k)+\tilde{\boldsymbol{\varepsilon}}(k)$$

其中

$$\tilde{\boldsymbol{y}}(k|k)=[y(k+N_1|k),\cdots,\ y(k+N_2|k)]^{\mathrm{T}}$$

$$\boldsymbol{F}(z^{-1})=[F_{N_1}(z^{-1}),\cdots,\ F_{N_2}(z^{-1})]^{\mathrm{T}}$$

$$\boldsymbol{H}(z^{-1})=[H_{N_1}(z^{-1}),\ \cdots,H_{N_2}(z^{-1})]^{\mathrm{T}}$$

$$\tilde{\boldsymbol{\varepsilon}}(k)=[E_{N_1}(z^{-1})\xi(k+N_1),\cdots,E_{N_2}(z^{-1})\xi(k+N_2)]^{\mathrm{T}}$$

从而把性能指标写成向量形式

$$J(k)=E\{[\tilde{\boldsymbol{y}}(k|k)-\vec{\boldsymbol{\omega}}(k)]^{\mathrm{T}}[\tilde{\boldsymbol{y}}(k|k)-\vec{\boldsymbol{\omega}}(k)]+\lambda\Delta\tilde{\boldsymbol{u}}(k|k)^{\mathrm{T}}\Delta\tilde{\boldsymbol{u}}(k|k)\}$$

这样，当$\lambda\boldsymbol{I}+\boldsymbol{G}^{\mathrm{T}}\boldsymbol{G}$非奇异时，得到最优控制律如下：

$$\Delta\tilde{\boldsymbol{u}}(k|k)=(\lambda\boldsymbol{I}+\boldsymbol{G}^{\mathrm{T}}\boldsymbol{G})^{-1}\boldsymbol{G}^{\mathrm{T}}[\vec{\boldsymbol{\omega}}(k)-\boldsymbol{F}(z^{-1})y(k)-\boldsymbol{H}(z^{-1})\Delta u(k)]$$

由于采用了数学期望，$\tilde{\boldsymbol{\varepsilon}}(k)$不出现在上面的控制律中。即时最优控制量则可由式（3.17）给出。

$$u(k)=u(k-1)+\boldsymbol{d}^{\mathrm{T}}[\vec{\boldsymbol{\omega}}(k)-\boldsymbol{F}(z^{-1})y(k)-\boldsymbol{H}(z^{-1})\Delta u(k)] \tag{3.17}$$

3.1.4 在线辨识与校正

GPC 是从自校正控制发展起来的，因此保持了自校正的方法原理，即在控制过程中，不断通过实际输入输出信息在线估计模型参数，并以此修正控制律。动态矩阵控制和模型算法控制相当于用一个不变的预测模型，并附加一个误差预测模型共同保证对未来输出做出较准确的预测；而 GPC 则不考虑误差预测模型，通过对模型在线修正来给出较准确的预测。

注解 3.1　DMC 和 MAC 因为采用非参数化模型，并且采用误差预测，因此非常具有启发性。这里，所谓“启发性”是指不具有严格的理论基础。如果采用输入输出模型，也完全可以加入像 DMC 和 MAC 那样的、启发式的反馈校正，即用当前时刻的预测误差修正未来的输出预测值；很多文献正是这么做的（尽管在本书中，我们在介绍上面的 GPC 时并没有这样做）。

考虑将对象模型式（3.1）改写为 $A(z^{-1})\Delta y(k)=B(z^{-1})\Delta u(k-1)+\xi(k)$。可得 $\Delta y(k)=-A_1(z^{-1})\Delta y(k)+B(z^{-1})\Delta u(k-1)+\xi(k)$，其中 $A_1(z^{-1})=A(z^{-1})-1$。把模型参数与数据参数分别用向量形式记为

$$\boldsymbol{\theta}=[a_1\cdots a_{n_a}\ b_0\cdots b_{n_b}]^{\mathrm{T}}$$

$$\boldsymbol{\varphi}(k)=[-\Delta y(k-1)\cdots-\Delta y(k-n_a)\ \Delta u(k-1)\cdots\Delta u(k-n_b-1)]^{\mathrm{T}}$$

则可将上式写成 $\Delta y(k)=\boldsymbol{\varphi}(k)^{\mathrm{T}}\boldsymbol{\theta}+\xi(k)$。

在此，可用渐消记忆的递推最小二乘法估计参数矢量：

$$\left.\begin{aligned}&\hat{\boldsymbol{\theta}}(k)=\hat{\boldsymbol{\theta}}(k-1)+\boldsymbol{K}(k)[\Delta y(k)-\boldsymbol{\varphi}(k)^{\mathrm{T}}\hat{\boldsymbol{\theta}}(k-1)]\\&\boldsymbol{K}(k)=\boldsymbol{P}(k-1)\boldsymbol{\varphi}(k)[\boldsymbol{\varphi}(k)^{\mathrm{T}}\boldsymbol{P}(k-1)\boldsymbol{\varphi}(k)+\mu]^{-1}\\&\boldsymbol{P}(k)=\frac{1}{\mu}[\boldsymbol{I}-\boldsymbol{K}(k)\boldsymbol{\varphi}(k)^{\mathrm{T}}]\boldsymbol{P}(k-1)\end{aligned}\right\}\tag{3.18}$$

其中，$0<\mu<1$ 为遗忘因子，常可选 $0.95<\mu<1$；$\boldsymbol{K}(k)$ 为权因子；$\boldsymbol{P}(k)$ 为正定矩阵。在控制起动时，需要设置参数向量 $\boldsymbol{\theta}$ 和矩阵 $\boldsymbol{P}$ 的初值，通常可令 $\hat{\boldsymbol{\theta}}(-1)=0$，$\boldsymbol{P}(-1)=\alpha^2\boldsymbol{I}$，$\alpha$ 是一个足够大的正数。在控制的每一步，首先要组成数据向量，然后就可由式（3.18）先后求出 $\boldsymbol{K}(k)$，$\hat{\boldsymbol{\theta}}(k)$，$\boldsymbol{P}(k)$。

在通过辨识得到多项式 $A(z^{-1})$，$B(z^{-1})$ 的参数后，就可重新计算控制律式（3.16）中的 $\boldsymbol{d}^{\mathrm{T}}$ 和 $\overleftarrow{\boldsymbol{f}}(k)$，并求出最优控制量。

算法 3.1　（自适应 GPC）

GPC 的在线控制可归结为以下步骤：

步骤 1. 根据最新输入输出数据，用递推式（3.18）估计模型参数，得到 $A(z^{-1})$，$B(z^{-1})$；

步骤 2. 根据所得的 $A(z^{-1})$，按式(3.11)递推计算 $E_j(z^{-1})$，$F_j(z^{-1})$；

步骤 3. 根据 $B(z^{-1})$，$E_j(z^{-1})$，$F_j(z^{-1})$，计算 $\boldsymbol{G}$ 的元素 g_i，并依式（3.13）计算出 $f_i(k)$；

步骤 4. 重新计算出 $\boldsymbol{d}^{\mathrm{T}}$，并按式（3.16）计算出 $u(k)$，将其作用于对象。这一步涉及 N_u 阶矩阵的求逆，在线的计算量必须在选择 N_u 时加以考虑。

3.2 一些基本性质

认识 GPC 的控制结构等基本性质，有利于对 GPC 进行细致的分析，本节给出最基本的结论。

引理 3.1 （GPC 的控制结构）如果取 $\vec{\boldsymbol{\omega}}(k)=[\omega,\ \omega,\cdots,\ \omega]^{\mathrm{T}}$（其中 $\omega=\boldsymbol{y}_{ss}$，$\boldsymbol{y}_{ss}$ 为输出稳态目标，见文献［18］），则 GPC 的结构如图 3.1 所示，其中 $\boldsymbol{M}=[1,\ 1,\cdots,\ 1]^{\mathrm{T}}$，plant 表示实际被控系统。

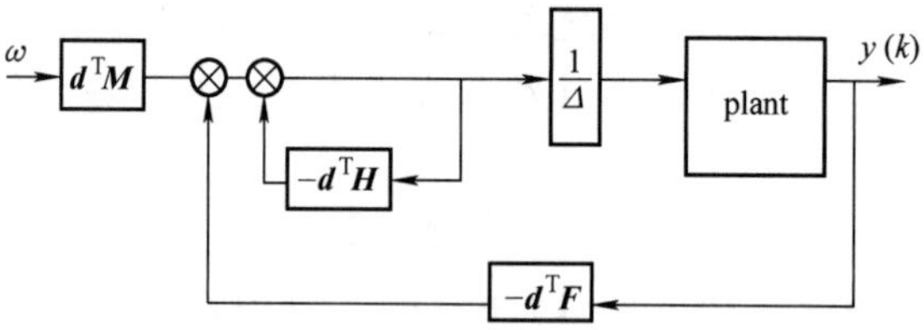

图 3.1　GPC 的结构框图（省略 (z^{-1})）

证明 3.1 采用 $\Delta u(k)=\boldsymbol{d}^{\mathrm{T}}[\vec{\boldsymbol{\omega}}(k)-\overleftarrow{\boldsymbol{f}}(k)]$，并考虑式（3.17）的结构形式，很容易得到图 3.1。

证毕。

当然，如果按照式（2.9）那样取输出参考值，也可得到对应的结构图。图 3.1 中的结构主要是为了在后面的章节中应用。在本书中反复说明，系统模型总是与实际系统有偏差。Plant 中包含了噪声。

引理 3.2 （GPC 的内模控制结构）如果取 $\vec{\boldsymbol{\omega}}(k)=[\omega,\omega,\cdots,\ \omega]^{\mathrm{T}}$，则 GPC 的内模结构如图 3.2 所示。

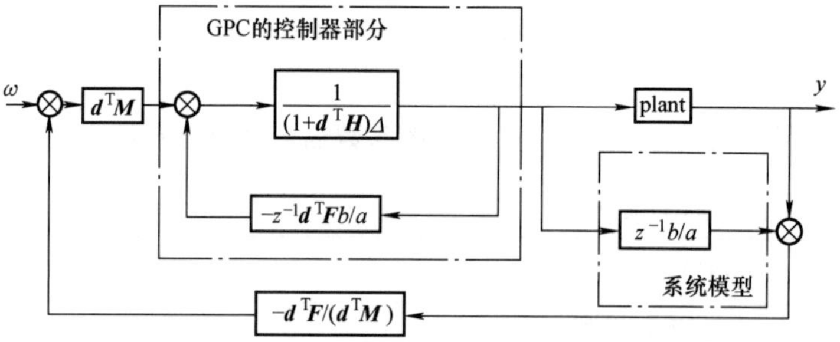

图 3.2　GPC 的内模控制结构（省略 (z^{-1})）

证明 3.2 对方框图 3.1 进行变换很容易得到。

证毕。

所谓内模，是指“内部模型”，粗略地是指控制器中包含模型或计算机存储器中有系统模型。关于内模控制，可参考相关文献。

定义

$$\overleftarrow{\Delta \boldsymbol{u}}(k)=[\Delta u(k-1),\Delta u(k-2),\cdots,\Delta u(k-n_b)]^{\mathrm{T}}$$

$$\overleftarrow{\boldsymbol{y}}(k)=[y(k),\ y(k-1),\cdots,y(k-n_a)]^{\mathrm{T}}$$

则未来输出预测值 $\overrightarrow{\boldsymbol{y}}(k|k)=[\bar{y}(k+N_1|k),\bar{y}(k+N_1+1|k),\cdots,\bar{y}(k+N_2|k)]^{\mathrm{T}}$ 可以表示为

$$\overrightarrow{\boldsymbol{y}}(k|k)=\boldsymbol{G}\Delta\tilde{\boldsymbol{u}}(k|k)+\boldsymbol{H}\overleftarrow{\Delta\boldsymbol{u}}(k)+\boldsymbol{F}\overleftarrow{\boldsymbol{y}}(k) \tag{3.19}$$

其中

$$\boldsymbol{H}=\begin{bmatrix} h_{N_1,1} & h_{N_1,2} & \cdots & h_{N_1,n_b} \\ h_{N_1+1,1} & h_{N_1+1,2} & \cdots & h_{N_1+1,n_b} \\ \vdots & \vdots & \ddots & \vdots \\ h_{N_2,1} & h_{N_2,2} & \cdots & h_{N_2,n_b} \end{bmatrix}$$

$$\boldsymbol{F}=\begin{bmatrix} f_{N_1,0} & f_{N_1,1} & \cdots & f_{N_1,n_a} \\ f_{N_1+1,0} & f_{N_1+1,1} & \cdots & f_{N_1+1,n_a} \\ \vdots & \vdots & \ddots & \vdots \\ f_{N_2,0} & f_{N_2,1} & \cdots & f_{N_2,n_a} \end{bmatrix}$$

即当 $\lambda\boldsymbol{I}+\boldsymbol{G}^{\mathrm{T}}\boldsymbol{G}$ 非奇异时，最优控制作用为

$$\Delta\boldsymbol{u}(k)=\boldsymbol{d}^{\mathrm{T}}[\overrightarrow{\boldsymbol{\omega}}(k)-\boldsymbol{H}\overleftarrow{\Delta\boldsymbol{u}}(k)-\boldsymbol{F}\overleftarrow{\boldsymbol{y}}(k)] \tag{3.20}$$

定理 3.3　（性能指标最优解）假设 $\overrightarrow{\boldsymbol{\omega}}(k)=\boldsymbol{0}$，则采用 GPC 时性能指标的最优值为

$$J^*(k)=\overleftarrow{\boldsymbol{f}}(k)^{\mathrm{T}}[\boldsymbol{I}-\boldsymbol{G}(\lambda\boldsymbol{I}+\boldsymbol{G}^{\mathrm{T}}\boldsymbol{G})^{-1}\boldsymbol{G}^{\mathrm{T}}]\overleftarrow{\boldsymbol{f}}(k) \tag{3.21}$$

$$J^*(k)=\lambda\overleftarrow{\boldsymbol{f}}(k)^{\mathrm{T}}(\lambda\boldsymbol{I}+\boldsymbol{G}\boldsymbol{G}^{\mathrm{T}})^{-1}\overleftarrow{\boldsymbol{f}}(k),\ \lambda\neq 0 \tag{3.22}$$

其中，$\overleftarrow{\boldsymbol{f}}(k)=\boldsymbol{H}\overleftarrow{\Delta\boldsymbol{u}}(k)+\boldsymbol{F}\overleftarrow{\boldsymbol{y}}(k)$。

证明 3.3　将式（3.14）和式（3.15）代入性能指标，适当地化简可得式（3.21）。利用如下矩阵求逆公式：

$$(\boldsymbol{Q}+\boldsymbol{MTS})^{-1}=\boldsymbol{Q}^{-1}-\boldsymbol{Q}^{-1}\boldsymbol{M}(\boldsymbol{SQ}^{-1}\boldsymbol{M}+\boldsymbol{T}^{-1})^{-1}\boldsymbol{SQ}^{-1} \tag{3.23}$$

其中，$\boldsymbol{Q}$，$\boldsymbol{M}$，$\boldsymbol{T}$，$\boldsymbol{S}$ 为任意满足相应可逆要求的矩阵，可由式（3.21）得到式（3.22）。

3.3　与模型系数无关的稳定性结论

本节阐述内容，主要为了体现本书的完整性，揭示预测控制经典方法 GPC 和预测控制综合方法的特例（Kleinman 控制器）之间的联系。应该说，建立工业预测控制和预测控制综合方法的联系并非容易的事情。本节的联系非常有局限性（仅适合 SISO 线性时不变无约束系统）。本节的内容相对独立，读者可跳过。

3.3.1　广义预测控制向线性二次型问题的转化

考虑式（3.1）中的模型，$C(z^{-1})=1$，将其变换为

$$\tilde{A}(z^{-1})y(k)=\tilde{B}(z^{-1})\Delta u(k)+\xi(k) \tag{3.24}$$

其中，$\tilde{A}(z^{-1})=1+\tilde{a}_1z^{-1}+\cdots+a_{n_A}z^{-n_A}$，$\tilde{B}(z^{-1})=\tilde{b}_1z^{-1}+\tilde{b}_2z^{-2}+\cdots+\tilde{b}_{n_B}z^{-n_B}$，$n_A=n_a+1$，$n_B=n_b+1$；假设 $\tilde{a}_{n_A}\neq 0$，$\tilde{b}_{n_B}\neq 0$。假设$(\tilde{A}(z^{-1}),\ \tilde{B}(z^{-1}))$为不可简约对。取 $\vec{\boldsymbol{\omega}}=[\omega,\omega,\cdots,\omega]^{\mathrm{T}}$。

为将 GPC 的控制问题转化为滚动时域的线性二次型（LQ）问题，不考虑$\xi(k)$，将模型式（3.24）变换为如下状态空间模型（能控标准型、最小实现）：

$$\boldsymbol{x}(k+1)=\boldsymbol{A}\boldsymbol{x}(k)+\boldsymbol{B}\Delta u(k),\ y(k)=\boldsymbol{C}\boldsymbol{x}(k) \tag{3.25}$$

其中，$x\in\mathbb{R}^n$，$n=\max\{n_A,\ n_B\}$，$\boldsymbol{A}=\begin{bmatrix}-\tilde{\boldsymbol{a}}^{\mathrm{T}} & -\tilde{\alpha}_n\\ \boldsymbol{I}_{n-1} & \boldsymbol{0}\end{bmatrix}$，$\boldsymbol{B}=[1\quad 0\quad\cdots\quad 0]^{\mathrm{T}}$，$\boldsymbol{C}=[\tilde{b}_1\quad \tilde{b}_2\quad\cdots\quad \tilde{b}_n]$，$\boldsymbol{I}_{n-1}$为$n-1$阶单位阵，$\tilde{\boldsymbol{\alpha}}^{\mathrm{T}}=[\tilde{a}_1\quad \tilde{a}_2\quad\cdots\quad \tilde{a}_{n-1}]$；当$i>n_A$时，$\tilde{a}_i=0$；当$i>n_B$时，$\tilde{b}_i=0$；当$n_A<n_B$时，$\boldsymbol{A}$为奇异阵。

由于讨论的是稳定性，考虑$\omega=0$可不失一般性。取

$$\boldsymbol{Q}_i=\begin{cases}\boldsymbol{C}^{\mathrm{T}}\boldsymbol{C},N_1\leqslant i\leqslant N_2\\ 0,\ i<N_1\end{cases},\lambda_j=\begin{cases}\lambda,\ 1\leqslant j\leqslant N_u\\ \infty,\ j>N_u\end{cases}$$

则性能指标式（3.12）可以等价地化为 LQ 问题的性能指标：

$$J(k)=\boldsymbol{x}(k+N_2)^{\mathrm{T}}\boldsymbol{C}^{\mathrm{T}}\boldsymbol{C}\boldsymbol{x}(k+N_2)+\sum_{i=0}^{N_2-1}[\boldsymbol{x}(k+i)^{\mathrm{T}}\boldsymbol{Q}_i\boldsymbol{x}(k+i)+\lambda_{i+1}\Delta u(k+i)^2] \tag{3.26}$$

由 LQ 问题的标准解法可得控制律为

$$\Delta u(k)=-(\lambda+\boldsymbol{B}^{\mathrm{T}}\boldsymbol{P}_1\boldsymbol{B})^{-1}\boldsymbol{B}^{\mathrm{T}}\boldsymbol{P}_1\boldsymbol{A}\boldsymbol{x}(k) \tag{3.27}$$

这就是把 GPC 看作 LQ 问题时所解得的控制律，称为 GPC 的 LQ 控制律，其中 $\boldsymbol{P}_1$ 可由 Riccati 迭代公式求出：

$$\boldsymbol{P}_i=Q_i+\boldsymbol{A}^{\mathrm{T}}\boldsymbol{P}_{i+1}\boldsymbol{A}-\boldsymbol{A}^{\mathrm{T}}\boldsymbol{P}_{i+1}\boldsymbol{B}(\lambda_{i+1}+\boldsymbol{B}^{\mathrm{T}}\boldsymbol{P}_{i+1}\boldsymbol{B})^{-1}\boldsymbol{B}^{\mathrm{T}}\boldsymbol{P}_{i+1}\boldsymbol{A}$$
$$i=N_2-1,\cdots,2,1,\boldsymbol{P}_{N_2}=\boldsymbol{C}^{\mathrm{T}}\boldsymbol{C} \tag{3.28}$$

控制律式（3.27）与 GPC 常规控制律式（3.16）在稳定性上是等价的（见文献[124]）。

引理 3.4 （Riccati 迭代特殊公式）当 $\lambda_{j+1}=\lambda$，$\boldsymbol{Q}_j=0$，$1\leqslant j\leqslant i$ 时，由式（3.28）可得到

$$\boldsymbol{P}_1=(\boldsymbol{A}^{\mathrm{T}})^i\{\boldsymbol{P}_{i+1}-\boldsymbol{P}_{i+1}\boldsymbol{J}_{i+1}(\boldsymbol{J}_{i+1}^{\mathrm{T}}\boldsymbol{P}_{i+1}\boldsymbol{J}_{i+1}+\lambda\boldsymbol{I})^{-1}\boldsymbol{J}_{i+1}^{\mathrm{T}}\boldsymbol{P}_{i+1})\}\boldsymbol{A}^i \tag{3.29}$$

其中，$\boldsymbol{J}_{i+1}=[\boldsymbol{B}\quad \boldsymbol{A}\boldsymbol{B}\quad\cdots\quad \boldsymbol{A}^{i-1}\boldsymbol{B}]$。

证明 3.4 采用归纳法，可参阅文献［1］。

3.3.2 稳定性证明的工具：Kleinman 控制器

Kleinman 等人已指出，对于n维状态空间方程表示的系统

$$\boldsymbol{x}(k+1)=\boldsymbol{A}\boldsymbol{x}(k)+\boldsymbol{B}\Delta u(k) \tag{3.30}$$

控制律（称为 Kleinman 控制器）

$$\Delta u(k) = -\gamma^{-1}\boldsymbol{B}^{\mathrm{T}}(\boldsymbol{A}^{\mathrm{T}})^{N}\left[\sum_{h=m}^{N}\boldsymbol{A}^{h}\boldsymbol{B}\gamma^{-1}\boldsymbol{B}^{\mathrm{T}}(\boldsymbol{A}^{\mathrm{T}})^{h}\right]^{-1}\boldsymbol{A}^{N+1}\boldsymbol{x}(k) \tag{3.31}$$

其中，$\gamma>0$，对系统稳定性具有如下性质（见文献［119，125，231］）：

引理 3.5 （Kleinman 控制器的稳定性）如果系统完全可控且 A 非奇异，则当且仅当 $N-m\geqslant n-1$ 时，采用控制律式（3.31）使系统式（3.30）闭环稳定，且当等号成立时为 deadbeat 控制器。

引理 3.6 （Kleinman 控制器的稳定性）如果系统完全可控且 A 奇异，则当且仅当 $N\geqslant n-1$，$m=0$ 时，采用控制律式（3.31）使系统式（3.30）闭环稳定，且当等号成立时为 deadbeat 控制器。

在 Kleinman 控制器中，N 和 m 都是该控制器参数，在其他章节和场合 N 和 m 具有不同的意义，均按文献惯例。

这两个引理可与系统可控性的概念关联起来，故不再证明。Kleinman 控制器在 20 世纪 70 年代提出，在 90 年代前后被归结为综合型预测控制，具有稳定性保证。文献［37］分析了 Kleinman 控制器的性能极限。

下面给出 A 奇异时扩展的 Kleinman 控制器的形式，为此对系统式（3.25）（包括系统式（3.30））作非奇异线性变换，化为

$$\bar{\boldsymbol{x}}(k+1)=\bar{\boldsymbol{A}}\bar{\boldsymbol{x}}(k)+\bar{\boldsymbol{B}}\Delta u(k),\ y(k)=\bar{\boldsymbol{C}}\bar{\boldsymbol{x}}(k)$$

其中，$\bar{\boldsymbol{A}}=\begin{bmatrix}\boldsymbol{A}_0 & \boldsymbol{0}\\ \boldsymbol{0} & \boldsymbol{A}_1\end{bmatrix}$，$\bar{\boldsymbol{B}}=\begin{bmatrix}\boldsymbol{B}_0\\ \boldsymbol{B}_1\end{bmatrix}$，$\bar{\boldsymbol{C}}=[\boldsymbol{C}_0,\ \boldsymbol{C}_1]$，$\boldsymbol{A}_0$ 可逆，$\boldsymbol{A}_1=\begin{bmatrix}\boldsymbol{0} & \boldsymbol{0}\\ \boldsymbol{I}_{p-1} & \boldsymbol{0}\end{bmatrix}\in\mathbb{R}^{p\times p}$，$\boldsymbol{C}_1=[0\ \ \cdots\ \ 0\ \ 1]$，$p$ 为 $\boldsymbol{A}$ 中零特征值的个数，$\boldsymbol{I}_{p-1}$ 为 $p-1$ 阶单位阵。

对于上述变换后的系统，单独对子系统 $\{\boldsymbol{A}_0,\ \boldsymbol{B}_0\}$ 设计 Kleinman 控制器，并构成如下控制律：

$$\Delta u(k) = \left[-\gamma^{-1}\boldsymbol{B}_0^{\mathrm{T}}(\boldsymbol{A}_0^{\mathrm{T}})^{N}\left[\sum\nolimits_{h=m}^{N}\boldsymbol{A}_0^{h}\boldsymbol{B}_0\gamma^{-1}\boldsymbol{B}_0^{\mathrm{T}}(\boldsymbol{A}_0^{\mathrm{T}})^{h}\right]^{-1}\boldsymbol{A}_0^{N+1}\quad \boldsymbol{0}\right]\bar{\boldsymbol{x}}(k) \tag{3.32}$$

称之为扩展的 Kleinman 控制器。将式（3.32）代入 $\bar{\boldsymbol{x}}(k+1)=\bar{\boldsymbol{A}}\bar{\boldsymbol{x}}(k)+\bar{\boldsymbol{B}}\Delta u(k)$，注意到如果$(\boldsymbol{A}_0,\boldsymbol{B}_0)$完全可控则（$\boldsymbol{A}$，$\boldsymbol{B}$）完全可控，借助于引理 3.5 不难得到如下结论：

定理 3.7 （扩展 Kleinman 控制器的稳定性）如果系统完全可控且 A 奇异，则当且仅当 $N-m\geqslant n-p-1$ 时，控制律式（3.32）使系统式（3.30）闭环稳定，且当等号成立时为 deadbeat 控制器。

在引理 3.4～引理 3.6 和定理 3.7 的基础上，下面将给出 $\boldsymbol{\lambda}$ 充分小时 GPC 的闭环性质，包括四种情形：

1）$n_{\mathrm{A}}\geqslant n_{\mathrm{B}}$，$N_1\geqslant N_{\mathrm{u}}$；

2）$n_{\mathrm{A}}\leqslant n_{\mathrm{B}}$，$N_1\leqslant N_{\mathrm{u}}$；

3）$n_{\mathrm{A}}\leqslant n_{\mathrm{B}}$，$N_1\geqslant N_{\mathrm{u}}$；

4）$n_{\mathrm{A}}\geqslant n_{\mathrm{B}}$，$N_1\leqslant N_{\mathrm{u}}$。

利用式（3.29），控制律式（3.27）在一定条件下可以化成如下形式：

$$\Delta u(k) = -\boldsymbol{B}^{\mathrm{T}}(\boldsymbol{A}^{\mathrm{T}})^{N}\left[\lambda\boldsymbol{P}_{N+1}^{-1}+\sum_{h=0}^{N}\boldsymbol{A}^{h}\boldsymbol{B}\boldsymbol{B}^{\mathrm{T}}(\boldsymbol{A}^{\mathrm{T}})^{h}\right]^{-1}\boldsymbol{A}^{N+1}\boldsymbol{x}(k) \tag{3.33}$$

这样当$\lambda \boldsymbol{P}_{N+1}^{-1}$充分小时，用Kleinman控制器式（3.31）的稳定性质可以得到GPC的稳定性结论。此外，$\boldsymbol{A}$奇异时，若Riccati迭代中采用$\overline{\boldsymbol{A}}$，$\overline{\boldsymbol{B}}$，$\overline{\boldsymbol{C}}$代替$\boldsymbol{A}$，$\boldsymbol{B}$，$\boldsymbol{C}$，利用式（3.29）控制律式（3.27）在一定条件下还可以化成如下形式：

$$\Delta u(k) = \left[-\boldsymbol{B}_0^{\mathrm{T}}(\boldsymbol{A}_0^{\mathrm{T}})^N \left[\lambda \boldsymbol{P}_{0,N+1}^{-1} + \sum_{h=0}^{N} \boldsymbol{A}_0^h \boldsymbol{B}_0 \boldsymbol{B}_0^{\mathrm{T}} (\boldsymbol{A}_0^{\mathrm{T}})^h \right]^{-1} \boldsymbol{A}_0^{N+1} \quad 0 \right] \overline{\boldsymbol{x}}(k) \tag{3.34}$$

其中，Riccati迭代的结果为$\boldsymbol{P}_{N+1} = \begin{bmatrix} \boldsymbol{P}_{0,N+1} & \boldsymbol{0} \\ \boldsymbol{0} & \boldsymbol{0} \end{bmatrix}$，$\boldsymbol{P}_{0,N+1}$为与$\boldsymbol{A}_0$维数相同的矩阵，这样当$\lambda \boldsymbol{P}_{0,N+1}^{-1}$充分小时，用扩展的Kleinman控制器式（3.32）的稳定性质可以得到GPC的稳定性结论。

具体地说，将在增加相应的条件后，通过式（3.29）和矩阵求逆公式将1）、2）和3）三种情形下的控制律式（3.27）化成式（3.33）的形式，并将情形3）下的控制律式（3.27）化成式（3.34）的形式。我们还将说明$\lambda = 0$和$\lambda > 0$两种情况下$\boldsymbol{P}_{N+1}$（或$\boldsymbol{P}_{0,N+1}$）都是可逆的，这样当λ充分小时，$\lambda \boldsymbol{P}_{N+1}^{-1}$（或$\lambda \boldsymbol{P}_{0,N+1}^{-1}$）会充分小，使式（3.33）或式（3.34）能充分接近Kleinman控制器式（3.31）或式（3.32）。

3.3.3 与Kleinman控制器形似的广义预测控制律

以下结论的推导见文献［1，10］。

引理3.8 $n_{\mathrm{A}} \geqslant n_{\mathrm{B}}$时，取$N_1 \geqslant N_{\mathrm{u}}$，$N_2 - N_1 \geqslant n-1$，则

1）$\lambda \geqslant 0$时$\boldsymbol{P}_{N_{\mathrm{u}}}$可逆；

2）$\lambda > 0$时GPC控制律式（3.27）可转化为如下形式

$$\Delta u(k) = -\boldsymbol{B}^{\mathrm{T}}(\boldsymbol{A}^{\mathrm{T}})^{N_{\mathrm{u}}-1} \left[\lambda \boldsymbol{P}_{N_{\mathrm{u}}}^{-1} + \sum_{h=0}^{N_{\mathrm{u}}-1} \boldsymbol{A}^h \boldsymbol{B} \boldsymbol{B}^{\mathrm{T}} (\boldsymbol{A}^{\mathrm{T}})^h \right]^{-1} \boldsymbol{A}^{N_{\mathrm{u}}} \boldsymbol{x}(k) \tag{3.35}$$

引理3.9 $n_{\mathrm{A}} \leqslant n_{\mathrm{B}}$时，取$N_{\mathrm{u}} \geqslant N_1$，$N_2 - N_{\mathrm{u}} \geqslant n-1$，则

1）$\lambda \geqslant 0$时$\boldsymbol{P}_{N_1}$可逆；

2）$\lambda > 0$时GPC控制律式（3.27）可转化为如下形式：

$$\Delta u(k) = -\boldsymbol{B}^{\mathrm{T}}(\boldsymbol{A}^{\mathrm{T}})^{N_1-1} \left[\lambda \boldsymbol{P}_{N_1}^{-1} + \sum_{h=0}^{N_1-1} \boldsymbol{A}^h \boldsymbol{B} \boldsymbol{B}^{\mathrm{T}} (\boldsymbol{A}^{\mathrm{T}})^h \right]^{-1} \boldsymbol{A}^{N_1} \boldsymbol{x}(k) \tag{3.36}$$

引理3.10 $n_{\mathrm{A}} \leqslant n_{\mathrm{B}}$时，记$p = n_{\mathrm{B}} - n_{\mathrm{A}}$和$N^p = \min\{N_1 - p, N_{\mathrm{u}}\}$并取$N_1 \geqslant N_{\mathrm{u}}$，$N_2 - N_1 \geqslant n - p - 1$，$N_2 - N_{\mathrm{u}} \geqslant n-1$，则

1）当$\lambda \geqslant 0$时，$P_{N^p} = \begin{bmatrix} P_{0,N^p} & 0 \\ 0 & 0 \end{bmatrix}$，其中，$P_{0,N^p} \in \mathbb{R}^{(n-p)\times(n-p)}$可逆；

2）当$\lambda > 0$时，GPC控制律式（3.27）可转化为如下形式：

$$\Delta u(k) = -\left[\boldsymbol{B}_0^{\mathrm{T}}(\boldsymbol{A}_0^{\mathrm{T}})^{N^p-1} \left[\lambda \boldsymbol{P}_{0,N^p}^{-1} + \sum_{h=0}^{N^p-1} \boldsymbol{A}_0^h \boldsymbol{B}_0 \boldsymbol{B}_0^{\mathrm{T}} (\boldsymbol{A}_0^{\mathrm{T}})^h \right]^{-1} \boldsymbol{A}_0^{N^p}, \boldsymbol{0} \right] \overline{\boldsymbol{x}}(k) \tag{3.37}$$

在引理3.10中，已经将文献［15，10，1］中的两种情形等价地合并了，并且加入了定义N^p。

引理3.11 $n_{\mathrm{A}} \geqslant n_{\mathrm{B}}$时，记$q = n_{\mathrm{A}} - n_{\mathrm{B}}$和$N^q = \min\{N_1 + q, N_{\mathrm{u}}\}$并取$N_{\mathrm{u}} \geqslant N_1$，$N_2 - N_{\mathrm{u}} \geqslant$

$n-q-1$，$N_2-N_1\geqslant n-1$。则

1）当 $\lambda\geqslant 0$ 时，以 $\boldsymbol{P}_{N_1}$ 为初值，通过

$$\boldsymbol{P}_i^* = \boldsymbol{A}^{\mathrm{T}}\boldsymbol{P}_{i+1}^*\boldsymbol{A} - \boldsymbol{A}^{\mathrm{T}}\boldsymbol{P}_{i+1}^*\boldsymbol{B}(\lambda + \boldsymbol{B}^{\mathrm{T}}\boldsymbol{P}_{i+1}^*\boldsymbol{B})^{-1}\boldsymbol{B}^{\mathrm{T}}\boldsymbol{P}_{i+1}^*\boldsymbol{A}$$
$$\boldsymbol{P}_{N_1}^* = \boldsymbol{P}_{N_1}, i \in \{N_1, N_{1+1}, \cdots, N^q - 1\}$$

反算 $\boldsymbol{P}_{N^q}^*$，则 $\boldsymbol{P}_{N^q}^*$ 可逆；

2）当 $\lambda>0$ 时，GPC 控制律式（3.27）可转化为如下形式：

$$\Delta u(k) = -\boldsymbol{B}(\boldsymbol{A}^{\mathrm{T}})^{N^q-1}\left[\lambda \boldsymbol{P}_{N^q}^{*-1} + \sum_{h=0}^{N^q-1}\boldsymbol{A}^h\boldsymbol{B}\boldsymbol{B}^{\mathrm{T}}(\boldsymbol{A}^{\mathrm{T}})^h\right]^{-1}\boldsymbol{A}^{N^q}\boldsymbol{x}(k) \tag{3.38}$$

在引理 3.11 中，已经将文献［15，10，1］中的定义 $N^0=\min\{q,N_{\mathrm{u}}-N_1\}$ 取消，然后等价地利用了定义 N^q。

3.3.4 基于 Kleinman 控制器的广义预测控制的稳定性

在引理 3.8～3.11 基础上，下面讨论在 λ 充分小时 GPC 状态反馈控制律如何向 Kleinman 控制器或其扩展形式接近。

定理 3.12　满足如下条件时，存在充分小的 λ_0，使得当 $0<\lambda<\lambda_0$ 时 GPC 闭环稳定：

$$N_{\mathrm{u}}\geqslant n_{\mathrm{A}}, N_1\geqslant n_{\mathrm{B}}, N_2-N_{\mathrm{u}}\geqslant n_{\mathrm{B}}-1, N_2-N_1\geqslant n_{\mathrm{A}}-1 \tag{3.39}$$

证明 3.5　式（3.39）是由以下 4 个条件合并得到的：

1）$n_{\mathrm{A}}\geqslant n_{\mathrm{B}}$，$N_1\geqslant N_{\mathrm{u}}\geqslant n_{\mathrm{A}}$，$N_2-N_1\geqslant n_{\mathrm{A}}-1$；

2）$n_{\mathrm{A}}\leqslant n_{\mathrm{B}}$，$N_{\mathrm{u}}\geqslant N_1\geqslant n_{\mathrm{B}}$，$N_2-N_{\mathrm{u}}\geqslant n_{\mathrm{B}}-1$；

3）$n_{\mathrm{A}}\leqslant n_{\mathrm{B}}$，$N_1\geqslant N_{\mathrm{u}}\geqslant n_{\mathrm{A}}$，$N_1\geqslant n_{\mathrm{B}}$，$N_2-N_1\geqslant n_{\mathrm{A}}-1$，$N_2-N_{\mathrm{u}}\geqslant n_{\mathrm{B}}-1$；

4）$n_{\mathrm{A}}\geqslant n_{\mathrm{B}}$，$N_{\mathrm{u}}\geqslant N_1\geqslant n_{\mathrm{B}}$，$N_{\mathrm{u}}\geqslant n_{\mathrm{A}}$，$N_2-N_1\geqslant n_{\mathrm{A}}-1$，$N_2-N_{\mathrm{u}}\geqslant n_{\mathrm{B}}-1$。

它们分别对应于上面的 1）～4）4 种情形，以下分别讨论。

（1）由引理 3.8，当 $n_{\mathrm{A}}\geqslant n_{\mathrm{B}}$，$N_1\geqslant N_{\mathrm{u}}$，$N_2-N_1\geqslant n_{\mathrm{A}}-1$，$\lambda>0$ 时，GPC 控制律式（3.27）具有式（3.35）的形式，另由于 $\lambda\geqslant 0$ 时 $\boldsymbol{P}_{N_{\mathrm{u}}}$ 可逆，当 λ 充分小时，式（3.35）趋近于 Kleinman 控制器

$$\Delta u(k) = -\boldsymbol{B}^{\mathrm{T}}(\boldsymbol{A}^{\mathrm{T}})^{N_{\mathrm{u}}-1}\left[\sum_{h=0}^{N_{\mathrm{u}}-1}\boldsymbol{A}^h\boldsymbol{B}\boldsymbol{B}^{\mathrm{T}}(\boldsymbol{A}^{\mathrm{T}})^h\right]^{-1}\boldsymbol{A}^{N_{\mathrm{u}}}\boldsymbol{x}(k) \tag{3.40}$$

故由引理 3.5，当 $N_{\mathrm{u}}-1\geqslant n_{\mathrm{A}}-1$ 即 $N_{\mathrm{u}}\geqslant n_{\mathrm{A}}$ 时闭环系统稳定。这些条件组合起来即为条件 1)。

（2）由引理 3.9，当 $n_{\mathrm{A}}\leqslant n_{\mathrm{B}}$，$N_{\mathrm{u}}\geqslant N_1$，$N_2-N_{\mathrm{u}}\geqslant n_{\mathrm{B}}-1$，$\lambda>0$ 时，GPC 控制律式（3.27）具有式（3.36）的形式，另由于 $\lambda\geqslant 0$ 时 $\boldsymbol{P}_{\mathrm{N}_1}$ 可逆，当 λ 充分小时，式（3.36）趋近于 Kleinman 控制器

$$\Delta u(k) = -\boldsymbol{B}^{\mathrm{T}}(\boldsymbol{A}^{\mathrm{T}})^{N_1-1}\left[\sum_{h=0}^{N_1-1}\boldsymbol{A}^h\boldsymbol{B}\boldsymbol{B}^{\mathrm{T}}(\boldsymbol{A}^{\mathrm{T}})^h\right]^{-1}\boldsymbol{A}^{N_1}\boldsymbol{x}(k) \tag{3.41}$$

故由引理 3.6，当 $N_1-1\geqslant n_{\mathrm{B}}-1$ 即 $N_1\geqslant n_{\mathrm{B}}$ 时闭环系统稳定。这些条件组合成上述条件 2)。

（3）由引理 3.10，当 $n_{\mathrm{A}}\leqslant n_{\mathrm{B}}$，$N_1\geqslant N_{\mathrm{u}}$，$N_2-N_1\geqslant n_{\mathrm{A}}-1$，$N_2-N_{\mathrm{u}}\geqslant n_{\mathrm{B}}-1$，$\lambda>0$ 时，GPC 控制律式（3.27）具有式（3.37）的形式，另由于 $\lambda\geqslant 0$ 时 $\boldsymbol{P}_{0,N^p}$ 可逆，当 λ 充分小时，式（3.37）趋近于扩展的 Kleinman 控制器

$$\Delta u(k) = -\left[\boldsymbol{B}_0^{\mathrm{T}}(\boldsymbol{A}_0^{\mathrm{T}})^{N^p-1}\left[\sum_{h=0}^{N^p-1}\boldsymbol{A}_0^h\boldsymbol{B}_0\boldsymbol{B}_0^{\mathrm{T}}(\boldsymbol{A}_0^{\mathrm{T}})^h\right]^{-1}\boldsymbol{A}_0^{N^p},\boldsymbol{0}\right]\bar{\boldsymbol{x}}(k) \tag{3.42}$$

故由定理3.7，当 $N^p-1\geqslant n_{\mathrm{B}}-p-1$ 即 $\min\{N_1,N_{\mathrm{u}}+p\}\geqslant n_{\mathrm{B}}$ 时闭环系统稳定。

不难验证这些条件的组合等价于条件3)。

(4) 由引理3.11，当 $n_{\mathrm{A}}\geqslant n_{\mathrm{B}}$，$N_{\mathrm{u}}\geqslant N_1$，$N_2-N_{\mathrm{u}}\geqslant n_{\mathrm{B}}-1$，$N_2-N_1\geqslant n_{\mathrm{A}}-1$，$\lambda>0$ 时，GPC 控制律式 (3.27) 具有式 (3.38) 的形式，另由于 $\lambda\geqslant 0$ 时 $\boldsymbol{P}_{N^q}^*$ 可逆，当 λ 充分小时，式 (3.38) 趋近于 Kleinman 控制器

$$\Delta u(k) = -\boldsymbol{B}(\boldsymbol{A}^{\mathrm{T}})^{N^q-1}\left[\sum_{h=0}^{N^q-1}\boldsymbol{A}^h\boldsymbol{B}\boldsymbol{B}^{\mathrm{T}}(\boldsymbol{A}^{\mathrm{T}})^h\right]^{-1}\boldsymbol{A}^{N^q}\boldsymbol{x}(k) \tag{3.43}$$

故由引理3.5，当 $N^q-1\geqslant n_{\mathrm{A}}-1$ 即 $\min\{N_1+q,N_{\mathrm{u}}\}\geqslant n_{\mathrm{A}}$ 时闭环系统稳定。不难验证这些条件的组合等价于条件4)。

证毕。

如果再进一步应用引理3.5和3.6及定理3.7中关于 deadbeat 控制的结论，则可通过与证明定理3.12相似的过程导出 GPC 闭环系统具有 deadbeat 性质的结论如下。

定理3.13 假设 $\xi(k)=0$。GPC 在满足如下条件之一时为 deadbeat 控制器：

1) $\lambda=0$，$N_{\mathrm{u}}=n_{\mathrm{A}}$，$N_1\geqslant n_{\mathrm{B}}$，$N_2-N_1\geqslant n_{\mathrm{A}}-1$；

2) $\lambda=0$，$N_{\mathrm{u}}\geqslant n_{\mathrm{A}}$，$N_1=n_{\mathrm{B}}$，$N_2-N_{\mathrm{u}}\geqslant n_{\mathrm{B}}-1$。

注解3.2 定理3.12研究的是 GPC 在 λ 充分小时的闭环稳定性，而定理3.13研究的则是 GPC 在 $\lambda=0$ 时的 deadbeat 性质。若令定理3.13中其他条件不变，但 $\lambda>0$ 充分小，则 GPC 不再具有 deadbeat 性质，但闭环稳定，即可归结为定理3.12的一部分。但定理3.12并不能通过令 $\lambda=0$ 覆盖定理3.13，因为当 $\lambda=0$ 时定理3.12中的条件并不能保证 GPC 控制律可解，因此定理3.13可看作是在定理3.12基础上令 $\lambda=0$ 且考虑到可解条件后导出的 deadbeat 结论，它增加了可解的必要条件，因此不能简单地被定理3.12所覆盖。这两个定理从闭环稳定性到 deadbeat 性质建立了 Kleinman 控制器（包括扩展）与 GPC 等价性的完整结论。Kleinman 控制器研究稳定性和 deadbeat 性质只与系统阶数有关，而与模型的具体系数无关。

3.3.5 与 Ackermann 关于 deadbeat 控制的公式的等价性

引理3.14 考虑完全可控的单入单出系统式 (3.30)。采用控制器（称为 Ackermann 公式）

$$\Delta u(k) = -[0\ \cdots\ 0\ 1][\boldsymbol{B}\ \ \boldsymbol{AB}\ \ \cdots\ \ \boldsymbol{A}^{n-1}\boldsymbol{B}]^{-1}\boldsymbol{A}^n\boldsymbol{x}(k) \tag{3.44}$$

时，闭环系统 deadbeat 稳定。

对任意可逆矩阵$\begin{bmatrix}\mathcal{A}\\ \mathcal{B}\end{bmatrix}$，假设其逆为 $[\mathcal{C}\ \ \mathcal{D}]$，故

$$\begin{bmatrix}\mathcal{A}\\ \mathcal{B}\end{bmatrix}[\mathcal{C}\ \ \mathcal{D}] = \begin{bmatrix}\mathcal{AC} & \mathcal{AD}\\ \mathcal{BC} & \mathcal{BD}\end{bmatrix} = \begin{bmatrix}I & \boldsymbol{0}\\ \boldsymbol{0} & I\end{bmatrix}$$

由此知道，$\mathcal{B}\begin{bmatrix}\mathcal{A}\\ \mathcal{B}\end{bmatrix}^{-1} = [\boldsymbol{0}\ \ I]$。故可知 Ackermann 公式是 Kleiman 控制器的特例，即

$$\begin{aligned}\Delta u(k) &= -\boldsymbol{B}^{\mathrm{T}}(\boldsymbol{A}^{\mathrm{T}})^{n-1}\left[\sum_{h=0}^{n-1}\boldsymbol{A}^{h}\boldsymbol{B}\boldsymbol{B}^{\mathrm{T}}(\boldsymbol{A}^{\mathrm{T}})^{h}\right]^{-1}\boldsymbol{A}^{n}\boldsymbol{x}(k)\\
&= -\boldsymbol{B}^{\mathrm{T}}(\boldsymbol{A}^{\mathrm{T}})^{n-1}[\boldsymbol{J}_n\boldsymbol{J}_n^{\mathrm{T}}]^{-1}\boldsymbol{A}^{n}\boldsymbol{x}(k)\\
&= -\boldsymbol{B}^{\mathrm{T}}(\boldsymbol{A}^{\mathrm{T}})^{n-1}\boldsymbol{J}_n^{-\mathrm{T}}\boldsymbol{J}_n^{-1}\boldsymbol{A}^{n}\boldsymbol{x}(k)\\
&= -\boldsymbol{B}^{\mathrm{T}}(\boldsymbol{A}^{\mathrm{T}})^{n-1}\begin{bmatrix}\boldsymbol{J}_{n-1}^{\mathrm{T}}\\ \boldsymbol{B}^{\mathrm{T}}(\boldsymbol{A}^{\mathrm{T}})^{n-1}\end{bmatrix}^{-1}[\boldsymbol{B}\quad \boldsymbol{A}\boldsymbol{B}\quad \cdots\quad \boldsymbol{A}^{n-1}\boldsymbol{B}]^{-1}\boldsymbol{A}^{n}\boldsymbol{x}(k)\\
&= -[0\quad \cdots\quad 0\quad 1][\boldsymbol{B}\quad \boldsymbol{A}\boldsymbol{B}\quad \cdots\quad \boldsymbol{A}^{n-1}\boldsymbol{B}]^{-1}\boldsymbol{A}^{n}\boldsymbol{x}(k)\end{aligned}$$

考虑定理3.13中deadbeat控制的条件，对照定理3.12证明中的1）~4）4种条件，可以得到如下结论：

1）令 $N_{\mathrm{u}}=n_{\mathrm{A}}$，则定理3.12证明中的条件2）失效，其他3个条件简化为

① $n_{\mathrm{A}}\geqslant n_{\mathrm{B}}$，$N_{\mathrm{u}}=n_{\mathrm{A}}$，$N_1\geqslant N_{\mathrm{u}}$，$N_2-N_1\geqslant n_{\mathrm{A}}-1$。

② $n_{\mathrm{A}}\leqslant n_{\mathrm{B}}$，$N_{\mathrm{u}}=n_{\mathrm{A}}$，$N_1\geqslant n_{\mathrm{B}}$，$N_2-N_1\geqslant n_{\mathrm{A}}-1$；

③ $n_{\mathrm{A}}\geqslant n_{\mathrm{B}}$，$N_{\mathrm{u}}=n_{\mathrm{A}}$，$N_{\mathrm{u}}\geqslant N_1\geqslant n_{\mathrm{B}}$，$N_2-N_1\geqslant n_{\mathrm{A}}-1$。

2）令 $N_1=n_{\mathrm{B}}$，则定理3.12证明中的条件1）失效，其他3个条件简化为

① $n_{\mathrm{A}}\leqslant n_{\mathrm{B}}$，$N_{\mathrm{u}}\geqslant N_1$，$N_1=n_{\mathrm{B}}$，$N_2-N_{\mathrm{u}}\geqslant n_{\mathrm{B}}-1$；

② $n_{\mathrm{A}}\leqslant n_{\mathrm{B}}$，$N_1\geqslant N_{\mathrm{u}}\geqslant n_{\mathrm{A}}$，$N_1=n_{\mathrm{B}}$，$N_2-N_{\mathrm{u}}\geqslant n_{\mathrm{B}}-1$；

③ $n_{\mathrm{A}}\geqslant n_{\mathrm{B}}$，$N_{\mathrm{u}}\geqslant n_{\mathrm{A}}$，$N_1=n_{\mathrm{B}}$，$N_2-N_{\mathrm{u}}\geqslant n_{\mathrm{B}}-1$。

对于以上1）①③和2）①③4种条件，对应的Kleinman控制器都等价于Ackermann公式（3.44）；对于1）②和2）②两种条件，对应的Kleinman控制器都等价于如下针对子系统 $\{\boldsymbol{A}_0, \boldsymbol{B}_0\}$ 的Ackermann公式：

$$\Delta u(k) = -[0\quad \cdots\quad 0\quad 1][\boldsymbol{B}_0\quad \boldsymbol{A}_0\boldsymbol{B}_0\quad \cdots\quad \boldsymbol{A}_0^{n-p-1}\boldsymbol{B}_0]^{-1}\boldsymbol{A}_0^{n-p}\boldsymbol{x}_0(k) \tag{3.45}$$

其中，$\boldsymbol{x}_0(k)=[\boldsymbol{I}\quad \boldsymbol{0}]\bar{\boldsymbol{x}}(k)$。总之，在定理3.13的条件下，对应的GPC控制律都等价于Ackermann关于deadbeat控制的公式。

3.4 加入终端等式约束的广义预测控制

有终端等式约束的GPC是预测控制综合方法的一个特例。本节的主要结论非常有局限性（仅适合SISO线性标称时不变无约束系统）。本节的内容相对独立，读者可跳过。

常规的GPC没有稳定性保证。1990年代后这一缺点得到了克服，主要是采用新型的GPC。其中的一个思想是：如果令未来一段时间的预测输出等于期望输出，并适当选择时域参数，则闭环系统稳定。这样得到的预测控制为具有终端等式约束的预测控制，或称为SIORHC（stabilizing input/output receding horizon control；见文献［171］）或CRHPC（constrained receding horizon predictive control；见文献［46］）。

考虑的模型完全同3.3节。$\xi(k)=0$。在采样时刻 k，具有终端等式约束的GPC的性能指标为

$$J = \sum_{i=N_0}^{N_1-1} q_i y(k+i|k)^2 + \sum_{j=1}^{N_{\mathrm{u}}} \lambda_j \Delta u^2(k+j-1|k) \tag{3.46}$$

$$\text{s.t.}\quad y(k+l|k)=0, l\in\{N_1,\cdots,N_2\} \tag{3.47}$$

$$\Delta u(k+l-1|k)=0, l \in \{N_u+1,\cdots,N_2\} \tag{3.48}$$

其中，$q_i \geqslant 0$ 和 $\lambda_j \geqslant 0$ 为加权系数，而 N_0，N_1 和 N_1，N_2 为预测、约束时域的起始、终止时刻，N_u 为控制时域。

定理 3.15 满足如下两个条件之一时，具有终端等式约束的 GPC 闭环系统是 deadbeat 稳定的：

$$1) N_u=n_A, N_1 \geqslant n_B, N_2-N_1 \geqslant n_A-1;$$

$$2) N_u \geqslant n_A, N_1=n_B, N_2-N_u \geqslant n_B-1 \tag{3.49}$$

注解 3.3 采用 deadbeat 控制时，系统式（3.24）（其中 $\xi(k)=0$）的输出 $y(k)$ 将在 n_B 拍内达到设定值，而输入 $u(k)$ 只需改变 n_A 次。这一特点是系统式（3.24）的固有属性，不局限于预测控制。因此，SIORHC（CRHPC）的 deadbeat 性质可直接由这一属性得到。考虑常规 GPC 的性能指标，见 3.3 节。$\lambda=0$ 时常规 GPC 的 deadbeat 控制条件同式（3.49）。GPC 的 deadbeat 性质可由 SIORHC（CRHPC）的 deadbeat 性质直接得到，而不用 Kleinman 控制器证明。已知按照式（3.49）取值时 SIORHC（CRHPC）是可行的，因此若在 GPC 中按照式（3.49）取值，并有 $\lambda=0$ 和 $\xi(k)=0$，则 GPC 的性能指标的最小值必为 $J^*(k)=0$；$J^*(k)=0$ 表示闭环系统是 deadbeat 稳定的。

注解 3.4 采用 deadbeat 控制时，系统式（3.24）（其中 $\xi(k)=0$）输出将在 n_B 拍内达到设定值，而输入改变 n_A 次。这是系统式（3.24）所能达到的最快的响应速度，而且在这一速度下（对任一初始状态的）响应是唯一的。因此，在 $\lambda=0$ 和满足式（3.49）的情况下，具有终端等式约束的 GPC 和常规 GPC 是等价的。

注解 3.5 对具有终端等式约束的 GPC，按照

$$N_u \geqslant N_A, N_1 \geqslant n_B, N_2-N_u \geqslant n_B-1, N_2-N_1 \geqslant n_A-1 \tag{3.50}$$

取值后，适当地选择其他控制器参数，可使优化问题总是有唯一解，闭环系统渐近稳定。但是，如果输入输出模型的参数需要在线辨识、或者模型与实际系统有偏差，则稳定性还需要重新考虑。

注解 3.6 有输入/输出实际约束时，在定理 3.15 条件下，如果初始时刻优化可行，则闭环系统 deadbeat 稳定，且实际控制作用与无约束情况时相同。这是由 deadbeat 控制的唯一性所决定的，说明在这种情况下，实际约束没有起作用（inactive）。反过来说，如果实际约束起作用（active），则不能够按照定理 3.15 取控制器参数。

注解 3.7 具有实际约束的系统的控制可以采用具有终端等式约束的 GPC，按照

$$N_u=N_A, N_1=n_B, N_2-N_u=n_B-1, N_2-N_1=n_A-1 \tag{3.51}$$

取参数，求解控制作用；如果优化问题不可行，则将 N_1，N_2，N_u 各增加 1，直到优化问题可行；如果优化问题可行，则实施当前控制作用，并在下个时刻将 N_1，N_2，N_u 各减小 1，但当符合式（3.51）时不再减小。最后得到的闭环响应将是 deadbeat 的。

3.5　多变量系统和约束系统情形

3.5.1　多变量广义预测控制

有 m 个输入和 r 个输出的系统的 GPC 控制律的推导是 SISO 情形的推广。这时，对每对输入、输出的组合，都要采用式（3.2）形式的丢番图方程和式（3.5）形式的定义。假设模型的阶数以及各时域长度同 SISO 情形。以式（3.19）为基础，关于输出的预测可按照如下步骤进行。

1）第一步：假设只有第 j 个输入变化，其他输入不变。则考虑第 i 个输出，得到 $\vec{\boldsymbol{y}}_{ij}(k\mid k) = \boldsymbol{G}_{ij}\Delta\tilde{\boldsymbol{u}}_j(k\mid k) + \sum_{j=1}^{m}\boldsymbol{H}_{ij}\Delta\overleftarrow{\boldsymbol{u}}_j(k) + \sum_{l=1}^{r}\boldsymbol{F}_{il}\overleftarrow{\boldsymbol{y}}_l(k)$，其中

$$\vec{\boldsymbol{y}}_{ij}(k|k) = [\bar{y}_{ij}(k+N_1|k), \bar{y}_{ij}(k+N_1+1|k), \cdots, \bar{y}_{ij}(k+N_2|k)]^{\mathrm{T}}$$

$$\Delta\boldsymbol{u}_j(k|k) = [\Delta u_j(k|k), \cdots, \Delta u_j(k+N_{\mathrm{u}}-1|k)]^{\mathrm{T}}$$

$$\Delta\overleftarrow{\boldsymbol{u}}_j(k) = [\Delta u_j(k-1), \Delta u_j(k-2), \cdots, \Delta u_j(k-n_{\mathrm{b}})]^{\mathrm{T}}$$

$$\overleftarrow{\boldsymbol{y}}_l(k) = [y_l(k), y_l(k-1), \cdots, y_l(k-n_{\mathrm{a}})]^{\mathrm{T}}$$

$$\boldsymbol{G}_{ij} = \begin{bmatrix} g_{ij,N_1} & g_{ij,N_1-1} & \cdots & g_{ij,N_1-N_{\mathrm{u}}+1} \\ g_{ij,N_1+1} & g_{ij,N_1} & \cdots & g_{ij,N_1-N_{\mathrm{u}}+2} \\ \vdots & \vdots & \ddots & \vdots \\ g_{ij,N_2} & g_{ij,N_2-1} & \cdots & g_{ij,N_2-N_{\mathrm{u}}+1} \end{bmatrix}, g_{ij,l}=0, \forall l \leqslant 0$$

$$\boldsymbol{H}_{ij} = \begin{bmatrix} h_{ij,N_1,1} & h_{ij,N_1,2} & \cdots & h_{ij,N_1,n_{\mathrm{b}}} \\ h_{ij,N_1+1,1} & h_{ij,N_1+1,2} & \cdots & h_{ij,N_1+1,n_{\mathrm{b}}} \\ \vdots & \vdots & \ddots & \vdots \\ h_{ij,N_2,1} & h_{ij,N_2,2} & \cdots & h_{ij,N_2,n_{\mathrm{b}}} \end{bmatrix}$$

$$\boldsymbol{F}_{il} = \begin{bmatrix} f_{il,N_1,0} & f_{il,N_1,1} & \cdots & f_{il,N_1,n_{\mathrm{a}}} \\ f_{il,N_1+1,0} & f_{il,N_1+1,1} & \cdots & f_{il,N_1+1,n_{\mathrm{a}}} \\ \vdots & \vdots & \ddots & \vdots \\ f_{il,N_2,0} & f_{il,N_2,1} & \cdots & f_{il,N_2,n_{\mathrm{a}}} \end{bmatrix}$$

2）第二步：假设所有输入都可能变化。则考虑第 i 个输出，利用叠加原理得到

$$\vec{\boldsymbol{y}}_i(k\mid k) = \sum_{j=1}^{m}\boldsymbol{G}_{ij}\Delta\tilde{\boldsymbol{u}}_j(k\mid k) + \sum_{j=1}^{m}\boldsymbol{H}_{ij}\Delta\overleftarrow{\boldsymbol{u}}_j(k) + \sum_{l=1}^{r}\boldsymbol{F}_{il}\overleftarrow{\boldsymbol{y}}_l(k)$$

其中，$\vec{\boldsymbol{y}}_i(k|k) = [\bar{y}_i(k+N_1|k), \bar{y}_i(k+N_1+1|k), \cdots, \bar{y}_i(k+N_2|k)]^{\mathrm{T}}$。

3）第三步：考虑所有输入和所有输出，得到

$$\boldsymbol{Y}(k|k) = \tilde{\boldsymbol{G}}\Delta\boldsymbol{U}(k|k) + \tilde{\boldsymbol{H}}\Delta\overleftarrow{\boldsymbol{U}}(k) + \tilde{\boldsymbol{F}}\overleftarrow{\boldsymbol{Y}}(k) \tag{3.52}$$

其中

$$\mathbf{Y}(k|k)=[\vec{\mathbf{y}}_1(k|k)^{\mathrm{T}},\vec{\mathbf{y}}_2(k|k)^{\mathrm{T}},\cdots,\vec{\mathbf{y}}_r(k|k)^{\mathrm{T}}]^{\mathrm{T}}$$

$$\Delta\mathbf{U}(k|k)=[\Delta\tilde{\mathbf{u}}_1(k|k)^{\mathrm{T}},\Delta\tilde{\mathbf{u}}_2(k|k)^{\mathrm{T}},\cdots,\Delta\tilde{\mathbf{u}}_m(k|k)^{\mathrm{T}}]^{\mathrm{T}}$$

$$\Delta\overleftarrow{\mathbf{U}}(k)=[\Delta\overleftarrow{\mathbf{u}}_1(k)^{\mathrm{T}},\Delta\overleftarrow{\mathbf{u}}_2(k)^{\mathrm{T}},\cdots,\Delta\overleftarrow{\mathbf{u}}_m(k)^{\mathrm{T}}]^{\mathrm{T}}$$

$$\overleftarrow{\mathbf{Y}}(k)=[\overleftarrow{\mathbf{y}}_1(k)^{\mathrm{T}},\overleftarrow{\mathbf{y}}_2(k)^{\mathrm{T}},\cdots,\overleftarrow{\mathbf{y}}_r(k)^{\mathrm{T}}]^{\mathrm{T}}$$

$$\tilde{\mathbf{G}}=\begin{bmatrix}\mathbf{G}_{11} & \mathbf{G}_{12} & \cdots & \mathbf{G}_{1m}\\ \mathbf{G}_{21} & \mathbf{G}_{22} & \cdots & \mathbf{G}_{2m}\\ \vdots & \vdots & \ddots & \vdots\\ \mathbf{G}_{r1} & \mathbf{G}_{r2} & \cdots & \mathbf{G}_{rm}\end{bmatrix},\tilde{\mathbf{H}}=\begin{bmatrix}\mathbf{H}_{11} & \mathbf{H}_{12} & \cdots & \mathbf{H}_{1m}\\ \mathbf{H}_{21} & \mathbf{H}_{22} & \cdots & \mathbf{H}_{2m}\\ \vdots & \vdots & \ddots & \vdots\\ \mathbf{H}_{r1} & \mathbf{H}_{r2} & \cdots & \mathbf{H}_{rm}\end{bmatrix}$$

$$\tilde{\mathbf{F}}=\begin{bmatrix}\mathbf{F}_{11} & \mathbf{F}_{12} & \cdots & \mathbf{F}_{1r}\\ \mathbf{F}_{21} & \mathbf{F}_{22} & \cdots & \mathbf{F}_{2r}\\ \vdots & \vdots & \ddots & \vdots\\ \mathbf{F}_{r1} & \mathbf{F}_{r2} & \cdots & \mathbf{F}_{rr}\end{bmatrix}$$

假设优化 $\Delta\mathbf{U}(k|k)$ 的准则是最小化如下性能指标：

$$J(k)=\|\mathbf{Y}(k|k)-\mathbf{Y}_{\mathrm{s}}(k)\|_{\tilde{\mathbf{W}}}^{2}+\|\Delta\mathbf{U}(k|k)\|_{\tilde{\mathbf{\Lambda}}}^{2} \tag{3.53}$$

其中，$\tilde{\mathbf{W}}\geqslant 0$ 和 $\tilde{\mathbf{\Lambda}}\geqslant 0$ 为对称矩阵，一个简单取法为

$$\tilde{\mathbf{W}}=\mathrm{diag}\{\mathbf{W}_1,\mathbf{W}_2,\cdots,\mathbf{W}_r\},\tilde{\mathbf{\Lambda}}=\mathrm{diag}\{\mathbf{\Lambda}_1,\mathbf{\Lambda}_2,\cdots,\mathbf{\Lambda}_m\}$$

$$\mathbf{W}_i=\mathrm{diag}\{w_i(N_1),w_i(N_1+1),\cdots,w_i(N_2)\},i\in\{1,\cdots,r\}$$

$$\mathbf{\Lambda}_j=\mathrm{diag}\{\lambda_j(1),\lambda_j(2),\cdots,\lambda_j(N_u)\},j\in\{1,\cdots,m\}$$

另外

$$Y_{\mathrm{s}}(k)=[\vec{\mathbf{y}}_{1\mathrm{s}}(k)^{\mathrm{T}},\vec{\mathbf{y}}_{2\mathrm{s}}(k)^{\mathrm{T}},\cdots,\vec{\mathbf{y}}_{r\mathrm{s}}(k)^{\mathrm{T}}]^{\mathrm{T}}$$

$$\vec{y}_{i\mathrm{s}}(k)=[y_{i\mathrm{s}}(k+N_1),y_{i\mathrm{s}}(k+N_1+1),\cdots,y_{i\mathrm{s}}(k+N_2)]^{\mathrm{T}}$$

$y_{i\mathrm{s}}(k+l)$ 为第 i 个输出在未来 $k+l$ 时刻的参考值（设定值）。则当 $\tilde{\mathbf{G}}^{\mathrm{T}}\tilde{\mathbf{W}}\tilde{\mathbf{G}}+\tilde{\mathbf{\Lambda}}$ 为可逆矩阵时，最小化式（3.53）的结果为

$$\Delta\mathbf{U}(k|k)=(\tilde{\mathbf{G}}^{\mathrm{T}}\tilde{\mathbf{W}}\tilde{\mathbf{G}}+\tilde{\mathbf{\Lambda}})^{-1}\tilde{\mathbf{G}}^{\mathrm{T}}\tilde{\mathbf{W}}[\mathbf{Y}_{\mathrm{s}}(k)-\tilde{\mathbf{H}}\Delta\overleftarrow{\mathbf{U}}(k)-\tilde{\mathbf{F}}\overleftarrow{\mathbf{Y}}(k)]$$

取 $\tilde{\mathbf{\Lambda}}>0$ 即可保证 $\tilde{\mathbf{G}}^{\mathrm{T}}\tilde{\mathbf{W}}\tilde{\mathbf{G}}+\tilde{\mathbf{\Lambda}}$ 的可逆性。在每个时刻 k，实施如下的控制量（假设 $\Delta u(k)=\Delta u(k|k)$ 和 $u(k)=u(k|k)$）：

$$\Delta u(k)=\mathbf{D}[\mathbf{Y}_{\mathrm{s}}(k)-\tilde{\mathbf{H}}\Delta\overleftarrow{\mathbf{U}}(k)-\tilde{\mathbf{F}}\overleftarrow{\mathbf{Y}}(k)] \tag{3.54}$$

其中

$$\mathbf{D}=\mathbf{L}(\tilde{\mathbf{G}}^{\mathrm{T}}\tilde{\mathbf{W}}\tilde{\mathbf{G}}+\tilde{\mathbf{\Lambda}})^{-1}\tilde{\mathbf{G}}^{\mathrm{T}}\tilde{\mathbf{W}}$$

$$\mathbf{L}=\begin{bmatrix}\boldsymbol{\theta} & \mathbf{0} & \cdots & \mathbf{0}\\ \mathbf{0} & \boldsymbol{\theta} & \ddots & \vdots\\ \vdots & \ddots & \ddots & \mathbf{0}\\ \mathbf{0} & \cdots & \mathbf{0} & \boldsymbol{\theta}\end{bmatrix}\in\mathbb{R}^{m\times mN_{\mathrm{u}}},\boldsymbol{\theta}=[1\quad 0\quad\cdots\quad 0]\in\mathbb{R}^{N_{\mathrm{u}}}$$

注解 3.8 如果在式（3.19）的 $\boldsymbol{G}$，$\boldsymbol{H}$，$\boldsymbol{F}$ 中，g，h 为 $r\times m$ 维矩阵，则无约束 MIMO 系统的 GPC 的解析解可以直接表达为（3.20），而不用本节的推导方式。不过，如果对不同的输入（输出）采用不同的控制时域（预测时域）、且/或不同的输入输出模型有不同的阶数，则式（3.52）的表达方式将更方便。

3.5.2 约束的处理

下面具体讨论 GPC 中是怎样处理约束的（以 MIMO 系统为例）。

1. 输出幅值约束：$y_{i,\min}\leqslant y_i(k+l|k)\leqslant y_{i,\max}$

在每个优化时刻，输出预测值为式（3.52）。因此，可使优化问题满足如下的约束：

$$\boldsymbol{Y}_{\min}\leqslant\tilde{\boldsymbol{G}}\Delta\boldsymbol{U}(k|k)+\tilde{\boldsymbol{H}}\Delta\overleftarrow{\boldsymbol{U}}(k)+\tilde{\boldsymbol{F}}\overleftarrow{\boldsymbol{Y}}(k)\leqslant\boldsymbol{Y}_{\max}\tag{3.55}$$

其中

$$\boldsymbol{Y}_{\min}=[\tilde{\boldsymbol{y}}_{1,\min}^{\mathrm{T}},\tilde{\boldsymbol{y}}_{2,\min}^{\mathrm{T}},\cdots,\tilde{\boldsymbol{y}}_{r,\min}^{\mathrm{T}}]^{\mathrm{T}}$$
$$\tilde{\boldsymbol{y}}_{i,\min}=[y_{i,\min},y_{i,\min},\cdots,y_{i,\min}]^{\mathrm{T}}\in\mathbb{R}^{N_2-N_1+1}$$
$$\boldsymbol{Y}_{\max}=[\tilde{\boldsymbol{y}}_{1,\max}^{\mathrm{T}},\tilde{\boldsymbol{y}}_{2,\max}^{\mathrm{T}},\cdots,\tilde{\boldsymbol{y}}_{r,\max}^{\mathrm{T}}]^{\mathrm{T}}$$
$$\tilde{\boldsymbol{y}}_{i,\max}=[y_{i,\max},y_{i,\max},\cdots,y_{i,\max}]^{\mathrm{T}}\in\mathbb{R}^{N_2-N_1+1}$$

2. 输入变化速率约束：$\Delta u_{j,\min}\leqslant\Delta u_j(k+l|k)=u_j(k+l|k)-u_j(k+l-1|k)\leqslant\Delta u_{j,\max}$

可使优化问题满足如下的约束：

$$\Delta\boldsymbol{U}_{\min}\leqslant\Delta\boldsymbol{U}(k|k)\leqslant\Delta\boldsymbol{U}_{\max}\tag{3.56}$$

其中

$$\Delta\boldsymbol{U}_{\min}=[\Delta\tilde{\boldsymbol{u}}_{1,\min}^{\mathrm{T}},\Delta\tilde{\boldsymbol{u}}_{2,\min}^{\mathrm{T}},\cdots,\Delta\tilde{\boldsymbol{u}}_{m,\min}^{\mathrm{T}}]^{\mathrm{T}}$$
$$\Delta\tilde{\boldsymbol{u}}_{j,\min}=[\Delta u_{j,\min},\Delta u_{j,\min},\cdots,\Delta u_{j,\min}]^{\mathrm{T}}\in\mathbb{R}^{N_{\mathrm{u}}}$$
$$\Delta\boldsymbol{U}_{\max}=[\Delta\tilde{\boldsymbol{u}}_{1,\max}^{\mathrm{T}},\Delta\tilde{\boldsymbol{u}}_{2,\max}^{\mathrm{T}},\cdots,\Delta\tilde{\boldsymbol{u}}_{m,\max}^{\mathrm{T}}]^{\mathrm{T}}$$
$$\Delta\tilde{\boldsymbol{u}}_{j,\max}=[\Delta u_{j,\max},\Delta u_{j,\max},\cdots,\Delta u_{j,\max}]^{\mathrm{T}}\in\mathbb{R}^{N_{\mathrm{u}}}$$

3. 输入幅值约束：$u_{j,\min}\leqslant u_j(k+l|k)\leqslant u_{j,\max}$

可使优化问题满足如下的约束：

$$\boldsymbol{U}_{\min}\leqslant\boldsymbol{B}\Delta\boldsymbol{U}(k|k)+\tilde{\boldsymbol{u}}(k-1)\leqslant\boldsymbol{U}_{\max}\tag{3.57}$$

其中

$$\boldsymbol{U}_{\min}=[\tilde{\boldsymbol{u}}_{1,\min}^{\mathrm{T}},\tilde{\boldsymbol{u}}_{2,\min}^{\mathrm{T}},\cdots,\tilde{\boldsymbol{u}}_{m,\min}^{\mathrm{T}}]^{\mathrm{T}}$$
$$\tilde{\boldsymbol{u}}_{j,\min}=[u_{j,\min},u_{j,\min},\cdots,u_{j,\min}]^{\mathrm{T}}\in\mathbb{R}^{N_{\mathrm{u}}}$$
$$\boldsymbol{U}_{\max}=[\tilde{\boldsymbol{u}}_{1,\max}^{\mathrm{T}},\tilde{\boldsymbol{u}}_{2,\max}^{\mathrm{T}},\cdots,\tilde{\boldsymbol{u}}_{m,\max}^{\mathrm{T}}]^{\mathrm{T}}$$
$$\tilde{\boldsymbol{u}}_{j,\max}=[u_{j,\max},u_{j,\max},\cdots,u_{j,\max}]^{\mathrm{T}}\in\mathbb{R}^{N_{\mathrm{u}}}$$
$$\boldsymbol{B}=\mathrm{diag}\{\boldsymbol{B}_0,\cdots,\boldsymbol{B}_0\}\ (m\text{ 个})$$
$$\boldsymbol{B}_0=\begin{bmatrix}1&0&\cdots&0\\1&1&\ddots&\vdots\\\vdots&\ddots&\ddots&0\\1&\cdots&1&1\end{bmatrix}\in\mathbb{R}^{N_{\mathrm{u}}\times N_{\mathrm{u}}}$$

$$\tilde{\boldsymbol{u}}(k-1)=[\tilde{\boldsymbol{u}}_1(k-1)^{\mathrm{T}},\tilde{\boldsymbol{u}}_2(k-1)^{\mathrm{T}},\cdots,\tilde{\boldsymbol{u}}_m(k-1)^{\mathrm{T}}]^{\mathrm{T}}$$
$$\tilde{\boldsymbol{u}}_j(k-1)=[u_j(k-1),u_j(k-1),\cdots,u_j(k-1)]^{\mathrm{T}}\in\mathbb{R}^{N_{\mathrm{u}}}$$

式(3.55)~式(3.57)可以写成统一的形式：$\tilde{\boldsymbol{C}}\Delta\boldsymbol{U}(k|k)\leqslant\tilde{\boldsymbol{c}}$，其中 $\tilde{\boldsymbol{C}}$ 和 $\tilde{\boldsymbol{c}}$ 为 k 时刻已知的矩阵和向量。考虑这些约束的 GPC 的优化问题写为

$$\min_{\Delta\boldsymbol{U}(k|k)} J(k)=\|\boldsymbol{Y}(k|k)-\boldsymbol{Y}_{\mathrm{s}}(k)\|_{\tilde{\boldsymbol{W}}}^2+\|\Delta\boldsymbol{U}(k|k)\|_{\tilde{\boldsymbol{\Lambda}}}^2,\ \text{s. t.}\ \tilde{\boldsymbol{C}}\Delta\boldsymbol{U}(k|k)\leqslant\tilde{c} \tag{3.58}$$

式（3.58）是个二次规划问题，和 DMC 算法形似。

注解 3.9 GPC 与模型系数无关的稳定性结论以及 SIORHC（CRHPC）的 deadbeat 性质都没有推广到多变量系统。用 Kleinman 控制器分析多变量 GPC 的一点结论可参考文献[55]，但是直接采用状态空间模型。

第 4 章　两步法预测控制

这里所讲两步法控制针对一类特殊系统，即输入非线性系统。输入非线性包括输入饱和、死区、滞环等，此外，用 Hammerstein 模型描述的系统也是一种常见的输入非线性系统。Hammerstein 模型由一个静态非线性环节加上一个动态线性环节组成（见文献［177］）。pH 中和、高纯度分离等一些非线性过程都可以用 Hammerstein 模型来描述。Hammerstein 模型的辨识有很多可参考的文献，如［233，194，161，236，245］。对输入非线性（主要指输入饱和、Hammerstein 非线性）系统的预测控制策略大体上可分为两种。

第一种是整体求解策略（如文献［26］），一般是把输入非线性部分纳入性能指标，直接求解控制作用。注意输入饱和一般作为优化中的约束。整体求解法的控制律计算比较复杂，实际应用比较难。

另一种是非线性分离法控制策略（如文献［92］），即首先对线性模型应用预测控制算法计算中间变量，然后再通过输入非线性反算实际的控制作用。注意输入饱和既可以作为输入非线性的一种，也可以作为优化中的约束。Hammerstein 非线性分离策略充分利用了 Hammerstein 模型的特殊结构，把控制器设计问题仍归结在线性控制系统范围内，这比整体求解法要简易得多。尽管在优化中不能直接纳入控制作用，但考虑到很多控制的目的是使系统输出尽快跟踪设定值变化（或使系统状态尽快收敛到原点），控制加权的引入只是为了抑制控制作用的副值过大或变化速率过大，这时 Hammerstein 非线性分离策略将是更实用的。

两步法预测控制（TSMPC）：对输入饱和 Hammerstein 模型，首先利用线性模型和无约束预测控制算法计算期望的中间变量，然后通过求解非线性代数方程或方程组（由 Hammerstein 非线性环节表示）来得到控制作用，并通过解饱和方法满足饱和约束。该法特别适用于快速控制的场合，尤其对于具有模型在线辨识的实际系统可以起到节约运算时间的作用。线性部分采用 GPC 时，特称为 TSGPC。TSMPC 闭环系统中的滞留非线性都是静态的。

在 TSMPC 中，如果实际控制输入通过静态输入非线性环节准确地重现中间变量，则系统的稳定性可由所设计的线性控制系统的稳定性来保证。然而在实际中，这种理想情况是很难得到保证的：控制作用可能会饱和，而非线性代数方程（组）的求解也不可避免地存在解算误差。

本章内容主要参考文献［1］。另外，4.1 和 4.2 节参考了文献［54］；4.3 节参考了文献［9］；4.4 ~ 4.6 节参考了文献［61，58］；4.7 ~ 4.9 节参考了文献［62，3］。

4.1　两步法广义预测控制

Hammerstein 模型为一个静态非线性环节加上一个动态线性环节的形式。静态非线性为

$$v(k)=f(u(k)),f(0)=0 \tag{4.1}$$

其中，u 为输入，v 为中间变量；在文献中，常称 f 为可逆非线性。线性部分采用自回归滑动平均模型：

$$a(z^{-1})y(k)=b(z^{-1})v(k-1) \tag{4.2}$$

其中，y 为输出，$a_{n_a}\neq 0$，$b_{n_b}\neq 0$，$\{a,\ b\}$ 不可约。其他具体细节同上一章（只是 u 改为 v）。

4.1.1 无约束情形

首先由式（4.2）利用线性广义预测控制（LGPC）求解期望的 $v(k)$，采用如下性能指标：

$$J(k)=\sum_{i=N_1}^{N_2}[y(k+i|k)-y_s(k+i)]^2+\sum_{j=1}^{N_u}\lambda\Delta v^2(k+j-1|k) \tag{4.3}$$

在本章中，一般取 $y_s(k+i)=\omega$，$\forall i>0$。这样，LGPC 的控制律为

$$\Delta v(k)=\boldsymbol{d}^{\mathrm{T}}(\vec{\boldsymbol{\omega}}-\overleftarrow{\boldsymbol{f}}) \tag{4.4}$$

其中，$\vec{\boldsymbol{\omega}}=[\omega,\omega,\cdots,\omega]^{\mathrm{T}}$，$\overleftarrow{\boldsymbol{f}}$是由过去的中间变量和输出以及当前的输出组合成的向量。具体细节见上一章（只是 u 改为 v）。

然后由

$$v^L(k)=v^L(k-1)+\Delta v(k) \tag{4.5}$$

计算施加于实际对象的控制作用 $u(k)$，即求解如下方程：

$$f(u(k))-v^L(k)=0 \tag{4.6}$$

其解形式地记为

$$u(k)=g\ (v^L(k)) \tag{4.7}$$

上述方法首次提出时被称为非线性 GPC（NLGPC；见文献［254］）。

4.1.2 有输入饱和约束情形

输入饱和约束在实际应用中往往是不可避免的。现假设控制作用受到饱和约束 $|u|\leqslant U$，其中 U 为正标量。由式（4.4）得到 $\Delta v(k)$后，通过解方程

$$f(\hat{u}(k))-v^L(k)=0 \tag{4.8}$$

来确定 $\hat{u}(k)$，形式地记为

$$\hat{u}(k)=\hat{f}^{-1}(v^L(k)) \tag{4.9}$$

再解饱和得到实际控制作用为 $u(k)=\mathrm{sat}\{\hat{u}(k)\}$，其中，$\mathrm{sat}\{s\}=\mathrm{sign}\{s\}\min\{|s|,U\}$ 并形式地记为式（4.7）。

上述控制策略称为Ⅰ－型两步法广义预测控制（TSGPC－Ⅰ）。

为处理输入饱和，还可以将输入饱和约束转化为中间变量约束，从而得到另一种 TSGPC 策略。首先由对 u 的约束 $|u|\leqslant U$ 确定对 v 的约束 $v_{\min}\leqslant v\leqslant v_{\max}$。由式（4.4）得到 $\Delta v(k)$后，令

$$\hat{v}(k)=\begin{cases}v_{\min}, v^L(k)\leqslant v_{\min}\\ v^L(k), v_{\min}<v^L(k)<v_{\max}\\ v_{\max}, v^L(k)\geqslant v_{\max}\end{cases} \tag{4.10}$$

然后求解非线性方程

$$f\ (u(k))-\hat{v}(k)=0 \tag{4.11}$$

并令其解 $u(k)$ 满足饱和约束，记为

$$u(k)=\hat{g}(\hat{v}(k)) \tag{4.12}$$

也可以形式地记为式（4.7）。该控制策略称为Ⅱ-型两步法广义预测控制（TSGPC-Ⅱ）。

注解 4.1　得到中间变量约束后，还可以设计另外一种非线性分离 GPC，称为 NSGPC。NSGPC 求解 $\Delta v(k)$ 不再采用式（4.4），而是通过如下优化问题得到：

$$\min_{\Delta v(k|k),\cdots,\Delta v(k+N_u-1|k)} J(k)=\sum_{i=N_1}^{N_2}[y(k+i|k)-y_s(k+i)]^2+\sum_{j=1}^{N_u}\lambda\Delta v^2(k+j-1|k) \tag{4.13}$$

$$\text{s.t.}\ \ \Delta v(k+l|k)=0, l\geqslant N_u; v_{\min}\leqslant v(k+j-1|k)\leqslant v_{\max}, j\in\{1,\cdots,N_u\} \tag{4.14}$$

其他计算和表示同 NLGPC。由此容易看到 TSGPC 和 NSGPC 的区别。

如前所述，NLGPC、TSGPC-I 和 TSGPC-II 将统称为 TSGPC。现假设 TSGPC 的实际对象特性即为“静态非线性+动态线性环节”且非线性环节为 $v(k)=f_0(u(k))$。将由 $v^L(k)$ 确定 $u(k)$ 的过程称为非线性反算。理想的非线性反算将达到 $f_0\circ g=1$，即

$$v(k)=f_0(g(v^L(k)))=v^L(k) \tag{4.15}$$

如果 $f_0\neq f$ 或 $f\neq g^{-1}$，则很难做到 $f_0=g^{-1}$，实际上一般不可能做到 $f_0=g^{-1}$。无输入饱和时，理论上由 $v^L(k)$ 求对应的 $u(k)$ 决定于 $v^L(k)$ 的大小和 f 的形式。众所周知，即使是对于单调函数 $v=f(u)$，反函数 $u=f^{-1}(v)$ 不一定对 v 的所有取值对应存在。在实际应用中，还会因为计算时间和计算精度的原因使得方程无法准确求解，这时一般都采用近似解。当存在输入饱和时，解饱和作用也可能造成 $v(k)\neq v^L(k)$。总之，由于方程近似求解、解饱和以及模型误差等原因，用线性模型求解的 $v^L(k)$ 可能得不到实现，实际实现的将是 $v(k)$。

TSGPC 的实际结构如图 4.1 所示，其中 plant 表示真实系统。当 $f_0=g=1$，如图 4.1 即为 LGPC 的系统结构图（见第 3 章）。图 4.1 的内模结构如图 4.2 所示。当 $f_0=g=1$ 时图 4.2 即为 LGPC 的内模结构图（见第 3 章）。下一节分析 $f_0\neq g^{-1}$ 时 TSGPC 的闭环稳定性。

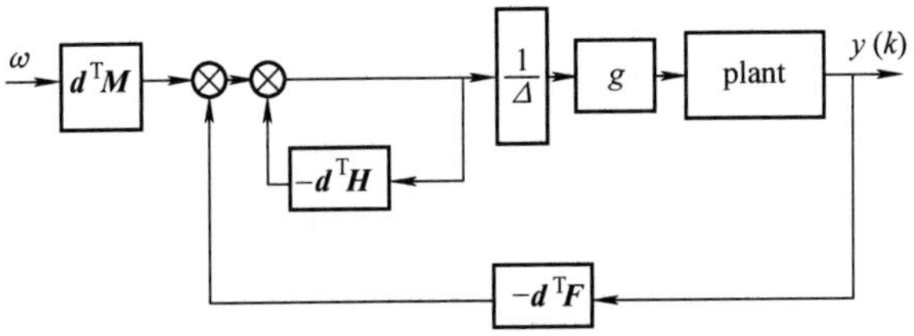

图 4.1　TSGPC 的原始框图

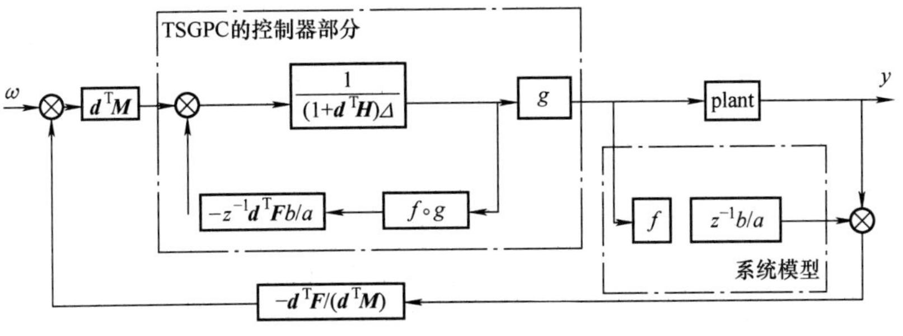

图 4.2　TSGPC 的内模结构图

4.2 两步法广义预测控制的稳定性

由于闭环系统的滞留非线性成为$f_0 \circ g$，故模型非线性部分的不准确性以及实际系统执行机构的非线性也可以包含在$f_0 \circ g$中，因此针对 TSGPC 的稳定性分析结果同时也都是鲁棒性分析结果。

4.2.1 基于 Popov 定理的结论

引理 4.1 (Popov 稳定性定理)设图 4.3 所示 $G(z)$代表稳定的系统，$0 \leqslant \varphi(\vartheta)\vartheta \leqslant K_\varphi - \vartheta^2$。则当满足$\dfrac{1}{K_\varphi} + \mathrm{Re}\{G(z)\} > 0$，$\forall |z| = 1$ 时闭环系统稳定。

Re {·} 表示取复数的实部；|z| 表示复数 z 的模。应用引理 4.1 就可以得到如下 TSGPC 的稳定性结论。

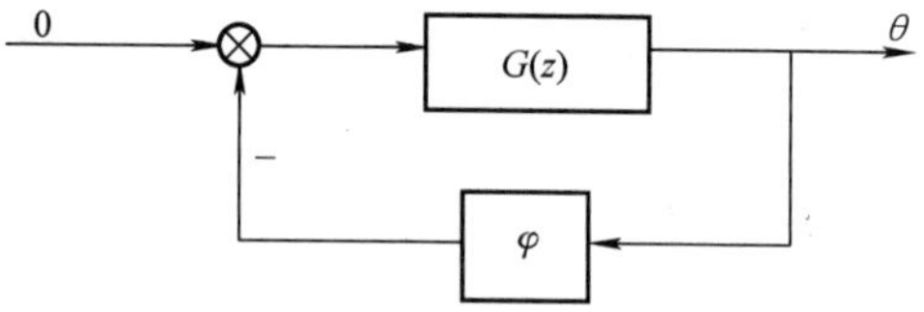

图 4.3 非线性静态反馈结构 1

定理 4.2 (TSGPC 的稳定性) 假设 TSGPC 所用模型的线性部分与实际系统完全相同，且存在两个常数 k_1，$k_2 > 0$ 使得

1) $a(1 + \boldsymbol{d}^{\mathrm{T}}\boldsymbol{H})\Delta + (1 + k_1)z^{-1}\boldsymbol{d}^{T}\boldsymbol{F}b = 0$ 的根全部位于复平面的单位圆内；

2) 对任意 $|z| = 1$，

$$\frac{1}{k_2 - k_1} + \mathrm{Re}\left\{\frac{z^{-1}\boldsymbol{d}^{\mathrm{T}}\boldsymbol{F}b}{a(1 + \boldsymbol{d}^{\mathrm{T}}\boldsymbol{H})\Delta + (1 + k_1)z^{-1}\boldsymbol{d}^{\mathrm{T}}\boldsymbol{F}b}\right\} > 0 \tag{4.16}$$

则当

$$k_1\vartheta^2 \leqslant (f_0 \circ g - 1)(\vartheta)\vartheta \leqslant k_2\vartheta^2 \tag{4.17}$$

时 TSGPC 闭环系统稳定。

证明 4.1 对图 4.1 框图进行变换得到图 4.4、图 4.5 和图 4.6，不失一般性设 $\omega = 0$。考虑到系统稳定的性质，若图 4.6 所示的系统是稳定的，则原系统是稳定的。设图 4.6 反馈项 $f_0 \circ g - 1$ 的不确定性满足式 (4.17)。为应用 Popov 稳定性判据，取

$$0 \leqslant \psi(\vartheta)\vartheta \leqslant (k_2 - k_1)\vartheta^2 = K_\psi\vartheta^2 \tag{4.18}$$

其中

$$\psi(\vartheta) = (f_0 \circ g - 1 - k_1)(\vartheta) \tag{4.19}$$

框图变换到图 4.7。这时，线性部分特征方程为

$$a(1 + \boldsymbol{d}^{\mathrm{T}}\boldsymbol{H})\Delta + (1 + k_1)z^{-1}\boldsymbol{d}^{\mathrm{T}}\boldsymbol{F}b = 0 \tag{4.20}$$

根据引理 4.1，即有结论成立。

证毕。

注解 4.2 给定控制器参数 λ，N_1，N_2，N_u 后，可能找到多组 $\{k_0, k_3\}$，使得 $\forall k_1 \in \{k_0, k_3\}$ 时特征方程 $a(1 + \boldsymbol{d}^{\mathrm{T}}\boldsymbol{H})\Delta + (1 + k_1)z^{-1}\boldsymbol{d}^{\mathrm{T}}\boldsymbol{F}b = 0$ 的全部特征根位于复平面的单位圆内。这样，满足定理 4.2 之条件 1) 和 2) 的 $[k_1, k_2] \subseteq [k_0, k_3]$ 可能有无穷个。假设实际系统的非线性项满足

$$k_1^0\vartheta^2 \leqslant (f_0 \circ g-1)(\vartheta)\vartheta \leqslant k_2^0\vartheta^2 \tag{4.21}$$

其中，k_1^0，$k_2^0>0$ 为常数，则定理 4.2 说明：当任意一组 $\{k_1,k_2\}$ 满足

$$[k_1,k_2] \supseteq [k_1^0,k_2^0] \tag{4.22}$$

时，对应的系统是稳定的。

实际上已知式（4.21）时，检验系统的稳定性可直接利用如下的结论。

推论 4.3　（TSGPC 的稳定性）假设 TSGPC 所用模型的线性部分与实际系统完全相同，非线性项满足式（4.21）。则当

1）$a(1+\boldsymbol{d}^{\mathrm{T}}\boldsymbol{H})\boldsymbol{\Delta}+(1+k_1^0)z^{-1}\boldsymbol{d}^{\mathrm{T}}\boldsymbol{F}b=0$ 的根全部位于复平面的单位圆内；

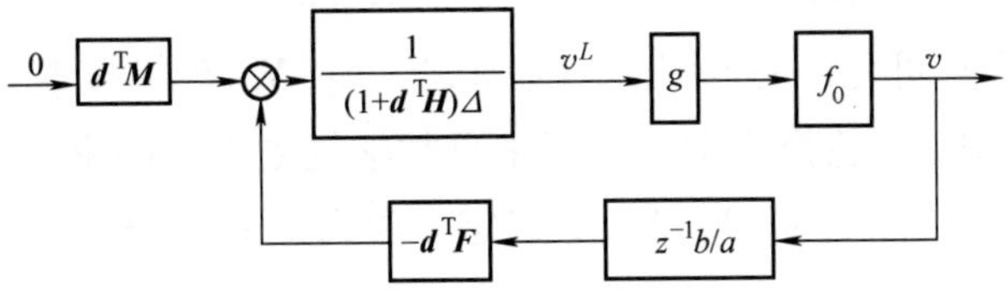

图 4.4　输出为 v 的框图

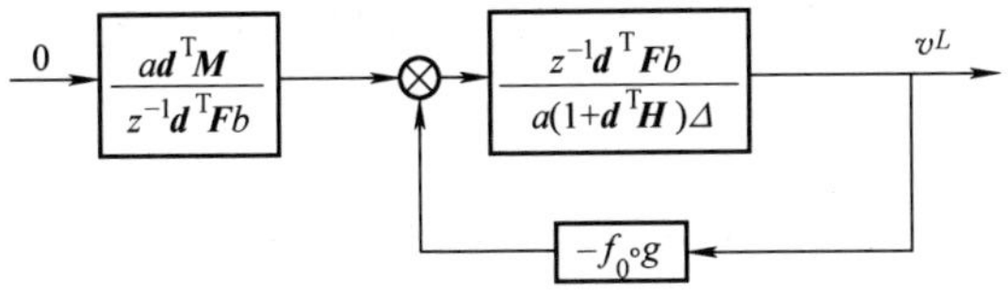

图 4.5　非线性静态反馈结构 2

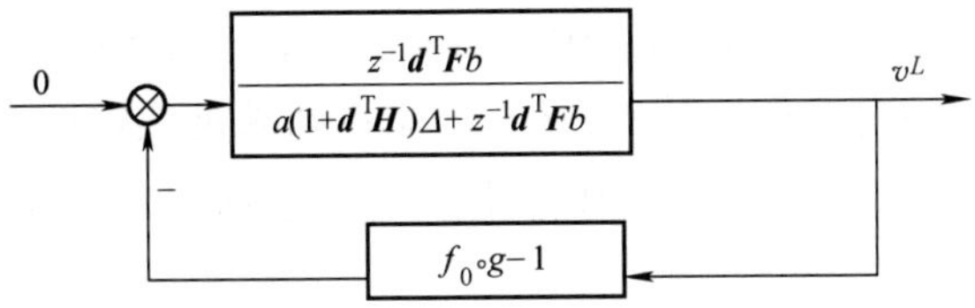

图 4.6　非线性静态反馈结构 3

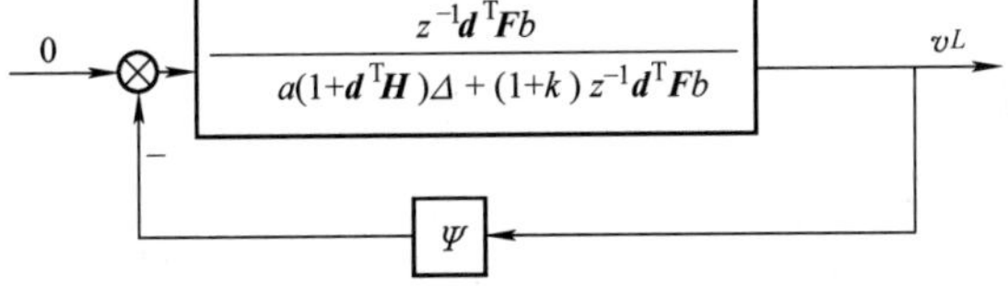

图 4.7　非线性静态反馈结构 4

2）对任意 $|z|=1$，

$$\frac{1}{k_2^0-k_1^0}+\mathrm{Re}\left\{\frac{z^{-1}\boldsymbol{d}^{\mathrm{T}}\boldsymbol{F}b}{a(1+\boldsymbol{d}^{\mathrm{T}}\boldsymbol{H})\boldsymbol{\Delta}+(1+k_1^0)z^{-1}\boldsymbol{d}^{\mathrm{T}}\boldsymbol{F}b}\right\}>0 \tag{4.23}$$

时 TSGPC 闭环系统稳定。

注解 4.3　定理 4.2 与推论 4.3 中的稳定性结论都不要求对应的 LGPC 稳定，即不要求 a

$(1+\boldsymbol{d}^{\mathrm{T}}\boldsymbol{H})\Delta+z^{-1}\boldsymbol{d}^{\mathrm{T}}\boldsymbol{F}b=0$ 的根全部位于复平面的单位圆内，这是上述稳定性结论的一个优点。考虑到图4.1和图4.2所示的TSGPC和LGPC的关系，$0\in[k_1^0,k_2^0]$时会有诸多优点；但是$0\in[k_1^0,k_2^0]$表示对应的LGPC是稳定的。

4.2.2 寻找控制器参数的两个算法

利用定理4.2和推论4.3还可设计控制器参数$\{\lambda,N_1,N_2,N_{\mathrm{u}}\}$使系统稳定。以下以算法形式讨论两种情况。

算法4.1（由给定的$\{k_1^0,k_2^0\}$确定控制器参数$\{\lambda,N_1,N_2,N_{\mathrm{u}}\}$使系统稳定。）

步骤1. 在（计算量等）可允许的范围内，对$\{\lambda,N_1,N_2,N_{\mathrm{u}}\}$轮换搜索（轮换搜索前要确定参数的搜索范围；“轮换搜索”一词来自数学规划方面的书）。搜索完毕全部算法结束，否则定一组$\{\lambda,N_1,N_2,N_{\mathrm{u}}\}$，确定多项式$a(1+\boldsymbol{d}^{\mathrm{T}}\boldsymbol{H})\Delta+z^{-1}\boldsymbol{d}^{\mathrm{T}}\boldsymbol{F}b$；

步骤2. 采用Jury判据（见相关控制理论书），判断是否$a(1+\boldsymbol{d}^{\mathrm{T}}\boldsymbol{H})\Delta+(1+k_1^0)z^{-1}\boldsymbol{d}^{\mathrm{T}}\boldsymbol{F}b=0$的全部根位于复平面的单位圆内。若不是则转步骤1；

步骤3. 将$-z^{-1}\boldsymbol{d}^{\mathrm{T}}\boldsymbol{F}b/[a(1+\boldsymbol{d}^{\mathrm{T}}\boldsymbol{H})\Delta+(1+k_1^0)z^{-1}\boldsymbol{d}^{\mathrm{T}}\boldsymbol{F}b]$化为最简（不可简约）形式，记为$G(k_1^0,z)$；

步骤4. 将$z=\sigma+\sqrt{1-\sigma^2}i$代入$G(k_1^0,z)$得到$\mathrm{Re}\{G(k_1^0,z)\}=G_R(k_1^0,\sigma)$；

步骤5. 令$M=\max_{\sigma\in[-1,1]}G_R(k_1^0,\sigma)$，若$k_2^0\leqslant k_1^0+\dfrac{1}{M}$，则结束。否则转步骤1。

如果开环系统无单位圆外的特征值，则采用算法4.1一般能找到满足要求的$\{\lambda,N_1,N_2,N_{\mathrm{u}}\}$。但对其他情况，不一定对任给的$\{k_1^0,k_2^0\}$都能找到满足稳定性要求的$\{\lambda,N_1,N_2,N_{\mathrm{u}}\}$，这时，一般要对实际系统解饱和程度再加以限制，即设法增加k_1^0。算法4.2可用于确定最小的k_1^0。

算法4.2（由期望的$\{k_1^0,k_2^0\}$，确定控制器参数$\{\lambda,N_1,N_2,N_{\mathrm{u}}\}$使得$\{k_{10}^0,k_2^0\}$满足稳定性要求，并使$k_{10}^0-k_1^0$最小化。）

步骤1. 首先令$k_{10}^{0,\mathrm{old}}=k_2^0$；

步骤2. 同算法4.1的步骤1；

步骤3. 用根轨迹法或Jury判据确定$\{k_0,k_3\}$，使得$[k_0,k_3]\supset[k_{10}^{0,\mathrm{old}},k_2^0]$且$a(1+\boldsymbol{d}^T\boldsymbol{H})\Delta+(1+k_1)z^{-1}\boldsymbol{d}^T\boldsymbol{F}b=0,\forall k_1\in[k_0,k_3]$的全部根位于复平面的单位圆内。若不存在这样的$\{k_0,k_3\}$，转步骤2；

步骤4. 在$k_{10}^0\in[\max\{k_0,k_1^0\},k_{10}^{0,\mathrm{old}}]$范围内，对$k_{10}^0$采用一维增量搜索方法，搜索完毕转步骤2，否则将$-z^{-1}\boldsymbol{d}^{\mathrm{T}}\boldsymbol{F}b/[a(1+\boldsymbol{d}^{\mathrm{T}}\boldsymbol{H})\Delta+(1+k_{10}^0)z^{-1}\boldsymbol{d}^T\boldsymbol{F}b]$化为最简（不可简约）形式，记为$G(k_{10}^0,z)$；

步骤 5. 将 $z=\sigma+\sqrt{1-\sigma^2}i$ 代入 $G(k_{10}^0,z)$ 得到 $\mathrm{Re}\{G(k_{10}^0,z)\}=G_R(k_{10}^0,\sigma)$；

步骤 6. 令 $M=\max_{\sigma\in[-1,1]}G_R(k_{10}^0,\sigma)$，若 $k_2^0\leqslant k_{10}^0+\dfrac{1}{M}$ 且 $k_{10}^0\leqslant k_{10}^{0,\mathrm{old}}$，则取 $k_{10}^{0,\mathrm{old}}=k_{10}^0$ 并记 $\{\lambda,N_1,N_2,N_u\}^*=\{\lambda,N_1,N_2,N_u\}$，转步骤 2，否则转步骤 4；

步骤 7. 搜索结束后令 $k_{10}^0=k_{10}^{0,\mathrm{old}}$ 和 $\{\lambda,N_1,N_2,N_u\}=\{\lambda,N_1,N_2,N_u\}^*$。

4.2.3 实际非线性界的确定方法

以上给出了已知 $\{k_1^0,k_2^0\}$ 确定控制器参数的方法，这里简要说明 $\{k_1^0,k_2^0\}$ 的确定方法，以使定理 4.2 和推论 4.3 真正发挥作用。$f_0\circ g\neq 1$ 可能有以下原因：

1）解饱和的影响；

2）非线性方程求解误差，包括无实解时取近似解造成的误差；

3）模型非线性部分不准确；

4）实际系统执行机构的不准确。

假设采用 TSGPC－II，则 $f_0\circ g$ 如图 4.8 所示。若再假设：

1）非线性方程求解无误差；

2）在 $v_{\min}\leqslant v\leqslant v_{\max}$ 的范围内 $k_{0,1}f(\vartheta)\vartheta\leqslant f_0(\vartheta)\vartheta\leqslant k_{0,2}f(\vartheta)\vartheta$；

3）解饱和程度满足 $k_{s,1}\vartheta^2\leqslant \mathrm{sat}(\vartheta)\leqslant\vartheta^2$，

则

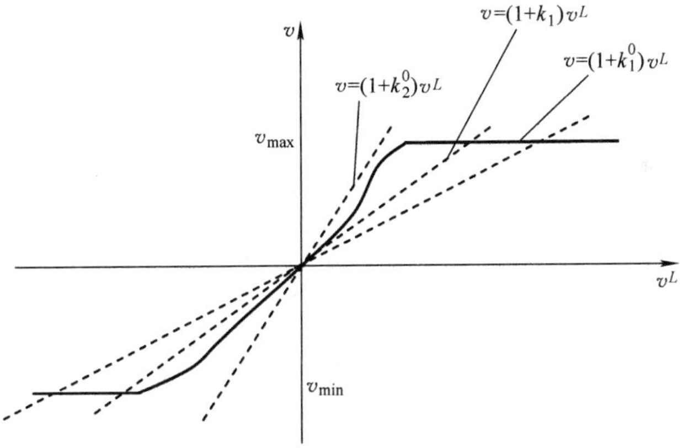

图 4.8　滞留非线性 $f_0\circ g$ 的示意图

① $f_0\circ g=f_0\circ\hat{g}\circ\mathrm{sat}$；

② $k_{0,1}\mathrm{sat}(\vartheta)\vartheta\leqslant f_0\circ g(\vartheta)\vartheta\leqslant k_{0,2}\mathrm{sat}(\vartheta)\vartheta$；

③ $k_{0,1}k_{s,1}\vartheta^2\leqslant f_0\circ g(\vartheta)\vartheta\leqslant k_{0,2}\vartheta^2$，

且最终有 $k_1^0=k_{0,1}k_{s,1}-1$ 和 $k_2^0=k_{0,2}-1$。由于（$1-k_{s,1}$）为解饱和程度，因此 $k_{s,1}$ 互称为不饱和程度。

4.3　两步法广义预测控制的吸引域

对固定的不饱和程度 $k_{s,1}$，如果推论 4.3 的所有条件满足，则系统稳定。但是，当对输

入饱和系统采用 TSGPC 时，$k_{s,1}$ 要随 LGPC 参数发生变化。上一节没有解决 $\{k_1^0, k_2^0\}$ 随 $k_{s,1}$ 变化的问题。该问题直接涉及闭环系统的吸引域，需要在状态空间模型下讨论。

4.3.1 控制器的状态空间描述

将模型式（4.2）变换为如下状态空间模型：

$$\boldsymbol{x}(k+1)=\boldsymbol{A}\boldsymbol{x}(k)+\boldsymbol{B}\Delta v(k), y(k)=\boldsymbol{C}\boldsymbol{x}(k) \tag{4.24}$$

其中，$x\in\mathbb{R}^n$，具体见 3.3 节。对 $0<i\leqslant N_2$ 和 $0<j\leqslant N_2$，取

$$q_i=\begin{cases}1, N_1\leqslant i\leqslant N_2\\ 0, i<N_1\end{cases}, \lambda_j=\begin{cases}\lambda, 1\leqslant j\leqslant N_u\\ \infty, j>N_u\end{cases} \tag{4.25}$$

并取向量 $\boldsymbol{L}$ 使 $\boldsymbol{CL}=1$（由于 $\boldsymbol{C}\neq 0$，这样的 $\boldsymbol{L}$ 是存在的、但一般不是唯一的），则 LGPC 性能指标式（4.3）可以等价地化为 LQ 问题的性能指标（参考文献［123］）

$$J(k)=\|\boldsymbol{x}(k+N_2)-\boldsymbol{L}y_s(k+N_2)\|^2_{\boldsymbol{C}^{\mathrm{T}}q_{N_2}\boldsymbol{C}}+\sum_{i=0}^{N_2-1}\{\|\boldsymbol{x}(k+i)-\boldsymbol{L}y_s(k+i)\|^2_{\boldsymbol{C}^{\mathrm{T}}q_i\boldsymbol{C}}+\lambda_{i+1}\Delta v(k+i)^2\} \tag{4.26}$$

其 LQ 控制律为

$$\Delta v(k)=-(\lambda+\boldsymbol{B}^{\mathrm{T}}\boldsymbol{P}_1\boldsymbol{B})^{-1}\boldsymbol{B}^{\mathrm{T}}[\boldsymbol{P}_1\boldsymbol{A}\boldsymbol{x}(k)+\boldsymbol{r}(k+1)] \tag{4.27}$$

其中，$\boldsymbol{P}_1$ 可由 Riccati 迭代公式求出：

$$\boldsymbol{P}_i=q_i\boldsymbol{C}^{\mathrm{T}}\boldsymbol{C}+\boldsymbol{A}^{\mathrm{T}}\boldsymbol{P}_{i+1}\boldsymbol{A}-\boldsymbol{A}^{\mathrm{T}}\boldsymbol{P}_{i+1}\boldsymbol{B}(\lambda_{i+1}+\boldsymbol{B}^{\mathrm{T}}\boldsymbol{P}_{i+1}\boldsymbol{B})^{-1}\boldsymbol{B}^{\mathrm{T}}\boldsymbol{P}_{i+1}\boldsymbol{A}, \boldsymbol{P}_{N_2}=\boldsymbol{C}^{\mathrm{T}}\boldsymbol{C} \tag{4.28}$$

而 $\boldsymbol{r}(k+1)$ 则由式（4.29）计算。

$$\boldsymbol{r}(k+1)=-\sum_{i=N_1}^{N_2}\boldsymbol{\Psi}^{\mathrm{T}}(i,1)\boldsymbol{C}^{\mathrm{T}}y_s(k+i) \tag{4.29}$$

$$\boldsymbol{\Psi}(1,1)=\boldsymbol{I}$$

$$\boldsymbol{\Psi}(j,1)=\prod_{i=1}^{j-1}[\boldsymbol{A}-\boldsymbol{B}(\lambda_{i+1}+\boldsymbol{B}^{\mathrm{T}}\boldsymbol{P}_{i+1}\boldsymbol{B})^{-1}\boldsymbol{B}^{\mathrm{T}}\boldsymbol{P}_{i+1}\boldsymbol{A}], \forall j>1 \tag{4.30}$$

记式（4.27）为

$$\Delta v(k)=\boldsymbol{K}\boldsymbol{x}(k)+\boldsymbol{K}_r\boldsymbol{r}(k+1)=[\boldsymbol{K}\quad \boldsymbol{K}_r][\boldsymbol{x}(k)^{\mathrm{T}}\quad \boldsymbol{r}(k+1)^{\mathrm{T}}]^{\mathrm{T}} \tag{4.31}$$

取 $y_s(k+i)=\omega, \forall i>0$。故有

$$v^L(k)=v^L(k-1)+\boldsymbol{K}\boldsymbol{x}(k)+K_\omega y_s(k+1) \tag{4.32}$$

其中，$K_\omega=-\boldsymbol{K}_r\sum_{i=N_1}^{N_2}\boldsymbol{\Psi}^{\mathrm{T}}(i,1)\boldsymbol{C}^{\mathrm{T}}$。图 4.9 所示为 TSGPC 的等效框图。

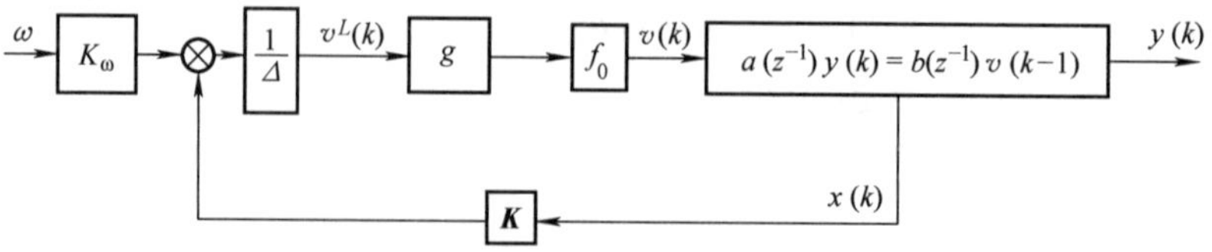

图 4.9 TSGPC 的等效框图

4.3.2 吸引域相关稳定性

当式（4.21）满足时，令 $\delta\in\mathrm{Co}\{\delta_1,\delta_2\}=\mathrm{Co}[k_1^0+1, k_2^0+1]$，即 $\delta=\xi\delta_1+(1-\xi)\delta_2$，$\xi$

为满足 $0\leqslant\xi\leqslant1$ 的任意值。若由 δ 代替 $f_0\circ g$，则因为 δ 是标量，故可以在框图中移动一个位置，则图 4.9 变为图 4.10。易知若图 4.10 所示不确定系统鲁棒稳定，则原 TSGPC 闭环稳定。

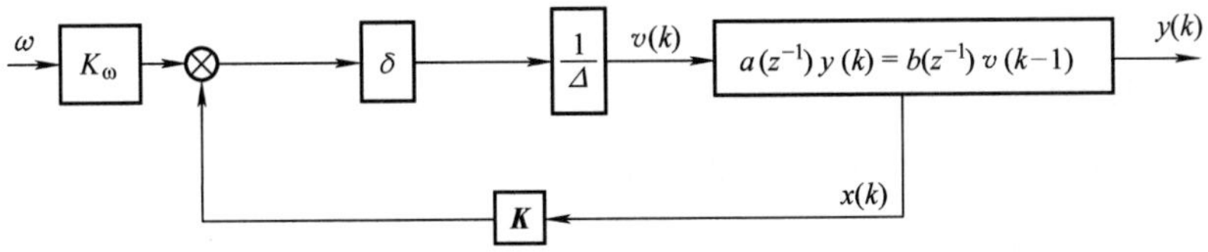

图 4.10　TSGPC 的不确定系统表示

下面推导图 4.10 所示系统的扩展状态空间模型。首先，

$$v(k)=v(k-1)+\delta\boldsymbol{K}\boldsymbol{x}(k)+\delta K_\omega y_s(k+1)=[1\quad \delta\boldsymbol{K}\quad \delta K_\omega][v(k-1)\quad \boldsymbol{x}(k)^{\mathrm{T}}\quad y_s(k+1)]^{\mathrm{T}} \tag{4.33}$$

又因为

$$y_s(k+2)=y_s(k+1),x(k+1)=(\boldsymbol{A}+\delta\boldsymbol{B}\boldsymbol{K})\boldsymbol{x}(k)+\delta\boldsymbol{B}K_\omega y_s(k+1) \tag{4.34}$$

故有

$$\begin{bmatrix} v(k) \\ \boldsymbol{x}(k+1) \\ y_s(k+2)\end{bmatrix}=\begin{bmatrix}1 & \delta\boldsymbol{K} & \delta K_\omega \\ \boldsymbol{0} & \boldsymbol{A}+\delta\boldsymbol{B}\boldsymbol{K} & \delta\boldsymbol{B}K_\omega \\ 0 & \boldsymbol{0} & 1\end{bmatrix}\begin{bmatrix} v(k-1) \\ \boldsymbol{x}(k) \\ y_s(k+1)\end{bmatrix} \tag{4.35}$$

记式（4.35）为

$$\boldsymbol{x}^{\mathrm{E}}(k+1)=\boldsymbol{\Phi}(\delta)\boldsymbol{x}^{\mathrm{E}}(k) \tag{4.36}$$

并称 $\boldsymbol{x}^{\mathrm{E}}\in\mathbb{R}^{n+2}$ 为扩展状态。

定理 4.2 和推论 4.3 都没有涉及吸引域。TSGPC 的平衡点（u_e，y_e）的吸引域 Ω 特定义为满足如下条件的初始扩展状态 $\boldsymbol{x}^{\mathrm{E}}(0)$ 的集合：

$$\forall\boldsymbol{x}^{\mathrm{E}}(0)\in\Omega\subset\mathbb{R}^{n+2},\lim_{k\to\infty}u(k)=u_e,\lim_{k\to\infty}y(k)=y_e \tag{4.37}$$

对给定的 $v(-1)$ 和 ω，TSGPC 的平衡点（u_e，y_e）的吸引域 Ω_x 特定义为满足如下条件的初始状态 $\boldsymbol{x}(0)$ 的集合：

$$\forall\boldsymbol{x}(0)\in\Omega_x\subset\mathbb{R}^{n},\lim_{k\to\infty}u(k)=u_e,\lim_{k\to\infty}y(k)=y_e \tag{4.38}$$

根据以上描述和推论 4.3 容易得到如下结论：

定理 4.4　（TSGPC 的稳定性结论）假设 TSGPC 所用模型的线性部分与实际系统完全相同，并且：

1）对 $\forall\boldsymbol{x}^{\mathrm{E}}(0)\in\Omega$，$\forall k>0$，不饱和程度 $k_{s,1}$ 使非线性项 $f_0\circ g$ 满足式（4.21）；

2）$a(1+\boldsymbol{d}^{\mathrm{T}}\boldsymbol{H})\Delta+(1+k_1^0)z^{-1}\boldsymbol{d}^{\mathrm{T}}\boldsymbol{F}b=0$ 的根全部位于复平面的单位圆内；

3）式（4.23）满足。

则 TSGPC 的平衡点（u_e，y_e）稳定，吸引域为 Ω。

注解 4.4　定理 4.4 与推论 4.3 的主要区别在于：定理 4.4 引入了吸引域。定理 4.4 能解决的问题包括：

1）给定满足推论 4.3 所有条件的 $\{k_1^0,k_2^0,\lambda,N_1,N_2,N_u\}$，确定闭环系统的吸引域 Ω；

2）给定 $\{k_{0,1}, k_{0,2}\}$ 和要求的吸引域 Ω，搜索满足推论 4.3 所有条件的 $\{\lambda, N_1, N_2, N_u\}$。

采用适当的控制器参数可满足定理 4.4 条件 2）和 3），这时只要不饱和程度足够小，则条件 1）也可能满足。

4.3.3 吸引域的计算方法

记 $\boldsymbol{\Phi}_1 = [1 \quad \boldsymbol{K} \quad K_\omega]$。在式（4.35）中，

$$\boldsymbol{\Phi}(\delta) \in \mathrm{Co}\{\boldsymbol{\Phi}^{(1)}, \boldsymbol{\Phi}^{(2)}\}$$
$$= \mathrm{Co}\left\{\begin{bmatrix} 1 & \delta_1 \boldsymbol{K} & \delta_1 K_\omega \\ \boldsymbol{0} & \boldsymbol{A} + \delta_1 \boldsymbol{BK} & \delta_1 \boldsymbol{B} K_\omega \\ 0 & 0 & 1 \end{bmatrix}, \begin{bmatrix} 1 & \delta_2 \boldsymbol{K} & \delta_2 K_\omega \\ \boldsymbol{0} & \boldsymbol{A} + \delta_2 \boldsymbol{BK} & \delta_2 \boldsymbol{B} K_\omega \\ 0 & 0 & 1 \end{bmatrix}\right\} \tag{4.39}$$

假设推论 4.3 中所有条件满足，则可采用算法 4.3 计算吸引域。

采用算法 4.3 计算的吸引域也称为如下系统：

$$\boldsymbol{x}^{\mathrm{E}}(k+1) = \boldsymbol{\Phi}(\delta)\boldsymbol{x}^{\mathrm{E}}(k), v^L(k) = \boldsymbol{\Phi}_1 \boldsymbol{x}^{\mathrm{E}}(k)$$
$$v_{\min}/k_{s,1} \leqslant v^L(k) \leqslant v_{\max}/k_{s,1} \ (\text{或 } v^L_{\min} \leqslant v^L(k) \leqslant v^L_{\max})$$

的“最大输出可行集”。关于最大输出可行集可参考相关文献［99］；注意其中的“输出”是指上面系统的输出 $v^L(k)$，而不是系统式（4.2）的输出 y；可行为“满足约束”

算法 4.3（吸引域的理论计算方法）

步骤 1. 确定满足推论 4.3 中所有条件的 $k_{s,1}$（如采用 TSGPC－II，则 $k_{s,1} = (k_1^0 + 1)/k_{0,1}$）。令

$$S_0 = \{\boldsymbol{\theta} \in \mathbb{R}^{n+2} \mid \boldsymbol{\Phi}_1 \boldsymbol{\theta} \leqslant v_{\max}/k_{s,1}, \boldsymbol{\Phi}_1 \boldsymbol{\theta} \geqslant v_{\min}/k_{s,1}\}$$
$$= \{\boldsymbol{\theta} \in \mathbb{R}^{n+2} \mid \boldsymbol{F}^{(0)} \boldsymbol{\theta} \leqslant \boldsymbol{g}^{(0)}\} \tag{4.40}$$

其中，$\boldsymbol{g}^{(0)} = \begin{bmatrix} v_{\max}/k_{s,1} \\ -v_{\min}/k_{s,1} \end{bmatrix}$，$F^{(0)} = \begin{bmatrix} \boldsymbol{\Phi}_1 \\ -\boldsymbol{\Phi}_1 \end{bmatrix}$。令 $j=1$。在该步中，若已知 v^L 的最值 $v^L_{\min}$ 和 $v^L_{\max}$，也可令

$$S_0 = \{\boldsymbol{\theta} \in \mathbb{R}^{n+2} \mid \boldsymbol{\Phi}_1 \boldsymbol{\theta} \leqslant v^L_{\max}, \boldsymbol{\Phi}_1 \boldsymbol{\theta} \geqslant v^L_{\min}\}$$
$$= \{\boldsymbol{\theta} \in \mathbb{R}^{n+2} \mid \boldsymbol{F}^{(0)} \boldsymbol{\theta} \leqslant \boldsymbol{g}^{(0)}\} \tag{4.41}$$

步骤 2. 令

$$N_j = \{\boldsymbol{\theta} \in \mathbb{R}^{n+2} \mid \boldsymbol{F}^{(j-1)} \boldsymbol{\Phi}^{(l)} \boldsymbol{\theta} \leqslant \boldsymbol{g}^{(j-1)}, l = 1,2\} \tag{4.42}$$

并令

$$S_j = S_{j-1} \cap N_j = \{\boldsymbol{\theta} \in \mathbb{R}^{n+2} \mid \boldsymbol{F}^{(j)} \boldsymbol{\theta} \leqslant \boldsymbol{g}^{(j)}\} \tag{4.43}$$

步骤 3. 若 $S_j = S_{j-1}$，则令 $S = S_{j-1}$ 并结束整个算法。否则，令 $j = j+1$ 并转步骤 2。

之意。算法 4.3 采用迭代方法：定义 S_0 为零步可行集，则 S_1 为一步可行集、……、S_j 为 j 步可行集；而约束的满足是指：不管状态演变多少步，约束总是满足的。

在算法 4.3 中涉及如下概念：

定义 4.1　若存在 $d>0$ 使得 $S_d=S_{d+1}$，则称 S 是有限确定的。此时 $S=S_d$。称 $d^*=\min\{d \mid S_d=S_{d+1}\}$ 为确定性指数（或输出可行性指数）。

因 $S_j=S_{j-1}$ 的判断可以转化为优化问题，算法 4.3 可以转化为算法 4.4。

注解 4.5　$J_{i,l}^*\leqslant 0$ 表示：当满足式（4.45）时，$\boldsymbol{F}^{(j-1)}\boldsymbol{\Phi}^{(l)}\leqslant\boldsymbol{g}^{(j-1)}$ 也满足。由式（4.42）和式（4.43）求得的 S_j 的表示中可能含有冗余的不等式，这些冗余的不等式也可以采用类似的优化方法剔除。

实际应用中不一定能够找到有限个不等式来准确地表达吸引域 S，即 d^* 不是一个有限值。也有可能 d^* 虽然有限但是很大，致使算法的收敛速度很慢。为了加快收敛速度，或者在算法 4.3 和算法 4.4 不收敛时近似系统的吸引域，可以引入 $\varepsilon>0$。记 $\tilde{\mathbf{1}}=[1,1,\cdots,1]^{\mathrm{T}}$，在式（4.42）中，令

$$N_j=\{\boldsymbol{\theta}\in\mathbb{R}^{n+2} \mid \boldsymbol{F}^{(j-1)}\boldsymbol{\Phi}^{(l)}\boldsymbol{\theta}\leqslant\boldsymbol{g}^{(j-1)}-\varepsilon\tilde{\mathbf{1}},l=1,2\} \tag{4.44}$$

算法 4.4（吸引域的迭代优化算法）

步骤 1. 确定满足性质 4.3 中所有条件的 $k_{s,1}$。按照式（4.40）或式（4.41）计算 S_0。取 $j=1$。

步骤 2. 求解下列优化问题：

$$\max_{\theta} J_{i,l}(\boldsymbol{\theta})=(\boldsymbol{F}^{(j-1)}\boldsymbol{\Phi}^{(l)}\boldsymbol{\theta}-\boldsymbol{g}^{(j-1)})_i,i\in\{1,\cdots,n_j\},l\in\{1,2\} \tag{4.45}$$

满足如下约束要求：

$$\boldsymbol{F}^{(j-1)}\boldsymbol{\theta}-\boldsymbol{g}^{(j-1)}\leqslant 0 \tag{4.46}$$

其中，n_j 为 $F^{(j-1)}$ 的行数，$(\cdot)_i$ 表示取第 i 行。令 $J_{i,l}^*$ 为 $J_{i,l}(\boldsymbol{\theta})$ 的最优值。如果

$$J_{i,l}^*\leqslant 0,\forall l\in\{1,2\},\forall i\in\{1,\cdots,n_j\}$$

则停止并取 $d^*=j-1$；否则继续。

步骤 3. 由式（4.42）求 N_j 并由式（4.43）求 S_j，令 $j=j+1$，转步骤 2。

算法 4.5（吸引域的 ε－迭代优化算法）

除 N_j 由式（4.46）计算外，其他与算法 4.4 相同。

4.3.4　数值例子

采用的系统线性部分为 $y(k)-2y(k-1)=v(k-1)$。取 $N_1=1$，$N_2=N_{\mathrm{u}}=2$，$\lambda=10$，得到 $k_0=0.044$，$k_3=1.8449$，当 $k_1\in[k_0,k_3]$ 定理 4.2 条件 1）满足；再取 $k_1=0.287$，则满足定理 4.2 条件 2）的最大的 k_2 为 $k_2=1.8314$；这也是满足 $[k_1,k_2]\subseteq[k_0,k_3]$ 的所有 $\{k_1, k_2\}$ 中 k_2-k_1 最大的一组。

取 Hammerstein 非线性为 $f_0(\theta)=2.3f(\theta)+0.5\sin f(\theta)$，$f(\theta)=\mathrm{sign}\{\theta\}\theta\sin\left(\frac{\pi}{4}\theta\right)$。输入约束为 $|u|\leqslant 2$。令方程求解完全准确，由 f 的表示可知 $|\hat{v}|\leqslant 2$。令不饱和程度 $k_{s,1}=3/4$，则由前面的叙述可知 $1.35\theta^2\leqslant f_0\circ g(\theta)\theta\leqslant 2.8\theta^2$，即 $k_1^0=0.35$，$k_2^0=1.8$。

在上述参数选择下，由推论4.3可知：系统可在一定的初始扩展状态范围内稳定。

取两个系统状态为 $x_1(k)=y(k)$ 和 $x_2(k)=y(k-1)$。图4.11中虚线所包围区域为 $v(-1)=0$ 和 $\omega=1$ 时的吸引域 Ω_x，是根据算法4.4得到的。取三组仿真初值分别为：

1) $y(-1)=2, y(0)=2, v(-1)=0$;

2) $y(-1)=-1.3, y(0)=-0.3, v(-1)=0$;

3) $y(-1)=0, y(0)=-0.5, v(-1)=0$。

设定值取为 $\omega=1$。由定理4.4知这时系统应是稳定的，而图4.11中实线所示系统状态轨迹变化验证了这一点。

注意：Ω_x 只是 Ω 的一个截面在 x_1-x_2 平面上的投影，不是不变集；Ω 在 x_1-x_2 上的全投影要比 Ω_x 大得多。

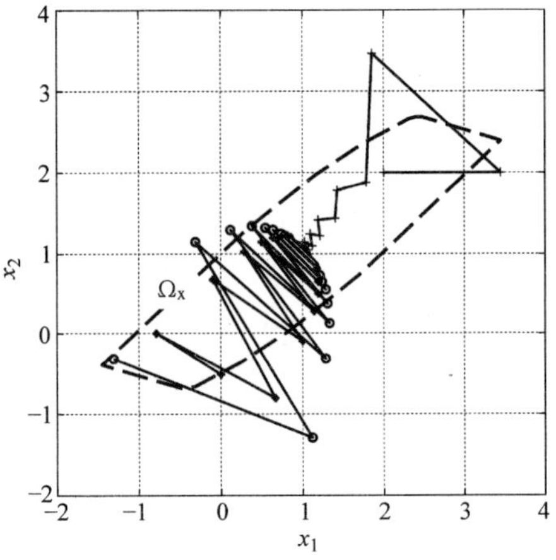

图4.11 TSGPC的吸引域和状态变化轨迹图

4.4 两步法状态反馈预测控制

考虑如下具有输入非线性的离散时间模型：

$$\boldsymbol{x}(k+1)=\boldsymbol{A}\boldsymbol{x}(k)+\boldsymbol{B}\boldsymbol{v}(k), \boldsymbol{y}(k)=\boldsymbol{C}\boldsymbol{x}(k), \boldsymbol{v}(k)=\boldsymbol{\phi}(\boldsymbol{u}(k)) \tag{4.47}$$

其中，$\boldsymbol{x}\in\mathbb{R}^n$，$\boldsymbol{v}\in\mathbb{R}^m$，$\boldsymbol{y}\in\mathbb{R}^p$，$\boldsymbol{u}\in\mathbb{R}^m$分别为状态、中间变量、输出与输入变量；$\boldsymbol{\phi}$表示输入和中间变量之间的函数关系，满足 $\boldsymbol{\phi}(0)=0$。此外，有如下假设：

假设4.1 系统状态 $\boldsymbol{x}$ 完全可测量。

假设4.2 矩阵对（$\boldsymbol{A}$，$\boldsymbol{B}$）完全可控。

假设4.3 $\boldsymbol{\phi}=\boldsymbol{f}\circ\mathbf{sat}$，其中 $\boldsymbol{f}$ 为可逆静态非线性，**sat** 表示如下的输入饱和（物理）约束：

$$-\underline{\boldsymbol{u}}\leqslant\boldsymbol{u}(k)\leqslant\bar{\boldsymbol{u}} \tag{4.48}$$

其中，$\underline{\boldsymbol{u}}:=[\underline{u}_1, \underline{u}_2, \cdots, \underline{u}_m]^{\mathrm{T}}$，$\bar{\boldsymbol{u}}:=[\bar{u}_1, \bar{u}_2, \cdots, \bar{u}_m]^{\mathrm{T}}$，$\underline{u}_i>0$，$\bar{u}_i>0$，$i\in\{1, 2, \cdots, m\}$。

在两步法状态反馈预测控制（TSMPC）中，首先考虑线性子系统 $\boldsymbol{x}(k+1)=\boldsymbol{A}\boldsymbol{x}(k)+\boldsymbol{B}\boldsymbol{v}(k)$，$\boldsymbol{y}(k)=\boldsymbol{C}\boldsymbol{x}(k)$，并定义如下的性能指标：

$$J(N,\boldsymbol{x}(k))=\sum_{i=0}^{N-1}\left[\|\boldsymbol{x}(k+i|k)\|_{\boldsymbol{Q}}^2+\|\boldsymbol{v}(k+i|k)\|_{\boldsymbol{R}}^2\right]+\|\boldsymbol{x}(k+N|k)\|_{\boldsymbol{P}_N}^2 \tag{4.49}$$

其中，$\boldsymbol{Q}\geqslant0$，$\boldsymbol{R}>0$ 为对称矩阵；$\boldsymbol{P}_N>0$ 称为终端状态加权矩阵。在每个时刻 k，求解如下的优化问题：

$$\min_{\tilde{v}(k|k)} J(N,\boldsymbol{x}(k))$$
$$\text{s.t. } \boldsymbol{x}(k+i+1|k)=\boldsymbol{A}\boldsymbol{x}(k+i|k)+\boldsymbol{B}\boldsymbol{v}(k+i|k), i\geqslant0, \boldsymbol{x}(k|k)=\boldsymbol{x}(k) \tag{4.50}$$

得到如下最优解：

$$\tilde{\boldsymbol{v}}(k|k)=[\boldsymbol{v}(k|k)^{\mathrm{T}},\boldsymbol{v}(k+1|k)^{\mathrm{T}},\cdots,\boldsymbol{v}(k+N-1|k)^{\mathrm{T}}]^{\mathrm{T}} \tag{4.51}$$

这是一个有限时域的标准 LQ 问题，可采用如下 Riccati 迭代公式：

$$\boldsymbol{P}_j=\boldsymbol{Q}+\boldsymbol{A}^{\mathrm{T}}\boldsymbol{P}_{j+1}\boldsymbol{A}-\boldsymbol{A}^{\mathrm{T}}\boldsymbol{P}_{j+1}\boldsymbol{B}(\boldsymbol{R}+\boldsymbol{B}^{\mathrm{T}}\boldsymbol{P}_{j+1}\boldsymbol{B})^{-1}\boldsymbol{B}^{\mathrm{T}}\boldsymbol{P}_{j+1}\boldsymbol{A},0\leqslant j<N \tag{4.52}$$

得到 LQ 控制律为

$$\boldsymbol{v}(k+i|k)=-(\boldsymbol{R}+\boldsymbol{B}^{\mathrm{T}}\boldsymbol{P}_{i+1}\boldsymbol{B})^{-1}\boldsymbol{B}^{\mathrm{T}}\boldsymbol{P}_{i+1}\boldsymbol{A}\boldsymbol{x}(k+i|k),i\in\{0,\cdots,N-1\}$$

如果 $\{R,P_N,N,Q\}$ 是固定不变的，则引入 P_N 和 N 意义不大，因为可直接令式（4.52）中 $P_j=P_{j+1}=P$（相当于 $N=\infty$）。但我们相信 $\{R,P_N,N,Q\}$ 都可作为在线可调参数，取小的 N 时计算量更小。

由于 MPC 采用滚动策略，在式（4.51）中只有 $\boldsymbol{v}(k|k)$ 是要付诸实施的。在下个时刻 $k+1$，需要重复采用优化问题式（4.50），得到 $\tilde{\boldsymbol{v}}(k+1|k+1)$。因此，预测控制律由下式给出：

$$\boldsymbol{v}(k|k)=-(\boldsymbol{R}+\boldsymbol{B}^{\mathrm{T}}\boldsymbol{P}_1\boldsymbol{B})^{-1}\boldsymbol{B}^{\mathrm{T}}\boldsymbol{P}_1\boldsymbol{A}\boldsymbol{x}(k) \tag{4.53}$$

注意，式（4.53）中的控制律可能无法准确地通过 $\boldsymbol{u}(k)$ 实施，因此被称为“期望中间变量”并记为

$$\boldsymbol{v}^L(k)=\boldsymbol{K}\boldsymbol{x}(k)=-(\boldsymbol{R}+\boldsymbol{B}^{\mathrm{T}}\boldsymbol{P}_1\boldsymbol{B})^{-1}\boldsymbol{B}^{\mathrm{T}}\boldsymbol{P}_1\boldsymbol{A}\boldsymbol{x}(k) \tag{4.54}$$

在两步法 MPC 的第二步中，通过求解方程 $\boldsymbol{v}^L(k)-\boldsymbol{f}(\hat{\boldsymbol{u}}(k))=0$ 得到 $\hat{\boldsymbol{u}}(k)$，记为 $\hat{\boldsymbol{u}}(k)=\hat{\boldsymbol{f}}^{-1}(\boldsymbol{v}^L(k))$。根据不同的 $\boldsymbol{f}$，可能采用不同的解方程方法。为了减小计算负担，通常无需准确地求解方程。控制作用 $\boldsymbol{u}(k)$ 可以通过对 $\hat{\boldsymbol{u}}(k)$ 解饱和得到，即 $\boldsymbol{u}(k)=\mathbf{sat}\{\hat{\boldsymbol{u}}(k)\}$，使得式（4.48）满足，形式地记为 $\boldsymbol{u}(k)=\boldsymbol{g}(\boldsymbol{v}^L(k))$。

这样，$\boldsymbol{v}(k)=\boldsymbol{\phi}(\mathbf{sat}\{\hat{\boldsymbol{u}}(k)\})=(\boldsymbol{\phi}\circ\mathbf{sat}\circ\hat{\boldsymbol{f}}^{-1})(\boldsymbol{v}^L(k))=(\boldsymbol{f}\circ\mathbf{sat}\circ\boldsymbol{g})(\boldsymbol{v}^L(k))$。记 $\boldsymbol{h}=\boldsymbol{f}\circ\mathbf{sat}\circ\boldsymbol{g}$。则以 $\boldsymbol{v}(k)$ 表示的控制律为

$$\boldsymbol{v}(k)=\boldsymbol{h}(\boldsymbol{v}^L(k)) \tag{4.55}$$

故闭环系统可表示为

$$\boldsymbol{x}(k+1)=\boldsymbol{A}\boldsymbol{x}(k)+\boldsymbol{B}\boldsymbol{v}(k)=(\boldsymbol{A}+\boldsymbol{B}\boldsymbol{K})\boldsymbol{x}(k)+\boldsymbol{B}[\boldsymbol{h}(\boldsymbol{v}^L(k))-\boldsymbol{v}^L(k)] \tag{4.56}$$

如果滞留非线性 $\boldsymbol{h}=\tilde{\mathbf{1}}=[1,1,\cdots,1]^{\mathrm{T}}$，则式（4.56）中的 $[\boldsymbol{h}(\boldsymbol{v}^L(k))-\boldsymbol{v}^L(k)]$ 将消失，从而式（4.56）变成线性系统。但是通常来说这是很难达到的，这是因为 h 可能包括

1）非线性方程求解误差；

2）解饱和作用使得 $\boldsymbol{v}^L(k)\neq\boldsymbol{v}(k)$。

在实际应用中，一般来说 $\boldsymbol{h}\neq\tilde{\mathbf{1}}$，$\boldsymbol{v}^L(k)\neq\boldsymbol{v}(k)$。为此对 $\boldsymbol{h}$ 做如下假设：

假设 4.4 非线性 $\boldsymbol{h}$ 满足

$$\|\boldsymbol{h}(\boldsymbol{s})\|\geqslant b_1\|\boldsymbol{s}\|,\ \|\boldsymbol{h}(\boldsymbol{s})-\boldsymbol{s}\|\leqslant|b-1|\cdot\|\boldsymbol{s}\|,\ \forall\|\boldsymbol{s}\|\leqslant\Delta \tag{4.57}$$

其中，b 和 b_1 是标量。

假设 4.5 对解耦的 $\boldsymbol{f}$（即 $\boldsymbol{u}$ 和 $\boldsymbol{v}$ 的元素仅为顺序的、一对一的映射关系），$\boldsymbol{h}$ 满足

$$b_{i,1}s_i^2\leqslant h_i(s_i)s_i\leqslant b_{i,2}s_i^2,i\in\{1,\cdots,m\},\forall|s_i|\leqslant\Delta \tag{4.58}$$

其中，$b_{i,2}$ 和 $b_{i,1}$ 都是正的标量。

由于$h_i(s_i)$和s_i同号，故$|h_i(s_i)-s_i| = \|h_i(s_i)|-|s_i\| \leqslant \max\{|b_{i,1}-1|, |b_{i,2}-1|\}|s_i|$。记

$$b_1=\min\{b_{1,1},b_{2,1},\cdots,b_{m,1}\}$$
$$|b-1|=\max\{|b_{1,1}-1|,\cdots,|b_{m,1}-1|,|b_{1,2}-1|,\cdots,|b_{m,2}-1|\} \tag{4.59}$$

则由式（4.57）可得到式（4.58）。不饱和的程度越小，$b_{i,1}$和b_1越小。因此，给定b_1，式（4.57）中的$\|\boldsymbol{h}(\boldsymbol{s})\| \geqslant b_1\|\boldsymbol{s}\|$主要表示对解饱和程度的限制。

下面考虑一般的输入幅值约束，以单输入系统为例说明b_1和$|b-1|$的估计方法。

注意

$$\text{sat}\{\hat{u}\}=\begin{cases}\underline{u}, & \hat{u}\leqslant\underline{u}\\ \hat{u}, & \underline{u}\leqslant\hat{u}\leqslant\bar{u}\\ \bar{u}, & \hat{u}\geqslant\bar{u}\end{cases} \tag{4.60}$$

假设4点：

1）非线性方程$v^L=f(\hat{u})$的求解误差受到限制，可表示为$\underline{b}(v^L)^2\leqslant f\circ\hat{f}^{-1}(v^L)v^L\leqslant\bar{b}(v^L)^2$，其中$\underline{b}$和$\bar{b}$为正的常数；

2）实际系统设计满足$\underline{v}^L\leqslant v^L\leqslant\bar{v}^L$（其中$\max\{-\underline{v}^L, \bar{v}^L\}=\Delta$）且这时$v^L=f(\hat{u})$总有实解；

3）记$\underline{v}=f(\underline{u})$和$\bar{v}=f(\bar{u})$，则有$\underline{v}^L\leqslant\underline{v}<0$和$0<\bar{v}\leqslant\bar{v}^L$；

4）若$\hat{f}^{-1}(v^L)\leqslant\underline{u}$，则$v^L\leqslant\underline{v}$，且若$\hat{f}^{-1}(v^L)\geqslant\bar{u}$，则$v^L\geqslant\bar{v}$。

记$b_s=\min\{\underline{v}/\underline{v}^L, \bar{v}/\bar{v}^L\}$。对于实际系统，易知

$$h(v^L)=f\circ\text{sat}\circ g(v^L)=f\circ\text{sat}\circ\hat{f}^{-1}(v^L)$$

$$=\begin{cases}f(\underline{u}), & \hat{f}^{-1}(v^L)\leqslant\underline{u}\\ f\circ\hat{f}^{-1}(v^L), & \underline{u}\leqslant\hat{f}^{-1}(v^L)\leqslant\bar{u}\\ f(\bar{u}), & \hat{f}^{-1}(v^L)\geqslant\bar{u}\end{cases}=\begin{cases}\underline{v}, & \hat{f}^{-1}(v^L)\leqslant\underline{u}\\ f\circ\hat{f}^{-1}(v^L), & \underline{u}\leqslant\hat{f}^{-1}(v^L)\leqslant\bar{u}\\ \bar{v}, & \hat{f}^{-1}(v^L)\geqslant\bar{u}\end{cases} \tag{4.61}$$

对式（4.61）中三种情况的界进行估计得到

$$\begin{cases}b_s(v^L)^2\leqslant\underline{v}v^L\leqslant(v^L)^2, & \hat{f}^{-1}(v^L)\leqslant\underline{u}\\ \underline{b}(v^L)^2\leqslant f\circ\hat{f}^{-1}(v^L)v^L\leqslant\bar{b}(v^L)^2, & \underline{u}\leqslant\hat{f}^{-1}(v^L)\leqslant\bar{u}\\ b_s(v^L)^2\leqslant\bar{v}v^L\leqslant(v^L)^2, & \hat{f}^{-1}(v^L)\geqslant\bar{u}\end{cases} \tag{4.62}$$

结合式（4.61）和式（4.62）得到

$$\min\{b_s,\underline{b}\}(v^L)^2\leqslant h(v^L)v^L\leqslant\max\{1,\bar{b}\}(v^L)^2 \tag{4.63}$$

由此得到

$$b_1=\min\{b_s,\underline{b}\}, b_2=\max\{1,\bar{b}\}, |b-1|=\max\{|b_1-1|, |b_2-1|\} \tag{4.64}$$

注意假设1）和2）是估计h的基本条件；假设3）和4）是对具体非线性的限定。其他情况下h的界的估计方法也可通过具体分析来类似地得到。需要特殊指出的是：对同一个h，选择不同的Δ时，可得到不同的b_1和b（或者，$b_{i,1}$和$b_{i,2}$）。

本节和4.2.3节确定非线性界的方法以及两步法MPC可在其他一些场合得到应用（如

文献［237］），尤其是针对 Hammerstein 模型用于网络控制（见文献［247，248，207］）。研究网络控制中的量化误差问题，形成的不确定性是输入扇形区间不确定性，其闭环系统的特点也类似两步法 MPC，见文献［225］。与 Hammerstein 模型平行的 Wiener 模型的鲁棒预测控制也得到了研究（如文献［25，149，117］），但是不能采用两步法 MPC。关于 Wiener 模型的更多控制算法可参考文献［191］。采用解饱和方法的非 MPC 文献也很多，如［93，250］。

4.5　两步法状态反馈预测控制的稳定性

定义 4.2　（见文献［110］）Ω^N 为系统式（4.47）的零可控域，如果：

（i）$\forall \boldsymbol{x}(0)\in\Omega^N$，存在可行的控制序列（$\{\boldsymbol{u}(0),\boldsymbol{u}(1),\cdots\}$，$-\underline{\boldsymbol{u}}\leqslant\boldsymbol{u}(i)\leqslant\bar{\boldsymbol{u}}$，$\forall i\geqslant 0$）使得 $\lim_{k\to\infty}\boldsymbol{x}(k)=\boldsymbol{0}$；

（ii）$\forall \boldsymbol{x}(0)\notin\Omega^N$，不存在可行的控制序列使得 $\lim_{k\to\infty}\boldsymbol{x}(k)=\boldsymbol{0}$。

根据定义 4.2，对任意的 $\{\lambda,\boldsymbol{P}_N,N,\boldsymbol{Q}\}$ 和任意的方程求解误差，系统式（4.56）的吸引域（记为 Ω）满足：$\Omega\subseteq\Omega^N$。

在下面的内容中，为简单起见，取 $\boldsymbol{R}=\lambda\boldsymbol{I}$。

定理 4.5　（TSMPC 的指数稳定性）对系统式（4.47），采用两步法预测控制式（4.54）-（4.55）。如果

1）$\{\lambda,\boldsymbol{P}_N,N,\boldsymbol{Q}\}$ 的选择使得 $\boldsymbol{Q}-\boldsymbol{P}_0+\boldsymbol{P}_1>0$；

2）$\forall\boldsymbol{x}(0)\in\Omega\subset\mathbb{R}^n$，$\forall k\geqslant 0$，

$$-\lambda\boldsymbol{h}(\boldsymbol{v}^L(k))^{\mathrm{T}}\boldsymbol{h}(\boldsymbol{v}^L(k))+[\boldsymbol{h}(\boldsymbol{v}^L(k))-\boldsymbol{v}^L(k)]^{\mathrm{T}}(\lambda\boldsymbol{I}+\boldsymbol{B}^{\mathrm{T}}\boldsymbol{P}_1\boldsymbol{B})[\boldsymbol{h}(\boldsymbol{v}^L(k))-\boldsymbol{v}^L(k)]\leqslant 0 \tag{4.65}$$

则闭环系统式（4.56）的平衡点 $\boldsymbol{x}=\boldsymbol{0}$ 是局部指数稳定的且吸引域为 Ω。

证明 4.2　定义二次型函数为 $V(k)=\boldsymbol{x}(k)^{\mathrm{T}}\boldsymbol{P}_1\boldsymbol{x}(k)$。当 $x(0)\in\Omega$ 时，应用式（4.52）、式（4.54）和式（4.56）得到（省略时间标（k））

$$\begin{aligned}
&V(k+1)-V(k)\\
&=\boldsymbol{x}^{\mathrm{T}}(\boldsymbol{A}+\boldsymbol{BK})^{\mathrm{T}}\boldsymbol{P}_1(\boldsymbol{A}+\boldsymbol{BK})\boldsymbol{x}-\boldsymbol{x}^{\mathrm{T}}\boldsymbol{P}_1\boldsymbol{x}\\
&\quad-2\lambda\boldsymbol{x}^{\mathrm{T}}\boldsymbol{K}^{\mathrm{T}}[\boldsymbol{h}(\boldsymbol{v}^L)-\boldsymbol{v}^L]+[\boldsymbol{h}(\boldsymbol{v}^L)-\boldsymbol{v}^L]^{\mathrm{T}}\boldsymbol{B}^{\mathrm{T}}\boldsymbol{P}_1\boldsymbol{B}[\boldsymbol{h}(\boldsymbol{v}^L)-\boldsymbol{v}^L]\\
&=\boldsymbol{x}^{\mathrm{T}}(-\boldsymbol{Q}+\boldsymbol{P}_0-\boldsymbol{P}_1-\lambda\boldsymbol{K}^{\mathrm{T}}\boldsymbol{K})\boldsymbol{x}\\
&\quad-2\lambda\boldsymbol{x}^{\mathrm{T}}\boldsymbol{K}^{\mathrm{T}}[\boldsymbol{h}(\boldsymbol{v}^L)-\boldsymbol{v}^L]+[\boldsymbol{h}(\boldsymbol{v}^L)-\boldsymbol{v}^L]^{\mathrm{T}}\boldsymbol{B}^{\mathrm{T}}\boldsymbol{P}_1\boldsymbol{B}[\boldsymbol{h}(\boldsymbol{v}^L)-\boldsymbol{v}^L]\\
&=\boldsymbol{x}^{\mathrm{T}}(-\boldsymbol{Q}+\boldsymbol{P}_0-\boldsymbol{P}_1)\boldsymbol{x}-\lambda(\boldsymbol{v}^L)^{\mathrm{T}}\boldsymbol{v}^L\\
&\quad-2\lambda(\boldsymbol{v}^L)^{\mathrm{T}}[\boldsymbol{h}(\boldsymbol{v}^L)-\boldsymbol{v}^L]+[\boldsymbol{h}(\boldsymbol{v}^L)-\boldsymbol{v}^L]^{\mathrm{T}}\boldsymbol{B}^{\mathrm{T}}\boldsymbol{P}_1\boldsymbol{B}[\boldsymbol{h}(\boldsymbol{v}^L(k))-\boldsymbol{v}^L]\\
&=\boldsymbol{x}^{\mathrm{T}}(-\boldsymbol{Q}+\boldsymbol{P}_0-\boldsymbol{P}_1)\boldsymbol{x}-\lambda\boldsymbol{h}(\boldsymbol{v}^L)^{\mathrm{T}}\boldsymbol{h}(\boldsymbol{v}^L)\\
&\quad+[\boldsymbol{h}(\boldsymbol{v}^L)-\boldsymbol{v}^L]^{\mathrm{T}}(\lambda\boldsymbol{I}+\boldsymbol{B}^{\mathrm{T}}\boldsymbol{P}_1\boldsymbol{B})[\boldsymbol{h}(\boldsymbol{v}^L)-\boldsymbol{v}^L]
\end{aligned}$$

注意在上面的推导中用到了如下事实：

$$(\boldsymbol{A}+\boldsymbol{BK})^{\mathrm{T}}\boldsymbol{P}_1\boldsymbol{B}=\boldsymbol{A}^{\mathrm{T}}\boldsymbol{P}_1\boldsymbol{B}\,[\boldsymbol{I}-(\lambda\boldsymbol{I}+\boldsymbol{B}^{\mathrm{T}}\boldsymbol{P}_1\boldsymbol{B})^{-1}\boldsymbol{B}^{\mathrm{T}}\boldsymbol{P}_1\boldsymbol{B}]=-\lambda\boldsymbol{K}^{\mathrm{T}}$$

当满足条件 1）和 2）时，易知 $V(k+1)-V(k)\leqslant-\sigma_{\min}(\boldsymbol{Q}-\boldsymbol{P}_0+\boldsymbol{P}_1)\boldsymbol{x}(k)^{\mathrm{T}}\boldsymbol{x}(k)<0$，$\forall\boldsymbol{x}(k)\neq\boldsymbol{0}$，其中 $\sigma_{\min}(\cdot)$ 表示取最小奇异值。因此，$V(k)$ 为证明指数稳定的 Lyapunov

函数。

证毕。

定理4.5中的条件正好反映了两步法设计的思想。条件1）是对线性控制律式（4.54）的要求，而条件2）是对h的额外要求。由定理4.5的证明容易知道：1）是无约束线性系统稳定的充分条件；这是因为，当$\boldsymbol{h}=\tilde{\boldsymbol{1}}$时，式（4.65）变为$-\lambda \boldsymbol{v}^L(k)^{\mathrm{T}}\boldsymbol{v}^L(k)\leqslant 0$，即条件2）总是成立。

由于式（4.65）不容易检验，我们给出如下的两个结论。

推论4.6 （TSMPC的指数稳定性）对系统式（4.47），采用两步法预测控制式（4.54）和式（4.55）。如果

1）$\boldsymbol{Q}-\boldsymbol{P}_0+\boldsymbol{P}_1>0$；

2）每当$\boldsymbol{x}(0)\in\Omega\subset\mathbb{R}^n$时，$\|\boldsymbol{v}^L(k)\|\leqslant\Delta$对$\forall k\geqslant 0$成立；

3）

$$-\lambda[b_1^2-(b-1)^2]+(b-1)^2\sigma_{\max}(\boldsymbol{B}^{\mathrm{T}}\boldsymbol{P}_1\boldsymbol{B})\leqslant 0 \tag{4.66}$$

则闭环系统式（4.56）的平衡点$\boldsymbol{x}=\boldsymbol{0}$是局部指数稳定的且吸引域为$\Omega$。

证明4.3 应用式（4.57）得到

$$\begin{aligned}
&-\lambda \boldsymbol{h}(\boldsymbol{s})^{\mathrm{T}}\boldsymbol{h}(\boldsymbol{s})+(\boldsymbol{h}(\boldsymbol{s})-\boldsymbol{s})^{\mathrm{T}}(\lambda \boldsymbol{I}+\boldsymbol{B}^{\mathrm{T}}\boldsymbol{P}_1\boldsymbol{B})(\boldsymbol{h}(\boldsymbol{s})-\boldsymbol{s})\\
&\leqslant-\lambda b_1^2\boldsymbol{s}^{\mathrm{T}}\boldsymbol{s}+(b-1)^2\sigma_{\max}(\lambda \boldsymbol{I}+\boldsymbol{B}^{\mathrm{T}}\boldsymbol{P}_1\boldsymbol{B})\boldsymbol{s}^{\mathrm{T}}\boldsymbol{s}\\
&=-\lambda b_1^2\boldsymbol{s}^{\mathrm{T}}\boldsymbol{s}+\lambda(b-1)^2\boldsymbol{s}^{\mathrm{T}}\boldsymbol{s}+(b-1)^2\sigma_{\max}(\boldsymbol{B}^{\mathrm{T}}\boldsymbol{P}_1\boldsymbol{B})\boldsymbol{s}^{\mathrm{T}}\boldsymbol{s}\\
&=-\lambda[b_1^2-(b-1)^2]\boldsymbol{s}^{\mathrm{T}}\boldsymbol{s}+(b-1)^2\sigma_{\max}(\boldsymbol{B}^{\mathrm{T}}\boldsymbol{P}_1\boldsymbol{B})\boldsymbol{s}^{\mathrm{T}}\boldsymbol{s}
\end{aligned}$$

因此，如果式（4.66）满足则式（4.65）也满足（其中$\boldsymbol{s}=\boldsymbol{v}^L(k)$）。

证毕。

推论4.7 （TSMPC的指数稳定性）对系统式（4.47），采用两步法预测控制式（4.54）和式（4.55）。如果

1）$\boldsymbol{Q}-\boldsymbol{P}_0+\boldsymbol{P}_1>0$；

2）每当$x(0)\in\Omega\subset\mathbb{R}^n$时，$|v_i^L(k)|\leqslant\Delta$对$\forall k\geqslant 0$成立；

3）$\boldsymbol{f}$是解耦的，且

$$-\lambda(2b_1-1)+(b-1)^2\sigma_{\max}(\boldsymbol{B}^{\mathrm{T}}\boldsymbol{P}_1\boldsymbol{B})\leqslant 0 \tag{4.67}$$

则闭环系统式（4.56）的平衡点$\boldsymbol{x}=\boldsymbol{0}$是局部指数稳定的且吸引域为$\Omega$。

证明4.4 由式（4.58）知：$s_i[h_i(s_i)-s_i]\geqslant s_i[b_{i,1}s_i-s_i]$，$i\in\{1,\cdots,m\}$。则

$$\begin{aligned}
&-\lambda \boldsymbol{s}^{\mathrm{T}}\boldsymbol{s}-2\lambda s^{\mathrm{T}}(\boldsymbol{h}(\boldsymbol{s})-\boldsymbol{s})+(\boldsymbol{h}(\boldsymbol{s})-\boldsymbol{s})^{\mathrm{T}}\boldsymbol{B}^{\mathrm{T}}\boldsymbol{P}_1\boldsymbol{B}(\boldsymbol{h}(\boldsymbol{s})-\boldsymbol{s})\\
&\leqslant-\lambda \boldsymbol{s}^{\mathrm{T}}\boldsymbol{s}-2\lambda\sum_{i=1}^{m}(b_{i,1}-1)s_i^2+(\boldsymbol{h}(\boldsymbol{s})-\boldsymbol{s})^{\mathrm{T}}\boldsymbol{B}^{\mathrm{T}}\boldsymbol{P}_1\boldsymbol{B}(\boldsymbol{h}(\boldsymbol{s})-\boldsymbol{s})\\
&\leqslant-\lambda \boldsymbol{s}^{\mathrm{T}}\boldsymbol{s}-2\lambda(b_1-1)\boldsymbol{s}^{\mathrm{T}}\boldsymbol{s}+(b-1)^2\sigma_{\max}(\boldsymbol{B}^{\mathrm{T}}\boldsymbol{P}_1\boldsymbol{B})\boldsymbol{s}^{\mathrm{T}}\boldsymbol{s}\\
&=-\lambda(2b_1-1)\boldsymbol{s}^{\mathrm{T}}\boldsymbol{s}+(b-1)^2\sigma_{\max}(\boldsymbol{B}^{\mathrm{T}}\boldsymbol{P}_1\boldsymbol{B})\boldsymbol{s}^{\mathrm{T}}\boldsymbol{s}
\end{aligned}$$

因此，如果式（4.67）满足，则式（4.65）也满足（其中$\boldsymbol{s}=\boldsymbol{v}^L(k)$）。

证毕。

命题4.8　（TSMPC的指数稳定性）在推论4.6（推论4.7）中，如果条件1）和3）被替换为

$$Q-P_0+P_1+\eta A^{\mathrm{T}}P_1B(\lambda I+B^{\mathrm{T}}P_1B)^{-2}B^{\mathrm{T}}P_1A>0$$

其中，$\eta=\lambda\left[b_1^2-(b-1)^2\right]-(b-1)^2\sigma_{\max}(B^{\mathrm{T}}P_1B)$（推论4.6）

或 $\eta=\lambda(2b_1-1)-(b-1)^2\sigma_{\max}(B^{\mathrm{T}}P_1B)$（推论4.7），

则结论仍然成立。

证明4.5　根据推论4.6和推论4.7的证明过程容易知道：

$$-\lambda h(v^L(k))^{\mathrm{T}}h(v^L(k))+[h(v^L(k))-v^L(k)]^{\mathrm{T}}(\lambda I+B^{\mathrm{T}}P_1B)[h(v^L(k))-v^L(k)]$$
$$\leqslant-\eta(v^L(k))^{\mathrm{T}}(v^L(k))$$

根据式（4.54）和定理4.5的证明易知

$$V(k+1)-V(k)\leqslant-x(k)^{\mathrm{T}}[Q-P_0+P_1+\eta A^{\mathrm{T}}P_1B(\lambda I+B^{\mathrm{T}}P_1B)^{-2}B^{\mathrm{T}}P_1A]x(k)$$

然后，类似定理4.5的证明知结论成立。

证毕。

注解4.6　命题4.8中的结论比推论4.6和推论4.7更加宽松，而且不一定比定理4.5更保守。但是对控制器参数调整来说，应用命题4.8不会像应用推论4.6和推论4.7那样直观。

注解4.7　如果$f=\tilde{1}$，即非线性只有输入饱和，则$b_{i,2}=1$、$(b-1)^2=(b_1-1)^2$且式（4.66）和式（4.67）都变为$-\lambda(2b_1-1)+(b_1-1)^2\sigma_{\max}(B^{\mathrm{T}}P_1B)\leqslant 0$。

记式（4.66）和式（4.67）为

$$-\lambda+\beta\sigma_{\max}(B^{\mathrm{T}}P_1B)\leqslant 0 \tag{4.68}$$

其中，对应式（4.66），$\beta=(b-1)^2/[b_1^2-(b-1)^2]$；对应式（4.67），$\beta=(b-1)^2/(2b_1-1)$。

对于定理4.5、推论4.6和推论4.7的吸引域，有如下容易处理的椭圆形吸引域的结论：

推论4.9　（TSMPC的吸引域）对系统式（4.47），采用两步法预测控制式（4.54）–（4.55）。如果：

1）$Q-P_0+P_1>0$；

2）$\{\Delta,b_1,b\}$的选择满足式（4.66），

则关于闭环系统式（4.56）的平衡点$x=0$的吸引域Ω不会小于如下的集合：

$$S_c=\{x\mid x^{\mathrm{T}}P_1x\leqslant c\},c=\frac{\Delta^2}{\|(\lambda I+B^{\mathrm{T}}P_1B)^{-1}B^{\mathrm{T}}P_1AP_1^{-1/2}\|^2} \tag{4.69}$$

证明4.6　采用非奇异线性变换$\bar{x}=P_1^{1/2}x$，将(A,B,C)变换为$(\bar{A},\bar{B},\bar{C})$。则：$\forall x(0)\in S_c$，$\|\bar{x}(0)\|\leqslant\sqrt{c}$且

$$\|v^L(0)\|=\|(\lambda I+B^{\mathrm{T}}P_1B)^{-1}B^{\mathrm{T}}P_1Ax(0)\|=\|(\lambda I+B^{\mathrm{T}}P_1B)^{-1}B^{\mathrm{T}}P_1AP_1^{-1/2}\bar{x}(0)\|$$
$$\leqslant\|(\lambda I+B^{\mathrm{T}}P_1B)^{-1}B^{\mathrm{T}}P_1AP_1^{-1/2}\|\,\|\bar{x}(0)\|\leqslant\Delta$$

当满足条件1）和2）时，如果$x(0)\in S_c$，则推论4.6中的所有条件对$k=0$是满足的。进一步，根据定理4.5的证明知道：如果$x(0)\in S_c$，则$x(1)\in S_c$。因此，对$\forall x(0)\in S_c$，$\|v^L(1)\|\leqslant\Delta$成立。这说明推论4.6的所有条件对$k=1$也是满足的。递推地，推论4.6中的所有条件在$k>1$时都成立。

证毕。

就像在上一节指出的那样，选择不同的 Δ 可能得到不同的 b_1 和 b（对应式（4.66））。因此，可以选择最大可能的 Δ。以单输入、具有对称的饱和约束的情形为例，如图4.12所示。根据注释4.7，我们可以选择最小的 b_1，满足 $b_1>1/2$ 和 $(2b_1-1)/(b_1-1)^2\geqslant \boldsymbol{B}^{\mathrm{T}}\boldsymbol{P}_1\boldsymbol{B}/\lambda$；然后，$\Delta$ 可以根据图4.12来确定。

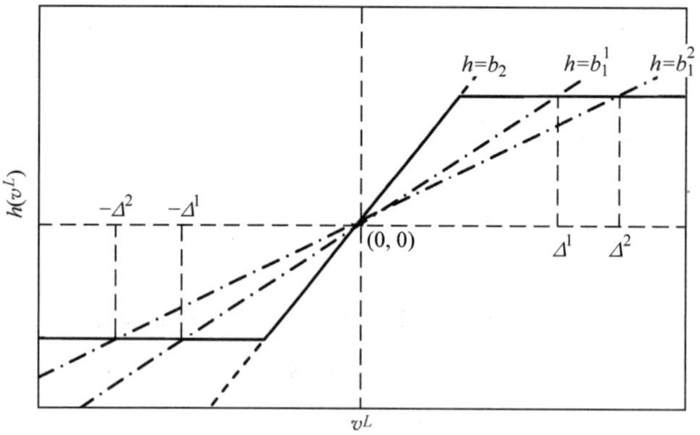

图4.12 选择滞留非线性的参数

显然，如果在控制器设计前，心目中没有期望的吸引域，则得到一组控制器参数后，对应的吸引域可能很小。设计控制器满足期望的吸引域要求，要用到“半全局镇定”的技术。

如果 $\boldsymbol{A}$ 没有单位圆外的特征值，半全局镇定是指（见文献［150，151］）：设计反馈控制律，使得吸引域包含任意事先给定的 n 维空间中的紧集。如果 $\boldsymbol{A}$ 有单位圆外的特征值，半全局镇定是指（见文献［109］）：设计反馈控制律，使得吸引域包含任意事先给定的零可控域中的紧集。

下一节将给出关于TSMPC的半全局镇定的方法。如果 $\boldsymbol{A}$ 没有单位圆外的特征值，则可设计TSMPC（调整 $\{\lambda,\boldsymbol{P}_N,N,\boldsymbol{Q}\}$），使其具有任意大小的吸引域；否则，可选择一系列 $\{\lambda,\boldsymbol{P}_N,N,\boldsymbol{Q}\}$，对应一系列的吸引域，它们的并集包含在零可控域中。

4.6 基于半全局稳定性的两步法状态反馈预测控制的吸引域设计

4.6.1 系统矩阵无单位圆外特征值的情形

定理4.10 （TSMPC的半全局稳定性）对系统式（4.47），采用两步法预测控制式（4.54）和式（4.55）。假设

1）$\boldsymbol{A}$ 没有单位圆外的特征值；

2）$b_1>|b-1|>0$，即 $\beta>0$。

则对任何有界集合 $\Omega\subset\mathbb{R}^n$，存在 $\{\lambda,\boldsymbol{P}_N,N,\boldsymbol{Q}\}$ 使得闭环系统式（4.56）的平衡点 $\boldsymbol{x}=\boldsymbol{0}$ 是局部指数稳定的且吸引域为 Ω。

证明4.7 我们说明如何选择 $\{\lambda,\boldsymbol{P}_N,N,\boldsymbol{Q}\}$ 来满足推论4.6的条件1）~3）。首先，选择

$Q>0$ 和任意 N。下面，具体探讨如何选择 λ 和 P_N。

第一步：选择 P_N 满足

$$P_N=Q_1+Q+A^{\mathrm T}P_NA-A^{\mathrm T}P_NB(\lambda I+B^{\mathrm T}P_NB)^{-1}B^{\mathrm T}P_NA \tag{4.70}$$

其中，$Q_1\geqslant 0$ 为任意的对称阵。式（4.70）保证：Riccati 迭代式（4.52）满足 $P_{N-1}\leqslant P_N$ 且具有单调减小特点，故 $P_0\leqslant P_1$，$Q-P_0+P_1>0$（关于这种单调性可参考文献［180］）。这样，推论 4.6 的条件 1）对任意的 λ 都满足。改变 λ，则 P_N 随式（4.70）发生变化。

第二步：由式（4.52）可以得到如下的伪代数 Riccati 方程（关于伪代数 Riccati 方程可参考［180］）：

$$P_{j+1}=(Q+P_{j+1}-P_j)+A^{\mathrm T}P_{j+1}A-A^{\mathrm T}P_{j+1}B(\lambda I+B^{\mathrm T}P_{j+1}B)^{-1}B^{\mathrm T}P_{j+1}A$$
$$0\leqslant j<N,P_N-P_{N-1}=Q_1 \tag{4.71}$$

在式（4.71）的两边乘 λ^{-1} 得到

$$\bar P_{j+1}=(\lambda^{-1}Q+\bar P_{j+1}-\bar P_j)+A^{\mathrm T}\bar P_{j+1}A-A^{\mathrm T}\bar P_{j+1}B(I+B^{\mathrm T}\bar P_{j+1}B)^{-1}B^{\mathrm T}\bar P_{j+1}A$$
$$0\leqslant j<N,\bar P_N-\bar P_{N-1}=\lambda^{-1}Q_1 \tag{4.72}$$

其中，$\bar P_{j+1}=\lambda^{-1}P_{j+1}$，$0\leqslant j<N$。当 $\lambda\to\infty$ 时，$\bar P_{j+1}\to 0$，$0\leqslant j<N$（关于该性质可参考［151］）。考虑到 $\beta>0$，存在适当的 λ_0^* 使得：每当 $\lambda\geqslant\lambda_0^*$ 时，$\beta\sigma_{\max}(B^{\mathrm T}\bar P_1B)\leqslant 1$，即推论 4.6 的条件 3）可得到满足。

第三步：进一步，选择任意的常数 $\alpha>1$，则存在 $\lambda_1^*\geqslant\lambda_0^*$ 使得：每当 $\lambda\geqslant\lambda_1^*$ 时，

$$\bar P_1^{1/2}B(I+B^{\mathrm T}\bar P_1B)^{-1}B^{\mathrm T}\bar P_1^{1/2}\leqslant(1-1/\alpha)I \tag{4.73}$$

对 $j=0$，在式（4.72）的左右两边都乘上 $\bar P_1^{-1/2}$、并应用式（4.73）可得到

$$\bar P_1^{-1/2}A^{\mathrm T}\bar P_1A\bar P_1^{-1/2}\leqslant\alpha I-\alpha\bar P_1^{-1/2}(\lambda^{-1}Q+\bar P_1-\bar P_0)\bar P_1^{-1/2}\leqslant\alpha I$$

即 $\|\bar P_1^{1/2}A\bar P_1^{-1/2}\|\leqslant\sqrt{\alpha}$。

对任意的有界集合 Ω，选择 $\bar c$ 使得

$$\bar c\geqslant\sup_{x\in\Omega,\lambda\in[\lambda_1^*,\infty)}x^{\mathrm T}\lambda^{-1}P_1x$$

因此，$\Omega\subseteq\bar S_{\bar c}=\{x\mid x^{\mathrm T}\lambda^{-1}P_1x\leqslant\bar c\}$。

采用非奇异变换 $\bar x=\bar P_1^{1/2}x$，将 (A,B,C) 变换到 $(\bar A,\bar B,\bar C)$。则存在足够大的 $\lambda^*\geqslant\lambda_1^*$ 使得：对 $\forall\lambda\geqslant\lambda^*$ 和 $\forall x(0)\in\bar S_{\bar c}$，

$$\|(\lambda I+B^{\mathrm T}P_1B)^{-1}B^{\mathrm T}P_1Ax(0)\|=\|(I+\bar B^{\mathrm T}\bar B)^{-1}\bar B^{\mathrm T}\bar A\bar x(0)\|$$
$$\leqslant\|(I+\bar B^{\mathrm T}\bar B)^{-1}\bar B^{\mathrm T}\|\sqrt{\alpha\bar c}\leqslant\Delta$$

这是因为：当 λ 增大时，$\|(I+\bar B^{\mathrm T}\bar B)^{-1}\bar B^{\mathrm T}\|$ 将减小。

这样，对 $\forall x(0)\in\Omega$，推论 4.6 的条件 2）对 $k=0$ 是满足的；而根据推论 4.9 的证明可知道：该条件对所有 $k>0$ 也是满足的。

总之，如果选择 $Q>0$、选择任意 N、选择 $\lambda^*\leqslant\lambda<\infty$ 并由式（4.70）选择 P_N，则闭环系统局部指数稳定且吸引域为 Ω。

证毕。

推论 4.11　（TSMPC 的半全局稳定性）假设：

1）A 没有单位圆外的特征值；

2）非线性方程的求解足够准确，使得：不考虑输入饱和约束时，存在适当的 $\{\Delta=\Delta^0,$

$b^1,b\}$ 满足 $b_1>|b-1|>0$。

则定理4.10中的结论仍然成立。

证明4.8 不考虑输入饱和约束时，给定 Δ 如何确定 $\{b_1,b\}$（或给定 $\{b_1,b\}$ 如何确定 Δ）与控制器参数 $\{\lambda,\boldsymbol{P}_N,N,\boldsymbol{Q}\}$ 没有关系。存在输入饱和约束时，仍然选择 $\Delta=\Delta^0$，则可发生如下两种情形：

情形1：$\lambda=\lambda_0$ 时 $b_1>|b-1|>0$。采用定理4.10证明中的方法决策控制器参数，但是 $\lambda_0^*\geqslant\lambda_0$。

情形2：$\lambda=\lambda_0$ 时 $|b-1|\geqslant b_1>0$。显然，原因在于控制作用解饱和程度过大。根据定理4.10证明中同样的原因、并结合式（4.54）我们可知：对任意有界集合 Ω，存在 $\lambda_2^*\geqslant\lambda_0$ 使得：对 $\forall\lambda\geqslant\lambda_2^*$ 和 $\forall x(k)\in\Omega$，$\hat{u}(k)$ 不违反饱和约束。这个过程等价于：减小 Δ、重新确定 $\{b_1,b\}$ 使得 $b_1>|b-1|>0$。

总之，如果采用 $\lambda=\lambda_0$ 时的吸引域不能满足要求，则吸引域要求可以通过选择 $\max\{\lambda^*,\ \lambda_2^*\}\leqslant\lambda<\infty$ 和适当的 $\{\boldsymbol{P}_N,N,\boldsymbol{Q}\}$ 得到满足。

证毕。

尽管在定理4.10和推论4.11的证明中给出了控制器参数的调整方法，但是这些方法可能导致较大的 λ；这样，为了得到大的期望吸引域 Ω，相应的控制器会非常保守。实际上，我们不必像定理4.10和推论4.11中那样选择 λ。而且，我们可以选择一组 λ，并采用如下的控制器切换算法：

算法4.6（TSMPC 的 λ－切换算法）

离线地，完成如下的步骤1～3：

步骤1. 选择适当的 b_1，b 并得到尽量大的 Δ；或者，选择适当的 Δ 并获得尽量小的 $|b-1|$ 和尽量大的 b_1（见4.4节计算方法和式（4.68））。计算 $\beta>0$。

步骤2. 像定理4.10的证明中那样，选择 $\boldsymbol{Q}$，N，$\boldsymbol{P}_N$。

步骤3. 逐渐增加 λ，直到式（4.68）满足。记：满足时 $\lambda=\underline{\lambda}$。增加 λ 得到 $\lambda^M>\cdots>\lambda^2>\lambda^1\geqslant\underline{\lambda}$。参数 λ^i 对应控制器 Con_i 和吸引域 S^i（S^i 由推论4.9计算，$i\in\{1,2,\cdots,M\}$）。$S^1\subset S^2\subset\cdots\subset S^M$ 成立。S^M 应包含期望的吸引域 Ω。

在线地，在每个时刻 k，

1）如果 $x(k)\in S_1$ 则选择 Con_1；

2）如果 $x(k)\in S^i$、$x(k)\notin S^{i-1}$，则选择 $\mathrm{Con}_i,i\in\{2,3,\cdots,M\}$。

4.6.2 系统矩阵有单位圆外特征值的情形

这时，半全局镇定算法不会像前面的那样简单。不过，可设计一组控制器 $i\in\{1,2,\cdots,M\}$ 具有各自不同的参数集 $\{\lambda,\boldsymbol{P}_N,N,\boldsymbol{Q}\}^i$ 和吸引域 S^i。下面我们给出相应的算法：

算法 4.7（TSMPC 的参数搜索算法）

步骤 1. 参考算法 4.6 的步骤 1。设置 $S=\{\mathbf{0}\}$、$i=1$。
步骤 2. 选择$\{\boldsymbol{P}_N,N,\boldsymbol{Q}\}$（轮换地改变这 3 个参数）。
步骤 3. 通过如下 3 步，确定$\{S_c,\lambda,\boldsymbol{P}_N,N,\boldsymbol{Q}\}$：
步骤 3.1. 检查式（4.68）是否满足。如果不满足，调整 λ 来满足式（4.68）。
步骤 3.2. 检查 $\boldsymbol{Q}-\boldsymbol{P}_0+\boldsymbol{P}_1>0$ 是否满足。如果满足，转向步骤 3.3，否则调整$\{\boldsymbol{P}_N,N,\boldsymbol{Q}\}$使之满足并转向步骤 3.1。
步骤 3.3. 确定 $\boldsymbol{P}_1$，并由 $\|(\lambda\boldsymbol{I}+\boldsymbol{B}^{\mathrm{T}}\boldsymbol{P}_1\boldsymbol{B})^{-1}\boldsymbol{B}^{\mathrm{T}}\boldsymbol{P}_1\boldsymbol{A}\boldsymbol{P}_1^{-1/2}\|\sqrt{c}=\Delta$ 确定 c。则：实际系统的吸引域将包含水平集 $S_c=\{\boldsymbol{x}|\boldsymbol{x}^{\mathrm{T}}\boldsymbol{P}_1\boldsymbol{x}\leqslant c\}$。
步骤 4. 设置$\{\lambda,\boldsymbol{P}_N,N,\boldsymbol{Q}\}^i=\{\lambda,\boldsymbol{P}_N,N,\boldsymbol{Q}\}$，$S^i=S_c$、$S=S\cup S^i$。
步骤 5. 检查 S 是否包含期望的吸引域 Ω。若包含，则转向步骤 6；否则设置 $i=i+1$ 并转向步骤 2。
步骤 6. 设置 $M=i$ 并停止。

运用算法 4.7 会发生 3 种情形：

情形 1：最简单的情形：找到一个 S^i 满足 $S^i\supseteq\Omega$；

情形 2：找到一组 S^i（$i\in\{1,2,\cdots,M\}$，$M>1$）满足$\cup_{i=1}^{M}S^i\supseteq\Omega$；

情形 3：不能找到 M 个（M 为有限值）S^i 满足$\cup_{i=1}^{M}S^i\supseteq\Omega$（实际应用中，事先约定 M 不大于给定的数值 M_0）。

对情形 2，可采用控制器切换算法。

对情形 3，我们可以采用如下策略之一：

1）减小方程求解误差、重新确定$\{\Delta,b_1,b\}$；

2）当状态位于$\cup_{i=1}^{M_0}S^i$ 外面时，采用注释 4.1 中那样的非线性分离法预测控制（优化 $\tilde{\boldsymbol{v}}(k|k)$，在优化中考虑中间变量约束）。为此，要先将针对 $\boldsymbol{u}$ 的饱和约束转化为针对$\boldsymbol{v}$的约束。对复杂的非线性，获得针对$\boldsymbol{v}$的约束可能比较困难，甚至可能是非线性约束。如果$\boldsymbol{f}$是解耦的，像在假设 4.5 中那样，则获得中间变量约束是容易的；

算法 4.8（TSMPC 的切换算法）

离线地，应用算法 4.7，选择一组椭圆形区域 S^1，S^2，…，S^M 满足$\cup_{i=1}^{M}S^i\supseteq\Omega$。将 S^i 按照一定规则排列，得到 $S^{(1)}$，$S^{(2)}$，…，$S^{(M)}$，相应的控制器为 $\mathrm{Con}_{(i)}$，$i\in\{1,2,\cdots,M\}$。对任何 $j\in\{1,2,\cdots,M-1\}$，不必 $S^{(j)}\subseteq S^{(j+1)}$。

在线地，在每个时刻 k，如果 $x(k)\in S^{(i)}$，$x(k)\notin S^{(l)}$，$\forall l<i$，则选择 $\mathrm{Con}_{(i)}$，$i\in\{2,3,\cdots,M\}$。

3）当状态位于$\cup_{i=1}^{M_0}S^i$ 外面时，将式（4.49）中的$\boldsymbol{v}(k+i|k)$替换为$\boldsymbol{u}(k+i|k)$，采用纯粹的非线性 MPC（即采用非线性预测模型、基于非线性优化的 MPC）。

注解 4.8 算法 4.3 和算法 4.4 提供的方法也可以用于计算两步法状态反馈预测控制的吸引域，甚至可以考虑线性子系统有不确定性的情形。见文献［11］。

4.6.3 数值例子

首先考虑 $\boldsymbol{A}$ 没有单位外特征值的情形。线性子系统为 $\boldsymbol{A}=\begin{bmatrix}1 & 0\\1 & 1\end{bmatrix}$，$\boldsymbol{B}=\begin{bmatrix}1\\0\end{bmatrix}$。可逆静态非线性为 $f(\theta)=4/3\theta+4/9\theta\text{sign}\{\theta\}\sin(40\theta)$。输入约束为 $|u|\leqslant 1$。方程的解采用简单的形式：$\hat{u}=3/4v^L$。相应的 h 见图4.13。选择 $b_1=2/3$，$b_2=4/3$，如图4.13所示，则 $\beta=1/3$。选择 $\Delta=f(1)/b_1=2.4968$。

初始状态为 $\boldsymbol{x}(0)=[10,-33]^{\mathrm{T}}$。选择 $N=4$，$\boldsymbol{Q}=0.1\boldsymbol{I}$，$\boldsymbol{P}_N=0.11\boldsymbol{I}+\boldsymbol{A}^{\mathrm{T}}\boldsymbol{P}_N\boldsymbol{A}-\boldsymbol{A}^{\mathrm{T}}\boldsymbol{P}_N\boldsymbol{B}(\lambda+\boldsymbol{B}^{\mathrm{T}}\boldsymbol{P}_N\boldsymbol{B})^{-1}\boldsymbol{B}^{\mathrm{T}}\boldsymbol{P}_N\boldsymbol{A}$。

选择 $\lambda=0.225$，0.75，2，10，50，则由推论4.9得到的吸引域如下：

$$S_c^1=\left\{\boldsymbol{x}\mid\boldsymbol{x}^{\mathrm{T}}\begin{bmatrix}0.6419 & 0.2967\\0.2967 & 0.3187\end{bmatrix}\boldsymbol{x}\leqslant 1.1456\right\}$$

$$S_c^2=\left\{\boldsymbol{x}\mid\boldsymbol{x}^{\mathrm{T}}\begin{bmatrix}1.1826 & 0.4461\\0.4461 & 0.3760\end{bmatrix}\boldsymbol{x}\leqslant 3.5625\right\}$$

$$S_c^3=\left\{\boldsymbol{x}\mid\boldsymbol{x}^{\mathrm{T}}\begin{bmatrix}2.1079 & 0.6547\\0.6547 & 0.4319\end{bmatrix}\boldsymbol{x}\leqslant 9.9877\right\}$$

$$S_c^4=\left\{\boldsymbol{x}\mid\boldsymbol{x}^{\mathrm{T}}\begin{bmatrix}5.9794 & 1.3043\\1.3043 & 0.5806\end{bmatrix}\boldsymbol{x}\leqslant 62.817\right\}$$

$$S_c^5=\left\{\boldsymbol{x}\mid\boldsymbol{x}^{\mathrm{T}}\begin{bmatrix}18.145 & 2.7133\\2.7133 & 0.8117\end{bmatrix}\boldsymbol{x}\leqslant 429.51\right\}$$

图4.14由里到外画出了 S_c^1，S_c^2，S_c^3，S_c^4 和 S_c^5。$\boldsymbol{x}(0)$ 属于 S_c^5。

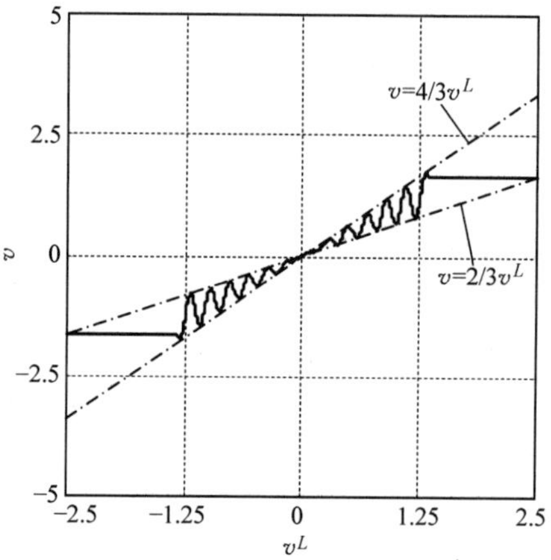

图4.13 曲线 h

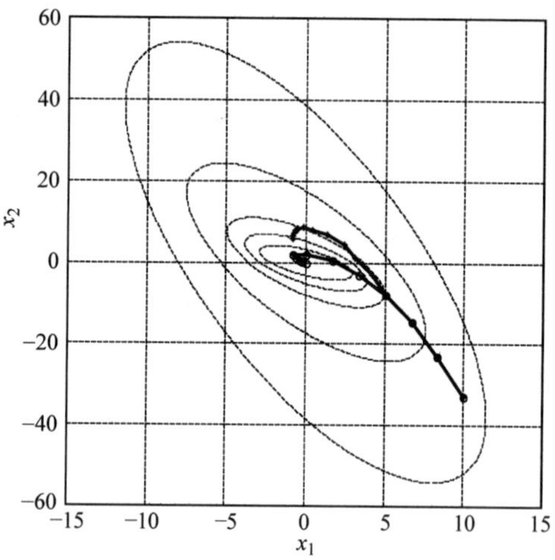

图4.14 A 没有单位圆外特征值时的闭环状态轨迹

采用算法4.6的规则为：

1）如果 $\boldsymbol{x}(k)\in S_c^1$，则 $\lambda=0.225$；

2）否则，如果 $\boldsymbol{x}(k)\in S_c^2$，则 $\lambda=0.75$；

3）否则，如果 $\boldsymbol{x}(k) \in S_c^3$，则 $\lambda=2$；

4）否则，如果 $\boldsymbol{x}(k) \in S_c^4$，则 $\lambda=10$；

5）否则，$\lambda=50$。

仿真结果如图 4.14 所示。带“o”的是采用算法 4.6 的状态轨迹，带“ * ”的为总是采用 $\lambda=50$ 的状态轨迹。采用算法 4.6，经过 15 个采样周期后状态已经非常接近原点；当总是采用 $\lambda=50$ 时，经过 15 个采样周期后状态刚刚到达 S_c^2 的边界。

进一步考虑 $\boldsymbol{A}$ 具有单位圆外特征值的情形。线性子系统为 $\boldsymbol{A}=\begin{bmatrix}1.2 & 0\\ 1 & 1.2\end{bmatrix}$，$\boldsymbol{B}=\begin{bmatrix}1\\0\end{bmatrix}$。非线性部分、方程求解和相应的 $\{b_1, b_2, \Delta\}$ 同上。我们得到三个椭圆形吸引域 S^1，S^2，S^3，它们对应的参数为：

$$\{\lambda, \boldsymbol{P}_N, \boldsymbol{Q}, N\}^1=\left\{8.0, \begin{bmatrix}1 & 0\\ 0 & 1\end{bmatrix}, \begin{bmatrix}0.01 & 0\\ 0 & 1.01\end{bmatrix}, 12\right\}$$

$$\{\lambda, \boldsymbol{P}_N, \boldsymbol{Q}, N\}^2=\left\{2.5, \begin{bmatrix}1 & 0\\ 0 & 1\end{bmatrix}, \begin{bmatrix}0.9 & 0\\ 0 & 0.1\end{bmatrix}, 4\right\}$$

$$\{\lambda, \boldsymbol{P}_N, \boldsymbol{Q}, N\}^3=\left\{1.3, \begin{bmatrix}3.8011 & 1.2256\\ 1.2256 & 0.9410\end{bmatrix}, \begin{bmatrix}1.01 & 0\\ 0 & 0.01\end{bmatrix}, 4\right\}$$

将 S^1，S^2，S^3 及其对应的参数集按照如下顺序排列：

$$S^{(1)}=S^3, S^{(2)}=S^2, S^{(3)}=S^1$$

$$\{\lambda, \boldsymbol{P}_N, \boldsymbol{Q}, N\}^{(1)}=\{\lambda, \boldsymbol{P}_N, \boldsymbol{Q}, N\}^3, \{\lambda, \boldsymbol{P}_N, \boldsymbol{Q}, N\}^{(2)}=\{\lambda, \boldsymbol{P}_N, \boldsymbol{Q}, N\}^2$$

$$\{\lambda, \boldsymbol{P}_N, \boldsymbol{Q}, N\}^{(3)}=\{\lambda, \boldsymbol{P}_N, \boldsymbol{Q}, N\}^1$$

选择两组初始状态为 $\boldsymbol{x}(0)=[-3.18, 4]^{\mathrm{T}}$，$\boldsymbol{x}(0)=[3.18, -4]^{\mathrm{T}}$，满足 $\boldsymbol{x}(0) \in S^{(3)}$。采用算法 4.8，相应的状态轨迹如图 4.15 所示。

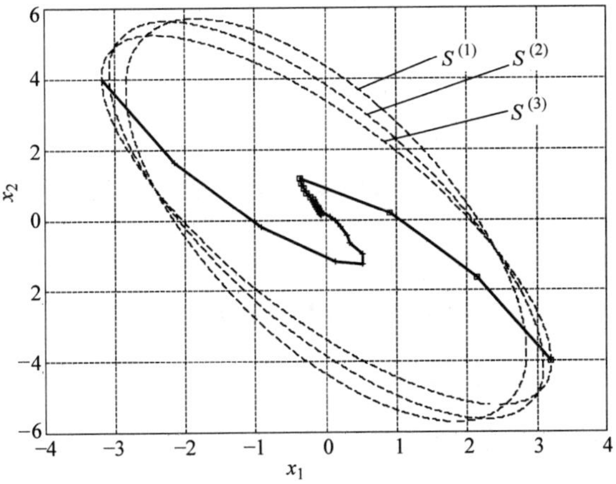

图 4.15 **A** 有单位圆外特征值时的闭环状态轨迹

4.7 两步法输出反馈预测控制

考虑系统模型为式（4.47），各符号的意义同前。在两步法输出反馈预测控制（TSOFPC）中，假设（$\boldsymbol{A}$，$\boldsymbol{B}$，$\boldsymbol{C}$）是完全可控可观的。此外，假设$\boldsymbol{f}$不是对系统非线性的准确建模；实际系统的非线性为$\boldsymbol{f}_0$且可能$\boldsymbol{f}\neq\boldsymbol{f}_0$。TSOFPC 的第一步只考虑线性子系统。状态估计值记为$\tilde{\boldsymbol{x}}$。预测模型是基于如下的状态估计器：

$$\tilde{\boldsymbol{x}}(k+1|k)=\boldsymbol{A}\tilde{\boldsymbol{x}}(k|k)+\boldsymbol{B}\boldsymbol{v}(k|k),\tilde{\boldsymbol{x}}(k|k)=\tilde{x}(k) \tag{4.74}$$

定义性能指标为

$$J(N,\tilde{\boldsymbol{x}}(k)) = \|\tilde{\boldsymbol{x}}(k+N|k)\|_{\boldsymbol{P}_N}^2+\sum_{j=0}^{N-1}[\|\tilde{\boldsymbol{x}}(k+j|k)\|_{\boldsymbol{Q}}^2+\|\boldsymbol{v}(k+j|k)\|_{\boldsymbol{R}}^2] \tag{4.75}$$

其中，$\boldsymbol{Q}$，$\boldsymbol{R}$和$\boldsymbol{P}_N$同TSMPC。可采用Riccati迭代公式（4.52），得到预测控制律为

$$\boldsymbol{v}^*(k|k)=-(\boldsymbol{R}+\boldsymbol{B}^{\mathrm{T}}\boldsymbol{P}_1\boldsymbol{B})^{-1}\boldsymbol{B}^{\mathrm{T}}\boldsymbol{P}_1\boldsymbol{A}\tilde{\boldsymbol{x}}(k) \tag{4.76}$$

注意式（4.76）中的$\boldsymbol{v}^*(k|k)$可能无法通过实际控制输入准确地实施，故记

$$\boldsymbol{v}^L(k)\triangleq\boldsymbol{K}\tilde{\boldsymbol{x}}(k)=-(\boldsymbol{R}+\boldsymbol{B}^{\mathrm{T}}\boldsymbol{P}_1\boldsymbol{B})^{-1}\boldsymbol{B}^{\mathrm{T}}\boldsymbol{P}_1\boldsymbol{A}\tilde{\boldsymbol{x}}(k) \tag{4.77}$$

TSOFPC 的第二步同TSMPC，故实际的中间变量为

$$\boldsymbol{v}(k)=\boldsymbol{h}(\boldsymbol{v}^L(k))=\boldsymbol{f}_0(\mathbf{sat}\{\boldsymbol{u}(k)\})=\boldsymbol{f}_0\circ\mathbf{sat}\circ\boldsymbol{g}(\boldsymbol{v}^L(k)) \tag{4.78}$$

式（4.78）是以中间变量表示的TSOFPC的控制律。

转而考虑状态估计器。首先，假设$\boldsymbol{v}$是不可测量的量，$\boldsymbol{f}\neq\boldsymbol{f}_0$，则：$\boldsymbol{v}$是“不可得的”（不能准确知道的）。估计器中采用$\boldsymbol{v}^L$，即

$$\tilde{\boldsymbol{x}}(k+1)=(\boldsymbol{A}-\boldsymbol{L}\boldsymbol{C})\tilde{\boldsymbol{x}}(k)+\boldsymbol{B}\boldsymbol{v}^L(k)+\boldsymbol{L}\boldsymbol{y}(k) \tag{4.79}$$

如果$\boldsymbol{v}$是可测量的量，或者$\boldsymbol{f}=\boldsymbol{f}_0$，则$\boldsymbol{v}$是“可得到的”（准确知道的）。这时可采用比式（4.79）更简单的估计器。“$\boldsymbol{v}$ 可得”的情形在4.9节讨论。

式（4.79）中的$\boldsymbol{L}$为观测器增益，定义为

$$\boldsymbol{L}=\boldsymbol{A}\tilde{\boldsymbol{P}}_1\boldsymbol{C}^{\mathrm{T}}(\boldsymbol{R}_{\mathrm{o}}+\boldsymbol{C}\tilde{\boldsymbol{P}}_1\boldsymbol{C}^{\mathrm{T}})^{-1} \tag{4.80}$$

其中，$\tilde{\boldsymbol{P}}_1$可采用如下迭代得到：

$$\tilde{\boldsymbol{P}}_j=\boldsymbol{Q}_{\mathrm{o}}+\boldsymbol{A}\tilde{\boldsymbol{P}}_{j+1}\boldsymbol{A}^{\mathrm{T}}-\boldsymbol{A}\tilde{\boldsymbol{P}}_{j+1}\boldsymbol{C}^{\mathrm{T}}(\boldsymbol{R}_{\mathrm{o}}+\boldsymbol{C}\tilde{\boldsymbol{P}}_{j+1}\boldsymbol{C}^{\mathrm{T}})^{-1}\boldsymbol{C}\tilde{\boldsymbol{P}}_{j+1}\boldsymbol{A}^{\mathrm{T}},j<N_{\mathrm{o}} \tag{4.81}$$

$\boldsymbol{R}_{\mathrm{o}}$、$\boldsymbol{Q}_{\mathrm{o}}$、$\tilde{\boldsymbol{P}}_{N_{\mathrm{o}}}$和$N_{\mathrm{o}}$都是可调参数。如果$\{\boldsymbol{R}_{\mathrm{o}},\boldsymbol{Q}_{\mathrm{o}},\tilde{\boldsymbol{P}}_{N_{\mathrm{o}}},N_{\mathrm{o}}\}$是固定不变的，引入$\tilde{\boldsymbol{P}}_{N_{\mathrm{o}}}$和$N_{\mathrm{o}}$的意义不大，因为可直接令式（4.81）中$\tilde{\boldsymbol{P}}_{j+1}=\tilde{\boldsymbol{P}}_j=\tilde{\boldsymbol{P}}$（相当于$N_{\mathrm{o}}=\infty$）。

应用式（4.47）和式（4.79）并记$\boldsymbol{e}=\boldsymbol{x}-\tilde{\boldsymbol{x}}$，可得到如下闭环系统：

$$\begin{cases}\boldsymbol{x}(k+1)=(\boldsymbol{A}+\boldsymbol{B}\boldsymbol{K})\boldsymbol{x}(k)-\boldsymbol{B}\boldsymbol{K}\boldsymbol{e}(k)+\boldsymbol{B}[\boldsymbol{h}(\boldsymbol{v}^L(k))-\boldsymbol{v}^L(k)]\\ \boldsymbol{e}(k+1)=(\boldsymbol{A}-\boldsymbol{L}\boldsymbol{C})\boldsymbol{e}(k)+\boldsymbol{B}[\boldsymbol{h}(\boldsymbol{v}^L(k))-\boldsymbol{v}^L(k)]\end{cases} \tag{4.82}$$

当$\boldsymbol{h}=\tilde{\mathbf{1}}$时，式（4.82）中的滞留非线性消失，成为线性系统。但是，由于解饱和、方程求解误差、非线性建模误差等原因，$\boldsymbol{h}=\tilde{\mathbf{1}}$一般无法保证。

4.8 两步法输出反馈预测控制的稳定性

引理 4.12　设 X, Y 为适当维数的矩阵，s, t 为适当维数的向量，则

$$2s^{\mathrm{T}}XY\,t\leqslant\gamma s^{\mathrm{T}}XX^{\mathrm{T}}s+1/\gamma t^{\mathrm{T}}Y^{\mathrm{T}}Yt,\ \forall\gamma>0 \tag{4.83}$$

在下面的推导中取 $R=\lambda I$。

定理 4.13　(TSOFPC 的稳定性) 对式 (4.47) 表示的系统，采用 TSOFPC 式 (4.77) ~式 (4.79)。假设存在正的标量 γ_1 和 γ_2 使得系统设计满足如下条件:

1) $Q>P_0-P_1$;

2) $(1+1/\gamma_2)(-Q_o+\tilde{P}_0-\tilde{P}_1-LR_oL^{\mathrm{T}})+1/\gamma_2P_{1o}<-\lambda^{-1}(1+1/\gamma_1)A^{\mathrm{T}}P_1B(\lambda I+B^{\mathrm{T}}P_1B)^{-1}B^{\mathrm{T}}P_1A$;

3) $\forall[x(0)^{\mathrm{T}},e(0)^{\mathrm{T}}]\in\Omega\subset\mathbb{R}^{2n},\forall k\geqslant0,-\lambda h(v^L(k))^{\mathrm{T}}h(v^L(k))+[h(v^L(k))-v^L(k)]^{\mathrm{T}}$
$\times[(1+\gamma_1)(\lambda I+B^{\mathrm{T}}P_1B)+(1+\gamma_2)\lambda B^{\mathrm{T}}P_{1o}B][h(v^L(k))-v^L(k)]\leqslant0$,

其中，$(A-LC)^{\mathrm{T}}P_{1o}(A-LC)-P_{1o}\leqslant(A-LC)\tilde{P}_1(A-LC)^{\mathrm{T}}-\tilde{P}_1$。则：闭环系统的平衡点$\{x=0,e=0\}$指数稳定且吸引域为 Ω。

证明 4.9　选择二次型函数 $V(k)=x(k)^{\mathrm{T}}P_1x(k)+\lambda e(k)^{\mathrm{T}}P_{1o}e(k)$。应用式 (4.82) 进行如下推导，省略时间标$(k)$。首先

$$\begin{aligned}&V(k+1)-V(k)\\&=\|(A+BK)x+B[h(v^L)-v^L]\|_{P_1}^2-2e^{\mathrm{T}}K^{\mathrm{T}}B^{\mathrm{T}}P_1\{(A+BK)x+B[h(v^L)-v^L]\}\\&\quad+e^{\mathrm{T}}K^{\mathrm{T}}B^{\mathrm{T}}P_1BKe+\lambda\|(A-LC)e+B[h(v^L)-v^L]\|_{P_{1o}}^2-\|x\|_{P_1}^2-\lambda\|e\|_{P_{1o}}^2\end{aligned}$$

注意到 $P_0=Q+A^{\mathrm{T}}P_1A-A^{\mathrm{T}}P_1B(\lambda I+B^{\mathrm{T}}P_1B)^{-1}B^{\mathrm{T}}P_1A=Q+(A+BK)^{\mathrm{T}}P_1(A+BK)+\lambda K^{\mathrm{T}}K$ 和$(A+BK)^{\mathrm{T}}P_1B=-\lambda K^{\mathrm{T}}$，因此

$$\begin{aligned}&V(k+1)-V(k)\\&=\|x\|_{-Q+P_0}^2-\lambda x^{\mathrm{T}}K^{\mathrm{T}}Kx-2\lambda x^{\mathrm{T}}K^{\mathrm{T}}[h(v^L)-v^L]+\|h(v^L)-v^L\|_{B^{\mathrm{T}}P_1B}^2\\&\quad-2e^{\mathrm{T}}K^{\mathrm{T}}B^{\mathrm{T}}P_1\{(A+BK)x+B[h(v^L)-v^L]\}\\&\quad+e^{\mathrm{T}}K^{\mathrm{T}}B^{\mathrm{T}}P_1BKe+\lambda\|(A-LC)e+B[h(v^L)-v^L]\|_{P_{1o}}^2-\lambda\|e\|_{P_{1o}}^2-\|x\|_{P_1}^2\end{aligned}$$

定义$v^x(k)\triangleq Kx(k)$，$v^e(k)\triangleq Ke(k)$。采用$(A+BK)^{\mathrm{T}}P_1B=-\lambda K^{\mathrm{T}}$ 并合并同类项得到

$$\begin{aligned}&V(k+1)-V(k)\\&=\|x\|_{-Q+P_0-P_1}^2-\lambda\|v^x\|^2-2\lambda(v^x)^{\mathrm{T}}[h(v^L)-v^L]+\|h(v^L)-v^L\|_{B^{\mathrm{T}}(P_1+\lambda\tilde{P}_{1o})B}^2\\&\quad+2\lambda(v^e)^{\mathrm{T}}v^x-2(v^e)^{\mathrm{T}}B^{\mathrm{T}}P_1B[h(v^L)-v^L]+(v^e)^{\mathrm{T}}B^{\mathrm{T}}P_1Bv^e\\&\quad+\lambda e^{\mathrm{T}}[(A-LC)^{\mathrm{T}}P_{1o}(A-LC)-P_{1o}]e+2\lambda e^{\mathrm{T}}(A-LC)^{\mathrm{T}}P_{1o}B[h(v^L)-v^L]\end{aligned}$$

利用$v^x(k)=v^L(k)+v^e(k)$，并进行适当的配方和合并同类项，得到

$$\begin{aligned}&V(k+1)-V(k)\\&=\|x\|_{-Q+P_0-P_1}^2-\lambda\|h(v^L)\|^2+\|h(v^L)-v^L\|_{\lambda I+B^{\mathrm{T}}P_1B+\lambda B^{\mathrm{T}}P_{1o}B}^2\\&\quad-2(v^e)^{\mathrm{T}}(\lambda I+B^{\mathrm{T}}P_1B)[h(v^L)-v^L]+(v^e)^{\mathrm{T}}(\lambda I+B^{\mathrm{T}}P_1B)v^e\\&\quad+\lambda e^{\mathrm{T}}[(A-LC)^{\mathrm{T}}P_{1o}(A-LC)-P_{1o}]e+2\lambda e^{\mathrm{T}}(A-LC)^{\mathrm{T}}P_{1o}B[h(v^L)-v^L]\end{aligned}$$

两次应用引理4.12，并利用 $\tilde{\boldsymbol{P}}_0=\boldsymbol{Q}_o+\boldsymbol{A}\tilde{\boldsymbol{P}}_1\boldsymbol{A}^{\mathrm{T}}-\boldsymbol{A}\tilde{\boldsymbol{P}}_1\boldsymbol{C}^{\mathrm{T}}(\boldsymbol{R}_o+\boldsymbol{C}\tilde{\boldsymbol{P}}_1\boldsymbol{C}^{\mathrm{T}})^{-1}\boldsymbol{C}\tilde{\boldsymbol{P}}_1\boldsymbol{A}^{\mathrm{T}}=\boldsymbol{Q}_o+(\boldsymbol{A}-\boldsymbol{LC})^{\mathrm{T}}\tilde{\boldsymbol{P}}_1(\boldsymbol{A}-\boldsymbol{LC})+\boldsymbol{LR}_o\boldsymbol{L}^{\mathrm{T}}$，得到

$$
\begin{aligned}
&V(k+1)-V(k)\\
\leqslant&\boldsymbol{x}^{\mathrm{T}}(-\boldsymbol{Q}+\boldsymbol{P}_0-\boldsymbol{P}_1)\boldsymbol{x}-\lambda\boldsymbol{h}(\boldsymbol{v}^L)^{\mathrm{T}}\boldsymbol{h}(\boldsymbol{v}^L)\\
&+[\boldsymbol{h}(\boldsymbol{v}^L)-\boldsymbol{v}^L]^{\mathrm{T}}[(1+\gamma_1)(\lambda\boldsymbol{I}+\boldsymbol{B}^{\mathrm{T}}\boldsymbol{P}_1\boldsymbol{B})+(1+\gamma_2)\lambda\boldsymbol{B}^{\mathrm{T}}\boldsymbol{P}_{1o}\boldsymbol{B}][\boldsymbol{h}(\boldsymbol{v}^L)-\boldsymbol{v}^L]\\
&+(1+1/\gamma_1)(\boldsymbol{v}^e)^{\mathrm{T}}(\lambda\boldsymbol{I}+\boldsymbol{B}^{\mathrm{T}}\boldsymbol{P}_1\boldsymbol{B})\boldsymbol{v}^e\\
&+\lambda\boldsymbol{e}^{\mathrm{T}}\left\{(1+1/\gamma_2)[(\boldsymbol{A}-\boldsymbol{LC})^{\mathrm{T}}\tilde{\boldsymbol{P}}_1(\boldsymbol{A}-\boldsymbol{LC})-\tilde{\boldsymbol{P}}_1]+\frac{1}{\gamma_2}\boldsymbol{P}_{1o}\right\}\boldsymbol{e}\\
=&\boldsymbol{x}^{\mathrm{T}}(-\boldsymbol{Q}+\boldsymbol{P}_0-\boldsymbol{P}_1)\boldsymbol{x}-\lambda\boldsymbol{h}(\boldsymbol{v}^L)^{\mathrm{T}}\boldsymbol{h}(\boldsymbol{v}^L)\\
&+[\boldsymbol{h}(\boldsymbol{v}^L)-\boldsymbol{v}^L]^{\mathrm{T}}[(1+\gamma_1)(\lambda\boldsymbol{I}+\boldsymbol{B}^{\mathrm{T}}\boldsymbol{P}_1\boldsymbol{B})+(1+\gamma_2)\lambda\boldsymbol{B}^{\mathrm{T}}\boldsymbol{P}_{1o}\boldsymbol{B}][\boldsymbol{h}(\boldsymbol{v}^L)-\boldsymbol{v}^L]\\
&+(1+1/\gamma_1)(\boldsymbol{v}^e)^{\mathrm{T}}(\lambda\boldsymbol{I}+\boldsymbol{B}^{\mathrm{T}}\boldsymbol{P}_1\boldsymbol{B})\boldsymbol{v}^e\\
&+(1+1/\gamma_2)\lambda\boldsymbol{e}^{\mathrm{T}}(-\boldsymbol{Q}_o+\tilde{\boldsymbol{P}}_0-\tilde{\boldsymbol{P}}_1-\boldsymbol{LR}_o\boldsymbol{L}^{\mathrm{T}})\boldsymbol{e}+\frac{1}{\gamma_2}\lambda\boldsymbol{e}^{\mathrm{T}}\boldsymbol{P}_{1o}\boldsymbol{e}
\end{aligned}
$$

当条件1）~3）成立时，$V(k+1)-V(k)<0,\forall[\boldsymbol{x}(k)^{\mathrm{T}},\boldsymbol{e}(k)^{\mathrm{T}}]\neq\boldsymbol{0}$。因此，$V(k)$为证明指数稳定的Lyapunov函数。

证毕。

定理4.13中的条件1）和2）是对 $\boldsymbol{R}$，$\boldsymbol{Q}$，$\boldsymbol{P}_N$，N，$\boldsymbol{R}_o$，$\boldsymbol{Q}_o$，$\tilde{\boldsymbol{P}}_{N_o}$和 N_o 的要求；而3）则是对 $\boldsymbol{h}$ 的要求。一般地，减小方程求解误差、γ_1 和 γ_2 有利于满足3）。当 $\boldsymbol{h}=\tilde{\boldsymbol{1}}$ 时，可取 $\gamma_1=\infty$，则1）和2）是线性系统稳定的条件。但是，由式（4.82）的结构容易知道，当 $\boldsymbol{h}\tilde{=}1$时，系统渐近稳定的条件仅为1）和$\boldsymbol{Q}_o>\tilde{\boldsymbol{P}}_0-\tilde{\boldsymbol{P}}_1$，这种稳定性并不要求 $V(k+1)-V(k)\leqslant0$。由定理4.13的证明过程知道，为了使 $V(k+1)-V(k)\leqslant0$，多了一个单调性条件 $\lambda\|v^L\|^2\geqslant(v^e)^{\mathrm{T}}(\lambda\boldsymbol{I}+\boldsymbol{B}^{\mathrm{T}}\boldsymbol{P}_1\boldsymbol{B})v^e$，这一单调性要求反应在定理4.13的条件2）和3）中，故条件2）比条件 $\boldsymbol{Q}_o>\tilde{\boldsymbol{P}}_0-\tilde{\boldsymbol{P}}_1$ 更苛刻。

如果1）和2）满足但是 $\boldsymbol{h}\neq\tilde{\boldsymbol{1}}$，我们可以在条件3）基础上得到更加好用的稳定性结论。为此采用假设4.4和假设4.5。

推论4.14 （TSOFPC的稳定性）对式（4.47）表示的系统，采用TSOFPC式（4.77）~式（4.79），其中 $\boldsymbol{h}$ 满足式（4.57）。假设：

1）每当$[\boldsymbol{x}(0),\boldsymbol{e}(0)]\in\Omega\subset\mathbb{R}^{2n}$时，$\|\boldsymbol{v}^L(k)\|\leqslant\Delta$ 对$\forall k\geqslant0$成立；

2）存在正标量 γ_1 和 γ_2 使得系统设计满足定理4.13的条件1)和2)；

3）$-\lambda[b_1^2-(1+\gamma_1)(b-1)^2]+(b-1)^2\sigma_{\max}((1+\gamma_1)\boldsymbol{B}^{\mathrm{T}}\boldsymbol{P}_1\boldsymbol{B}+(1+\gamma_2)\lambda\boldsymbol{B}^{\mathrm{T}}\boldsymbol{P}_{1o}\boldsymbol{B})\leqslant0$。

则：闭环系统的平衡点 $\{\boldsymbol{x}=0,\ \boldsymbol{e}=0\}$ 指数稳定且吸引域为 Ω。

证明4.10 应用定理4.13的条件3）和式（4.57），可做如下推导：

$$
\begin{aligned}
&-\lambda\boldsymbol{h}(\boldsymbol{s})^{\mathrm{T}}\boldsymbol{h}(\boldsymbol{s})+[\boldsymbol{h}(\boldsymbol{s})-\boldsymbol{s}]^{\mathrm{T}}[(1+\gamma_1)(\lambda\boldsymbol{I}+\boldsymbol{B}^{\mathrm{T}}\boldsymbol{P}_1\boldsymbol{B})+(1+\gamma_2)\lambda\boldsymbol{B}^{\mathrm{T}}\boldsymbol{P}_{1o}\boldsymbol{B}][\boldsymbol{h}(\boldsymbol{s})-\boldsymbol{s}]\\
\leqslant&-\lambda b_1^2\boldsymbol{s}^{\mathrm{T}}\boldsymbol{s}+(b-1)^2\sigma_{\max}((1+\gamma_1)(\lambda\boldsymbol{I}+\boldsymbol{B}^{\mathrm{T}}\boldsymbol{P}_1\boldsymbol{B})+(1+\gamma_2)\lambda\boldsymbol{B}^{\mathrm{T}}\boldsymbol{P}_{1o}\boldsymbol{B})\boldsymbol{s}^{\mathrm{T}}\boldsymbol{s}\\
=&-\lambda b_1^2\boldsymbol{s}^{\mathrm{T}}\boldsymbol{s}+(1+\gamma_1)\lambda(b-1)^2\boldsymbol{s}^{\mathrm{T}}\boldsymbol{s}+(b-1)^2\sigma_{\max}((1+\gamma_1)\boldsymbol{B}^{\mathrm{T}}\boldsymbol{P}_1\boldsymbol{B}+(1+\gamma_2)\lambda\boldsymbol{B}^{\mathrm{T}}\boldsymbol{P}_{1o}\boldsymbol{B})\boldsymbol{s}^{\mathrm{T}}\boldsymbol{s}\\
=&-\lambda[b_1^2-(1+\gamma_1)(b-1)^2]\boldsymbol{s}^{\mathrm{T}}\boldsymbol{s}+(b-1)^2\sigma_{\max}((1+\gamma_1)\boldsymbol{B}^{\mathrm{T}}\boldsymbol{P}_1\boldsymbol{B}+(1+\gamma_2)\lambda\boldsymbol{B}^{\mathrm{T}}\boldsymbol{P}_{1o}\boldsymbol{B})\boldsymbol{s}^{\mathrm{T}}\boldsymbol{s}
\end{aligned}
$$

因此，如果条件 3）满足，则定理 4.13 的条件 3）也满足。故结论可证。

证毕。

注解 4.9　我们可以将推论 4.14 的条件 3）替换为如下更保守的条件：

$-\lambda[b_1^2-(1+\gamma_1)(b-1)^2-(1+\gamma_2)(b-1)^2\sigma_{\max}(\boldsymbol{B}^{\mathrm{T}}\boldsymbol{P}_{1\mathrm{o}}\boldsymbol{B})]+(1+\gamma_1)(b-1)^2\sigma_{\max}(\boldsymbol{B}^{\mathrm{T}}\boldsymbol{P}_1\boldsymbol{B})\leqslant 0$

将在后面用到。

关于定理 4.13 和推论 4.14 中的吸引域，我们有如下结论。

定理 4.15　（TSOFPC 的吸引域）对式（4.47）表示的系统，采用 TSOFPC 式（4.77）~式（4.79），其中 $\boldsymbol{h}$ 满足式（4.57）。假设存在正标量 Δ，γ_1 和 γ_2 使得推论 4.14 的条件 1）~3）满足。则闭环系统的吸引域不会小于如下的集合：

$$S_{\mathrm{c}}=\{(\boldsymbol{x},\boldsymbol{e})\in\mathbb{R}^{2n}\mid \boldsymbol{x}^{\mathrm{T}}\boldsymbol{P}_1\boldsymbol{x}+\lambda\boldsymbol{e}^{\mathrm{T}}\boldsymbol{P}_{1\mathrm{o}}\boldsymbol{e}\leqslant c\}\tag{4.84}$$

其中

$$c=(\Delta/d)^2,d=\|\lambda\boldsymbol{I}+\boldsymbol{B}^{\mathrm{T}}\boldsymbol{P}_1\boldsymbol{B})^{-1}\boldsymbol{B}^{\mathrm{T}}\boldsymbol{P}_1\boldsymbol{A}[\boldsymbol{P}_1^{-1/2},-\lambda^{-1/2}\boldsymbol{P}_{1\mathrm{o}}^{-1/2}]\|\tag{4.85}$$

证明 4.11　由于已经满足了推论 4.14 的条件 1）~3），我们仅需证明：对 $\forall[\boldsymbol{x}(0),\boldsymbol{e}(0)]\in S_{\mathrm{c}}$，$\|\boldsymbol{v}^L(k)\|\leqslant\Delta$ 对所有 $k\geqslant 0$ 成立。

采用两个非奇异变换：$\bar{\boldsymbol{x}}=\boldsymbol{P}_1^{1/2}\boldsymbol{x}$，$\bar{\boldsymbol{e}}=\lambda^{1/2}\boldsymbol{P}_{1\mathrm{o}}^{1/2}\boldsymbol{e}$。则对 $\forall[\boldsymbol{x}(0),\boldsymbol{e}(0)]\in S_{\mathrm{c}}$，$\|[\bar{\boldsymbol{x}}(0)^{\mathrm{T}}\ \bar{\boldsymbol{e}}(0)^{\mathrm{T}}]\|\leqslant\sqrt{c}$ 且

$$\begin{aligned}&\|\boldsymbol{v}^L(0)\|=\|(\lambda\boldsymbol{I}+\boldsymbol{B}^{\mathrm{T}}\boldsymbol{P}_1\boldsymbol{B})^{-1}\boldsymbol{B}^{\mathrm{T}}\boldsymbol{P}_1\boldsymbol{A}[\boldsymbol{x}(0)-\boldsymbol{e}(0)]\|\\&\leqslant\|[(\lambda\boldsymbol{I}+\boldsymbol{B}^{\mathrm{T}}\boldsymbol{P}_1\boldsymbol{B})^{-1}\boldsymbol{B}^{\mathrm{T}}\boldsymbol{P}_1\boldsymbol{A}\boldsymbol{P}_1^{-1/2}-(\lambda\boldsymbol{I}+\boldsymbol{B}^{\mathrm{T}}\boldsymbol{P}_1\boldsymbol{B})^{-1}\boldsymbol{B}^{\mathrm{T}}\boldsymbol{P}_1\boldsymbol{A}\lambda^{-1/2}\boldsymbol{P}_{1\mathrm{o}}^{-1/2}]\|\\&\times\|[\bar{\boldsymbol{x}}(0)^{\mathrm{T}}\ \ \bar{\boldsymbol{e}}(0)^{\mathrm{T}}]\|\leqslant\Delta\end{aligned}\tag{4.86}$$

这样，如果 $[\boldsymbol{x}(0),\boldsymbol{e}(0)]\in S_{\mathrm{c}}$，则推论 4.14 中的所有条件对 $k=0$ 满足。根据定理 4.13 的证明过程，易知：如果 $[\boldsymbol{x}(0),\boldsymbol{e}(0)]\in S_{\mathrm{c}}$，则 $[\boldsymbol{x}(1),\boldsymbol{e}(1)]\in S_{\mathrm{c}}$。因此，对所有 $[\boldsymbol{x}(0),\boldsymbol{e}(0)]\in S_{\mathrm{c}}$，$\|\boldsymbol{v}^L(1)\|\leqslant\Delta$ 成立；这说明推论 4.14 中所有条件对 $k=1$ 也是满足的。类推地，可知：只要 $[\boldsymbol{x}(0),\boldsymbol{e}(0)]\in S_{\mathrm{c}}$，则对所有 $k\geqslant 0$，$\|\boldsymbol{v}^L(k)\|\leqslant\Delta$ 成立。因此 S_{c} 是吸引域。

证毕。

应用定理 4.15，我们可调整控制器参数来满足推论 4.14 的条件 1）~3），并得到期望的吸引域。下面给出一个指导性的算法：

算法 4.9（获得期望吸引域 Ω 的控制参数调整的指导思想）

步骤 1. 定义方程求解精度。选择初始 Δ。确定 b_1 和 b。

步骤 2. 选择 $\{\boldsymbol{R}_{\mathrm{o}},\ \boldsymbol{Q}_{\mathrm{o}},\ \tilde{\boldsymbol{P}}_{N_{\mathrm{o}}},\ N_{\mathrm{o}}\}$ 得到稳定的估计器。

步骤 3. 选择 $\{\lambda,\boldsymbol{Q},\boldsymbol{P}_N,N\}$（主要是 $\boldsymbol{Q}$，$\boldsymbol{P}_N$，N）满足条件 1）。

步骤 4. 选择 $\{\gamma_1,\gamma_2,\lambda,\boldsymbol{Q},\boldsymbol{P}_N,N\}$（主要是 γ_1，γ_2，λ）满足条件 2）和 3）。如果这两个条件不能满足，转向步骤 1 ~ 步骤 3 中的某步（具体情况具体分析）。

步骤5. 检查条件1）~3）是否全部满足。若不是，转向步骤3。否则，减小 γ_1，γ_2（同时保证条件2）始终满足）、增加 Δ（b_1 相应地减小，同时需保证条件3）始终满足）。

步骤6. 由式（4.85）计算 c。如果 $S_c \supseteq \Omega$，则停止；否则转向步骤1。

当然，这并不表示任何所要求的吸引域都能达到。但是，如果 $\boldsymbol{A}$ 没有单位圆外的特征值，可得到如下结论：

定理4.16 （TSOFPC 的半全局稳定性）对式（4.47）表示的系统，采用 TSOFPC 式（4.77）~式（4.79），其中 h 满足式（4.57）。假设 $\boldsymbol{A}$ 没有单位圆外的特征值，并且存在 Δ 和 γ_1，使得：

在不考虑饱和约束时

$$b_1^2-(1+\gamma_1)(b-1)^2>0 \tag{4.87}$$

则对任意有界集 $\Omega\subset\mathbb{R}^{2n}$，可调整控制器和观测器参数使闭环系统的吸引域不小于 Ω。

证明4.12 无饱和约束时，b_1 和 b 的确定与控制器参数无关。记使得（4.87）成立的参数 $\{\gamma_1,\Delta\}$ 为 $\{\gamma_1^0,\Delta^0\}$。存在饱和约束时，仍选择 $\gamma_1=\gamma_1^0$ 和 $\Delta=\Delta^0$，则可能发生如下两种情况。

情况1：$\lambda=\lambda_0$ 时，式（4.87）成立。以如下方式确定参数：

（1）选择

$$\boldsymbol{P}_N=\boldsymbol{Q}+\boldsymbol{A}^{\mathrm{T}}\boldsymbol{P}_N\boldsymbol{A}-\boldsymbol{A}^{\mathrm{T}}\boldsymbol{P}_N\boldsymbol{B}(\lambda\boldsymbol{I}+\boldsymbol{B}^{\mathrm{T}}\boldsymbol{P}_N\boldsymbol{B})^{-1}\boldsymbol{B}^{\mathrm{T}}\boldsymbol{P}_N\boldsymbol{A}$$

则 $\boldsymbol{P}_0-\boldsymbol{P}_1=0$。进一步，选择 $\boldsymbol{Q}>0$，则 $\boldsymbol{Q}>\boldsymbol{P}_0-\boldsymbol{P}_1$ 且推论4.14条件1）对所有 λ 和 N 都满足。选择任意 N。

（2）选择 $\boldsymbol{R}_{\mathrm{o}}=\varepsilon\boldsymbol{I}$，$\boldsymbol{Q}_{\mathrm{o}}=\varepsilon\boldsymbol{I}>0$，其中 ε 为标量。选择

$$\tilde{\boldsymbol{P}}_{N_{\mathrm{o}}}=\boldsymbol{Q}_{\mathrm{o}}+\boldsymbol{A}\tilde{\boldsymbol{P}}_{N_{\mathrm{o}}}\boldsymbol{A}^{\mathrm{T}}-\boldsymbol{A}\tilde{\boldsymbol{P}}_{N_{\mathrm{o}}}\boldsymbol{C}^{\mathrm{T}}(\boldsymbol{R}_{\mathrm{o}}+\boldsymbol{C}\tilde{\boldsymbol{P}}_{N_{\mathrm{o}}}\boldsymbol{C}^{\mathrm{T}})^{-1}\boldsymbol{C}\tilde{\boldsymbol{P}}_{N_{\mathrm{o}}}\boldsymbol{A}^{\mathrm{T}}$$

和任意 $\boldsymbol{N}_{\mathrm{o}}$，则 $\tilde{\boldsymbol{P}}_0-\tilde{\boldsymbol{P}}_1=0$。显然，存在 $\gamma_2>0$ 和 $\xi>0$ 使得 $(1+1/\gamma_2)\boldsymbol{Q}_{\mathrm{o}}-1/\gamma_2\tilde{\boldsymbol{P}}_1\geqslant\varepsilon\xi\boldsymbol{I}$ 对所有 ε 成立。选择一充分小的 ε 使得

$$b_1^2-(1+\gamma_1)(b-1)^2-(1+\gamma_2)(b-1)^2\sigma_{\max}(\boldsymbol{B}^{\mathrm{T}}\boldsymbol{P}_{1\mathrm{o}}\boldsymbol{B})>0$$

注意若 $\tilde{\boldsymbol{P}}_1$ 充分小，则 $\boldsymbol{P}_{1\mathrm{o}}$ 充分小。这时，

$$\begin{aligned}&(1+1/\gamma_2)(-\boldsymbol{Q}_{\mathrm{o}}+\tilde{\boldsymbol{P}}_0-\tilde{\boldsymbol{P}}_1-\boldsymbol{L}\boldsymbol{R}_{\mathrm{o}}\boldsymbol{L}^{\mathrm{T}})+1/\gamma_2\boldsymbol{P}_{1\mathrm{o}}\\&=(1+1/\gamma_2)(-\boldsymbol{Q}_{\mathrm{o}}-\boldsymbol{L}\boldsymbol{R}_{\mathrm{o}}\boldsymbol{L}^{\mathrm{T}})+1/\gamma_2\boldsymbol{P}_{1\mathrm{o}}\leqslant-\varepsilon\xi\boldsymbol{I}\end{aligned}$$

（3）在

$$\boldsymbol{P}_1=\boldsymbol{Q}+\boldsymbol{A}^{\mathrm{T}}\boldsymbol{P}_1\boldsymbol{A}-\boldsymbol{A}^{\mathrm{T}}\boldsymbol{P}_1\boldsymbol{B}(\lambda\boldsymbol{I}+\boldsymbol{B}^{\mathrm{T}}\boldsymbol{P}_1\boldsymbol{B})^{-1}\boldsymbol{B}^{\mathrm{T}}\boldsymbol{P}_1\boldsymbol{A}$$

两边同乘 λ^{-1} 得到

$$\bar{\boldsymbol{P}}_1=\lambda^{-1}\boldsymbol{Q}+\boldsymbol{A}^{\mathrm{T}}\bar{\boldsymbol{P}}_1\boldsymbol{A}-\boldsymbol{A}^{\mathrm{T}}\bar{\boldsymbol{P}}_1\boldsymbol{B}(\boldsymbol{I}+\boldsymbol{B}^{\mathrm{T}}\bar{\boldsymbol{P}}_1\boldsymbol{B})^{-1}\boldsymbol{B}^{\mathrm{T}}\bar{\boldsymbol{P}}_1\boldsymbol{A}$$

由于 $\boldsymbol{A}$ 没有单位圆外的特征值，当 $\lambda\to\infty$ 时，$\bar{\boldsymbol{P}}_1\to 0$（关于该性质可参考文献[151]）。因此，存在 $\lambda_1\geqslant\lambda_0$ 使得对 $\forall\lambda\geqslant\lambda_1$：

1）$$\begin{aligned}&\lambda^{-1}(1+1/\gamma_1)\boldsymbol{A}^{\mathrm{T}}\boldsymbol{P}_1\boldsymbol{B}(\lambda\boldsymbol{I}+\boldsymbol{B}^{\mathrm{T}}\boldsymbol{P}_1\boldsymbol{B})^{-1}\boldsymbol{B}^{\mathrm{T}}\boldsymbol{P}_1\boldsymbol{A}\\&=(1+1/\gamma_1)\boldsymbol{A}^{\mathrm{T}}\bar{\boldsymbol{P}}_1\boldsymbol{B}(\boldsymbol{I}+\boldsymbol{B}^{\mathrm{T}}\bar{\boldsymbol{P}}_1\boldsymbol{B})^{-1}\boldsymbol{B}^{\mathrm{T}}\bar{\boldsymbol{P}}_1\boldsymbol{A}<\varepsilon\xi\boldsymbol{I}\end{aligned}$$

即推论 4.14 条件 2）满足；

2）$-[b_1^2-(1+\gamma_1)(b-1)^2-(1+\gamma_2)(b-1)^2\sigma_{\max}(\boldsymbol{B}^{\mathrm{T}}\boldsymbol{P}_{1\mathrm{o}}\boldsymbol{B})]$

$+(b-1)2(1+\gamma_1)\sigma_{\max}(\boldsymbol{B}^{\mathrm{T}}\overline{\boldsymbol{P}}_1\boldsymbol{B})\leqslant 0$

即注释 4.9 中的不等式满足；相应地，推论 4.14 的条件 3）满足；

（4）进一步，存在 $\lambda_2\geqslant\lambda_1$ 使得对 $\forall\lambda\geqslant\lambda_2$，$\|\overline{\boldsymbol{P}}_1^{1/2}\boldsymbol{A}\,\overline{\boldsymbol{P}}_1^{-1/2}\|\leqslant\sqrt{2}$（关于该性质可参考文献［151］）。现在，令

$$\bar{c}=\sup_{\lambda\in[\lambda_2,\infty),(x,e)\in\Omega}(\boldsymbol{x}^{\mathrm{T}}\overline{\boldsymbol{P}}_1\boldsymbol{x}+\boldsymbol{e}^{\mathrm{T}}\boldsymbol{P}_{1\mathrm{o}}\boldsymbol{e})$$

则 $\Omega\subseteq S_{\bar{c}}=\{(\boldsymbol{x},\boldsymbol{e})\in\mathbb{R}^{2n}\mid \boldsymbol{x}^{\mathrm{T}}\overline{\boldsymbol{P}}_1\boldsymbol{x}+\boldsymbol{e}^{\mathrm{T}}\boldsymbol{P}_{1\mathrm{o}}\boldsymbol{e}\leqslant\bar{c}\}$。定义两个变换：$\bar{\boldsymbol{x}}=\overline{\boldsymbol{P}}_1^{1/2}\boldsymbol{x}$ 和 $\bar{\boldsymbol{e}}=\boldsymbol{P}_{1\mathrm{o}}^{1/2}\boldsymbol{e}$，则存在足够大的 $\lambda_3\geqslant\lambda_2$ 使得对 $\forall\lambda\geqslant\lambda_3$ 和 $\forall[\boldsymbol{x}(0)^{\mathrm{T}},\boldsymbol{e}(0)^{\mathrm{T}}]\in S_{\bar{c}}$，

$$\|\boldsymbol{v}^L(0)\|=\|-K[\boldsymbol{x}(0)-\boldsymbol{e}(0)]\|=\|[-K,K][\boldsymbol{x}(0)^{\mathrm{T}},\boldsymbol{e}(0)^{\mathrm{T}}]^{\mathrm{T}}\|$$

$$=\|[-K\overline{\boldsymbol{P}}_1^{-1/2},K\boldsymbol{P}_{1\mathrm{o}}^{-1/2}][\bar{\boldsymbol{x}}(0)^{\mathrm{T}},\bar{\boldsymbol{e}}(0)^{\mathrm{T}}]^{\mathrm{T}}\|$$

$$\leqslant\|[-K\overline{\boldsymbol{P}}_1^{-1/2},K\boldsymbol{P}_{1\mathrm{o}}^{-1/2}]\|\,\|[\bar{\boldsymbol{x}}(0)^{\mathrm{T}},\bar{\boldsymbol{e}}(0)^{\mathrm{T}}]\|$$

$$\leqslant\|\sqrt{2}(\boldsymbol{I}+\boldsymbol{B}^{\mathrm{T}}\overline{\boldsymbol{P}}_1\boldsymbol{B})^{-1}\boldsymbol{B}^{\mathrm{T}}\overline{\boldsymbol{P}}_1^{1/2},-(\boldsymbol{I}+\boldsymbol{B}^{\mathrm{T}}\overline{\boldsymbol{P}}_1\boldsymbol{B})^{-1}\boldsymbol{B}^{\mathrm{T}}\overline{\boldsymbol{P}}_1\boldsymbol{A}\,\boldsymbol{P}_{1\mathrm{o}}^{-1/2}\|\sqrt{\bar{c}}\leqslant\Delta$$

因此，对 $\forall[\boldsymbol{x}(0)^{\mathrm{T}},\boldsymbol{e}(0)^{\mathrm{T}}]\in\Omega$，推论 4.14 的所有条件可以对 $k=0$ 满足，而根据定理 4.15 的证明过程知其对 $\forall k>0$ 也满足。

通过以上的决策过程，控制器已经达到期望的吸引域要求。

情况 2：

$\lambda=\lambda_0$ 时（4.87）不成立。明显地，原因在于控制作用受饱和约束的限制过大。根据情况 1（3）中同样的原因、由式（4.76）可知：对任意大的有界集 Ω，存在充分大的 $\lambda_4\geqslant\lambda_0$ 使得对 $\forall\lambda\geqslant\lambda_4$ 和 $\forall[\boldsymbol{x}(k)^{\mathrm{T}},\boldsymbol{e}(k)^{\mathrm{T}}]\in\Omega$，$\hat{\boldsymbol{u}}(k)$ 甚至不违反饱和约束。这一过程相当于减小 Δ 并重新确定 b_1 和 b，使（4.87）成立。总之，如果 $\lambda=\lambda_0$ 时不能满足给定的吸引域要求，则选择 $\lambda\geqslant\max\{\lambda_3,\lambda_4\}$ 和适当的 $\{\boldsymbol{Q},\boldsymbol{P}_N,N,\boldsymbol{R}_{\mathrm{o}},\boldsymbol{Q}_{\mathrm{o}},\tilde{\boldsymbol{P}}_{N_{\mathrm{o}}},\boldsymbol{N}_{\mathrm{o}}\}$ 可满足之。

证毕。

在定理 4.16 的证明中，特别体现了调整 λ 的作用。如果 $\boldsymbol{A}$ 没有单位圆外的特征值，则适当固定其他参数后，可以通过调整 λ 得到任意大的吸引域。当 $\boldsymbol{A}$ 有单位圆上的特征值时，这一点格外重要，因为有大量的工业对象可以用稳定模型和若干积分环节的串联形式来建模。$\boldsymbol{A}$ 没有单位圆外的特征值、但是有单位圆上的特征值时，相应的系统是临界稳定系统，也可能是不稳定系统；但只要“稍加控制”，这类系统就可以得到镇定。

4.9　两步法输出反馈预测控制：中间变量可得到情形

当 v 可准确得到时，可以基于如下的估计器进行状态预测：

$$\tilde{\boldsymbol{x}}(k+1)=(\boldsymbol{A}-\boldsymbol{LC})\tilde{\boldsymbol{x}}(k)+\boldsymbol{B}\boldsymbol{v}(k)+\boldsymbol{L}\boldsymbol{y}(k)\qquad(4.88)$$

在 4.7 节曾指出，这种情况出现在：v 是可测量的量、或者 $\boldsymbol{f}=\boldsymbol{f}_0$。如果 $\boldsymbol{f}=\boldsymbol{f}_0$，则 $\boldsymbol{v}(k)=\boldsymbol{f}(\boldsymbol{u}(k))$，即 $\boldsymbol{v}(k)$ 很容易由 $\boldsymbol{u}(k)$ 计算。

所有其他设计细节都同 v“不可得到”的情形。当由式（4.88）替换式（4.79）时，可得到更宽松的结论。

类似式（4.82），采用估计器式（4.88）的闭环系统为

$$\begin{cases}\boldsymbol{x}(k+1)=(\boldsymbol{A}+\boldsymbol{B}\boldsymbol{K})\boldsymbol{x}(k)-\boldsymbol{B}\boldsymbol{K}\boldsymbol{e}(k)+\boldsymbol{B}[\boldsymbol{h}(\boldsymbol{v}^L(k))-\boldsymbol{v}^L(k)]\\ \boldsymbol{e}(k+1)=(\boldsymbol{A}-\boldsymbol{L}\boldsymbol{C})\boldsymbol{e}(k)\end{cases} \tag{4.89}$$

选择 Lyapunov 函数：$\hat{V}(k)=\boldsymbol{x}(k)^{\mathrm{T}}\boldsymbol{P}_1\boldsymbol{x}(k)+\boldsymbol{e}(k)^{\mathrm{T}}\boldsymbol{P}_{1\mathrm{o}}\boldsymbol{e}(k)$。与上一节类似我们可以得到一些稳定性结论（为简单我们不再给出证明）。

定理 4.17 （TSOFPC 的稳定性）对式（4.47）表示的系统，采用 TSOFPC 式（4.77）、式（4.78）和式（4.88）。假设存在一个正标量 γ，使得控制器设计满足如下条件：

1）$\boldsymbol{Q}>\boldsymbol{P}_0-\boldsymbol{P}_1$；

2）$-\boldsymbol{Q}_{\mathrm{o}}+\tilde{\boldsymbol{P}}_0-\tilde{\boldsymbol{P}}_1-\boldsymbol{L}\boldsymbol{R}_{\mathrm{o}}\boldsymbol{L}^{\mathrm{T}}<-(1+1/\gamma)\ \boldsymbol{A}^{\mathrm{T}}\boldsymbol{P}_1\boldsymbol{B}\ (\boldsymbol{R}+\boldsymbol{B}^{\mathrm{T}}\boldsymbol{P}_1\boldsymbol{B})^{-1}\boldsymbol{B}^{\mathrm{T}}\boldsymbol{P}_1\boldsymbol{A}$；

3）对 $\forall[\boldsymbol{x}(0)^{\mathrm{T}},\boldsymbol{e}(0)^{\mathrm{T}}]\in\Omega\subset\mathbb{R}^{2n},\forall k\geqslant 0$，

$-\boldsymbol{h}(\boldsymbol{v}^L(k))^{\mathrm{T}}\boldsymbol{R}\boldsymbol{h}(\boldsymbol{v}^L(k))+(1+\gamma)[\boldsymbol{h}(\boldsymbol{v}^L(k))-\boldsymbol{v}^L(k)]^{\mathrm{T}}(\boldsymbol{R}+\boldsymbol{B}^{\mathrm{T}}\boldsymbol{P}_1\boldsymbol{B})[\boldsymbol{h}(\boldsymbol{v}^L(k))-\boldsymbol{v}^L(k)]\leqslant 0$

其中，$(\boldsymbol{A}-\boldsymbol{L}\boldsymbol{C})^{\mathrm{T}}\boldsymbol{P}_{1\mathrm{o}}(\boldsymbol{A}-\boldsymbol{L}\boldsymbol{C})-\boldsymbol{P}_{1\mathrm{o}}\leqslant(\boldsymbol{A}-\boldsymbol{L}\boldsymbol{C})\tilde{\boldsymbol{P}}_1(\boldsymbol{A}-\boldsymbol{L}\boldsymbol{C})^{\mathrm{T}}-\tilde{\boldsymbol{P}}_1$。则：闭环系统的平衡点 $\{\boldsymbol{x}=\boldsymbol{0},\ \boldsymbol{e}=\boldsymbol{0}\}$ 指数稳定且吸引域为 Ω。

推论 4.18 （TSOFPC 的稳定性）对式（4.47）表示的系统，采用 TSOFPC 式（4.77）、式（4.78）和式（4.88），其中 $\boldsymbol{h}$ 满足式（4.57）。假设：

1）每当 $[\boldsymbol{x}(0),\boldsymbol{e}(0)]\in\Omega\subset\mathbb{R}^{2n}$ 时，$\|\boldsymbol{v}^L(k)\|\leqslant\Delta$ 对所有 $k\geqslant 0$ 成立；

2）存在一正标量 γ，使得系统设计满足定理 4.17 的条件 1）、2）和 3）；

$-\lambda[b_1^2-(1+\gamma)(b-1)^2]+(1+\gamma)(b-1)^2\sigma_{\max}(\boldsymbol{B}^{\mathrm{T}}\boldsymbol{P}_1\boldsymbol{B})\leqslant 0$。

则：闭环系统的平衡点 $\{\boldsymbol{x}=\boldsymbol{0},\ \boldsymbol{e}=\boldsymbol{0}\}$ 指数稳定且吸引域为 Ω。

定理 4.19 （TSOFPC 的吸引域）对式（4.47）表示的系统，采用 TSOFPC 式（4.77）、式（4.78）和式（4.88），其中 h 满足式（4.57）。假设存在正的标量 Δ，γ 使得系统的设计满足推论 4.18 的条件 2）和 3）。则闭环系统的吸引域不会小于如下集合：

$$\hat{S}_{\hat{c}}=\{(\boldsymbol{x},\ \boldsymbol{e})\in\mathbb{R}^{2n}\,|\,\boldsymbol{x}^{\mathrm{T}}\boldsymbol{P}_1\boldsymbol{x}+\boldsymbol{e}^{\mathrm{T}}\boldsymbol{P}_{1\mathrm{o}}\boldsymbol{e}\leqslant\hat{c}\} \tag{4.90}$$

其中

$$\hat{c}=(\Delta/\hat{d})^2,\ \hat{d}=\|(\lambda\boldsymbol{I}+\boldsymbol{B}^{\mathrm{T}}\boldsymbol{P}_1\boldsymbol{B})^{-1}\boldsymbol{B}^{\mathrm{T}}\boldsymbol{P}_1\boldsymbol{A}[\boldsymbol{P}_1^{-1/2},\ -\boldsymbol{P}_{1\mathrm{o}}^{-1/2}]\| \tag{4.91}$$

定理 4.20 （TSOFPC 的半全局稳定性）对式（4.47）表示的系统，采用 TSOFPC 式（4.77）、式（4.78）和式（4.88），其中 $\boldsymbol{h}$ 满足式（4.57）。假设 $\boldsymbol{A}$ 没有单位圆外的特征值，且存在 Δ 和 γ 使得：不考虑输入饱和约束时，$b_1^2-(1+\gamma)(b-1)^2>0$。则对任意有界集 $\Omega\subset\mathbb{R}^{2n}$，可调整控制器和观测器参数使闭环系统的吸引域不小于 Ω。

关于非线性方程（组）的求解可参考文献［174］。

注解 4.10 对两步法状态反馈预测控制和两步法输出反馈预测控制，所给出的椭圆形吸引域相对于其对应的控制律来说都是保守的。一般地，给定一组控制器参数，TSMPC 闭环系统的零可控域不是椭圆形的。如果闭环系统是线性标称系统，则零可控域可以由算法 4.3 和算法 4.4 计算；但是如果线性系统中有任何不确定性描述，则由算法 4.3 和算法 4.4 得到的吸引域也不是系统的零可控域（即状态位于由算法 4.3 和算法 4.4 得到的吸引域之外时，实际系统也可能是稳定的）。

注解 4.11 针对 Hammerstein 模型的非线性分离法 MPC（同注解 4.1），如果静态非线性反算完全准确（方程求解无误差），则整个系统的吸引域不会受到非线性分离法的影响。也就是说，非线性分离法本身不能缩小预测控制算法的吸引域。

第5章　预测控制综合方法概略

由于工业 MPC 缺乏稳定性保证，20 世纪 90 年代后广泛研究综合型预测控制，并把从 70 年代初就开始的一些具有稳定性保证的控制算法也都称为预测控制。在 20 世纪末的时候，综合型预测控制（尤其是状态可测情形）的基本框架已经成熟。人们关于预测控制的认识也起了很大变化，不再局限于工业 MPC 算法。

综合型预测控制是对传统的最优控制的继承和发展，是在传统的最优控制上，再考虑模型不确定性、输入/输出/状态约束等。因此，尽管综合型预测控制还少见应用到流程工业中，但是我们几乎不该怀疑综合型预测控制将在某些工程领域中发挥作用。作为一种理论，综合型预测控制的重要性不能仅由其是否可立即实用来判断，而应该由其是否可以解决控制理论中某些重要问题来判断。在某种程度上，正是因为一些重要问题（稳定性、鲁棒性、收敛性、计算复杂性）还没有解决，使得人们不能应用高级控制算法。

本章参考了文献［165］，关于连续时间系统进一步参考了文献［157］。原版文献［15］加入一节，将文献［43］作为典型范例，但本版之前更有文献［17］，故不再重复。

5.1　一般思路：离散时间系统情形

5.1.1　改造的优化问题

设非线性系统的模型由式（5.1）给出。

$$\boldsymbol{x}(k+1)=\boldsymbol{f}(\boldsymbol{x}(k),\boldsymbol{u}(k)),\ \boldsymbol{y}(k)=\boldsymbol{g}(\boldsymbol{x}(k)) \tag{5.1}$$

满足$\boldsymbol{f}(\boldsymbol{0},\boldsymbol{0})=\boldsymbol{0}$。状态可测。并考虑如下约束：

$$\boldsymbol{x}(k)\in\mathcal{X},\ \boldsymbol{u}(k)\in\mathcal{U},\ k\geqslant 0 \tag{5.2}$$

$\mathcal{X}\subseteq\mathbb{R}^n$为紧、闭、凸集，$\mathcal{U}\subseteq\mathbb{R}^m$为紧、凸集，$\mathcal{X}$包含 $\boldsymbol{0}$ 为内点，$\mathcal{U}$包含 $\boldsymbol{0}$ 为内点。为什么要求为紧、闭、凸集？可参考泛函分析和数学优化方面的书。若 x 和 u 都有物理意义，让它们属于凸集是非常合理的（x 和 u 的某些非线性函数未必在凸集中）。在每个时刻 k，考虑如下性能指标：

$$J_N(k)=\sum_{t=0}^{N-1}\ell(\boldsymbol{x}(k+i|k),\boldsymbol{u}(k+i|k))+F(\boldsymbol{x}(k+N|k)) \tag{5.3}$$

假设$\ell(\boldsymbol{x},\boldsymbol{u})\geqslant c\|[\boldsymbol{x}^{\mathrm{T}}\quad\boldsymbol{u}^{\mathrm{T}}]\|^2$，$\ell(\boldsymbol{0},\boldsymbol{0})=\boldsymbol{0}$，$c$ 为常数。如下的约束称为终端约束（该约束是人为的）：

$$\boldsymbol{x}(k+N|k)\in\mathcal{X}_{\mathrm{f}}\subseteq\mathcal{X} \tag{5.4}$$

在每个时刻 k 要求解如下优化问题：

$$\min_{\tilde{\boldsymbol{u}}_N(k)} J_N(k) \tag{5.5}$$

$$\text{s.t.}\ \boldsymbol{x}(k+i+1|k)=\boldsymbol{f}(\boldsymbol{x}(k+i|k),\boldsymbol{u}(k+i|k)),\ i\geqslant 0,\ \boldsymbol{x}(k|k)=\boldsymbol{x}(k) \tag{5.6}$$

$$x(k+i|k)\in\mathcal{X},\ u(k+i|k)\in\mathcal{U},\ i\in\{0,1,\cdots,N-1\},\ x(k+N|k)\in\mathcal{X}_f \tag{5.7}$$

其中，$\tilde{u}_N(k)=\{u(k|k),u(k+1|k),\cdots,u(k+N-1|k)\}$为优化问题的决策变量。求解式(5.5)~式(5.7)得到的结果记为$\tilde{u}_N^*(k)=\{u^*(k|k),u^*(k+1|k),\cdots,u^*(k+N-1|k)\}$，相应的性能指标最优值记为$J_N^*(k)$，状态记为$x^*(k+i|k)$，$\forall i>0$。注意：$J_N(k)$更详细的记法为$J_N(x(k))$或者$J_N(x(k),\tilde{u}_N(k))$，表示$J_N(k)$是$x(k)$和$\tilde{u}_N(k)$的函数。

在$\tilde{u}_N^*(k)$中，只实施$u(k)=u^*(k|k)$，因此形成一个隐式的控制律$K_N(x(k))=u^*(k|k)$。由于N是有限值，如果$\{f,\ell,F\}$都是连续的，u是紧集，$\{\mathcal{X}_f,\mathcal{X}\}$是闭集，则最优化问题式（5.5）~式(5.7)存在最优解。

注解5.1 原则上，可以采用（《最优控制》中的）动态规划原理来解优化问题式(5.5)~式（5.7)，这样将得到一组$\{J_i(\cdot)\}$和一系列控制律$\{K_i(\cdot)\}$；如果能够这样的话，即得到了解析式的$K_N(\cdot)$，因此也不用滚动优化了。实际上，一般来说这是不可能的（除非是线性定常无约束系统）。在预测控制中，一般要滚动地求解$u^*(k|k)$而不是一次性地求解$K_N(\cdot)$。因此，就像在本书再三强调的那样，预测控制与最优控制的区别就在于实现方式。当然采用动态规划法的预测控制也是存在的，如文献［101］。

注解5.2 增益调度（gain-scheduling）控制器，不管在任何控制理论中出现，总是可以被认为是预测控制。

5.1.2 “三要素”和统一的稳定性证明思路

对标称系统，一般采用性能指标最优值（注意是作为优化结果的性能指标；性能指标的值称为值函数）作为Lyapunov函数。假设值函数连续。假设在终端约束集合$\mathcal{X}_f$内部，存在局部控制器$K_f(\cdot)$。$\{F(\cdot),\mathcal{X}_f,K_f(\cdot)\}$称为综合型预测控制的“三要素”。记$\Delta J_N^*(k+1)=J_N^*(k+1)-J_N^*(k)$。

方法1（直接法）：采用值函数为Lyapunov函数，让$\{F(\cdot),\mathcal{X}_f,K_f(\cdot)\}$满足若干条件，从而使得$\Delta J_N^*(k+1)+\ell(x(k),K_N(x(k)))\leqslant 0$。

通常，在方法1中，并不计算$J_N^*(k+1)$，而是采用可行解$\tilde{u}_N(k+1)$，计算$J_N^*(k+1)$的上界$J_N(k+1)$。

方法2（单调性法）：采用值函数为Lyapunov函数，让$\{F(\cdot),\mathcal{X}_f,K_f(\cdot)\}$满足若干条件，从而使得

$$\Delta J_N^*(k+1)+\ell(x(k),K_N(x(k)))\leqslant J_N^*(k+1)-J_{N-1}^*(k+1)$$

并说明上式右边非正。

在很多情况下，方法2和方法1是等价的。

5.1.3 稳定性证明的直接法

定义5.1 称$S_i(\mathcal{X},\mathcal{X}_f)$为系统式（5.1）的包含于$\mathcal{X}$的$i$步可镇定集，如果$\mathcal{X}_f$是包含于$\mathcal{X}$的控制不变集且$S_i(\mathcal{X},\mathcal{X}_f)$包含$\mathcal{X}$中所有这样的状态：存在长度为$i$的可行控制序列，将该状态在不多于$i$步内驱动到$\mathcal{X}_f$，在此过程中状态始终位于集合$\mathcal{X}$的内部，即

$$S_i(\mathcal{X},\mathcal{X}_f)\triangleq\{x(0)\in\mathcal{X}:\exists u(0),u(1),\cdots,u(i-1)\in\mathcal{U},\ \exists M\leqslant i\ \text{使得}$$
$$x(1),x(2),\cdots,x(M-1)\in\mathcal{X}$$

且 $x(M), x(M+1), \cdots, x(i) \in \mathcal{X}_f$, $\mathcal{X}_f$为控制不变集}

关于上述定义，可参考定义 1.1 ~ 1.3。

根据定义 5.1，$S_0(\mathcal{X}, \mathcal{X}_f) = \mathcal{X}_f$。

假设如下条件满足：

$$\mathcal{X}_f \subseteq \mathcal{X}, \ \boldsymbol{K}_f(\boldsymbol{x}) \in \mathcal{U}, \ \boldsymbol{f}(\boldsymbol{x}, \boldsymbol{K}_f(x)) \in \mathcal{X}_f, \ \forall \boldsymbol{x} \in \mathcal{X}_f$$

如果在 k 时刻，优化问题式（5.5）~ 式（5.7）存在可行解 $\tilde{\boldsymbol{u}}_N^*(k)$，则在 $k+1$ 时刻，如下为优化问题的可行解：

$$\tilde{\boldsymbol{u}}_N(k+1) = \{\boldsymbol{u}^*(k+1|k), \cdots, \boldsymbol{u}^*(k+N-1|k), \boldsymbol{K}_f(\boldsymbol{x}^*(k+N|k))\}$$

由 $\tilde{\boldsymbol{u}}_N(k+1)$得到的状态为

$$\{\boldsymbol{x}^*(k+1|k), \cdots, \boldsymbol{x}^*(k+N|k), \boldsymbol{f}(\boldsymbol{x}^*(k+N|k), \boldsymbol{K}_f(\boldsymbol{x}^*(k+N|k)))\}$$

其中，$\boldsymbol{x}^*(k+1|k) = \boldsymbol{x}(k+1)$。

由 $\tilde{\boldsymbol{u}}_N(k+1)$得到的值函数为

$$\begin{aligned} J_N(k+1) &= J_N^*(k) - \ell(\boldsymbol{x}(k), \boldsymbol{K}_N(\boldsymbol{x}(k))) - F(\boldsymbol{x}^*(k+N|k)) \\ &+ \ell(\boldsymbol{x}^*(k+N|k), \boldsymbol{K}_f(\boldsymbol{x}^*(k+N|k))) + F(\boldsymbol{f}(\boldsymbol{x}^*(k+N|k), \boldsymbol{K}_f(\boldsymbol{x}^*(k+N|k)))) \end{aligned} \tag{5.8}$$

在 $k+1$ 时刻，对 $J_N(k+1)$重新优化后，会得到 $J_N^*(k+1)$，根据最优性原理将有 $J_N^*(k+1) \leqslant J_N(k+1)$。假设 $\Delta F(\boldsymbol{f}(\boldsymbol{x}, \boldsymbol{K}_f(\boldsymbol{x}))) = F(\boldsymbol{f}(\boldsymbol{x}, \boldsymbol{K}_f(\boldsymbol{x}))) - F(\boldsymbol{x})$满足

$$\Delta F(\boldsymbol{f}(\boldsymbol{x}, \boldsymbol{K}_f(\boldsymbol{x}))) + \ell(\boldsymbol{x}, \boldsymbol{K}_f(\boldsymbol{x})) \leqslant 0, \ \forall \boldsymbol{x} \in \mathcal{X}_f \tag{5.9}$$

结合式（5.8）和式（5.9）得到

$$J_N^*(k+1) \leqslant J_N^*(k) - \ell(\boldsymbol{x}(k), \boldsymbol{K}_N(\boldsymbol{x}(k))) \tag{5.10}$$

综上所述，可以给出如下综合方法的条件：

（A1）$\mathcal{X}_f \subseteq \mathcal{X}$，$\mathcal{X}_f$ 为闭集，$\mathcal{X}_f \supset \{\boldsymbol{0}\}$（在$\mathcal{X}_f$ 内部状态约束满足）；

（A2）$\boldsymbol{K}_f(\boldsymbol{x}) \in \mathcal{U}, \forall \boldsymbol{x} \in \mathcal{X}_f$（在$\mathcal{X}_f$ 内部控制约束满足）；

（A3）$\boldsymbol{f}(\boldsymbol{x}, \boldsymbol{K}_f(\boldsymbol{x})) \in \mathcal{X}_f$，$\forall \boldsymbol{x} \in \mathcal{X}_f$（$\mathcal{X}_f$关于控制律 $\boldsymbol{K}_f(\cdot)$为控制不变集）；

（A4）$\Delta F(\boldsymbol{f}(\boldsymbol{x}, \boldsymbol{K}_f(\boldsymbol{x}))) + \ell(\boldsymbol{x}, \boldsymbol{K}_f(\boldsymbol{x})) \leqslant 0, \forall \boldsymbol{x} \in \mathcal{X}_f$（$F(\cdot)$在$\mathcal{X}_f$ 内部为 Lyapunov 函数）。

经常取$\mathcal{X}_f$ 为 $F(\cdot)$的水平集，即$\mathcal{X}_f = \{\boldsymbol{x} | F(\boldsymbol{x}) \leqslant \eta\}$，$\eta$ 为常数。如果$\mathcal{X}_f$ 为 $F(\cdot)$的水平集，则（A4）成立意味着（A3）也成立。

当满足这些条件时，只需再满足一些其他“更基本的”条件（如：针对某些系统的连续性要求等，一般是其他控制理论分支研究中也难以避免的那些条件），就可以证明闭环系统的渐近（指数）稳定性了。当然，得到的一般是系统稳定的充分（但不必要）的条件。

5.1.4　稳定性证明的单调性法

根据最优控制的原理，下式成立：

$$J_N^*(k) = \ell(\boldsymbol{x}(k), \boldsymbol{K}_N(\boldsymbol{x}(k))) + J_{N-1}^*(k+1), \ \forall \boldsymbol{x}(k) \in S_N(\mathcal{X}, \mathcal{X}_f)$$

引入 $J_N^*(k+1)$，易知上式等价于

$$\Delta J_N^*(k+1) + \ell(\boldsymbol{x}(k), \boldsymbol{K}_N(\boldsymbol{x}(k))) = J_N^*(k+1) - J_{N-1}^*(k+1) \tag{5.11}$$

因此，如果下面的条件满足：

$$J_N^*(k) \leqslant J_{N-1}^*(k),\ \forall \boldsymbol{x}(k) \in S_{N-1}(\mathcal{X},\ \mathcal{X}_{\mathrm{f}})$$

则方法2成为方法1。

记关于优化 $J_N(k)$ 的优化问题为 $\mathbb{P}_N(k)$。如果优化问题 $\mathbb{P}_{N-1}(k+1)$ 有最优解：

$$\tilde{\boldsymbol{u}}_{N-1}^*(k+1) = \{\boldsymbol{u}^*(k+1|k+1),\ \boldsymbol{u}^*(k+2|k+1),\ \cdots,\ \boldsymbol{u}^*(k+N-1|k+1)\}$$

则优化问题 $\mathbb{P}_N(k+1)$ 的可行解为

$$\tilde{\boldsymbol{u}}_N(k+1) = \{\boldsymbol{u}^*(k+1|k+1),\ \cdots,\ \boldsymbol{u}^*(k+N-1|k+1),\ \boldsymbol{K}_{\mathrm{f}}(\boldsymbol{x}^*(k+N|k+1))\}$$

其中，根据最优控制的原理有

$$\boldsymbol{u}^*(k+i|k+1) = \boldsymbol{u}^*(k+i|k),\ \forall i>0,\ \boldsymbol{x}^*(k+N|k+1) = \boldsymbol{x}^*(k+N|k)$$

采用上述 $\mathbb{P}_N(k+1)$ 的可行解可得到

$$\begin{aligned} J_N(k+1) = {} & J_{N-1}^*(k+1) + \ell(\boldsymbol{x}^*(k+N|k),\ \boldsymbol{K}_{\mathrm{f}}(\boldsymbol{x}^*(k+N|k))) \\ & - F(\boldsymbol{x}^*(k+N|k)) + F(\boldsymbol{f}(\boldsymbol{x}^*(k+N|k),\ \boldsymbol{K}_{\mathrm{f}}(\boldsymbol{x}^*(k+N|k)))) \end{aligned} \tag{5.12}$$

且 $J_N(k+1)$ 为 $J_N^*(k+1)$ 的上界。如果条件（A4）满足，则式（5.12）导致 $J_N^*(k+1) \leqslant J_{N-1}^*(k+1)$；进一步利用式（5.11），即得到式（5.10）。

关于值函数关于 N 的单调性，有如下重要结论。

命题 5.1 假设 $\{F(\cdot),\ \mathcal{X}_{\mathrm{f}},\ \boldsymbol{K}_{\mathrm{f}}(\cdot)\}$ 满足条件(A1)～(A4)。则：对 $\forall \boldsymbol{x}(k) \in S_0(\mathcal{X},\ \mathcal{X}_{\mathrm{f}})$，$J_1^*(k) \leqslant J_0^*(k)$ 成立。

证明 5.1 据最优性原理有

$$\begin{aligned} J_1^*(k) &= \ell(\boldsymbol{x}(k),\ \boldsymbol{K}_1(\boldsymbol{x}(k))) + J_0^*(\boldsymbol{f}(\boldsymbol{x}(k),\ \boldsymbol{K}_1(\boldsymbol{x}(k)))) \\ &\leqslant \ell(\boldsymbol{x}(k),\ \boldsymbol{K}_{\mathrm{f}}(\boldsymbol{x}(k))) + J_0^*(\boldsymbol{f}(\boldsymbol{x}(k),\ \boldsymbol{K}_{\mathrm{f}}(\boldsymbol{x}(k))))\text{（根据 } \boldsymbol{K}_1(\cdot) \text{ 的最优性）} \\ &= \ell(\boldsymbol{x}(k),\ \boldsymbol{K}_{\mathrm{f}}(\boldsymbol{x}(k))) + F(\boldsymbol{f}(\boldsymbol{x}(k),\ \boldsymbol{K}_{\mathrm{f}}(\boldsymbol{x}(k))))\text{（根据 } J_0(\cdot) \text{ 的定义）} \\ &\leqslant F(\boldsymbol{x}(k)) = J_0^*(k)\text{（根据条件(A4)）} \end{aligned}$$

证毕。

命题 5.2 假设对所有的 $\boldsymbol{x}(k) \in S_0(\mathcal{X},\ \mathcal{X}_f)$，$J_1^*(k) \leqslant J_0^*(k)$ 成立。则：对所有的 $\boldsymbol{x}(k) \in S_i(\mathcal{X},\ \mathcal{X}_{\mathrm{f}})$，$i \geqslant 0$，$J_{i+1}^*(k) \leqslant J_i^*(k)$ 也成立。

证明 5.2 （归纳法）假设对所有 $\boldsymbol{x}(k) \in S_{i-1}(\mathcal{X},\ \mathcal{X}_f)$，$J_i^*(k) \leqslant J_{i-1}^*(k)$ 成立。考虑两个控制律：$\boldsymbol{K}_i(\cdot)$ 和 $\boldsymbol{K}_{i+1}(\cdot)$；当求解 $J_{i+1}^*(k)$ 时，$\boldsymbol{K}_{i+1}(\cdot)$ 是最优的，而 $\boldsymbol{K}_i(\cdot)$ 不是最优的。这样，根据最优性原理下式成立：

$$\begin{aligned} J_{i+1}^*(\boldsymbol{x}(k),\ \tilde{\boldsymbol{u}}_{i+1}^*(k)) &= \ell(\boldsymbol{x}(k),\ \boldsymbol{K}_{i+1}(x(k))) + J_i^*(\boldsymbol{f}(\boldsymbol{x}(k),\ \boldsymbol{K}_{i+1}(\boldsymbol{x}(k))),\ \tilde{\boldsymbol{u}}_i^*(k+1)) \\ &\leqslant \ell(\boldsymbol{x}(k),\ \boldsymbol{K}_i(\boldsymbol{x}(k))) + J_i^*(\boldsymbol{f}(\boldsymbol{x}(k),\ \boldsymbol{K}_i(\boldsymbol{x}(k))),\ \tilde{\boldsymbol{u}}_i^*(k+1)) \\ &\qquad \forall \boldsymbol{x}(k) \in S_i(\mathcal{X},\ \mathcal{X}_{\mathrm{f}}) \end{aligned}$$

故

$$\begin{aligned} & J_{i+1}^*(k) - J_i^*(k) = \ell(\boldsymbol{x}(k),\ \boldsymbol{K}_{i+1}(\boldsymbol{x}(k))) + J_i^*(k+1) - \ell(\boldsymbol{x}(k),\ \boldsymbol{K}_i(\boldsymbol{x}(k))) - J_{i-1}^*(k+1) \\ & \leqslant \ell(\boldsymbol{x}(k),\ \boldsymbol{K}_i(\boldsymbol{x}(k))) + J_i^*(\boldsymbol{f}(\boldsymbol{x}(k),\ \boldsymbol{K}_i(\boldsymbol{x}(k))),\ \tilde{\boldsymbol{u}}_i^*(k+1)) - \ell(\boldsymbol{x}(k),\ \boldsymbol{K}_i(\boldsymbol{x}(k))) - J_{i-1}^*(k+1) \\ & = J_i^*(k+1) - J_{i-1}^*(k+1) \leqslant 0,\ \forall \boldsymbol{x}(k) \in S_i(\mathcal{X},\ \mathcal{X}_{\mathrm{f}}) \end{aligned}$$

注意：$\boldsymbol{x}(k)\in S_i(\mathcal{X},\mathcal{X}_{\mathrm{f}})$表示$\boldsymbol{x}(k+1)\in S_{i-1}(\mathcal{X},\mathcal{X}_{\mathrm{f}})$。$J_i(\boldsymbol{f}(x(k),\boldsymbol{K}_i(x(k))),\tilde{\boldsymbol{u}}_i^*(k+1))$对$\boldsymbol{x}(k)\in S_i(\mathcal{X},\mathcal{X}_{\mathrm{f}})$来说不一定是最优的，而对$\boldsymbol{x}(k+1)\in S_{i-1}(\mathcal{X},\mathcal{X}_{\mathrm{f}})$来说则是最优的。

证毕。

注解 5.3　满足条件(A1)~(A4)后，方法 2 只是间接地利用了方法 1，因此方法 1 才被称为“直接法”。在预测控制综合方法的研究中（不局限于本节的系统模型），一般采用方法 1。能够采用方法 2 的预测控制具有更好的特性：增加 N 带来了计算量的增加，却可以相应地增强最优性。

5.1.5 反最优性

实际上，预测控制综合方法的值函数等价于另一个无穷时域性能指标的值函数。无穷时域值函数的特点是：如果该值存在、为有限值，则闭环系统的稳定性自然地得到保证（考虑性能指标的正定性易知）。

将式（5.11）写成如下形式：

$$J_N^*(k)=\bar{\ell}(\boldsymbol{x}(k),\boldsymbol{K}_N(\boldsymbol{x}(k)))+J_N^*(f(\boldsymbol{x}(k),\boldsymbol{K}_N(\boldsymbol{x}(k)))) \tag{5.13}$$

其中，$\bar{\ell}(\boldsymbol{x}(k),\boldsymbol{u}(k))\triangleq\ell(\boldsymbol{x}(k),\boldsymbol{u}(k))+J_{N-1}^*(k+1)-J_N^*(k+1)$。如果条件（A1）~（A4）满足，则有$\bar{\ell}(\boldsymbol{x},\boldsymbol{u})\geqslant\ell(\boldsymbol{x},\boldsymbol{u})\geqslant c\|[\boldsymbol{x}^{\mathrm{T}}\quad\boldsymbol{u}^{\mathrm{T}}]\|^2$。考虑

$$\bar{J}_\infty(k)=\sum_{i=0}^{\infty}\bar{\ell}(\boldsymbol{x}(k+i|k),\boldsymbol{u}(k+i|k))$$

则式（5.13）是：性能指标为$\bar{J}_\infty(k)$的优化控制对应的哈密尔顿—雅可比—贝尔曼（Hamilton - Jacobi - Bellman）代数方程。

注解 5.4　相对于原来的性能指标$J_N(k)$，式（5.13）称为“伪 Hamilton - Jacobi - Bellman 代数方程”。对线性无约束系统，Hamilton - Jacobi - Bellman 代数方程简化为代数黎卡提（Riccati）方程；而伪 Hamilton - Jacobi - Bellman 代数方程简化为伪代数 Riccati 方程。考虑离散时间线性时不变标称系统，伪 Hamilton - Jacobi - Bellman 代数方程具有最简化形式，即为第 4 章的伪代数 Riccati 方程。因此伪代数 Riccati 方程解的单调性是命题 5.1 和 5.2 的特例。

对性能指标为$\bar{J}_\infty(k)$的预测控制，$\boldsymbol{K}_N(\cdot)$为最优解。故有限时域预测控制优化问题式(5.5)~式(5.7)等价于另一个无穷时域预测控制优化问题。这种现象在预测控制中经常被称为“反最优”。这里所谓“最优”是指优化无穷时域性能指标$J_\infty(k)=\sum_{i=0}^{\infty}\ell(\boldsymbol{x}(k+i|k),\boldsymbol{u}(k+i|k))$得到的结果。当最优性不是针对$J_\infty(k)$而是针对$\bar{J}_\infty(k)$时，称“反最优”（本书将 Inverse Optimality 译为“反最优”，其中“反”表示：针对$\bar{J}_\infty(k)$最优，则针对$J_\infty(k)$不是最优的；对$\bar{J}_\infty(k)$进行优化，可能会使$J_\infty(k)$距离优化值更远）。

由于综合型预测控制等价于另一个无穷时域控制，因此综合型预测控制的稳定裕度也决定于相应的无穷时域最优控制的稳定裕度。“反最优”的成立，尽管不利于“最优”，却能够揭示稳定裕度。

5.2 一般思路：连续时间系统情形

具体细节同离散时间模型。模型由式（5.14）给出。

$$\dot{\boldsymbol{x}}(t)=\boldsymbol{f}(\boldsymbol{x}(t),\boldsymbol{u}(t)) \tag{5.14}$$

简写为 $\dot{\boldsymbol{x}}=\boldsymbol{f}(\boldsymbol{x},\boldsymbol{u})$。考虑如下性能指标

$$J_{\mathrm{T}}(t)=\int_0^T \ell(\boldsymbol{x}(t+s|t),\boldsymbol{u}(t+s|t))\mathrm{d}s+F(\boldsymbol{x}(t+T|t)) \tag{5.15}$$

求解如下优化问题：

$$\min_{\tilde{\boldsymbol{u}}_{\mathrm{T}}(t)} J_{\mathrm{T}}(t) \tag{5.16}$$

$$\text{s.t.}\quad \dot{\boldsymbol{x}}(t+s|t)=\boldsymbol{f}(\boldsymbol{x}(t+s|t),\boldsymbol{u}(t+s|t)),\ s\geqslant 0,\ \boldsymbol{x}(t|t)=\boldsymbol{x}(t) \tag{5.17}$$

$$\boldsymbol{x}(t+s|t)\in\mathcal{X},\ \boldsymbol{u}(t+s|t)\in\mathcal{U},\ s\in[0,T],\ \boldsymbol{x}(t+T|t)\in\mathcal{X}_{\mathrm{f}} \tag{5.18}$$

其中，$\tilde{\boldsymbol{u}}_{\mathrm{T}}(t)$为定义在时间区间［0, T］上的优化问题的决策变量。隐式的预测控制律记为 $\boldsymbol{K}_{\mathrm{T}}(\boldsymbol{x}(t))=\boldsymbol{u}^*(t)=\boldsymbol{u}^*(t|t)$。

对任意 $\phi(\boldsymbol{x})$，记 $\dot{\phi}(\boldsymbol{f}(\boldsymbol{x},\boldsymbol{u}))$ 为 $\phi(\boldsymbol{x})$ 沿 $\boldsymbol{f}(\boldsymbol{x},\boldsymbol{u})$ 的方向导数，则 $\dot{\phi}(\boldsymbol{f}(\boldsymbol{x},\boldsymbol{u}))=\phi_{\boldsymbol{x}}(\boldsymbol{x})\boldsymbol{f}(\boldsymbol{x},\boldsymbol{u})$，其中 $\phi_{\boldsymbol{x}}$ 为 ϕ 关于 $\boldsymbol{x}$ 的偏导数。

对连续时间系统，综合方法中要求“三要素” $\{F(\cdot),\mathcal{X}_{\mathrm{f}},\boldsymbol{K}_{\mathrm{f}}(\cdot)\}$ 满足如下的条件：

（B1）$\mathcal{X}_{\mathrm{f}}\subseteq\mathcal{X}$，$\mathcal{X}_{\mathrm{f}}$ 为闭集，$\mathcal{X}_{\mathrm{f}}\supset\{\boldsymbol{0}\}$；

（B2）$\boldsymbol{K}_{\mathrm{f}}(\boldsymbol{x})\in\mathcal{U}$，$\forall\boldsymbol{x}\in\mathcal{X}_{\mathrm{f}}$；

（B3）$\mathcal{X}_{\mathrm{f}}$为系统 $\dot{\boldsymbol{x}}=f(\boldsymbol{x},\boldsymbol{K}_{\mathrm{f}}(\boldsymbol{x}))$的正不变集；

（B4）$\dot{F}(\boldsymbol{f}(\boldsymbol{x},\boldsymbol{K}_{\mathrm{f}}(\boldsymbol{x})))+\ell(\boldsymbol{x},\boldsymbol{K}_{\mathrm{f}}(\boldsymbol{x}))\leqslant 0$，$\forall\boldsymbol{x}\in\mathcal{X}_{\mathrm{f}}$。

如果$\mathcal{X}_{\mathrm{f}}$ 为 $F(\cdot)$的水平集，则条件（B4）成立意味着条件（B3）也成立。

连续时间系统的正不变集定义和离散时间系统相同（见第1章），是离散时间系统当采样周期趋于零时的极限情形。同定义5.1，可定义

$$S_\tau(\mathcal{X},\mathcal{X}_{\mathrm{f}})\triangleq\{\boldsymbol{x}(0)\in\mathcal{X}:\exists\boldsymbol{u}(t)\in\mathcal{U},\ t\in[0,\tau),\ \exists\tau_1\leqslant\tau\text{ 使得 }\boldsymbol{x}(t)\in\mathcal{X},\ t\in[0,\tau_1)\text{ 且 }x(t)\in\mathcal{X}_{\mathrm{f}},\ t\in[\tau_1,\tau],\ \mathcal{X}_{\mathrm{f}}\text{ 为控制不变集}\}$$

依据条件(B1)~(B4)，可证明

$$\dot{J}_{\mathrm{T}}^*(t)+\ell(\boldsymbol{x}(t),\boldsymbol{K}_{\mathrm{T}}(\boldsymbol{x}(t)))\leqslant 0,\ \forall\boldsymbol{x}\in S_{\mathrm{T}}(\mathcal{X},\mathcal{X}_{\mathrm{f}})$$

这样，只需再满足一些其他“更基本的”条件（比如参考［43］)，就可以证明闭环系统的渐近（指数）稳定性了。当然，得到的一般是系统稳定的充分（但不必要）的条件。

关于值函数的单调性，有如下两个结论：

命题5.3 假设条件（B1）~（B4）满足。则对 $\forall\boldsymbol{x}(t)\in S_0(\mathcal{X},\mathcal{X}_{\mathrm{f}})=\mathcal{X}_{\mathrm{f}}$，$(\partial/\partial\tau)J_{\tau=0}^*(t)\leqslant 0$ 成立。

证明5.3 根据最优性原理有

$$\begin{aligned}&(\partial/\partial\tau)J_{\tau=0}^*(t)\\&=\ell(\boldsymbol{x}(t),\boldsymbol{K}_0(\boldsymbol{x}(t)))+(\partial/\partial\boldsymbol{x})J_0^*(t)\boldsymbol{f}(\boldsymbol{x}(t),\boldsymbol{K}_0(\boldsymbol{x}(t)))\end{aligned}$$

$\leqslant \ell(\boldsymbol{x}(t), \boldsymbol{K}_{\mathrm{f}}(\boldsymbol{x}(t))) + (\partial/\partial \boldsymbol{x}) J_0^*(t) \boldsymbol{f}(\boldsymbol{x}(t), \boldsymbol{K}_{\mathrm{f}}(\boldsymbol{x}(t)))$（根据 $\boldsymbol{K}_0(\cdot)$ 的最优性）

$= \ell(\boldsymbol{x}(t), \boldsymbol{K}_{\mathrm{f}}(\boldsymbol{x}(t))) + (\partial/\partial \boldsymbol{x}) F(\boldsymbol{x}(t)) f(x(t), \boldsymbol{K}_{\mathrm{f}}(\boldsymbol{x}(t)))$（根据 $J_0(\cdot)$ 的定义）

$\leqslant 0$（根据条件（B4））

证毕。

命题 5.4 假设对所有的 $\boldsymbol{x}(t) \in S_0(\mathcal{X}, \mathcal{X}_{\mathrm{f}}) = \mathcal{X}_{\mathrm{f}}$，$(\partial/\partial\tau) J_{\tau=0}^*(t) \leqslant 0$ 成立。则：对所有的 $x(t) \in S_\tau(\mathcal{X}, \mathcal{X}_{\mathrm{f}})$，$\tau \in [0, T]$，$(\partial/\partial\tau) J_\tau^*(t) \leqslant 0$ 也成立。

证明 5.4 如果 $J_\tau^*(t)$ 是连续可导的，根据最优控制的原理下式成立：

$$(\partial/\partial\tau) J_\tau^*(t) = \ell(\boldsymbol{x}(t), \boldsymbol{K}_\tau(\boldsymbol{x}(t))) + (\partial/\partial \boldsymbol{x}) J_\tau^*(t) \boldsymbol{f}(\boldsymbol{x}(t), \boldsymbol{K}_\tau(\boldsymbol{x}(t)))$$

由于 $(\partial/\partial\tau) J_{\tau=0}^*(t) \leqslant 0$，故

$$\lim_{\Delta\tau\to 0} \frac{1}{\Delta\tau}\left\{\int_0^{\Delta\tau} \ell(\boldsymbol{x}^*(t+s|t), \boldsymbol{u}_0^*(t+s|t))\mathrm{d}s + F(\boldsymbol{x}^*(t+\Delta\tau|t))\big|_{\tilde{\boldsymbol{u}}_0^*(t)} - F(\boldsymbol{x}(t))\right\} \leqslant 0$$

其中，$\boldsymbol{u}_0^*(t+s|t) = \boldsymbol{K}_{\mathrm{f}}(\boldsymbol{x}^*(t+s|t))$，下角标中采用 $\tilde{\boldsymbol{u}}_0^*(t)$ 表示“基于控制作用 $\tilde{\boldsymbol{u}}_0^*(t)$”。

当优化时域为 $\Delta\tau$ 时，$\tilde{\boldsymbol{u}}_{\Delta\tau}^*(t)$ 是比 $\tilde{\boldsymbol{u}}_0^*(t)$ 更优的控制序列。$(\partial/\partial\tau) J_{\tau=0}^*(t) = 0$ 仅发生在 $J_{\tau=0}^*(t) = 0$ 的情形。对充分小的 $\Delta\tau$，利用式（5.15）得到

$$\begin{aligned}
&J_{\Delta\tau}^*(t) - J_0^* \\
&= \int_0^{\Delta\tau} \ell(\boldsymbol{x}^*(t+s|t), \boldsymbol{u}_{\Delta\tau}^*(t+s|t))\mathrm{d}s + F(\boldsymbol{x}^*(t+\Delta\tau|t))\big|_{\tilde{\boldsymbol{u}}_{\Delta\tau}^*(t)} - F(\boldsymbol{x}(t)) \\
&\leqslant \int_0^{\Delta\tau} \ell(\boldsymbol{x}^*(t+s|t), \boldsymbol{u}_0^*(t+s|t))\mathrm{d}s + F(\boldsymbol{x}^*(t+\Delta\tau|t))\big|_{\tilde{\boldsymbol{u}}_0^*(t)} - F(\boldsymbol{x}(t)) \leqslant 0
\end{aligned}$$

上式说明 $J_\tau^*(t)$ 的单调性，即随着 τ 的增加，$J_\tau^*(t)$ 单调不增。

一般地，若 $(\partial/\partial\tau) J_\tau^*(t) \leqslant 0$，则

$$0 \geqslant \lim_{\Delta\tau\to 0} \frac{1}{\Delta\tau}\left\{\begin{array}{l}\displaystyle\int_\tau^{\tau+\Delta\tau} \ell(\boldsymbol{x}^*(t+s|t), \boldsymbol{u}_\tau^*(t+s|t))\mathrm{d}s \\ + F(\boldsymbol{x}^*(t+\tau+\Delta\tau|t))\big|_{\tilde{\boldsymbol{u}}_\tau^*(t)} - F(\boldsymbol{x}^*(t+\tau|t))\big|_{\tilde{\boldsymbol{u}}_\tau^*(t)}\end{array}\right\}$$

当优化时域为 $\tau + \Delta\tau$ 时，$\tilde{\boldsymbol{u}}_{\tau+\Delta\tau}^*(t)$ 是比 $\tilde{\boldsymbol{u}}_\tau^*(t)$ 更优的控制序列。利用式（5.15）得到

$$\begin{aligned}
J_{\tau+\Delta\tau}^*(t) - J_\tau^*(t) &= \int_0^{\tau+\Delta\tau} \ell(\boldsymbol{x}^*(t+s|t), \boldsymbol{u}_{\tau+\Delta\tau}^*(t+s|t))\mathrm{d}s + F(\boldsymbol{x}^*(t+\tau+\Delta\tau|t))\big|_{\tilde{\boldsymbol{u}}_{\tau+\Delta\tau}^*(t)} \\
&- \int_0^{\tau} \ell(\boldsymbol{x}^*(t+s|t), \boldsymbol{u}_\tau^*(t+s|t))\mathrm{d}s - F(\boldsymbol{x}^*(t+\tau|t))\big|_{\tilde{\boldsymbol{u}}_\tau^*(t)} \\
&\leqslant \int_\tau^{\tau+\Delta\tau} \ell(\boldsymbol{x}^*(t+s|t), \boldsymbol{u}_\tau^*(t+s|t))\mathrm{d}s + F(\boldsymbol{x}^*(t+\tau+\Delta\tau|t))\big|_{\tilde{\boldsymbol{u}}_\tau^*(t)} - F(\boldsymbol{x}^*(t+\tau|t))\big|_{\tilde{\boldsymbol{u}}_\tau^*(t)} \leqslant 0
\end{aligned}$$

这说明对任意 $\Delta\tau > 0, J_{\tau+\Delta\tau}^*(t) \leqslant J_\tau^*(t)$，即 $(\partial/\partial\tau) J_\tau^*(t) \leqslant 0$。

证毕。

如果 $J_\tau^*(t)$ 是连续可导的，则伪 Hamilton－Jacobi 方程为

$$(\partial/\partial \boldsymbol{x}) J_\tau^*(t) \boldsymbol{f}(\boldsymbol{x}(t), \boldsymbol{K}_\tau(x(t))) + \bar{\ell}(\boldsymbol{x}(t), \boldsymbol{K}_\tau(\boldsymbol{x}(t))) = 0$$

其中，$\bar{\ell}(\boldsymbol{x}(t), \boldsymbol{u}(t)) = \ell(\boldsymbol{x}(t), \boldsymbol{u}(t)) - (\partial/\partial\tau) J_\tau^*(t)$，且当 $(\partial/\partial\tau) J_\tau^*(t) \leqslant 0$ 时，$\bar{\ell}(\boldsymbol{x}(t), \boldsymbol{u}(t)) \geqslant \ell(\boldsymbol{x}(t), \boldsymbol{u}(t))$。

5.3 稳定性要素的实现

5.3.1 采用终端零约束

第3章采用的 Kleinman 控制器和 Ackermann 关于 deadbeat 控制的公式都等价于采用终端零约束的预测控制（3.4 节提到的终端等式约束和终端零约束是等价的）。对系统

$$\boldsymbol{x}(k+1)=\boldsymbol{A}\boldsymbol{x}(k)+\boldsymbol{B}\boldsymbol{u}(k) \tag{5.19}$$

考虑 Kleinman 控制器

$$\boldsymbol{u}(k)=-\boldsymbol{R}^{-1}\boldsymbol{B}^{\mathrm{T}}(\boldsymbol{A}^{\mathrm{T}})^{N-1}\left[\sum_{h=0}^{N-1}\boldsymbol{A}^{h}\boldsymbol{B}\boldsymbol{R}^{-1}\boldsymbol{B}^{\mathrm{T}}(\boldsymbol{A}^{\mathrm{T}})^{h}\right]^{-1}\boldsymbol{A}^{N}\boldsymbol{x}(k) \tag{5.20}$$

其中，$R>0$。求解

$$\min_{\tilde{\boldsymbol{u}}_N(k)} J_N(k)=\sum_{i=0}^{N-1}\|\boldsymbol{u}(k+i|k)\|_{\boldsymbol{R}}^{2},\ \text{s.t.}\ \boldsymbol{x}(k+N|k)=\boldsymbol{0}$$

时，如果优化问题可行，则得到的控制律是式（5.20）。

将问题式（5.5）~式(5.7）中的 $\boldsymbol{x}(k+N|k)\in\mathcal{X}_{\mathrm{f}}$ 替换为 $\boldsymbol{x}(k+N|k)=\boldsymbol{0}$，得到终端零约束 MPC。对终端零约束 MPC，相当于取

$$F(\cdot)=0,\ \mathcal{X}_{\mathrm{f}}=\{\boldsymbol{0}\},\ \boldsymbol{K}_{\mathrm{f}}(\cdot)=\boldsymbol{0} \tag{5.21}$$

很容易验证：式（5.21）满足条件（A1）~（A4）。终端零约束具有特殊重要的地位，因其不设计稳定性三要素，故没有由此带来的保守性。终端零约束将在预测控制综合和设计中发挥更多的作用。

5.3.2 采用终端代价函数

不采用终端约束。

1. 线性无约束系统

考虑$\boldsymbol{f}(\boldsymbol{x}(k),\boldsymbol{u}(k))=\boldsymbol{A}\boldsymbol{x}(k)+\boldsymbol{B}\boldsymbol{u}(k)$，$\ell(\boldsymbol{x},\boldsymbol{u})=\|\boldsymbol{x}\|_{\boldsymbol{Q}}^{2}+\|\boldsymbol{x}\|_{\boldsymbol{R}}^{2}$，其中 $\boldsymbol{Q}>0$，$\boldsymbol{R}>0$，$(\boldsymbol{A},\boldsymbol{B})$ 可镇定。由于系统是无约束的($\chi=\mathbb{R}^n,\mathcal{U}=\mathbb{R}^m$)，因此条件（A1）~（A3）得到满足。取 $\boldsymbol{K}_{\mathrm{f}}(x)=\boldsymbol{K}\boldsymbol{x}$ 为镇定控制律，$\boldsymbol{P}>0$ 满足下面的 Lyapunov 方程：

$$(\boldsymbol{A}+\boldsymbol{B}\boldsymbol{K})^{\mathrm{T}}\boldsymbol{P}(\boldsymbol{A}+\boldsymbol{B}\boldsymbol{K})-\boldsymbol{P}+\boldsymbol{Q}+\boldsymbol{K}^{\mathrm{T}}\boldsymbol{R}\boldsymbol{K}=0$$

则：$F(\boldsymbol{x})\triangleq\boldsymbol{x}^{\mathrm{T}}\boldsymbol{P}\boldsymbol{x}$ 满足条件（A4）的等式情况。这样三要素为：$F(\boldsymbol{x})\triangleq\boldsymbol{x}^{\mathrm{T}}\boldsymbol{P}\boldsymbol{x},\mathcal{X}_{\mathrm{f}}=\mathbb{R}^n$，$\boldsymbol{K}_{\mathrm{f}}(\boldsymbol{x})=\boldsymbol{K}\boldsymbol{x}$。而系统渐近（指数稳定的吸引域为）$\mathbb{R}^n$。

2. 线性、约束、开环稳定系统

系统同 1，但是开环稳定，有输入约束。$\mathcal{X}_{\mathrm{f}}=\mathcal{X}=\mathbb{R}^n$。根据条件（A2）知道：如果 $\boldsymbol{K}_{\mathrm{f}}(\cdot)$为线性的，则 $\boldsymbol{K}_{\mathrm{f}}(\boldsymbol{x})\equiv\boldsymbol{0}$。这样，条件(A1）~（A3)得到满足。令 $\boldsymbol{P}>0$ 满足下面的 Lyapunov 方程：

$$\boldsymbol{A}^{\mathrm{T}}\boldsymbol{P}\boldsymbol{A}-\boldsymbol{P}+\boldsymbol{Q}=0$$

则：$F(\boldsymbol{x})\triangleq\boldsymbol{x}^{\mathrm{T}}\boldsymbol{P}\boldsymbol{x}$ 满足（A4）的等式情况。这样三要素为：$F(\boldsymbol{x})\triangleq\boldsymbol{x}^{\mathrm{T}}\boldsymbol{P}\boldsymbol{x}$，$\mathcal{X}_{\mathrm{f}}=\mathbb{R}^n$，$\boldsymbol{K}_{\mathrm{f}}(\boldsymbol{x})\equiv\boldsymbol{0}$。而系统渐近（指数稳定的吸引域为）$\mathbb{R}^n$。

注解 5.5 从第 4 章的半全局稳定性来看，如果采用唯一、离线固定的线性控制律，则线

性、有输入约束的开环稳定系统不能被全局镇定。但是采用预测控制的在线优化，得到的是非线性（或称时变）的控制律。这一点体现了预测控制方法和传统的状态反馈方法的区别。

5.3.3 采用终端约束集

不采用终端代价函数。通常采用双模控制。在有限步内将状态驱动到$\mathcal{X}_f$内部；当状态在$\mathcal{X}_f$内部时，采用局部控制器、且系统稳定。

如果随着时间的增加，控制时域N每个采样周期递减1，则条件(A1)~(A4)自然满足。如果将N也作为一个决策变量，则稳定性证明要比固定时域方法简单，下一节还要谈到。

如果采用固定时域方法，局部控制器的选择要满足条件(A1)~(A3)。为满足条件(A4)，在$\mathcal{X}_f$内部要求$\ell(\boldsymbol{x}, \boldsymbol{K}_f(\boldsymbol{x}))=0$。一个好方法是用$\tilde{\ell}(\boldsymbol{x}, \boldsymbol{u}) \triangleq \alpha(\boldsymbol{x})\ell(\boldsymbol{x}, \boldsymbol{u})$替换原来的$\ell(\boldsymbol{x}, \boldsymbol{u})$，其中$\alpha(\boldsymbol{x})=\begin{cases}0 & x\in\mathcal{X}_f\\ 1 & x\notin\mathcal{X}_f\end{cases}$。这样，满足条件(A4)的等式情况。

5.3.4 采用终端代价函数和终端约束集

这是最一般、用得最多的情形。理想情况下，$F(\cdot)$应该取为$J_\infty^*(k)$，如果是这样的话，可获得无穷时域最优控制的优点。一般来说，只有对线性系统才能做到这一点。

1. 线性、约束系统

可取$F(\boldsymbol{x}) \triangleq \boldsymbol{x}^{\mathrm{T}}\boldsymbol{P}\boldsymbol{x}$为无穷时域无约束LQR问题的值函数（见5.3.2第1部分），取$\boldsymbol{K}_f(\boldsymbol{x})=\boldsymbol{K}\boldsymbol{x}$为无穷时域无约束LQR的解，取$\mathcal{X}_f$为系统$\boldsymbol{x}(k+1)=(\boldsymbol{A}+\boldsymbol{B}\boldsymbol{K})\boldsymbol{x}(k)$的输出可行集（输出可行集是满足约束的不变集；第4章对TSGPC所计算的吸引域，就是一个输出可行集）。这样选取三要素后，条件(A1)~(A4)得到满足（条件（A4）为等价情况）。

2. 非线性、无约束系统

可对线性化后得到的系统$\boldsymbol{x}(k+1)=\boldsymbol{A}\boldsymbol{x}(k)+\boldsymbol{B}\boldsymbol{u}(k)$，选择局部控制器$\boldsymbol{K}_f(\boldsymbol{x})=\boldsymbol{K}\boldsymbol{x}$使得$\boldsymbol{x}(k+1)=(\boldsymbol{A}+\boldsymbol{B}\boldsymbol{K})\boldsymbol{x}(k)$稳定，$\boldsymbol{x}^{\mathrm{T}}\boldsymbol{P}\boldsymbol{x}$为相应的Lyapunov函数。选择$\mathcal{X}_f$为$\boldsymbol{x}^{\mathrm{T}}\boldsymbol{P}\boldsymbol{x}$的水平集。当$\mathcal{X}_f$充分小时，条件(A1)和(A2)满足、且$\boldsymbol{x}^{\mathrm{T}}\boldsymbol{P}\boldsymbol{x}$也是$\boldsymbol{x}(k+1)=\boldsymbol{f}(\boldsymbol{x}(k), \boldsymbol{K}_f(\boldsymbol{x}(k)))$的Lyapunov函数（吸引域为$\mathcal{X}_f$）。然后，选择$F(\boldsymbol{x}) \triangleq \alpha\boldsymbol{x}^{\mathrm{T}}\boldsymbol{P}\boldsymbol{x}$使得条件(A3)和(A4)满足。尽管是对无约束系统，吸引域却经常为$\mathbb{R}^n$的子集。注意$\boldsymbol{x}^{\mathrm{T}}\boldsymbol{P}\boldsymbol{x}$为Lyapunov函数表示$F(\boldsymbol{x})$为Lyapunov函数。

选择$F(\boldsymbol{x})$为原点附近关于$\boldsymbol{x}(k+1)=\boldsymbol{f}(\boldsymbol{x}(k), \boldsymbol{K}_f(\boldsymbol{x}(k)))$的Lyapunov函数一般来说是必须的；这样选择$F(\boldsymbol{x})$后，再选择$\mathcal{X}_f \triangleq \{\boldsymbol{x} \mid F(\boldsymbol{x}) \le r\}$和$\boldsymbol{K}_f(\cdot)$使得条件(A1)~(A4)满足。

3. 非线性、约束系统

可选择$\boldsymbol{K}_f(x)=\boldsymbol{K}\boldsymbol{x}$镇定$\boldsymbol{x}(k+1)=(\boldsymbol{A}+\boldsymbol{B}\boldsymbol{K})\boldsymbol{x}(k)$，并选择$\mathcal{X}_f$满足$\mathcal{X}_f \subseteq \mathcal{X}$，$\boldsymbol{K}_f(\mathcal{X}_f) \subseteq \mathcal{U}$。这样，条件(A1)和(A2)得到满足。选择$F(\boldsymbol{x}) \triangleq \boldsymbol{x}^{\mathrm{T}}\boldsymbol{P}\boldsymbol{x}$为$\boldsymbol{x}(k+1)=\boldsymbol{f}(\boldsymbol{x}(k), \boldsymbol{K}_f(\boldsymbol{x}(k)))$的Lyapunov函数，$\mathcal{X}_f \triangleq \{\boldsymbol{x} \mid F(\boldsymbol{x}) \le r\}$，且满足Lyapunov方程：

$$F(\boldsymbol{A}\boldsymbol{x}+\boldsymbol{B}\boldsymbol{K}_f(x)) - F(\boldsymbol{x}) + \tilde{\ell}(\boldsymbol{x}, \boldsymbol{K}_f(\boldsymbol{x})) = 0$$

其中，$\tilde{\ell}(\boldsymbol{x}, \boldsymbol{u}) \triangleq \beta\ell(\boldsymbol{x}, \boldsymbol{u})$，$\beta\in(1, \infty)$。当$r$充分小时，上面的Lyapunov方程由于利用了$\beta$，可造成充分的满足条件(A3)和(A4)的裕度。

当然，如果能够这样做更好：不采用线性化模型，直接取 $F(\boldsymbol{x})$ 为针对非线性系统 $\boldsymbol{x}(k+1)=\boldsymbol{f}(x(k),\boldsymbol{K}_{\mathrm{f}}(\boldsymbol{x}(k)))$ 的无穷时域值函数，取 $\mathcal{X}_{\mathrm{f}}$ 为 $\boldsymbol{x}(k+1)=\boldsymbol{f}(\boldsymbol{x}(k),\boldsymbol{K}_{\mathrm{f}}(\boldsymbol{x}(k)))$ 的吸引域且 $\mathcal{X}_{\mathrm{f}}$ 取为不变集。这样可以满足条件(A3)和(A4)。

注解 5.6 值得说明的是，本节给出的实现方法是一些指导思想，而不是确切的定律。在实际 *MPC* 综合中，可能发生各种变化。读者可能会想到反馈线性化方法，这种方法能够把非线性系统通过反馈化成线性系统；可惜，线性的输入/状态约束却因此变成非线性的。

注解 5.7 稳定性证明中采用 $\Delta J_N^*(k+1)+\ell(\boldsymbol{x}(k),\boldsymbol{K}_N(\boldsymbol{x}(k)))\leqslant 0$，其中 $\Delta J_N^*(k+1)=J_N^*(k+1)-J_N^*(k)$。实际上，对非线性系统，求精确的最优值 $J_N^*(\cdot)$ 是不实际的；$J_N^*(\cdot)$ 可以是近似值。$\Delta J_N^*(k+1)+\ell(\boldsymbol{x}(k),\boldsymbol{K}_N(\boldsymbol{x}(k)))\leqslant 0$ 相比于 $\Delta J_N^*(k+1)<0$ 还是比较保守的，这样形成了稳定裕度，允许近似值和理论最优值间有一定的偏差。

注解 5.8 一般来说，在综合型预测控制优化问题中明确加入 $F(\cdot)$ 和 $\mathcal{X}_{\mathrm{f}}$；而 $\boldsymbol{K}_{\mathrm{f}}(\cdot)$ 并不明确加入，只是为了稳定性证明的需要。也就是说，所谓综合“三要素”，一般只有两个要素体现在综合方法中。在一些特殊的方法中，当状态进入终端约束集合时，明确采用 $\boldsymbol{K}_{\mathrm{f}}(\cdot)$。在滚动优化中，$\boldsymbol{K}_{\mathrm{f}}(\cdot)$ 可用做计算控制作用 $\tilde{\boldsymbol{u}}_N(k)$ 的初值。综合型预测控制的要点可以总结为“234”(2：$F(\cdot)$ 和 $\mathcal{X}_{\mathrm{f}}$；3 要素；4 个条件(A1)～(A4))。

5.4 一般思路：不确定系统情形

对于一般不确定系统，其预测控制的鲁棒性研究有三种思路：

1）针对标称系统设计控制器，分析该控制器当存在模型不确定性时的性能（称为固有鲁棒性）。

2）考虑所有可能的不确定性实现，采用开环“最大—最小”（min－max）单值优化预测控制。开环优化预测控制属于预测控制的常规形式，优化一组控制作用 $\tilde{\boldsymbol{u}}_N(k)$，所谓单值 $\tilde{\boldsymbol{u}}_N(k)$ 是待求的确切值（explicit value），区别于依赖未知量的表达。

3）在 min－max 优化预测控制优化问题中引入反馈。

设非线性系统的模型由下式给出：

$$\boldsymbol{x}(k+1)=\boldsymbol{f}(\boldsymbol{x}(k),\boldsymbol{u}(k),\boldsymbol{w}(k)),\ \boldsymbol{z}(k)=\boldsymbol{g}(\boldsymbol{x}(k)) \tag{5.22}$$

一些细节同前。干扰 $\boldsymbol{w}(k)\in\mathcal{W}(\boldsymbol{x}(k),\boldsymbol{u}(k))$，$\mathcal{W}(\boldsymbol{x},\boldsymbol{u})$ 为闭集，$\mathcal{W}(\boldsymbol{x},\boldsymbol{u})\supset\{\boldsymbol{0}\}$。注意在这种情况下的状态预测和性能指标预测中都包含干扰的信息。

在每个时刻 k 最小化如下性能指标：

$$J_N(k)=\sum_{i=0}^{N-1}\ell(\boldsymbol{x}(k+i|k),\boldsymbol{u}(k+i|k),\boldsymbol{w}(k+i))+F(\boldsymbol{x}(k+N|k))$$

在综合方法中，要考虑 $\boldsymbol{w}$ 所有可能的实现，故稳定性条件需要加强。三要素 $\{F(\cdot),\mathcal{X}_{\mathrm{f}},\boldsymbol{K}_{\mathrm{f}}(\cdot)\}$ 需要满足如下条件：

(A1) $\mathcal{X}_{\mathrm{f}}\subseteq\mathcal{X}$，$\mathcal{X}_{\mathrm{f}}$ 为闭集，$\mathcal{X}_{\mathrm{f}}\supset\{\boldsymbol{0}\}$；

(A2) $\boldsymbol{K}_{\mathrm{f}}(\boldsymbol{x})\in\mathcal{U}$，$\forall\boldsymbol{x}\in\mathcal{X}_{\mathrm{f}}$；

(A3a) $\boldsymbol{f}(\boldsymbol{x},\boldsymbol{K}_{\mathrm{f}}(\boldsymbol{x}),\boldsymbol{w})\in\mathcal{X}_{\mathrm{f}}$，$\forall\boldsymbol{x}\in\mathcal{X}_{\mathrm{f}}$，$\forall\boldsymbol{\omega}\in\mathcal{W}(\boldsymbol{x},\boldsymbol{K}_{\mathrm{f}}(\boldsymbol{x}))$；

(A4a) $\Delta F(\boldsymbol{f}(\boldsymbol{x},\boldsymbol{K}_{\mathrm{f}}(\boldsymbol{x}),\boldsymbol{w}))+\ell(\boldsymbol{x},\boldsymbol{K}_{\mathrm{f}}(\boldsymbol{x}),\boldsymbol{w})\leqslant 0$，$\forall\boldsymbol{x}\in\mathcal{X}_{\mathrm{f}}$，$\forall\boldsymbol{w}\in\mathcal{W}(\boldsymbol{x},\boldsymbol{K}_{\mathrm{f}}(\boldsymbol{x}))$。

适当选择三要素，则：如果 $F(\cdot)$是原点附近系统 $\boldsymbol{x}(k+1)=\boldsymbol{f}(\boldsymbol{x}(k),\boldsymbol{K}_{\mathrm{f}}(\boldsymbol{x}(k)),\boldsymbol{w}(k))$的 Lyapunov 函数，上面的 4 个条件可保证：

$$\Delta J_N^*(k+1)+\ell(\boldsymbol{x}(k),\boldsymbol{K}_N(\boldsymbol{x}(k)),\boldsymbol{w}(k))\leqslant 0$$

$\boldsymbol{x}(k)$位于适当的集合内部，$\forall \boldsymbol{w}(k)\in\mathcal{W}(\boldsymbol{x}(k),\boldsymbol{K}_N(\boldsymbol{x}(k)))$

（或 $\boldsymbol{x}(k)$位于适当的集合内部时，对所有的 $\boldsymbol{w}(k)\in\mathcal{W}(\boldsymbol{x}(k),\boldsymbol{K}_N(\boldsymbol{x}(k)))$，随着 N 的增加 $J_N^*(k)$单调不增。）。

注解 5.9　对有干扰或噪声的系统，状态可能无法收敛到原点，只能保证收敛到原点的一个邻域 $\Omega\subseteq\mathcal{X}_{\mathrm{f}}$，$\Omega$ 是不变集。当然，状态是否会收敛到原点，要根据干扰和噪声的特点。比如：对 $\boldsymbol{f}(\boldsymbol{x}(k),\boldsymbol{u}(k),\boldsymbol{w}(k))=\boldsymbol{Ax}(k)+\boldsymbol{Bu}(k)+\boldsymbol{Dw}(k)$，当 $\boldsymbol{Dw}(k)$随 k 增加不趋于零时，$\boldsymbol{x}(k)$无法收敛到原点；对 $\boldsymbol{f}(\boldsymbol{x}(k),\boldsymbol{u}(k),\boldsymbol{w}(k))=\boldsymbol{Ax}(k)+\boldsymbol{Bu}(k)+\boldsymbol{Dx}(k)w(k)$，即使 $\boldsymbol{w}(k)$随 k 增加不趋于零，$\boldsymbol{x}(k)$也能收敛到原点。

5.4.1　开环 min – max 单值优化预测控制

在标称系统的综合方法中，定义了 $S_N(\mathcal{X},\mathcal{X}_{\mathrm{f}})$且 $S_N(\mathcal{X},\mathcal{X}_{\mathrm{f}})$是系统 $\boldsymbol{x}(k+1)=\boldsymbol{f}(\boldsymbol{x}(k),\boldsymbol{K}_N(\boldsymbol{x}(k)))$的正不变集。对标称系统，如果 $\boldsymbol{x}(k)\in S_N(\mathcal{X},\mathcal{X}_{\mathrm{f}})$，则 $\boldsymbol{x}(k+1)\in S_{N-1}(\mathcal{X},\mathcal{X}_{\mathrm{f}})\subseteq S_N(\mathcal{X},\mathcal{X}_{\mathrm{f}})$；但是对不确定系统的单值优化预测控制，该性质不再成立。

在每个时刻 k 最小化如下性能指标：

$$J_N(k)=\max_{\tilde{\boldsymbol{w}}_N(k)\in\tilde{\mathcal{W}}_N(\boldsymbol{x}(k),\tilde{\boldsymbol{u}}_N(k))}V_N(\boldsymbol{x}(k),\tilde{\boldsymbol{u}}_N(k),\tilde{\boldsymbol{w}}_N(k))$$

其中，$\tilde{\boldsymbol{w}}_N(k)\triangleq\{\boldsymbol{w}(k),\boldsymbol{w}(k+1),\cdots,\boldsymbol{w}(k+N-1)\}$，$\tilde{\boldsymbol{u}}_N(k)$是单值的（single – valued），$\tilde{\mathcal{W}}_N(\boldsymbol{x}(k),\tilde{\boldsymbol{u}}_N(k))$为切换时域前所有可能的干扰序列的集合，

$$V_N(\boldsymbol{x}(k),\tilde{\boldsymbol{u}}_N(k),\tilde{\boldsymbol{w}}_N(k))=\sum_{i=0}^{N-1}\ell(\boldsymbol{x}(k+i|k),\boldsymbol{u}(k+i|k),\boldsymbol{w}(k+i))+F(\boldsymbol{x}(k+N|k))$$

$$\boldsymbol{x}(k+i+1|k)=\boldsymbol{f}(\boldsymbol{x}(k+i|k),\boldsymbol{u}(k+i|k),\boldsymbol{w}(k+i))$$

优化问题的约束同标称系统情形。假设使优化问题可解的状态集合为 $S_N^{\mathrm{ol}}(\mathcal{X},\mathcal{X}_{\mathrm{f}})\subseteq S_N(\mathcal{X},\mathcal{X}_{\mathrm{f}})$，其中上角标“ol”表示 open – loop，即采用了开环优化预测控制。

假设三要素$\{F(\cdot),\mathcal{X}_{\mathrm{f}},\boldsymbol{K}_{\mathrm{f}}(\cdot)\}$满足（A1）和（A2）及（A3a）和（A4a）。这时稳定性证明出现一个困难，描述如下：

1）假设 $\boldsymbol{x}(k)\in S_N^{\mathrm{ol}}(\mathcal{X},\mathcal{X}_{\mathrm{f}})$且优化问题有最优解 $\tilde{\boldsymbol{u}}_N^{\mathrm{ol}}(k)\triangleq\tilde{\boldsymbol{u}}_N(k)$。对所有 $\tilde{\boldsymbol{w}}_N(k)\in\tilde{\mathcal{W}}_N(\boldsymbol{x}(k),\tilde{\boldsymbol{u}}_N(k))$，该控制序列可以将所有可能的状态在不多于 N 步内驱动到$\mathcal{X}_{\mathrm{f}}$；

2）在 $k+1$ 时刻，控制序列$\{\boldsymbol{u}^*(k+1|k),\boldsymbol{u}^*(k+2|k),\cdots,\boldsymbol{u}^*(k+N-1|k)\}$可以在不多于 $N-1$ 步内将所有可能的状态驱动到$\mathcal{X}_{\mathrm{f}}$。故 $\boldsymbol{x}(k+1)\in S_{N-1}^{\mathrm{ol}}(\mathcal{X},\mathcal{X}_{\mathrm{f}})$；

3）问题是在 $k+1$ 时刻，不一定能够找到 v 使得如下的控制序列：

$$\{\boldsymbol{u}^*(k+1|k),\boldsymbol{u}^*(k+2|k),\cdots,\boldsymbol{u}^*(k+N-1|k),\boldsymbol{v}\}$$

为优化问题的可行解。这是因为 $v\in\mathcal{U}$ 需要满足

$$\boldsymbol{f}(\boldsymbol{x}^*(k+N|k),\boldsymbol{v},\boldsymbol{w}(k+N))\in\mathcal{X}_{\mathrm{f}},\ \forall\tilde{\boldsymbol{w}}_N(k)\in\tilde{\mathcal{W}}_N(\boldsymbol{x}(k),\tilde{\boldsymbol{u}}_N^*(k))\tag{5.23}$$

条件（A3a）并不保证$\boldsymbol{v}=\boldsymbol{K}_{\mathrm{f}}(\boldsymbol{x}^*(k+N|k))$时式（5.23）成立（$N=1$ 除外）；

4）在 $k+1$ 时刻找不到可行控制序列，则无法得到 $J_N^*(k+1)$ 的上界。

尽管在预测控制中可以采用标称模型，但是实际问题中总是存在模型和系统不匹配。因此，关于开环 min－max 单值优化预测控制的这一特点实际上有一般性。

克服上面困难的方法之一是采用变时域的控制策略。在该策略中，除了 $\tilde{\boldsymbol{u}}_N(k)$ 外，N 也是一个决策变量。假设在 k 时刻得到最优解 $\{\tilde{\boldsymbol{u}}_{N^*(k)}(k),\ N^*(k)\}$；则在 $k+1$ 时刻可行解为 $\{\tilde{\boldsymbol{u}}^*_{N^*(k)-1}(k),\ N^*(k)-1\}$。这样，在条件（A1）和（A2）及（A3a）和（A4a）得到满足的前提下可证明闭环稳定性，即证明

$$\Delta J^*_{N^*(k+1)}(k+1)+\ell(x(k),\ \boldsymbol{K}_{N^*(k)}(\boldsymbol{x}(k)),\ \boldsymbol{w}(k))\leqslant 0$$

$$\forall x(k)\in S^{\mathrm{ol}}_{N^*(k)}(\mathcal{X},\ \mathcal{X}_{\mathrm{f}})\backslash\mathcal{X}_{\mathrm{f}},\ \ \forall w(k)\in\mathcal{W}(\boldsymbol{x}(k),\ \boldsymbol{K}_{N^*(k)}(\boldsymbol{x}(k)))$$

其中，$\Delta J^*_{N^*(k+1)}(k+1)=J^*_{N^*(k+1)}(k+1)-J^*_{N^*(k)}(k)$。在 $\mathcal{X}_{\mathrm{f}}$ 内部，采用 $\boldsymbol{K}_{\mathrm{f}}(\cdot)$。条件（A1）和（A2）及（A3a）和（A4a）保证存在适当的 $\mathcal{X}_{\mathrm{f}}$ 和 $K_{\mathrm{f}}(\cdot)$。

注意：这里的变时域不代表 $N(k+1)\leqslant N(k)$，$N(k+1)<N(k)$ 或 $N(k+1)=N(k)-1$，而是将 $N(k)$ 作为一个决策变量。

5.4.2 闭环 min－max 优化鲁棒预测控制

尽管开环 min－max 单值优化预测控制有很多优点，但是它毕竟采用开环预测，即在预测中采用 $\tilde{\boldsymbol{u}}_N(k)$ 来对付所有可能的干扰序列。实际情形并非如此，因为预测控制每实施一个控制作用后，都可能使得状态演变的不确定性范围小一些。

在闭环优化预测控制中，不是优化 $\tilde{\boldsymbol{u}}_N(k)$，而是优化

$$\boldsymbol{\pi}_N(k)\triangleq\{\boldsymbol{u}(k),\ \boldsymbol{F}_1(x(k+1|k)),\ \cdots,\ \boldsymbol{F}_{N-1}(x(k+N-1|k))\}$$

其中，$\boldsymbol{F}_i(\cdot)$ 是状态反馈控制律而不是控制作用值（当然 $\boldsymbol{u}(k)$ 却为一个控制作用，是因为 $\boldsymbol{x}(k)$ 是已知的）。

在每个时刻 k 最小化如下性能指标：

$$J_N(k)=\max_{\tilde{\boldsymbol{w}}_N(k)\in\tilde{\mathcal{W}}_N(\boldsymbol{x}(k),\ \boldsymbol{\pi}_N(k))}V_N(\boldsymbol{x}(k),\ \boldsymbol{\pi}_N(k),\ \tilde{\boldsymbol{w}}_N(k))$$

其中，$\tilde{\mathcal{W}}_N(\boldsymbol{x}(k),\ \boldsymbol{\pi}_N(k))$ 为切换时域 N 前所有可能的干扰序列的集合，

$$\begin{aligned}V_N(\boldsymbol{x}(k),\ \boldsymbol{\pi}_N(k),\ \tilde{\boldsymbol{w}}_N(k)) &= \ell(\boldsymbol{x}(k),\ \boldsymbol{u}(k),\ \boldsymbol{w}(k))\\ &\quad+\sum_{i=1}^{N-1}\ell(\boldsymbol{x}(k+i|k),\ \boldsymbol{F}_i(\boldsymbol{x}(k+i|k)),\ \boldsymbol{w}(k+i))+F(\boldsymbol{x}(k+N|k))\end{aligned}$$

$\boldsymbol{x}(k+i+1|k)=\boldsymbol{f}(\boldsymbol{x}(k+i|k),\ \boldsymbol{F}_i(\boldsymbol{x}(k+i|k)),\ \boldsymbol{w}(k+i))$，$\boldsymbol{x}(k+1|k)=\boldsymbol{f}(\boldsymbol{x}(k),\ \boldsymbol{u}(k),\ \boldsymbol{w}(k))$

优化问题的约束同标称系统情形。假设使优化问题可解的状态集合为 $S_N^{\mathrm{fb}}(\mathcal{X},\ \mathcal{X}_{\mathrm{f}})\subseteq S_N(\mathcal{X},\ \mathcal{X}_{\mathrm{f}})$，其中上角标“fb”表示 feedback，即闭环优化预测控制也称为反馈预测控制。

假设在 k 时刻，优化问题有最优解：

$$\boldsymbol{\pi}_N^*(k)=\{\boldsymbol{u}^*(k),\ \boldsymbol{F}_1^*(\boldsymbol{x}^*(k+1|k)),\ \cdots,\ \boldsymbol{F}^*_{N-1}(\boldsymbol{x}^*(k+N-1|k))\}$$

假设条件（A1）和（A2）及（A3a）和（A4a）成立，则在 $k+1$ 时刻如下解是可行的：

$$\boldsymbol{\pi}_N(k+1)=\{\boldsymbol{F}_1^*(\boldsymbol{x}^*(k+1|k)),\ \cdots,\ \boldsymbol{F}^*_{N-1}(\boldsymbol{x}^*(k+N-1|k)),\ \boldsymbol{K}_{\mathrm{f}}(\boldsymbol{x}^*(k+N|k))\}$$

并可证明

$$\Delta J_N^*(k+1)+\ell(\boldsymbol{x}(k),\boldsymbol{K}_N(\boldsymbol{x}(k)),\boldsymbol{w}(k))\leqslant 0,\ \forall \boldsymbol{x}(k)\in S_N^{\mathrm{fb}}(\mathcal{X},\mathcal{X}_{\mathrm{f}})\backslash\mathcal{X}_{\mathrm{f}},$$
$$\forall \boldsymbol{w}(k)\in\mathcal{W}(\boldsymbol{x}(k),\boldsymbol{K}_N(\boldsymbol{x}(k)))$$

这样，再满足一些“更基本的”条件，则就可证明闭环稳定性了。

与开环 min－max 单值优化预测控制相比，闭环优化预测控制的优点包括：$S_N^{\mathrm{ol}}(\mathcal{X},\mathcal{X}_{\mathrm{f}})\subseteq S_N^{\mathrm{fb}}(\mathcal{X},\mathcal{X}_{\mathrm{f}})$，$S_N^{\mathrm{fb}}(\mathcal{X},\mathcal{X}_{\mathrm{f}})\subseteq S_{N+1}^{\mathrm{fb}}(\mathcal{X},\mathcal{X}_{\mathrm{f}})$。但是闭环优化预测控制也有致命的不足：优化问题过于复杂，一般无法求解，特殊情形除外。在以后的章节中，针对多胞描述系统，我们详细论述鲁棒预测控制，是 5.4 节论述所难以包含的。

最后，针对本章的稳定性综合方法，还须说明：采用稳定性三要素是保证预测控制稳定性的主要出路，但当然不是唯一出路，如一类称为基于 Lyapunov 的预测控制方法就有很大不同，如文献［158］。

第 6 章　状态反馈预测控制综合

经典 MPC 的不足是没有"显式地"（也作"明确地"）考虑系统的不确定性。这里所说"显式地"是指在优化求取控制作用或控制律时就考虑模型不确定性。显然，经典算法（DMC，MAC，GPC 等）都是利用一个线性模型进行预测，并优化一个标称性能指标，以反馈校正或模型在线更新来克服模型不确定性。这样，由于采用标称模型，已有的稳定性分析的结果也主要针对标称系统。

关于 MPC 的鲁棒性研究，可分为鲁棒分析（采用标称模型设计控制器并分析模型失配时的稳定性）和鲁棒综合（在控制器设计中直接考虑不确定性）。本章介绍多胞描述系统的鲁棒预测控制的综合方法，以使读者进一步认识预测控制综合方法。

所谓状态反馈预测控制，是指控制律表达为状态反馈的形式。这里的状态是指真实的测量状态，而不是估计状态。当状态不可测时，如果采用估计状态并利用估计状态进行反馈，则相应的为输出反馈预测控制。另外，前面章节的 GPC、DMC、MAC 都属于输出反馈预测控制，不过它们本来就不采用状态空间模型。

本章 6.1 和 6.2 节参考了文献［121］；6.3 节参考了文献［215］；6.4 节参考了文献［12］；6.5 节参考了文献［59］。

6.1　多胞描述系统和线性矩阵不等式

考虑如下时变不确定系统：

$$\boldsymbol{x}(k+1)=\boldsymbol{A}(k)\boldsymbol{x}(k)+\boldsymbol{B}(k)\boldsymbol{u}(k),\ [\boldsymbol{A}(k)\,|\,\boldsymbol{B}(k)]\in\Omega \tag{6.1}$$

其中，$\boldsymbol{u}\in\mathbb{R}^m$ 为控制输入，$\boldsymbol{x}\in\mathbb{R}^n$ 为状态。系统约束为

$$-\bar{\boldsymbol{u}}\leqslant\boldsymbol{u}(k+i)\leqslant\bar{\boldsymbol{u}},\ -\bar{\boldsymbol{\psi}}\leqslant\boldsymbol{\Psi}\boldsymbol{x}(k+i+1)\leqslant\bar{\boldsymbol{\psi}},\ \forall i\geqslant 0 \tag{6.2}$$

其中，$\bar{\boldsymbol{u}}=[\bar{u}_1,\bar{u}_2,\cdots,\bar{u}_m]^{\mathrm{T}}$，$\bar{u}_j>0,j\in\{1,\cdots,m\}$，$\bar{\boldsymbol{\psi}}=[\bar{\psi}_1,\bar{\psi}_2,\cdots,\bar{\psi}_q]^{\mathrm{T}}$，$\bar{\psi}_s>0$，$s\in\{1,\cdots,q\}$，$\boldsymbol{\Psi}\in\mathbb{R}^{q\times n}$。注意状态约束和输入约束考虑的时间起点不一样。这是因为当前的状态不能受到当前和未来输入的影响。

假设矩阵对 $[\boldsymbol{A}(k)\,|\,\boldsymbol{B}(k)]\in\Omega$，其中 Ω 定义为如下的"多胞"：

$$\Omega=\mathrm{Co}\{[\boldsymbol{A}_1\,|\,\boldsymbol{B}_1],[\boldsymbol{A}_2\,|\,\boldsymbol{B}_2],\cdots,[\boldsymbol{A}_L\,|\,\boldsymbol{B}_L]\},\ \forall k\geqslant 0$$

即存在 L 个非负系数 $\omega_l(k)$，$l\in\{1,\cdots,L\}$，使得

$$\sum_{l=1}^{L}\omega_l(k)=1,\ [\boldsymbol{A}(k)\,|\,\boldsymbol{B}(k)]=\sum_{l=1}^{L}\omega_l(k)[\boldsymbol{A}_l\,|\,\boldsymbol{B}_l] \tag{6.3}$$

其中，$[\boldsymbol{A}_l\,|\,\boldsymbol{B}_l]$ 称为多胞描述的顶点。记 $[\hat{\boldsymbol{A}}\,|\,\hat{\boldsymbol{B}}]\in\Omega$ 为"最接近"实际系统的标称模型（如 $[\hat{\boldsymbol{A}}\,|\,\hat{\boldsymbol{B}}]=1/L\sum_{l=1}^{L}[\boldsymbol{A}_l\,|\,\boldsymbol{B}_l]$）。

多胞（也称多模型）描述可以用两种不同的方式得到。在不同的工作点或不同的时间段内，得到同一系统（可能是非线性的）的输入输出数据。对每一组数据，得到对应的线

性模型（假设对所有数据取相同的状态变量）。以这些不同的线性模型作为顶点，即得到多胞描述。显然，假设对系统式（6.1）的分析和设计结果也适合于所有的线性子模型，是合理的。

另一种方式是对离散时间非线性时变系统 $\boldsymbol{x}(k+1)=\boldsymbol{f}(\boldsymbol{x}(k),\boldsymbol{u}(k),k)$，假设其 Jacobian 矩阵对 $[\partial \boldsymbol{f}/\partial \boldsymbol{x} \quad \partial \boldsymbol{f}/\partial \boldsymbol{u}]$ 属于多胞 Ω。则该非线性系统任何可能的动态特性都被多包描述系统的动态特性所包含（存在属于 Ω 的时变系统，其动态响应与非线性系统的动态响应相同）。关于 $\omega_l(k)$ 与 $x(k)$ 的依赖关系，以及与对应的非线性描述的关系，读者还可将文献［159］作为一个例子。对一个非线性模型进行多胞包含，可采用多个多胞描述模型，见文献［256］，这种包含甚至可以在线进行，见文献［89，90］。

线性矩阵不等式（LMI）特别适合于对多胞描述系统进行分析和控制器设计。LMI 是指如下形式的不等式：

$$\boldsymbol{F}(\boldsymbol{v}) = \boldsymbol{F}_0 + \sum_{i=1}^{l} v_i \boldsymbol{F}_i > 0 \tag{6.4}$$

其中，v_1，v_2，…，v_l 为变量，$\boldsymbol{F}_i$ 为给定的对称矩阵，$\boldsymbol{F}(\boldsymbol{v})>0$ 表示 $\boldsymbol{F}(\boldsymbol{v})$ 为正定。在很多问题中，变量都是矩阵的形式，因此通常不再将 LMI 写成式（6.4）中的统一形式。在将不等式化成 LMI 时经常用到 Schur 补引理。

Schur 补引理　给定 $\boldsymbol{Q}(\boldsymbol{v})=\boldsymbol{Q}(\boldsymbol{v})^{\mathrm{T}}$，$\boldsymbol{R}(\boldsymbol{v})=R(\boldsymbol{v})^{\mathrm{T}}$，$\boldsymbol{S}(\boldsymbol{v})$，则如下三组不等式是等价的：

1） $\begin{bmatrix} \boldsymbol{Q}(\boldsymbol{v}) & \boldsymbol{S}(\boldsymbol{v}) \\ \boldsymbol{S}(\boldsymbol{v})^{\mathrm{T}} & \boldsymbol{R}(\boldsymbol{v}) \end{bmatrix} > 0$；

2） $\boldsymbol{R}(\boldsymbol{v})>0$，$\boldsymbol{Q}(\boldsymbol{v})-\boldsymbol{S}(\boldsymbol{v})\boldsymbol{R}(\boldsymbol{v})^{-1}\boldsymbol{S}(\boldsymbol{v})^{\mathrm{T}}>0$；

3） $\boldsymbol{Q}(\boldsymbol{v})>0$，$\boldsymbol{R}(\boldsymbol{v})-\boldsymbol{S}(\boldsymbol{v})^{\mathrm{T}}\boldsymbol{Q}(\boldsymbol{v})^{-1}\boldsymbol{S}(\boldsymbol{v})>0$。

注解 6.1　在 Schur 补引理中，并没有要求不等式 1）为 LMI。如果记 $\boldsymbol{F}(\boldsymbol{v})=\begin{bmatrix} \boldsymbol{Q}(\boldsymbol{v}) & \boldsymbol{S}(\boldsymbol{v}) \\ \boldsymbol{S}(\boldsymbol{v})^{\mathrm{T}} & \boldsymbol{R}(\boldsymbol{v}) \end{bmatrix}$，且 $\boldsymbol{F}(\boldsymbol{v})$ 可以表示成式（6.4）的形式，则 1）才是 LMI。在控制器综合中，一般遇到 2）和 3）形式的矩阵不等式，但不能表示成式（6.4）的形式（即不是 LMI），因此运用 Schur 补引理将 2）和 3）形式的矩阵不等式等价地变换成 1）形式的 LMI。

在 MPC 综合方法中，经常遇到的是最小化一个线性函数，满足一组 LMI，即

$$\min_{v} \boldsymbol{c}^{\mathrm{T}}\boldsymbol{v}, \ \text{s.t.} \ \boldsymbol{F}(\boldsymbol{v})>0 \tag{6.5}$$

这是一个凸优化问题，可以在有限时间内找到最优解（见文献［31］）。

6.2　基于 worst-case 性能指标的在线方法：零时域

考虑如下的二次型性能指标：

$$J_{\infty}(k) = \sum_{i=0}^{\infty} \left[\| \boldsymbol{x}(k+i|k) \|_{\boldsymbol{W}}^2 + \| \boldsymbol{u}(k+i|k) \|_{\boldsymbol{R}}^2 \right]$$

其中，$\boldsymbol{W}>0$ 和 $\boldsymbol{R}>0$ 都是对称的加权矩阵。采用该性能指标的 MPC 称为无穷时域 MPC。我们要求解如下的优化问题：

$$\min_{\boldsymbol{u}(k+i|k),\, i\geqslant 0}\ \max_{[\boldsymbol{A}(k+i)\,|\,\boldsymbol{B}(k+i)]\in\Omega,\, i\geqslant 0} J_\infty(k) \tag{6.6}$$

$$\text{s.t.}\quad -\bar{\boldsymbol{u}}\leqslant \boldsymbol{u}(k+i|k)\leqslant \bar{\boldsymbol{u}},\ -\bar{\boldsymbol{\psi}}\leqslant \boldsymbol{\Psi x}(k+i+1|k)\leqslant \bar{\boldsymbol{\psi}} \tag{6.7}$$

$$\boldsymbol{x}(k+i+1|k)=\boldsymbol{A}(k+i)x(k+i|k)+\boldsymbol{B}(k+i)\boldsymbol{u}(k+i|k),\ \boldsymbol{x}(k|k)=\boldsymbol{x}(k) \tag{6.8}$$

式(6.6)~式(6.8)是一个“min - max”优化问题。其中“max”运算是在 Ω 中，找到 $[\boldsymbol{A}(k+i)\,|\,\boldsymbol{B}(k+i)]\in\Omega$，使得基此预测时，得到最大的 $J_\infty(k)$（或称 $J_\infty(k)$ 的最坏值）。“min”运算是通过寻找 $\boldsymbol{u}(k+i|k)$ 最小化该最坏值。总之，“min - max”运算是找到 $\boldsymbol{u}(k+i|k)$ 和 $\omega_l(k+i|k)(i\geqslant 0)$ 使得 $J_\infty^*(k)$ 被求出的时候，$J_\infty(k)$ 的最大值被最小化。如果是有限时域优化（而不是无穷时域优化），这样的“min - max”优化问题是凸的（即有唯一的最优解），但是在计算上却是不可行的（在有限时间内无法保证找到最优解）。

6.2.1 性能指标的处理和无约束预测控制

为了简化式(6.6)~式(6.8)的求解，我们将推导性能指标的上界，然后采用如下的控制律形式最小化该上界：

$$\boldsymbol{u}(k+i|k)=\boldsymbol{Fx}(k+i|k),\ i\geqslant 0 \tag{6.9}$$

为定义上界，定义二次型函数 $V(\boldsymbol{x})=\boldsymbol{x}^{\mathrm{T}}\boldsymbol{Px}$，$\boldsymbol{P}>0$ 并令该函数满足：

$$V(\boldsymbol{x}(k+i+1|k))-V(\boldsymbol{x}(k+i|k))\leqslant -[\|\boldsymbol{x}(k+i|k)\|_{\boldsymbol{W}}^2+\|\boldsymbol{u}(k+i|k)\|_{\boldsymbol{R}}^2] \tag{6.10}$$

为了使性能函数值是有界的，一定会满足：$\boldsymbol{x}(\infty|k)=\boldsymbol{0}$，$V(\boldsymbol{x}(\infty|k))=0$。将式（6.10）从 $i=0$ 到 $i=\infty$ 进行叠加，得

$$\max_{[\boldsymbol{A}(k+i)\,|\,\boldsymbol{B}(k+i)]\in\Omega,\, i\geqslant 0} J_\infty(k)\leqslant V(\boldsymbol{x}(k|k))$$

即 $V(\boldsymbol{x}(k|k))$ 是性能指标的上界。

这样，MPC 问题被进一步转变为：在每个时刻 k，寻找式（6.9）使 $V(\boldsymbol{x}(k|k))$ 最小化，但是只实施 $\boldsymbol{u}(k|k)=\boldsymbol{Fx}(k|k)$；在下个时刻 $k+1$，根据新的测量值 $\boldsymbol{x}(k+1)$，重复相同的优化问题，得到新的 $\boldsymbol{F}$。

定义标量 $\gamma>0$ 并令

$$V(\boldsymbol{x}(k|k))\leqslant\gamma \tag{6.11}$$

则最小化 $\max_{[\boldsymbol{A}(k+i)\,|\,\boldsymbol{B}(k+i)]\in\Omega,\, i\geqslant 0} J_\infty(k)$ 被近似为最小化 γ 并满足式（6.11）。定义矩阵 $\boldsymbol{Q}=\gamma\boldsymbol{P}^{-1}$，则由 Schur 补引理知道式（6.11）与下列 LMI 是等价的：

$$\begin{bmatrix} 1 & \boldsymbol{x}(k|k)^{\mathrm{T}} \\ \boldsymbol{x}(k|k) & \boldsymbol{Q}\end{bmatrix}\geqslant 0 \tag{6.12}$$

将式（6.9）代入式（6.10），得到

$$\boldsymbol{x}(k+i|k)^{\mathrm{T}}\{[\boldsymbol{A}(k+i)+\boldsymbol{B}(k+i)\boldsymbol{F}]^{\mathrm{T}}\boldsymbol{P}[\boldsymbol{A}(k+i)+\boldsymbol{B}(k+i)F]-\boldsymbol{P}+\boldsymbol{F}^{\mathrm{T}}\boldsymbol{RF}+\boldsymbol{W}\}\boldsymbol{x}(k+i|k)\leqslant 0 \tag{6.13}$$

式（6.14）可保证式（6.13）对所有 $i\geqslant 0$ 满足：

$$[\boldsymbol{A}(k+i)+\boldsymbol{B}(k+i)\boldsymbol{F}]^{\mathrm{T}}\boldsymbol{P}[\boldsymbol{A}(k+i)+\boldsymbol{B}(k+i)\boldsymbol{F}]-\boldsymbol{P}+\boldsymbol{F}^{\mathrm{T}}\boldsymbol{RF}+\boldsymbol{W}\leqslant 0 \tag{6.14}$$

定义 $\boldsymbol{F}=\boldsymbol{Y}\boldsymbol{Q}^{-1}$。将 $\boldsymbol{P}=\gamma\boldsymbol{Q}^{-1}$ 和 $\boldsymbol{F}=\boldsymbol{YQ}^{-1}$ 代入式（6.14），在式（6.14）两边乘 $\boldsymbol{Q}$，并利用 Schur 补引理，可知道式（6.14）等价于如下的 LMI：

$$\begin{bmatrix} Q & \star & \star & \star \\ A(k+i)Q+B(k+i)Y & Q & \star & \star \\ W^{1/2}Q & 0 & \gamma I & \star \\ R^{1/2}Y & 0 & 0 & \gamma I \end{bmatrix} \geqslant 0 \tag{6.15}$$

式“★”一致表示对称位置的分块。式(6.15)关于$[A(k+i)B(k+i)]$是仿射的（满足线性叠加原理）。因此，式（6.15）满足当且仅当如下 LMI 满足：

$$\begin{bmatrix} Q & \star & \star & \star \\ A_lQ+B_lY & Q & \star & \star \\ W^{1/2}Q & 0 & \gamma I & \star \\ R^{1/2}Y & 0 & 0 & \gamma I \end{bmatrix} \geqslant 0,\ l\in\{1,\cdots,L\} \tag{6.16}$$

注意，严格地说，上面的γ，Q，P，F，Y应表示为$\gamma(k)$，$Q(k)$，$P(k)$，$F(k)$，$Y(k)$。在预测控制的实际实施中，这些参数都可能是随k发生变化的。当$L=1$时，求解如下问题得到离散时间无穷时域线性无约束二次型调节器（LQR）问题的最优解$F=YQ^{-1}$：

$$\min_{\gamma,Q,Y}\gamma,\ \text{s. t. 式(6.12)，式(6.16)} \tag{6.17}$$

该解F与状态x没有关系，即不管x是什么值，最优解F是唯一的。

当$L>1$时，显然式(6.6)～式(6.8)包含对应的 LQR 问题，并且比 LQR 问题要复杂得多。当$L>1$时，求解式（6.17）得到不考虑输入/状态约束情况下的式(6.6)～式(6.8)的近似解。该近似解与x直接相关，即随着x的不同，解F也不相同。这说明，即使不考虑硬约束，滚动求解式（6.17）与采用单个的F相比，也可显著改进性能。

6.2.2 约束的处理

对约束的处理，重要的是用到不变椭圆集合（简称不变椭圆）的概念。考虑上面的定义γ，Q，P，F，Y，并记$\varepsilon=\{z|z^TQ^{-1}z\leqslant 1\}=\{z|z^TPz\leqslant\gamma\}$。则$\varepsilon$是一个椭圆形集合。当满足式(6.12)和式(6.16)时，ε是一个不变椭圆，即

$$x(k|k)\in\varepsilon\Rightarrow x(k+i|k)\in\varepsilon,\ \forall i\geqslant 1$$

首先考虑式(6.6)～式(6.8)中的输入约束：$-\bar{u}\leqslant u(k+i|k)\leqslant\bar{u}$。由于$\varepsilon$是不变椭圆，考虑$u$的第$j$个元素，令$\xi_j$表示$m$阶单位矩阵的第$j$行，我们可以做如下推导：

$$\begin{aligned}&\max_{i\geqslant 0}|\xi_j u(k+i|k)|^2=\max_{i\geqslant 0}|\xi_j YQ^{-1}x(k+i|k|)^2\\ &\leqslant\max_{z\in\varepsilon}|\xi_j YQ^{-1}z|^2\leqslant\max_{z\in\varepsilon}\|\xi_j YQ^{-1/2}\|_2^2\|Q^{-1/2}z\|_2^2\\ &\leqslant\|\xi_j YQ^{-1/2}\|_2^2=(YQ^{-1}Y^T)_{jj}\end{aligned}$$

其中，$(\bullet)_{jj}$为方阵的第j个对角元素，$\|\bullet\|_2$为2－范数。因此，如果存在对称矩阵Z满足（利用了 Schur 补引理）

$$\begin{bmatrix} Z & Y \\ Y^T & Q\end{bmatrix}\geqslant 0,\ Z_{jj}\leqslant\bar{u}_j^2,\ j\in\{1,\cdots,m\} \tag{6.18}$$

则$|u_j(k+i|k)|\leqslant\bar{u}_j$，$j\in\{1,2,\cdots,m\}$。

式（6.18）是满足输入约束的一个充分条件（不是必要的）。一般来说，采用式（6.18）处理输入约束不是很保守，尤其是在对付标称系统时更是如此。

然后考虑状态约束：$-\bar{\boldsymbol{\psi}}\leqslant\boldsymbol{\Psi x}(k+i+1|k)\leqslant\bar{\boldsymbol{\psi}}$。由于 ε 是不变椭圆，令 $\boldsymbol{\xi}_s$ 为 q 阶单位矩阵的第 s 行，我们可以做如下推导：

$$\begin{aligned}\max_{i\geqslant 0}|\boldsymbol{\xi}_s\boldsymbol{x}(k+i+1|k)| &= \max_{i\geqslant 0}|\boldsymbol{\xi}_s[\boldsymbol{A}(k+i)+\boldsymbol{B}(k+i)\boldsymbol{F}]\boldsymbol{x}(k+i|k)|\\ &= \max_{i\geqslant 0}|\boldsymbol{\xi}_s[\boldsymbol{A}(k+i)+\boldsymbol{B}(k+i)\boldsymbol{F}]\boldsymbol{Q}^{1/2}\boldsymbol{Q}^{-1/2}\boldsymbol{x}(k+i|k)|\\ &\leqslant \max_{i\geqslant 0}\|\boldsymbol{\xi}_s[\boldsymbol{A}(k+i)+\boldsymbol{B}(k+i)\boldsymbol{F}]\boldsymbol{Q}^{1/2}\|\ \|\boldsymbol{Q}^{-1/2}\boldsymbol{x}(k+i|k)\|\\ &\leqslant \max_{i\geqslant 0}\|\boldsymbol{\xi}_s[\boldsymbol{A}(k+i)+\boldsymbol{B}(k+i)\boldsymbol{F}]\boldsymbol{Q}^{1/2}\|\end{aligned}$$

因此，如果存在对称矩阵 $\boldsymbol{\Gamma}$ 满足（利用了 Schur 补引理）

$$\begin{bmatrix}\boldsymbol{Q} & \star\\ \boldsymbol{\Psi}[\boldsymbol{A}(k+i)\boldsymbol{Q}+\boldsymbol{B}(k+i)\boldsymbol{Y}] & \boldsymbol{\Gamma}\end{bmatrix}\geqslant 0,\ \Gamma_{ss}\leqslant\bar{\psi}_s^2,\ s\in\{1,2,\cdots,q\} \tag{6.19}$$

则 $|\boldsymbol{\xi}_s\boldsymbol{x}(k+i+1|k)|\leqslant\bar{\psi}_s, s\in\{1,2,\cdots,q\}$。

式（6.19）关于 $[\boldsymbol{A}(k+i)\ \ \boldsymbol{B}(k+i)]$ 是仿射的（满足线性叠加原理）。因此，式（6.19）满足当且仅当如下 LMI 满足：

$$\begin{bmatrix}\boldsymbol{Q} & \star\\ \boldsymbol{\Psi}(\boldsymbol{A}_l\boldsymbol{Q}+\boldsymbol{B}_l\boldsymbol{Y}) & \boldsymbol{\Gamma}\end{bmatrix}\geqslant 0,\ \Gamma_{ss}\leqslant\bar{\psi}_s^2,\ l\in\{1,2,\cdots,L\},\ s\in\{1,2,\cdots,q\} \tag{6.20}$$

现在，整个优化问题式（6.6）~式(6.8）被近似地转变为如下的优化问题：

$$\min_{\gamma,\boldsymbol{Q},\boldsymbol{Y},\boldsymbol{Z},\boldsymbol{\Gamma}}\gamma,\ \text{s.t. 式(6.12)，式(6.16)，式(6.18)，式(6.20)} \tag{6.21}$$

通过以上推导得到的预测控制具有如下的重要性质：

引理 6.1 （递推可行性）优化问题式（6.21）在 k 时刻的可行解也是该优化问题在任意 $t>k$ 时刻的可行解。因此，如果优化问题式（6.21）在 k 时刻可行，它必在任意 $t>k$ 时刻也可行。

证明 6.1 假设式（6.21）在 k 时刻是可行的。在式（6.21）中唯一与测量状态 $\boldsymbol{x}(k|k)=\boldsymbol{x}(k)$ 有关的 LMI 是

$$\begin{bmatrix}1 & \boldsymbol{x}(k|k)^{\mathrm{T}}\\ \boldsymbol{x}(k|k) & \boldsymbol{Q}\end{bmatrix}\geqslant 0$$

因此，为了证明引理 6.1，我们仅需要证明该 LMI 对所有未来的测量状态 $\boldsymbol{x}(k+i|k+i)=\boldsymbol{x}(k+i)$ 是满足的。

在以上的讨论中，我们已经说明了：当满足式（6.12）和式（6.16）时

$$\boldsymbol{x}(k+i|k)^{\mathrm{T}}\boldsymbol{Q}^{-1}\boldsymbol{x}(k+i|k)<1,\ i\geqslant 1$$

考虑状态在 $k+1$ 时刻的测量值，则存在 $[\boldsymbol{A}|\boldsymbol{B}]\in\Omega$ 使得

$$\boldsymbol{x}(k+1|k+1)=\boldsymbol{x}(k+1)=(\boldsymbol{A}+\boldsymbol{BF})\boldsymbol{x}(k|k) \tag{6.22}$$

式（6.22）与

$$\boldsymbol{x}(k+1|k)=[\boldsymbol{A}(k)+\boldsymbol{B}(k)\boldsymbol{F}]\boldsymbol{x}(k|k) \tag{6.23}$$

的不同在于 $\boldsymbol{x}(k+1|k)$ 是不确定的，而 $\boldsymbol{x}(k+1|k+1)$ 是确定的测量值。显然，$\boldsymbol{x}(k+1|k)^{\mathrm{T}}\boldsymbol{Q}^{-1}\boldsymbol{x}(k+1|k)\leqslant 1$ 必导致 $\boldsymbol{x}(k+1|k+1)^{\mathrm{T}}\boldsymbol{Q}^{-1}\boldsymbol{x}(k+1|k+1)<1$。因此，式（6.21）在 k 时刻的可行解也是其在 $k+1$ 时刻的可行解。即优化问题式（6.21）在 $k+1$ 时刻也可行。

类似地，我们可针对 $k+2$，$k+3$ 等，得到与 $k+1$ 时相同的结果。

证毕。

定理6.2 （稳定性）假设优化问题式（6.21）在 $k=0$ 时刻存在可行解。则通过滚动地实施 $\boldsymbol{u}(k)=\boldsymbol{F}(k)\boldsymbol{x}(k)=\boldsymbol{Y}(k)\boldsymbol{Q}(k)^{-1}\boldsymbol{x}(k)$，闭环系统是鲁棒渐近稳定的。

证明6.2 用上角标"$*$"标记最优解。为了证明渐近稳定，我们需要说明 γ^* 关于 k 是严格单调减小的。

首先，假设优化问题式（6.21）在 $k=0$ 时刻存在可行解。那么根据引理6.1，式（6.21）在任何时刻 $k>0$ 也存在可行解。在每个时刻 k，优化问题式（6.21）是凸优化，因此存在唯一最优解。注意：一般地说，最优解只有一个，可行解可以有无穷多个。

由于式（6.10）得到满足，所以

$$\boldsymbol{x}^*(k+1|k)^{\mathrm{T}}\boldsymbol{P}^*(k)\boldsymbol{x}^*(k+1|k)\leqslant\boldsymbol{x}(k|k)^{\mathrm{T}}\boldsymbol{P}^*(k)\boldsymbol{x}(k|k)-[\|\boldsymbol{x}(k)\|_{\boldsymbol{W}}^2+\|\boldsymbol{u}^*(k)\|_{\boldsymbol{R}}^2] \tag{6.24}$$

由于 $\boldsymbol{x}^*(k+1|k)$ 是预测状态而 $\boldsymbol{x}(k+1|k+1)$ 是实测状态，式（6.24）满足必然导致

$$\boldsymbol{x}(k+1|k+1)^{\mathrm{T}}\boldsymbol{P}^*(k)\boldsymbol{x}(k+1|k+1)\leqslant\boldsymbol{x}(k|k)^{\mathrm{T}}\boldsymbol{P}^*(k)\boldsymbol{x}(k|k)-[\|\boldsymbol{x}(k)\|_{\boldsymbol{W}}^2+\|\boldsymbol{u}^*(k)\|_{\boldsymbol{R}}^2] \tag{6.25}$$

现在，注意

$$\boldsymbol{x}(k+1|k+1)^{\mathrm{T}}\boldsymbol{P}(k+1)\boldsymbol{x}(k+1|k+1)\leqslant\gamma(k+1),\ \boldsymbol{x}(k|k)^{\mathrm{T}}\boldsymbol{P}^*(k)\boldsymbol{x}(k|k)\leqslant\gamma^*(k)$$

根据式（6.25），并观察式（6.21）中的4个LMI，可知

$$\gamma(k+1)=\gamma^*(k)-[\|\boldsymbol{x}(k)\|_{\boldsymbol{W}}^2+\|\boldsymbol{u}^*(k)\|_{\boldsymbol{R}}^2]$$

$$\{\boldsymbol{Q},\ \boldsymbol{Y},\ \boldsymbol{Z},\ \boldsymbol{\Gamma}\}(k+1)=\frac{\gamma(k+1)}{\gamma^*(k)}\{\boldsymbol{Q},\ \boldsymbol{Y},\ \boldsymbol{Z},\ \boldsymbol{\Gamma}\}^*(k)$$

为 $k+1$ 时刻的可行解。在 $k+1$ 时刻，该 $\gamma(k+1)$ 仅仅作为可行解、而不是最优解，故成立 $\gamma^*(k+1)\leqslant\gamma(k+1)$。进而

$$\gamma^*(k+1)-\gamma^*(k)\leqslant-[\|\boldsymbol{x}(k)\|_{\boldsymbol{W}}^2+\|\boldsymbol{u}^*(k)\|_{\boldsymbol{R}}^2]\leqslant-\lambda_{\min}(\boldsymbol{W})\|\boldsymbol{x}(k)\|^2 \tag{6.26}$$

式（6.26）说明 $\gamma^*(k)$ 关于 k 是严格单调减小的，可作为Lyapunov函数。因此，$\lim_{k\to\infty}\boldsymbol{x}(k)=0$。

证毕。

如今，文献［121］的方法和技术已经得到广泛的应用，当然主要在理论探讨和研究方面，如文献［240, 217, 23, 241］。文献［121］的方法已经被推广到处理有界任意数据丢包等网络现象的网络控制问题，在预测控制中应用时—与非MPC相比—有其额外的难度，可参考文献［103, 257］。

注解6.2 可以进一步定义 $\boldsymbol{F}(k)=\boldsymbol{Y}\boldsymbol{G}^{-1}$（而不是定义 $\boldsymbol{F}(k)=\boldsymbol{Y}\boldsymbol{Q}^{-1}$）。对式（6.16）采用 $\mathrm{diag}\{\boldsymbol{Q}^{-1}\boldsymbol{G}^{-1},\ \boldsymbol{0},\ \boldsymbol{0},\ \boldsymbol{0}\}$ 进行合同变换，得到

$$\begin{bmatrix}\boldsymbol{G}+\boldsymbol{G}^{\mathrm{T}}-\boldsymbol{Q} & \star & \star & \star\\ \boldsymbol{A}_l\boldsymbol{G}+\boldsymbol{B}_l\boldsymbol{Y} & \boldsymbol{Q} & \star & \star\\ \boldsymbol{W}^{1/2}\boldsymbol{G} & \boldsymbol{0} & \gamma\boldsymbol{I} & \star\\ \boldsymbol{R}^{1/2}\boldsymbol{Y} & \boldsymbol{0} & \boldsymbol{0} & \gamma\boldsymbol{I}\end{bmatrix}\geqslant0,\ l\in\{1,\ \cdots,\ L\} \tag{6.27}$$

其中用到了

$$(\boldsymbol{G}-\boldsymbol{Q})^{\mathrm{T}}\boldsymbol{Q}^{-1}(\boldsymbol{G}-\boldsymbol{Q})\geqslant 0\Rightarrow \boldsymbol{G}^{\mathrm{T}}+\boldsymbol{G}-\boldsymbol{Q}\leqslant \boldsymbol{G}^{\mathrm{T}}\boldsymbol{Q}^{-1}\boldsymbol{G}$$

而当如下的 LMI：

$$\begin{bmatrix} \boldsymbol{Z} & \boldsymbol{Y} \\ \boldsymbol{Y}^{\mathrm{T}} & \boldsymbol{G}+\boldsymbol{G}^{\mathrm{T}}-\boldsymbol{Q} \end{bmatrix}\geqslant 0,\ Z_{jj}\leqslant \bar{u}_j^2,\ j\in\{1,\ \cdots,\ m\} \tag{6.28}$$

$$\begin{bmatrix} \boldsymbol{G}+\boldsymbol{G}^{\mathrm{T}}-\boldsymbol{Q} & \star \\ \boldsymbol{\Psi}(\boldsymbol{A}_l\boldsymbol{G}+\boldsymbol{B}_l\boldsymbol{Y}) & \boldsymbol{\Gamma} \end{bmatrix}\geqslant 0,\ \Gamma_{ss}\leqslant \bar{\psi}_s^2,\ l\in\{1,\ \cdots,\ L\},\ s=\{1,\ \cdots,\ q\} \tag{6.29}$$

满足时，约束式（6.7）也满足。

对每一个固定的 $x(k|k)$，{式(6.12)，式(6.27)，式(6.28)，式(6.29)} 在可行性和最优性上与{式(6.12)，式(6.16)，式(6.18)，式(6.20)} 等价，前者可通过后者经合同变换得到，而在前者中取 $\boldsymbol{G}=\boldsymbol{Q}$ 得到后者。但是，{式(6.12)，式(6.27)，式(6.28)，式(6.29)} 改进了数值特性，在滚动实施后通常比{式(6.12)，式(6.16)，式(6.18)，式(6.20)} 更好。

注解 6.3 若所控制的实际系统是连续时间系统，但采用离散时间控制器，则其中一个隐含的假设是控制作用的求解在瞬间（instantaneous）完成。对本节的控制器，在 k 时刻求解控制作用时，假设瞬间完成对高阶系统是不合理的；也就是说，当得到 $\boldsymbol{u}(k)$ 并施加于实际系统时，已经不是在 k 时刻！一个弥补方法是在 k 时刻求解 $k+1$ 时刻的控制律，在一个采样周期内得到控制律，在 $k+1$ 时刻及时实施，称相应的 MPC 为“一步优化周期 MPC”。采用一步优化周期 MPC 时，只要将（6.12）替换为

$$\begin{bmatrix} 1 & \star \\ \boldsymbol{A}_l\boldsymbol{x}(k|k)+\boldsymbol{B}_l\boldsymbol{u}(k) & Q \end{bmatrix}\geqslant 0,\ l\in\{1,\ 2,\ \cdots,\ L\}$$

注意在 k 时刻“瞬间”实施 $\boldsymbol{u}(k)=\boldsymbol{F}(k)\boldsymbol{x}(k)$，并计算 $\boldsymbol{F}(k+1)=\boldsymbol{Y}(k)\boldsymbol{Q}(k)^{-1}$。

6.3 基于 worst－case 性能指标的离线方法：零时域

在本节中，我们基于“渐近稳定不变椭圆”的概念，设计离线型预测控制。所谓“离线”，是指所有优化计算都是离线完成的。离线优化一系列控制律，每个控制律对应相应的吸引域。在线实施控制算法时，只需要计算状态所在的吸引域，选择其对应的控制律。

定义 6.1 给定离散动态系统 $\boldsymbol{x}(k+1)=\boldsymbol{f}(\boldsymbol{x}(k))$ 和集合 $\varepsilon=\{\boldsymbol{x}\in\mathbb{R}^n|\boldsymbol{x}^{\mathrm{T}}\boldsymbol{Q}^{-1}\boldsymbol{x}\leqslant 1\}$。如果

$$\boldsymbol{x}(k_1)\in\varepsilon\Rightarrow\boldsymbol{x}(k)\in\varepsilon,\ \forall k\geqslant k_1,\ \lim_{k\to\infty}\boldsymbol{x}(k)=\boldsymbol{0}$$

则称为 ε 为渐近稳定不变椭圆。

显然，由求解式（6.21）得到 $\{\boldsymbol{F},\ \boldsymbol{Q}\}$，则 $\boldsymbol{Q}$ 对应的椭圆 ε 为渐近稳定不变椭圆。如果我们离线求解一系列的（如 N 个；注意这里 N 不是切换时域，却采用了和切换时域同样的符号；读者可体会到：这个 N 和切换时域的概念也是不无关联的）ε，每个 ε 对应各自的 $\boldsymbol{F}$，则在线地，我们可根据状态所在的 ε，选取相应的 $\boldsymbol{F}$。当我们把椭圆取得“足够密”时，很容易想象我们能够在某种程度上使离线 MPC 近似上一节的在线 MPC。

从在线方法我们知道，最优控制律以及对应的渐近稳定不变椭圆与状态息息相关。尽管一个控制律可以用于对应的椭圆中的所有状态，但不一定是最优的（我们通常只能肯定：反馈增益 $\boldsymbol{F}_i$ 只是针对椭圆 ε_i 上的一个点 $\boldsymbol{x}_i$ 是最优的）。因此，离线方法在大大降低在线计

算量的同时，却使得“最优性”大大受损。

在上面的算法中，我们还看到 $\boldsymbol{x}_i$ 的选择很大程度上是任意的。不过一般来说，我们可以选择 $\boldsymbol{x}^{\max}$ 尽量远离原点 $\boldsymbol{x}=\boldsymbol{0}$；在此基础上，我们可选择 $\boldsymbol{x}_i=\beta_i\boldsymbol{x}^{\max}$，$\beta_1=1$，$1>\beta_2>\cdots>\beta_N>0$。

定理 6.3　（稳定性）给定 $\boldsymbol{x}(0)\in\varepsilon_1$，则采用算法 6.1 时闭环系统渐近稳定。进一步，如果式（6.30）对所有 $i\neq N$ 满足，则算法 6.1 中的控制律式（6.31）关于状态 $\boldsymbol{x}$ 是连续的。

算法 6.1

步骤 1. 离线地，选取状态点 $\boldsymbol{x}_i$，$i\in\{1,\cdots,N\}$。用 $\boldsymbol{x}_i$ 代替式（6.12）中的 $\boldsymbol{x}(k|k)$，并求解式（6.21）获得对应的矩阵 $\{\boldsymbol{Q}_i,\boldsymbol{Y}_i\}$，椭圆域 $\varepsilon_i=\{\boldsymbol{x}\in\mathbb{R}^n|\boldsymbol{x}^{\mathrm{T}}\boldsymbol{Q}_i^{-1}\boldsymbol{x}\leqslant 1\}$ 和反馈增益 $\boldsymbol{F}_i=\boldsymbol{Y}_i\boldsymbol{Q}_i^{-1}$。注意 $\boldsymbol{x}_i$ 的选取应保证 $\varepsilon_j\subset\varepsilon_{j-1}$，$\forall j\in\{2,\cdots,N\}$。对 $i\neq N$，检验下式是否满足：

$$\boldsymbol{Q}_i^{-1}-(\boldsymbol{A}_l+\boldsymbol{B}_l\boldsymbol{F}_{i+1})^{\mathrm{T}}\boldsymbol{Q}_i^{-1}(\boldsymbol{A}_l+\boldsymbol{B}_l\boldsymbol{F}_{i+1})>0,\ l\in\{1,\cdots,L\} \tag{6.30}$$

步骤 2. 在线地，在每一时刻 k，采用如下状态反馈控制律：

$$\boldsymbol{u}(k)=\boldsymbol{F}(k)\boldsymbol{x}(k)=\begin{cases}\boldsymbol{F}(\alpha_i(k))\boldsymbol{x}(k),\ \boldsymbol{x}(k)\in\varepsilon_i,\ \boldsymbol{x}(k)\notin\varepsilon_{i+1},\ i\neq N\\ \boldsymbol{F}_N\boldsymbol{x}(k),\ \boldsymbol{x}(k)\in\varepsilon_N\end{cases} \tag{6.31}$$

其中，$\boldsymbol{F}(\alpha_i(k))=\alpha_i(k)\boldsymbol{F}_i+(1-\alpha_i(k))\boldsymbol{F}_{i+1}$，且

1）如果式（6.30）满足，则 $0<\alpha_i(k)\leqslant 1$，$\boldsymbol{x}(k)^{\mathrm{T}}[\alpha_i(k)\boldsymbol{Q}_i^{-1}+(1-\alpha_i(k))\boldsymbol{Q}_{i+1}^{-1}]\boldsymbol{x}(k)=1$；

2）如果式（6.30）不满足，则 $\alpha_i(k)=1$。

证明 6.3　我们仅考虑“式（6.30）对所有 $i\neq N$”都满足的情形（其他情形更加简单）。

闭环系统为

$$\boldsymbol{x}(k+1)=\begin{cases}[\boldsymbol{A}(k)+\boldsymbol{B}(k)\boldsymbol{F}(\alpha_i(k))]\boldsymbol{x}(k),\ \boldsymbol{x}(k)\in\varepsilon_i,\ \boldsymbol{x}(k)\notin\varepsilon_{i+1},\ i\neq N\\ [\boldsymbol{A}(k)+\boldsymbol{B}(k)\boldsymbol{F}_N]\boldsymbol{x}(k),\ \boldsymbol{x}(k)\in\varepsilon_N\end{cases} \tag{6.32}$$

当 $\boldsymbol{x}(k)\in\varepsilon_i\backslash\varepsilon_{i+1}$ 时，记

$$\boldsymbol{Q}(\alpha_i(k))^{-1}=\alpha_i(k)\boldsymbol{Q}_i^{-1}+(1-\alpha_i(k))\boldsymbol{Q}_{i+1}^{-1}$$

$$\boldsymbol{X}(\alpha_i(k))=\alpha_i(k)\boldsymbol{X}_i+(1-\alpha_i(k))\boldsymbol{X}_{i+1},\boldsymbol{X}\in\{\boldsymbol{Z},\boldsymbol{\Gamma}\}$$

当式（6.30）满足时，结合 $\{\boldsymbol{Q}_i,\boldsymbol{Y}_i\}$ 求取方法（$\{\boldsymbol{Q}_i,\boldsymbol{Y}_i\}$ 满足稳定性约束式（6.16））可知

$$\boldsymbol{Q}_i^{-1}-(\boldsymbol{A}_l+\boldsymbol{B}_l\boldsymbol{F}(\alpha_i(k)))^{\mathrm{T}}\boldsymbol{Q}_i^{-1}(\boldsymbol{A}_l+\boldsymbol{B}_l\boldsymbol{F}(\alpha_i(k)))>0,\ l\in\{1,\cdots,L\} \tag{6.33}$$

进一步，当 $\{\boldsymbol{Y}_i,\boldsymbol{Q}_i,\boldsymbol{Z}_i,\boldsymbol{\Gamma}_i\}$ 和 $\{\boldsymbol{Y}_{i+1},\boldsymbol{Q}_{i+1},\boldsymbol{Z}_{i+1},\boldsymbol{\Gamma}_{i+1}\}$ 满足式（6.18）和式（6.20）时，

$$\begin{bmatrix}\boldsymbol{Q}(\alpha_i(k))^{-1} & \star\\ \boldsymbol{F}(\alpha_i(k)) & \boldsymbol{Z}(\alpha_i(k))\end{bmatrix}\geqslant 0,\ Z(\alpha_i(k))_{jj}\leqslant\bar{u}_j^2,\ j\in\{1,\cdots,m\} \tag{6.34}$$

$$\begin{bmatrix}\boldsymbol{Q}(\alpha_i(k))^{-1} & \star\\ \boldsymbol{\Psi}(\boldsymbol{A}_l+\boldsymbol{B}_l\boldsymbol{F}(\alpha_i(k))) & \boldsymbol{\Gamma}(\alpha_i(k))\end{bmatrix}\geqslant 0,\ l\in\{1,\cdots,L\}$$

$$\Gamma(\alpha_i(k))_{ss} \leqslant \bar{\psi}_s^2,\ s \in \{1, \cdots, q\} \tag{6.35}$$

式(6.33)～式(6.35)表明 $\boldsymbol{u}(k)=\boldsymbol{F}(\alpha_i(k))\boldsymbol{x}(k)$ 将维持状态在 ε_i 内部，并将其驱动到 ε_{i+1}，同时满足输入/状态约束。最终，状态将被 $\boldsymbol{u}(k)=\boldsymbol{F}_N\boldsymbol{x}(k)$ 驱动到原点。

考虑两个环形区域：$\mathbb{R}_{i-1}=\{\boldsymbol{x}\in\mathbb{R}^n \mid \boldsymbol{x}^{\mathrm{T}}\boldsymbol{Q}_{i-1}^{-1}\boldsymbol{x}\leqslant 1,\ \boldsymbol{x}^{\mathrm{T}}\boldsymbol{Q}_i^{-1}\boldsymbol{x}>1\}$ 和 $\mathbb{R}_i=\{\boldsymbol{x}\in\mathbb{R}^n \mid \boldsymbol{x}^{\mathrm{T}}\boldsymbol{Q}_i^{-1}\boldsymbol{x}\leqslant 1,\ \boldsymbol{x}^{\mathrm{T}}\boldsymbol{Q}_{i+1}^{-1}\boldsymbol{x}>1\}$。

首先，在$\mathbb{R}_i$内部，$\boldsymbol{x}^{\mathrm{T}}(\alpha_i\boldsymbol{Q}_i^{-1}+(1-\alpha_i)\boldsymbol{Q}_{i+1}^{-1})\boldsymbol{x}=1$ 的解为

$$\alpha_i=\frac{1-\boldsymbol{x}^{\mathrm{T}}\boldsymbol{Q}_{i+1}^{-1}\boldsymbol{x}}{\boldsymbol{x}^{\mathrm{T}}(\boldsymbol{Q}_i^{-1}-\boldsymbol{Q}_{i+1}^{-1})\boldsymbol{x}}$$

因此，在$\mathbb{R}_i$内部，α_i 是 $\boldsymbol{x}$ 的连续函数，故 $\boldsymbol{F}(\alpha_i)$ 也是 $\boldsymbol{x}$ 的连续函数。同样的性质也适用于$\mathbb{R}_{i-1}$，其中 $\alpha_{i-1}=(1-\boldsymbol{x}^{\mathrm{T}}\boldsymbol{Q}_i^{-1}\boldsymbol{x})/(\boldsymbol{x}^{\mathrm{T}}(\boldsymbol{Q}_{i-1}^{-1}-\boldsymbol{Q}_i^{-1})x)$。

然后，当 $\boldsymbol{x}\in\mathbb{R}_i$时，$\boldsymbol{x}^{\mathrm{T}}\boldsymbol{Q}_i^{-1}\boldsymbol{x}\to 1\Rightarrow\alpha_i\to 1$。因此在$\mathbb{R}_i$和$\mathbb{R}_{i-1}$的边界上有 $\lim\limits_{\alpha_{i-1}\to 0}\boldsymbol{F}(\alpha_{i-1})=\lim\limits_{\alpha_i\to 1}\boldsymbol{F}(\alpha_i)=\boldsymbol{F}_i$。这说明，式（6.31）中的 $\boldsymbol{F}(k)$在$\mathbb{R}_i$和$\mathbb{R}_{i-1}$的边界上是连续的。

因此，结论为"$\boldsymbol{F}(k)$是关于 $\boldsymbol{x}$ 的连续函数"。

证毕。

采用线性插值的做法还用于有自由控制作用（见下一章）时的终端约束集和局部控制器，首先在文献［214］提出，并在文献［152］得到改造。对每个控制律，除了有一个渐近稳定不变椭圆外，还有一个更大的多面体型吸引域，利用多面体吸引域代替椭圆可获得更大的吸引域和更好的控制性能，见文献［35，4］。如果参数 $\omega_l(k)$总是在当前时刻精确知道的，还可设计参数依赖的控制律，像模糊 Takagi－Sugeno 模型那样，并推广本节的方法，见文献［34，32］。在本节方法的基础上，还可考虑状态收敛的速率约束，见文献［239］。本章的离线 MPC 和文献中得到广泛研究的显式 MPC（如文献［221，168］）还有很大不同，后者将吸引域分解成若干个不重叠的区域。

注解 6.4 在离线型预测控制算法中，最好通过合理选择 $\boldsymbol{x}_i$ 来满足式（6.30）。给定 $\boldsymbol{F}_{i+1}$，式（6.30）也可以转化为 LMI，并在计算$\{\varepsilon_i,\ \boldsymbol{F}_i\}$的整体优化问题中一并考虑；这样做更容易使式（6.30）满足，但是会损失最优性。

6.4 基于 worst－case 性能指标的离线方法：变时域

在计算 $\boldsymbol{F}_i$ 时，算法 6.1 不考虑 $\boldsymbol{F}_j$，$\forall j>i$。但是，对于 ε_j，$\forall j>i$ 来说，$\boldsymbol{F}_j$ 是比 $\boldsymbol{F}_i$ 更优的反馈律。下面，我们选择 $\{\boldsymbol{Q}_N,\ \boldsymbol{F}_N,\ \gamma_N\}$ 的方法同算法 6.1，但是选择$\{\boldsymbol{Q}_j,\ \boldsymbol{F}_j,\ \gamma_j,\ \forall j\leqslant N-1\}$的方法与算法 6.1 不同。对 $\boldsymbol{x}_{N-h}$，$\forall h\geqslant 1$，我们选择$\{\boldsymbol{Q}_{N-h},\ \boldsymbol{F}_{N-h}\}$使得当 $\boldsymbol{x}(k)\in\varepsilon_{N-h}$时，$\boldsymbol{x}(k+i|k)\in\varepsilon_{N-h+i}\subset\varepsilon_{N-h}(1\leqslant i\leqslant h)$，而在 ε_{N-h+i}内部则采用 $\boldsymbol{F}_{N-h+i}$。为方便，首先定义

$$J_{\text{tail}}(k)=\sum_{i=1}^{\infty}[\ \|\boldsymbol{x}(k+i|k)\|_{\boldsymbol{W}}^2+\|\boldsymbol{u}(k+i|k)\|_{\boldsymbol{R}}^2] \tag{6.36}$$

1. 计算 $\boldsymbol{Q}_{N-1}$和 $\boldsymbol{F}_{N-1}$

假设 $\boldsymbol{Q}_N$，$\boldsymbol{F}_N$ 已经得到，考虑 $\boldsymbol{x}(k)\notin\varepsilon_N$。采用如下的控制律求解问题式（6.21）：

$$\boldsymbol{u}(k)=\boldsymbol{F}_{N-1}\boldsymbol{x}(k),\ \boldsymbol{u}(k+i|k)=\boldsymbol{F}_N\boldsymbol{x}(k+i|k),\ \forall i\geqslant 1 \tag{6.37}$$

则得到

$$\max_{[\boldsymbol{A}(k+i)\,|\,\boldsymbol{B}(k+i)]\in\Omega,\ i\geqslant 1} J_{\text{tail}}(k)\leqslant \boldsymbol{x}(k+1|k)^{\mathrm{T}}\boldsymbol{P}_N\boldsymbol{x}(k+1|k)\leqslant\gamma_N \tag{6.38}$$

其中，$\boldsymbol{P}_N=\gamma_N\boldsymbol{Q}_N^{-1}$。这样，对 $J_\infty(k)$ 的优化被转变为对如下指标函数的优化：

$$\begin{aligned}\bar{J}_{N-1}(k)\triangleq\bar{J}(k)&=\|\boldsymbol{x}(k)\|_{\boldsymbol{W}}^2+\|\boldsymbol{u}(k)\|_{\boldsymbol{R}}^2+\|\boldsymbol{x}(k+1|k)\|_{\boldsymbol{P}_N}^2\\ &=\boldsymbol{x}(k)^{\mathrm{T}}\{\boldsymbol{W}+\boldsymbol{F}_{N-1}^{\mathrm{T}}\boldsymbol{R}\boldsymbol{F}_{N-1}+[\boldsymbol{A}(k)+\boldsymbol{B}(k)\boldsymbol{F}_{N-1}]^{\mathrm{T}}\boldsymbol{P}_N[\boldsymbol{A}(k)+\boldsymbol{B}(k)\boldsymbol{F}_{N-1}]\}\boldsymbol{x}(k)\end{aligned} \tag{6.39}$$

定义 $\bar{J}_{N-1}(k)\leqslant\gamma_{N-1}$。引入变量 $\boldsymbol{P}_{N-1}$ 使得

$$\gamma_{N-1}-\boldsymbol{x}_{N-1}^{\mathrm{T}}\boldsymbol{P}_{N-1}\boldsymbol{x}_{N-1}\geqslant 0 \tag{6.40}$$

$$\boldsymbol{W}+\boldsymbol{F}_{N-1}^{\mathrm{T}}\boldsymbol{R}\boldsymbol{F}_{N-1}+[\boldsymbol{A}(k)+\boldsymbol{B}(k)\boldsymbol{F}_{N-1}]^{\mathrm{T}}\boldsymbol{P}_N[\boldsymbol{A}(k)+\boldsymbol{B}(k)\boldsymbol{F}_{N-1}]\leqslant\boldsymbol{P}_{N-1} \tag{6.41}$$

另外，$\boldsymbol{u}(k)=\boldsymbol{F}_{N-1}\boldsymbol{x}(k)$ 应满足输入/状态约束

$$-\bar{\boldsymbol{u}}\leqslant\boldsymbol{F}_{N-1}\boldsymbol{x}(k)\leqslant\bar{\boldsymbol{u}},\ -\bar{\boldsymbol{\psi}}\leqslant\boldsymbol{\Psi}[\boldsymbol{A}(k)+\boldsymbol{B}(k)\boldsymbol{F}_{N-1}]\,\boldsymbol{x}(k)\leqslant\bar{\boldsymbol{\psi}},\ \forall\boldsymbol{x}(k)\in\varepsilon_{N-1} \tag{6.42}$$

和终端约束

$$\boldsymbol{x}(k+1|k)\in\varepsilon_N,\ \forall\boldsymbol{x}(k)\in\varepsilon_{N-1} \tag{6.43}$$

式（6.43）等价于 $[\boldsymbol{A}(k)+\boldsymbol{B}(k)\boldsymbol{F}_{N-1}]^{\mathrm{T}}\boldsymbol{Q}_N^{-1}[\boldsymbol{A}(k)+\boldsymbol{B}(k)\boldsymbol{F}_{N-1}]\leqslant\boldsymbol{Q}_{N-1}^{-1}$。定义 $\boldsymbol{Q}_{N-1}=\gamma_{N-1}\boldsymbol{P}_{N-1}^{-1}$ 和 $\boldsymbol{F}_{N-1}=\boldsymbol{Y}_{N-1}\boldsymbol{Q}_{N-1}^{-1}$，则式(6.40)、式(6.41)和式(6.43)可以转化为如下的 LMI：

$$\begin{bmatrix}1 & \star\\ \boldsymbol{x}_{N-1} & \boldsymbol{Q}_{N-1}\end{bmatrix}\geqslant 0 \tag{6.44}$$

$$\begin{bmatrix}\boldsymbol{Q}_{N-1} & \star & \star & \star\\ \boldsymbol{A}_l\boldsymbol{Q}_{N-1}+\boldsymbol{B}_l\boldsymbol{Y}_{N-1} & \gamma_{N-1}\boldsymbol{P}_N^{-1} & \star & \star\\ \boldsymbol{W}^{1/2}\boldsymbol{Q}_{N-1} & \boldsymbol{0} & \gamma_{N-1}\boldsymbol{I} & \star\\ \boldsymbol{R}^{1/2}\boldsymbol{Y}_{N-1} & \boldsymbol{0} & \boldsymbol{0} & \gamma_{N-1}\boldsymbol{I}\end{bmatrix}\geqslant 0,\ l\in\{1,\cdots,L\} \tag{6.45}$$

$$\begin{bmatrix}\boldsymbol{Q}_{N-1} & \star\\ \boldsymbol{A}_l\boldsymbol{Q}_{N-1}+\boldsymbol{B}_l\boldsymbol{Y}_{N-1} & \boldsymbol{Q}_N\end{bmatrix}\geqslant 0,\ l\in\{1,\cdots,L\} \tag{6.46}$$

如果如下的 LMI 满足，则约束式（6.42）也满足

$$\begin{bmatrix}\boldsymbol{Z}_{N-1} & \boldsymbol{Y}_{N-1}\\ \boldsymbol{Y}_{N-1}^{\mathrm{T}} & \boldsymbol{Q}_{N-1}\end{bmatrix}\geqslant 0,\ Z_{N-1,jj}\leqslant\bar{u}_j^2,\ j\in\{1,\cdots,m\} \tag{6.47}$$

$$\begin{bmatrix}\boldsymbol{Q}_{N-1} & \star\\ \boldsymbol{\Psi}(\boldsymbol{A}_l\boldsymbol{Q}_{N-1}+\boldsymbol{B}_l\boldsymbol{Y}_{N-1}) & \boldsymbol{\Gamma}_{N-1}\end{bmatrix}\geqslant 0,\ \boldsymbol{\Gamma}_{N-1,ss}\leqslant\bar{\psi}_s^2$$
$$l\in\{1,\cdots,L\},\ s\in\{1,\cdots,q\} \tag{6.48}$$

故 $\{\boldsymbol{Y}_{N-1},\boldsymbol{Q}_{N-1},\gamma_{N-1}\}$ 可以通过求解如下优化问题得到：

$$\min_{\gamma_{N-1},\boldsymbol{Y}_{N-1},\boldsymbol{Q}_{N-1},\boldsymbol{Z}_{N-1},\boldsymbol{\Gamma}_{N-1}}\gamma_{N-1},\ \text{s.t. 式(6.44)～式(6.48)} \tag{6.49}$$

2. 计算 $\boldsymbol{Q}_{N-h}$ 和 $\boldsymbol{F}_{N-h}$，$\forall h\geqslant 2$

假设 $\boldsymbol{Q}_{N-h+1}$，$\boldsymbol{F}_{N-h+1}$，…，$\boldsymbol{Q}_N$，$\boldsymbol{F}_N$ 已经得到，考虑 $\boldsymbol{x}(k)\notin\varepsilon_{N-h+1}$。采用如下的控制律：

$$\boldsymbol{u}(k+i|k)=\boldsymbol{F}_{N-h+i}\boldsymbol{x}(k+i|k),\ i=\{0,\cdots,h-1\};\ \boldsymbol{u}(k+i|k)=\boldsymbol{F}_N\boldsymbol{x}(k+i|k),\ \forall i\geqslant h \tag{6.50}$$

求解式（6.21）。考虑式（6.38）和 $h=2$，3 等，由归纳法得到

$$\max_{[\boldsymbol{A}(k+i)|\boldsymbol{B}(k+i)]\in\Omega,\ i\geqslant 1} J_{\text{tail}}(k)\leqslant \boldsymbol{x}(k+1|k)^{\mathrm{T}}\boldsymbol{P}_{N-h+1}\boldsymbol{x}(k+1|k)\leqslant\gamma_{N-h+1} \tag{6.51}$$

其中，$\boldsymbol{P}_{N-h+1}=\gamma_{N-h+1}\boldsymbol{Q}_{N-h+1}^{-1}$。这样，对 $J_\infty(k)$的优化被转变为对如下指标函数的优化：

$$\bar{J}_{N-h}(k)\triangleq\bar{J}(k)=\|x(k)\|_{\boldsymbol{W}}^2+\|\boldsymbol{u}(k)\|_{\boldsymbol{R}}^2+\|\boldsymbol{x}(k+1|k)\|_{\boldsymbol{P}_{N-h+1}}^2 \tag{6.52}$$

引入变量 $\boldsymbol{P}_{N-h}=\gamma_{N-h}\boldsymbol{Q}_{N-h}^{-1}$并定义 $\bar{J}_{N-h}(k)\leqslant\gamma_{N-h}$，$\boldsymbol{F}_{N-h}=\boldsymbol{Y}_{N-h}\boldsymbol{Q}_{N-h}^{-1}$使得

$$\begin{bmatrix}1 & \star\\ \boldsymbol{x}_{N-h} & \boldsymbol{Q}_{N-h}\end{bmatrix}\geqslant 0 \tag{6.53}$$

$$\begin{bmatrix}\boldsymbol{Q}_{N-h} & \star & \star & \star\\ \boldsymbol{A}_l\boldsymbol{Q}_{N-h}+\boldsymbol{B}_l\boldsymbol{Y}_{N-h} & \gamma_{N-h}\boldsymbol{P}_{N-h+1}^{-1} & \star & \star\\ \boldsymbol{W}^{1/2}\boldsymbol{Q}_{N-h} & \boldsymbol{0} & \gamma_{N-h}\boldsymbol{I} & \star\\ \boldsymbol{R}^{1/2}\boldsymbol{Y}_{N-h} & \boldsymbol{0} & \boldsymbol{0} & \gamma_{N-h}\boldsymbol{I}\end{bmatrix}\geqslant 0$$

$$l\in\{1,\cdots,L\} \tag{6.54}$$

而且，$\boldsymbol{u}(k|k)=\boldsymbol{F}_{N-h}\boldsymbol{x}(k|k)$应满足

$$\begin{bmatrix}\boldsymbol{Q}_{N-h} & \star\\ \boldsymbol{A}_l\boldsymbol{Q}_{N-h}+\boldsymbol{B}_l\boldsymbol{Y}_{N-h} & \boldsymbol{Q}_{N-h+1}\end{bmatrix}\geqslant 0,\ l\in\{1,\cdots,L\} \tag{6.55}$$

$$\begin{bmatrix}\boldsymbol{Z}_{N-h} & \boldsymbol{Y}_{N-h}\\ \boldsymbol{Y}_{N-h}^{\mathrm{T}} & \boldsymbol{Q}_{N-h}\end{bmatrix}\geqslant 0,\ Z_{N-h,jj}\leqslant\bar{u}_j^2,\ j\in\{1,\cdots,m\} \tag{6.56}$$

$$\begin{bmatrix}\boldsymbol{Q}_{N-h} & \star\\ \boldsymbol{\varPsi}(\boldsymbol{A}_l\boldsymbol{Q}_{N-h}+\boldsymbol{B}_l\boldsymbol{Y}_{N-h}) & \boldsymbol{\varGamma}_{N-h}\end{bmatrix}\geqslant 0,\ l\in\{1,\cdots,L\}$$

$$\varGamma_{N-h,ss}\leqslant\bar{\psi}_s^2,\ s\in\{1,\cdots,q\} \tag{6.57}$$

故 $\{\boldsymbol{Y}_{N-h},\boldsymbol{Q}_{N-h},\gamma_{N-h}\}$ 可通过求解下面的优化问题得到：

$$\min_{\gamma_{N-h},\boldsymbol{Y}_{N-h},\boldsymbol{Q}_{N-h},\boldsymbol{Z}_{N-h},\boldsymbol{\varGamma}_{N-h}}\gamma_{N-h},\ \text{s.t. 式(6.53)～式(6.57)} \tag{6.58}$$

在算法 6.2 中，$\alpha_{N-h}(k)$简写为 α_{N-h}，这是因为 $\boldsymbol{x}(k)$最多只能停留在 ε_{N-h}中一次。另外，算法 6.2 不需要条件（6.30）。

假设在 k 时刻采用 $\boldsymbol{F}_{N-h}$，并考虑式（6.50）中的控制律。由于对所有满足条件的状态都采用同样的预测控制律序列，而且处理的是不确定系统，一般不会恰好满足

$$\boldsymbol{x}(k+i|k)\in\varepsilon_{N-h+i},\ \boldsymbol{x}(k+i|k)\notin\varepsilon_{N-h+i+1},\ \forall_i\in\{0,\cdots,h-1\}$$

在实际实施中，也一般不会恰好满足上式。但是考虑 $\boldsymbol{F}_{N-h+i}(i>1)$，它比 $\boldsymbol{F}_{N-h}$更加适合于 $\varepsilon_{N-h+i}\cdots\varepsilon_N$，故采用式（6.50）能够改进离线鲁棒 MPC 的最优性。

注意，我们在上面说“能够改进最优性”不等于说“一定改进最优性”。与算法 6.1 相比，算法 6.2 中用到了式（6.55）。这是一个额外的约束条件。增加任何约束条件都可能降低可行性和最优性。

算法 6.2　（变时域离线鲁棒预测控制）

步骤 1. 离线地，选择状态序列 $\boldsymbol{x}_i$，$i \in \{1, \cdots, N\}$。将式（6.12）中 $\boldsymbol{x}(k|k)$ 替换为 $\boldsymbol{x}_N$ 并求解式（6.21）得到 $\boldsymbol{Q}_N$，$\boldsymbol{Y}_N$，γ_N，椭圆 ε_N 和反馈增益 $\boldsymbol{F}_N = \boldsymbol{Y}_N \boldsymbol{Q}_N^{-1}$。对 $\boldsymbol{x}_{N-h}$，令 h 从 1 递增到 $N-1$，并求解式（6.58）得到 $\boldsymbol{Q}_{N-h}$，$\boldsymbol{Y}_{N-h}$，$\boldsymbol{\gamma}_{N-h}$，椭圆 ε_{N-h} 和反馈增益 $\boldsymbol{F}_{N-h} = \boldsymbol{Y}_{N-h} \boldsymbol{Q}_{N-h}^{-1}$。注意 x_{N-h}，$h \in \{0, \cdots, N-1\}$ 的选取应该使得 $\varepsilon_j \supset \varepsilon_{j+1}$，$\forall j \in \{1, \cdots, N-1\}$。

步骤 2. 在线地，在每个时刻 k 采用如下的控制律：

$$\boldsymbol{F}(k) = \begin{cases} \boldsymbol{F}(\alpha_{N-h}),\ \boldsymbol{x}(k) \in \varepsilon_{N-h},\ \boldsymbol{x}(k) \notin \varepsilon_{N-h+1} \\ \boldsymbol{F}_N,\ \boldsymbol{x}(k) \in \varepsilon_N \end{cases} \tag{6.59}$$

其中，$\boldsymbol{F}(\alpha_{N-h}) = \alpha_{N-h}\boldsymbol{F}_{N-h} + (1-\alpha_{N-h})\boldsymbol{F}_{N-h+1}$，

$$\boldsymbol{x}(k)^{\mathrm{T}}[\alpha_{N-h}\boldsymbol{Q}_{N-h}^{-1} + (1-\alpha_{N-h})\boldsymbol{Q}_{N-h+1}^{-1}]\boldsymbol{x}(k) = 1,\ 0 \leqslant \alpha_{N-h} \leqslant 1。$$

另外，在式（6.50）中，不是采用一个 $\boldsymbol{F}_{N-h}$，而是采用控制律序列：$\boldsymbol{F}_{N-h}$，$\boldsymbol{F}_{N-h+1}$，…，$\boldsymbol{F}_N$。在实际实施中，采用式（6.59），即为隐含地采用控制律序列：$\boldsymbol{F}(\alpha_{N-h})$，$\boldsymbol{F}_{N-h+1}$，…，$\boldsymbol{F}_N$；但是只实施当前的一个控制律 $\boldsymbol{F}(\alpha_{N-h})$。这表示本节方法实际上采用了变时域的预测控制方法，其中控制时域在 $\{N-1, \cdots, 0\}$ 中变化（6.2 节的在线方法的控制时域为 0）。

定理 6.4　给定 $\boldsymbol{x}(0) \in \varepsilon_1$，则采用算法 6.2 后闭环系统渐近稳定。进一步，算法 6.2 中的控制律式（6.59）关于状态 $\boldsymbol{x}$ 是连续的。

证明 6.4　当 $h \neq 0$，若 $\boldsymbol{x}(k)$ 满足 $\|\boldsymbol{x}(k)\|^2_{\boldsymbol{Q}_{N-h}^{-1}} \leqslant 1$ 和 $\|\boldsymbol{x}(k)\|^2_{\boldsymbol{Q}_{N-h+1}^{-1}} \geqslant 1$，则令

$$\boldsymbol{Q}(\alpha_{N-h})^{-1} = \alpha_{N-h}\boldsymbol{Q}_{N-h}^{-1} + (1-\alpha_{N-h})\boldsymbol{Q}_{N-h+1}^{-1}$$
$$\boldsymbol{Z}(\alpha_{N-h}) = \alpha_{N-h}\boldsymbol{Z}_{N-h} + (1-\alpha_{N-h})\boldsymbol{Z}_{N-h+1}$$
$$\boldsymbol{\Gamma}(\alpha_{N-h}) = \alpha_{N-h}\boldsymbol{\Gamma}_{N-h} + (1-\alpha_{N-h})\boldsymbol{\Gamma}_{N-h+1}$$

通过线性插值得到

$$\begin{bmatrix} \boldsymbol{Z}(\alpha_{N-h}) & \star \\ \boldsymbol{F}(\alpha_{N-h})^{\mathrm{T}} & \boldsymbol{Q}(\alpha_{N-h})^{-1} \end{bmatrix} \geqslant 0,\ \begin{bmatrix} \boldsymbol{Q}(\alpha_{N-h})^{-1} & \star \\ \boldsymbol{\Psi}(\boldsymbol{A}_l + \boldsymbol{B}_l\boldsymbol{F}(\alpha_{N-h})) & \boldsymbol{\Gamma}(\alpha_{N-h}) \end{bmatrix} \geqslant 0 \tag{6.60}$$

式（6.60）说明 $\boldsymbol{F}(\alpha_{N-h})$ 满足输入和状态约束。

对 $\forall \boldsymbol{x}(0) \in \varepsilon_{N-h+1}$，$\boldsymbol{F}_{N-h+1}$ 为稳定的反馈律，故

$$\begin{bmatrix} \boldsymbol{Q}_{N-h+1}^{-1} & \star \\ \boldsymbol{A}_l + \boldsymbol{B}_l\boldsymbol{F}_{N-h+1} & \boldsymbol{Q}_{N-h+1} \end{bmatrix} \geqslant 0$$

另外在式（6.55）中的 $\begin{bmatrix} \boldsymbol{Q}_{N-h} & \star \\ \boldsymbol{A}_l\boldsymbol{Q}_{N-h} + \boldsymbol{B}_l\boldsymbol{Y}_{N-h} & \boldsymbol{Q}_{N-h+1} \end{bmatrix}$ 两边同乘 $\begin{bmatrix} \boldsymbol{Q}_{N-h}^{-1} & \boldsymbol{0} \\ \boldsymbol{0} & \boldsymbol{I} \end{bmatrix}$，可知式（6.55）等价于

$$\begin{bmatrix} \boldsymbol{Q}_{N-h}^{-1} & \star \\ \boldsymbol{A}_l + \boldsymbol{B}_l\boldsymbol{F}_{N-h} & \boldsymbol{Q}_{N-h+1} \end{bmatrix} \geqslant 0$$

这样，采用线性插值方法得到

$$\begin{bmatrix} Q(\alpha_{N-h})^{-1} & \star \\ A_l + B_l F(\alpha_{N-h}) & Q_{N-h+1} \end{bmatrix} \geqslant 0 \tag{6.61}$$

由于 $x(k) \in \varepsilon_{N-h,\,\alpha_{N-h}} = \{x \in \mathbb{R}^n \mid x^{\mathrm{T}} Q(\alpha_{N-h})^{-1} x \leqslant 1\}$，式（6.61）表明 $u(k) = F(\alpha_{N-h})x(k)$ 可保证将 $x(k+1)$ 驱动到 ε_{N-h+1}，同时满足约束。接下去的证明同上一节。

证毕

文献［40，21］离线确定一组椭圆，同样进行编号，在线时首先选择一个椭圆包含当前状态，然后优化 $u(k)$，使下一步的状态进入临近编号的椭圆。文献［21］不要求椭圆具有嵌套包含关系。在本章的离线方法中，为了使椭圆"胖"一些，所以不能选择离平衡点很大的 x_i，采用文献［21］也可以选用很"瘦"的椭圆。

3. 数值例子

考虑系统 $\begin{bmatrix} x^{(1)}(k+1) \\ x^{(2)}(k+1) \end{bmatrix} = \begin{bmatrix} 0.8 & 0.2 \\ \beta(k) & 0.8 \end{bmatrix} \begin{bmatrix} x^{(1)}(k) \\ x^{(2)}(k) \end{bmatrix} + \begin{bmatrix} 1 \\ 0 \end{bmatrix} u(k)$（由于 x_i 用来表示离线 MPC 方法中的样点，所以这里用 $x^{(i)}$ 表示状态分量），其中 $\beta(k)$ 满足 $0.5 \leqslant \beta(k) \leqslant 2.5$，为不确定参数。系统真实状态由 $\beta(k) = 1.5 + \sin(k)$ 产生。约束为 $|u(k+i|k)| \leqslant 2$，$\forall i \geqslant 0$。

选择加权矩阵为 $\boldsymbol{W} = \boldsymbol{I}$，$\boldsymbol{R} = \boldsymbol{1}$。选择 $x_{N-h} = [\,2-0.01(N-h-1)\quad 0\,]^{\mathrm{T}}$，$x_N = [1\quad 0]^{\mathrm{T}}$（为简单起见未细分）。初始状态位于 $x(0) = [2\quad 0]^{\mathrm{T}}$。采用算法 6.1 和算法 6.2。两种算法的状态轨迹、状态响应和输入信号分别如图 6.1、图 6.2 和图 6.3 所示。实线代表算法 6.2，虚线代表算法 6.1。由图可见，在一次仿真中，系统状态不是必须经过每一个椭圆，而是跳过某些椭圆，只是在部分椭圆中停留。但如果进行许多组仿真，则每个椭圆都是有用的。

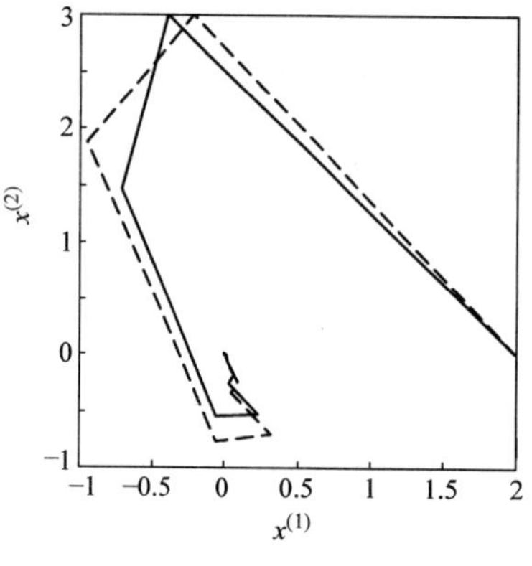

图 6.1 闭环系统的状态轨迹

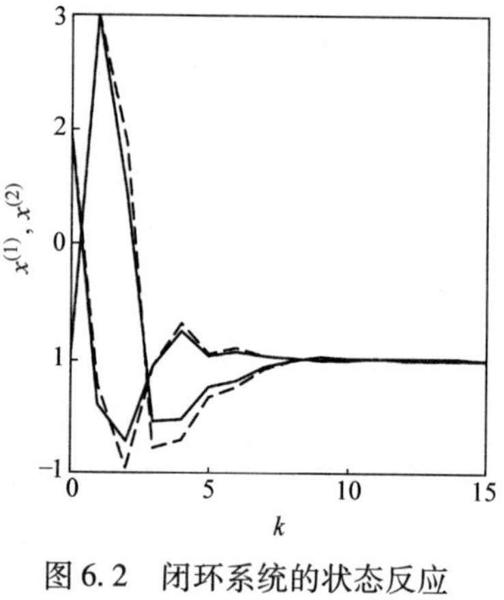

图 6.2 闭环系统的状态反应

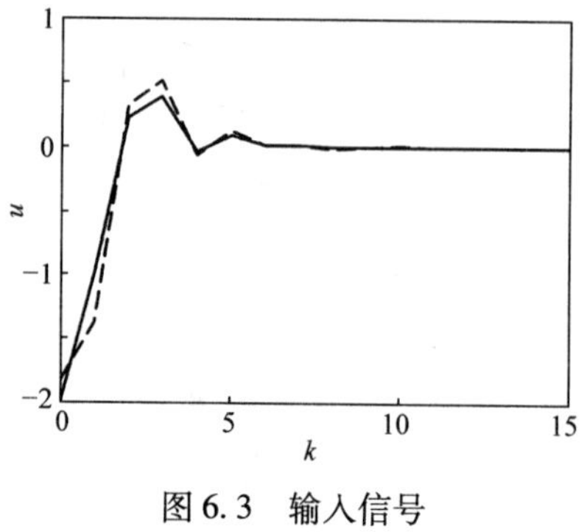

图 6.3 输入信号

进一步，记 $\hat{J}=\sum_{i=0}^{\infty}[\|x(i)\|_W^2+\|u(i)\|_R^2]$，则对算法 6.1，$\hat{J}^*=24.42$；对算法 6.2，$\hat{J}^*=21.73$。仿真结果表明算法 6.2 最优性更强。

6.5 基于标称性能指标的离线方法

采用"最坏情况"性能指标通常比较保守，因此我们尝试采用标称性能指标综合离线 MPC。

6.5.1 零时域

基本算法

采用标称性能指标时，每个时刻 k 求解如下的问题：

$$\min_{u(k+i|k)=F(k)x(k+i|k),\,P(k)} J_{n,\infty}(k)=\sum_{i=0}^{\infty}[\|\hat{x}(k+i|k)\|_W^2+\|u(k+i|k)\|_R^2] \tag{6.62}$$

$$\text{s.t.}\quad \hat{x}(k+i+1|k)=\hat{A}\hat{x}(k+i|k)+\hat{B}u(k+i|k)$$

$$\hat{x}(k|k)=x(k),\ \forall i\geqslant 0,\ 式(6.7),\ 式(6.8) \tag{6.63}$$

$$\|x(k+i+1|k)\|_{P(k)}^2-\|x(k+i|k)\|_{P(k)}^2<0,\ \forall i\geqslant 0 \tag{6.64}$$

$$\|\hat{x}(k+i+1|k)\|_{P(k)}^2-\|\hat{x}(k+i|k)\|_{P(k)}^2\leqslant-\|\hat{x}(k+i|k)\|_W^2-\|u(k+i|k)\|_R^2,\ \forall i\geqslant 0 \tag{6.65}$$

其中，$\hat{x}$ 为标称状态；式（6.64）用来保证稳定性；式（6.65）用来保证性能指标单调减小。

当闭环系统稳定时，$\hat{x}(\infty|k)=0$。因此，将式（6.65）从 $i=0$ 累加到 $i=\infty$ 得到 $J_{n,\infty}(k)\leqslant\|x(k)\|_{P(k)}^2\leqslant\gamma$，其中注意 γ 与前面记号同但具体值不同。类比采用 worst-case 性能指标的情况，可以将（6.65）替换为

$$(\hat{A}+\hat{B}F(k))^{\mathrm{T}}P(k)(\hat{A}+\hat{B}F(k))-P(k)\leqslant-W-F(k)^{\mathrm{T}}RF(k) \tag{6.66}$$

在文献［13］之前，文献［214］已经采用了式（6.66），之后采用标称性能指标的文献见［224］。严格地说，式（6.66）既不是式（6.65）的充分条件，也不是式（6.65）的必要条件，但是用式（6.66）代替式（6.65）是直观且合理的。定义 $Q=\gamma P(k)^{-1}$，$F(k)=YQ^{-1}$，则式(6.66)和式(6.64)可以转化为如下的 LMI：

$$\begin{bmatrix} Q & \star & \star & \star \\ \hat{A}Q+\hat{B}Y & Q & \star & \star \\ W^{1/2}Q & 0 & \gamma I & \star \\ R^{1/2}Y & 0 & 0 & \gamma I \end{bmatrix}\geqslant 0 \tag{6.67}$$

$$\begin{bmatrix} Q & \star \\ A_l Q + B_l Y & Q \end{bmatrix} > 0,\ l \in \{1,\ \cdots,\ L\} \tag{6.68}$$

对于处理输入/状态约束，式（6.68）与式（6.16）的作用是一样的，也就是说：同时满足式（6.12）和式（6.68）也导致 $x(k+i|k)^{\mathrm{T}}Q^{-1}x(k+i|k) \leqslant 1,\ \forall i \geqslant 0$。因此，式（6.12）和式（6.68）满足时，式（6.18）和式（6.20）保证了式（6.7）满足。这样，式（6.62）~式(6.65)可近似为

$$\min_{\gamma, Q, Y, Z, \Gamma} \gamma,\ \text{s. t. 式(6.67)和式(6.68)，式(6.12)，式(6.18)，式(6.20)} \tag{6.69}$$

对同一个 $x(k|k)$，式（6.69）和式（6.21）在可行性上是等价的，但前者可得更小的 γ。

算法 6.3（采用标称性能指标的离线预测控制）

步骤1. 离线地，选取状态点 x_i，$i \in \{1,\ \cdots,\ N\}$。将式（6.12）中的 $x(k)$ 替换为 x_i，并求解式（6.69）得到相应的矩阵 $\{Q_i,\ Y_i\}$，椭圆 $\varepsilon_i = \{x \in \mathbb{R}^n \mid x^{\mathrm{T}}Q_i^{-1}x \leqslant 1\}$ 和反馈增益 $F_i = Y_i Q_i^{-1}$。注意 x_i 的选择应该使得 $\varepsilon_{i+1} \subset \varepsilon_i$，$\forall_i \neq N$。对每一个 $i \neq N$ 检查条件式（6.30）是否满足；

步骤2. 在线地，在每个时刻 k 采用状态反馈律式（6.31）。

定理 6.5 （稳定性）给定初始状态 $x(0) \in \varepsilon_1$，则采用算法 6.3 时，闭环系统渐近稳定。进一步，如果式（6.30）对所有 $i \neq N$ 满足，则算法 6.3 中的控制律式（6.31）关于状态 x 连续。

证明 6.5 对 $x(k) \in \varepsilon_i$，由于 $\{Y_i,\ Q_i,\ Z_i,\ \Gamma_i\}$ 满足式（6.12）、式（6.18）、式（6.20）和式（6.68），F_i 是可行的、稳定的控制增益。对 $x(k) \in \varepsilon_i \backslash \varepsilon_{i+1}$，记 $Q(\alpha_i(k))^{-1} = \alpha_i(k)Q_i^{-1} + (1-\alpha_i(k))Q_{i+1}^{-1}$，$X(\alpha_i(k)) = \alpha_i(k)X_i + (1-\alpha_i(k))X_{i+1}$，$X \in \{Z,\ \Gamma\}$。如果式（6.30）满足且 $\{Y_i,\ Q_i\}$ 满足式（6.68），则

$$Q_i^{-1} - (A_l + B_l F(\alpha_i(k)))^{\mathrm{T}} Q_i^{-1} (A_l + B_l F(\alpha_i(k))) > 0,\ l \in \{1,\ \cdots,\ L\} \tag{6.70}$$

进一步，如果 $\{Y_i, Q_i, Z_i, \Gamma_i\}$ 和 $\{Y_{i+1}, Q_{i+1}, Z_{i+1}, \Gamma_{i+1}\}$ 同时满足式(6.18)和式(6.20)，则

$$\begin{bmatrix} Q(\alpha_i(k))^{-1} & \star \\ F(\alpha_i(k)) & Z(\alpha_i(k)) \end{bmatrix} \geqslant 0,\ Z(\alpha_i(k))_{jj} \leqslant \bar{u}_j^2,\ j \in \{1,\ \cdots,\ m\} \tag{6.71}$$

$$\begin{bmatrix} Q(\alpha_i(k))^{-1} & \star \\ \Psi(A_l + B_l F(\alpha_i(k))) & \Gamma(\alpha_i(k)) \end{bmatrix} \geqslant 0,\ l \in \{1,\ \cdots,\ L\}$$

$$\Gamma(\alpha_i(k))_{ss} \leqslant \bar{\psi}_s^2,\ s \in \{1,\ \cdots,\ q\} \tag{6.72}$$

式(6.70)~式(6.72)说明 $u(k) = F(\alpha_i(k))x(k)$ 将使状态保持在 ε_i 内部，并将状态驱动向 ε_{i+1}，同时满足输入/状态约束。进一步的证明同定理 6.3。

证毕

6.5.2 启发式变时域

下面将采用标称性能指标与 6.4 的变时域方法启发式地结合。

1. 计算 $\{Q_N,\ F_N\}$ 和 $\{Q_{N-h},\ F_{N-h}\}$，$h=1$

首先，由算法 6.3 可以得到 Q_N 和 F_N；相应地，$P_N = \gamma_N Q_N^{-1}$。然后，考虑 $x(k) = x_{N-1}$

$\notin \varepsilon_N$，我们选择控制律式（6.37）。

如果 $\boldsymbol{x}(k+1|k) \in \varepsilon_N$，则根据计算 $\boldsymbol{Q}_N$ 和 $\boldsymbol{F}_N$ 的过程容易知道

$$\sum_{i=1}^{\infty}[\ \|\hat{\boldsymbol{x}}(k+i|k)\|_{\boldsymbol{W}}^2 + \|\boldsymbol{u}(k+i|k)\|_{\boldsymbol{R}}^2] \leqslant \|\hat{\boldsymbol{x}}(k+1|k)\|_{\boldsymbol{P}_N}^2$$

$$J_{n,\infty}(k) \leqslant \bar{J}_{n,\infty}(N-1,k) = \|\boldsymbol{x}(k)\|_{\boldsymbol{W}}^2 + \|\boldsymbol{u}(k)\|_{\boldsymbol{R}}^2 + \|\hat{\boldsymbol{x}}(k+1|k)\|_{\boldsymbol{P}_N}^2$$

令

$$\gamma_{N-1} - \boldsymbol{x}(k)^{\mathrm{T}}\boldsymbol{P}(k)\boldsymbol{x}(k) \geqslant 0$$
$$\boldsymbol{W} + \boldsymbol{F}_{N-1}^{\mathrm{T}}\boldsymbol{R}\boldsymbol{F}_{N-1} + (\hat{\boldsymbol{A}} + \hat{\boldsymbol{B}}\boldsymbol{F}_{N-1})^{\mathrm{T}}\boldsymbol{P}_N(\hat{\boldsymbol{A}} + \hat{\boldsymbol{B}}\boldsymbol{F}_{N-1}) \leqslant \boldsymbol{P}(k) \tag{6.73}$$

则：采用式（6.37）得到 $\bar{J}_{n,\infty}(N-1,k) \leqslant \gamma_{N-1}$。

考虑如下的优化问题（而不是考虑式(6.62)~式(6.65)）：

$$\min_{\boldsymbol{u}(k)=\boldsymbol{F}_{N-1}\boldsymbol{x}(k),\,\boldsymbol{P}(k),\,\gamma_{N-1}} \gamma_{N-1}$$
$$\text{s.t.}\quad 式(6.63)、式(6.64)和式(6.73)，其中\ i=0 \tag{6.74}$$

定义 $\boldsymbol{Q}_{N-1} = \gamma_{N-1}\boldsymbol{P}(k)^{-1}$ 和 $\boldsymbol{F}_{N-1} = \boldsymbol{Y}_{N-1}\boldsymbol{Q}_{N-1}^{-1}$，则式（6.73）可以转化为式（6.53）和如下的 LMI：

$$\begin{bmatrix} \boldsymbol{Q}_{N-h} & \star & \star & \star \\ \hat{\boldsymbol{A}}\boldsymbol{Q}_{N-h} + \hat{\boldsymbol{B}}\boldsymbol{Y}_{N-h} & \gamma_{N-h}\boldsymbol{P}_{N-h+1}^{-1} & \star & \star \\ \boldsymbol{W}^{1/2}\boldsymbol{Q}_{N-h} & \boldsymbol{0} & \gamma_{N-h}\boldsymbol{I} & \star \\ \boldsymbol{R}^{1/2}\boldsymbol{Y}_{N-h} & \boldsymbol{0} & \boldsymbol{0} & \gamma_{N-h}\boldsymbol{I} \end{bmatrix} \geqslant 0 \tag{6.75}$$

另外，$i=0$ 时的式（6.64）可转化为如下的 LMI：

$$\begin{bmatrix} \boldsymbol{Q}_{N-h} & \star \\ \boldsymbol{A}_l\boldsymbol{Q}_{N-h} + \boldsymbol{B}_l\boldsymbol{Y}_{N-h} & \boldsymbol{Q}_{N-h} \end{bmatrix} > 0,\ l \in \{1, \cdots, L\} \tag{6.76}$$

而 $i=0$ 时的式（6.7）可由式(6.56)~式(6.57)保证。

这样，问题式（6.74）可近似转化为

$$\min_{\gamma_{N-1},\,\boldsymbol{Y}_{N-1},\,\boldsymbol{Q}_{N-1},\,\boldsymbol{Z}_{N-1},\,\boldsymbol{\Gamma}_{N-1}} \gamma_{N-1}$$
$$\text{s.t.}\quad 式(6.53)，式(6.75)\sim式(6.76)，式(6.56)\sim式(6.57)，h=1 \tag{6.77}$$

注意：满足式（6.75）和式（6.76）不能保证 $\boldsymbol{x}(k+1|k) \in \varepsilon_N$。因此，式（6.77）计算 $\{\boldsymbol{Q}_{N-1}, \boldsymbol{F}_{N-1}\}$ 的方式是启发式的。

2. 计算 $\{\boldsymbol{Q}_{N-h}, \boldsymbol{F}_{N-h}\}$，$h \in \{2, \cdots, N-1\}$

可以推广上面的计算 $\boldsymbol{Q}_{N-1}$ 和 $\boldsymbol{F}_{N-1}$ 的方法。考虑状态 $\boldsymbol{x}(k) = \boldsymbol{x}_{N-h} \notin \varepsilon_{N-h+1}$，我们选择控制律为

$$\boldsymbol{u}(k+i|k) = \boldsymbol{F}_{N-h+i}\boldsymbol{x}(k+i|k),\ i \in \{0, \cdots, h-1\};\ \boldsymbol{u}(k+i|k) = \boldsymbol{F}_N\boldsymbol{x}(k+i|k),\ \forall i \geqslant h \tag{6.78}$$

其中，$\boldsymbol{F}_{N-h+1}$，$\boldsymbol{F}_{N-h+2}$，…，$\boldsymbol{F}_N$ 已经事先得到。

由归纳法，如果对所有 $j \in \{1, \cdots, h\}$，$\boldsymbol{x}(k+j|k) \in \varepsilon_{N-h+j}$ 成立，则根据计算 $\boldsymbol{Q}_{N-h+j}$ 和 $\boldsymbol{F}_{N-h+j}$ 的方法可知

$$\sum_{i=1}^{\infty}[\|\hat{\boldsymbol{x}}(k+i|k)\|_{\boldsymbol{W}}^2+\|\boldsymbol{u}(k+i|k)\|_{\boldsymbol{R}}^2]\leqslant\|\hat{\boldsymbol{x}}(k+1|k)\|_{\boldsymbol{P}_{N-h+1}}^2$$

$$J_{n,\infty}(k)\leqslant\bar{J}_{n,\infty}(N-h,k)=\|\boldsymbol{x}(k)\|_{\boldsymbol{W}}^2+\|\boldsymbol{u}(k)\|_{\boldsymbol{R}}^2+\|\hat{\boldsymbol{x}}(k+1|k)\|_{\boldsymbol{P}_{N-h+1}}^2$$

其中，$\boldsymbol{P}_{N-h+1}=\gamma_{N-h+1}\boldsymbol{Q}_{N-h+1}^{-1}$。令

$$\gamma_{N-h}-\boldsymbol{x}(k)^{\mathrm{T}}\boldsymbol{P}(k)\boldsymbol{x}(k)\geqslant 0$$

$$\boldsymbol{W}+\boldsymbol{F}_{N-h}^{\mathrm{T}}\boldsymbol{R}\boldsymbol{F}_{N-h}+(\hat{\boldsymbol{A}}+\hat{\boldsymbol{B}}\boldsymbol{F}_{N-h})^{\mathrm{T}}\boldsymbol{P}_{N-h+1}(\hat{\boldsymbol{A}}+\hat{\boldsymbol{B}}\boldsymbol{F}_{N-h})\leqslant\boldsymbol{P}(k) \tag{6.79}$$

则：采用式（6.78）得到 $\bar{J}_{n,\infty}(N-h,k)\leqslant\gamma_{N-h}$。

考虑如下优化问题(而不是考虑式(6.62)～式(6.65))：

$$\min_{\boldsymbol{u}(k)=\boldsymbol{F}_{N-h}\boldsymbol{x}(k),\,\boldsymbol{P}(k),\,\gamma_{N-h}}\gamma_{N-h},\ \text{s.t. 式（6.63）、式（6.64）和式（6.79）},\ i=0 \tag{6.80}$$

定义 $\boldsymbol{Q}_{N-h}=\gamma_{N-h}\boldsymbol{P}(k)^{-1}$ 和 $\boldsymbol{F}_{N-h}=\boldsymbol{Y}_{N-h}\boldsymbol{Q}_{N-h}^{-1}$，则问题式（6.80）近似转化为

$$\min_{\gamma_{N-h},\,\boldsymbol{Y}_{N-h},\,\boldsymbol{Q}_{N-h},\,\boldsymbol{Z}_{N-h},\,\boldsymbol{\Gamma}_{N-h}}\gamma_{N-h},\ \text{s.t. 式(6.53), 式(6.75)～式(6.76), 式(6.56)～式(6.57)} \tag{6.81}$$

由于不能保证 $\boldsymbol{x}(k+j|k)\in\varepsilon_{N-h+j}$ 对所有 $j\in\{1,\cdots,h\}$ 成立，式（6.81）计算 $\{\boldsymbol{Q}_{N-h},\boldsymbol{F}_{N-h}\}$ 的方式只是启发式的。

注解 6.5 在 6.4 中给出的方法采用“最坏情况”性能指标，采用式（6.78）型的控制律，并明确地加入如下约束：

$$\boldsymbol{x}(k)\in\varepsilon_{N-h},\ \boldsymbol{x}(k)\notin\varepsilon_{N-h+1}\Rightarrow x(k+i|k)\in\varepsilon_{N-h+i},\ \forall i\in\{0,\cdots,h\} \tag{6.82}$$

这样，当前时刻状态位于较大的椭圆内部时，下一时刻状态将进入更小的椭圆。采用式（6.82）的反作用是：为了获得可行性，可能需要很大数量的椭圆。不加式（6.82）时，式（6.81）更加容易可行，而且算法 6.4 的 N 可以大大减小。这里还有深层的原因。由于我们处理的是不确定系统而且采用椭圆形吸引域，加入式（6.82）保证式（6.82）具有很大的保守性。因此，加入式（6.82）后，几乎不可能做到

算法 6.4（采用标称性能指标的变时域离线预测控制）

步骤 1. 离线地，选择状态点 $\boldsymbol{x}_i$，$i\in\{1,\cdots,N\}$。将式（6.12）中的 $\boldsymbol{x}(k)$ 替换为 $\boldsymbol{x}_N$ 并求解式（6.69）得到矩阵 $\{\boldsymbol{Q}_N,\boldsymbol{Y}_N\}$、椭圆 ε_N 和反馈增益 $\boldsymbol{F}_N=\boldsymbol{Y}_N\boldsymbol{Q}_N^{-1}$。对 $\boldsymbol{x}_{N-h}$，$h\in\{1,\cdots,N-1\}$，求解式（6.81）得到矩阵 $\{\boldsymbol{Q}_{N-h},\boldsymbol{Y}_{N-h}\}$，椭圆 ε_{N-h} 和反馈增益 $\boldsymbol{F}_{N-h}=\boldsymbol{Y}_{N-h}\boldsymbol{Q}_{N-h}^{-1}$。注意：$\boldsymbol{x}_i$ 的选择应该保证 $\varepsilon_{i+1}\subset\varepsilon_i$，$\forall i\neq N$。对每一个 $i\neq N$ 检查条件式（6.30）是否满足。

步骤 2. 在线地，在每个时刻 k 采用状态反馈律式（6.31）。

$$\boldsymbol{x}(k)\in\varepsilon_{N-h},\ \boldsymbol{x}(k)\notin\varepsilon_{N-h+1}\Rightarrow\boldsymbol{x}(k+i)\in\varepsilon_{N-h+i}$$

$$\boldsymbol{x}(k+i)\notin\varepsilon_{N-h+i+1},\ \forall i\in\{1,\cdots,h-1\},\ \boldsymbol{x}(k+h)\in\varepsilon_N \tag{6.83}$$

容易想到式（6.83）代表一种最佳情形。要想达到式（6.83）的效果，反而采用“适当选择较少数量的椭圆”的方法更容易达到。

定理 6.6 （稳定性）给定初始状态 $\boldsymbol{x}(0)\in\varepsilon_1$，则采用算法 6.4 可使闭环系统渐近稳定。进一步，如果式（6.30）对所有 $i\neq N$ 满足，则算法 6.4 中的控制律式（6.31）关于状态 x 连续。

证明 6.6　与证明 6.5 原理相同。在算法 6.4 中，如果式（6.75）中的 $\gamma_{N-h}\boldsymbol{P}_{N-h+1}^{-1}$ 被替换为 $\boldsymbol{Q}_{N-h}$，$h\in\{1,\cdots,N-1\}$，则重新得到算法 6.3。因此，算法 6.3 和算法 6.4 的唯一区别在于式（6.67）和式（6.75）的区别。我们在算法 6.3 和算法 6.4 的稳定性证明中不应用式（6.67）和式（6.75）。

证毕。

LMI 优化问题式（6.21）、式（6.69）和式（6.81）的复杂度都可以用多项式表示。采用能最快的“内点法”求解时，复杂度与 $\mathfrak{K}^3\mathfrak{L}$ 成比例，其中，$\mathfrak{K}$ 为标量 LMI 变量的个数，$\mathfrak{L}$ 为 LMI 的总行数（标量行）（见文献［94］）。对式（6.21）、式（6.69）和式（6.81），$\mathfrak{K}=1+\frac{1}{2}(n^2+n)+mn+\frac{1}{2}(m^2+m)+\frac{1}{2}(q^2+q)$；对式（6.21），$\mathfrak{L}=(4n+m+q)L+2n+2m+q+1$；对式（6.69）和式（6.81），$\mathfrak{L}=(3n+q)L+5n+3m+q+1$。

3. 数值例子

考虑系统

$$\begin{bmatrix} x^{(1)}(k+1) \\ x^{(2)}(k+1) \end{bmatrix} = \begin{bmatrix} 1-\beta & \beta \\ K(k) & 1-\beta \end{bmatrix}\begin{bmatrix} x^{(1)}(k) \\ x^{(2)}(k) \end{bmatrix} + \begin{bmatrix} 1 \\ 0 \end{bmatrix} u(k)$$

其中，$K(k)\in[0.5,2.5]$ 为不确定参数。约束为 $|u|\leqslant 2$。选择 $\hat{\boldsymbol{A}}=\begin{bmatrix} 1-\beta & \beta \\ 1.5 & 1-\beta \end{bmatrix}$，$\hat{\boldsymbol{B}}=\begin{bmatrix} 1 \\ 0 \end{bmatrix}$。取 $\boldsymbol{W}=\boldsymbol{I}$，$\boldsymbol{R}=1$。真实状态由 $K(k)=1.5+\sin(k)$ 产生。

对算法 6.1、算法 6.3 和算法 6.4 进行仿真。对 $i\in\{1,\cdots,N\}$，取 $\boldsymbol{x}_{N-i+1}=[0.6+d(i-1),0]^{\mathrm{T}}$，其中 d 表示椭圆的分布。记 $x_1^{(1),\max}$ 为当 $\boldsymbol{x}_1=[x_1^{(1),\max},0]^{\mathrm{T}}$ 时优化问题仍然可行的最大可能的数值。

通过变化 d，发现：

1）对 $\beta=\pm 0.1$，算法 6.4 给出的代价函数值小于算法 6.3；

2）对 $\beta=0$，或者算法 6.4 比算法 6.3 更容易可行，或者算法 6.4 可给出比算法 6.3 更加小的代价函数值。

表 6.1 和表 6.2 给出四个典型情况的仿真结果：

① $\beta=-0.1$，$d=0.1$，$N=16$，$x(0)=[2.1,0]^{\mathrm{T}}$；

② $\beta=0$，$d=0.02$，$N=76$，$x(0)=[2.1,0]^{\mathrm{T}}$；

③ $\beta=0$，$d=5$，$N=12$，$x(0)=[55.6,0]^{\mathrm{T}}$；

④ $\beta=0.1$，$d=0.1$、$N=39$，$x(0)=[4.4,0]^{\mathrm{T}}$。

为简单起见，我们仅采用均匀分布 x_i 的方式。如果采用不均匀的分布，可以给出更小的 $J_{\mathrm{true},\infty}$、得到更大的 $x_1^{(1),\max}$，使式（6.30）对所有 $i\neq N$ 成立。（尤其对算法 6.4 如此）。

表 6.1　四种典型情况下，采用算法 6.1、算法 6.3、算法 6.4 的仿真结果

	$x_1^{(1),\max}$		式(6.30)不成立时 i 的集合		
	算法 6.3	算法 6.4	算法 6.1	算法 6.3	算法 6.4
情况①	2.1	2.1	{1}	{2,1}	{5,4,3,2,1}
情况②	74.66	72.46	{ }	{68,67,64}	{75,71,64,61,59}
情况③	70.6	90.6	{11,10}	{11, 10}	{11,10,9,8}
情况④	4.4	4.4	{ }	{38}	{38, 35}

表6.2 表6.1四种典型情况下，采用算法6.1、算法6.3、算法6.4的仿真结果

	$J_{\mathrm{true},\infty}$			算法6.4的控制时域M（“（ ）”中的数字表示重复次数）
	算法6.1	算法6.3	算法6.4	对k =0，1，2，3…
情况①	60.574	57.932	54.99	15，11，10，6，0，0，0…
情况②	37.172	34.687	34.485	75，47，35，0，0，0…
情况③	64407677	61469235	64801789	11（7），10（10），9（15），8（14），7（11），6（7），5（6），4（5），3（14），2（11），1（15），0，0，0…
情况④	575	552	542	38，30，29，26，23，19，16，11，2，0，0，0…

第 7 章　有限切换时域的预测控制综合

对切换时域为 N 的预测控制，我们主要考虑两种方法。一种是标准方法。所谓标准方法是指常规方法：在工业预测控制和多数预测控制综合方法中，都在线求解有限时域优化问题；在综合方法中常规的是离线选择三要素。另一种是在线方法。在线方法中，将三要素中的 1～3 个（一般是 3 个）都作为在线优化问题的决策变量。尤其是在不确定系统的预测控制中，在线方法应用比较多，其好处是增大闭环系统吸引域和增强最优性。

在第 4 章的状态空间 TSMPC 中，也有一个 N，但是那个 N 是一个表观的 N，其实际意义不是很大，但是本章的 N 的取值很重要。第 4 章采用解饱和方法处理输入幅值约束。其实文献中还有一些用饱和方法处理输入约束的例子（如文献[129, 145, 201, 200]），同第 6 章用 LMI 处理输入约束相比，很难说那个更保守、哪个更宽松；尽管第 6 章用 LMI 处理输入约束具有保守性，解饱和方法可能带来更大的保守性——因为其对应的非线性控制律可能需要满足更强的稳定性条件。如果采用切换时域为 N 的预测控制，可以肯定地说：只要 N 足够大，一定比解饱和方法更好（吸引域和控制性能方面）。采用优化方法处理输入和状态约束，对 $N\geqslant 1$ 的预测控制综合方法的吸引域来说是最不保守的——这是预测控制最值得信赖的优势之一。

本章 7.1 节参考了文献［128］；7.2 节参考了文献［199］；7.3 节参考了文献［27］；7.4 节参考了文献［57, 56］；7.5 节参考了文献［197, 179, 219］。

7.1　标称系统的标准方法

考虑下面的线性时不变离散时间系统

$$x(k+1)=Ax(k)+Bu(k) \tag{7.1}$$

其中，$u\in\mathbb{R}^m$ 为控制输入，$x\in\mathbb{R}^n$ 为状态。系统约束为

$$-\underline{u}\leqslant u(k+i)\leqslant\bar{u},\ -\underline{\psi}\leqslant\Psi x(k+i+1)\leqslant\bar{\psi},\ \forall i\geqslant 0 \tag{7.2}$$

其中，$\underline{u}:=[\underline{u}_1,\underline{u}_2,\cdots,\underline{u}_m]^{\mathrm{T}}$，$\bar{u}:=[\bar{u}_1,\bar{u}_2,\cdots,\bar{u}_m]^{\mathrm{T}}$，$\underline{u}_j>0$，$\bar{u}_j>0$，$j\in\{1,\cdots,m\}$；$\underline{\psi}:=[\underline{\psi}_1,\underline{\psi}_2,\cdots,\underline{\psi}_q]^{\mathrm{T}}$，$\bar{\psi}:=[\bar{\psi}_1,\bar{\psi}_2,\cdots,\bar{\psi}_q]^{\mathrm{T}}$，$\underline{\psi}_s>0$，$\bar{\psi}_s>0$，$s\in\{1,\cdots,q\}$；$\Psi\in\mathbb{R}^{q\times n}$。注意输出约束也可以表达为上面的形式。上面的约束（7.2）也可表示为

$$u(k+i)\in\mathcal{U},\ x(k+i+1)\in\mathcal{X} \tag{7.3}$$

假设式（7.2）和式（7.3）是等价的。

定义如下的有限时域代价函数

$$J(x(k))=\sum_{i=0}^{N-1}\left[\|x(k+i|k)\|_W^2+\|u(k+i|k)\|_R^2\right]+\|x(k+N|k)\|_P^2 \tag{7.4}$$

其中，$W>0$，$R>0$，$P>0$ 为对称加权矩阵；N 称为切换时域。假设 P 满足如下的不等式条件：

$$P \geqslant (A+BF)^{\mathrm{T}}P(A+BF)+W+F^{\mathrm{T}}RF \tag{7.5}$$

其中，F 为反馈控制增益，将在后面说明。

定义 $X=P^{-1}$，$F=YX^{-1}$，则运用Schur补引理可知式（7.5）等价于如下的LMI：

$$\begin{bmatrix} X & \star & \star & \star \\ AX+BY & X & \star & \star \\ W^{1/2}X & 0 & I & \star \\ R^{1/2}Y & 0 & 0 & I \end{bmatrix} \geqslant 0 \tag{7.6}$$

根据第6章的相关知识，我们很容易得到如下结论：

引理7.1 假设存在对称矩阵 $X=P^{-1}$，$\{Z,\Gamma\}$ 和矩阵 Y 满足式（7.6）和

$$\begin{bmatrix} Z & Y \\ Y^{\mathrm{T}} & X \end{bmatrix} \geqslant 0,\ Z_{jj} \leqslant \bar{u}_{j,\inf}^2,\ j\in\{1,\cdots,m\} \tag{7.7}$$

$$\begin{bmatrix} X & \star \\ \Psi(AX+BY) & \Gamma \end{bmatrix} \geqslant 0,\ \Gamma_{ss} \leqslant \bar{\psi}_{s,\inf}^2,\ s\in\{1,\cdots,q\} \tag{7.8}$$

其中，$u_{j,\inf}=\min\{\underline{u}_j,\bar{u}_j\}$，$\psi_{s,\inf}=\min\{\underline{\psi}_s,\bar{\psi}_s\}$；$Z_{jj}(\Gamma_{ss})$ 是 Z（Γ）的第 $j(s)$ 个对角元。则当 $x(k+N)\in\varepsilon_P=\{z\in\mathbb{R}^n \mid z^{\mathrm{T}}Pz\leqslant 1\}$ 且采用 $u(k+i+N)=YX^{-1}x(k+i+N)$，$\forall i\geqslant 0$ 时，闭环系统是渐近稳定的，$x(k+i+N)$，$\forall i\geqslant 0$ 总位于 ε_P 内部，约束（7.2）对所有 $i\geqslant N$ 满足。

本节所讲标准形式的预测控制在每个时刻 k 求解如下的优化问题：

$$\min_{u(k|k),\cdots,u(k+N-1|k)} J(x(k)) \tag{7.9}$$

$$\text{s.t.}\quad -\underline{u}\leqslant u(k+i|k)\leqslant \bar{u},\ -\underline{\psi}\leqslant \Psi x(k+i+1|k)\leqslant \bar{\psi},\ i\in\{0,1,\cdots,N-1\} \tag{7.10}$$

$$\| x(k+N|k)\|_P^2 \leqslant 1 \tag{7.11}$$

定义使问题式（7.9）~式（7.11）可行的初始状态的集合为

$$\mathscr{F}(P,N)=\{x(0)\in\mathbb{R}^n \mid \exists u(i)\in\mathcal{U},\ i=0\cdots N-1,\ \text{s.t.}\ x(i+1)\in\mathcal{X},\ x(N)\in\varepsilon_P\} \tag{7.12}$$

按照第1章和第5章的符号，应有 $\mathscr{F}(P,N)=S_N(\mathbb{R}^n,\varepsilon_P)$。优化问题式(7.9)~式(7.11)具有如下性质：

定理7.2 假设 $x(k)\in\mathscr{F}(P,N)$。则存在 $\kappa>0$ 和 $u(k+i|k)\in\mathcal{U}$，$i\in\{0,1,\cdots,N-1\}$ 使得 $|u(k+i|k)|^2\leqslant\kappa|x(k)|^2$，$x(k+i+1|k)\in\mathcal{X}$，$i\in\{0,1,\cdots,N-1\}$ 且 $x(k+N|k)\in\varepsilon_P$。

证明7.1 当 $x(k)=0$ 时，取 $u(k+i|k)=0$，则结论是显然成立的。假设 $x(k)\neq 0$。令 $B(r)$ 为半径是 $r>0$ 的一个球，满足 $B(r)\subset\mathscr{F}$。如果 $x(k)\in B(r)$，则定义 $\alpha(x(k))(1\leqslant\alpha(x(k))<\infty)$，使得 $\alpha(x(k))x(k)\in\partial B(r)$，其中 $\partial B(r)$ 是 $B(r)$ 的边界；否则定义 $\alpha(x(k))(1\leqslant\alpha(x(k))<\infty)$ 使得 $\alpha(x(k))x(k)\in\mathscr{F}-B(r)$。

根据 $\mathscr{F}$ 的定义式（7.12）可知，存在 $\hat{u}(k+i|k)\in\mathcal{U}$，将 $\alpha(x(k))x(k)$ 在 N 步内驱动到 ε_P 内部，并满足状态约束。由于系统是线性的，满足叠加原理，因此 $\dfrac{1}{\alpha(x(k))}\hat{u}(k+i|k)\in\mathcal{U}$ 可将 $x(k)$ 驱动到 ε_P 内部，并满足状态约束。

令 $u_{\sup}=\max_j\max\{\underline{u}_j,\bar{u}_j\}$，则有 $\|\hat{u}(k+i|k)\|_2^2\leqslant m u_{\sup}^2$。最后，我们得到

$$\left\| \frac{1}{\alpha(\boldsymbol{x}(k))}\hat{\boldsymbol{u}}(k+i|k) \right\|_2^2 \leqslant \left(\frac{1}{\alpha(\boldsymbol{x}(k))}\right)^2 m u_{\sup}^2 \leqslant \left(\frac{m u_{\sup}^2}{r^2}\right) \|\boldsymbol{x}(k)\|_2^2$$

显然，令 $\boldsymbol{u}(k+i|k)=\dfrac{1}{\alpha(\boldsymbol{x}(k))}\hat{\boldsymbol{u}}(k+i|k)$ 和 $\kappa=\dfrac{m u_{\sup}^2}{r^2}$，即可。

证毕。

根据定义式(7.12)，定理 7.2 几乎是显而易见的。以上证明过程的意义是构造一个 κ，为稳定性证明中的 Lyapunov 函数的选取创造基础。

定理 7.3　（稳定性）假设式（7.6）～式（7.8）成立且 $\boldsymbol{x}(0)\in\mathscr{F}(\boldsymbol{P},N)$。则式(7.9)～式(7.11)对任何$k\geqslant 0$都是可行的。进而，通过滚动地实施最优解 $\boldsymbol{u}^*(k|k)$，闭环系统是指数稳定的。

证明 7.2　假设优化问题在时刻 k 存在最优解 $\boldsymbol{u}^*(k+i|k)$，并记 $\boldsymbol{F}=\boldsymbol{Y}\boldsymbol{X}^{-1}$。则根据引理 7.1，下面所给为时刻 $k+1$ 的一个可行解：

$$\boldsymbol{u}(k+i|k+1)=\boldsymbol{u}^*(k+i|k),\ i\in\{1,\cdots,N-1\},\ \boldsymbol{u}(k+N|k+1)=\boldsymbol{F}\boldsymbol{x}(k+N|k+1) \quad (7.13)$$

这样，由归纳法很容易知道：式(7.9)～式(7.11)对任何 $k\geqslant 0$ 都是可行的。

为了证明指数稳定性，我们需要说明：存在常数 a，b，$c(0<a,b,c<\infty)$使得

$$a\|\boldsymbol{x}(k)\|_2^2\leqslant J^*(\boldsymbol{x}(k))\leqslant b\|\boldsymbol{x}(k)\|_2^2,\ \Delta J^*(\boldsymbol{x}(k+1))<-c\|\boldsymbol{x}(k)\|_2^2$$

其中，$\Delta J^*(\boldsymbol{x}(k+1))=J^*(\boldsymbol{x}(k+1))-J^*(\boldsymbol{x}(k))$。因为当满足上面条件后，$J^*(\boldsymbol{x}(k))$ 即为证明指数稳定的 Lyapunov 函数。

首先，显然 $J^*(\boldsymbol{x}(k))\geqslant\boldsymbol{x}(k)^{\mathrm{T}}\boldsymbol{W}\boldsymbol{x}(k)\geqslant\lambda_{\min}(\boldsymbol{W})\|\boldsymbol{x}(k)\|_2^2$，即可选 $a=\lambda_{\min}(\boldsymbol{W})$。

根据定理 7.2，我们可以得到

$$\begin{aligned} J^*(\boldsymbol{x}(k)) &\leqslant \sum_{i=0}^{N-1}\left[\|\boldsymbol{x}(k+i|k)\|_{\boldsymbol{W}}^2+\|\boldsymbol{u}(k+i|k)\|_{\boldsymbol{R}}^2\right]+\|\boldsymbol{x}(k+N|k)\|_{\boldsymbol{P}}^2 \\ &\leqslant \left[(N+1)\mathscr{A}^2(1+N\|\boldsymbol{B}\|\sqrt{\kappa})^2\cdot\max\{\lambda_{\max}(\boldsymbol{W}),\lambda_{\max}(\boldsymbol{P})\} \right. \\ &\quad \left. +N\kappa\lambda_{\max}(\boldsymbol{R})\right]\|\boldsymbol{x}(k)\|_2^2 \end{aligned}$$

其中，$\mathscr{A}=\max\limits_{i\in\{0,1,\cdots,N\}}\|A^i\|$。即可选

$$b=(N+1)\mathscr{A}^2(1+N\|\boldsymbol{B}\|\sqrt{\kappa})^2\cdot\max\{\lambda_{\max}(\boldsymbol{W}),\lambda_{\max}(\boldsymbol{P})\}+N\kappa\lambda_{\max}(\boldsymbol{R})$$

记采用式（7.13）的 $k+1$ 时刻的性能指标值为 $\bar{J}(\boldsymbol{x}(k+1))$。则

$$J^*(\boldsymbol{x}(k))\geqslant\|\boldsymbol{x}(k)\|_{\boldsymbol{W}}^2+\|\boldsymbol{u}(k)\|_{\boldsymbol{R}}^2+\bar{J}(\boldsymbol{x}(k+1))\geqslant\|\boldsymbol{x}(k)\|_{\boldsymbol{W}}^2+\|\boldsymbol{u}(k)\|_{\boldsymbol{R}}^2+J^*(x(k+1))$$

上式表明 $\Delta J^*(\boldsymbol{x}(k+1))\leqslant-\|\boldsymbol{x}(k)\|_{\boldsymbol{W}}^2-\|\boldsymbol{u}(k)\|_{\boldsymbol{R}}^2\leqslant-\lambda_{\min}(\boldsymbol{W})\|\boldsymbol{x}(k)\|_2^2$，即可选 $c=\lambda_{\min}(\boldsymbol{W})$。

因此，$J^*(\boldsymbol{x}(k))$即为证明指数稳定的 Lyapunov 函数。

证毕。

7.2　用预测控制方法求无穷时域约束线性二次型控制的最优解

考虑系统式(7.1)～式(7.3)。采用无穷时域性能指标

$$J(\boldsymbol{x}(k))=\sum_{i=0}^{\infty}\left[\|\boldsymbol{x}(k+i|k)\|_{\boldsymbol{W}}^2+\|\boldsymbol{u}(k+i|k)\|_{\boldsymbol{R}}^2\right] \quad (7.14)$$

假设（$\boldsymbol{A}$，$\boldsymbol{B}$）可控，（$\boldsymbol{A}$，$\boldsymbol{W}^{1/2}$）可检测。定义 $\boldsymbol{\pi}=\{\boldsymbol{u}(k|k),\boldsymbol{u}(k+1|k),\cdots\}$。

下面我们给出3个相关问题。

问题 7.1 无穷时间无约束 LQR：

$$\min_{\boldsymbol{\pi}} J(\boldsymbol{x}(k)),\ \text{s.t.}$$

$$\boldsymbol{x}(k+i+1|k)=\boldsymbol{A}\boldsymbol{x}(k+i|k)+\boldsymbol{B}\boldsymbol{u}(k+i|k),\ i\geqslant 0 \tag{7.15}$$

问题7.1早被 Kalman 求解（见第1章），其解具有如下的形式：

$$\boldsymbol{u}(k)=-\boldsymbol{K}\boldsymbol{x}(k) \tag{7.16}$$

其中，状态反馈增益 $\boldsymbol{K}$ 表示为

$$\boldsymbol{K}=(\boldsymbol{R}+\boldsymbol{B}^{\mathrm{T}}\boldsymbol{P}\boldsymbol{B})^{-1}\boldsymbol{B}^{\mathrm{T}}\boldsymbol{P}\boldsymbol{A},\ \boldsymbol{P}=\boldsymbol{W}+\boldsymbol{A}^{\mathrm{T}}\boldsymbol{P}\boldsymbol{A}-\boldsymbol{A}^{\mathrm{T}}\boldsymbol{P}\boldsymbol{B}(\boldsymbol{R}+\boldsymbol{B}^{\mathrm{T}}\boldsymbol{P}\boldsymbol{B})^{-1}\boldsymbol{B}^{\mathrm{T}}\boldsymbol{P}\boldsymbol{A} \tag{7.17}$$

问题 7.2 无穷时间约束 LQR：

$$\min_{\boldsymbol{\pi}} J(\boldsymbol{x}(k)),\ \text{s.t. 式(7.15)，式（7.18）}$$

$$-\underline{\boldsymbol{u}}\leqslant\boldsymbol{u}(k+i|k)\leqslant\overline{\boldsymbol{u}},\ -\underline{\boldsymbol{\psi}}\leqslant\boldsymbol{\Psi}x(k+i+1|k)\leqslant\overline{\boldsymbol{\psi}},\ i\geqslant 0 \tag{7.18}$$

问题7.2是问题7.1的直接推广，包含约束。因为问题7.2有无穷多个决策变量和无穷多个约束，对其直接求解是不可能的。

问题 7.3 MPC 问题：

$$\min_{\boldsymbol{\pi}} J(\boldsymbol{x}(k)),\ \text{s.t. 式(7.15)，式(7.10)，式(7.19)}$$

$$\boldsymbol{u}(k+i|k)=\boldsymbol{K}\boldsymbol{x}(k+i|k),\ i\geqslant N \tag{7.19}$$

问题7.3包含有限个决策变量，可以用二次规划求解。但本节中问题7.3的作用是帮助准确求解问题7.2。

定义$\mathfrak{X}_K$为这样一个集合：当$\boldsymbol{x}(k)\in\mathfrak{X}_K$时，则采用$\boldsymbol{u}(k+i|k)=\boldsymbol{K}\boldsymbol{x}(k+i|k)$，$i\geqslant 0$可满足式（7.18）。定义$\mathfrak{P}_N(\boldsymbol{x}(k))$为满足式（7.10）和式（7.19）的$\boldsymbol{\pi}$的集合，$\mathfrak{P}(\boldsymbol{x}(k))$为满足式（7.18）的$\boldsymbol{\pi}$的集合。这样$\mathfrak{P}(\boldsymbol{x}(k))$可看作$\mathfrak{P}_N(\boldsymbol{x}(k))$当$N\to\infty$时的极限。定义$\mathfrak{X}_N$为使问题7.3可行的$\boldsymbol{x}(k)$的集合，$\mathfrak{X}$为使问题7.2可行的$x(k)$的集合。

采用上面的定义，可以如下的方式重新定义问题7.2和7.3。

问题 7.4 无穷时间约束 LQR：给定$\boldsymbol{x}(k)\in\mathfrak{X}$，寻找$\boldsymbol{\pi}^*$，使得

$$J^*(\boldsymbol{x}(k))=\min_{\boldsymbol{\pi}\in\mathfrak{P}(\boldsymbol{x}(k))}J(\boldsymbol{x}(k))$$

其中，$J^*((\boldsymbol{x}(k))$为最优值。

问题 7.5 MPC 问题：给定有限值N和$\boldsymbol{x}(k)\in\mathfrak{X}_N$，寻找$\boldsymbol{\pi}_N^*$（为$\boldsymbol{\pi}_N=\{\boldsymbol{u}(k|k),\boldsymbol{u}(k+1|k),\cdots,\boldsymbol{u}(k+N-1|k),-\boldsymbol{K}\boldsymbol{x}(k+N|k),-\boldsymbol{K}\boldsymbol{x}(k+N+1|k),\cdots\}$）的最优解），使得

$$J_N^*(\boldsymbol{x}(k))=\min_{\boldsymbol{\pi}\in\mathfrak{P}_N(\boldsymbol{x}(k))}J_N(\boldsymbol{x}(k))$$

其中，$J_N^*(\boldsymbol{x}(k))$为最优值，

$$J_N(\boldsymbol{x}(k))=\sum_{i=0}^{N-1}\left[\|\boldsymbol{x}(k+i|k)\|_{\boldsymbol{W}}^2+\|\boldsymbol{u}(k+i|k)\|_{\boldsymbol{R}}^2\right]+\|\boldsymbol{x}(k+N|k)\|_{\boldsymbol{P}}^2$$

本节的主题是说明：可在有限时间内，求解问题7.4的最优解（而不是次优解）。而这个最优解恰好是通过求解问题7.5得到的。

记问题7.5的最优解为$\boldsymbol{u}^0(k+i|k)$、问题7.4的最优解为$\boldsymbol{u}^*(k+i|k)$；由问题7.5的最优解产生的$\boldsymbol{x}(k+i|k)$为$\boldsymbol{x}^0(k+i|k)$、由问题7.4的最优解产生的$\boldsymbol{x}^*(k+i|k)$。

引理 7.4 $\boldsymbol{x}^*(k+i|k)\in\mathfrak{X}_K\Leftrightarrow\boldsymbol{u}^*(k+i|k)=\boldsymbol{K}\boldsymbol{x}^*(k+i|k)$，$\forall i\geqslant 0$。

证明 7.3　“⇒”：根据 $\mathfrak{X}_K$ 的定义，当 $\boldsymbol{x}(k+i|k)\in\mathfrak{X}_K$ 时，约束 LQR 的最优解为 $\boldsymbol{u}(k+i|k)=\boldsymbol{K}\boldsymbol{x}(k+i|k)$，$\forall i\geqslant 0$。根据 Bellman 的最优性原理，$\{\boldsymbol{u}^*(k|k),\boldsymbol{u}^*(k+1|k),\cdots\}$ 是最优全解。

“⇐”：（反证法）据 $\mathfrak{X}_K$ 的定义，当 $\boldsymbol{x}(k+i|k)\notin\mathfrak{X}_K$ 时，若采用 $\boldsymbol{u}^*(k+i|k)=\boldsymbol{K}\boldsymbol{x}^*(k+i|k)$，$\forall i\geqslant 0$，则式（7.18）不能得到满足。但是，最优全解 $\{\boldsymbol{u}^*(k|k),\boldsymbol{u}^*(k+1|k),\cdots\}$ 满足式（7.18）！故 $\boldsymbol{u}^*(k+i|k)=\boldsymbol{K}\boldsymbol{x}^*(k+i|k)$，$\forall i\geqslant 0$ 时意味着 $\boldsymbol{x}^*(k+i|k)\in\mathfrak{X}_K$。

证毕。

定理 7.5　（最优性）当 $\boldsymbol{x}(k)\in\mathfrak{X}$ 时，存在有限值 N_1，使得 $N\geqslant N_1$ 时，$J^*(\boldsymbol{x}(k))=J_N^*(\boldsymbol{x}(k))$，$\boldsymbol{\pi}^*=\boldsymbol{\pi}_N^*$。

证明 7.4　$\mathfrak{X}_K$ 一定包含原点附近的一个区域。最优解 $\boldsymbol{\pi}^*$ 会把状态驱动到这个原点。因此，存在有限值 N_1，使得 $\boldsymbol{x}^*(k+N_1|k)\in\mathfrak{X}_K$。根据引理 7.4，对所有 $N\geqslant N_1$，$\boldsymbol{\pi}^*\in\mathfrak{P}_N(\boldsymbol{x}(k))$，即 $\boldsymbol{\pi}^*\in\mathfrak{P}(\boldsymbol{x}(k))\cap\mathfrak{P}_N(\boldsymbol{x}(k))$。由于在 $\mathfrak{P}_N(\boldsymbol{x}(k))$ 内部，$\boldsymbol{\pi}_N^*$ 最小化 $J_N(\boldsymbol{x}(k))$，故当 $N\geqslant N_1$ 时 $J^*(\boldsymbol{x}(k))=J_N^*(\boldsymbol{x}(k))$，且相应地，$\boldsymbol{\pi}^*=\boldsymbol{\pi}_N^*$。

证毕。

我们可以将寻找问题 7.4 的最优解归于如下的算法：

算法 7.1（约束 LQR 的解法）

步骤 1. 选择初始（有限值）N_0，取 $N=N_0$。

步骤 2. 解问题 7.5。

步骤 3. 如果 $\boldsymbol{x}^0(k+N|k)\in\mathfrak{X}_K$，则转步骤 5。

步骤 4. 增加 N，转步骤 2。

步骤 5. 实施 $\boldsymbol{\pi}^*=\boldsymbol{\pi}_N^*$。

N_1 的有限性保证算法 7.1 在有限时间内结束。

7.3　标称系统的在线方法

考虑系统式(7.1)～式(7.3)，采用性能指标式（7.14）。为了对付这样的无穷时域性能指标，我们将其分为两个部分：

$$J_1(k)=\sum_{i=0}^{N-1}\left[\|\boldsymbol{x}(k+i|k)\|_{\boldsymbol{W}}^2+\|\boldsymbol{u}(k+i|k)\|_{\boldsymbol{R}}^2\right]$$

$$J_2(k)=\sum_{i=N}^{\infty}\left[\|\boldsymbol{x}(k+i|k)\|_{\boldsymbol{W}}^2+\|\boldsymbol{u}(k+i|k)\|_{\boldsymbol{R}}^2\right]$$

对 $J_2(k)$，引入如下稳定性约束（见第 6 章）：

$$V(\boldsymbol{x}(k+i+1|k))-V(\boldsymbol{x}(k+i|k))\leqslant-\|\boldsymbol{x}(k+i|k)\|_{\boldsymbol{W}}^2-\|\boldsymbol{u}(k+i|k)\|_{\boldsymbol{R}}^2\tag{7.20}$$

其中，$V(\boldsymbol{x}(k+i|k))=\|\boldsymbol{x}(k+i|k)\|_{\boldsymbol{P}}^2$。将式（7.20）从 $i=N$ 到 $i=\infty$ 累加，可得到 $J_2(k)\leqslant V(\boldsymbol{x}(k+N|k))=\|\boldsymbol{x}(k+N|k)\|_{\boldsymbol{P}}^2$。因此，容易知道

$$J(\boldsymbol{x}(k))\leqslant\bar{J}(\boldsymbol{x}(k))=\sum_{i=0}^{N-1}\left[\|\boldsymbol{x}(k+i|k)\|_{\boldsymbol{W}}^2+\|\boldsymbol{u}(k+i|k)\|_{\boldsymbol{R}}^2\right]+\|\boldsymbol{x}(k+N|k)\|_{\boldsymbol{P}}^2\tag{7.21}$$

我们将求解针对 $J(\boldsymbol{x}(k))$ 的问题转化为求解针对 $\bar{J}(\boldsymbol{x}(k))$ 的问题。

如果不是在每个时刻在线求解 P 和 F，本节的方法和 7.1 节给出的方法将没有什么本质的区别。本节所讲在线预测控制在每个时刻 k 求解如下优化问题：

$$\min_{\gamma,\,\boldsymbol{u}(k|k),\,\cdots,\,\boldsymbol{u}(k+N-1|k),\,\boldsymbol{F},\,\boldsymbol{P}} J_1(\boldsymbol{x}(k))+\gamma \tag{7.22}$$

$$\text{s. t.}\ -\underline{\boldsymbol{u}}\leqslant\boldsymbol{u}\ (k+i|k)\ \leqslant\bar{\boldsymbol{u}},\ -\underline{\boldsymbol{\psi}}\leqslant\boldsymbol{\Psi x}\ (k+i+1|k)\ \leqslant\bar{\boldsymbol{\psi}},\ i\geqslant 0 \tag{7.23}$$

$$\|\boldsymbol{x}(k+N|k)\|_P^2\leqslant\gamma \tag{7.24}$$

$$\text{式}(7.20),\ \boldsymbol{u}(k+i|k)=\boldsymbol{Fx}(k+i|k),\ i\geqslant N \tag{7.25}$$

所谓“在线”，是指在每个时刻求解 $\boldsymbol{P}$ 和 $\boldsymbol{F}$（涉及稳定的三要素，见第 5 章）。显然这种做法比采用固定的 $\boldsymbol{P}$ 和 $\boldsymbol{F}$ 的做法（见 7.1 节的标准形式）涉及更大的计算量。但是由于 $\boldsymbol{P}$ 和 $\boldsymbol{F}$ 也作为决策变量，优化问题更容易可行（吸引域更大），而且性能指标可得到更好的优化，从而整个系统的性能可得到明显提高。

一个明显的问题是：为什么不采用 7.2 节的 LQR 最优解？对 7.2 节的算法 7.1，有可能最后得到的 N 值很大，这样（尤其是对高维系统）计算量将增加。取较小的 N 值，计算量可明显降低，而所损失的最优性可采用滚动优化的方法部分地得到补偿。这也是预测控制和传统最优控制的一个重要区别。

定义 $\boldsymbol{Q}=\gamma\boldsymbol{P}^{-1}$，$\boldsymbol{F}=\boldsymbol{YQ}^{-1}$，则运用 Schur 补引理可知式（7.20）和式（7.24）等价于如下的 LMI：

$$\begin{bmatrix}\boldsymbol{Q} & \star & \star & \star\\ \boldsymbol{AQ}+\boldsymbol{BY} & \boldsymbol{Q} & \star & \star\\ \boldsymbol{W}^{1/2}\boldsymbol{Q} & \boldsymbol{0} & \gamma\boldsymbol{I} & \star\\ \boldsymbol{R}^{1/2}\boldsymbol{Y} & \boldsymbol{0} & \boldsymbol{0} & \gamma\boldsymbol{I}\end{bmatrix}\geqslant 0 \tag{7.26}$$

$$\begin{bmatrix}1 & \star\\ \boldsymbol{x}(k+N|k) & \boldsymbol{Q}\end{bmatrix}\geqslant 0 \tag{7.27}$$

而切换时域 N 后的输入/状态约束可由如下的 LMI 保证：

$$\begin{bmatrix}\boldsymbol{Z} & \boldsymbol{Y}\\ \boldsymbol{Y}^{\mathrm{T}} & \boldsymbol{Q}\end{bmatrix}\geqslant 0,\ Z_{jj}\leqslant\bar{u}_{j,\,\inf}^2,\ j\in\{1,\cdots,m\} \tag{7.28}$$

$$\begin{bmatrix}\boldsymbol{Q} & \star\\ \boldsymbol{\Psi}(\boldsymbol{AQ}+\boldsymbol{BY}) & \Gamma\end{bmatrix}\geqslant 0,\ \boldsymbol{\Gamma}_{ss}\leqslant\bar{\psi}_{s,\,\inf}^2,\ s\in\{1,\ \cdots,\ q\} \tag{7.29}$$

现在，我们希望将整个问题式（7.22）~式(7.25）化成 LMI 优化问题。为此，考虑状态预测值：

$$\begin{bmatrix}\boldsymbol{x}(k+1|k)\\ \boldsymbol{x}(k+2|k)\\ \vdots\\ \boldsymbol{x}(k+N|k)\end{bmatrix}=\begin{bmatrix}\boldsymbol{A}\\ \boldsymbol{A}^2\\ \vdots\\ \boldsymbol{A}^N\end{bmatrix}\boldsymbol{x}(k)+\begin{bmatrix}\boldsymbol{B} & \boldsymbol{0} & \cdots & \boldsymbol{0}\\ \boldsymbol{AB} & \boldsymbol{B} & \ddots & \vdots\\ \vdots & \ddots & \ddots & \boldsymbol{0}\\ \boldsymbol{A}^{N-1}\boldsymbol{B} & \cdots & \boldsymbol{AB} & \boldsymbol{B}\end{bmatrix}\begin{bmatrix}\boldsymbol{u}(k|k)\\ \boldsymbol{u}(k+1|k)\\ \vdots\\ \boldsymbol{u}(k+N-1|k)\end{bmatrix} \tag{7.30}$$

我们将这些状态预测值简记为

$$\begin{bmatrix}\tilde{\boldsymbol{x}}(k+1|k)\\ \boldsymbol{x}(k+N|k)\end{bmatrix}=\begin{bmatrix}\tilde{\boldsymbol{A}}\\ \boldsymbol{A}^N\end{bmatrix}\boldsymbol{x}(k)+\begin{bmatrix}\tilde{\boldsymbol{B}}\\ \tilde{\boldsymbol{B}}_N\end{bmatrix}\tilde{\boldsymbol{u}}(k|k) \tag{7.31}$$

令$\tilde{\boldsymbol{W}}=\mathrm{diag}\{\boldsymbol{W},\cdots,\boldsymbol{W}\}$，$\tilde{\boldsymbol{R}}=\mathrm{diag}\{\boldsymbol{R},\cdots,\boldsymbol{R}\}$，则容易知道

$$\bar{J}(\boldsymbol{x}(k))\leqslant\|\boldsymbol{x}(k)\|_{\boldsymbol{W}}^{2}+\|\tilde{\boldsymbol{A}}\boldsymbol{x}(k)+\tilde{\boldsymbol{B}}\tilde{\boldsymbol{u}}(k|k)\|_{\tilde{\boldsymbol{W}}}^{2}+\|\tilde{\boldsymbol{u}}(k|k)\|_{\tilde{\boldsymbol{R}}}^{2}+\gamma \tag{7.32}$$

定义

$$\|\tilde{\boldsymbol{A}}\boldsymbol{x}(k)+\tilde{\boldsymbol{B}}\tilde{\boldsymbol{u}}(k|k)\|_{\tilde{\boldsymbol{W}}}^{2}+\|\tilde{\boldsymbol{u}}(k|k)\|_{\tilde{\boldsymbol{R}}}^{2}\leqslant\gamma_1 \tag{7.33}$$

采用 Schur 补引理，可将式（7.33）转换为如下的 LMI：

$$\begin{bmatrix}\gamma_1 & \star & \star\\ \tilde{\boldsymbol{A}}\boldsymbol{x}(k)+\tilde{\boldsymbol{B}}\tilde{\boldsymbol{u}}(k|k) & \tilde{\boldsymbol{W}}^{-1} & \star\\ \tilde{\boldsymbol{u}}(k|k) & \boldsymbol{0} & \tilde{\boldsymbol{R}}^{-1}\end{bmatrix}\geqslant 0 \tag{7.34}$$

这样，结合引理 7.1，问题式（7.22）~式(7.25）被近似转变为如下 LMI 优化问题：

$$\min_{\boldsymbol{u}(k|k),\cdots,\boldsymbol{u}(k+N-1|k),\gamma_1,\gamma,\boldsymbol{Q},\boldsymbol{Y},\boldsymbol{Z},\boldsymbol{\Gamma}}\gamma_1+\gamma$$

$$\begin{aligned}\text{s.t.}\quad & -\underline{\boldsymbol{u}}\leqslant\boldsymbol{u}(k+i|k)\leqslant\bar{\boldsymbol{u}},\ -\underline{\boldsymbol{\psi}}\leqslant\boldsymbol{\Psi}\boldsymbol{x}(k+i+1|k)\leqslant\bar{\boldsymbol{\psi}}\\ & i\in\{0,1,\cdots,N-1\},\text{式}(7.26)\sim\text{式}(7.29),\text{式}(7.34)\end{aligned} \tag{7.35}$$

其中的$\boldsymbol{x}(k+i+1|k)$在求解 LMI 优化问题时，应该由（7.30）代入。由于处理切换时域N以后的输入/状态约束时采用了椭圆限制的方法，比较保守，因此式（7.35）只是式(7.22)~式(7.25）的近似。

在每个时刻k求解式（7.35），但是仅仅得到的$\boldsymbol{u}^*(k|k)$是实际实施的。在下个时刻$k+1$，在新的测量值$\boldsymbol{x}(k+1)$的基础上，重新进行优化，得到$\boldsymbol{u}^*(k+1|k+1)$。如果在$k$时刻，输入/状态约束是起作用的（这里的起作用是指影响式（7.35）的最优解），则在$k+1$时刻重新优化可改善控制器的性能；其中的主要原因就是采用式（7.28）和式(7.29）处理约束存在保守性，这种保守性可通过“滚动优化”的方式得到改善。

定理 7.6　（稳定性）假设式（7.35）在初始时刻$k=0$存在可行解。则式（7.35）对任何$k\geqslant 0$都是可行的。进而，通过滚动地实施最优解$\boldsymbol{u}^*(k|k)$，闭环系统是指数稳定的。

证明 7.5　假设式（7.35）在时刻k存在可行解（用符号$*$表示），则下面所给在$k+1$时刻可行：

$$\boldsymbol{u}(k+i|k+1)=\boldsymbol{u}^*(k+i|k),i\in\{1,\cdots,N-1\};\boldsymbol{u}(k+N|k+1)=\boldsymbol{F}^*(k)\boldsymbol{x}^*(k+N|k) \tag{7.36}$$

采用式（7.36），容易得到如下结果：

$$\begin{aligned}&\bar{J}(\boldsymbol{x}(k+1))\\ &=\sum_{i=0}^{N-1}[\|\boldsymbol{x}(k+i+1|k+1)\|_{\boldsymbol{W}}^{2}+\|\boldsymbol{u}(k+i+1|k+1)\|_{\boldsymbol{R}}^{2}]\\ &\quad+\|\boldsymbol{x}(k+N+1|k+1)\|_{\boldsymbol{P}(k+1)}^{2}\\ &=\sum_{i=1}^{N-1}\|\boldsymbol{x}^*(k+i|k)\|_{\boldsymbol{W}}^{2}+\|\boldsymbol{u}^*(k+i|k)\|_{\boldsymbol{R}}^{2}]\\ &\quad+[\|\boldsymbol{x}^*(k+N|k)\|_{\boldsymbol{W}}^{2}+\|\boldsymbol{F}^*(k)\boldsymbol{x}^*(k+N|k)\|_{\boldsymbol{R}}^{2}]+\|\boldsymbol{x}^*(k+N+1|k)\|_{\boldsymbol{P}^*(k)}^{2}\end{aligned} \tag{7.37}$$

由于采用了式（7.20），下面是满足的：

$$\|\boldsymbol{x}^*(k+N+1|k)\|_{\boldsymbol{P}^*(k)}^2 \leqslant \|\boldsymbol{x}^*(k+N|k)\|_{\boldsymbol{P}^*(k)}^2 - \|\boldsymbol{x}^*(k+N|k)\|_{\boldsymbol{W}}^2 - \|\boldsymbol{F}^*(k)\boldsymbol{x}^*(k+N|k)\|_{\boldsymbol{R}}^2 \tag{7.38}$$

现在，注意：

$$\bar{J}^*(\boldsymbol{x}(k)) \leqslant \eta^*(k) \triangleq \|\boldsymbol{x}(k)\|_{\boldsymbol{W}}^2 + \gamma_1^*(k) + \gamma^*(k)$$

$$\bar{J}(\boldsymbol{x}(k+1)) \leqslant \eta(k+1) \triangleq \|\boldsymbol{x}^*(k+1)\|_{\boldsymbol{W}}^2 + \gamma_1(k+1) + \gamma(k+1)$$

根据式（7.37）和式(7.38)，并观察式（7.35）中的LMI，可知式（7.36）和

$$\gamma(k+1) = \gamma^*(k) - \|\boldsymbol{x}^*(k+N|k)\|_{\boldsymbol{W}}^2 - \|\boldsymbol{F}^*(k)\boldsymbol{x}^*(k+N|k)\|_{\boldsymbol{R}}^2$$

$$\gamma_1(k+1) = \gamma_1^*(k) - \|\boldsymbol{u}^*(k)\|_{\boldsymbol{R}}^2 - \|\boldsymbol{x}^*(k+1)\|_{\boldsymbol{W}}^2 + \|\boldsymbol{x}^*(k+N|k)\|_{\boldsymbol{W}}^2 + \|\boldsymbol{F}^*(k)\boldsymbol{x}^*(k+N|k)\|_{\boldsymbol{R}}^2$$

$$\{\boldsymbol{Q},\boldsymbol{Y},\boldsymbol{Z},\boldsymbol{\Gamma}\}(k+1) = \frac{\gamma(k+1)}{\gamma^*(k)}\{\boldsymbol{Q},\boldsymbol{Y},\boldsymbol{Z},\boldsymbol{\Gamma}\}^*(k)$$

为 $k+1$ 时刻的可行解。

由于在 $k+1$ 时刻要重新优化，优化结果导致 $\gamma_1^*(k+1)+\gamma^*(k+1) \leqslant \gamma_1(k+1)+\gamma(k+1)$，故 $\eta^*(k+1)-\eta^*(k) \leqslant -\|\boldsymbol{x}(k)\|_{\boldsymbol{W}}^2 - \|\boldsymbol{u}^*(k)\|_{\boldsymbol{R}}^2$。因此，$\eta^*(k)$ 可作为证明指数稳定的 Lyapunov 函数。

证毕。

注解 7.1. 将式（7.38）代入式（7.37），得到

$$\begin{aligned}\bar{J}(\boldsymbol{x}(k+1)) &\leqslant \sum_{i=1}^{N-1}\left[\|\boldsymbol{x}^*(k+i|k)\|_{\boldsymbol{W}}^2 + \|\boldsymbol{u}^*(k+i|k)\|_{\boldsymbol{R}}^2\right] + \|\boldsymbol{x}^*(k+N|k)\|_{\boldsymbol{P}^*(k)}^2 \\ &= \bar{J}^*(\boldsymbol{x}(k)) - \left[\|\boldsymbol{x}(k)\|_{\boldsymbol{W}}^2 + \|\boldsymbol{u}^*(k)\|_{\boldsymbol{R}}^2\right]\end{aligned} \tag{7.39}$$

似乎由此可知 $\bar{J}^*(\boldsymbol{x}(k))$ 可作为证明指数稳定的 Lyapunov 函数，但这是个不严谨的看法——$\bar{J}(\boldsymbol{x}(k+1))$ 并没有被直接优化，因此不能肯定 $\bar{J}^*(\boldsymbol{x}(k+1)) \leqslant \bar{J}(\boldsymbol{x}(k+1))$。

应该注意到式（7.6）和式（7.26）是有区别的，一个包含了 γ，一个不包含 γ。相应地，定义 X 和 Q 也是有区别的，一个包含了 γ，一个不包含 γ。这两种不同的方式对控制性能是有不同影响的。还需说明这两种不同的方式不应作为区分标准方法和在线方法的根据。

本节的在线方法已经用于分布式预测控制，如文献［87］。

7.4 用预测控制方法求无穷时域约束线性时变二次型控制的准最优解

为了突出问题的特殊性，本节将采用一些稍微不同的符号体系。考虑下面的标称线性时变离散时间系统：

$$x(t+1)=A(t)x(t)+B(t)u(t) \tag{7.40}$$

其中，$x(t)\in\mathbb{R}^n$和$u(t)\in\mathbb{R}^m$为可测状态和输入。目标是求解约束线性时变二次型调节器（CLTVQR），即寻找$u(0),u(1),\cdots,u(\infty)$使得如下的无穷时域性能指标得到（最小）优化：

$$\Phi(x(0))=\sum_{i=0}^{\infty}[x(i)^{\mathrm{T}}\Pi x(i)+u(i)^{\mathrm{T}}Ru(i)] \tag{7.41}$$

同时满足如下的约束

$$x(i+1)\in\mathfrak{X},\ u(i)\in\mathfrak{U},\ \forall i\geqslant 0 \tag{7.42}$$

其中，$\Pi>0$，$R>0$为对称加权矩阵，$\mathfrak{U}\subset\mathbb{R}^m$，$\mathfrak{X}\subset\mathbb{R}^n$为紧、凸集并包含原点。

不同于时不变线性系统，通常来说，对 CLTVQR 是难以找到最优解的（除非对一些特殊的$[A(t)|B(t)]$，如周期时变系统等）。这一节讲述的方法不是求最优解，而是寻找次优解，使相应的次优性能指标任意接近（虽然不一定等于）理论最优值。所谓理论最优解是指使式（7.41）“绝对”最小化的解。

为了达到任意接近理论最优解这样的目的，把性能指标分成两个部分。第二部分将被进一步近似为无穷时间 min - max LQR 问题，对应于原点附近一个区域内时变系统的多胞描述。在该区域外部，要求解第一部分，对应一个有限时间的约束优化问题。当切换时域取得足够大时，整个控制器可达到要求的最优性。记

$$u_i^j=[u(i|0)^{\mathrm{T}},u(i+1|0)^{\mathrm{T}},\cdots,u(j|0)^{\mathrm{T}}]$$

7.4.1 整体思路

假设$[A(t),B(t)]$有界、一致可镇定且

$$[A(i)|B(i)]\in\Omega=\mathrm{Co}\{A_1|B_1,A_2|B_2,\cdots,A_L|B_L\},\ \forall i\geqslant N_0 \tag{7.43}$$

采用 CLTVQR 的解后，状态将被驱动到原点。因此，式（7.43）实际上定义了系统式（7.40）在原点附近的多胞描述。考虑式（7.41）和式(7.42）的 CLTVQR，进一步具体为

$$\min_{u_0^\infty}\Phi(x(0|0))=\sum_{i=0}^{\infty}[\|x(i|0)\|_{\Pi}^2+\|u(i|0)\|_R^2] \tag{7.44}$$

$$\text{s.t.}\quad x(i+1|0)=A(i)x(i|0)+B(i)u(i|0),\ x(0|0)=x(0),\ i\geqslant 0 \tag{7.45}$$

$$-\underline{u}\leqslant u(i|0)\leqslant\bar{u},\ i\geqslant 0 \tag{7.46}$$

$$-\underline{\psi}\leqslant\Psi x(i+1|0)\leqslant\bar{\psi},\ i\geqslant 0 \tag{7.47}$$

其中，u_0^∞ 为决策变量。

下面我们将逐渐说明 4 个相关的控制问题。

问题 7.6　无穷时间 CLTVQR（最优 CLTVQR）：

$$\Phi^*=\min_{u_0^\infty}\Phi(x(0|0)),\ \text{s.t. 式(7.45)～式(7.47)} \tag{7.48}$$

本节方法的主要思想是找到问题7.6的次优解，记为Φ^f，使得

$$\frac{(\Phi^f-\Phi^*)}{\Phi^*}\leqslant\delta \tag{7.49}$$

其中，$\delta>0$为事先指定的标量。由于δ可以选择为任意小，式（7.49）表示次优解可以任意接近最优解。为实现式（7.49），将$\Phi(\boldsymbol{x}(0|0))$分为两个部分：

$$\Phi(\boldsymbol{x}(0|0))=\sum_{i=0}^{N-1}[\|\boldsymbol{x}(i|0)\|_{\Pi}^2+\|\boldsymbol{u}(i|0)\|_{\boldsymbol{R}}^2]+\Phi_{\text{tail}}(\boldsymbol{x}(N|0)) \tag{7.50}$$

$$\Phi_{\text{tail}}(\boldsymbol{x}(N|0))=\sum_{i=N}^{\infty}[\|\boldsymbol{x}(i|0)\|_{\Pi}^2+\|\boldsymbol{u}(i|0)\|_{\boldsymbol{R}}^2] \tag{7.51}$$

其中，$N\geqslant N_0$。对式（7.51）的优化仍然是无穷时间优化问题，因此不能保证“一般地”找到其最优解。为此，我们转为求解如下的问题：

问题7.7 min－max CLQR：

$$\min_{\boldsymbol{u}_N^{\infty}}\max_{[\boldsymbol{A}(j)|\boldsymbol{B}(j)]\in\Omega,j\geqslant N}\geqslant\Phi_{\text{tail}}(\boldsymbol{x}(N|0)),\text{s.t. 式(7.45)～式(7.47)},\ i\geqslant N \tag{7.52}$$

问题7.7在第6章已经求解。通过定义如下形式的控制作用：

$$\boldsymbol{u}(i|0)=\boldsymbol{F}\boldsymbol{x}(i|0),\ \forall i\geqslant N \tag{7.53}$$

可以得到式（7.51）的上界，即

$$\Phi_{\text{tail}}(\boldsymbol{x}(N|0))\leqslant\boldsymbol{x}(N|0)^{\mathrm{T}}\boldsymbol{P}_N\boldsymbol{x}(N|0)\leqslant\gamma \tag{7.54}$$

其中，$\boldsymbol{P}_N>0$为对称加权矩阵。因此，

$$\Phi(\boldsymbol{x}(0|0))\leqslant\sum_{i=0}^{N-1}[\|\boldsymbol{x}(i|0)\|_{\Pi}^2+\|\boldsymbol{u}(i|0)\|_{\boldsymbol{R}}^2]+\boldsymbol{x}(N|0)^{\mathrm{T}}\boldsymbol{P}_N\boldsymbol{x}(N|0)=\bar{\Phi}_{\boldsymbol{P}_N}(\boldsymbol{x}(0|0)) \tag{7.55}$$

对$\boldsymbol{P}_N=0$，$\bar{\boldsymbol{\Phi}}_{\boldsymbol{P}_N}(\boldsymbol{x}(0|0))=\bar{\Phi}_0(\boldsymbol{x}(0|0))$。记$\mathfrak{X}(N|0)\subset\mathbb{R}^n$为使问题7.7关于式（7.53）可行的一个状态$\boldsymbol{x}(N|0)$的集合。下面是另外两个有关的问题：

问题7.8 有限时域无终端加权的CLTVQR：

$$\bar{\Phi}_0^*=\min_{\boldsymbol{u}_0^{N-1}}\bar{\Phi}_0(\boldsymbol{x}(0|0)),\text{ s.t. 式(7.45)～式(7.47)},i\in\{0,1,\cdots,N-1\} \tag{7.56}$$

问题7.9 有限时域有终端加权的CLTVQR：

$$\bar{\Phi}_{\boldsymbol{P}_N}^*=\min_{\boldsymbol{u}_0^{N-1}}\bar{\Phi}_{\boldsymbol{P}_N}(\boldsymbol{x}(0|0)),\text{s.t. 式(7.45)～式(7.47)},i\in\{0,1,\cdots,N-1\} \tag{7.57}$$

通过求解问题7.8得到的终端状态记为$\boldsymbol{x}^0(N|0)$；通过求解问题7.9得到的终端状态记为$\boldsymbol{x}^*(N|0)$。下面，我们将通过求解问题7.7～7.9来达到最优性要求式（7.49）。

7.4.2 min－max约束线性二次型控制的求解

定义$\boldsymbol{Q}=\gamma\boldsymbol{P}_N^{-1}$，$\boldsymbol{F}=\boldsymbol{Y}\boldsymbol{Q}^{-1}$。根据前面一些章节的描述，可以将问题7.7近似为如下的

LMI 优化问题：

$$\min_{\gamma,Q,Y,Z,\Gamma} \gamma \tag{7.58}$$
$$\text{s.t.}\quad 式(7.59),式(7.28),式(7.60)和\begin{bmatrix} 1 & \star \\ x(N|0) & Q \end{bmatrix} \geqslant 0$$

$$\begin{bmatrix} Q & \star & \star & \star \\ A_l Q + B_l Y & Q & \star & \star \\ \Pi^{1/2} Q & 0 & \gamma I & \star \\ R^{1/2} Y & 0 & 0 & \gamma I \end{bmatrix} \geqslant 0,\ \forall l \in \{1,\cdots,L\} \tag{7.59}$$

$$\begin{bmatrix} Q & \star \\ \Psi(A_l Q + B_l Y) & \Gamma \end{bmatrix} \geqslant 0, \Gamma_{ss} \leqslant \bar{\psi}_{s,\inf}^2, \forall l \in \{1,\cdots,L\}, s \in \{1,\cdots,q\} \tag{7.60}$$

引理 7.7　（上界的确定）用式（7.58）的任何可行解都可定义一个集合 $\mathfrak{X}(N|0) = \{x \in \mathbb{R}^n | x^T Q^{-1} x \leqslant 1\}$，在该集合内部存在一个局部控制器 $Fx = YQ^{-1}x$，使得从 N 开始的无穷时间闭环代价函数值的上界可用如下确定：

$$\Phi_{\text{tail}}(x(N|0)) \leqslant x(N|0)^T \gamma Q^{-1} x(N|0) \tag{7.61}$$

证明 7.6　见第 6 章在线方法。由于 $\mathfrak{X}(N|0) = \{x | x^T Q^{-1} x \leqslant 1\}$，$\begin{bmatrix} 1 & \star \\ x(N|0) & Q \end{bmatrix} \geqslant 0$ 表示 $x(N|0) \in \mathfrak{X}(N|0)$。

证毕。

7.4.3　有限时域无终端加权情形（问题 7.8 的求解）

定义

$$\tilde{x} = [x(0|0)^T, x(1|0)^T, \cdots, x(N-1|0)^T]^T \tag{7.62}$$

$$\tilde{u} = [u(0|0)^T, u(1|0)^T, \cdots, u(N-1|0)^T]^T \tag{7.63}$$

则

$$\tilde{x} = \tilde{A}\tilde{x} + \tilde{B}\tilde{u} + \tilde{x}_0 \tag{7.64}$$

其中

$$\tilde{A} = \begin{bmatrix} 0 & 0 \\ \text{diag}\{A(0), A(1), \cdots, A(N-2)\} & 0 \end{bmatrix}$$
$$\tilde{B} = \begin{bmatrix} 0 & 0 \\ \text{diag}\{B(0), B(1), \cdots, B(N-2)\} & 0 \end{bmatrix}$$
$$\tilde{x}_0 = [x(0|0)^T, 0, \cdots, 0]^T \tag{7.65}$$

式（7.64）可以重写为

$$\tilde{x}=\tilde{W}\tilde{u}+\tilde{V}_0 \tag{7.66}$$

其中

$$\tilde{W}=(I-\tilde{A})^{-1}\tilde{B},\tilde{V}_0=(I-\tilde{A})^{-1}\tilde{x}_0 \tag{7.67}$$

故问题 7.8 的代价函数可以表示为

$$\bar{\Phi}_0(x(0|0))=\|\tilde{x}\|^2_{\tilde{\Pi}}+\|\tilde{u}\|^2_{\tilde{R}}=\tilde{u}^{\mathrm{T}}W\tilde{u}+W_v\tilde{u}+V_0\leqslant\eta^0 \tag{7.68}$$

其中，η^0 为一标量，$\tilde{\Pi}=\mathrm{diag}\{\Pi,\cdots,\Pi\}$，$\tilde{R}=\mathrm{diag}\{R,\cdots,R\}$

$$W=\tilde{W}^{\mathrm{T}}\tilde{\Pi}\tilde{W}+\tilde{R},W_v=2\tilde{V}_0^{\mathrm{T}}\tilde{\Pi}\tilde{W},V_0=\tilde{V}_0^{\mathrm{T}}\tilde{\Pi}\tilde{V}_0 \tag{7.69}$$

式（7.68）可表示为如下的 LMI：

$$\begin{bmatrix}\eta^0-W_v\tilde{u}-V_0 & \star\\ W^{1/2}\tilde{u} & I\end{bmatrix}\geqslant 0 \tag{7.70}$$

进一步，定义$\tilde{x}^+=[x(1|0)^{\mathrm{T}},\cdots,x(N-1|0)^{\mathrm{T}},x(N|0)^{\mathrm{T}}]^{\mathrm{T}}$，则$\tilde{x}^+=\tilde{A}^+\tilde{x}+\tilde{B}^+\tilde{u}$，其中

$$\tilde{A}^+=\mathrm{diag}\{A(0),A(1),\cdots,A(N-1)\},\tilde{B}^+=\mathrm{diag}\{B(0),B(1),\cdots,B(N-1)\} \tag{7.71}$$

问题 7.8 中的约束可进一步转化为

$$-\underline{\tilde{u}}\leqslant\tilde{u}\leqslant\bar{\tilde{u}} \tag{7.72}$$

$$-\underline{\tilde{\psi}}\leqslant\tilde{\Psi}(\tilde{A}^+\tilde{W}\tilde{u}+\tilde{B}^+\tilde{u}+\tilde{A}^+\tilde{V}_0)\bar{\tilde{\psi}} \tag{7.73}$$

其中

$$\underline{\tilde{u}}=[\underline{u}^{\mathrm{T}},\underline{u}^{\mathrm{T}},\cdots,\underline{u}^{\mathrm{T}}]^{\mathrm{T}}\in\mathbb{R}^{mN},\bar{\tilde{u}}=[\bar{u}^{\mathrm{T}},\bar{u}^{\mathrm{T}},\cdots,\bar{u}^{\mathrm{T}}]^{\mathrm{T}}\in\mathbb{R}^{mN} \tag{7.74}$$

$$\begin{aligned}&\tilde{\Psi}=\mathrm{diag}\{\Psi,\cdots,\Psi\}\in\mathbb{R}^{qN\times nN},\underline{\tilde{\psi}}=[\underline{\psi}^{\mathrm{T}},\underline{\psi}^{\mathrm{T}},\cdots,\underline{\psi}^{\mathrm{T}}]^{T}\in\mathbb{R}^{qN}\\&\bar{\tilde{\psi}}=[\bar{\psi}^{\mathrm{T}},\bar{\psi}^{\mathrm{T}},\cdots,\bar{\psi}^{\mathrm{T}}]^{\mathrm{T}}\in\mathbb{R}^{qN}\end{aligned} \tag{7.75}$$

问题 7.8 转化为

$$\min_{\eta^0,\tilde{u}}\eta^0,\text{s. t. 式(7.70)、式(7.72)和式(7.73)} \tag{7.76}$$

记求解式（7.76）得到的$\tilde{u}$的最优值为$\tilde{u}^0$。

7.4.4 有限时域有终端加权情形（问题 7.9 的求解）

类似于问题 7.8。问题 7.9 的代价函数表达为

$$\bar{\Phi}_{P_N}(\boldsymbol{x}(0|0)) = \|\tilde{\boldsymbol{x}}\|_{\tilde{\boldsymbol{\Pi}}}^2 + \|\tilde{\boldsymbol{u}}\|_{\tilde{\boldsymbol{R}}}^2 + \|\mathcal{A}_{N,0}\boldsymbol{x}(0|0) + \bar{\boldsymbol{B}}\tilde{\boldsymbol{u}}\|_{\boldsymbol{P}_N}^2$$
$$= (\tilde{\boldsymbol{u}}^{\mathrm{T}}\boldsymbol{W}\tilde{\boldsymbol{u}} + \boldsymbol{W}_v\tilde{\boldsymbol{u}} + \boldsymbol{V}_0) + \|\mathcal{A}_{N,0}\boldsymbol{x}(0|0) + \bar{\boldsymbol{B}}\tilde{\boldsymbol{u}}\|_{\boldsymbol{P}_N}^2 \leqslant \eta \tag{7.77}$$

其中，η 为一标量，$\mathcal{A}_{j,i} = \prod_{l=i}^{j-1}\boldsymbol{A}(j-1+i-1)$

$$\bar{\boldsymbol{B}} = [\mathcal{A}_{N,1}\boldsymbol{B}(0),\cdots,\mathcal{A}_{N,N-1}\boldsymbol{B}(N-2),\boldsymbol{B}(N-1)] \tag{7.78}$$

式（7.77）可表达为如下的 LMI：

$$\begin{bmatrix} \eta - \boldsymbol{W}_v\tilde{\boldsymbol{u}} - V_0 & \star & \star \\ \boldsymbol{W}^{1/2}\tilde{\boldsymbol{u}} & \boldsymbol{I} & \star \\ \mathcal{A}_{N,0}\boldsymbol{x}(0|0) + \bar{\boldsymbol{B}}\tilde{\boldsymbol{u}} & \boldsymbol{0} & \boldsymbol{P}_N^{-1} \end{bmatrix} \geqslant 0 \tag{7.79}$$

问题 7.9 转化为

$$\min_{\eta,\tilde{u}} \eta, \text{s. t. 式(7.79),式(7.72)和式(7.73)} \tag{7.80}$$

记求解式（7.80）得到的$\tilde{\boldsymbol{u}}$的最优值为$\tilde{\boldsymbol{u}}^*$。

7.4.5 准最优性、算法与稳定性

首先给出如下的结论：

引理 7.8　取$\bar{\Phi}_{P_N}^*$作为 Φ^f，则下式可满足最优性要求式（7.49）

$$\frac{\bar{\Phi}_{P_N}^* - \bar{\Phi}_0^*}{\bar{\Phi}_0^*} \leqslant \delta \tag{7.81}$$

证明 7.7　由最优性原理容易知道：$\bar{\Phi}_0^* \leqslant \bar{\Phi}^* \leqslant \bar{\Phi}_{P_N}^*$。如果$\bar{\Phi}_{P_N}^*$作为 Φ^f，且式（7.81）满足，则

$$\frac{\Phi^f - \Phi^*}{\Phi^*} = \frac{\bar{\Phi}_{P_N}^* - \Phi^*}{\Phi^*} \leqslant \frac{\bar{\Phi}_{P_N}^* - \bar{\Phi}_0^*}{\bar{\Phi}_0^*} \leqslant \delta$$

上式表示式（7.49）满足。

证毕。

注解 7.2　算法 7.2 中如何选取 r 要依赖于具体的系统动态特性。但是，给定初始值 $\boldsymbol{x}(N|0) = \hat{\boldsymbol{x}}(N|0)$，$r$ 应该满足 $r^{M_1} \leqslant \Delta / \|\hat{\boldsymbol{x}}(N|0)\| \leqslant r^{M_2}$，其中 M_1 和 M_2 为式（7.58）不可行时，算法 7.2 在步骤 2 和步骤 3 之间的最大和最小允许迭代次数。也就是说，通过设置 r，如果式（7.58）不可行，则在步骤 2 和步骤 3 之间的迭代不会在 M_2 次内停止，也不会在 M_1 次后还继续。通常，可选择 M_0 满足 $M_2 \leqslant M_0 \leqslant M_1$，然后选择$r = \sqrt[M_0]{\Delta / \|\hat{\boldsymbol{x}}(N|0)\|}$。

算法7.2

步骤1. 取初始（大值）$\boldsymbol{x}(N|0)=\hat{\boldsymbol{x}}(N|0)$满足$\|\hat{\boldsymbol{x}}(N|0)\|>\Delta$，其中$\Delta$是事先取定的标量。注意$N$在此步是未知的。

步骤2. 求解式（7.58）得到γ^*，$\boldsymbol{Q}^*$，$\boldsymbol{F}^*$。

步骤3. 如果式（7.58）不可行且$\|\boldsymbol{x}(N|0)\|>\Delta$，则减小$\boldsymbol{x}(N|0)$（$\boldsymbol{x}(N|0)\leftarrow r\boldsymbol{x}(N|0)$，$r$为事先选定的标量，满足$0<r<1$）、返回步骤2。但是，如果式（7.58）不可行且$\|\boldsymbol{x}(N|0)\|\leqslant\Delta$，则认为整个算法是不可行的，结束（因失败而告终）。

步骤4. 取$\boldsymbol{P}_N=\gamma^*\boldsymbol{Q}^{*-1}$，$\mathfrak{X}(N|0)=\{\boldsymbol{x}|\boldsymbol{x}^{\mathrm{T}}\boldsymbol{Q}^{*-1}\boldsymbol{x}\leqslant 1\}$。

步骤5. 选择初始$N\geqslant N_0$。

步骤6. 求解问题式（7.80）得到$\tilde{\boldsymbol{u}}^*$，$\boldsymbol{x}^*(N|0)=\boldsymbol{\mathcal{A}}_{N,0}\boldsymbol{x}(0)+\overline{\boldsymbol{B}}\tilde{\boldsymbol{u}}^*$。

步骤7. 如果$\boldsymbol{x}^*(N|0)\notin\mathfrak{X}(N|0)$，则增加$N$，返回步骤6。

步骤8. 选择$\tilde{\boldsymbol{u}}=\tilde{\boldsymbol{u}}^*$（步骤6中所得）作为求解式（7.76）的初始解；求解式（7.76）得到$\tilde{\boldsymbol{u}}^0$，$\boldsymbol{x}^0(N|0)=\boldsymbol{\mathcal{A}}_{N,0}\boldsymbol{x}(0)+\overline{\boldsymbol{B}}\tilde{\boldsymbol{u}}^0$。

步骤9. 如果$\boldsymbol{x}^0(N|0)\notin\mathfrak{X}(N|0)$，则增加$N$并返回步骤6。

步骤10. 如果$(\overline{\Phi}^*_{\boldsymbol{P}_N}-\overline{\Phi}^*_0)/\overline{\Phi}^*_0>\delta$，则增加$N$并返回步骤6。

步骤11. 实施$\tilde{\boldsymbol{u}}^*$，$\boldsymbol{F}^*$。

注解7.3 对同样的N，如果$\boldsymbol{x}^0(N|0)\in\mathfrak{X}(N|0)$则$\boldsymbol{x}^*(N|0)\in\mathfrak{X}(N|0)$，反之则不然。这是因为式（7.80）是具有终端加权项的。终端加权项可对终端状态进行抑制，使终端状态更容易进入$\mathfrak{X}(N|0)$。因此若在算法7.2中先求式（7.76）后求式（7.80）还可能降低计算量。

记$\mathfrak{X}(0|0)\subset\mathbb{R}^n$为使问题7.6可行的初始状态$\boldsymbol{x}(0|0)$的集合。则如下的结论是对次优CLTVQR的可行性和稳定性的概括。

定理7.9 （稳定性）应用算法7.2，假设式（7.58）对适当的$x(N|0)$存在可行解。则对所有的$\boldsymbol{x}(0|0)\in\mathfrak{X}(0|0)$，存在有限值$N$和可行解$\tilde{\boldsymbol{u}}^*$，使得设计要求式（7.49）满足，闭环系统渐近稳定。

证明7.8 当N足够大时，$\boldsymbol{x}^*(N|0)$将充分接近原点、$(\overline{\Phi}^*_{\boldsymbol{P}_N}-\overline{\Phi}^*_0)$将变得足够小，使得式（7.81）满足。进一步，$N$足够大时，$\boldsymbol{x}^*(N|0)\in\mathfrak{X}(N|0)$。在$\mathfrak{X}(N|0)$内部，式（7.58）给出稳定的反馈控制律$\boldsymbol{F}$。

证毕。

当然，既然将CLTVQR在原点附近转变为min－max LQR，就存在这样的可能性：对某些$\boldsymbol{x}(0|0)\in\mathfrak{X}(0|0)$次优解不存在。是否会发生这种现象要看具体的系统。

注解7.4 保证CLTVQR近优解的方法可以方便地推广到1.8节的非线性问题。

7.4.6 数值例子

考虑如下的模型（由双质量（m_1，m_2）弹簧系统模型改造而来）：

$$\begin{bmatrix} x_1(t+1) \\ x_2(t+1) \\ x_3(t+1) \\ x_4(t+1) \end{bmatrix} = \begin{bmatrix} 1 & 0 & 0.1 & 0 \\ 0 & 1 & 0 & 0.1 \\ -0.1\dfrac{K(t)}{m_1} & 0.1\dfrac{K(t)}{m_1} & 1 & 0 \\ 0.1\dfrac{K(t)}{m_2} & -0.1\dfrac{K(t)}{m_2} & 0 & 1 \end{bmatrix} \begin{bmatrix} x_1(t) \\ x_2(t) \\ x_3(t) \\ x_4(t) \end{bmatrix} + \begin{bmatrix} 0 \\ 0 \\ \dfrac{0.1}{m_1} \\ 0 \end{bmatrix} u(t) \qquad (7.82)$$

其中，$m_1 = m_2 = 1$，$K(t) = 1.5 + 2e^{-0.1t}(1+\sin t) + 0.973\sin(t\pi/11)$。初始状态为 $\boldsymbol{x}(0) = \alpha \times [5, 5, 0, 0]^{\mathrm{T}}$，其中 α 为常数，加权取为 $\boldsymbol{Q} = \boldsymbol{I}$，$\boldsymbol{R} = 1$，输入约束为 $|u(t)| \leqslant 1$。

采用算法 7.2，控制目标是找到一个控制信号序列使得式（7.49）满足，其中 $\delta \leqslant 10^{-4}$。当 $t = 50$ 时，$2e^{-0.1t} \approx 0.0135$，故近似地有 $0.527 \leqslant K(t) \leqslant 2.5$，$\forall t \geqslant 50$。选择 $N_0 = 50$，

$$[\boldsymbol{A}_1 | \boldsymbol{B}_1] = \left[\begin{array}{cccc:c} 1 & 0 & 0.1 & 0 & 0 \\ 0 & 1 & 0 & 0.1 & 0 \\ -0.0527 & 0.0527 & 1 & 0 & 0.1 \\ 0.0527 & -0.0527 & 0 & 1 & 0 \end{array}\right]$$

$$[\boldsymbol{A}_2 | \boldsymbol{B}_2] = \left[\begin{array}{cccc:c} 1 & 0 & 0.1 & 0 & 0 \\ 0 & 1 & 0 & 0.1 & 0 \\ -0.25 & 0.25 & 1 & 0 & 0.1 \\ 0.25 & -0.25 & 0 & 1 & 0 \end{array}\right] \qquad (7.83)$$

选择 $\hat{\boldsymbol{x}}(N|0) = 0.02 \times [1, 1, 1, 1]^{\mathrm{T}}$，则式（7.58）存在可行解：$\boldsymbol{F} = [-8.7199 \quad 6.7664 \quad -4.7335 \quad -2.4241]$。当 $\alpha \leqslant 23.0$ 时，算法 7.2 存在可行解。选择 $\alpha = 1$，$N = 132$，则 $\overline{\Phi}^*_{P_{132}} = 1475.91$，$\overline{\Phi}^*_0 = 1475.85$ 并且设计要求式（7.49）得到满足。

7.4.7 与 6.2 节方法的比较

引入一些额外的假设后，第 6 章所讲在线方法可以用来求 CLTVQR 的次优解（不需满足设计要求式（7.49））。假设

$$[\boldsymbol{A}(t+i) | \boldsymbol{B}(t+i)] \in \Omega(t), \ \forall t \geqslant 0, \ \forall i \geqslant 0 \qquad (7.84)$$

其中

$$\Omega(t) := \mathrm{Co}\{[\boldsymbol{A}_1(t) | \boldsymbol{B}_1(t)], [\boldsymbol{A}_2(t) | \boldsymbol{B}_2(t)], \cdots, [\boldsymbol{A}_L(t) | \boldsymbol{B}_L(t)]\} \qquad (7.85)$$

也就是说，对 $\forall t$，$i \geqslant 0$ 存在 L 个非负系数 $\omega_l(t+i, t)$，$l \in \{1, 2, \cdots, L\}$ 使得

$$\sum_{l=1}^{L} \omega_l(t+i, t) = 1, \ [\boldsymbol{A}(t+i) | \boldsymbol{B}(t+i)] = \sum_{l=1}^{L} \omega_l(t+i, t)[\boldsymbol{A}_l(t) | \boldsymbol{B}_l(t)] \qquad (7.86)$$

式（7.84）~式（7.86）定义了一个时变的多胞，用来包含系统式（7.40）的动态特性。对 $t = N_0$，式（7.84）~式（7.86）即为式（7.43）。定义如下的优化问题：

$$\min_{\gamma(t), \boldsymbol{Q}(t), \boldsymbol{Y}(t), \boldsymbol{Z}(t), \boldsymbol{\Gamma}(t)} \gamma(t), \ \text{s.t.} \begin{bmatrix} 1 & \star \\ \boldsymbol{x}(t) & \boldsymbol{Q}(t) \end{bmatrix} \geqslant 0 \ \text{和式(7.59),式(7.28),式(7.60)}$$

$$\text{其中}\{\boldsymbol{Q}, \boldsymbol{Y}, \boldsymbol{Z}, \boldsymbol{\Gamma}, \gamma, \boldsymbol{A}_l, \boldsymbol{B}_l\} \ \text{替换为}\{\boldsymbol{Q}(t), \boldsymbol{Y}(t), \boldsymbol{Z}(t), \boldsymbol{\Gamma}(t), \gamma(t), \boldsymbol{A}_l(t), \boldsymbol{B}_l(t)\} \qquad (7.87)$$

根据第6章的理论，如果在 $t=0$ 时式（7.87）是可行的，则通过滚动地求解式（7.87）（预测控制），控制序列 $\boldsymbol{u}(t)=\boldsymbol{Y}(t)\boldsymbol{Q}(t)^{-1}\boldsymbol{x}(t)$，$t\geqslant0$ 能够渐近镇定系统式（7.40）。

注解 7.5 注意，在第6章中，预测控制的在线方法仅仅考虑时不变多胞描述的情况，即 $[\boldsymbol{A}(t+i)\mid\boldsymbol{B}(t+i)]\in\Omega$，$\forall t\geqslant0$，$\forall i\geqslant0$。对时变多胞描述式（7.84）~式(7.86)，$\Omega(t+1)\subseteq\Omega(t)$，$\forall t\geqslant0$。由于这种多胞描述随时间相继包含的特点，第6章的稳定性结果也适用于基于式（7.87）的方法，这与固定多胞描述的方法相比还能提高控制性能（这一思想在文献［42］中得到体现）。

让我们对算法7.2和基于式（7.87）的方法做一个计算量上的比较。

求解LMI的可行解经常采用“内点法”，这是一种多项式复杂度算法（即：求解问题的复杂度可用多项式表达）。复杂度与 $\mathfrak{K}^3\mathfrak{L}$ 成正比，其中 $\mathfrak{K}$ 为标量LMI变量的个数，$\mathfrak{L}$ 为LMI的总行数（标量行）（见文献［94］）。对式（7.76），$\mathfrak{K}_1(N)=N+1$，$\mathfrak{L}_1(N)=(2m+2q+1)N+1$；对式（7.80），$\mathfrak{K}_2(N)=N+1$，$\mathfrak{L}_2(N)=(2m+2q+1)N+n+1$；对式（7.58），$\mathfrak{K}_3=\frac{1}{2}(n^2+n+m^2+m+q^2+q)+mn+1$，$\mathfrak{L}_3=(4n+m+q)L+2n+2m+q+1$。

算法7.2的主要计算量来源于求解LMI优化问题。记：$\mathfrak{N}_2$（$\mathfrak{N}_1$）为实现算法7.2的步骤6（步骤8）中，临时和最终的切换时域 N 的集合；$\overline{M}_0$ 为在步骤2和步骤3之间重复的次数。则：算法7.2的计算量与下式成正比：

$$\sum_{N\in\mathfrak{N}_1}\mathfrak{K}_1(N)^3\mathfrak{L}_1(N)+\sum_{N\in\mathfrak{N}_2}\mathfrak{K}_2(N)^3\mathfrak{L}_2(N)+\overline{M}_0\mathfrak{K}_3^3\mathfrak{L}_3$$

基于式（7.87）的方法的主要计算量也是来自于求解LMI优化问题。在 $0\leqslant t\leqslant N-1$ 期间，该计算量正比于 $N\mathfrak{K}_3^3\mathfrak{L}_3$。一般来说，算法7.2涉及的计算量要比基于式（7.87）的方法大。但是，算法7.2可给出任意接近CLTVQR理论最优解的次优解（接近程度由 δ 事先给定），基于式（7.87）的方法却不能。

考虑模型式（7.82）。应用基于式（7.87）的方法，可求解一系列次优控制作用来镇定式（7.82）。则：在式（7.84）－式（7.86）中，

$$[\boldsymbol{A}_1(t)\mid\boldsymbol{B}_1(t)]=[\boldsymbol{A}_1\mid\boldsymbol{B}_1]$$

$$[\boldsymbol{A}_2(t)\mid\boldsymbol{B}_2(t)]=\left[\begin{array}{cccc|c}1&0&0.1&0&0\\0&1&0&0.1&0\\-0.1(2.473+4\mathrm{e}^{-0.1t})&0.1(2.473+4\mathrm{e}^{-0.1t})&1&0&0.1\\0.1(2.473+4\mathrm{e}^{-0.1t})&-0.1(2.473+4\mathrm{e}^{-0.1t})&0&1&0\end{array}\right]$$

式（7.87）存在可行解的条件是 $\alpha\leqslant21.6$（这个结果不如采用算法7.2）。选择 $\alpha=1$ 并滚动求解式（7.87）。代价函数值为 $\Phi(\boldsymbol{x}(0))=3914.5$，比最优值要大得多，说明最优性很差（要知道理论最优值位于 $\overline{\Phi}^*_{P_{132}}=1475.91$ 和 $\overline{\Phi}^*_0=1475.85$ 之间）。

在上面的仿真比较中，著者用笔记本电脑（1.5G Hz Pentium IV CPU，256 MB内存），软件为Matlab 5.3的LMI Toolbox；用了 $9\frac{2}{3}$min 计算 $\overline{\Phi}^*_{P_{132}}$，$7\frac{1}{3}$min 计算 $\overline{\Phi}^*_0$，$1\frac{1}{3}$min 计算 $\Phi(\boldsymbol{x}(0))=3914.5$（求解式（7.87）280次得到）。

7.5　多胞描述系统的在线方法

考虑如下时变不确定系统：

$$x(k+1)=A(k)x(k)+B(k)u(k),[A(k)|B(k)]\in\Omega \tag{7.88}$$

假设$[A(k)|B(k)]\in\Omega=\mathrm{Co}\{A_1|B_1,A_2|B_2,\cdots,A_L|B_L\}$，$\forall k\geqslant 0$。系统约束见式（7.2）和式(7.3)。

定义性能指标式（7.14）、引入稳定性约束式（7.20）并将对性能指标式（7.14）的优化问题转换为对式（7.21）的优化问题，这些和 7.3 节是一样的。由于考虑的是不确定系统，采用预测控制标准方法会使控制性能变差，因此我们直接采用在线方法。

7.5.1　部分反馈方法

每个时刻 k 求解如下的优化问题：

$$\min_{\{u(k|k),\cdots,u(k+N-1|k),F,P\}}\ \max_{[A(k+i)|B(k+i)]\in\Omega,i\geqslant 0}\bar{J}(x(k)),\text{s. t. 式(7.23)}\sim\text{式(7.25)} \tag{7.89}$$

可见式（7.89）与式（7.22）~式(7.25) 的区别在于将“min”问题变为“min – max”问题。

定义 $Q=\gamma P^{-1}$，$F=YQ^{-1}$；则运用 Schur 补引理可知，针对多胞描述系统时，式（7.20）等价于 LMI：

$$\begin{bmatrix} Q & \star & \star & \star \\ A_lQ+B_lY & Q & \star & \star \\ W^{1/2}Q & 0 & \gamma I & \star \\ R^{1/2}Y & 0 & 0 & \gamma I \end{bmatrix}\geqslant 0,\ \forall l\in\{1,\cdots,L\} \tag{7.90}$$

而切换时域 N 后面的输入/状态约束可由式（7.28）和式（7.60）来保证。

为进一步求解式（7.89），将其转换成 LMI 优化，我们需要状态预测值 $x(k+i|k)$。尽管未来的状态预测值是不确定的，但是我们可以确定相应的集合来包含这些状态。

引理 7.10　定义集合 $S(k+i|k)$ 为

$$S(k+i|k)=\mathrm{Co}\{v_{l_{i-1}\cdots l_1l_0}(k+i|k),l_0,l_1,\cdots,l_{i-1}=1\cdots L\},\ S(k|k)=\{x(k)\} \tag{7.91}$$

其中 $i\geqslant 0$。假设 $x(k+i|k)\in S(k+i|k)$。则当 $v_{l_i\cdots l_1l_0}(k+i+1|k)$，$l_0$，$l_1$，$\cdots l_i\in\{1,\cdots,L\}$ 满足

$$v_{l_i\cdots l_1l_0}(k+i+1|k)=A_{l_i}v_{l_{i-1}\cdots l_1l_0}(k+i|k)+B_{l_i}u(k+i|k)$$

时，$S(k+i+1|k)$ 为包含所有可能的 $x(k+i+1|k)$ 的（体积）最小集合。

证明 7.9　采用归纳法。$i=0$ 时结论是显然的。在 $i>1$ 时状态预测值由式（7.92）给出。

$$x(k+i+1|k)=A(k+i)x(k+i|k)+B(k+i)u(k+i|k) \tag{7.92}$$

根据多胞描述的定义，存在 $\omega_l\geqslant 0$ 使得

$$A(k+i)=\sum_{l=1}^{L}\omega_lA_l,B(k+i)=\sum_{l=1}^{L}\omega_lB_l,\sum_{l=1}^{L}\omega_l=1 \tag{7.93}$$

假设

$$\boldsymbol{x}(k+i|k)=\sum_{l_0l_1\cdots l_{i-1}=1}^{L}\left(\left(\prod_{h=0}^{i-1}\omega_{l_h}\right)\boldsymbol{v}_{l_{i-1}\cdots l_1l_0}(k+i|k)\right) \tag{7.94}$$

其中，$\sum_{l_0l_1\cdots l_{i-1}=1}^{L}(\prod_{h=0}^{i-1}\omega_{l_h})=1$，$\sum_{l_0=1}^{L}\cdots\sum_{l_i=1}^{L}(\cdots)$ 简记为 $\sum_{l_0\cdots l_i=1}^{L}(\cdots)$。将式（7.94）和式（7.93）代入式（7.92）得到（其中 $\omega_l=\omega_{l_i}$）

$$\begin{aligned}\boldsymbol{x}(k+i+1\mid k)&=\sum_{l_i=1}^{L}\omega_{l_i}\boldsymbol{A}_{l_i}\sum_{l_0l_1\cdots l_{i-1}=1}^{L}\left(\left(\prod_{h=0}^{i-1}\omega_{l_h}\right)\boldsymbol{v}_{l_{i-1}\cdots l_1l_0}(k+i\mid k)\right)\\&\quad+\sum_{l_i=1}^{L}\omega_{l_i}\boldsymbol{B}_{l_i}\boldsymbol{u}(k+i\mid k)\\&=\sum_{l_0l_1\cdots l_i=1}^{L}\left(\prod_{h=0}^{i}\omega_{l_h}\right)\boldsymbol{v}_{l_i\cdots l_1l_0}(k+i\mid k)\end{aligned} \tag{7.95}$$

故 $\boldsymbol{x}(k+i+1|k)\in S(k+i+1|k)=\mathrm{Co}\{\boldsymbol{v}_{l_i\cdots l_1l_0}(k+i+1|k),\ l_0,\ l_1,\ \cdots l_i=1\cdots L\}$ 成立。

进一步，除 $S(k+i+1|k)$ 外，不存在更小的集合能够包含所有可能的 $x(k+i+1|k)$。这是由多胞描述的性质决定的。

证毕。

定义

$$\|\boldsymbol{x}(k+i|k)\|_{\boldsymbol{W}}^2+\|\boldsymbol{u}(k+i|k)\|_{\boldsymbol{R}}^2\leqslant\gamma_i \tag{7.96}$$

则 $\bar{J}(\boldsymbol{x}(k))\leqslant\sum_{i=0}^{N-1}\gamma_i+\gamma$。

在本节的预测控制器中，一个很关键的手段是取

$$\begin{aligned}&\boldsymbol{u}(k+i|k)=\boldsymbol{F}(k+i|k)\boldsymbol{x}(k+i|k)+\boldsymbol{c}(k+i|k)\\&\boldsymbol{F}(\cdot|0)=\boldsymbol{0},i\in\{0,1,\cdots,N-1\}\end{aligned} \tag{7.97}$$

其中，$\boldsymbol{F}(k+i|k)$，$k>0$，$i\in\{0,1,\cdots,N-1\}$ 总是从上个时刻的计算结果继承而来，即：$k>0$ 时，取 $\boldsymbol{F}(k+i|k)=\boldsymbol{F}(k+i|k-1)$，$i\in\{0,1,\cdots,N-2\}$，$\boldsymbol{F}(k+N-1|k)=\boldsymbol{F}(k-1)$。对这种取法的意义，将在第8章更详细地说明。

在式（7.97）中，$\boldsymbol{c}$ 称为摄动量。在最后得到的优化问题中，$\boldsymbol{c}$（而不是 $\boldsymbol{u}$）将作为决策变量。采用式（7.97）和引理7.10，式（7.96）可以转化为如下的LMI：

$$\begin{bmatrix}\gamma_0 & \star & \star\\ \boldsymbol{x}(k) & \boldsymbol{W}^{-1} & \star\\ \boldsymbol{F}(k|k)\boldsymbol{x}(k)+\boldsymbol{c}(k|k) & \boldsymbol{0} & \boldsymbol{R}^{-1}\end{bmatrix}\geqslant 0$$

$$\begin{bmatrix}\gamma_i & \star & \star\\ \boldsymbol{v}_{l_{i-1}\cdots l_1l_0}(k+i|k) & \boldsymbol{W}^{-1} & \star\\ \boldsymbol{F}(k+i|k)\boldsymbol{v}_{l_{i-1}\cdots l_1l_0}(k+i|k)+\boldsymbol{c}(k+i|k) & \boldsymbol{0} & \boldsymbol{R}^{-1}\end{bmatrix}\geqslant 0$$

$$l_0,l_1,\cdots l_{i-1}\in\{1,2,\cdots,L\},i\in\{1,\cdots,N-1\} \tag{7.98}$$

注意在式（7.98）中的 $\boldsymbol{v}_{l_{i-1}\cdots l_1l_0}(k+i|k)$ 应该表示成 $\boldsymbol{c}(k|k)$，$\boldsymbol{c}(k+1|k),\cdots,\boldsymbol{c}(k+i-1|k)$ 的函数（应用引理7.10和式（7.97））。在式（7.98）的第一个LMI中，也可以不包含

W^{-1}对应的行和列（这些行列中不包含LMI变量）。

采用式（7.97）和引理7.10，式（7.24）可以转化为如下的LMI：

$$\begin{bmatrix} 1 & \star \\ \boldsymbol{v}_{l_{N-1}\cdots l_1 l_0}(k+N|k) & \boldsymbol{Q} \end{bmatrix} \geqslant 0, l_0, l_1, \cdots l_{N-1} \in \{1,2,\cdots,L\} \tag{7.99}$$

注意在式（7.99）中的$\boldsymbol{v}_{l_{N-1}\cdots l_1 l_0}(k+N|k)$应该表示成$\boldsymbol{c}(k|k)$，$\boldsymbol{c}(k+1|k)$，…，$\boldsymbol{c}(k+N-1|k)$的函数。

此外，在切换时域以前的输入和状态约束应该表示为

$$-\underline{\boldsymbol{u}} \leqslant \boldsymbol{F}(k|k)\boldsymbol{x}(k) + \boldsymbol{c}(k|k) \leqslant \overline{\boldsymbol{u}}$$

$$-\underline{\boldsymbol{u}} \leqslant \boldsymbol{F}(k+i|k)v_{l_{i-1}\cdots l_1 l_0}(k+i|k) + \boldsymbol{c}(k+i|k) \leqslant \overline{\boldsymbol{u}}$$

$$l_0, l_1, \cdots l_{i-1} \in \{1,2,\cdots,L\}, i \in \{1,\cdots,N-1\} \tag{7.100}$$

$$-\underline{\boldsymbol{\psi}} \leqslant \boldsymbol{\Psi}\boldsymbol{v}_{l_{i-1}\cdots l_1 l_0}(k+i|k) \leqslant \overline{\boldsymbol{\psi}}$$

$$l_0, l_1, \cdots l_{i-1} \in \{1,2,\cdots,L\}, i \in \{1,2,\cdots,N\} \tag{7.101}$$

这样，问题式（7.89）被近似转变为如下LMI优化问题：

$$\min_{\boldsymbol{c}(k|k),\cdots,\boldsymbol{c}(k+N-1|k),\gamma_i,\gamma,\boldsymbol{Q},\boldsymbol{Y},\boldsymbol{Z},\boldsymbol{\Gamma}} \sum_{i=0}^{N-1}\gamma_i + \gamma$$

$$\text{s.t. 式(7.28),式(7.60),式(7.90),式(7.98)} \sim \text{式(7.101)} \tag{7.102}$$

在每个时刻k求解式（7.102），但是得到的结果中仅仅$\boldsymbol{c}^*(k|k)$是实际实施的。在下个时刻$k+1$，在新的测量值$\boldsymbol{x}(k)$的基础上，重新进行优化，得到$\boldsymbol{c}^*(k+1|k+1)$。如果在$k$时刻，输入/状态约束是起作用的（这里的起作用是指影响式（7.102）的最优解），则在$k+1$时刻重新优化可显著改善控制器的性能（如果输入/状态约束不起作用，滚动优化也能改进性能）。

定理7.11　（稳定性）假设式（7.102）在初始时刻$k=0$存在可行解，则式（7.102）对任何$k>0$都是可行的。进而，通过滚动地实施最优解$\boldsymbol{c}^*(k|k)$，闭环系统是指数稳定的。

证明7.10　假设式（7.102）在时刻$k=0$存在可行解（用符号*表示），则下面所给在$k+1$时刻是可行的：

$$\boldsymbol{c}(k+i|k+1) = \boldsymbol{c}^*(k+i|k), i \in \{1,2,\cdots,N-1\}; \boldsymbol{u}(k+N|k+1) = \boldsymbol{F}^*(k)x^*(k+N|k) \tag{7.103}$$

采用式（7.103），容易得到式（7.37）。记

$$v'(k) = \arg_{v_{l_{N-1}\cdots l_1 l_0}(k+N|k)} \max_{l_0,l_1,\cdots,l_{N-1}\in\{1,2,\cdots,L\}} \| v_{l_{N-1}\cdots l_1 l_0}(k+N|k) \|^2_{\boldsymbol{W}+\boldsymbol{F}^*(k)^{\mathrm{T}}\boldsymbol{R}\boldsymbol{F}^*(k)}$$

则（7.20）表示

$$\| \boldsymbol{A}_{l_N}v'(k) + \boldsymbol{B}_{l_N}\boldsymbol{F}^*(k)v'(k) \|^2_{\boldsymbol{P}^*(k)} \leqslant \| v'(k) \|^2_{\boldsymbol{P}^*(k)-(\boldsymbol{W}+\boldsymbol{F}^*(k)^{\mathrm{T}}\boldsymbol{R}\boldsymbol{F}^*(k))}, \forall l_N \in \{1,2,\cdots,L\}$$

另外，注意

$$\bar{J}^*(x(k)) \leqslant \boldsymbol{\eta}^*(k) \overset{\Delta}{=} \sum_{i=0}^{N-1}\gamma_i^*(k) + \gamma^*(k)$$

$$\bar{J}(x(k+1)) \leqslant \boldsymbol{\eta}(k+1) \overset{\Delta}{=} \sum_{i=0}^{N-1}\gamma_i(k+1) + \gamma(k+1)$$

根据式(7.37)和式(7.38)，并观察式（7.102）中的LMI，可知式（7.103）和

$$\gamma(k+1) = \gamma^*(k) - \gamma_{N-1}(k+1)$$

$$\gamma_i(k+1)=\gamma_{i+1}^*(k),i\in\{0,1,\cdots,N-2\}$$
$$\gamma_{N-1}(k+1)=\|v'(k)\|_{W+F^*(k)^{\mathrm{T}}RF^*(k)}^2$$
$$\{\boldsymbol{Q},\boldsymbol{Y},\boldsymbol{Z},\boldsymbol{\Gamma}\}(k+1)=\frac{\gamma(k+1)}{\gamma^*(k)}\{\boldsymbol{Q},\boldsymbol{Y},\boldsymbol{Z},\boldsymbol{\Gamma}\}^*(k)$$

为 $k+1$ 时刻的可行解。

由于在 $k+1$ 时刻要重新优化，优化结果导致 $\eta^*(k+1)\leqslant\eta(k+1)$，故 $\eta^*(k+1)-\eta^*(k)\leqslant-\|\boldsymbol{x}(k)\|_W^2-\|\boldsymbol{u}^*(k)\|_R^2$。因此，$\eta^*(k)$ 可作为证明指数稳定的 Lyapunov 函数。

证毕。

以上完整的证明方法是本书的贡献。这种部分反馈方法已经用于分布式预测控制，见文献［69］。

7.5.2 参数依赖开环方法

对 $N\geqslant2$，我们取

$$\boldsymbol{u}(k+i\mid k)=\sum_{l_0\cdots l_{i-1}=1}^{L}\left(\left(\prod_{h=0}^{i-1}\omega_{l_h}(k+h)\right)\boldsymbol{u}^{l_{i-1}\cdots l_0}(k+i\mid k)\right)$$
$$\sum_{l_0\cdots l_{i-1}=1}^{L}\left(\prod_{h=0}^{i-1}\omega_{l_h}(k+h)\right)=1,i\in\{1,\cdots,N-1\} \tag{7.104}$$

在每个时刻 k 我们要求解如下优化问题：

$$\min_{\{\tilde{\boldsymbol{u}}(k),\boldsymbol{F},\boldsymbol{P}\}}\max_{[\boldsymbol{A}(k+i)\mid\boldsymbol{B}(k+i)]\in\Omega,i\geqslant0}J(x(k)),\text{s.t. 式(7.23)~式(7.25)，式(7.104)} \tag{7.105}$$

其中

$$\tilde{\boldsymbol{u}}(k):=\{\boldsymbol{u}(k|k),\boldsymbol{u}^{l_0}(k+1|k),\cdots,\boldsymbol{u}^{l_{N-2}\cdots l_0}(k+N-1|k)\mid l_j=1\cdots L,\ j=0\cdots N-2\}$$

为“顶点”控制作用 $\boldsymbol{u}^{l_{i-1}\cdots l_0}(k+i|k)$（相当于针对多胞描述演变的每个顶点都取不同的控制作用）的一个汇总。在求解式（7.105）后，仅有 $\boldsymbol{u}(k)=\boldsymbol{u}(k|k)$ 得到实施；在 $k+1$ 重新求解优化问题式（7.105）。

应注意的是，前面章节中的 $\boldsymbol{u}(k+i|k)$，$i\in\{1,\cdots,N-1\}$（或 $\boldsymbol{c}(k+i|k)$，$i\in\{1,\cdots,N-1\}$）都是单值的，而在本节中却是参数依赖型的（即依赖于未知的参数）。因此，与 7.5.1 节所讲鲁棒控制方法不同的是，当 $N>1$ 时，式（7.105）只能采取滚动优化的方式。7.5.1 节所讲方法也可以不采用滚动优化（第 6 章的在线方法也可以不采用滚动优化），系统照样是稳定的。

定义

$$\gamma_1\geqslant\|\boldsymbol{u}(k\mid k)\|_R^2+\sum_{i=1}^{N-1}[\|\boldsymbol{x}(k+i\mid k)\|_W^2+\|\boldsymbol{u}(k+i\mid k)\|_R^2]$$
$$1\geqslant\|\boldsymbol{x}(k+N\mid k)\|_{Q^{-1}}^2 \tag{7.106}$$

根据 7.5.1 节的有关推导，可将式（7.105）转化为如下的 LMI 优化问题：

$$\min_{\tilde{\boldsymbol{u}}(k),\gamma_1,\gamma,\boldsymbol{Q},\boldsymbol{Y},\boldsymbol{Z},\boldsymbol{\Gamma}}\max_{[\boldsymbol{A}(k+i)\mid\boldsymbol{B}(k+i)]\in\Omega,i\in\{0,\cdots,N-1\}}\gamma_1+\gamma$$
$$\text{s.t. (7.23)},i\in\{0,\cdots,N-1\},\text{式(7.28)},\text{式(7.60)},\text{式(7.90)},\text{式(7.104)},\text{式(7.106)} \tag{7.107}$$

在切换时域以前的状态预测值可以表达为

$$\begin{bmatrix} x(k+1|k) \\ x(k+2|k) \\ \vdots \\ x(k+N|k) \end{bmatrix} = \sum_{l_0 \cdots l_{N-1}=1}^{L} \left(\prod_{h=0}^{N-1} \omega_{l_h}(k+h) \begin{bmatrix} x^{l_0}(k+1|k) \\ x^{l_1 l_0}(k+2|k) \\ \vdots \\ x^{l_{N-1} \cdots l_1 l_0}(k+N|k) \end{bmatrix} \right)$$

$$\begin{bmatrix} x^{l_0}(k+1|k) \\ x^{l_1 l_0}(k+2|k) \\ \vdots \\ x^{l_{N-1} \cdots l_1 l_0}(k+N|k) \end{bmatrix} = \begin{bmatrix} A_{l_0} \\ A_{l_1} A_{l_0} \\ \vdots \\ \prod_{i=0}^{N-1} A_{l_{N-1-i}} \end{bmatrix} x(k)$$

$$+ \begin{bmatrix} B_{l_0} & 0 & \cdots & 0 \\ A_{l_1} B_{l_0} & B_{l_1} & \ddots & \vdots \\ \vdots & \vdots & \ddots & 0 \\ \prod_{i=0}^{N-2} A_{l_{N-1-i}} B_{l_0} & \prod_{i=0}^{N-3} A_{l_{N-1-i}} B_{l_1} & \cdots & B_{l_{N-1}} \end{bmatrix} \times \begin{bmatrix} u(k|k) \\ u^{l_0}(k+1|k) \\ \vdots \\ u^{l_{N-2} \cdots l_1 l_0}(k+N-1|k) \end{bmatrix} \tag{7.108}$$

其中，$x^{l_{i-1} \cdots l_1 l_0}(k+i|k)$，$i \in \{1, \cdots, N\}$ 称为“顶点”状态预测值。由于 $\sum_{l_0 \cdots l_{i-1}=1}^{L} \left(\prod_{h=0}^{i-1} \omega_{l_h}(k+h) \right) = 1$，状态预测值 $x(k+i|k)$，$i \in \{1, \cdots, N\}$ 属于一个多胞描述（见 7.5.1 节）。应用 Schur 补引理，式（7.104）和状态预测值集合的凸性可知，可将式（7.106）转化为如下的 LMI：

$$\begin{bmatrix} \gamma_1 & \star & \star & \cdots & \star & \star & \cdots & \star \\ u(k|k) & R^{-1} & \star & \cdots & \star & \star & \cdots & \star \\ u^{l_0}(k+1|k) & 0 & R^{-1} & \cdots & \star & \star & \cdots & \star \\ \vdots & \vdots & \vdots & \ddots & \vdots & \vdots & & \vdots \\ u^{l_{N-2} \cdots l_1 l_0}(k+N-1|k) & 0 & 0 & \cdots & R^{-1} & \star & \cdots & \star \\ A_{l_0} x(k) + B_{l_0} u(k|k) & 0 & 0 & \cdots & 0 & W^{-1} & \cdots & \star \\ \vdots & \vdots & \vdots & & \vdots & \vdots & \ddots & \vdots \\ * & 0 & 0 & \cdots & 0 & 0 & \cdots & W^{-1} \end{bmatrix} \geqslant 0$$

$$* = \prod_{i=0}^{N-2} A_{l_{N-2-i}} x(k) + \prod_{i=0}^{N-3} A_{l_{N-2-i}} B_{l_0} u(k|k) + \cdots + B_{l_{N-2}} u^{l_{N-3} \cdots l_1 l_0}(k+N-2|k),$$

$$l_0, \cdots, L_{N-2} \in \{1, \cdots, L\} \tag{7.109}$$

$$\begin{bmatrix} 1 & \star \\ \prod_{i=0}^{N-1} A_{l_{N-1-i}} x(k) + \prod_{i=0}^{N-2} A_{l_{N-1-i}} B_{l_0} u(k \mid k) & \\ + \cdots + B_{l_{N-1}} u^{l_{N-2}\cdots l_1 l_0}(k+N-1 \mid k) & Q \end{bmatrix} \geqslant 0$$

$$l_0, \cdots, l_{N-1} \in \{1, \cdots, L\} \tag{7.110}$$

而 $i \in \{0,\ \cdots,\ N-1\}$ 时的硬约束式（7.23）可转换为如下的LMI：

$$-\underline{u} \leqslant u(k|k) \leqslant \overline{u},\ -\underline{u} \leqslant u^{l_{j-1}\cdots l_1 l_0}(k+j|k) \leqslant \overline{u}$$
$$l_0, \cdots, l_{j-1} \in \{1, \cdots, L\},\ j \in \{1, \cdots, N-1\} \tag{7.111}$$

$$-\begin{bmatrix} \underline{\psi} \\ \underline{\psi} \\ \vdots \\ \underline{\psi} \end{bmatrix} \leqslant \tilde{\Psi} \begin{bmatrix} A_{l_0} \\ \prod_{i=0}^{1} A_{l_{1-i}} \\ \vdots \\ \prod_{i=0}^{N-1} A_{l_{N-1-i}} \end{bmatrix} x(k) + \tilde{\Psi} \begin{bmatrix} B_{l_0} & 0 & \cdots & 0 \\ A_{l_1} B_{l_0} & B_{l_1} & \ddots & \vdots \\ \vdots & \vdots & \ddots & 0 \\ \prod_{i=0}^{N-2} A_{l_{N-1-i}} B_{l_0} & \prod_{i=0}^{N-3} A_{l_{N-1-i}} B_{l_1} & \cdots & B_{l_{N-1}} \end{bmatrix} \times$$

$$\begin{bmatrix} u(k \mid k) \\ u^{l_0}(k+1 \mid k) \\ \vdots \\ u^{l_{N-2}\cdots l_1 l_0}(k+N-1 \mid k) \end{bmatrix} \leqslant \begin{bmatrix} \overline{\psi} \\ \overline{\psi} \\ \vdots \\ \overline{\psi} \end{bmatrix}$$
$$l_0, \cdots, l_{N-1} \in \{1, \cdots, L\} \tag{7.112}$$

其中，$\tilde{\Psi} = \mathrm{diag}\{\Psi,\ \cdots,\ \Psi\}$。

注解7.6 在切换时域前，引理7.10和式（7.108）的表达是一致的。

这样，优化问题式（7.107）被最终转换为如下的形式：

$$\min_{\gamma_1, \gamma, \tilde{u}(k), Y, Q, Z, \Gamma} \quad \gamma_1 + \gamma$$
$$\text{s.t. 式(7.28),式(7.60),式(7.90),式(7.109)} \sim \text{式(7.112)} \tag{7.113}$$

定理7.12 （稳定性）假设式（7.113）在初始时刻 $k=0$ 存在可行解。则式（7.113）对任何 $k>0$ 都是可行的。进而，通过滚动地实施最优解 $u^*(k|k)$，闭环系统是指数稳定的。

证明7.11 假设在时刻 k 存在可行解 $\{\tilde{u}(k)^*, Y(k)^*, Q(k)^*\}$，由此我们得到 $\{x^{l_{i-1}(k)\cdots l_0(k)}(k+i|k)^*,\ i=1\cdots N,\ F(k)^*,\ P(k)^*\}$。那么在 $k+1$ 时刻如下是可行的：

$$u^{l_{i-2}(k+1)\cdots l_0(k+1)}(k+i \mid k+1) = \sum_{l_0(k)=1}^{L} \omega_{l_0(k)}(k) u^{l_{i-1}(k)\cdots l_0(k)}(k+i|k)^*$$
$$i \in \{1, \cdots, N-1\} \tag{7.114}$$

$$u^{l_{N-2}(k+1)\cdots l_0(k+1)}(k+N \mid k+1) = F(k)^* \sum_{l_0(k)=1}^{L} \omega_{l_0(k)}(k) x^{l_{N-1}(k)\cdots l_0(k)}(k+N|k)^* \tag{7.115}$$

$$u(k+i \mid k+1) = F(k)^* x(k+i \mid k)^*,\ i \geqslant N+1 \tag{7.116}$$

采用式（7.114）可得

$$\begin{aligned}
&\boldsymbol{u}(k+i\mid k+1)\\
&=\sum_{l_0(k+1)\cdots l_{i-2}(k+1)=1}^{L}\left(\left(\prod_{h=0}^{i-2}\omega_{l_h(k+1)}(k+1+h)\right)\boldsymbol{u}^{l_{i-2}(k+1)\cdots l_0(k+1)}(k+i\mid k+1)\right)\\
&=\sum_{l_0(k+1)\cdots l_{i-2}(k+1)=1}^{L}\left(\left(\prod_{h=0}^{i-2}\omega_{l_h(k+1)}(k+1+h)\right)\left(\sum_{l_0(k)=1}^{L}\omega_{l_0(k)}(k)\boldsymbol{u}^{l_{i-1}(k)\cdots l_0(k)}(k+i\mid k)^*\right)\right)\\
&\quad i\in\{1,\cdots,N-1\}
\end{aligned}$$

由于 $\omega_{l_{h+1}(k)}(k+1+h)=\omega_{l_h(k+1)}(k+1+h)$，进一步得到

$$\begin{aligned}
&\boldsymbol{u}(k+i\mid k+1)\\
&=\sum_{l_1(k)\cdots l_{i-1}(k)=1}^{L}\left(\left(\prod_{h=1}^{i-1}\omega_{l_h(k)}(k+h)\right)\left(\sum_{l_0(k)=1}^{L}\omega_{l_0(k)}(k)\boldsymbol{u}^{l_{i-1}(k)\cdots l_0(k)}(k+i\mid k)^*\right)\right)\\
&=\sum_{l_0(k)\cdots l_{i-1}(k+1)=1}^{L}\left(\left(\prod_{h=0}^{i-1}\omega_{l_h(k)}(k+h)\right)\boldsymbol{u}^{l_{i-1}(k+1)\cdots l_0(k)}(k+i\mid k)^*\right)\\
&=\boldsymbol{u}(k+i\mid k)^*,i\in\{1,\cdots,N-1\}
\end{aligned}$$

类似地，采用式（7.115）和 $\omega_{l_{h+1}(k)}(k+1+h)=\omega_{l_h(k+1)}(k+1+h)$ 可得到

$$\boldsymbol{u}(k+N\mid k+1)=\boldsymbol{F}(k)^*\boldsymbol{x}(k+N\mid k)^*$$

因此，式（7.114）~式（7.116）等价为

$$\begin{aligned}
&\boldsymbol{u}(k+i+1\mid k+1)=\boldsymbol{u}^*(k+i+1\mid k),i\in\{0,\cdots,N-2\}\\
&\boldsymbol{u}(k+i\mid k+1)=\boldsymbol{F}^*(k)\boldsymbol{x}^*(k+i\mid k),i\geqslant N
\end{aligned}\tag{7.117}$$

采用式（7.117），容易得到（7.37）。由于采用了式（7.20），故（7.38）是满足的。

现在，注意

$$\bar{J}^*(x(k))\leqslant\boldsymbol{\eta}^*(k)\overset{\Delta}{=}\|\boldsymbol{x}(k)\|_{\boldsymbol{W}}^2+\gamma_1^*(k)+\gamma^*(k)$$

$$\bar{J}(x(k+1))\leqslant\boldsymbol{\eta}(k+1)\overset{\Delta}{=}\|\boldsymbol{x}(k+1)\|_{\boldsymbol{W}}^2+\gamma_1(k+1)+\gamma(k+1)$$

根据式（7.37）和式(7.38)，并观察式（7.113）中的LMI，可知式（7.117）和

$$\gamma(k+1)=\gamma^*(k)-\hat{\gamma}(k+1)$$

$$\gamma_1(k+1)=\gamma_1^*(k)-\|\boldsymbol{u}^*(k)\|_{\boldsymbol{R}}^2-\|\boldsymbol{x}(k+1)\|_{\boldsymbol{W}}^2+\hat{\gamma}(k+1)$$

$$\{\boldsymbol{Q},\boldsymbol{Y},\boldsymbol{Z},\boldsymbol{\Gamma}\}(k+1)=\frac{\gamma(k+1)}{\gamma^*(k)}\{\boldsymbol{Q},\boldsymbol{Y},\boldsymbol{Z},\boldsymbol{\Gamma}\}^*(k)$$

为 $k+1$ 时刻的可行解；这些与定理7.11类似。以上

$$\hat{\gamma}(k+1)=\max_{l_0,l_1,\cdots,l_{N-1}\in\{1,2,\cdots,L\}}\|\boldsymbol{x}^{l_{N-1}\cdots l_1l_0}(k+N\mid k)^*\|_{\boldsymbol{W}+\boldsymbol{F}^*(k)^{\mathrm{T}}\boldsymbol{R}\boldsymbol{F}^*(k)}^2$$

是为了表达方便而引入的变量。

由于在 $k+1$ 时刻要重新优化，优化结果导致 $\boldsymbol{\eta}^*(k+1)\leqslant\boldsymbol{\eta}(k+1)$，故 $\boldsymbol{\eta}^*(k+1)-\boldsymbol{\eta}^*(k)\leqslant-\|\boldsymbol{x}(k)\|_{\boldsymbol{W}}^2-\|\boldsymbol{u}^*(k)\|_{\boldsymbol{R}}^2$。因此，$\boldsymbol{\eta}^*(k)$ 可作为证明指数稳定的Lyapunov函数。

证毕。

以上完整的证明方法是本书的贡献。

注解7.7 在部分反馈方法中，采用了 γ_0，γ_1，…，γ_{N-1}；而式（7.113）中只用一个 γ_1。这两种方法从可行性上是等价的。采用 γ_0，γ_1，…，γ_{N-1}，决策变量多了 $N-1$ 个，但

是 LMI 的维数可以小一些。在参数依赖开环方法中可以采用 γ_0，γ_1，…，γ_{N-1}，而在部分反馈方法中也可以只采用一个 γ_1。

注解 7.8 对第 7.3 和 7.5 节给出的方法，若用于连续时间系统，则通常很难在瞬间完成优化问题的求解。这时可在 k 时刻求解 $\boldsymbol{u}(k+1)$，$\boldsymbol{u}(k+2|k)$，…，$\boldsymbol{u}(k+N-1|k)$，$\boldsymbol{F}(k)$，并在 $k+1$ 时刻实施 $\boldsymbol{u}(k+1)$。这样，只要优化时间在一个采样周期内，就可以保证稳定性；同第 6 章，称相应的 MPC 为“一步优化周期 MPC”。在每个时刻 $k\geqslant 0$，一步优化周期 MPC 以 $\boldsymbol{x}(k)$ 和 $\boldsymbol{u}(k)$ 为基础求解优化问题，用 $\boldsymbol{x}(k)$ 和 $\boldsymbol{u}(k)$ 预测 $\boldsymbol{x}(k+1)$；在预测控制优化描述中采用 $\boldsymbol{x}(k+1)$ 为基础|对不确定系统 $\boldsymbol{x}(k+1)$ 也是不确定的。

注解 7.9 在第 7.1、7.3 和 7.5 节所讨论的预测控制中，如果不在线优化预测控制的三要素，相应的优化问题仍然不能用二次规划求解；这是因为在优化问题中仍然包含椭圆型终端约束集合。但是第 7.2 和 7.4 节的式（7.76）和式（7.80）可以采用二次规划技术。二次规划问题是一类特殊的 LMI 优化问题。

第 8 章　预测控制综合的开环优化与闭环优化

本章继续讨论切换时域为 N 的预测控制。当优化 $\boldsymbol{u}(k|k)$，$\boldsymbol{u}(k+1|k)$，…，$\boldsymbol{u}(k+N-1|k)$且 $N>1$ 时，往往对应的为开环优化预测控制；预测控制实际实施时都为闭环控制；在对状态 $\boldsymbol{x}(k+2|k)$，$\boldsymbol{x}(k+3|k)$，…，$\boldsymbol{x}(k+N|k)$进行预测时，如果没有考虑到闭环的作用，则相应的优化称为开环的，即所谓"开环优化、闭环控制"。

当优化 $\boldsymbol{u}(k|k)$，$\boldsymbol{K}(k+1|k)$，…，$\boldsymbol{K}(k+N-1|k)$（其中 $\boldsymbol{K}$ 是即时状态反馈增益）时，往往对应的为闭环优化预测控制；在对状态 $\boldsymbol{x}(k+2|k)$，$\boldsymbol{x}(k+3|k)$，…，$\boldsymbol{x}(k+N|k)$进行预测时，如果考虑到闭环的作用（即反馈的作用），则相应的优化称为闭环的，即所谓"闭环优化、闭环控制"。

以系统 $\boldsymbol{x}(k+1)=\boldsymbol{A}\boldsymbol{x}(k)+\boldsymbol{B}\boldsymbol{u}(k)$和对 $\boldsymbol{x}(k+2|k)$的预测为例，在开环预测中

$$\boldsymbol{x}(k+2|k)=\boldsymbol{A}^2\boldsymbol{x}(k)+\boldsymbol{A}\boldsymbol{B}\boldsymbol{u}(k)+\boldsymbol{B}\boldsymbol{u}(k+1|k)$$

在闭环预测中

$$\boldsymbol{x}(k+2|k)=(\boldsymbol{A}+\boldsymbol{B}\boldsymbol{K}(k+1|k))\boldsymbol{A}\boldsymbol{x}(k)+(\boldsymbol{A}+\boldsymbol{B}\boldsymbol{K}(k+1|k))\boldsymbol{B}\boldsymbol{u}(k)$$

显然，当系统中含有不确定性时，$\boldsymbol{K}(k+1|k)$可以减少预测值中的不确定性。

对标称系统，开环预测和闭环预测是等价的。对不确定系统，开环优化预测控制和闭环优化预测控制有很大的区别。对 $N>1$，直接求解闭环优化预测控制是很难的；通常，采用部分闭环的形式，即定义 $\boldsymbol{u}=\boldsymbol{K}\boldsymbol{x}+\boldsymbol{c}$，$\boldsymbol{c}$ 称为摄动项。

8.1 节参考了文献［122］；8.2 和 8.3 节参考了文献［52］；8.4 节参考了文献［67］。

8.1　一种简单的部分闭环优化预测控制

考虑如下的用多胞描述表示的时变不确定系统：

$$\boldsymbol{x}(k+1)=\boldsymbol{A}(k)\boldsymbol{x}(k)+\boldsymbol{B}(k)\boldsymbol{u}(k),k\geqslant 0 \tag{8.1}$$

其中，$\boldsymbol{u}\in\mathbb{R}^m$，$\boldsymbol{x}\in\mathbb{R}^n$为输入、可测状态。假设$[\boldsymbol{A}(k)|\boldsymbol{B}(k)]$为$[\boldsymbol{A}_l|\boldsymbol{B}_l]$，$l\in\{1,\cdots,L\}$的凸组合：

$$[\boldsymbol{A}(k)|\boldsymbol{B}(k)]\in\Omega=\mathrm{Co}\{[\boldsymbol{A}_1|\boldsymbol{B}_1],[\boldsymbol{A}_2|\boldsymbol{B}_2],\cdots,[\boldsymbol{A}_L|\boldsymbol{B}_L]\},\forall k\geqslant 0 \tag{8.2}$$

即存在非负系数 $\omega_l(k)$，$l\in\{1,\cdots,L\}$ 使得

$$\sum_{l=1}^{L}\omega_l(k)=1,[\boldsymbol{A}(k)|\boldsymbol{B}(k)]=\sum_{l=1}^{L}\omega_l(k)[\boldsymbol{A}_l|\boldsymbol{B}_l] \tag{8.3}$$

与前几章不同的是我们采用如下的约束形式：

$$-\underline{\boldsymbol{g}}\leqslant\boldsymbol{G}\boldsymbol{x}(k)+\boldsymbol{D}\boldsymbol{u}(k)\leqslant\overline{\boldsymbol{g}} \tag{8.4}$$

其中，$\underline{\boldsymbol{g}}:=[\underline{g}_1,\underline{g}_2,\cdots,\underline{g}_q]^{\mathrm{T}}$，$\overline{\boldsymbol{g}}:=[\overline{g}_1,\overline{g}_2,\cdots,\overline{g}_q]^{\mathrm{T}}$，$\underline{g}_s>0$，$\overline{g}_s>0$，$s\in\{1,\cdots,q\}$；$\boldsymbol{G}\in\mathbb{R}^{q\times n}$，$\boldsymbol{D}\in\mathbb{R}^{q\times m}$。注意前面两章的状态约束$\{-\underline{\boldsymbol{\psi}}\leqslant\boldsymbol{\Psi}\boldsymbol{x}(k+i+1)\leqslant\overline{\boldsymbol{\psi}}$ 可以表达为式（8.4），其中

$$G=[A_1^{\mathrm T}\boldsymbol\Psi^{\mathrm T},A_2^{\mathrm T}\boldsymbol\Psi^{\mathrm T},\cdots,A_L^{\mathrm T}\boldsymbol\Psi^{\mathrm T}]^{\mathrm T},D=[B_1^{\mathrm T}\boldsymbol\Psi^{\mathrm T},B_2^{\mathrm T}\boldsymbol\Psi^{\mathrm T},\cdots,B_L^{\mathrm T}\boldsymbol\Psi^{\mathrm T}]^{\mathrm T}$$

$$\underline{g}:=[\underline{\psi}^{\mathrm T},\underline{\psi}^{\mathrm T},\cdots,\underline{\psi}^{\mathrm T}]^{\mathrm T},\bar g:=[\bar\psi^{\mathrm T},\bar\psi^{\mathrm T},\cdots,\bar\psi^{\mathrm T}]^{\mathrm T}$$

本节介绍切换时域为 $N\geqslant1$ 的预测控制方法，且在切换时域以前，控制作用定义为 $u=Kx+c$ 的形式，其中 K 为（离线给出的）固定的状态反馈增益。

8.1.1 切换时域为 0 的在线和离线方法

在第6章中，曾经给出状态反馈预测控制的在线方法，它实际上是一种切换时域为0的闭环优化预测控制。考虑式（8.4）时，只需要将相应的关于约束的LMI替换为

$$\begin{bmatrix}Q & \star\\ GQ+DY & \Gamma\end{bmatrix}\geqslant0,\Gamma_{ss}\leqslant g_{s,\inf}^2,s\in\{1,\cdots,q\} \tag{8.5}$$

其中，$g_{s,\inf}=\min\{\underline{g}_s,\bar g_s\}$，$\Gamma_{ss}$为$\Gamma$的第$s$个对角元素。相应地，在线预测控制在每个时刻$k$求解如下优化问题：

$$\min_{\gamma,Q,Y,\Gamma}\gamma,\text{s. t. 式}(8.5),\text{式}(8.7),\text{式}(8.8) \tag{8.6}$$

$$\begin{bmatrix}Q & \star & \star & \star\\ A_lQ+B_lY & Q & \star & \star\\ W^{1/2}Q & 0 & \gamma I & \star\\ R^{1/2}Y & 0 & 0 & \gamma I\end{bmatrix}\geqslant0,l\in\{1,\cdots,L\} \tag{8.7}$$

$$\begin{bmatrix}1 & \star\\ x(k) & Q\end{bmatrix}\geqslant0 \tag{8.8}$$

并实施 $u(k)=F(k)x(k)=YQ^{-1}x(k)$。

采用内点法求解式（8.6）时，计算复杂性与$\mathfrak{K}^3\mathfrak{L}$成正比，其中$\mathfrak{K}$为式（8.6）中的标量LMI变量的数目，$\mathfrak{L}$为LMI标量行的总行数。对式（8.6），$\mathfrak{K}=\frac{1}{2}(n^2+n)+mn+\frac{1}{2}(q^2+q)+1$，$\mathfrak{L}=(3n+m)L+2n+2q+1$。因此，$L$增加时，计算量随之线性增加。

算法 8.1（离线方法预测控制）

步骤1. 离线地，选择状态点 x_i，$i\in\{1,\cdots,N\}$。将式（8.8）中的 $x(k)$ 替换为 x_i，并求解式（8.6）得到相应的$\{Q_i,Y_i\}$，椭圆 $\varepsilon_{x,i}=\{x\in\mathbb{R}^n|x^{\mathrm T}Q_i^{-1}x\leqslant1\}$ 和反馈增益 $F_i=Y_iQ_i^{-1}$。注意 x_i 的选择应该使 $\varepsilon_{x,j}\subset\varepsilon_{x,j-1}$，$\forall j\in\{2,\cdots,N\}$。对 $i\neq N$，检查如下的条件是否满足：

$$Q_i^{-1}-(A_l+B_lF_{i+1})^{\mathrm T}Q_i^{-1}(A_l+B_lF_{i+1})>0,l\in\{1,\cdots,L\} \tag{8.9}$$

步骤2. 在线地，在每个时刻 k，采用如下的控制律：

$$u(k)=F(k)x(k)=\begin{cases}F(\alpha(k))x(k),x(k)\in\varepsilon_{x,i}, & x(k)\notin\varepsilon_{x,i+1},i\neq N\\ F_Nx(k), & x(k)\in\varepsilon_{x,N}\end{cases} \tag{8.10}$$

其中，$F(\alpha(k))=\alpha(k)F_i+(1-\alpha(k))F_{i+1}$，且

1）如果式（8.9）满足，则$0<\alpha(k)\leqslant1$，$x(k)^{\mathrm T}[\alpha(k)Q_i^{-1}+(1-\alpha(k))Q_{i+1}^{-1}]x(k)=1$；

2）如果式(8.9)不满足，则 $\alpha(k)=1$。

对在线方法，由于每个时刻 k 都要求解式（8.6），因此只能用于慢动态系统和低维系统。在式（8.6）的基础上，很容易得到对应的离线方法。与在线方法相比，离线方法的可行性和最优性往往大打折扣。

8.1.2 切换时域非 0 的一个有效算法

现在，假使已经得到了一个固定的、在不考虑输入/状态约束时使式（8.1）渐近稳定的反馈控制增益 $\boldsymbol{K}$（可以取定一个 $\boldsymbol{x}(k)$，并求解式（8.6）得到 $\boldsymbol{K}=\boldsymbol{YQ}^{-1}$）。在 $\boldsymbol{K}$ 的基础上，我们寻找一个比 $\boldsymbol{Q}$ 更大的矩阵 $\boldsymbol{Q}_{x,\chi}$；这个 $\boldsymbol{Q}_{x,\chi}$ 对应的椭圆形集合将为本节以下方法的吸引域。

定义

$$\boldsymbol{u}(k+i|k)=\boldsymbol{Kx}(k+i|k)+\boldsymbol{c}(k+i|k),\boldsymbol{c}(k+n_{\mathrm{c}}+i|k)=\boldsymbol{0},\forall i\geqslant 0 \tag{8.11}$$

其中，n_{c} 为新方法的切换时域（不过没有用 N 表示）。这样，状态预测值表示为

$$\boldsymbol{x}(k+i+1|k)=\boldsymbol{\mathcal{A}}(k+i)\boldsymbol{x}(k+i|k)+\boldsymbol{B}(k+i)\boldsymbol{c}(k+i|k),\boldsymbol{x}(k|k)=\boldsymbol{x}(k) \tag{8.12}$$

其中，$\boldsymbol{\mathcal{A}}(k+i)=\boldsymbol{A}(k+i)+\boldsymbol{B}(k+i)\boldsymbol{K}$。

式（8.12）与如下的自治状态空间模型是等价的：

$$\boldsymbol{\chi}(k+i+1|k)=\boldsymbol{\Phi}(k+i)\boldsymbol{\chi}(k+i|k)$$

$$\boldsymbol{\Phi}(k+i)=\begin{bmatrix}\boldsymbol{\mathcal{A}}(k+i) & [\boldsymbol{B}(k+i)\ \ \boldsymbol{0}\ \ \cdots\ \ \boldsymbol{0}]\\ \boldsymbol{0} & \boldsymbol{\Pi}\end{bmatrix} \tag{8.13}$$

$$\boldsymbol{\chi}=\begin{bmatrix}\boldsymbol{x}\\ \boldsymbol{f}\end{bmatrix},\boldsymbol{f}(k+i|k)=\begin{bmatrix}\boldsymbol{c}(k+i|k)\\ \boldsymbol{c}(k+1+i|k)\\ \vdots\\ \boldsymbol{c}(k+n_{\mathrm{c}}-1+i|k)\end{bmatrix},\boldsymbol{\Pi}=\begin{bmatrix}\boldsymbol{0} & \boldsymbol{I}_{m(n_{\mathrm{c}}-1)}\\ \boldsymbol{0}_m & \boldsymbol{0}\end{bmatrix} \tag{8.14}$$

其中，$\boldsymbol{0}_m$ 为 $m\times m$ 维（元素全为零的）零矩阵，$\boldsymbol{I}_m$ 为 m 阶单位矩阵。

考虑如下的椭圆：

$$\varepsilon_{\chi}=\{\boldsymbol{\chi}\in\mathbb{R}^{n+mn_{\mathrm{c}}}|\boldsymbol{\chi}^{\mathrm{T}}\boldsymbol{Q}_{\chi}^{-1}\boldsymbol{\chi}\leqslant 1\} \tag{8.15}$$

记 $\boldsymbol{Q}_{\chi}^{-1}=\begin{bmatrix}\boldsymbol{M}_{11} & \boldsymbol{M}_{21}^{\mathrm{T}}\\ \boldsymbol{M}_{21} & \boldsymbol{M}_{22}\end{bmatrix}$，$\boldsymbol{M}_{11}\in\mathbb{R}^{n\times n}$，$\boldsymbol{M}_{21}\in\mathbb{R}^{mn_{\mathrm{c}}\times n}$，$\boldsymbol{M}_{22}\in\mathbb{R}^{mn_{\mathrm{c}}\times mn_{\mathrm{c}}}$并定义

$$\varepsilon_{x,\chi}=\{\boldsymbol{x}\in\mathbb{R}^{n}|\boldsymbol{x}^{\mathrm{T}}\boldsymbol{Q}_{x,\chi}^{-1}\boldsymbol{x}\leqslant 1\},\boldsymbol{Q}_{x,\chi}=[\boldsymbol{M}_{11}-\boldsymbol{M}_{21}^{\mathrm{T}}\boldsymbol{M}_{22}^{-1}\boldsymbol{M}_{21}]^{-1}=\boldsymbol{TQ}_{\chi}\boldsymbol{T}^{\mathrm{T}} \tag{8.16}$$

其中，$\boldsymbol{T}=[\boldsymbol{I}_n\ \ 0]$。$\varepsilon_{\chi}(\varepsilon_{x,\chi})$的不变性条件，即 $\boldsymbol{\Phi}_l^{\mathrm{T}}\boldsymbol{Q}_{\chi}^{-1}\boldsymbol{\Phi}_l-\boldsymbol{Q}_{\chi}^{-1}\leqslant 0$，等价于如下的 LMI：

$$\begin{bmatrix}\boldsymbol{Q}_{\chi} & \boldsymbol{Q}_{\chi}\boldsymbol{\Phi}_l^{\mathrm{T}}\\ \boldsymbol{\Phi}_l\boldsymbol{Q}_{\chi} & \boldsymbol{Q}_{\chi}\end{bmatrix}\geqslant 0,l\in\{1,\cdots,L\} \tag{8.17}$$

下面说明：状态位于 $\varepsilon_{x,\chi}$内部时，如何保证硬约束的满足。当满足式（8.17）时，$\varepsilon_{x,\chi}$是不变椭圆；令 $\boldsymbol{\xi}_s$ 为 q 阶单位矩阵的第 s 行，$\boldsymbol{E}_m$ 为 mn_{c} 阶单位矩阵的前 m 行；我们可以做如下推导：

$$\begin{aligned}&\max_{i\geqslant 0}|\boldsymbol{\xi}_s[\boldsymbol{Gx}(k+i|k)+\boldsymbol{Du}(k+i|k)]|\\ =&\max_{i\geqslant 0}|\boldsymbol{\xi}_s[(\boldsymbol{G}+\boldsymbol{DK})\boldsymbol{x}(k+i|k)+\boldsymbol{Dc}(k+i|k)]|\\ =&\max_{i\geqslant 0}|\boldsymbol{\xi}_s[(\boldsymbol{G}+\boldsymbol{DK})\boldsymbol{x}(k+i|k)+\boldsymbol{DE}_m\boldsymbol{f}(k+i|k)]|\\ =&\max_{i\geqslant 0}|\boldsymbol{\xi}_s[\boldsymbol{G}+\boldsymbol{DK}\ \ \boldsymbol{DE}_m]\boldsymbol{\chi}(k+i|k)|\end{aligned}$$

$$
\begin{aligned}
&=\max_{i\geqslant 0}|\boldsymbol{\xi}_s[\boldsymbol{G}+\boldsymbol{D}\boldsymbol{K}\quad \boldsymbol{D}\boldsymbol{E}_m]\boldsymbol{Q}_{\boldsymbol{\chi}}^{1/2}\boldsymbol{Q}_{\boldsymbol{\chi}}^{-1/2}\boldsymbol{\chi}(k+i|k)|\\
&\leqslant\max_{i\geqslant 0}\|\boldsymbol{\xi}_s[\boldsymbol{G}+\boldsymbol{D}\boldsymbol{K}\quad \boldsymbol{D}\boldsymbol{E}_m]\boldsymbol{Q}_{\boldsymbol{\chi}}^{1/2}\|\,\|\boldsymbol{Q}_{\boldsymbol{\chi}}^{-1/2}\boldsymbol{\chi}(k+i|k)\|\\
&\leqslant\|\boldsymbol{\xi}_s[\boldsymbol{G}+\boldsymbol{D}\boldsymbol{K}\quad \boldsymbol{D}\boldsymbol{E}_m]\boldsymbol{Q}_{\boldsymbol{\chi}}^{1/2}\|
\end{aligned}
$$

因此，如果满足

$$
\begin{bmatrix}\boldsymbol{Q}_{\boldsymbol{\chi}} & \star\\ [\boldsymbol{G}+\boldsymbol{D}\boldsymbol{K}\quad \boldsymbol{D}\boldsymbol{E}_m]\boldsymbol{Q}_{\boldsymbol{\chi}} & \boldsymbol{\Gamma}\end{bmatrix}\geqslant 0,\boldsymbol{\Gamma}_{ss}\leqslant g_{s,\inf}^2,s\in\{1,\cdots,q\} \tag{8.18}
$$

则 $|\boldsymbol{\xi}_s[\boldsymbol{G}\boldsymbol{x}(k+i|k)+\boldsymbol{D}\boldsymbol{u}(k+i|k)]|\leqslant g_{s,\inf}$，$s\in\{1,\cdots,q\}$。

既然目标是得到更大的椭圆形吸引域，我们可以将优化 $\varepsilon_{x,\chi}$ 的体积作为预测控制的性能指标。最大化 $\varepsilon_{x,\chi}$ 的体积等价于最大化 $\det(\boldsymbol{T}\boldsymbol{Q}_{\boldsymbol{\chi}}\boldsymbol{T}^{\mathrm{T}})$。这样，采用如下方法：

$$
\min_{\boldsymbol{Q}_{\boldsymbol{\chi}}}\ \mathrm{logdet}(\boldsymbol{T}\boldsymbol{Q}_{\boldsymbol{\chi}}\boldsymbol{T}^{\mathrm{T}})^{-1},\text{s. t. 式(8.17)和式(8.18)} \tag{8.19}
$$

计算 $\boldsymbol{Q}_{\boldsymbol{\chi}}$。

算法 8.2

步骤 1. 离线地，不考虑硬约束，计算 $\boldsymbol{K}$ 使得某种性能指最优（如：可采用式（8.6）计算一个 $\boldsymbol{K}$）。通过式（8.19）计算 $\boldsymbol{Q}_{\boldsymbol{\chi}}$。增加 n_c，重复式（8.19），直到 $\varepsilon_{x,\chi}$ 的体积令人满意。

步骤 2. 在线地，在每个时刻 k，求解如下优化问题：

$$
\min_{f}\boldsymbol{f}^{\mathrm{T}}\boldsymbol{f},\ \text{s. t.}\ \boldsymbol{\chi}^{\mathrm{T}}\boldsymbol{Q}_{\boldsymbol{\chi}}^{-1}\boldsymbol{\chi}\leqslant 1 \tag{8.20}
$$

实施 $\boldsymbol{u}(k)=\boldsymbol{K}\boldsymbol{x}(k)+\boldsymbol{c}(k|k)$。

如果 $\boldsymbol{x}\in\varepsilon_{x,\chi}$，则 $\boldsymbol{f}=-\boldsymbol{M}_{22}^{-1}\boldsymbol{M}_{21}\boldsymbol{x}$ 是式（8.20）的可行解。因为取这个解时，由 $\boldsymbol{\chi}^{\mathrm{T}}\boldsymbol{Q}_{\boldsymbol{\chi}}^{-1}\boldsymbol{\chi}\leqslant 1$ 得到

$$
\boldsymbol{x}^{\mathrm{T}}\boldsymbol{M}_{11}\boldsymbol{x}\leqslant 1-2\boldsymbol{f}^{\mathrm{T}}\boldsymbol{M}_{21}\boldsymbol{x}-\boldsymbol{f}^{\mathrm{T}}\boldsymbol{M}_{22}\boldsymbol{f}=1+\boldsymbol{x}^{\mathrm{T}}\boldsymbol{M}_{21}^{\mathrm{T}}\boldsymbol{M}_{22}^{-1}\boldsymbol{M}_{21}\boldsymbol{x} \tag{8.21}
$$

式（8.21）等价于 $\boldsymbol{x}^{\mathrm{T}}\boldsymbol{Q}_{x,\chi}^{-1}\boldsymbol{x}\leqslant 1$。当 $\boldsymbol{x}\notin\varepsilon_{x,\chi}$，不存在 $\boldsymbol{f}$ 使得 $\boldsymbol{\chi}^{\mathrm{T}}\boldsymbol{Q}_{\boldsymbol{\chi}}^{-1}\boldsymbol{\chi}\leqslant 1$。当 $\boldsymbol{f}=0$，由 $\boldsymbol{\chi}^{\mathrm{T}}\boldsymbol{Q}_{\boldsymbol{\chi}}^{-1}\boldsymbol{\chi}\leqslant 1$ 可得到 $\boldsymbol{x}^{\mathrm{T}}\boldsymbol{M}_{11}\boldsymbol{x}\leqslant 1$。反之，若 $\boldsymbol{x}^{\mathrm{T}}\boldsymbol{M}_{11}\boldsymbol{x}\leqslant 1$，则 $\boldsymbol{f}=0$ 为最优解。

定理 8.1 （稳定性）假设存在 $\boldsymbol{K}$ 和 n_c 使式（8.19）可行。当 $\boldsymbol{x}(0)\in\varepsilon_{x,\chi}$ 时，采用算法 8.2 保证约束式（8.4）始终满足，且闭环系统渐近稳定。

证明 8.1 首先，当 $\boldsymbol{x}(0)\in\varepsilon_{x,\chi}$ 时可行解是存在的。令 $\boldsymbol{f}(0)^*$ 为初始时刻的解。则由于 $\varepsilon_{x,\chi}$ 是不变集，在 $k+1$ 时刻，$\boldsymbol{f}(1)=\boldsymbol{\Pi}\boldsymbol{f}(0)^*$ 为一可行解，并且由该解得到（比 $\boldsymbol{f}(0)^*$ 对应的性能指标）更小的性能指标值。当然，$\boldsymbol{f}(1)=\boldsymbol{\Pi}\boldsymbol{f}(0)^*$ 不一定是最优解，故采用最优解 $\boldsymbol{f}(1)^*$ 时，可得到（比 $\boldsymbol{f}(1)$ 对应的性能指标）更小的性能指标值。类推地，可知：式（8.20）在 0 时刻可行可保证其在任何 $k>0$ 时刻也可行，并且性能指标值随时间的推移而单调减小。因此，应用算法 8.2 时摄动项将逐渐变为零，而约束始终得到满足。当摄动项为零后，控制作用变为 $\boldsymbol{u}=\boldsymbol{K}\boldsymbol{x}$，可将状态最终驱动到原点。

证毕。

通过适当地选择 $\boldsymbol{K}$ 和 n_c，容易做到使算法 8.2 的吸引域大于离线方法的吸引域（从体积上比较）。而且，式（8.20）是很容易求解的，其在线计算量远远低于在线方法的计算

量。这种算法已经得到广泛的应用（以文献［222］作为一个例子），当然主要是在理论研究中。一般来说，在线方法得到非椭圆形的吸引域。采用算法 8.2 或离线方法，只能得到椭圆形的吸引域。椭圆形吸引域在体积上总是保守的。

8.2　三模预测控制

这里所说的“模”是指模式，即控制作用的计算方式。由于 $\varepsilon_{x,\chi}$ 的体积是保守的，状态位于 $\varepsilon_{x,\chi}$ 外部时，我们可以采用标准形式的预测控制。

假设 $\boldsymbol{K}=\boldsymbol{F}_1$，其中 $\boldsymbol{F}_1$ 是指算法 8.1 中的离线状态反馈增益，则 $\hat{\varepsilon}_1=\{\boldsymbol{x}\mid\boldsymbol{x}^{\mathrm{T}}\boldsymbol{M}_{11}\boldsymbol{x}\leqslant 1\}$ 为 $\boldsymbol{F}_1$ 的一个吸引域，$\hat{\varepsilon}_1$ 为不变椭圆；而 $\boldsymbol{Q}(k)=\boldsymbol{M}_{11}^{-1}$ 在 $\boldsymbol{x}(k)=\boldsymbol{x}_1$ 时相对于式（8.6）是可行的。注意我们前面所讲离线方法的吸引域为 $\varepsilon_{x,1}$（而不是 $\hat{\varepsilon}_1$），而算法 8.2 的吸引域为 $\varepsilon_{x,\chi}$。

从前面的描述中可以肯定 $\varepsilon_{x,\chi}\supseteq\hat{\varepsilon}_1$。但不管是否 $\boldsymbol{K}=\boldsymbol{F}_1$，既不能肯定 $\varepsilon_{x,1}\supseteq\hat{\varepsilon}_1$，也不能肯定 $\varepsilon_{x,1}\subseteq\hat{\varepsilon}_1$。$\varepsilon_{x,\chi}\supseteq\varepsilon_{x,1}$ 当且仅当 $\boldsymbol{M}_{11}-\boldsymbol{M}_{21}^{\mathrm{T}}\boldsymbol{M}_{22}^{-1}\boldsymbol{M}_{21}\leqslant\boldsymbol{Q}_1^{-1}$。如果选择 $\boldsymbol{K}=\boldsymbol{F}_1$，则适当选择 n_{c} 和 $\boldsymbol{Q}_\chi$ 可做到 $\varepsilon_{x,\chi}\supseteq\varepsilon_{x,1}$。

由于在三模预测控制（和 8.3 节的混合型预测控制）中要采用自由摄动项，这些自由摄动项可扩大闭环系统的吸引域。故为了简单起见，也可以不采用式（8.19）最大化 $\varepsilon_{x,\chi}$，而是选择 $\boldsymbol{K}=\boldsymbol{F}_1$ 后用如下方法从一定程度上最大化 $\boldsymbol{Q}_\chi$：

$$\min_{\rho,\boldsymbol{Q}_\chi}\rho,\ \text{s. t. 式(8.17)和式(8.18)，式(8.23)} \tag{8.22}$$

$$\rho\boldsymbol{T}\boldsymbol{Q}_\chi\boldsymbol{T}^{\mathrm{T}}-\boldsymbol{Q}_1\geqslant 0\Leftrightarrow\begin{bmatrix}\boldsymbol{T}\boldsymbol{Q}_\chi\boldsymbol{T}^{\mathrm{T}} & \star\\ \boldsymbol{Q}_1^{1/2} & \rho\boldsymbol{I}\end{bmatrix}\geqslant 0 \tag{8.23}$$

注意式（8.23）使 $\varepsilon_{x,\chi}\supseteq\dfrac{1}{\rho}\cdot\varepsilon_{x,1}$。因此，通过最小化 ρ，$\varepsilon_{x,\chi}$ 的体积可在某种程度上最大化。若 $\rho<1$，则 $\varepsilon_{x,\chi}\supset\varepsilon_{x,1}$。另外注意，采用式（8.19）并不能保证 $\varepsilon_{x,\chi}\supset\varepsilon_{x,1}$，这也是我们采用式（8.22）和式(8.23）的主要原因。

定义 $\mathcal{A}(\cdot)=\boldsymbol{A}(\cdot)+\boldsymbol{B}(\cdot)\boldsymbol{K}$，则 $[\mathcal{A}(\cdot)\mid\boldsymbol{B}(\cdot)]$ 可继承 $[\boldsymbol{A}(\cdot)\mid\boldsymbol{B}(\cdot)]$ 对应的多胞描述。未来的状态预测值表达为

$$\begin{bmatrix}\boldsymbol{x}(k+1\mid k)\\ \boldsymbol{x}(k+2\mid k)\\ \vdots\\ \boldsymbol{x}(k+\bar{N}\mid k)\end{bmatrix}=\sum_{l_0\cdots l_{\bar{N}-1}=1}^{L}\left\{\left(\prod_{h=0}^{\bar{N}-1}\omega_{l_h}(k+h)\right)\begin{bmatrix}\boldsymbol{x}^{l_0}(k+1\mid k)\\ \boldsymbol{x}^{l_1l_0}(k+2\mid k)\\ \vdots\\ \boldsymbol{x}^{l_{\bar{N}-1}\cdots l_1l_0}(k+\bar{N}\mid k)\end{bmatrix}\right\} \tag{8.24}$$

其中

$$\begin{bmatrix}\boldsymbol{x}^{l_0}(k+1\mid k)\\ \boldsymbol{x}^{l_1l_0}(k+2\mid k)\\ \vdots\\ \boldsymbol{x}^{l_{\bar{N}-1}\cdots l_1l_0}(k+\bar{N}\mid k)\end{bmatrix}=\begin{bmatrix}\mathcal{A}_{l_0}\\ \mathcal{A}_{l_1}\mathcal{A}_{l_0}\\ \vdots\\ \prod_{i=0}^{\bar{N}-1}\mathcal{A}_{l_{\bar{N}-1-i}}\end{bmatrix}=\boldsymbol{x}(k)$$

$$
+\begin{bmatrix} \boldsymbol{B}_{l_0} & \boldsymbol{0} & \cdots & \boldsymbol{0} \\ \mathcal{A}_{l_1}\boldsymbol{B}_{l_0} & \boldsymbol{B}_{l_1} & \ddots & \vdots \\ \vdots & \vdots & \ddots & \boldsymbol{0} \\ \prod_{i=0}^{\overline{N}-2}\mathcal{A}_{l_{\overline{N}-1-i}}\boldsymbol{B}_{l_0} & \prod_{i=0}^{\overline{N}-3}\mathcal{A}_{l_{\overline{N}-1-i}}\boldsymbol{B}_{l_1} & \cdots & \boldsymbol{B}_{l_{\overline{N}-1}} \end{bmatrix}\begin{bmatrix} \boldsymbol{c}(k|k) \\ \boldsymbol{c}(k+1|k) \\ \vdots \\ \boldsymbol{c}(k+\overline{N}-1|k) \end{bmatrix} \tag{8.25}
$$

同第7章，称 $\boldsymbol{x}^{l_{i-1}\cdots l_1 l_0}(k+i|k)(i\in\{1,\ \cdots,\ \overline{N}\})$ 为“顶点状态预测值”。

从算法8.3可以看到，三模预测控制属于部分闭环优化预测控制。

算法8.3（三模预测控制）

离线地，选择 $\boldsymbol{K}$，n_c 和 $\overline{N}$。求解式（8.22）和式(8.23）得到 $\boldsymbol{Q}_{\boldsymbol{\chi}}$、$\boldsymbol{Q}_{\boldsymbol{x},\boldsymbol{\chi}}$ 和椭圆集 $\varepsilon_{\boldsymbol{x},\boldsymbol{\chi}}$。

在线地，在每个时刻 k，

1）如果 $\boldsymbol{x}(k)\in\varepsilon_{\boldsymbol{x},\boldsymbol{\chi}}$，则求解式（8.20）；

2）如果 $\boldsymbol{x}(k)\notin\varepsilon_{\boldsymbol{x},\boldsymbol{\chi}}$，则求解：

$$
\min_{\boldsymbol{c}(k),\boldsymbol{c}(k+1|k),\cdots,\boldsymbol{c}(k+\overline{N}+n_c-1|k)} J(k) = \|[\boldsymbol{c}(k|k)^{\mathrm{T}}\boldsymbol{c}(k+1|k)^{\mathrm{T}}\cdots\boldsymbol{c}(k+\overline{N}+n_c-1|k)^{\mathrm{T}}]\|^2 \tag{8.26}
$$

s.t. 式（8.25）

$$
-\underline{\boldsymbol{g}}\leqslant(\boldsymbol{G}+\boldsymbol{DK})\boldsymbol{x}(k)+\boldsymbol{Dc}(k)\leqslant\overline{\boldsymbol{g}}
$$

$$
-\underline{\boldsymbol{g}}\leqslant(\boldsymbol{G}+\boldsymbol{DK})\boldsymbol{x}^{l_{i-1}\cdots l_0}(k+i|k)+\boldsymbol{Dc}(k+i|k)\leqslant\overline{\boldsymbol{g}}
$$

$$
\forall i\in\{1,\cdots,\overline{N}-1\},l_{i-1}\in\{1,\cdots,L\} \tag{8.27}
$$

$$
\|[\boldsymbol{x}^{l_{\overline{N}-1}\cdots l_1 l_0}(k+\overline{N}|k)^{\mathrm{T}}\boldsymbol{c}(k+\overline{N}|k)^{\mathrm{T}}\cdots\boldsymbol{c}(k+\overline{N}+n_c-1|k)^{\mathrm{T}}]\|^2_{\boldsymbol{Q}_{\boldsymbol{\chi}}^{-1}}\leqslant 1
$$

$$
\forall l_0,\cdots,l_{\overline{N}-1}\in\{1,\cdots,L\} \tag{8.28}
$$

然后，实施 $\boldsymbol{u}(k)=\boldsymbol{Kx}(k)+\boldsymbol{c}(k|k)$。

定理8.2 （稳定性）假设：①$\boldsymbol{x}(0)\in\varepsilon_{\boldsymbol{x},\boldsymbol{\chi}}$，或②$\boldsymbol{x}(0)\notin\varepsilon_{\boldsymbol{x},\boldsymbol{\chi}}$但式（8.26）~式(8.28）具有可行解。则采用算法8.3时，约束式（8.4）始终满足，且闭环系统渐近稳定。

证明8.2 关于约束式（8.4）的满足不再细说。

假设①成立，则根据定理8.1可知闭环系统渐近稳定。

假设②成立，且式（8.26）~式(8.28）在 k 时刻有如下可行解：

$$
\{\boldsymbol{c}(k|k)^*,\boldsymbol{c}(k+1|k)^*,\cdots,\boldsymbol{c}(k+\overline{N}+n_c-1|k)^*\} \tag{8.29}
$$

记采用式（8.29）得到的性能指标值为 $J^*(k)$。由于式（8.28）满足，式（8.29）保证 $\boldsymbol{x}(k+\overline{N}+j|k)\in\varepsilon_{\boldsymbol{x},\boldsymbol{\chi}}$，$0\leqslant j\leqslant n_c$。因此，在 $k+1$ 时刻，下面为式（8.26）~式(8.28）的可行解：

$$
\{\boldsymbol{c}(k+1|k)^*,\boldsymbol{c}(k+2|k)^*,\cdots,\boldsymbol{c}(k+\overline{N}+n_c-1|k)^*,\boldsymbol{0}\} \tag{8.30}
$$

如果在 $k+1$ 时刻采用式（8.30）（实际上不一定采用式（8.30）），则相应的性能指标值为

$$
J(k+1)=J^*(k)-\boldsymbol{c}(k|k)^{*\mathrm{T}}\boldsymbol{c}(k|k)^* \tag{8.31}
$$

通过优化 $J(k+1)$，优化值将满足 $J^*(k+1)\leqslant J(k+1)\leqslant J^*(k)$。因此，$J^*(k)$ 将随着时间的增加而减小，直到状态被驱动到 $\varepsilon_{\boldsymbol{x},\boldsymbol{\chi}}$ 内部为止。

在 $\varepsilon_{\boldsymbol{x},\boldsymbol{\chi}}$ 内部，假设①成立。

证毕。

算法 8.3 中的三种模式为：①在 $\hat{\varepsilon}_1$ 内部，$\boldsymbol{f}=0$，$\boldsymbol{u}=\boldsymbol{K}\boldsymbol{x}$；②在 $\varepsilon_{\boldsymbol{x},\boldsymbol{\chi}}\setminus\hat{\varepsilon}_1$ 内部，$\boldsymbol{u}=\boldsymbol{K}\boldsymbol{x}+\boldsymbol{c}$，$\boldsymbol{f}\neq 0$；③在 $\varepsilon_{\boldsymbol{x},\boldsymbol{\chi}}$外部，$\boldsymbol{u}=\boldsymbol{K}\boldsymbol{x}+\boldsymbol{c}$。当 $x(k)\in\varepsilon_{\boldsymbol{x},\boldsymbol{\chi}}$时，若采用式（8.26）~式(8.28)，则未必得到和式（8.20）相同的解，即切换的连续性是需进一步研究的。

命题 8.3　（单调性）采用算法 8.3。不管是增加 n_c 还是增加 $\bar{N}$，闭环系统的吸引域不会在任何方向上缩小（即：增加 n_c 或 $\bar{N}$ 后的吸引域总是包含原来的吸引域）。

证明 8.3　假设（8.29）为 $\{\bar{N},n_c\}$ 的一个可行解，则当 $\bar{N}$ 或 n_c 增加 1 时，下面是一个可行解：

$$\{\boldsymbol{c}(k|k)^*,\boldsymbol{c}(k+1|k)^*,\cdots,\boldsymbol{c}(k+\bar{N}+n_c-1|k)^*,\boldsymbol{0}\}$$

证毕。

一般来说，n_c 没有必要取得很大，因此当 $\boldsymbol{x}(k)\in\varepsilon_{\boldsymbol{x},\boldsymbol{\chi}}$时，在线计算量是很小的。然而 $\varepsilon_{\boldsymbol{x},\boldsymbol{\chi}}$的体积可能无法满足要求。通常，与增加 n_c 相比，增加 $\bar{N}$ 可更加有效地增加吸引域。

当然，$\bar{N}$ 的选择必须兼顾吸引域和计算量。对任何 $\bar{N}\geqslant 1$，闭环系统的吸引域将包含 $\varepsilon_{\boldsymbol{x},\boldsymbol{\chi}}$。但是增加 $\bar{N}$，计算量指数增加。

容易将式（8.26）~式(8.28) 转化为 LMI 优化问题。用内点法求解该优化问题的计算量与$\mathfrak{K}^3\mathfrak{L}$成正比，其中$\mathfrak{K}=(n_c+\bar{N})m+1$，$\mathfrak{L}=(n_cm+n+1)L^{\bar{N}}+2q\sum_{i=1}^{\bar{N}-1}L^i+(n_c+\bar{N})m+2q+1$。因此，$n$，$q$ 增加时计算量只是线性增加。如果 $\{n,q\}$ 较大而 $\{L,\ \bar{N},\ n_c\}$ 较小时，式（8.26）~式(8.28) 涉及的计算量可比式（8.6）的小。

8.3　混合型预测控制

在采用三模控制后，仍然存在保守性，原因是 $\boldsymbol{c}(k|k)$，$\boldsymbol{c}(k+1|k)$，…，$\boldsymbol{c}(k+\bar{N}-1|k)$必须针对所有的不确定状态。在这一节，为了获得更大的吸引域，状态在 $\varepsilon_{\boldsymbol{x},\boldsymbol{\chi}}$外部时我们将采用“顶点摄动项”；为了获得更低的在线计算量，在 $\varepsilon_{\boldsymbol{x},1}$内部，则采用离线方法。通过这两个手段，所获得的吸引域可达到与在线方法的吸引域相互补充；同时，在线计算量可比在线方法小得多。

这里，所谓混合是指：既存在部分闭环优化，又存在闭环优化；既有标准方法，也有离线方法。

8.3.1　算法

在第 7 章，曾采用如下的“参数依赖型控制作用”：

$$\hat{\boldsymbol{u}}(k)=\Big\{\boldsymbol{u}(k|k),\sum_{l_0=1}^{L}\omega_{l_0}(k)\boldsymbol{u}^{l_0}(k+1|k),\cdots,\sum_{l_0\cdots l_{\bar{N}-2}=1}^{L}\Big(\prod_{h=0}^{\bar{N}-2}\omega_{l_h}(k+h)\Big)\boldsymbol{u}^{l_{\bar{N}}\cdots l_0}(k+\bar{N}-1|k)\Big\}$$

并将如下的“顶点控制作用”作为最终的决策变量：

$$\tilde{\boldsymbol{u}}(k)=\{\boldsymbol{u}(k|k),\boldsymbol{u}^{l_0}(k+1|k),\cdots,\boldsymbol{u}^{l_{\bar{N}-2}\cdots l_0}(k+\bar{N}-1|k)\,|\,l_0,\cdots,l_{\bar{N}-2}=1\cdots L\}$$

模仿第 7 章，本节方法中，在 $\varepsilon_{\boldsymbol{x},\boldsymbol{\chi}}$外部采用如下的“顶点摄动项”和“参数依赖型摄动项”：

$$\tilde{c}(k) = \{c(k|k), c^{l_0}(k+1|k), \cdots, c^{l_{\bar{N}-2}\cdots l_0}(k+\bar{N}-1|k) \mid l_0, \cdots, l_{\bar{N}-2} = 1, \cdots, L\} \tag{8.32}$$

$$\hat{c}(k) = \{c(k|k), \sum_{l_0=1}^{L} \omega_{l_0}(k) c^{l_0}(k+1|k), \cdots, \sum_{l_0 \cdots l_{\bar{N}-2}=1}^{L} \left(\prod_{h=0}^{\bar{N}-2} \omega_{l_h}(k+h)\right) c^{l_{\bar{N}-2}\cdots l_0}(k+\bar{N}-1|k)\} \tag{8.33}$$

即针对所有的不确定状态预测轨迹的顶点都取摄动项。

未来的状态预测值表达为式（8.24），其中

$$\begin{bmatrix} x^{l_0}(k+1|k) \\ x^{l_1 l_0}(k+2|k) \\ \vdots \\ x^{l_{\bar{N}-1}\cdots l_1 l_0}(k+\bar{N}|k) \end{bmatrix} = \begin{bmatrix} \mathcal{A}_{l_0} \\ \mathcal{A}_{l_1}\mathcal{A}_{l_0} \\ \vdots \\ \prod_{i=0}^{\bar{N}-1} \mathcal{A}_{l_{\bar{N}-1-i}} \end{bmatrix} x(k) + \begin{bmatrix} B_{l_0} & 0 & \cdots & 0 \\ \mathcal{A}_{l_1} B_{l_0} & B_{l_1} & \ddots & \vdots \\ \vdots & \vdots & \ddots & 0 \\ \prod_{i=0}^{\bar{N}-2} \mathcal{A}_{l_{\bar{N}-1-i}} B_{l_0} & \prod_{i=0}^{\bar{N}-3} \mathcal{A}_{l_{\bar{N}-1-i}} B_{l_1} & \cdots & B_{l_{\bar{N}-1}} \end{bmatrix} \times \begin{bmatrix} c(k|k) \\ c^{l_0}(k+1|k) \\ \vdots \\ c^{l_{\bar{N}-2}\cdots l_1 l_0}(k+\bar{N}-1|k) \end{bmatrix} \tag{8.34}$$

考虑到式（8.32）、式（8.33）、式（8.24）和式（8.34），我们将问题式（8.26）~式（8.28）改写如下：

$$\min_{\tilde{c}(k), c(k+\bar{N}|k), \cdots, c(k+\bar{N}+n_c-1|k)} \max_{[A(k+i)|B(k+i)] \in \Omega, i=\{0\cdots N-1\}} J(k) = \| [c(k|k)^T \cdots c(k+\bar{N}-1|k)^T \cdots c(k+\bar{N}+n_c-1|k)^T] \|^2$$
$$\text{s.t. 式(8.34), 式(8.27), 式(8.28)} \tag{8.35}$$

注意式(8.35)中的$\{c(k+1|k)$，…，$c(k+\bar{N}-1|k)\}$为参数依赖型摄动项，是不确定的值，故优化问题写成“min－max”的形式。

为求解问题式（8.35），定义

$$\| [\tilde{c}^{l_0\cdots l_{\bar{N}-2}}(k)^T c(k+\bar{N}|k)^T \cdots c(k+\bar{N}+n_c-1|k)^T] \|^2 \leqslant \eta$$
$$\forall l_0, \cdots, l_{\bar{N}-2} \in \{1, \cdots, L\} \tag{8.36}$$

其中，$\tilde{c}^{l_0\cdots l_{\bar{N}-2}}(k) = [c(k|k)^T, c^{l_0}(k+1|k)^T, \cdots, c^{l_{\bar{N}-2}\cdots l_0}(k+\bar{N}-1|k)^T]^T$，$\eta$ 为标量。应用式（8.24）和式（8.34）和 Schur 补引理，式（8.28）和式（8.36）可转化为如下的 LMI：

$$\begin{bmatrix} 1 & \star \\ [x^{l_{\bar{N}-1}\cdots l_1 l_0}(k+\bar{N}|k)^T \quad c(k+\bar{N}|k)^T \cdots c(k+\bar{N}+n_c-1|k)^T]^T & Q_\chi \end{bmatrix} \geqslant 0$$

$$x^{l_{\bar N-1}\cdots l_1 l_0}(k+\bar N|k)=\prod_{i=0}^{\bar N-1}\mathcal{A}_{l_{\bar N-1-i}}x(k)+\prod_{i=0}^{\bar N-2}\mathcal{A}_{l_{\bar N-1-i}}B_{l_0}c(k|k)+\cdots+B_{l_{\bar N-1}}c^{l_{\bar N-2}\cdots l_0}(k+\bar N-1|k)$$

$$\forall l_0,\cdots,l_{\bar N-1}=\{1,\cdots,L\},\tag{8.37}$$

$$\begin{bmatrix}\eta & \star\\ [\tilde c^{l_0\cdots l_{\bar N-2}}(k)^{\mathrm T}c(k+\bar N|k)^{\mathrm T}\cdots c(k+\bar N+n_c-1|k)^{\mathrm T}]^{\mathrm T} & I\end{bmatrix}\geqslant 0$$

$$\forall l_0,\cdots,l_{\bar N-2}\in\{1,\cdots,L\}\tag{8.38}$$

而约束式（8.27）可转化为如下的 LMI：

$$-\begin{bmatrix}\underline g\\ \underline g\\ \vdots\\ \underline g\end{bmatrix}\leqslant\tilde G\begin{bmatrix}I\\ \mathcal{A}_{l_0}\\ \vdots\\ \prod_{i=0}^{\bar N-2}\mathcal{A}_{l_{\bar N-2-i}}\end{bmatrix}x(k)+\left\{\tilde G\begin{bmatrix}0 & 0 & \cdots & 0\\ B_{l_0} & 0 & \ddots & \vdots\\ \vdots & \ddots & \ddots & 0\\ \prod_{i=0}^{\bar N-3}\mathcal{A}_{l_{\bar N-2-i}}B_{l_0} & \cdots & B_{l_{\bar N-2}} & 0\end{bmatrix}+\tilde D\right\}\times$$

$$\begin{bmatrix}c(k|k)\\ c^{l_0}(k+1|k)\\ \vdots\\ c^{l_{\bar N-2}\cdots l_1 l_0}(k+\bar N-1|k)\end{bmatrix}\leqslant\begin{bmatrix}\bar g\\ \bar g\\ \vdots\\ \bar g\end{bmatrix},\forall l_0,\cdots,l_{\bar N-2}\in\{1,\cdots,L\}$$

$$\tilde G=\mathrm{diag}\ \{G+DK,\ \cdots,\ G+DK\},\ \tilde D=\mathrm{diag}\ \{D,\ \cdots,\ D\}\tag{8.39}$$

总之，式（8.35）转变为如下的 LMI 优化问题：

$$\min_{\eta,\tilde c(k),c(k+\bar N|k),\cdots,c(k+\bar N+n_c-1|k)}\eta,\text{s. t. 式}(8.37)\sim\text{式}(8.39)\tag{8.40}$$

算法 8.4（混合算法）

步骤 1. 见算法 8.1 的步骤 1。

步骤 2. 离线地，选择 $K=F_1$，n_c 和 $\bar N$。求解式（8.22）和式(8.23）得到 Q_{χ}，$Q_{x,\chi}$ 和椭圆集合 $\varepsilon_{x,\chi}$。

步骤 3. 在线地，在每个时刻 k，

1）如果 $x(k)\in\varepsilon_{x,1}$ 见算法 8.1 的步骤 2；

2）如果 $x(k)\in\varepsilon_{x,\chi}\backslash\varepsilon_{x,1}$，则求解式(8.20) 并实施 $u(k)=Kx(k)+c(k|k)$；

3）如果 $x(k)\notin\varepsilon_{x,\chi}$，则求解式（8.40）并实施 $u(k)=Kx(k)+c(k|k)$。

在算法 8.4 中，可能保证 $\varepsilon_{x,\chi}\supseteq\varepsilon_{x,1}$。但是，通过选择 x_i，可能造成 $\varepsilon_{x,\chi}$ 非常接近 $\varepsilon_{x,1}$。在这种情况下，我们可以在算法 8.4 中去掉步骤 3－2)，并相应地修改步骤 3－3)。

定理 8.4　（稳定性）假设：①$x(0)\in\varepsilon_{x,1}$，或者②$x(0)\in\varepsilon_{x,\chi}\backslash\varepsilon_{x,1}$，或者③$x(0)\notin\varepsilon_{x,\chi}$ 但式（8.40）有可行解。则采用算法 8.4 时，约束式（8.4）始终满足且闭环系统渐近稳定。

证明 8.4　关于约束的满足不再细说。假设①成立，则根据步骤 3－1）和第 6 章所讲离线方法可知，状态将被驱动到原点。假设②成立，则根据步骤 3－2）和算法 8.2 的稳定性，

可知状态将被驱动到 $\varepsilon_{x,1}$ 内部，使得①成立。

假设③成立且式（8.40）在 k 时刻存在如下可行解：

$$\{\tilde{\boldsymbol{c}}(k)^*,\boldsymbol{c}(k+\bar{N}|k)^*,\cdots,\boldsymbol{c}(k+\bar{N}+n_c-1|k)^*\} \tag{8.41}$$

记采用式（8.41）得到的性能函数值为 $J^*(k)$。由于式（8.37）满足，式（8.41）保证 $\boldsymbol{x}(k+\bar{N}+j|k)\in\varepsilon_{x,\chi}$，$0\leqslant j\leqslant n_c$。因此，在 $k+1$ 时刻，下面为式（8.40）的可行解：

$$\{\tilde{\boldsymbol{c}}(k+1),\boldsymbol{c}(k+\bar{N}+1|k)^*,\cdots,\boldsymbol{c}(k+\bar{N}+n_c-1|k)^*,\boldsymbol{0}\} \tag{8.42}$$

其中，为构造 $\tilde{\boldsymbol{c}}(k+1)$我们选择了

$$\tilde{\boldsymbol{c}}^{l_0\cdots l_{\bar{N}-2}}(k+1)=\Big[\sum_{l_0=1}^{L}\omega_{l_0}(k)\boldsymbol{c}^{l_0}(k+1|k)^{*\mathrm{T}},\cdots,$$
$$\sum_{l_0=1}^{L}\omega_{l_0}(k)\boldsymbol{c}^{l_{\bar{N}-2}\cdots l_0}(k+\bar{N}-1|k)^{*\mathrm{T}},\boldsymbol{c}(k+\bar{N}|k)^{*\mathrm{T}}\Big]^{\mathrm{T}}$$

注意 $\boldsymbol{c}(k+\bar{N}|k)^*$ 可表示为 $\sum_{l_0=1}^{L}\omega_{l_0}(k)\boldsymbol{c}^{l_{\bar{N}-1}\cdots l_0}(k+\bar{N}|k)^*$ 或 $\boldsymbol{c}(k+\bar{N}|k)^*=\boldsymbol{c}^{l_{\bar{N}-1}\cdots l_0}(k+\bar{N}|k)^*$。如果在 $k+1$ 时刻应用式（8.42）（实际上不应用），相应的性能指标值满足 $J(k+1)=J^*(k)-\boldsymbol{c}(k|k)^{*\mathrm{T}}\boldsymbol{c}(k|k)^*$。

进一步，在 $k+1$ 时刻，对 $J(k+1)$进行优化的结果将满足 $J^*(k+1)\leqslant J(k+1)\leqslant J^*(k)$。因此，$J^*(k)$将随着时间的增长而逐渐减小，直到最终状态被驱动到 $\varepsilon_{x,\chi}$ 内部。在 $\varepsilon_{x,\chi}$ 内部，假设②成立。

证毕。

命题 8.5 （单调性）采用算法 8.4。不管是增加 n_c 还是增加 $\bar{N}$，闭环系统的吸引域不会在任何方向上缩小。

证明 8.5 见命题 8.3。

证毕。

注解 8.1 类似算法 8.3，算法 8.4 中于 2）和 3）切换时不能保证连续性，不能肯定 $\varepsilon_{x,1}$和 $\hat{\varepsilon}_1$ 的包含关系，因此不能保证于 1）和 2）切换时关于状态连续。可以容易地改造算法（请读者思考），使得于 1）和 2）切换时关于状态连续。

8.3.2 联合优势

采用内点法时，求解式（8.40）的计算量与 $\mathfrak{K}^3\mathfrak{L}$成正比，其中 $\mathfrak{K}=m\sum_{i=0}^{\bar{N}-1}L^i+n_c m+1$，$\mathfrak{L}=(n_c m+n+1)L^{\bar{N}}+(n_c m+\bar{N}m+2q+1)L^{\bar{N}-1}+2q\sum_{i=0}^{\bar{N}-2}L^i$。因此，$n$，$q$ 增加时，计算量只是线性增加。当$\{n,q\}$较大而$\{L,\bar{N},n_c\}$较小时，式（8.40）涉及的计算量可比式（8.6）的小。

在算法 8.4 中，$\bar{N}$ 的选择需要兼顾吸引域和在线计算量的要求。增加 $\bar{N}$ 时，计算量将指数增加。对同样的 $\bar{N}>1$，算法 8.4 的计算量高于算法 8.3 的计算量。如果算法 8.3 能到达吸引域的某个（大小）要求，算法 8.4 也能达到；反之，如果算法 8.4 能够达到某吸引域的（大小）要求，算法 8.3 不一定能够达到。

记通过求解问题式（8.26）~式(8.28）得到的吸引域为$\mathcal{P}$、通过求解问题式（8.40）得到的吸引域为$\mathcal{P}_{\mathrm{v}}$。则对同样的$\boldsymbol{K}$，n_c 和 $\bar{N}$，$\mathcal{P}_{\mathrm{v}} \supseteq \mathcal{P}$满足。因此，为了达到吸引域的某个（大小）要求，采用式（8.40）可能只需要较小的$\bar{N}$。原因是：算法 8.3 中的摄动项$\boldsymbol{c}(k|k)$，$\boldsymbol{c}(k+1|k)$，…，$\boldsymbol{c}(k+\bar{N}-1|k)$需要对付所有可能的状态预测值，而算法 8.4 中的“顶点摄动项”则针对每一个不确定状态演变的顶点采用不同的摄动项。

考虑基于式（8.6）的在线方法、离线方法和算法 8.2。这三个算法中，没有一个在计算量和吸引域的大小上同时超过其他两个。注意：在算法 8.4 中，计算 $\varepsilon_{x,\chi}$也可以采用算法 8.2 中的做法。故算法 8.4 可以继承离线方法和算法 8.2 的所有优点，得到的吸引域可以和在线方法的吸引域达到相互补充的效果（即算法 8.4 的吸引域不一定包含在线方法的吸引域，反之亦然）。算法 8.4 涉及的计算量可远远小于在线方法的计算量。

8.3.3 数值例子

考虑

$$\begin{bmatrix} x^{(1)}(k+1) \\ x^{(2)}(k+1) \end{bmatrix} = \begin{bmatrix} 1-\beta & \beta \\ K(k) & 1-\beta \end{bmatrix} \begin{bmatrix} x^{(1)}(k) \\ x^{(2)}(k) \end{bmatrix} + \begin{bmatrix} 1 \\ 0 \end{bmatrix} u(k)$$

其中，$K(k) \in [0.5, 2.5]$ 为一不确定参数、β 是常数。约束为$|u| \leqslant 2$。取 $\boldsymbol{W}=\boldsymbol{I}$，$\boldsymbol{R}=1$。仿真中，真实状态由 $K(k)=1.5+\sin(k)$产生。

情形 1：$\beta=0$

记$x_1^{(1),\max}$为：保证当$\boldsymbol{x}(k)=\boldsymbol{x}_1=[x_1^{(1)},0]^{\mathrm{T}}$时，优化问题式（8.6）仍然有可行解的最大可能的 $x_1^{(1)}$。则，$x_1^{(1),\max}=59.2$。在算法 8.1 中，选择 $\boldsymbol{x}_i=[x_i^{(1)},0]^{\mathrm{T}}$，$x_i^{(1)} \in \{10, 18, 26, 34, 42, 50, 59.2\}$。算法 8.1 的椭圆形吸引域如图 8.1 中的虚线所示。采用 $\boldsymbol{K}=\boldsymbol{F}_1$，取 $n_c=5$ 并求解式（8.22)和式(8.23)，我们找到椭圆形吸引域 $\varepsilon_{x,\chi}$，如图 8.1 中实线所示。进一步，取 $\bar{N}=3$，则非椭圆吸引域$\mathcal{P}$（对应于式（8.26）~式(8.28)）和$\mathcal{P}_{\mathrm{v}}$（对应于式（8.40））分别如图 8.1 中的虚线和实线所示。

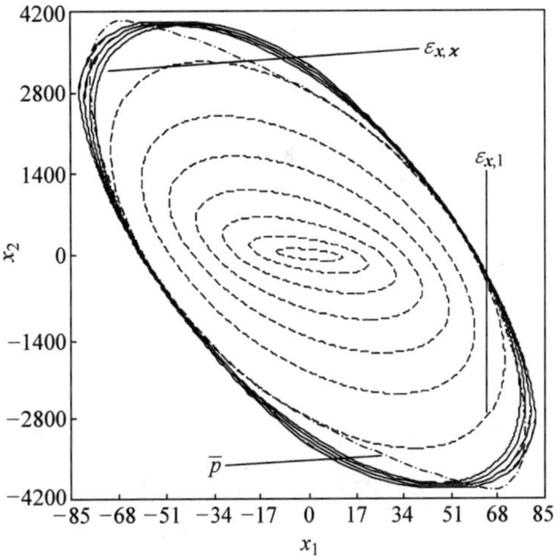

图 8.1　$\beta=0$ 时的各个吸引域

对情形 1，$\mathcal{P}$和$\mathcal{P}_{\mathrm{v}}$几乎重合。在图 8.1 中，$\bar{N}=2$ 和 $\bar{N}=1$ 时的$\mathcal{P}$、$\mathcal{P}_{\mathrm{v}}$也给出了；同时还给出$\bar{\mathcal{P}}$，表示采用基于式（8.6）的在线方法时的吸引域，用点划线。从外到内，实线表示：$\mathcal{P}_{\mathrm{v}}(\bar{N}=3)$，$\mathcal{P}_{\mathrm{v}}$ $(\bar{N}=2)$，$\mathcal{P}_{\mathrm{v}}=\mathcal{P}$ $(\bar{N}=1)$，$\varepsilon_{x,\chi}$。

我们给出如下的关于吸引域的结论。这些结论具有一般性，即不局限于我们给出的仿真例子：

1）$\bar{\mathcal{P}} \supseteq \varepsilon_{x,1}$；

2）$\bar{\mathcal{P}}$和 $\varepsilon_{x,\chi}$可以是互补的（$\varepsilon_{x,\chi}$既可以由式（8.19）计算，也可由式（8.22)和式（8.23）计算）；

3）$\bar{\mathcal{P}}$和$\bar{\mathcal{P}}$可以是互补的；

4）$\bar{\mathcal{P}}$和$\mathcal{P}_v$ 可以是互补的；

5）对任意 $\bar{N}\geqslant 1$，$\mathcal{P}_v \supseteq \mathcal{P} \supseteq \varepsilon_{x,\chi}$；

6）增加 $\bar{N}$ 时，可导致$\mathcal{P}_v \supseteq \bar{\mathcal{P}}$（但是，$\bar{N}$ 增大时，计算量可能会过大）；

7）$\bar{\mathcal{P}}_v$ 不一定比$\mathcal{P}$大很多（在这种情况下，可以不采用顶点摄动项）。

选择 $\boldsymbol{x}(0)=[-60 \quad 3980]^{\mathrm{T}}$ 并计算 $\boldsymbol{x}(201)$。当采用基于式（8.6）的在线方法时，计算 $\boldsymbol{x}(201)$ 花费 12s；而采用算法 8.4 时，计算 $\boldsymbol{x}(201)$ 只需不到 1s 的时间。在仿真中，采用了笔记本电脑（1.5GHz Pentium IV CPU，256MB 内存）上 Matlab 5.3 中的 LMI Toolbox。

情形 2：$\beta=0.1$

如无特别说明，具体细节同情形 1。$x_1^{(1),\max}=4.48$。选择 $\boldsymbol{x}_i=[x_i^{(1)},\ 0]^{\mathrm{T}}$，$x_i^{(1)} \in \{1.0,\ 1.4,\ 1.8,\ 2.2,\ 2.6,\ 3.0,\ 3.4,\ 3.8,\ 4.2,\ 4.48\}$。仿真结果如图 8.2 所示。对情形 2，$\varepsilon_{x,\chi}$和 $\varepsilon_{x,1}$几乎重合。

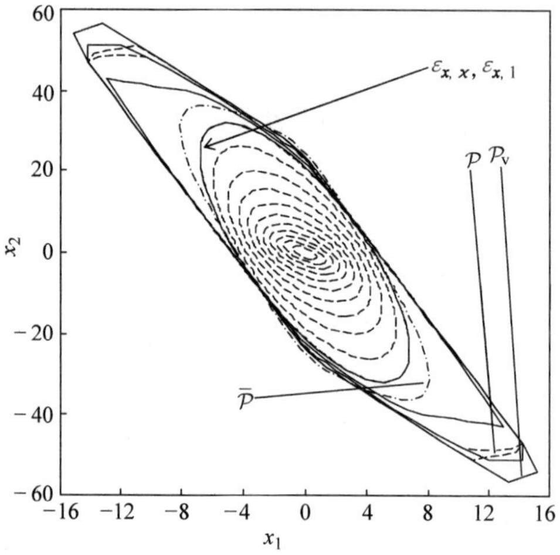

图 8.2 $\beta=0.1$ 的各个吸引域

选择 $\boldsymbol{x}(0)=[-7.5 \quad 35]^{\mathrm{T}}$ 并计算 $\boldsymbol{x}(201)$。当采用基于式（8.6）的在线方法时，计算 $\boldsymbol{x}(201)$ 花费 13s；而采用算法 8.4 时，计算 $\boldsymbol{x}(201)$ 只需不到 1s 的时间。

然后，在算法 8.1 中，我们选择 $\boldsymbol{x}_i=[x_i^{(1)},\ 0]^{\mathrm{T}}$，$x_i^{(1)} \in \{1.0,\ 1.4,\ 1.8,\ 2.2,\ 2.6,\ 3.0,\ 3.4,\ 3.8,\ 4.2$。取三组初始状态，相应的采用算法 8.4 的闭环状态轨迹如图 8.3 所示（见带记号的曲线）。相应的吸引域也画在图 8.3 中。

情形 3：$\beta=-0.1$

如无特别说明，具体细节同情形 1 和情形 2。$x_1^{(1),\max}=2.12$。选择 $\boldsymbol{x}_i=[x_i^{(1)},\ 0]^{\mathrm{T}}$，$x_i^{(1)} \in \{1.0,\ 1.15,\ 1.3,\ 1.45,\ 1.6,\ 1.75,\ 1.9,\ 2.12\}$。仿真结果如图 8.4 所示。对情形 3，$\varepsilon_{x,\chi}$和 $\varepsilon_{x,1}$几乎重合。

选择 $\boldsymbol{x}(0)=[-2.96 \quad 10.7]^{\mathrm{T}}$ 并计算 $\boldsymbol{x}(201)$。当采用基于式（8.6）的在线方法时，计算 $\boldsymbol{x}(201)$ 花费 12s；而采用算法 8.4 时，计算 $\boldsymbol{x}(201)$ 只需不到 1s 的时间。

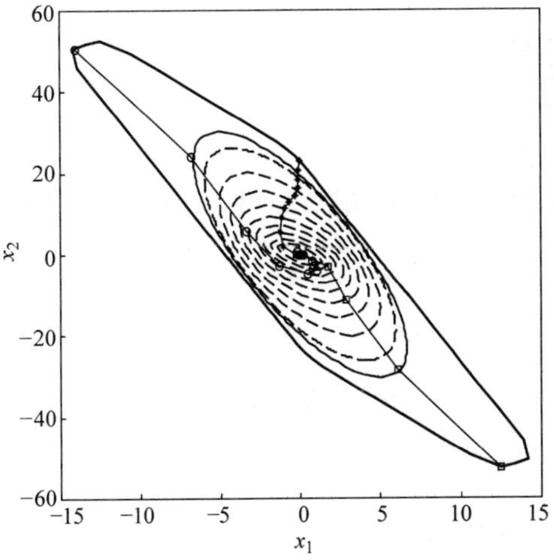

图 8.3　$\beta=0.1$ 时采用算法 8.4 的状态轨迹

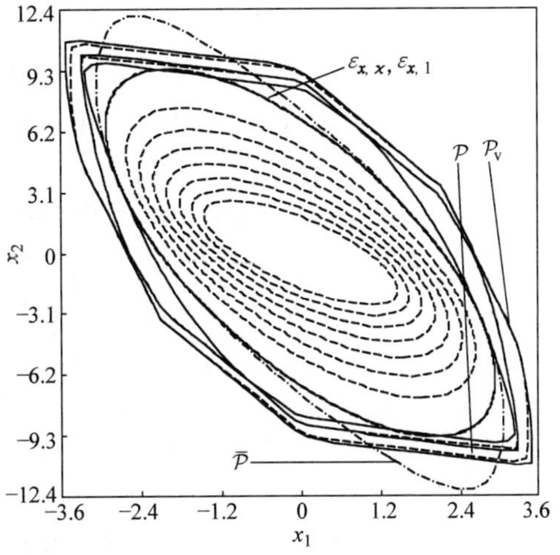

图 8.4　$\beta=-0.1$ 时的吸引域

8.4　开环优化预测控制及其特点

在 7.5 节我们给出多胞描述系统预测控制的一种在线方法；在这种方法中，定义

$$\boldsymbol{u}(k+i|k)=\boldsymbol{F}(k+i|k)\boldsymbol{x}(k+i|k)+\boldsymbol{c}(k+i|k),\boldsymbol{F}(\cdot|0)=\boldsymbol{0} \tag{8.43}$$

其中，$\boldsymbol{F}(k+i|k)$，$k>0$，$i\in\{0,1,\cdots,N-1\}$ 总是从上个时刻的计算结果继承而来，即：$k>0$ 时，取 $\boldsymbol{F}(k+i|k)=\boldsymbol{F}(k+i|k-1)$，$i\in\{0,1,\cdots,N-2\}$，$\boldsymbol{F}(k+N-1|k)=\boldsymbol{F}(k-1)$。

对 $N>1$：显然，在初始时刻 $k=0$，这种方法为开环优化预测控制；当 $k\geqslant N$ 时，这种方法为部分闭环优化预测控制。当 $0<k<N$ 时，这种方法逐渐从开环优化预测控制向部分闭环优化预测控制过渡。

8.4.1　单值开环优化预测控制

在开环优化预测控制中，如果 $\boldsymbol{u}(k|k)$，$\boldsymbol{u}(k+1|k)$，$\cdots$，$\boldsymbol{u}(k+N-1|k)$ 都是单值的，则称相应的为单值开环优化预测控制。所谓单值，是指切换时域前的每一个 $\boldsymbol{u}(k+i|k)$ 只有一个单一的值。在 7.5.2 节参数依赖开环优化预测控制中，$\boldsymbol{u}(k+1|k)$，$\cdots$，$\boldsymbol{u}(k+N-1|k)$ 都是参数依赖的；由于参数依赖性，$\boldsymbol{u}(k+1|k)$，$\cdots$，$\boldsymbol{u}(k+N-1|k)$ 都有无限个可能的值，这些无限可能的值是一些“顶点值”的凸组合。

还是考虑 7.5 节那样的系统、约束和优化问题，可给出单值开环优化预测控制（$N>1$）：与 7.5.1 节的唯一区别是用优化 $\boldsymbol{u}(k|k)$，$\boldsymbol{u}(k+1|k)$，$\cdots$，$\boldsymbol{u}(k+N-1|k)$ 代替优化 $\boldsymbol{c}(k|k)$，$\boldsymbol{c}(k+1|k)$，$\cdots$，$\boldsymbol{c}(k+N-1|k)$。简言之，优化问题被近似转变为

$$\min_{\boldsymbol{u}(k|k),\cdots,\boldsymbol{u}(k+N-1|k),\gamma_i,\gamma,\boldsymbol{Q},\boldsymbol{Y},\boldsymbol{Z},\boldsymbol{\Gamma}}\sum_{i=0}^{N-1}\gamma_i+\gamma,\text{s.t. 式(8.45)}\sim\text{式(8.51)} \tag{8.44}$$

$$\begin{bmatrix}\boldsymbol{Z} & \boldsymbol{Y}\\ \boldsymbol{Y}^{\mathrm{T}} & \boldsymbol{Q}\end{bmatrix}\geqslant 0,Z_{jj}\leqslant\bar{u}_{j,\inf}^{2},\ j\in\{1,\cdots,m\} \tag{8.45}$$

$$\begin{bmatrix} Q & \star & \star & \star \\ A_l Q + B_l Y & Q & \star & \star \\ W^{1/2} Q & 0 & \gamma I & \star \\ R^{1/2} Y & 0 & 0 & \gamma I \end{bmatrix} \geqslant 0, \forall l \in \{1, \cdots, L\} \tag{8.46}$$

$$\begin{bmatrix} Q & \star \\ \Psi(A_l Q + B_l Y) & \Gamma \end{bmatrix} \geqslant 0, \Gamma_{ss} \leqslant \bar{\psi}_{s,\inf}^2, \forall l \in \{1, \cdots, L\}, s \in \{1, \cdots, q\} \tag{8.47}$$

$$\begin{bmatrix} \gamma_0 & \star \\ u(k|k) & R^{-1} \end{bmatrix} \geqslant 0, \begin{bmatrix} \gamma_i & \star & \star \\ v_{l_{i-1}\cdots l_1 l_0}(k+i|k) & W^{-1} & \star \\ u(k+i|k) & 0 & R^{-1} \end{bmatrix} \geqslant 0$$

$$l_0, l_1, \cdots l_{i-1} \in \{1, 2, \cdots, L\}, i \in \{1, \cdots, N-1\} \tag{8.48}$$

$$\begin{bmatrix} 1 & \star \\ v_{l_{N-1}\cdots l_1 l_0}(k+N|k) & Q \end{bmatrix} \geqslant 0, l_0, l_1, \cdots l_{N-1} \in \{1, 2, \cdots, L\} \tag{8.49}$$

$$-\underline{u} \leqslant u(k+i|k) \leqslant \bar{u}, i \in \{0, 1, \cdots, N-1\} \tag{8.50}$$

$$-\underline{\psi} \leqslant \Psi v_{l_{i-1}\cdots l_1 l_0}(k+i|k) \leqslant \bar{\psi}, l_0, l_1, \cdots l_{i-1} \in \{1, 2, \cdots, L\}, i \in \{1, 2, \cdots, N\} \tag{8.51}$$

注意在式（8.44）中，$v_{l_{i-1}\cdots l_1 l_0}(k+i|k)$应该表示成$u(k|k)$，$u(k+1|k)$，…，$u(k+i-1|k)$的函数（见引理7.10）。

采用式（8.44）的不足是稳定性不一定能得到保证，稳定性证明无法完成（这个问题在文献［179］中论述了；在文献［51］中也有所提及）。假设式（8.44）在时刻k存在可行解（用符号＊表示），则下面所给：

$$u(k+i|k+1) = u^*(k+i|k), i \in \{1, 2, \cdots, N-1\}; u(k+N|k+1) = F^*(k) x^*(k+N|k) \tag{8.52}$$

是否为时刻$k+1$的一个可行解？答案是否定的。当$N>1$时，$x^*(k+N|k)$是不确定的值，由$F^*(k)x^*(k+N|k)$给出的值是不确定的；根据$u(k+N|k+1)$的定义，$u(k+N|k+1)$是控制量，应该是确定的数值。这个道理已经在5.4节中讨论过了；尽管在5.4节考虑的是带干扰的系统（而不是多胞描述系统），但是对所有的不确定性描述都是适用的。

那么，是否表示还没有找到稳定性证明的方法？答案是：在有些情况下稳定性得不到保证。注意这里所谓保证稳定性，是以“初始时刻优化可行则以后时刻优化仍然可行”（所谓“递推可行”）为基础的。能够找到这种“递推可行”不成立的数值例子。

注解8.2 对开环稳定系统，我们可以取$F(k|k) = F(k+1|k) = \cdots = F(k+N-1|k) = F(k) = 0$（因此$Y=0$）。这样，部分闭环优化预测控制和单值开环优化预测控制是等价的；也就是说，采用单值开环优化预测控制，稳定性是可能保证的。

8.4.2 参数依赖开环优化预测控制

参数依赖开环优化预测控制在可行性和最优性上超过了闭环优化预测控制。从可行性角度看，闭环优化预测控制和单值开环优化预测控制都是相应的参数依赖开环优化预测控制的特例。

假设在切换时域以前，定义：

$$u(k+i|k) = K(k+i|k) x(k+i|k), i \in \{1, \cdots, N-1\} \tag{8.53}$$

在切换时域后，定义

$$\boldsymbol{u}(k+i|k)=\boldsymbol{F}(k)\boldsymbol{x}(k+i|k),\ \forall i\geqslant N \tag{8.54}$$

则闭环优化在线预测控制在每个时刻 k 求解如下优化问题：

$$\min_{\{\boldsymbol{u}(k|k),\boldsymbol{K}(k+1|k),\boldsymbol{K}(k+2|k),\cdots,\boldsymbol{K}(k+N-1|k),\boldsymbol{F}(k)\}}\ \max_{[\boldsymbol{A}(k+i)|\boldsymbol{B}(k+i)]\in\Omega,i\geqslant 0} J_\infty(k)$$

$$\text{s.t. 式(8.53)和式(8.54),式(8.56)} \tag{8.55}$$

$$-\underline{\boldsymbol{u}}\leqslant\boldsymbol{u}(k+i|k)\leqslant\bar{\boldsymbol{u}},\ -\underline{\boldsymbol{\psi}}\leqslant\boldsymbol{\Psi}\boldsymbol{x}(k+i+1|k)\leqslant\bar{\boldsymbol{\psi}},i\geqslant 0 \tag{8.56}$$

其中

$$J_\infty(k)=\sum_{i=0}^{\infty}\left[\|\boldsymbol{x}(k+i|k)\|_{\boldsymbol{W}}^2+\|\boldsymbol{u}(k+i|k)\|_{\boldsymbol{R}}^2\right]$$

而参数依赖开环优化在线预测控制在每个时刻 k 求解如下优化问题：

$$\min_{\{\tilde{\boldsymbol{u}}(k|k),\boldsymbol{F}(k)\}}\ \max_{[\boldsymbol{A}(k+i)|\boldsymbol{B}(k+i)]\in\Omega,i\geqslant 0} J_\infty(k),\text{s.t. 式(7.104),式(7.108),式(8.54),式(8.56)} \tag{8.57}$$

其中

$$\tilde{\boldsymbol{u}}(k)\overset{\Delta}{=}\{\boldsymbol{u}(k|k),\boldsymbol{u}^{l_0}(k+1|k),\cdots,\boldsymbol{u}^{l_{N-2}\cdots l_0}(k+N-1|k)|l_0,\cdots,l_{N-2}=1\cdots L\}$$

命题 8.6　考虑 $N\geqslant 2$。对同一状态 $\boldsymbol{x}(k)$，如果式（8.55）可行，式（8.57）也可行。

证明 8.6　证明：对闭环优化在线预测控制，采用式（8.53）结合多胞描述的定义得到

$$\begin{aligned}\boldsymbol{u}(k+i|k)=&\boldsymbol{K}(k+i|k)\sum_{l_0\cdots l_{i-1}=1}^{L}\{\omega_{l_{i-1}}(k+i-1)[\boldsymbol{A}_{l_{i-1}}+\boldsymbol{B}_{l_{i-1}}\boldsymbol{K}(k+i-1|k)]\\&\times\cdots\times\omega_{l_1}(k+1)[\boldsymbol{A}_{l_1}+\boldsymbol{B}_{l_1}\boldsymbol{K}(k+1|k)]\times\omega_{l_0}(k)[\boldsymbol{A}_{l_0}\boldsymbol{x}(k)+\boldsymbol{B}_{l_0}\boldsymbol{u}(k|k)]\}\\&i\in\{1,\cdots,N-1\}\end{aligned}$$

显然，$\boldsymbol{u}(k+i|k)$，$\forall i\in\{1,\ \cdots,\ N-1\}$ 是如下 L^i 个控制量的凸组合：

$$\begin{aligned}\bar{\boldsymbol{u}}^{l_{i-1}\cdots l_0}(k+i|k)=&\boldsymbol{K}(k+i|k)\times[\boldsymbol{A}_{l_{i-1}}+\boldsymbol{B}_{l_{i-1}}\boldsymbol{K}(k+i-1|k)]\\&\times\cdots\times[\boldsymbol{A}_{l_1}+\boldsymbol{B}_{l_1}\boldsymbol{K}(k+1|k)]\times[\boldsymbol{A}_{l_0}\boldsymbol{x}(k)+\boldsymbol{B}_{l_0}\boldsymbol{u}(k|k)]\\&l_0,\cdots,l_{i-1}\in\{1,\cdots,L\}\end{aligned} \tag{8.58}$$

即

$$\boldsymbol{u}(k+i|k)=\sum_{l_0\cdots l_{i-1}=1}^{L}\left(\left(\prod_{h=0}^{i-1}\omega_{l_h}(k+h)\right)\bar{\boldsymbol{u}}^{l_{i-1}\cdots l_0}(k+i|k)\right)$$

$$\sum_{l_0\cdots l_{i-1}=1}^{L}\left(\sum_{h=0}^{i-1}\omega_{l_h}(k+h)\right)=1,i\in\{1,\cdots,N-1\}$$

定义

$$\tilde{\bar{\boldsymbol{u}}}(k)\overset{\Delta}{=}\{\boldsymbol{u}(k|k),\bar{\boldsymbol{u}}^{l_0}(k+1|k),\cdots,\bar{\boldsymbol{u}}^{l_{N-2}\cdots l_0}(k+N-1|k)|l_0,\cdots,l_{N-2}=1\cdots L\}$$

则式（8.55）可以等价地写为如下的优化问题：

$$\min_{\tilde{\bar{\boldsymbol{u}}}(k),\boldsymbol{F}(k),\boldsymbol{K}(k+1|k),\cdots,\boldsymbol{K}(k+N-1|k)}\ \max_{[\boldsymbol{A}(k+i)|\boldsymbol{B}(k+i)]\in\Omega,i\geqslant 0} J_\infty(k)$$

$$\text{s.t. 式(7.104),式(7.108),式(8.54),式(8.56),式(8.58),其中 }\tilde{\boldsymbol{u}}(k)\text{替换为 }\tilde{\bar{\boldsymbol{u}}}(k) \tag{8.59}$$

注意，式（8.53）和式（8.58）等效，因此在式（8.59）中没有写式（8.53）。

在式（8.59）中，$\{\boldsymbol{K}(k+1|k), \cdots, \boldsymbol{K}(k+N-1|k)\}$ 与 $\tilde{\tilde{\boldsymbol{u}}}(k)$ 通过式（8.58）关联。如果从式（8.59）中去掉（8.58），则得到

$$\min_{\tilde{\tilde{\boldsymbol{u}}}(k),\boldsymbol{F}(k)} \max_{[\boldsymbol{A}(k+i)|\boldsymbol{B}(k+i)]\in\Omega, i\geq 0} J_{\infty}(k)$$

s.t. 式(7.104)，式(7.108)，式(8.54)，式(8.56)，其中 $\tilde{\boldsymbol{u}}(k)$ 替换为 $\tilde{\tilde{\boldsymbol{u}}}(k)$ (8.60)

注意在式（8.54）、式（8.56）、式（7.104）和式（7.108）中，都不涉及 $\{\boldsymbol{K}(k+1|k), \cdots, \boldsymbol{K}(k+N-1|k)\}$，故在式（8.60）的决策变量中不需要再写 $\{\boldsymbol{K}(k+1|k), \cdots, \boldsymbol{K}(k+N-1|k)\}$。

现在，观察式（8.60）和式（8.57）得知：它们只有符号上的区别；式（8.60）用 $\tilde{\tilde{\boldsymbol{u}}}(k)$ 而式(8.57)用 $\tilde{\boldsymbol{u}}(k)$。因此式（8.60）和式（8.57）是等价的。另一方面，与式（8.60）相比，式（8.59）多了一个约束：(8.58)。因此，式（8.60）比式（8.59）更容易可行。

证毕。

在参数依赖开环优化预测控制中，如果取同个时间 $k+i|k$ 的各个顶点控制作用相等，则得到单值开环优化预测控制；如果加入约束式（8.58），则得到闭环优化预测控制。也就是说，参数依赖开环优化预测控制比单值开环优化预测控制和闭环优化预测控制都更容易可行。

注意的是：如果加入约束式（8.58），则得到的闭环优化预测控制不能像§7.5.2 那样采用 LMI 工具进行求解。因此，参数依赖开环优化预测控制是闭环优化预测控制的一个“计算出路”。

采用内点法时，求解 7.5 节的部分闭环优化预测控制、参数依赖开环优化预测控制以及优化问题式（8.44）的计算量都和$\mathfrak{K}^3\mathfrak{L}$成正比（见文献［94］）。记

$$a=2+mn+\frac{1}{2}m(m+1)+\frac{1}{2}q(q+1)+\frac{1}{2}n(n+1),$$

$$b=(1+n)L^N+2q\sum_{j=1}^{N}L^j$$
$$+[1+Nm+(N-1)n]L^{N-1}+(4n+m+q)L+n+2m+q$$

则对式（8.44），$\mathfrak{K}=a+mN$，$\mathfrak{L}=b+2mN$；对 7.5 节的部分闭环优化预测控制，$\mathfrak{K}=a+mN$，$\mathfrak{L}=b+2m\sum_{j=1}^{N}L^{j-1}$；对 7.5 节的参数依赖开环优化预测控制，$\mathfrak{K}=a+m\sum_{j=1}^{N}L^{j-1}$，$\mathfrak{L}=b+2m\sum_{j=1}^{N}L^{j-1}$。这里为了使比较的基准相同，对式（8.44）和部分闭环优化预测控制，用了一个 γ_1 而不是用 $\{\gamma_0, \gamma_1, \cdots, \gamma_{N-1}\}$。当然，这个小小的修改不是本质的。

通常，参数依赖开环优化在线预测控制的计算量较大。

注解 8.3 性能上对各种方法排序，从差到好大概为：单值开环优化预测控制、单值部分闭环优化预测控制、闭环优化预测控制、参数依赖开环优化预测控制。从计算量上比较，从小到大大概为：单值开环优化预测控制、单值部分闭环优化预测控制、参数依赖开环优化预测控制、闭环优化预测控制。但是具体情形还需具体分析。一般来说，参数依赖开环优化预测控制和参数依赖部分闭环优化预测控制是等价的，这是因为在“顶点处”的状态预测

值和输入值都是单值。

注解 8.4　考虑算法 8.2，在式（8.20）中，如果我们用参数依赖摄动项代替原来的单值摄动项，将得到和算法 8.2 完全相同的结果。也就是说，在算法 8.2 中，没有必要用顶点摄动项。这样，算法 8.2 形式上是单值部分闭环优化预测控制，实际上也是参数依赖部分闭环优化预测控制。如果再考虑到注释 8.4，则算法 8.2 实际上给出的是闭环优化预测控制方法，不过在这种闭环优化方法中引入了额外的约束：吸引域是椭圆形不变集。

注解 8.5　第 6 章所述变时域离线方法都可以理解为闭环优化预测控制。对标称系统，开环优化预测控制和闭环优化预测控制是等价的。

8.5　切换时域为 1 的预测控制

如果取 $N=1$（见文献［156］），则得到的为闭环优化预测控制；这时应该优化 $\boldsymbol{u}(k|k)$ 而没有必要定义 $\boldsymbol{u}(k|k)=\boldsymbol{F}(k|k)\boldsymbol{x}(k|k)+\boldsymbol{c}(k|k)$；这时不能采用参数依赖开环优化预测控制。

尽管简单，但是 $N=1$ 的预测控制有很多优点。$N=1$ 时的吸引域将包含 $N=0$（第 6 章一些方法）时的吸引域（当然这种比较的前提是三要素的计算方式相同）。

考虑 $\boldsymbol{A}(k)=\begin{bmatrix}1 & 0.1\\ \mu(k) & 1\end{bmatrix}$，$\boldsymbol{B}(k)=\begin{bmatrix}1\\0\end{bmatrix}$，$\mu(k)\in[0.5,\ 2.5]$。输入约束为 $|u(k)|\leqslant 1$。加权矩阵为 $\boldsymbol{W}=\boldsymbol{I}$ 和 $\boldsymbol{R}=1$。在 $N>1$ 时采用单值开环优化预测控制，吸引域见图 8.5 的虚线。$N>1$ 时采用参数依赖开环优化预测控制，吸引域见图 8.5 中的实线。$N=1$，0 时的闭环优化预测控制的吸引域见图 8.5 中的实线和点划线。$N=1$ 时的吸引域包含 $N=0$ 时的吸引域；对单值开环优化预测控制，$N=3$（$N=2$）时的吸引域并不包含 $N=2$（$N=1$）时的吸引域；对参数依赖开环优化预测控制，$N=3$（$N=2$）时的吸引域包含 $N=2$（$N=1$）时的吸引域。

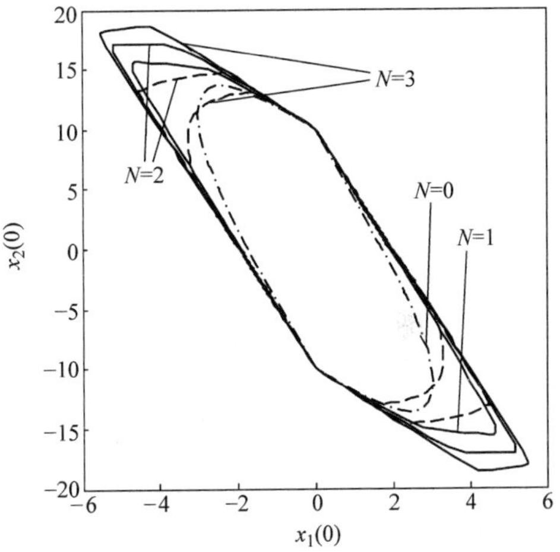

图 8.5　单值开环优化预测控制、参数依赖开环优化预测控制、$N=1$ 及 $N=0$ 时的预测控制的吸引域

在其他文献中，闭环优化预测控制也称反馈预测控制[198]）。关于部分闭环优化预测控制还可参考文献［4］。时域为 1 的预测控制已经被采用参数依赖的稳定性要素改进，如文献［63，235］。

注解 8.6　通常，在工业应用中，预测控制采用开环优化，即每个时刻得到若干个控制作用的数值。在预测控制应用于过程工业时，常采用“透明控制”；由于 PID 已经对系统进行了预镇定，所以采用预测控制时容易做到“通过增加 N 增大吸引域”。

至此，本篇内容结束。相对于 2008 版，本篇有如下值得注意的修改：

1）模型算法控制的性能指标中增加了 u_{ss}；

2）原“动态矩阵控制”一章只保留单变量部分并设置为 2.3 节。针对单变量 DMC 的修改体现在注解 2.5 ~ 注解 2.7；

3）GPC 中加入 3.3.5 节，其中 Ackermann 公式在 2008 版中用在“加入终端等式约束的广义预测控制”一节中。本版略去了证明定理 3.15 的过程；

4）在 TSOFMPC 中，改进了 Lyapunov 函数，解释了含非线性项与不含非线性项的关联；

5）原 7.5 节中“引入变量 G 的算法”改进为注解 6.2；

6）采用标称性能指标改进鲁棒 MPC 中，改进可行性（吸引域）只是一种数值误差带来的错觉。对此于 6.5 节中已有改进，尤其是仿真已改。

漫　谈　篇

第 9 章　一种基于开环优化的预测控制

读者可能希望追溯如下模型的起源：

$$\boldsymbol{x}(k+1)=\boldsymbol{A}(k)\boldsymbol{x}(k)+\boldsymbol{B}(k)\boldsymbol{u}(k),[\boldsymbol{A}(k)|\boldsymbol{B}(k)]\in\Omega \tag{9.1}$$

在模型式（9.1）中，$\boldsymbol{u}\in\mathbb{R}^m$为控制输入，$\boldsymbol{x}\in\mathbb{R}^n$为系统状态，而 Ω 定义为如下的“多胞”（polytope；或称凸包，convex hull）：

$$\Omega=\mathrm{Co}\ \{[\boldsymbol{A}_1\ |\ \boldsymbol{B}_1],[\boldsymbol{A}_2\ |\ \boldsymbol{B}_2],\cdots,[\boldsymbol{A}_L\ |\ \boldsymbol{B}_L]\}$$

也就是说，存在 L 个非负系数 $\omega_l(k)$，$l\in\{1,\cdots,L\}$ 使得

$$\sum_{l=1}^{L}\omega_l(k)=1,[\boldsymbol{A}(k)\ |\ \boldsymbol{B}(k)]=\sum_{l=1}^{L}\omega_l(k)[\boldsymbol{A}_l\ |\ \boldsymbol{B}_l] \tag{9.2}$$

$[\boldsymbol{A}_l\ |\ \boldsymbol{B}_l]$ 被称为多胞的顶点，这些顶点值已知/给定。一般假设 $\omega_l(k)$的值未知、不可测、不可直接计算。假设 $\boldsymbol{x}(k)$是可测的，即在每个时刻 k 都准确地测量出 $\boldsymbol{x}(k)$的值。经常考虑如下关于输入和状态的约束：

$$-\underline{\boldsymbol{u}}\leqslant\boldsymbol{u}(k)\leqslant\bar{\boldsymbol{u}},-\underline{\boldsymbol{\psi}}\leqslant\boldsymbol{\Psi}\boldsymbol{x}(k+1)\leqslant\bar{\boldsymbol{\psi}},\forall k\geqslant 0 \tag{9.3}$$

该式表示：要求输入和状态的一些线性组合在一定范围内变化。$\underline{\boldsymbol{u}}:=[\underline{u}_1,\underline{u}_2,\cdots,\underline{u}_m]$，$\bar{\boldsymbol{u}}:=[\bar{u}_1,\bar{u}_2,\cdots,\bar{u}_m]$；$\underline{\boldsymbol{\psi}}:=[\underline{\psi}_1,\underline{\psi}_2,\cdots,\underline{\psi}_q]$；$\bar{\boldsymbol{\psi}}:=[\bar{\psi}_1,\bar{\psi}_2,\cdots,\bar{\psi}_q]$；$\underline{u}_i>0$，$\bar{u}_i>0$，$i\in\{1,\cdots,m\}$；$\underline{\psi}_j>0$，$\bar{\psi}_j>0$，$j\in\{1,\cdots,q\}$；$\boldsymbol{\Psi}\in\mathbb{R}^{q\times n}$。

正确、公正的看法在于式（9.1）是如下的简写形式：

$$\nabla\boldsymbol{x}(k+1)=\boldsymbol{A}(k)\nabla\boldsymbol{x}(k)+\boldsymbol{B}(k)\nabla\boldsymbol{u}(k),[\boldsymbol{A}(k)|\boldsymbol{B}(k)]\in\Omega \tag{9.4}$$

也就是说，（9.1）是省略了（9.4）中的符号∇后的结果，其中，$\nabla\boldsymbol{x}=\boldsymbol{x}-\boldsymbol{x}_{\mathrm{eq}}$和$\nabla\boldsymbol{u}=\boldsymbol{u}-\boldsymbol{u}_{\mathrm{eq}}$。$\boldsymbol{x}_{\mathrm{eq}}$和 $\boldsymbol{u}_{\mathrm{eq}}$代表了系统的稳态工作点（平衡点）。

对变量$\boldsymbol{\zeta}$（比如：$\boldsymbol{\zeta}=x$ 或 $\boldsymbol{\zeta}=\boldsymbol{y}$ 或它们的组合），定义$\boldsymbol{\zeta}(j|k)$为在 k 时刻采用的$\boldsymbol{\zeta}(j)$的值，这个值可能是预报、估计、平滑、计算和测量等结果。请相信$\boldsymbol{\zeta}(j|k)\neq\boldsymbol{\zeta}(j)$是经常的情况，只有针对标称模型的严格的最优控制才能保证$\boldsymbol{\zeta}(j|k)=\boldsymbol{\zeta}(j)$。

见文献［67］。定义顶点控制作用

$$\boldsymbol{u}(k|k),\boldsymbol{u}^{l_0}(k+1|k),\cdots,\boldsymbol{u}^{l_{N-2}\cdots l_0}(k+N-1|k),l_j\in\{1,\cdots,L\},j\in\{0,\cdots,N-2\}$$

其中，N 为控制时域，并由此得到

$$\boldsymbol{x}^{l_0}(k+1|k)=\boldsymbol{A}_{l_0}x(k)+\boldsymbol{B}_{l_0}\boldsymbol{u}(k|k)$$

$$\boldsymbol{x}^{l_i\cdots l_0}(k+i+1|k)=\boldsymbol{A}_{l_i}\boldsymbol{x}^{l_{i-1}\cdots l_0}(k+i|k)+\boldsymbol{B}_{l_i}\boldsymbol{u}^{l_{i-1}\cdots l_0}(k+i|k)$$

$$i\in\{1,\cdots,N-1\},l_j\in\{1,\cdots L\},j\in\{0,\cdots,N-1\}$$

称 $\boldsymbol{x}^{l_{i-1}\cdots l_0}(k+i|k),i\in\{1,\cdots,N\}$ 为顶点状态预测值。

定义

$$\boldsymbol{u}(k+i\mid k)=\sum_{l_0\cdots l_{i-1}=1}^{L}\left(\left(\prod_{h=0}^{i-1}\omega_{l_h}(k+h)\right)\boldsymbol{u}^{l_{i-1}\cdots l_0}(k+i\mid k)\right)$$

$$\sum_{l_0\cdots l_{i-1}=1}^{L}\left(\prod_{h=0}^{i-1}\omega_{l_h}(k+h)\right)=1,i\in\{1,\cdots,N-1\} \tag{9.5}$$

故上面定义的控制作用$\boldsymbol{u}(k+i|k)$属于多胞。或者说，上面定义的$\boldsymbol{u}(k+i|k)$是参数依赖的，即依赖于参数$\prod_{h=0}^{i-1}\omega_{l_h}(k+h)$。基于式（9.1）和式（9.5）对未来状态做预报，得到

$$
\begin{aligned}
\boldsymbol{x}(k+1|k) &= \boldsymbol{A}(k)\boldsymbol{x}(k|k)+\boldsymbol{B}(k)\boldsymbol{u}(k|k)\\
&= \sum_{l_0=1}^{L}\omega_{l_0}(k)[\boldsymbol{A}_{l_0}\boldsymbol{x}(k)+\boldsymbol{B}_{l_0}\boldsymbol{u}(k|k)]\\
&= \sum_{l_0=1}^{L}\omega_{l_0}(k)\boldsymbol{x}^{l_0}(k+1|k)\\
\boldsymbol{x}(k+2|k) &= \boldsymbol{A}(k+1)\boldsymbol{x}(k+1|k)+\boldsymbol{B}(k+1)\boldsymbol{u}(k+1|k)\\
&= \sum_{l_1=1}^{L}\boldsymbol{\omega}_{l_1}(k+1)[\boldsymbol{A}_{l_1}\boldsymbol{x}(k+1|k)+\boldsymbol{B}_{l_1}\boldsymbol{u}(k+1|k)]\\
&= \sum_{l_1=1}^{L}\boldsymbol{\omega}_{l_1}(k+1)\left[\boldsymbol{A}_{l_1}\sum_{l_0=1}^{L}\omega_{l_0}(k)\boldsymbol{x}^{l_0}(k+1|k)+\boldsymbol{B}_{l_1}\sum_{l_0=1}^{L}\omega_{l_0}(k)\boldsymbol{u}^{l_0}(k+1|k)\right]\\
&= \sum_{l_1=1}^{L}\sum_{l_0=1}^{L}\omega_{l_1}(k+1)\omega_{l_0}(k)\boldsymbol{x}^{l_1l_0}(k+2|k)\\
&\ \vdots
\end{aligned}
$$

故这些$\boldsymbol{x}(k+i|k)$属于多胞。写成向量的形式为

$$
\begin{bmatrix}\boldsymbol{x}(k+1|k)\\ \boldsymbol{x}(k+2|k)\\ \vdots\\ \boldsymbol{x}(k+N|k)\end{bmatrix}=\sum_{l_0\cdots l_{N-1}=1}^{L}\left(\prod_{h=0}^{N-1}\omega_{l_h}(k+h)\begin{bmatrix}\boldsymbol{x}^{l_0}(k+1|k)\\ \boldsymbol{x}^{l_1l_0}(k+2|k)\\ \vdots\\ \boldsymbol{x}^{l_{N-1}\cdots l_1l_0}(k+N|k)\end{bmatrix}\right)
$$

$$
\sum_{l_0\cdots l_{i-1}=1}^{L}\left(\prod_{h=0}^{i-1}\omega_{l_h}(k+h)\right)=1,i\in\{1,\cdots,N\} \tag{9.6}
$$

$$
\begin{aligned}
\begin{bmatrix}\boldsymbol{x}^{l_0}(k+1|k)\\ \boldsymbol{x}^{l_1l_0}(k+2|k)\\ \vdots\\ \boldsymbol{x}^{l_{N-1}\cdots l_1l_0}(k+N|k)\end{bmatrix}&=\begin{bmatrix}\boldsymbol{A}_{l_0}\\ \boldsymbol{A}_{l_1}\boldsymbol{A}_{l_0}\\ \vdots\\ \prod_{i=0}^{N-1}\boldsymbol{A}_{l_{N-1-i}}\end{bmatrix}\boldsymbol{x}(k)\\
&+\begin{bmatrix}\boldsymbol{B}_{l_0} & \boldsymbol{0} & \cdots & \boldsymbol{0}\\ \boldsymbol{A}_{l_1}\boldsymbol{B}_{l_0} & \boldsymbol{B}_{l_1} & \ddots & \vdots\\ \vdots & \vdots & \ddots & \boldsymbol{0}\\ \prod_{i=0}^{N-2}\boldsymbol{A}_{l_{N-1-i}}\boldsymbol{B}_{l_0} & \prod_{i=0}^{N-3}\boldsymbol{A}_{l_{N-1-i}}\boldsymbol{B}_{l_1} & \cdots & \boldsymbol{B}_{l_{N-1}}\end{bmatrix}\\
&\times\begin{bmatrix}\boldsymbol{u}(k|k)\\ \boldsymbol{u}^{l_0}(k+1|k)\\ \vdots\\ \boldsymbol{u}^{l_{N-2}\cdots l_1l_0}(k+N-1|k)\end{bmatrix}
\end{aligned} \tag{9.7}
$$

现在，我们定义顶点$\begin{bmatrix} x^{l_0}(k+1|k) \\ x^{l_1 l_0}(k+2|k) \\ \vdots \\ x^{l_{N-1}\cdots l_1 l_0}(k+N|k) \end{bmatrix}$和$\begin{bmatrix} u(k|k) \\ u^{l_0}(k+1|k) \\ \vdots \\ u^{l_{N-2}\cdots l_1 l_0}(k+N-1|k) \end{bmatrix}$的二次型正定函数如下：

$$
\begin{aligned}
\hat{J}_0^N(k) = & \sum_{l_0=1}^{L} \| Cx^{l_0}(k+1|k) - y_{ss} \|_{\mathscr{Q}_{1,l_0}}^2 + \| u(k|k) - u_{ss} \|_{\mathscr{R}_0}^2 \\
& + \sum_{l_1=1}^{L}\sum_{l_0=1}^{L} \| Cx^{l_1 l_0}(k+2|k) - y_{ss} \|_{\mathscr{Q}_{2,l_1,l_0}}^2 + \| u^{l_0}(k+1|k) - u_{ss} \|_{\mathscr{R}_{1,l_0}}^2 \\
& + \cdots \\
& + \sum_{l_{N-1}=1}^{L}\cdots\sum_{l_1=1}^{L}\sum_{l_0=1}^{L} \| Cx^{l_{N-1}\cdots l_1 l_0}(k+N|k) - y_{ss} \|_{\mathscr{Q}_{N,l_{N-1}\cdots l_1 l_0}}^2 \\
& + \sum_{l_{N-2}=1}^{L}\cdots\sum_{l_1=1}^{L}\sum_{l_0=1}^{L} \| u^{l_{N-2}\cdots l_1 l_0}(k+N-1|k) - u_{ss} \|_{\mathscr{R}_{N-1,l_{N-2}\cdots l_1 l_0}}^2
\end{aligned}
$$

式中，$\mathscr{Q}_{1,l_0}$，$\mathscr{R}_0$，$\mathscr{Q}_{2,l_1,l_0}$，$\mathscr{R}_{1,l_0}$，……，$\mathscr{R}_{N,l_{N-1}\cdots l_1 l_0}$，$\mathscr{R}_{N-1,l_{N-2}\cdots l_1 l_0}$都是非负的加权矩阵，$y_{ss}$是$y=Cx$的稳态目标值（设定值），$u_{ss}$是$u$的稳态目标值（设定值）。注意稳态目标值不一定是稳态工作点（平衡点）。

每个时刻，以$\begin{bmatrix} x^{l_0}(k+1|k) \\ x^{l_1 l_0}(k+2|k) \\ \vdots \\ x^{l_{N-1}\cdots l_1 l_0}(k+N|k) \end{bmatrix}$和$\begin{bmatrix} u(k|k) \\ u^{l_0}(k+1|k) \\ \vdots \\ u^{l_{N-2}\cdots l_1 l_0}(k+N-1|k) \end{bmatrix}$作为决策变量，求解如下二次规划问题：

$$\min \hat{J}_0^N(k), \text{s.t. 式(9.7),式(9.9),式(9.10)} \tag{9.8}$$

$$
\begin{gathered}
-\underline{u} \leqslant u(k|k) \leqslant \bar{u},\ -\underline{u} \leqslant u^{l_{i-1}\cdots l_1 l_0}(k+i|k) \leqslant \bar{u} \\
i \in \{1,\cdots,N-1\}, l_{i-1} \in \{1,\cdots,L\}
\end{gathered} \tag{9.9}
$$

$$
\begin{gathered}
-\begin{bmatrix} \underline{\psi} \\ \underline{\psi} \\ \vdots \\ \underline{\psi} \end{bmatrix} \leqslant \tilde{\Psi} \begin{bmatrix} x^{l_0}(k+1|k) \\ x^{l_1 l_0}(k+2|k) \\ \vdots \\ x^{l_{N-1}\cdots l_1 l_0}(k+N|k) \end{bmatrix} \leqslant \begin{bmatrix} \bar{\psi} \\ \bar{\psi} \\ \vdots \\ \bar{\psi} \end{bmatrix} \\
l_j \in \{1,\cdots,L\}, j \in \{0,\cdots,N-1\}
\end{gathered} \tag{9.10}
$$

然后将$u(k|k)$送入实际系统。$\tilde{\Psi}$是以Ψ为对角分块的分块对角矩阵。称采用（9.8）的方法为启发式（MPHC，model predictive heuristic control 中那个 heuristic）开环预测控制。顶点控制作用、顶点状态预测值和以上$\hat{J}_0^N(k)$形式的性能指标（即针对每个状态、输入的顶点值都取一个二次型函数）都已经在文献［219］中采用过，不过文献［219］采用了一套复杂的符号和不同名字。

该启发式开环预测控制有如下特性：

1）比采用稳定性综合要素的预测控制方法计算量小；

2）不能从理论上证明或保证稳定性；

3）设所有的加权矩阵$\mathscr{Q}.$和$\mathscr{R}.$为正定，当$\boldsymbol{y}_{ss}\neq 0$，$\boldsymbol{u}_{ss}\neq 0$时，即使闭环系统稳定，也难以达到$\hat{J}_0^N(\infty)=0$，也即难以保证无静差控制。

即使系统能够达到稳态，要让$\boldsymbol{C}\boldsymbol{x}^{l_{i-1}\cdots l_1l_0}(\infty|\infty)=\boldsymbol{y}_{ss}\neq 0$对所有的$i\in\{1,2,\cdots,N\}$和所有的$l_{i-1}\cdots l_1l_0$成立，是很难遇到的情况。如果某些$\boldsymbol{C}\boldsymbol{x}^{l_{i-1}\cdots l_1l_0}(k+i|k)\neq\boldsymbol{y}_{ss}$，则对$\hat{J}_0^N(k)$的优化在各个二次项之间达到一种“平衡”，故$\hat{J}_0^N(\infty)\neq 0$通常导致$\boldsymbol{C}\boldsymbol{x}_{ss}\neq\boldsymbol{y}_{ss}$，即导致静差。在具体讨论如何改进性质3）的不足时，还有个细致的问题需要回答：$\boldsymbol{y}_{ss}$和$\boldsymbol{u}_{ss}$从何而来？显然，$\boldsymbol{y}_{ss}$和$\boldsymbol{u}_{ss}$不可能毫无关系。因为我们不能准确地知道每个$[\boldsymbol{A}(k)|\boldsymbol{B}(k)]$，所以通常不能用式（9.11）来确定该关系。

$$\begin{cases}\boldsymbol{x}_{ss}=\boldsymbol{A}_{ss}\boldsymbol{x}_{ss}+\boldsymbol{B}_{ss}\boldsymbol{u}_{ss}\\ \boldsymbol{y}_{ss}=\boldsymbol{C}\boldsymbol{x}_{ss}\end{cases}\tag{9.11}$$

有一种特殊情况例外，就是当$k\to\infty$时，$[\boldsymbol{A}(k)|\boldsymbol{B}(k)]$收敛到定值$[\boldsymbol{A}_{ss}|\boldsymbol{B}_{ss}]$。在这种特殊情况下，问题（9.8）中的$\boldsymbol{y}_{ss}$和$\boldsymbol{u}_{ss}$必须满足式（9.11）。一个更可靠也更一般（不特殊）的说法是，$\boldsymbol{y}_{ss}$和$\boldsymbol{u}_{ss}$满足某个稳态非线性方程：

$$f(\boldsymbol{y}_{ss}+\boldsymbol{y}_{\mathrm{eq}},\boldsymbol{u}_{ss}+\boldsymbol{u}_{\mathrm{eq}})=0\tag{9.12}$$

如果“$\boldsymbol{y}_{ss}$和$\boldsymbol{u}_{ss}$需要满足（9.12）”这个说法令读者满意和信服，那么有一个方案可以消除以上性质3）中“难以保证无静差控制”的不足，不妨假设$\boldsymbol{x}_{ss}$和$\boldsymbol{u}_{ss}$满足下面的稳态非线性方程：

$$g(\boldsymbol{x}_{ss}+\boldsymbol{x}_{\mathrm{eq}},\boldsymbol{u}_{ss}+\boldsymbol{u}_{\mathrm{eq}})=0\tag{9.13}$$

采用式（9.13）得到$\boldsymbol{x}_{ss}$和$\boldsymbol{u}_{ss}$后，计算

$$\begin{bmatrix}\boldsymbol{x}_{ss}^{l_0}\\ \boldsymbol{x}_{ss}^{l_1l_0}\\ \vdots\\ \boldsymbol{x}_{ss}^{l_{N-1}\cdots l_1l_0}\end{bmatrix}=\begin{bmatrix}\boldsymbol{A}_{l_0}\\ \boldsymbol{A}_{l_1Al_0}\\ \vdots\\ \prod_{i=0}^{N-1}\boldsymbol{A}_{l_{N-1-i}}\end{bmatrix}\boldsymbol{x}_{ss}+\begin{bmatrix}\boldsymbol{B}_{l_0} & \boldsymbol{0} & \cdots & \boldsymbol{0}\\ \boldsymbol{A}_{l_1}\boldsymbol{B}_{l_0} & \boldsymbol{B}_{l_1} & \ddots & \boldsymbol{0}\\ \vdots & \ddots & \ddots & \boldsymbol{0}\\ \prod_{i=0}^{N-2}\boldsymbol{A}_{l_{N-1-i}}\boldsymbol{B}_{l_0} & \prod_{i=0}^{N-3}\boldsymbol{A}_{l_{N-1-i}}\boldsymbol{B}_{l_1} & \cdots & \boldsymbol{B}_{l_{N-1}}\end{bmatrix}\begin{bmatrix}\boldsymbol{u}_{ss}\\ \boldsymbol{u}_{ss}\\ \vdots\\ \boldsymbol{u}_{ss}\end{bmatrix}\tag{9.14}$$

然后，为消除静差可将性能指标替换为如下形式：

$$\begin{aligned}\tilde{J}_0^N(k)=&\sum_{l_0=1}^{L}\|\boldsymbol{x}^{l_0}(k+1|k)-\boldsymbol{x}_{ss}^{l_0}\|^2_{\mathscr{Q}_1,l_0}+\|\boldsymbol{u}(k|k)-\boldsymbol{u}_{ss}\|^2_{\mathscr{R}_0}\\ &+\sum_{l_1=1}^{L}\sum_{l_0=1}^{L}\|\boldsymbol{x}^{l_1l_0}(k+2|k)-\boldsymbol{x}_{ss}^{l_1l_0}\|^2_{\mathscr{Q}_2,l_1,l_0}+\|\boldsymbol{u}^{l_0}(k+1|k)-\boldsymbol{u}_{ss}\|^2_{\mathscr{R}_1,l_0}\\ &+\cdots\end{aligned}$$

$$+\sum_{l_{N-1}=1}^{L}\cdots\sum_{l_1=1}^{L}\sum_{l_0=1}^{L}\|\boldsymbol{x}^{l_{N-1}\cdots l_1 l_0}(k+N\mid k)-\boldsymbol{x}_{ss}^{l_{N-1}\cdots l_1 l_0}\|^2_{\mathscr{Q}_N,l_{N-1}\cdots l_1 l_0}$$

$$+\sum_{l_{N-2}=1}^{L}\cdots\sum_{l_1=1}^{L}\sum_{l_0=1}^{L}\|\boldsymbol{u}^{l_{N-2}\cdots l_1 l_0}(k+N-1\mid k)-\boldsymbol{u}_{ss}\|^2_{\mathscr{R}_{N-1},l_{N-2}\cdots l_1 l_0}$$

具体原因读者可自己推理，甚至可以做仿真验证。具体做法是：取一个非线性动态模型；求出其对应的稳态模型；求出满足稳态模型的 $\boldsymbol{y}_{ss}$，$\boldsymbol{x}_{ss}$和 $\boldsymbol{u}_{ss}$；求出非线性动态模型在 $\boldsymbol{y}_{\mathrm{eq}}$，$\boldsymbol{x}_{\mathrm{eq}}$和 $\boldsymbol{u}_{\mathrm{eq}}$附近的一个多胞描述模型，在满足式（9.3）的情况下该多胞描述模型能够包含原非线性动态模型；进行仿真，比较分别采用 $\hat{J}_0^N(k)$和 $\tilde{J}_0^N(k)$时的静差。

当然，用 $\tilde{\boldsymbol{J}}_0^N(k)$能消除静差的前提是 $\{\boldsymbol{x}_{ss}^{l_0}, \boldsymbol{x}_{ss}^{l_1 l_0}, \cdots, \boldsymbol{x}_{ss}^{l_{N-1}\cdots l_1 l_0}, \boldsymbol{u}_{ss}\}$ 满足输入和状态约束。如果不满足，可将 $\boldsymbol{x}_{ss}$作为决策变量或在 $\tilde{\boldsymbol{J}}_0^N(k)$中用 $u(k-1)$代替 $\boldsymbol{u}_{ss}$。

文献［219］中，若采用 $\hat{J}_0^N(k)$，仍然可消除余差，原因在于其采用了一个更精致的计算 $\boldsymbol{x}_{ss}$和 $\boldsymbol{u}_{ss}$的方法。本书指出，如果文献［219］不采用那个“更精致的计算 $\boldsymbol{x}_{ss}$和 $\boldsymbol{u}_{ss}$的方法”，其“Theorem 5.2”及其证明成立的必要条件是采用 $\tilde{J}_0^N(k)$的形式。

如果读者至此还没有做上面的仿真验证，则可能会有一个疑问：式（9.12）和式(9.13)跳出的 f 和 g 是怎么回事？被控系统的非线性方程由 f 和 g 表示，或者至少其稳态形式由 f 和 g 表示。式（9.1）只是被控系统在稳态工作点（平衡点）$\boldsymbol{y}_{\mathrm{eq}}$和 $\boldsymbol{u}_{\mathrm{eq}}$附近的动态方程；$\boldsymbol{y}_{ss}$，$\boldsymbol{x}_{ss}$和 $\boldsymbol{u}_{ss}$分别是$\nabla\boldsymbol{y}_{ss}$，$\nabla\boldsymbol{x}_{ss}$和$\nabla\boldsymbol{u}_{ss}$的简写形式。

有些读者可能并不满意，认为（9.1）可以是如下的简写形式：

$$\partial\boldsymbol{x}(k+1)=\boldsymbol{A}(k)\partial\boldsymbol{x}(k)+\boldsymbol{B}(k)\partial\boldsymbol{u}(k),[\boldsymbol{A}(k)\mid\boldsymbol{B}(k)]\in\Omega \tag{9.15}$$

也就是说，式（9.1）是省略了式（9.15）中的符号 ∂ 后的结果，其中$\partial\boldsymbol{x}=\boldsymbol{x}-\boldsymbol{x}_{ss}-\boldsymbol{x}_{\mathrm{eq}}$和$\partial\boldsymbol{u}=\boldsymbol{u}-\boldsymbol{u}_{ss}-\boldsymbol{u}_{\mathrm{eq}}$。不错，这个解释很常见，但是并非更可靠，因为在工业预测控制中，$\boldsymbol{y}_{ss}$，$\boldsymbol{x}_{ss}$和 $\boldsymbol{u}_{ss}$是由一个稳态优化器计算的，是时变的，也就是说，在工业上更准确地应该写为 $\boldsymbol{y}_{ss}(k)$，$\boldsymbol{x}_{ss}(k)$和 $\boldsymbol{u}_{ss}(k)$，我们都清楚这个为表示“时变”所做的简单改写。如果按照式（9.15），则约束式（9.3）的上下界要随着 $\boldsymbol{x}_{ss}(k)$和 $\boldsymbol{u}_{ss}(k)$适当地时变，使得对应的实际物理量的绝对值（而不是减去平衡点、稳态目标后的相对值）的约束界并不随着时间变化，使得对模型参数［$\boldsymbol{A}_l\mid\boldsymbol{B}_l$］也不需做任何修改。这个时候，假使不让式（9.3）的上下界随着 $\boldsymbol{x}_{ss}(k)$和 $\boldsymbol{u}_{ss}(k)$时变，则对应的是一种粗略的、不准确的处理。有的时候（严格的话必须如此），约束式（9.3）还包含了对顶点模型有效范围的界定，假使式（9.3）的上下界该随着 $\boldsymbol{x}_{ss}(k)$和 $\boldsymbol{u}_{ss}(k)$时变，但是却没有这样变的话，模型本身的有效性也成了问题。

文献［219］具有丰富的内涵，在其发表时，关于多胞描述模型的鲁棒预测控制的研究差不多处于高峰期，而不像现在这样显得较寂寥。文献［219］涉及的输出反馈问题、稳定性问题和稳态目标计算方法都值得研究。

第10章 基于多胞描述模型成为热点

重写多胞描述模型如下：

$$x(k+1)=A(k)x(k)+B(k)u(k),[A(k)|B(k)]\in\Omega \tag{10.1}$$

其中，$u\in\mathbb{R}^m$为控制输入，$x\in\mathbb{R}^n$为系统状态，而Ω定义为如下的多胞：

$$\Omega=\mathrm{Co}\{[A_1|B_1],[A_2|B_2],\cdots,[A_L|B_L]\}$$

假设$x(k)$是可测的。

多胞一词，是英国数学家暨哲学家布尔（George Boole）的女儿艾莉西亚（Alicia）创造的，她以研究多胞体享有盛名。在2000年前后，多胞描述模型成为控制理论的研究热点。为什么？原因在于技术和社会两个方面。技术上，1994年前后，线性矩阵不等式（linear matrix inequality，LMI）的求解工具在数学上准备完毕，并且出现了Matlab LMI工具箱，使得之前一些难以求解的控制理论问题（如Lyapunov不等式、鲁棒控制、输出反馈等）得到了重述和解决，这大大推动了控制理论的研究。像多胞描述模型这样的不确定模型，在LMI求解工具出现前，其控制策略的设计和综合是很难的。LMI的出现，以及多胞描述模型在一定程度上的普适性，使得"LMI+多胞+鲁棒控制"成为受到广泛欢迎的研究模式，一时间形成了"风起云涌"的研究成果和热潮。从社会角度分析，应能看到从20世纪90年代后期开始，控制理论研究人群（大学教师、博士生、硕士生等）大幅度增长，因此对控制理论热点问题的渗透更猛更强。

不管是LMI可以求解的问题，还是多胞描述模型，在90年代都不是新的问题和方法，它们是埋在土里的种子，静待发芽。当LMI出现后，这些种子迅速孕育出花朵和果实。如果读者注意或研究过模糊Takagi－Sugeno模型（特指用几个线性标称状态空间模型经过隶属度函数组合得到的非线性模型），则更容易认识多胞描述模型的特点，因为Takagi－Sugeno模型得到了太多的研究，而其成果和多胞描述模型的相应研究成果都有很多可直接使用或借鉴的地方。可惜的是，似乎很多文献中对此事实不够重视，对Takagi－Sugeno模型和多胞模型分别进行了很多独立/重复的研究。多胞模型的论文和Takagi－Sugeno模型的论文往往发表在不同的期刊上，是否可以当作产生这种误解的一个原因？

步入正题谈预测控制。鲁棒预测控制的相应研究比相应的鲁棒控制要晚些，因为普通的鲁棒控制不必滚动优化和处理物理约束，而预测控制一定要讨论滚动优化和处理物理约束。

1996年，绝非偶然的，一篇鲁棒预测控制论文[121]发表了，给出了我们将称为"KBM公式"的结果，具有很广泛的价值。本书定义KBM（Kothare－Balakrishnan－Morari）公式如下：

$$\begin{bmatrix}1 & x(k|k)^{\mathrm{T}}\\ x(k|k) & Q(k)\end{bmatrix}\geqslant 0 \tag{10.2}$$

$$\begin{bmatrix} Q(k) & \star & \star & \star \\ A_lQ(k)+B_lY(k) & Q(k) & \star & \star \\ \mathscr{Q}^{1/2}Q(k) & 0 & \gamma(k)I & \star \\ \mathscr{R}^{1/2}Y(k) & 0 & 0 & \gamma(k)I \end{bmatrix} \geqslant 0, l\in\{1,\cdots,L\} \tag{10.3}$$

$$\begin{bmatrix} Q(k) & Y_j(k)^{\mathrm{T}} \\ Y_j(k) & \bar{u}_j^2 \end{bmatrix} \geqslant 0, j\in\{1,\cdots,m\} \tag{10.4}$$

$$\begin{bmatrix} Q(k) & \star \\ \Psi_s(A_lQ(k)+B_lY(k)) & \bar{\psi}_s^2 \end{bmatrix} \geqslant 0, l\in\{1,2,\cdots,L\}, s\in\{1,2,\cdots,q\} \tag{10.5}$$

以$\{\gamma(k), Q(k), Y(k)\}$为未知变量时，式（10.2）~式(10.5）为 LMI，因为这 4 个矩阵不等式关于变量$\{\gamma(k), Q(k), Y(k)\}$都是线性的（满足叠加原理）。

LMI 中的各个要求≥0 的矩阵是对称矩阵。下面逐一解释 KBM 公式的符号和内涵。

（1）$x(k|k)$就是 k 时刻对 $x(k)$值的认识。假设状态可测，就直接一点，$x(k|k)=x(k)$。式（10.2）表示 $x(k|k)^{\mathrm{T}}Q(k)^{-1}x(k|k)\leqslant 1$。由于 $Q(k)$是正定矩阵，因此式（10.2）表示 $x(k|k)$位于由 $Q(k)$规定尺寸的椭圆内，此椭圆记为$\mathscr{E}_{Q(k)^{-1}}$。当然，按照数学的严格观点，我们应该说“位于由 $Q(k)$定义的椭圆内部或者椭圆上”。$Q(k)$是不是必须正定、有些特征值为零可以吗？从式（10.2）~式(10.5）来看是可以的，但是从数值上没必要这么想，因为不管是实际应用还是仿真，都没有必要或不可能做到这个程度。

（2）但是，从物理上解释为“式（10.2）表示 $x(k|k)\in\mathscr{E}_{Q(k)^{-1}}$”，还没有揭示出式（10.2）的出发点。出发点源于一个控制理论的解释：采用一个二次型性能指标 $J_0^\infty(k)=\sum_{i=0}^{\infty}[\|x(k+i|k)\|_{\mathscr{Q}}^2+\|u(k+i|k)\|_{\mathscr{R}}^2]$。这个性能指标和 20 世纪 60 年代就已经闻名的 LQR 问题的性能指标不是相似，而是相同。既然这样守传统，不如来个更传统的：定义二次型函数$V(x)=x^{\mathrm{T}}P(k)x$，$P(k)>0$。像 LQR 那样，经过适当处理，得到 $J_0^\infty(k)\leqslant V(x(k|k))$，即无穷时域二次型性能指标的上界为 $V(x(k|k))$。这个结果不如标称模型 $x(k+1)=Ax(k)+Bu(k)$（其中$[A|B]$定常）中 $J_0^\infty(k)=V(x(k|k))$（是＝而不是≤）精确，但是也可以了，毕竟现在处理的是多胞描述模型。令 $V(x(k|k))\leqslant\gamma(k)$和 $P(k)=\gamma(k)Q(k)^{-1}$，则得到 $x(k|k)\in\mathscr{E}_{Q(k)^{-1}}$，即二手结论。

（3）式（10.3）保证了

$$V(x(k+i+1|k))-V(x(k+i|k))\leqslant-[\|x(k+i|k)\|_{\mathscr{Q}}^2+\|u(k+i|k)\|_{\mathscr{R}}^2] \tag{10.6}$$

要是换作标称模型的 LQR，基本上可以说式（10.3）等价于式（10.6）。为何加“基本上”？因为对标称模型的 LQR，不必采用式（10.3）。式（10.3）是 Lyapunov 不等式的处理结果，而对标称模型的 LQR 采用 Lypunov 方程（等式）。与等式相比，不等式总是给人一种“留有余地、可左可右”的感觉。再问：保证式（10.6），由之得到 Lyapunov 不等式，有何好处？好处是能够一石二鸟，一只鸟是保证稳定性，另一只鸟是处理最优性。第二只鸟更巧妙，但是也很保守、很鲁棒：借助于式（10.6）可推出 $J_0^\infty(k)\leqslant x(k|k)^{\mathrm{T}}P(k)x(k|k)$对所有可能的模型不确定性成立。

（4）正是第二只鸟和定义 $P(k)=\gamma(k)Q(k)^{-1}$的作用，使得 $\gamma(k)$，即一个体现性能指标并将被优化和作为 Lyapunov 函数的关键变量没有出现在式（10.2）中，而是出现在式（10.3）中，这是一个巧妙的“翻转”。

（5）翻转成功，$\mathscr{E}_{Q(k)^{-1}}$成为$x(k+i|k)$，$i\geqslant0$的不变集，也就是说，由于式（10.2）和式（10.3）的力量，$x(k+i|k)$，$i\geqslant0$不会逃出$\mathscr{E}_{Q(k)^{-1}}$。由于$x(k+i|k)$的变化范围已受到限制，因此处理与$x(k+i|k)$相关的约束就更有指望。为什么需要这个指望？第9章里约束不是处理得不错、不使用不变集吗？因为KBM保证满足的约束是无穷时域的（第9章只是处理了N步时域的约束）。式（10.4）和式（10.5）保证了当$u_j(k+i|k)=F_j(k)x(k+i|k)$，$i\geqslant0$，$F_j=Y_jQ^{-1}$，$j\in\{1,2,\cdots,m\}$时，

$$-\bar{u}\leqslant u(k+i|k)\leqslant\bar{u},\ -\bar{\psi}\leqslant\Psi x(k+i+1|k)\leqslant\bar{\psi},\ \forall i\geqslant0 \tag{10.7}$$

$\bar{u}:=[\bar{u}_1,\bar{u}_2,\cdots,\bar{u}_m]$；$\bar{\psi}:=[\bar{\psi}_1,\bar{\psi}_2,\cdots,\bar{\psi}_q]$；$\bar{u}_i>0$，$i\in\{1,\cdots,m\}$；$\bar{\psi}_j>0$，$j\in\{1,\cdots,q\}$；$\Psi\in\mathbb{R}^{q\times n}$；$F_j$表示$F$的第$j$行，$Y_j$表示$Y$的第$j$行，$\Psi_s$表示$\Psi$的第$s$行。式（10.7）中约束的上下界相同，因为KBM公式不适合处理上下界不同的约束。

（6）如果没有那个翻转，则KBM公式应是如下的样子：

$$\begin{bmatrix}\beta(k) & \beta(k)x(k|k)^{\mathrm{T}}\\ \beta(k)x(k|k) & X(k)\end{bmatrix}\geqslant0 \tag{10.8}$$

$$\begin{bmatrix}X(k) & \star & \star & \star\\ A_lX(k)+B_lY(k) & X(k) & \star & \star\\ \mathscr{Q}^{1/2}X(k) & 0 & I & \star\\ \mathscr{R}^{1/2}Y(k) & 0 & 0 & I\end{bmatrix}\geqslant0,l\in\{1,\cdots,L\} \tag{10.9}$$

$$\begin{bmatrix}X(k) & Y_j(k)^{\mathrm{T}}\\ Y_j(k) & \beta(k)\bar{u}_j^2\end{bmatrix}\geqslant0,\ j\in\{1,\cdots,m\} \tag{10.10}$$

$$\begin{bmatrix}X(k) & \star\\ \Psi_s(A_lX(k)+B_lY(k)) & \beta(k)\bar{\psi}_s^2\end{bmatrix}\geqslant0$$
$$l\in\{1,2,\cdots,L\},s\in\{1,2,\cdots,q\} \tag{10.11}$$

其中，$X=P^{-1}$，$\beta=\gamma^{-1}$，$F=YX^{-1}$。已经将$\begin{bmatrix}\gamma(k) & \star\\ x(k|k) & X(k)\end{bmatrix}\geqslant0$转化为$\begin{bmatrix}\beta(k) & \star\\ \beta(k)x(k|k) & X(k)\end{bmatrix}\geqslant0$。看起来，式（10.8）~式(10.11）比式（10.2）~式(10.5）更直观，不用翻转，那为什么非要式（10.2）~式(10.5)？因为其他文献中一般是这样改变式(10.4)和式(10.5）的：

$$\begin{bmatrix}Q(k) & Y(k)^{\mathrm{T}}\\ Y(k) & Z(k)\end{bmatrix}\geqslant0,Z_{jj}(k)\leqslant\bar{u}_j^2,\ j\in\{1,\cdots,m\} \tag{10.12}$$

$$\begin{bmatrix}Q(k) & \star\\ \Psi(A_lQ(k)+B_lY(k)) & \Gamma(k)\end{bmatrix}\geqslant0$$
$$\Gamma_{ss}(k)\leqslant\bar{\psi}_s^2,l\in\{1,2,\cdots,L\},s\in\{1,2,\cdots,q\} \tag{10.13}$$

其中，$Z(k)$和$\Gamma(k)$是添加的未知变量，Z_{jj}和Γ_{ss}分别表示Z和Γ的第j和s个对角元。一般来说，式（10.12）~式(10.13）比式（10.4）~式(10.5）涉及的计算量更小（比如假设m和q是较大的数），但是式（10.4）~式(10.5）比式（10.12）~式(10.13）更不保守（至少理论上如此）。如果增加了Z和Γ，则需要这样改变式（10.10）~式(10.11)：

$$\begin{bmatrix} X(k) & Y(k)^{\mathrm{T}} \\ Y(k) & \beta(k)Z(k) \end{bmatrix} \geqslant 0, Z_{jj}(k) \leqslant \bar{u}_j^2, j \in \{1,\cdots,m\} \tag{10.14}$$

$$\begin{bmatrix} X(k) & \star \\ \Psi(A_l X(k) + B_l Y(k)) & \beta(k)\Gamma(k) \end{bmatrix} \geqslant 0$$

$$\Gamma_{ss}(k) \leqslant \bar{\psi}_s^2, l \in \{1,2,\cdots,L\}, s \in \{1,2,\cdots,q\} \tag{10.15}$$

这样，$\{\beta, Z, \Gamma\}(k)$不是线性地出现在式（10.14）和式(10.15）中。

（7）$\beta(k)$在式（10.8）~式(10.11）中出现了多次，而$\gamma(k)$仅在式（10.2）~式(10.5）中出现了 1 次。所以，翻转和不直观带来的小麻烦是值得的。

还有一些其他的与文献［121］的细微区别，由于不是本质的，因此我们在此省略。下面给出 KBM 控制器：

KBM optimization：$\min\limits_{\{\gamma,Y,Q\}(k)} \gamma(k)$, s. t. KBM 式(10.2)~式(10.5)

KBM controller：$u(k) = Y(k)Q(k)^{-1}x(k)$

文献［121］证明了滚动地实施 KBM controller（名字是本书提的）的闭环稳定性，其证明方法得到了其他文献的广泛引用，但本书将在下面的条目中插入指出这个证明的一个小问题：

（1）对采用多胞描述模型的鲁棒预测控制（加入“鲁棒”表示控制器能够镇定系统模型），如果在线求解优化问题，通常则采用 min－max 优化。为什么呢？因为是不确定系统，计算 $J_0^\infty(k) = \sum_{i=0}^{\infty}[\|x(k+i|k)\|_{\mathcal{Q}}^2 + \|u(k+i|k)\|_{\mathcal{R}}^2]$时，带入的$x(k+i|k)$不可能是准确的值。另外，为了避免进入 blind alley，控制作用和约束都是求解“无穷时域的”。这样，最小化$J_0^\infty(k)$是一个无穷维的优化问题。所谓 min－max 优化，是指将$J_0^\infty(k)$的最大值最小化。$\gamma(k)$给出了$J_0^\infty(k)$针对所有不确定性的上界，因此最小化$\gamma(k)$近似达到了 min－max 优化的目的。由于最小化的是$\gamma(k)$，因此建议像 6.2 节那样，采用$\gamma(k)$的最优解$\gamma^*(k)$作为 Lypunov 函数。

（2）文献［121］不是采用$\gamma^*(k)$，而是采用$x(k)^{\mathrm{T}}P^*(k)x(k)$作为 Lyapunov 函数。$P^*(k) = \gamma^*(k)Q^*(k)^{-1}$。我们只是做到了$\gamma^*(k) \geqslant x(k)^{\mathrm{T}}P^*(k)x(k)$（见前面第（2）点），能否做到$\gamma^*(k) = x(k)^{\mathrm{T}}P^*(k)x(k)$？如果不能做到$\gamma^*(k) = x(k)^{\mathrm{T}}P^*(k)x(k)$，那我们能否说$x(k)^{\mathrm{T}}P^*(k)x(k)$被最小化了？有很多文献有类似于文献［121］的小问题，如文献［96］。

（3）记证明鲁棒预测控制稳定性的 Lyapunov 函数为$\mathscr{L}^*(k)$，通常的方法是先证明$\mathscr{L}(k+1) \leqslant \mathscr{L}^*(k)$（其中等号仅在达到稳态时才成立），然后根据最优性总有$\mathscr{L}^*(k+1) \leqslant \mathscr{L}(k+1)$（被最小化了的值一定不大于一个尚未最小化的值），综合得到$\mathscr{L}^*(k+1) \leqslant \mathscr{L}^*(k)$。人们容易忽略后一点，即忽略对$\mathscr{L}^*(k+1) \leqslant \mathscr{L}(k+1)$的考察。如果根本没有最小化$\mathscr{L}(k+1)$，那么有什么根据说后一点成立呢？在文献[121]中，理论上能否出现$x(k+1)^{\mathrm{T}}P^*(k+1)x(k+1) > x(k+1)^{\mathrm{T}}P(k+1)x(k+1)$，能否出现$x(k+1)^{\mathrm{T}}P^*(k+1)x(k+1) > x(k)^{\mathrm{T}}P^*(k)x(k)$，能否在没有达到稳态时持续地出现$x(k+1)^{\mathrm{T}}P^*(k+1)x(k+1) = x(k)^{\mathrm{T}}P^*(k)x(k)$？总之，文献［121］的证明方法会给人留下这些疑虑。

（4）什么叫 blind alley？设计预测控制优化问题，由于要满足物理约束，故控制器驱使状态运动的过程就像赶羊过胡同。只有针对整条胡同做优化，才能避免在不知情的情况下将羊赶进死胡同。将这个类比到预测控制上，就表示要处理无穷时域的约束才能真正放心，否则搞不清什么时间，约束就不再满足了。

（5）$\mathscr{L}(k+1)$是怎样得到的？这个不是优化的结果，而是适当地构造满足所有优化问题约束的决策变量值而得到的结果。放在 KBM 控制器这件事上，就是要构造满足 4 个 KBM 公式的解。文献中经常对此考究不够，比如有的文献仅构造满足式（10.6）的决策变量值，而没有说明这个决策变量值是否满足式（10.3）。式（10.3）保证式（10.6）的事实，说明前者比后者保守，那么保证后者又怎能推出保证前者呢？

（6）能够在初始时刻（控制器启动）之后找到满足所有优化问题约束的决策变量值的性质，称为递推可行性。

鉴于以上的分析甚至深刻牵涉预测控制稳定性研究的各个问题（不限于本章和本书），我们提出如下定律。

定律 10.1：什么被最小化，就采用什么做 Lyapunov 函数（也许还要加入一些不受优化影响的项，如定理 7.6 和 7.12 那样），比如鲁棒控制常用$\boldsymbol{\gamma}^*(k)$做 Lyapunov 函数。

定律 10.2：在递推可行性的证明中，要构造“满足所有优化问题约束”的决策变量值，比如对基于 LMI 的鲁棒控制其构造的决策变量值要满足相应的 LMI。

“定律”是需要咬文嚼字遵守的（“定律”二字通常在物理学中用得比在数学中多，它所叙述的命题虽有大量的数值证据，但缺乏数学意义的严格证明）。

另外，有两个问题需要深刻研究，但我们在此一带而过，供读者思考。

首先，在递推可行性的证明中，

1）优化问题的有些约束与时间无关，可称为自治的。如式（10.3）~式(10.5）都是自治的。要从一个合适的角度看：在证明递推可行性时，取$\boldsymbol{Q}(k+1)=\boldsymbol{Q}(k)$，$\boldsymbol{Y}(k+1)=\boldsymbol{Y}(k)$时，式（10.3）~式(10.5）不随时间变化；

2）优化问题的有些约束与时间有关，可称为非自治的。在式（10.2）中由于有$x(k|k)$，而$\boldsymbol{x}(k+1|k+1)=\boldsymbol{x}(k|k)$是非常局限的情况，所以式（10.2）是非自治的。

因此处理非自治约束是证明递推可行性的关键。在实际应用中，递推可行性可能会涉及可恢复性，比如当控制器设计中没有考虑干扰（并不是实际系统没有干扰）时，

1）如果由于干扰变化，预测控制不是以递推可行性证明中（如选择$\boldsymbol{Q}(k+1)=\boldsymbol{Q}(k)$，$\boldsymbol{Y}(k+1)=\boldsymbol{Y}(k)$）那种方式可行，但优化问题仍然是可行的，则称其具有可恢复性；

2）如果由于干扰变化，预测控制不是以递推可行性证明中那种方式可行，并因此优化问题不可行，则称其不具有可恢复性。

当然，通常可恢复性只能是在干扰变化的一定范围内成立的。不具有可恢复性的预测控制综合方法是不值得提倡的。

第 11 章　不变集陷阱

重写多胞描述模型如下：

$$x(k+1)=A(k)x(k)+B(k)u(k),[A(k)|B(k)]\in\Omega \tag{11.1}$$

其中，$u\in\mathbb{R}^m$ 为控制输入，$x\in\mathbb{R}^n$ 为系统状态，而 Ω 定义为如下的多胞：

$$\Omega=\mathrm{Co}\{[A_1|B_1],[A_2|B_2],\cdots,[A_L|B_L]\}$$

假设 $x(k)$ 是可测的。

在文献［121］中，定义了二次型函数 $V(x)=x^{\mathrm{T}}P(k)x$，$P(k)>0$，通过适当的技术手段使得 $\mathscr{E}_{Q(k)^{-1}}(Q(k)=\gamma(k)P(k)^{-1})$ 成为不变集。这样，如果 k 时刻优化问题可行，则在 $k+1$ 时刻 KBM 公式之一，即 $\begin{bmatrix}1 & \star\\ x(k+1|k+1) & Q(k+1)\end{bmatrix}\geqslant 0$，在取 $Q(k+1)=Q(k)$ 的情况下可行。

可喜的是，目前文献中对二次型函数（多数情况下作为 Lyapunov 函数）的改进已经非常多了。像文献［121］的 $V(x)=x^{\mathrm{T}}P(k)x$ 这样取单一的正定矩阵 $P(k)$（对预测控制而言，是指在每个时刻 k 取单一的正定矩阵 $P(k)$，不同时刻的 $P(k)$ 可以不同）的做法容易被认为过于简单。实际上，在预测控制之外，可以这样取 Lyapunov 函数

$$V(x)=\sum_{l_1=1}^{L}\omega_{l_1}\left(\sum_{l_2=1}^{L}\omega_{l_2}\left(\cdots\left(\sum_{l_p=1}^{L}\omega_{l_p}P_{l_1l_2\cdots l_p}\right)\right)\right) \tag{11.2}$$

还可以这样取

$$V(x)=\left(\sum_{l_1=1}^{L}\omega_{l_1}\left(\sum_{l_2=1}^{L}\omega_{l_2}\left(\cdots\left(\sum_{l_p=1}^{L}\omega_{l_p}Q_{l_1l_2\cdots l_p}\right)\right)\right)\right)^{-1} \tag{11.3}$$

还有很多其他取法。像式（11.2）和式(11.3）这样的取法（见文献［127］），如果 ω 是 x 的函数（随着 x 改变），我们不应再称其为 x 的二次型函数，而可以称其为多参数依赖正定函数。注意，只要运用得当，不是每个矩阵 $P_{l_1l_2\cdots l_p}/Q_{l_1l_2\cdots l_p}$ 都被要求必须正定。实际上，为了计算和使用上的经济性，可将式（11.2）和式(11.3）改写为（见文献［173，66］）

$$V(x)=\sum_{l_1=1}^{L}\omega_{l_1}\left(\sum_{l_2=l_1}^{L}\omega_{l_2}\left(\cdots\left(\sum_{l_p=l_{p-1}}^{L}\omega_{l_p}\bar{P}_{l_1l_2\cdots l_p}\right)\right)\right) \tag{11.4}$$

$$V(x)=\left(\sum_{l_1=1}^{L}\omega_{l_1}\left(\sum_{l_2=l_1}^{L}\omega_{l_2}\left(\cdots\left(\sum_{l_p=l_{p-1}}^{L}\omega_{l_p}\bar{Q}_{l_1l_2\cdots l_p}\right)\right)\right)\right)^{-1} \tag{11.5}$$

称为齐次多项式型参数依赖正定函数。只要运用得当，式（11.2）等价于式（11.4），而式（11.3）等价于式（11.5）。相比于式（11.2）和式(11.3），式（11.4）和式(11.5）有明显的优势。

以式（11.4）为例，$\bar{P}_{l_1l_2\cdots l_p}$ 是所有 $P_{l'_1l'_2\cdots l'_p}$ 的和，其中 $\{l'_1, l'_2, \cdots, l'_p\}\in\mathcal{P}\{l_1, l_2, \cdots, l_p\}$，而 $\mathcal{P}$ 为排列运算。不方便由 $\{l_1, l_2, \cdots, l_p\}$ 得到 $\{l'_1, l'_2, \cdots, l'_p\}$ 的个数。

实际上，对每个 $\overline{\boldsymbol{P}}_{l_1l_2\cdots l_p}$，设它对应的全部参数为 $\omega_1^{r_1}\omega_2^{r_2}\cdots\omega_L^{r_L}$（$r_1+r_2+\cdots+r_L=p$），则 $\{l'_1, l'_2, \cdots, l'_p\}$ 的个数为 $\mathcal{C}(l_1, l_2, \cdots, l_p)=\dfrac{p!}{r_1!\ r_2!\ \cdots r_L!}$。因此，通常我们可以这样改写式（11.4)和式(11.5)

$$V(x)=\sum_{l_1=1}^{L}\omega_{l_1}\left(\sum_{l_2=l_1}^{L}\omega_{l_2}\left(\cdots\left(\sum_{l_p=l_{p-1}}^{L}\omega_{l_p}\mathcal{C}\left(l_1,l_2,\cdots,l_p\right)\boldsymbol{P}_{l_1l_2\cdots l_p}\right)\right)\right) \tag{11.6}$$

$$V(x)=\left(\sum_{l_1=1}^{L}\omega_{l_1}\left(\sum_{l_2=l_1}^{L}\omega_{l_2}\left(\cdots\left(\sum_{l_p=l_{p-1}}^{L}\omega_{l_p}\mathcal{C}\left(l_1,l_2,\cdots,l_p\right)\boldsymbol{Q}_{l_1l_2\cdots l_p}\right)\right)\right)\right)^{-1} \tag{11.7}$$

根据文献［173，66］的结论，当 p 不断增大时，式（11.2）~式(11.7）中的 Lyapunov 矩阵可逼近任何关于 ω 连续的正定矩阵，ω 是 $\{\omega_1, \omega_2, \cdots, \omega_L\}$ 的简记。

由于对 $V(x)=\boldsymbol{x}^{\mathrm{T}}\boldsymbol{P}\boldsymbol{x}$（实际叫作公共二次型函数）的改进涉及的文献极其多（渗透到鲁棒控制、模糊控制、滑模控制、切换控制等各个控制理论分支)，而且其中的关联和重复极多，因此本书不再深入讨论，以避免偏离主题。本书要简要回答的是，这些改进的正定函数怎样恰当地用到预测控制中？

本章所讲的预测控制的不变集，其成因是采用了具有作为 Lyapunov 函数潜力的正定函数。为什么说“具有作为 Lyapunov 函数潜力”而不是直接说“作为 Lyapunov 函数”呢？实际上正如第 10 章所说，有些文献确实不恰当地直接采用了“具有作为 Lyapunov 函数潜力”的正定函数作为证明预测控制鲁棒稳定性的 Lyapunov 函数，而实际上采用 $\boldsymbol{\gamma}^*(k)$才更明确。但无论如何，“具有作为 Lyapunov 函数潜力”的正定函数正确地做了证明不变性的 Lyapunov 函数。注意这个区别：

类似 $\boldsymbol{x}^{\mathrm{T}}\boldsymbol{P}\boldsymbol{x}$ 和式（11.2）~式(11.7）的正定函数⇒不变性

类似 $\boldsymbol{\gamma}$ 的被最小化的量⇒闭环稳定性

现在要出场的是文献［47］，其针对多胞的第 l 个顶点模型，采用 $V(x)=\boldsymbol{x}^{\mathrm{T}}\boldsymbol{P}_l(k)\boldsymbol{x}$，$\boldsymbol{F}=\boldsymbol{Y}\boldsymbol{G}^{-1}$，据其可将 KBM 公式改写为

$$\begin{bmatrix} 1 & \boldsymbol{x}(k|k)^{\mathrm{T}} \\ \boldsymbol{x}(k|k) & \boldsymbol{Q}_l(k) \end{bmatrix}\geqslant 0, l\in\{1,\cdots,L\} \tag{11.8}$$

$$\begin{bmatrix} \boldsymbol{G}(k)^{\mathrm{T}}+\boldsymbol{G}(k)-\boldsymbol{Q}_l(k) & \star & \star & \star \\ \boldsymbol{A}_l\boldsymbol{G}(k)+\boldsymbol{B}_lY(k) & \boldsymbol{Q}_l(k) & \star & \star \\ \mathscr{Q}^{1/2}\boldsymbol{G}(k) & \boldsymbol{0} & \gamma(k)\boldsymbol{I} & \star \\ \mathscr{R}^{1/2}\boldsymbol{Y}(k) & \boldsymbol{0} & \boldsymbol{0} & \gamma(k)\boldsymbol{I} \end{bmatrix}\geqslant 0, l\in\{1,\cdots,L\} \tag{11.9}$$

$$\begin{bmatrix} \boldsymbol{G}(k)^{\mathrm{T}}+\boldsymbol{G}(k)-\boldsymbol{Q}_l(k) & \boldsymbol{Y}_j(k)^{\mathrm{T}} \\ \boldsymbol{Y}_j(k) & \bar{\boldsymbol{u}}_j^2 \end{bmatrix}\geqslant 0, l\in\{1,\cdots,L\}, j\in\{1,\cdots,m\} \tag{11.10}$$

$$\begin{bmatrix} \boldsymbol{G}(k)^{\mathrm{T}}+\boldsymbol{G}(k)-\boldsymbol{Q}_l(k) & \star \\ \boldsymbol{\Psi}_s(\boldsymbol{A}_l\boldsymbol{G}(k)+\boldsymbol{B}_l\boldsymbol{Y}(k)) & \bar{\boldsymbol{\psi}}_s^2 \end{bmatrix}\geqslant 0, l\in\{1,2,\cdots,L\}, s\in\{1,2,\cdots,q\} \tag{11.11}$$

这个做法掉入了不变集陷阱，不能证明递推可行性。考虑式（11.9）左上角的 2×2 分块，得到

$$\begin{bmatrix} G(k)^{\mathrm{T}}+G(k)-Q_l(k) & \star \\ A_lG(k)+B_lY(k) & Q_l(k) \end{bmatrix} \geqslant 0 \Rightarrow \begin{bmatrix} G(k)^{\mathrm{T}}Q_l(k)^{-1}G(k) & \star \\ A_lG(k)+B_lY(k) & Q_l(k) \end{bmatrix} \geqslant 0$$

$$\Rightarrow \begin{bmatrix} Q_l(k)^{-1} & \star \\ A_l+B_lF(k) & Q_l(k) \end{bmatrix} \geqslant 0 \Rightarrow \begin{bmatrix} P_l(k) & \star \\ A_l+B_lF(k) & P_l(k)^{-1} \end{bmatrix} \geqslant 0$$

$$\Rightarrow \begin{bmatrix} P_l(k) & \star \\ P_l(k)[A_l+B_lF(k)] & P_l(k) \end{bmatrix} \geqslant 0$$

除 $\omega_l(k)=\omega_l(k+1)\in\{0,\ 1\}$（即时不变的切换系统）以外，

$$\begin{bmatrix} P_l(k) & \star \\ P_l(k)[A_l+B_lF(k)] & P_l(k) \end{bmatrix} \geqslant 0$$

$$\not\Rightarrow \sum_{l=1}^{L}\omega_l(k)\sum_{j=1}^{L}\omega_j(k+1)\begin{bmatrix} P_l(k) & \star \\ P_j(k)[A_l+B_lF(k)] & P_j(k) \end{bmatrix} \geqslant 0$$

$$\Rightarrow x(k+1)^{\mathrm{T}}\sum_{l=1}^{L}\omega_l(k+1)P_l(k)x(k+1) \leqslant x(k)^{\mathrm{T}}\sum_{l=1}^{L}\omega_l(k)P_l(k)x(k) \leqslant 1$$

当 $\omega_l(k)=\omega_l(k+1)\in\{0,\ 1\}$ 时，以上的$\not\Rightarrow$变为$\Rightarrow$，进而式（11.8）当 $k\to k+1$ 时可行；对其他的 $\omega_l(k)$ 和 $\omega_l(k+1)$，不能推出式（11.8）当 $k\to k+1$ 时可行。这表明，即使对一般的（“一般”是针对 ω_l 的值而言的）时不变系统，即 ω_l 的值未知但是不随时间变化的情况（这时$\mathscr{E}_{(\sum_{l=1}^{L}\omega_lQ_l(k))^{-1}}$成为不变集），文献［47］的结果也会陷入不变集陷阱。对一般的时变不确定系统，文献［47］的这一问题已由文献［160］指出。

文献［160］改正了文献［47］的不足，做法是将其式（11.9）改写为

$$\begin{bmatrix} G(k)^{\mathrm{T}}+G(k)-Q_l(k) & \star & \star & \star \\ A_lG(k)+B_lY(k) & Q_j(k) & \star & \star \\ \mathscr{Q}^{1/2}G(k) & 0 & \gamma(k)I & \star \\ \mathscr{R}^{1/2}Y(k) & 0 & 0 & \gamma(k)I \end{bmatrix} \geqslant 0,\ j,l\in\{1,\cdots,L\} \quad (11.12)$$

即将 4×4 矩阵中的（2，2）分块的下角标变化一下。将｛式（11.8），式（11.12），式（11.10），式（11.11）｝打包，称为 I 型改进 KBM 公式，为了和下面提到的 II 型 xxx 对比。式（11.12）比式（11.9）保守很多，但是避免了不变集陷阱。考虑式（11.12）左上角的 2×2 分块，类似得到

$$\begin{bmatrix} G(k)^{\mathrm{T}}+G(k)-Q_l(k) & \star \\ A_lG(k)+B_lY(k) & Q_j(k) \end{bmatrix} \geqslant 0 \Rightarrow \begin{bmatrix} P_l(k) & \star \\ P_j(k)[A_l+B_lF(k)] & P_j(k) \end{bmatrix} \geqslant 0$$

$$\Rightarrow \sum_{l=1}^{L}\omega_l(k)\sum_{j=1}^{L}\omega_j(k+1)\begin{bmatrix} P_l(k) & \star \\ P_j(k)[A_l+B_lF(k)] & P_j(k) \end{bmatrix} \geqslant 0$$

$$\Rightarrow x(k+1)^{\mathrm{T}}\sum_{l=1}^{L}\omega_l(k+1)P_l(k)x(k+1) \leqslant x(k)^{\mathrm{T}}\sum_{l=1}^{L}\omega_l(k)P_l(k)x(k) \leqslant 1$$

已将稍前面的“$\not\Rightarrow$”变为“$\Rightarrow$”，故能适合于一般的时变不确定系统，当然也适合于一般时不变不确定系统。

文献［160］采用了正定函数 $V(x)=x^{\mathrm{T}}\sum_{j=1}^{L}\omega_lP_l(k)x$，实际上同文献［47］采用的正

定函数。以上的不变集陷阱主要反映一个事实，即预测控制的递推可行性对不变性的要求可能高于非基于滚动优化的控制策略。比如，如果不采用滚动优化，则式（11.9）是能够作为一般的时不变不确定系统的稳定性和不变性条件的，但是该不变性却不足以保证预测控制的递推可行性。量化地说，预测控制策略可能不会满足于“正定函数的水平集成为不变集”，如本案中预测控制必须要求 L 个椭圆的交集，$\mathscr{E}'=\cap_{l=1}^{L}\mathscr{E}_{Q_l^{-1}}$ 成为不变集。这里所谓水平集，就是正定函数小于一定水平时 $\boldsymbol{x}$ 的集合。比如 $\mathscr{E}_{\boldsymbol{Q}}=\{\boldsymbol{x}\mid\boldsymbol{x}^{\mathrm{T}}\boldsymbol{Q}^{-1}\boldsymbol{x}\leqslant 1\}$ 表示使 $\boldsymbol{x}^{\mathrm{T}}\boldsymbol{Q}^{-1}\boldsymbol{x}$ 小于 1 的 $\boldsymbol{x}$ 的集合，$\mathscr{E}_{\gamma\boldsymbol{P}^{-1}}=\{\boldsymbol{x}\mid\boldsymbol{x}^{\mathrm{T}}\boldsymbol{P}\boldsymbol{x}\leqslant\gamma\}$ 表示使 $\boldsymbol{x}^{\mathrm{T}}\boldsymbol{P}\boldsymbol{x}$ 小于 γ 的 $\boldsymbol{x}$ 的集合。

如果改变一点文献［160］，取正定函数为 $V(x)=\boldsymbol{x}^{\mathrm{T}}\boldsymbol{G}^{-T}(\sum_{j=1}^{L}\omega_l\boldsymbol{P}_l(k))\boldsymbol{G}^{-1}\boldsymbol{x}$，则 KBM 公式可改写成如下形式：

$$\begin{bmatrix} 1 & \boldsymbol{x}(k|k)^{\mathrm{T}} \\ \boldsymbol{x}(k|k) & \boldsymbol{G}(k)^{\mathrm{T}}+\boldsymbol{G}(k)-\boldsymbol{Q}_l(k) \end{bmatrix}\geqslant 0,l\in\{1,\cdots,L\} \tag{11.13}$$

$$\begin{bmatrix} \boldsymbol{Q}_l(k) & \star & \star & \star \\ \boldsymbol{A}_l\boldsymbol{G}(k)+\boldsymbol{B}_l\boldsymbol{Y}(k) & \boldsymbol{G}(k)^{\mathrm{T}}+\boldsymbol{G}(k)-\boldsymbol{Q}_j(k) & \star & \star \\ \mathscr{Q}^{1/2}\boldsymbol{G}(k) & \boldsymbol{0} & \gamma(k)\boldsymbol{I} & \star \\ \mathscr{R}^{1/2}\boldsymbol{Y}(k) & \boldsymbol{0} & \boldsymbol{0} & \gamma(k)\boldsymbol{I} \end{bmatrix}\geqslant 0$$

$$j,l\in\{1,\cdots,L\} \tag{11.14}$$

$$\begin{bmatrix} \boldsymbol{Q}_l(k) & \boldsymbol{Y}_j(k)^{\mathrm{T}} \\ \boldsymbol{Y}_j(k) & \bar{\boldsymbol{u}}_j^2 \end{bmatrix}\geqslant 0,l\in\{1,\cdots,L\},j\in\{1,\cdots,m\} \tag{11.15}$$

$$\begin{bmatrix} \boldsymbol{Q}_l(k) & \star \\ \boldsymbol{\Psi}_s(\boldsymbol{A}_l\boldsymbol{G}(k)+\boldsymbol{B}_l\boldsymbol{Y}(k)) & \bar{\boldsymbol{\psi}}_s^2 \end{bmatrix}\geqslant 0,l\in\{1,2,\cdots,L\},s\in\{1,2,\cdots,q\} \tag{11.16}$$

规律是，第 1 个 KBM 公式的右下角要像第 2 个 KBM 公式的第（2，2）个分块，第 2、3、4 个 KBM 公式的左上角应该相像。将上面 4 个公式称为 II 型改进 KBM 公式，名字只为对比。文献［96］实际上采用了 II 型，不过是基于更强的假设，即 $\omega_l(k)$ 精确地已知，故可定义

$$\boldsymbol{u}=\left(\sum_{j=1}^{L}\omega_l\boldsymbol{Y}_l(k)\right)\left(\sum_{j=1}^{L}\omega_l\boldsymbol{G}_l(k)\right)^{-1}\boldsymbol{x}$$

能实时地算出来，相应地

$$V(x)=\boldsymbol{x}^{\mathrm{T}}\left(\sum_{j=1}^{L}\omega_l\boldsymbol{G}_l(k)\right)^{-\mathrm{T}}\left(\sum_{j=1}^{L}\omega_l\boldsymbol{P}_l(k)\right)\left(\sum_{j=1}^{L}\omega_l\boldsymbol{G}_l(k)\right)^{-1}\boldsymbol{x}$$

对 $\omega_l(k)$ 精确已知的情况，文献［68］已经采用了 I 型，定义了与文献［96］相同的控制律和

$$V(x)=\boldsymbol{x}^{\mathrm{T}}\left(\sum_{j=1}^{L}\sum_{l=1}^{L}\omega_j\omega_l\boldsymbol{Q}_{jl}(k)\right)^{-1}\boldsymbol{x}$$

假设 $\omega_l(k)$ 精确已知，就像采用模糊 Takagi - Sugeno 模型一样，可以带来很多好处。比如针对文献［96］和文献［68］，有一点值得说明和改进。将文献［96］的（19）式这样改写（符号必同文献［96］）

$$\begin{bmatrix} 1 & \star \\ \tilde{\boldsymbol{x}} & \overline{\boldsymbol{G}}_i^{\mathrm{T}}+\overline{\boldsymbol{G}}_i-\overline{\boldsymbol{P}}_i \end{bmatrix} \geqslant 0, i=1,2,\cdots,l$$

$$\rightarrow \begin{bmatrix} 1 & \star \\ \tilde{\boldsymbol{x}} & \sum_{i=1}^{l} p_i(k)(\overline{\boldsymbol{G}}_i^{\mathrm{T}}+\overline{\boldsymbol{G}}_i-\overline{\boldsymbol{P}}_i) \end{bmatrix} \geqslant 0$$

对应于本书常用符号为

$$\begin{bmatrix} 1 & \star \\ \boldsymbol{x}(k) & \boldsymbol{G}_l^{\mathrm{T}}+\boldsymbol{G}_l-\boldsymbol{Q}_l \end{bmatrix} \geqslant 0, l \in \{1,2,\cdots,L\}$$

$$\rightarrow \begin{bmatrix} 1 & \star \\ \boldsymbol{x}(k) & \sum_{l=1}^{L} \omega_l(k)(\boldsymbol{G}_l^{\mathrm{T}}+\boldsymbol{G}_l-\boldsymbol{Q}_l) \end{bmatrix} \geqslant 0$$

将文献［68］的（2a）式这样改写（符号必同文献［68］）

$$\begin{bmatrix} 1 & \star \\ \boldsymbol{x}(k|k) & \hat{\boldsymbol{S}}_{lj} \end{bmatrix} \geqslant 0, l, j \in \mathcal{S} \rightarrow \begin{bmatrix} 1 & \star \\ \boldsymbol{x}(k|k) & \sum_{l \in \mathcal{S}} h_l(\boldsymbol{\theta}(k)) \sum_{j \in \mathcal{S}} h_j(\boldsymbol{\theta}(k)) \hat{\boldsymbol{S}}_{lj} \end{bmatrix} \geqslant 0$$

对应于本书常用符号为

$$\begin{bmatrix} 1 & \star \\ \boldsymbol{x}(k|k) & \boldsymbol{Q}_{lj} \end{bmatrix} \geqslant 0, l, j \in \{1,2,\cdots,L\}$$

$$\rightarrow \begin{bmatrix} 1 & \star \\ \boldsymbol{x}(k|k) & \sum_{l=1}^{L} \omega_l(k) \sum_{j=1}^{L} \omega_j(k) \boldsymbol{Q}_{lj} \end{bmatrix} \geqslant 0$$

为什么不这样改呢？因为改了后计算量小，还更不保守，这种修改没有好处。

与式（11.2）~式(11.7）相比，文献［160］和文献［96］（粗略地）都对应 $p=1$，而文献［68］不过对应 $p=2$。要是这样不断地增加 p，不是能反复改进，写出很多论文成果吗（如果有幸发表的话）？实际上，对任意的 p，直接给出一个统一的结果即可，对此可参考文献［66］。要将其嵌入预测控制，就像给文献［160，96，68］这样的机器升级、换零件那样简单。当然所谓简单，是对机械师而言的。文献［66］给出任意关于 ω 连续的反馈控制增益和任意关于 ω 连续的 Lyapunov 矩阵，这样两个逼近技术零件（符号必同文献［66］）：

$$\begin{aligned} \boldsymbol{u}(t) &= -\boldsymbol{Y}_{p,z}\boldsymbol{S}_{p,z}^{-1}\boldsymbol{x}(t) \\ V(\boldsymbol{x}(t)) &= \boldsymbol{x}(t)^{\mathrm{T}}\boldsymbol{S}_{p,z}^{-1}x(t) \\ \boldsymbol{X}_{p,z} &= \sum_{p \in \mathcal{K}(p)} h^p \boldsymbol{X}_p, \boldsymbol{X} \in \{\boldsymbol{Y},\boldsymbol{S}\} \end{aligned}$$

以本书常用符号表示，等价地，

$$\begin{aligned} \boldsymbol{u}(k) &= -\boldsymbol{Y}_{p,\omega}(k)\boldsymbol{S}_{p,\omega}(k)^{-1}\boldsymbol{x}(k) \\ V(\boldsymbol{x}(k)) &= \boldsymbol{x}(k)^{\mathrm{T}}\boldsymbol{S}_{p,\omega}(k)^{-1}\boldsymbol{x}(k) \\ \boldsymbol{X}_{p,\omega} &= \sum_{l_1=1}^{L}\omega_{l_1}\left(\sum_{l_2=l_1}^{L}\omega_{l_2}\left(\cdots\left(\sum_{l_p=l_{p-1}}^{L}\omega_{l_p}\boldsymbol{X}_{l_1l_2\cdots l_p}\right)\right)\right), \boldsymbol{X} \in \{\boldsymbol{Y},\boldsymbol{S}\} \end{aligned}$$

对鲁棒预测控制而言，文献［66］相当于只提供了不变性条件。虽然文献［66］没有研究预测控制，但是结合 KBM 公式的机理，容易将文献［66］的不变性条件扩展为最优性条件，并且容易根据不变性条件得到输入/状态约束的 LMI。至于当前扩展状态条件，当

$\omega_l(k)$已知时，应该为

$$\begin{bmatrix} 1 & \star \\ \boldsymbol{x}(k|k) & \boldsymbol{S}_{p,\omega}(k) \end{bmatrix} \geqslant 0$$

当$\omega_l(k)$未知时，应该为

$$\begin{bmatrix} 1 & \star \\ \boldsymbol{x}(k|k) & \dfrac{\boldsymbol{S}_{l_1l_2\cdots l_p}}{C(l_1,l_2,\cdots,l_p)} \end{bmatrix} \geqslant 0, l_1 \leqslant l_2 \leqslant \cdots \leqslant l_p, l_1, l_2, \cdots, l_p \in \{1,2,\cdots,L\}$$

注意右下角$\dfrac{\boldsymbol{S}_{l_1l_2\cdots l_p}}{C(l_1,l_2,\cdots,l_p)}$不该被替换为$\boldsymbol{S}_{l_1l_2\cdots l_p}$，因为$\sum_{l_1=1}^{L}\omega_{l_1}\sum_{l_2=l_1}^{L}\omega_{l_2}\cdots\sum_{l_p=l_{p-1}}^{L}\omega_{l_p}=1$并不成立，$\sum_{l_1=1}^{L}\omega_{l_1}\sum_{l_2=1}^{L}\omega_{l_2}\cdots\sum_{l_p=1}^{L}\omega_{l_p}=1$才成立。更多解释此处略，但需知文献［66］做得够彻底，后面还会有评述。

第12章　时域 N 为0或者为1

重写多胞描述模型如下：

$$x(k+1)=A(k)x(k)+B(k)u(k),[A(k)|B(k)]\in\Omega \tag{12.1}$$

其中，$u\in\mathbb{R}^m$ 为控制输入，$x\in\mathbb{R}^n$ 为系统状态，而 Ω 定义为如下的多胞：

$$\Omega=\mathrm{Co}\{[A_1|B_1],[A_2|B_2],\cdots,[A_L|B_L]\}$$

假设 $x(k)$ 是可测的。

对基于式（12.1）的鲁棒预测控制，另一个比较重要的工作是文献［156］。文献［121］对所有 $i\geqslant0$，定义 $u(k+i|k)=F(k)x(k+i|k)$，并优化 $F(k)$，可称为约束鲁棒LQR。文献［156］则对所有 $i\geqslant1$，定义 $u(k+i|k)=F(k)x(k+i|k)$，并优化 $u(k)$ 和 $F(k)$。本章论述针对如下的公式（由文献［156］发明，但略有改动）：

$$\begin{bmatrix} 1 & \star & \star & \star \\ A_lx(k|k)+B_lu(k|k) & Q(k) & \star & \star \\ \mathscr{Q}^{1/2}x(k|k) & 0 & \gamma(k)I & \star \\ \mathscr{R}^{1/2}u(k|k) & 0 & 0 & \gamma(k)I \end{bmatrix}\geqslant0,l\in\{1,\cdots,L\} \tag{12.2}$$

$$\begin{bmatrix} Q(k) & \star & \star & \star \\ A_lQ(k)+B_lY(k) & Q(k) & \star & \star \\ \mathscr{Q}^{1/2}Q(k) & 0 & \gamma(k)I & \star \\ \mathscr{R}^{1/2}Y(k) & 0 & 0 & \gamma(k)I \end{bmatrix}\geqslant0,l\in\{1,\cdots,L\} \tag{12.3}$$

$$-\underline{u}\leqslant u(k|k)\leqslant\bar{u} \tag{12.4}$$

$$\begin{bmatrix} Q(k) & Y_j(k)^{\mathrm{T}} \\ Y_j(k) & \bar{u}_j^2 \end{bmatrix}\geqslant0,\ j\in\{1,\cdots,m\} \tag{12.5}$$

$$-\underline{\psi}\leqslant\Psi[A_lx(k|k)+B_lu(k|k)]\leqslant\bar{\psi},l\in\{1,2,\cdots,L\} \tag{12.6}$$

$$\begin{bmatrix} Q(k) & \star \\ \Psi_s(A_lQ(k)+B_lY(k)) & \bar{\psi}_s^2 \end{bmatrix}\geqslant0,l\in\{1,2,\cdots,L\},s\in\{1,2,\cdots,q\} \tag{12.7}$$

在每个时刻最小化 $\gamma(k)$，满足约束式（12.2）~式(12.7)，称相应的控制器为Ⅰ型LA（Lu－Arkun）控制器。将式（12.2）改写成如下形式：

$$\begin{bmatrix} 1 & \star \\ A_lx(k|k)+B_lu(k|k) & Q(k) \end{bmatrix}\geqslant0,l\in\{1,\cdots,L\} \tag{12.8}$$

$$\begin{bmatrix} 1 & \star & \star \\ \mathscr{Q}^{1/2}x(k|k) & \gamma_1(k)I & \star \\ \mathscr{R}^{1/2}u(k|k) & 0 & \gamma_1(k)I \end{bmatrix}\geqslant0 \tag{12.9}$$

在每个时刻最小化 $\gamma(k)+\gamma_1(k)$，满足约束｛式（12.8）和式(12.9)，式（12.3）~式（12.7)｝，称为Ⅱ型LA控制器。式（12.2）可行的充要条件是式（12.8）和式(12.9）可

行，但I和II型LA控制器之间会有一些数值差别。从II型更容易看出其对KBM控制器的继承，即{式（12.8），式（12.3），式（12.5），式（12.7）}是KBM公式用于预测控制综合方法的见证。注意，在文献［156］的描述中，假设$w_l(k)$在k时刻精确已知，但是在k时刻不知道未来$w_l(k+i)$的值，因此文献［156］的LA控制器在原文中称为quasi-min-max控制器，这里的quasi就是针对$w_l(k)$在k时刻精确已知而言的。本书已经去掉了这个限制。

本章要澄清一个问题，即文献［121］和文献［156］的控制时域N各是几？对照第9章有一个控制时域N，文献［121］和文献［156］的控制时域N怎么算？对文献［121］，本书作者能够听到的说法有三种，即$N=\infty$，$N=1$和$N=0$。

基于二次型性能指标预测控制综合方法（即具有稳定性保证的预测控制）的常规策略是将无穷时域性能指标分解成两个部分，即

$$J_0^\infty(k)=J_0^{N-1}(k)+J_N^\infty(k)$$

其中

$$J_0^\infty(k)=\sum_{i=0}^{\infty}\left[\|\boldsymbol{x}(k+i|k)\|_{\mathscr{Q}}^2+\|\boldsymbol{u}(k+i|k)\|_{\mathscr{R}}^2\right]$$

$$J_0^{N-1}(k)=\sum_{i=0}^{N-1}\left[\|\boldsymbol{x}(k+i|k)\|_{\mathscr{Q}}^2+\|\boldsymbol{u}(k+i|k)\|_{\mathscr{R}}^2\right]$$

$$J_N^\infty(k)=\sum_{i=N}^{\infty}\left[\|\boldsymbol{x}(k+i|k)\|_{\mathscr{Q}}^2+\|\boldsymbol{u}(k+i|k)\|_{\mathscr{R}}^2\right]$$

注意第9章采用记号$\hat{J}_0^N(k)$，$\tilde{J}_0^N(k)$，而不是$J_0^N(k)$是为了区别。对$J_0^{N-1}(k)$，目标决策变量是控制作用序列$\tilde{\boldsymbol{u}}(k|k)=\{\boldsymbol{u}(k|k),\boldsymbol{u}(k+1|k),\cdots,\boldsymbol{u}(k+N-1|k)\}$。对$J_N^\infty(k)$，预测控制综合方法一般是对所有$i\geqslant N$，定义$\boldsymbol{u}(k+i|k)=\boldsymbol{F}(k)\boldsymbol{x}(k+i|k)$，以致类似LQR，得到$J_N^\infty(k)\leqslant\boldsymbol{x}(k+N|k)^{\mathrm{T}}\boldsymbol{P}(k)\boldsymbol{x}(k+N|k)$。$\boldsymbol{x}(k+N|k)^{\mathrm{T}}\boldsymbol{P}(k)\boldsymbol{x}(k+N|k)$被定义为终端代价函数，为证明$N$步以后闭环状态预测方程（对多胞描述模型，即$\boldsymbol{x}(k+i+1|k)=A(k+i)\boldsymbol{x}(k+i|k)+\boldsymbol{B}(k+i)\boldsymbol{u}(k+i|k)$，$i\geqslant N$）不变性的Lypunov函数。有$J_N^\infty(k)\leqslant\boldsymbol{x}(k+N|k)^{\mathrm{T}}\boldsymbol{P}(k)\boldsymbol{x}(k+N|k)$，则得到

$$J_0^\infty(k)\leqslant\bar{J}_0^N(k)\triangleq\sum_{i=0}^{N-1}\left[\|\boldsymbol{x}(k+i|k)\|_{\mathscr{Q}}^2+\|\boldsymbol{u}(k+i|k)\|_{\mathscr{R}}^2\right]+\|\boldsymbol{x}(k+N|k)\|_{\boldsymbol{P}(k)}^2$$

总之，

（1）预测控制综合方法理想上希望$J_0^\infty(k)$最小化，但由于诸多客观理由，除对标称线性模型外，改为退而求其次地最小化$\bar{J}_0^N(k)$。$\bar{J}_0^N(k)$的终端代价项$\|\boldsymbol{x}(k+N|k)\|_{\boldsymbol{P}(k)}^2$是精心设计的。除了对标称线性模型在平衡点一定邻域内的控制以外，通常$\bar{J}_0^N(k)\neq J_0^\infty(k)$。那么，预测控制综合方法是不是总能直接最小化$\bar{J}_0^N(k)$？对此有如下结论：

（2）对标称（包括线性和非线性）闭环模型可直接最小化$\bar{J}_0^N(k)$。对不确定（包括线性和非线性）闭环模型通常无法直接最小化$\bar{J}_0^N(k)$，而是加入约束$\bar{J}_0^N(k)\leqslant\gamma(k)$，并最小化$\gamma(k)$，因此$\bar{J}_0^N(k)=\gamma(k)$只发生在某些特殊情形下。

不仅如此，我们之后将会看到：

（3）对 $N=1$，以及标称（包括线性和非线性）闭环模型，可直接将 $\tilde{\boldsymbol{u}}(k|k)=\{\boldsymbol{u}(k|k),\ \boldsymbol{u}(k+1|k),\cdots,\ \boldsymbol{u}(k+N-1|k)\}$ 作为决策变量。对不确定（包括线性和非线性）闭环模型，只要 $N>1$，若直接将 $\tilde{\boldsymbol{u}}(k|k)$ 作为决策变量，则难以保证递推可行性。

由于第（3）点，因此鲁棒预测控制的发展出现多样化的特点。本章针对现已发展的多胞模型的鲁棒预测控制，按照 $\tilde{\boldsymbol{u}}(k|k)$ 如何参数化分为四类：

A1. 反馈预测控制（feedback MPC，closed－loop MPC）。定义 $\boldsymbol{u}(k+j|k)=\boldsymbol{F}(k+j|k)\boldsymbol{x}(k+j|k),\ j\in\{0,\ 1,\cdots,N-1\}$，将 N 个控制增益 $\{\boldsymbol{F}(k|k),\ \boldsymbol{F}(k+1|k),\cdots,\ \boldsymbol{F}(k+N-1|k)\}$ 作为决策变量。对 $N>2$，还未能化成凸优化问题。

A2. 变体反馈预测控制（variant feedback MPC，variant closed－loop MPC）。在反馈预测控制中隐式地加入约束 $\boldsymbol{x}(k+i|k)\in\mathscr{E}_{Q_i^{-1}},i\in\{1,\ 2,\cdots,N-1\}$，可以用凸优化求解，见文献［142，146，49］。

A3. 参数依赖开环预测控制（parameter－dependent open－loop MPC）。控制作用的形式已在第 9 章见到，将 $\{\boldsymbol{u}(k|k),\ \boldsymbol{u}^{l_0}(k+1|k),\cdots,\ \boldsymbol{u}^{l_{N-2}\cdots l_1 l_0}(k+N-1|k)\}$ 作为决策变量，可以用凸优化求解，见文献［179］。

A4. 部分反馈预测控制（partial feedback MPC）。定义 $\boldsymbol{u}(k+j|k)=\boldsymbol{F}(k+j|k)\boldsymbol{x}(k+j|k)+\boldsymbol{c}(k+j|k),\ j\in\{0,\ 1,\cdots,N-1\}$，将 N 个控制摄动项 $\{\boldsymbol{c}(k|k),\ \boldsymbol{c}(k+1|k),\cdots,\ \boldsymbol{c}(k+N-1|k)\}$ 作为决策变量，可以用凸优化求解。在这个方案中，$\{\boldsymbol{F}(k|k),\ \boldsymbol{F}(k+1|k),\cdots,\ \boldsymbol{F}(k+N-1|k)\}$ 不作为 k 时刻的决策变量，它们可能是以前时刻求解的，也可能是离线确定的。过去，部分反馈预测控制是多胞模型的鲁棒预测控制的主流形式。

由以上的分类可见，文献［156］的 LA 控制器确切地算作 $N=1$，它勉强属于 A3 类，但没有参数依赖，但实际上文献［156］也是 A1、A2 和 A4 类，这种“四不像”“四是”的特点正是文献［156］的重要性的体现。既然文献［156］的 $N=1$，那么文献［121］只能算作 $N=0$（请参考文献［96］，也指出文献［121］的 $N=0$）。假如认为文献［121］的 $N=1$，那会与文献［156］冲突，更关键的是不符合 $J_0^{N-1}(k)$ 的定义。记住：A1 ~ A4 在 $N\geqslant 2$ 时才能截然分开，而在 $N\in\{0,\ 1\}$ 时彼此等价，当然对于文献［121］算作 A1 类会减少误解。

有些说法认为文献［121］的 $N=\infty$，本来没有错误，但依此则所有基于“将 $J_0^{\infty}(k)$ 分成两部分”的综合方法都应该是 $N=\infty$，也就没有办法从 N 的角度区分了。事实上，$N=\infty$ 只是综合方法的一个人工手段，使得我们可以用最优控制的方法分析稳定性。实际看 N 是多少，最好还要从“被真正求解的优化问题”着手。

但是 $N=0$ 的说法确实让初学者一头雾水，因为对 $N=0$ 直观的理解就是不控制。这种直观理解放到工业预测控制和类似第 9 章那种预测控制策略上没有问题，但对预测控制综合方法，即具有稳定性保证的预测控制，$N=0$ 仍然表示有一个 $\boldsymbol{F}(k)$，使得对所有 $i\geqslant 0$，$\boldsymbol{u}(k+i|k)=\boldsymbol{F}(k)\boldsymbol{x}(k+i|k)$。预测控制综合方法把无穷时域的控制作用序列分成两部分：$\tilde{\boldsymbol{u}}(k|k)$ 和 $\{\boldsymbol{u}(k+i|k)\mid i\geqslant N\}$。A1 ~ A4 只是按照 $\tilde{\boldsymbol{u}}(k|k)$ 的分类，故不能完整地概括预测控制综合方法。一个更加完善的分类还依赖于对 $\{\boldsymbol{u}(k+i|k)\mid i\geqslant N\}$ 的处理，这就涉及预测控制综合方法的三要素和四个条件（有些文献甚至称四个条件为公理，可参考文献［165，164］）。对多胞描述模型的鲁棒预测控制，三要素即 $\{\boldsymbol{Q}(k),\ \boldsymbol{P}(k),\ \boldsymbol{F}(k)\}$ 可完全基于 KBM

控制器构造（通常 $\boldsymbol{P}=\gamma\boldsymbol{Q}^{-1}$，$\boldsymbol{F}=\boldsymbol{Y}\boldsymbol{Q}^{-1}$），四个 KBM 公式可充当“公理”，不同场合具体有变化。因此，此处不对一般的预测控制三要素和四个条件再进行详述。按照三要素的生成/作用方式，基于二次型性能指标的预测控制综合方法可分为三类：

B1. 标准方法（standard method）。$\{\boldsymbol{P}(k),\ F(k)\}$是离线计算的，即在 $k=0$ 以前计算的，而$\bar{J}_0^N(k)$或$\gamma(k)$是在线优化的。之所以称为标准方法，是因为这确实是预测控制综合方法中最常用的方法。尤其是非线性系统，采用标准方法更加普遍，其中一个典型范例是文献［43］。目前，工业中采用的预测控制通常为标准方法。总之，我们称为标准方法，也是够“标准”的。

B2. 在线方法（on-line method）。$\{\boldsymbol{P}(k),\ \boldsymbol{F}(k)\}$是在线计算的，且$\bar{J}_0^N(k)$或$\gamma(k)$是在线优化的。经典文献见文献［27］，考虑了线性标称系统。这个在多胞描述模型的鲁棒预测控制中非常常见。对非线性模型，由于计算量的原因，因此在线方法很难实现。

B3. 离线方法（off-line method）。$\{\boldsymbol{P}(k),\ \boldsymbol{F}(k)\}$是离线计算的，且$\bar{J}_0^N(k)$或$\gamma(k)$是离线优化的。离线方法基本不涉及在线优化问题，因此计算量很小。

举例：文献［121］的 KBM 控制器属于 A1B2，文献［156］的控制器属于 A*B2，对标称非线性模型很多情况下都属于 A*B1、一部分属于 A*B3。这里答复一个问题：目前工业预测控制属于哪个类型？表面上，目前工业预测控制不属于 A*B*，这从前面的描述也可以知道，因为工业预测控制不保证稳定性。但目前主流的工业预测控制也不妨被看作 A4B1，因为：

（1）工业中通常采用底层 PID 等控制器预镇定被控过程，然后把包含 PID 在内的被控过程（过程控制中称为广义被控对象）当作预测控制的被控系统。由此看来，PID 等控制器相当于反馈，而预测控制相当于优化控制摄动量。如果反过来将 PID 看作预测控制的一部分，当然可以这样看，则将其视为 A4B1 是理所当然的。

（2）目前主流的工业预测控制，在完成同样功能的情况下，算法比综合方法简单，但实际上就工业实现而言，要比综合方法复杂得多，对其进行分析也极难，暂时看作 A4B1 也无大碍。

第 13 章　变体反馈预测控制

重写多胞描述模型如下：

$$x(k+1)=A(k)x(k)+B(k)u(k),\ [A(k)\mid B(k)]\in\Omega \tag{13.1}$$

其中，$u\in\mathbb{R}^m$为控制输入，$x\in\mathbb{R}^n$为系统状态，而 Ω 定义为如下的多胞：

$$\Omega=\mathrm{Co}\{[A_1\mid B_1],[A_2\mid B_2],\cdots,[A_L\mid B_L]\}$$

假设 $x(k)$是可测的。

在文献［48，142］中提出了变体反馈预测控制。两篇文献的出发点相同，即指正开环预测控制存在的递推可行性问题。开环预测控制的约束具有如下形式：

$$\begin{bmatrix}1 & \star\\ x^{l_{N-1}\cdots l_1 l_0}(k+N|k) & Q(k)\end{bmatrix}\geqslant 0,\ l_i\in\{1,\cdots,L\},\ i\in\{0,\cdots,N-1\} \tag{13.2}$$

$$\begin{bmatrix}1 & \star & \star\\ \mathscr{Q}^{1/2}x^{l_{i-1}\cdots l_1 l_0}(k+i|k) & \gamma_i(k)I & \star\\ \mathscr{R}^{1/2}u(k+i|k) & 0 & \gamma_i(k)I\end{bmatrix}\geqslant 0$$

$$l_i\in\{1,\cdots,L\},\ i\in\{0,\cdots,N-1\} \tag{13.3}$$

$$\begin{bmatrix}Q(k) & \star & \star & \star\\ A_lQ(k)+B_lY(k) & Q(k) & \star & \star\\ \mathscr{Q}^{1/2}Q(k) & \mathbf{0} & \gamma(k)I & \star\\ \mathscr{R}^{1/2}Y(k) & \mathbf{0} & \mathbf{0} & \gamma(k)I\end{bmatrix}\geqslant 0,\ l\in\{1,\cdots,L\} \tag{13.4}$$

$$-\underline{u}\leqslant u(k+i|k)\leqslant\bar{u},\ i\in\{0,\cdots,N-1\} \tag{13.5}$$

$$\begin{bmatrix}Q(k) & Y_j(k)^{\mathrm{T}}\\ Y_j(k) & \bar{u}_j^2\end{bmatrix}\geqslant 0,\ j\in\{1,\cdots,m\} \tag{13.6}$$

$$-\begin{bmatrix}\underline{\psi}\\ \underline{\psi}\\ \vdots\\ \underline{\psi}\end{bmatrix}\leqslant\tilde{\Psi}\begin{bmatrix}x^{l_0}(k+1|k)\\ x^{l_1 l_0}(k+2|k)\\ \vdots\\ x^{l_{N-1}\cdots l_1 l_0}(k+N|k)\end{bmatrix}\leqslant\begin{bmatrix}\bar{\psi}\\ \bar{\psi}\\ \vdots\\ \bar{\psi}\end{bmatrix}$$

$$l_i\in\{1,\cdots,L\},\ i\in\{0,\cdots,N-1\} \tag{13.7}$$

$$\begin{bmatrix}Q(k) & \star\\ \Psi_s(A_lQ(k)+B_lY(k)) & \bar{\psi}_s^2\end{bmatrix}\geqslant 0,\ l\in\{1,2,\cdots,L\},\ s\in\{1,2,\cdots,q\} \tag{13.8}$$

其中，顶点状态预测值$\begin{bmatrix}x^{l_0}(k+1|k)\\ x^{l_1 l_0}(k+2|k)\\ \vdots\\ x^{l_{N-1}\cdots l_1 l_0}(k+N|k)\end{bmatrix}$的定义类似于第 9 章，需要由下式代入：

$$\begin{bmatrix} \boldsymbol{x}^{l_0}(k+1|k) \\ \boldsymbol{x}^{l_1 l_0}(k+2|k) \\ \vdots \\ \boldsymbol{x}^{l_{N-1}\cdots l_1 l_0}(k+N|k) \end{bmatrix} = \begin{bmatrix} \boldsymbol{A}_{l_0} \\ \boldsymbol{A}_{l_1}\boldsymbol{A}_{l_0} \\ \vdots \\ \prod_{i=0}^{N-1}\boldsymbol{A}_{l_{N-1-i}} \end{bmatrix}\boldsymbol{x}(k)$$

$$+\begin{bmatrix} \boldsymbol{B}_{l_0} & \boldsymbol{0} & \cdots & \boldsymbol{0} \\ \boldsymbol{A}_{l_1}\boldsymbol{B}_{l_0} & \boldsymbol{B}_{l_1} & \ddots & \vdots \\ \vdots & \vdots & \ddots & \boldsymbol{0} \\ \prod_{i=0}^{N-2}\boldsymbol{A}_{l_{N-1-i}}\boldsymbol{B}_{l_0} & \prod_{i=0}^{N-3}\boldsymbol{A}_{l_{N-1-i}}\boldsymbol{B}_{l_1} & \cdots & \boldsymbol{B}_{l_{N-1}} \end{bmatrix}\begin{bmatrix} \boldsymbol{u}(k|k) \\ \boldsymbol{u}(k+1|k) \\ \vdots \\ \boldsymbol{u}(k+N-1|k) \end{bmatrix}$$

通过求解 min（$\sum_{i=0}^{N-1}\gamma_i(k)+\gamma(k)$），满足上述约束式（13.2）~式（13.8），得到控制作用，即为开环预测控制。这是采用本书符号对文献［83］重写的结果，但与文献［83］有些差别：

1）文献［83］在稳定性要素中采用的是文献［160，47］的结果，即采用了参数依赖的正定函数刻画不变性；

2）文献［83］在处理输入/状态约束时用了式(10.12)~式(10.13)那样的｛$\boldsymbol{Z}$，$\boldsymbol{\Gamma}$｝；

3）文献［83］对 $J_0^{N-1}(k)$的上界用了一个 $\gamma_1(k)$，而不是像式（13.3）那样用了 N 个 $\gamma_i(k)$。

容易看出，式（13.2）~式（13.8）是Ⅱ型 LA 控制器（见第12章）中各个约束的推广，即$N=1$ 被推广到 $N\geqslant1$，其中｛式（13.2），式（13.4），式（13.6），式（13.8)｝体现了 KBM 公式在预测控制设计中的运用。采用开环预测控制，在试图证明约束式(13.2)~式(13.8)的递推可行性时，$k+1$ 时刻得不到 $\boldsymbol{u}(k+N|k+1)$的确切值（$\boldsymbol{u}(k+N|k+1)=\boldsymbol{F}^*(k)\boldsymbol{x}^*(k+N|k)$不是一个确切值，因为 $\boldsymbol{x}^*(k+N|k)$是以 $x^{*l_{N-1}\cdots l_1 l_0}(k+N|k)$为顶点的参数依赖的值）。具有该开环预测控制特征的文献至少包括文献［214，137，176，22，41］，这是一个特别值得注意的情况。

上述开环预测控制是在 2004 年给出的。本来，如果要修正这个开环预测控制，则只需要做比较小的修改，或者改为部分反馈预测控制，或者改为参数依赖开环预测控制，它们分别在 2000 年和 2005 年被提出，但是文献［48，142］都从另一个角度提出了变体的反馈预测控制。[⊖]对于一般的反馈预测控制，当 $N>2$ 时难以采用凸优化求解。以文献［142］为蓝本，我们给出如下的变体反馈预测控制约束：

$$\begin{bmatrix} 1 & \star \\ \boldsymbol{A}_l\boldsymbol{x}(k|k)+\boldsymbol{B}_l\boldsymbol{u}(k|k) & \boldsymbol{Q}_1(k) \end{bmatrix}\geqslant0,\ l\in\{1,\cdots,L\} \tag{13.9}$$

$$\begin{bmatrix} \boldsymbol{Q}_i(k) & \star & \star & \star \\ \boldsymbol{A}_l\boldsymbol{Q}_i(k)+\boldsymbol{B}_l Y_i(k) & \boldsymbol{Q}_{i+1}(k) & \star & \star \\ \mathcal{Q}^{1/2}\boldsymbol{Q}_i(k) & \boldsymbol{0} & \gamma(k)\boldsymbol{I} & \star \\ \mathcal{R}^{1/2}\boldsymbol{Y}_i(k) & \boldsymbol{0} & \boldsymbol{0} & \gamma(k)\boldsymbol{I} \end{bmatrix}\geqslant0$$

$$i\in\{1,2,\cdots,N-1\},\ l\in\{1,\cdots,L\},\ \boldsymbol{Q}_N=\boldsymbol{Q} \tag{13.10}$$

⊖ 容易证明，参数依赖开环预测控制和部分反馈预测控制都在可行性和最优性方面对开环预测控制做出改进，但是不能证明变体的反馈预测控制具有同样的优势。

$$\begin{bmatrix} Q(k) & \star & \star & \star \\ A_lQ(k)+B_lY(k) & Q(k) & \star & \star \\ \mathscr{Q}^{1/2}Q(k) & 0 & \gamma(k)I & \star \\ \mathscr{R}^{1/2}Y(k) & 0 & 0 & \gamma(k)I \end{bmatrix} \geqslant 0,\ l\in\{1,\cdots,L\} \tag{13.11}$$

$$-\underline{u}\leqslant u(k|k)\leqslant\bar{u} \tag{13.12}$$

$$\begin{bmatrix} Q_i(k) & Y_{ij}(k)^{\mathrm{T}} \\ Y_{ij}(k) & \bar{u}_j^2 \end{bmatrix}\geqslant 0,\ i\in\{1,2,\cdots,N-1\},\ j\in\{1,\cdots,m\} \tag{13.13}$$

$$\begin{bmatrix} Q(k) & Y_j(k)^{\mathrm{T}} \\ Y_j(k) & \bar{u}_j^2 \end{bmatrix}\geqslant 0,\ j\in\{1,\cdots,m\} \tag{13.14}$$

$$-\underline{\psi}\leqslant \Psi[A_lx(k|k)+B_lu(k|k)]\leqslant\bar{\psi},\ l\in\{1,2,\cdots,L\} \tag{13.15}$$

$$\begin{bmatrix} Q_i(k) & \star \\ \Psi_s(A_lQ_i(k)+B_lY_i(k)) & \bar{\psi}_s^2 \end{bmatrix}\geqslant 0$$

$$i\in\{1,2,\cdots,N-1\},\ l\in\{1,2,\cdots,L\},\ s\in\{1,2,\cdots,q\} \tag{13.16}$$

$$\begin{bmatrix} Q(k) & \star \\ \Psi_s(A_lQ(k)+B_lY(k)) & \bar{\psi}_s^2 \end{bmatrix}\geqslant 0,\ l\in\{1,2,\cdots,L\},\ s\in\{1,2,\cdots,q\} \tag{13.17}$$

通过求解 $\min(\|u(k|k)\|_{\mathscr{R}}^2+\gamma(k))$ 得到控制作用，称为变体反馈预测控制器。取 $Q_1=Q_2=\cdots=Q_N=Q$ 正好得到 II 型 LA 控制器对应的约束，所以部分反馈预测控制器是 LA 控制器的近亲！

至于文献［146］和文献［49］，它们分别是文献［142］和文献［48］的改进。文献［146］将文献［142］推广到参数依赖的 $P(k)$，采用的正是文献［160］的技术，也就是说文献［146］采用文献［160］的改进 KBM 公式来设计 $\{F(k+1|k),F(k+2|k),\cdots,F(k+N-1|k),F(k)\}$，而不同于文献［142］采用文献［121］的原版 KBM 公式。文献［49，48］也同样采用文献［160］的技术。文献［49］则主要是修正了文献［48］的技术细节。本书作者所见到的文献［48］中没有处理切换时域前的输入和状态约束，这里切换时域即 N－它将约束分成 $0\sim N-1$ 和 $N\sim\infty$ 两个部分，粗略地称为切换时域前和切换时域后。

当然，文献［146，49，142，48］有一些细节与式(13.9)～式(13.17)不同，但由于其不是本质的区别，此处不再详述。

式（13.10）保证了 $x(k+i|k)\in\mathscr{E}_{Q_{i(k)}}$，$i\in\{1,2,\cdots,N\}$，因此我们说变体反馈预测控制隐式地加入了约束 $x(k+i|k)\in\mathscr{E}_{Q_{i(k)}}$，$i\in\{1,2,\cdots,N\}$，这是其与一般反馈预测控制的区别。但是，“变体反馈预测控制”这个叫法，似乎仅是本书作者在用。根据文献［140］提供的周期不变性（periodic invariance）工具，马上可得到如下约束组：

$$\begin{bmatrix} 1 & \star \\ A_lx(k|k)+B_lu(k|k) & Q_1(k) \end{bmatrix}\geqslant 0,\ l\in\{1,\cdots,L\} \tag{13.18}$$

$$\begin{bmatrix} Q_i(k) & \star & \star & \star \\ A_lQ_i(k)+B_lY_i(k) & Q_{i+1}(k) & \star & \star \\ \mathscr{Q}Q^{1/2}Q_i(k) & 0 & \gamma(k)I & \star \\ \mathscr{R}^{1/2}Y_i(k) & 0 & 0 & \gamma(k)I \end{bmatrix}\geqslant 0$$

$$i\in\{1,2,\cdots,N\},\ l\in\{1,\cdots,L\},\ \boldsymbol{Q}_{N+1}=\boldsymbol{Q}_1 \tag{13.19}$$

$$-\underline{\boldsymbol{u}}\leqslant\boldsymbol{u}(k|k)\leqslant\overline{\boldsymbol{u}} \tag{13.20}$$

$$\begin{bmatrix}\boldsymbol{Q}_i(k) & \boldsymbol{Y}_{ij}(k)^{\mathrm{T}}\\ \boldsymbol{Y}_{ij}(k) & \overline{\boldsymbol{u}}_j^2\end{bmatrix}\geqslant 0,\ i\in\{1,2,\cdots,N\},\ j\in\{1,\cdots,m\} \tag{13.21}$$

$$-\underline{\boldsymbol{\psi}}\leqslant\boldsymbol{\Psi}[\boldsymbol{A}_l\boldsymbol{x}(k|k)+\boldsymbol{B}_l\boldsymbol{u}(k|k)]\leqslant\overline{\boldsymbol{\psi}},\ l\in\{1,2,\cdots,L\} \tag{13.22}$$

$$\begin{bmatrix}\boldsymbol{Q}_i(k) & \star\\ \boldsymbol{\Psi}_s(\boldsymbol{A}_l\boldsymbol{Q}_i(k)+\boldsymbol{B}_l\boldsymbol{Y}_i(k)) & \overline{\boldsymbol{\psi}}_s^2\end{bmatrix}\geqslant 0$$

$$i\in\{1,2,\cdots,N\},\ l\in\{1,2,\cdots,L\},\ s\in\{1,2,\cdots,q\} \tag{13.23}$$

每个时刻求解 $\min(\|\boldsymbol{u}(k|k)\|_{\mathscr{R}}^2+\gamma(k))$，满足约束式(13.18)~式(13.23)得到控制作用，是一种鲁棒预测控制算法，但是该叫什么呢？注意式(13.18)~式(13.23)与式(13.9)~式(13.17)的区别仅在于，前者是 $\boldsymbol{Q}_{N+1}=\boldsymbol{Q}_1$ 而后者是 $\boldsymbol{Q}_{N+1}=\boldsymbol{Q}_N=\boldsymbol{Q}$，即前者是“转个圈”，不是把 $\mathscr{E}_{\boldsymbol{Q}_N}=\mathscr{E}_{\boldsymbol{Q}}$，而是把 $\{\mathscr{E}_{\boldsymbol{Q}_1},\mathscr{E}_{\boldsymbol{Q}_2},\cdots,\mathscr{E}_{\boldsymbol{Q}_N},\mathscr{E}_{\boldsymbol{Q}_1},\mathscr{E}_{\boldsymbol{Q}_2},\cdots,\mathscr{E}_{\boldsymbol{Q}_N},\cdots\}$ 当作终端约束集。从公式表达的实质意义上，式(13.18)~式(13.23)与式(13.9)~式(13.17)就差一个下角标而已：

$$是\begin{bmatrix}\boldsymbol{Q}_N(k) & \star\\ \boldsymbol{A}_l\boldsymbol{Q}_N(k)+\boldsymbol{B}_l\boldsymbol{Y}_N(k) & \boldsymbol{Q}_1(k)\end{bmatrix},还是\begin{bmatrix}\boldsymbol{Q}_N(k) & \star\\ \boldsymbol{A}_l\boldsymbol{Q}_N(k)+\boldsymbol{B}_l\boldsymbol{Y}_N(k) & \boldsymbol{Q}_N(k)\end{bmatrix}?$$

但本书决定称基于式(13.18)~式(13.23)的方法为基于周期不变集的LA控制器，即环形LA控制器，以强调其与文献［156］的近亲关系。联想到近亲关系可以传递，故｛LA控制器、环形LA控制器、变体反馈预测控制器｝为近亲关系！

接下来，一个必然容易想到的问题是，既然式(13.18)~式(13.23)与式(13.9)~式(13.17)就差一个下角标，那么它们是因此相差很少，还是有很大的区别呢？如果有很大区别，那么到底哪一个更好呢？$\begin{bmatrix}\boldsymbol{Q}_N(k) & \star\\ \boldsymbol{A}_l\boldsymbol{Q}_N(k)+\boldsymbol{B}_l\boldsymbol{Y}_N(k) & \boldsymbol{Q}_1(k)\end{bmatrix}$这种形式相当于田忌赛马，而$\begin{bmatrix}\boldsymbol{Q}_N(k) & \star\\ \boldsymbol{A}_l\boldsymbol{Q}_N(k)+\boldsymbol{B}_l\boldsymbol{Y}_N(k) & \boldsymbol{Q}_N(k)\end{bmatrix}$这种形式相当于黄飞鸿对黄飞鸿，所以前者更容易赢。

值得说明的是，文献［140］根本没有提出基于式(13.18)~式(13.23)的控制器，它提出了一种改进的LA控制器，但是细节与式（13.18）~式（13.23）相差很大。本书作者是根据文献［142］的约束原型，加入文献［140］的周期不变性工具，做了与本书体系最相容的阐述而已。因此，感兴趣的读者可以详细研究本章提出的环形LA控制器。

回忆第11章的II型改进KBM公式（相关于文献［160］的），重写如下：

$$\begin{bmatrix}1 & \boldsymbol{x}(k|k)^{\mathrm{T}}\\ \boldsymbol{x}(k|k) & \boldsymbol{G}(k)^{\mathrm{T}}+\boldsymbol{G}(k)-\boldsymbol{Q}_l(k)\end{bmatrix}\geqslant 0,\ l\in\{1,\cdots,L\} \tag{13.24}$$

$$\begin{bmatrix}\boldsymbol{Q}_l(k) & \star & \star & \star\\ \boldsymbol{A}_l\boldsymbol{G}(k)+\boldsymbol{B}_l\boldsymbol{Y}(k) & \boldsymbol{G}(k)^{\mathrm{T}}+\boldsymbol{G}(k)-\boldsymbol{Q}_j(k) & \star & \star\\ \mathscr{Q}^{1/2}\boldsymbol{G}(k) & 0 & \gamma(k)\boldsymbol{I} & \star\\ \mathscr{R}^{1/2}\boldsymbol{Y}(k) & 0 & 0 & \gamma(k)\boldsymbol{I}\end{bmatrix}\geqslant 0$$

$$j,\ l\in\{1,\ \cdots,\ L\}\tag{13.25}$$

$$\begin{bmatrix}\boldsymbol{Q}_l(k) & \boldsymbol{Y}_j(k)^{\mathrm{T}}\\ \boldsymbol{Y}_j(k) & \bar{\boldsymbol{u}}_j^2\end{bmatrix}\geqslant 0,\ l\in\{1,\cdots,L\},\ j\in\{1,\cdots,m\}\tag{13.26}$$

$$\begin{bmatrix}\boldsymbol{Q}_l(k) & \star\\ \boldsymbol{\Psi}_s(\boldsymbol{A}_l\boldsymbol{G}(k)+\boldsymbol{B}_l\boldsymbol{Y}(k)) & \bar{\boldsymbol{\psi}}_s^2\end{bmatrix}\geqslant 0,\ l\in\{1,\ 2,\cdots,L\},\ s\in\{1,\ 2,\cdots,\ q\}\tag{13.27}$$

在式(13.18)~式(13.23)中，去掉那个自由控制作用，令 $N=L$，用 $\boldsymbol{F}_i=\boldsymbol{Y}\boldsymbol{G}^{-1}$ 代替 $\boldsymbol{F}_i=\boldsymbol{Y}_i\boldsymbol{Q}_i^{-1}$，得到

$$\begin{bmatrix}1 & \boldsymbol{x}(k|k)^{\mathrm{T}}\\ \boldsymbol{x}(k|k) & \boldsymbol{G}(k)^{\mathrm{T}}+\boldsymbol{G}(k)-\boldsymbol{Q}_1(k)\end{bmatrix}\geqslant 0\tag{13.28}$$

$$\begin{bmatrix}\boldsymbol{Q}_i(k) & \star & \star & \star\\ \boldsymbol{A}_l\boldsymbol{G}(k)+\boldsymbol{B}_l\boldsymbol{Y}(k) & \boldsymbol{G}(k)^{\mathrm{T}}+\boldsymbol{G}(k)-\boldsymbol{Q}_{i+1}(k) & \star & \star\\ \mathscr{Q}^{1/2}\boldsymbol{G}(k) & \boldsymbol{0} & \gamma(k)\boldsymbol{I} & \star\\ \mathscr{R}^{1/2}\boldsymbol{Y}(k) & \boldsymbol{0} & \boldsymbol{0} & \gamma(k)\boldsymbol{I}\end{bmatrix}\geqslant 0$$

$$i,\ l\in\{1,\cdots,L\},\ \boldsymbol{Q}_{L+1}=\boldsymbol{Q}_1\tag{13.29}$$

$$\begin{bmatrix}\boldsymbol{Q}_i(k) & \boldsymbol{Y}_j(k)^{\mathrm{T}}\\ \boldsymbol{Y}_j(k) & \bar{\boldsymbol{u}}_j^2\end{bmatrix}\geqslant 0,\ i\in\{1,\cdots,L\},\ j\in\{1,\cdots,m\}\tag{13.30}$$

$$\begin{bmatrix}\boldsymbol{Q}_i(k) & \star\\ \boldsymbol{\Psi}_s(\boldsymbol{A}_l\boldsymbol{G}(k)+\boldsymbol{B}_l\boldsymbol{Y}(k)) & \bar{\boldsymbol{\psi}}_s^2\end{bmatrix}\geqslant 0,\ i,\ l\in\{1,\ 2,\cdots,L\},\ s\in\{1,\ 2,\cdots,\ q\}\tag{13.31}$$

可称为 III 型改进 KBM 公式。下面比较式(13.24)~式(13.27)和式(13.28)~式(13.31)：

1）式（13.28）只是式（13.24）中 $l=1$ 的情形，所以式（13.28）更好；

2）式（13.29）和式（13.25）都含 L^2 个 LMI，其中有 L 个是相同的，因此难以比较它们的优劣；

3）式（13.30）和式（13.26）明显等价；

4）式（13.31）含有 L^2 个 LMI，包含式（13.27）所含的 L 个，因此式（13.27）更好；

5）如果将式(13.28)~式(13.31)中的 $\{\boldsymbol{Y},\ \boldsymbol{G}\}$ 都替换成 $\{\boldsymbol{Y}_i,\ \boldsymbol{G}_i\}$，则会得到更好的结果。但从推导式(13.24)~式(13.27)的原理可知，对它们似乎是不能用 $\{\boldsymbol{Y}_i,\ \boldsymbol{G}_i\}$ 来替换 $\{\boldsymbol{Y},\ \boldsymbol{G}\}$ 的；

6）式(13.28)~式(13.31)采用了 $N=L$，但实际上 N 可以作为额外的自由度。

因此，感兴趣的读者可以详细研究本章提出的 III 型改进 KBM 公式。

关于变体反馈 MPC，文献中还有一些其他研究，可参考文献［143，148］。

到此处，若结束本章还将有遗憾，因为前面提到，如果要修正开环预测控制，只需要做比较小的修改，或者改为参数依赖开环预测控制，或者改为部分反馈预测控制。

下面我们来介绍这两种修正应有的结果。

在文献［179］中提出了参数依赖开环预测控制，按照本书符号体系该控制策略的约束具有如下形式：

$$\begin{bmatrix} 1 & \star \\ \boldsymbol{x}^{l_{N-1}\cdots l_1 l_0}(k+N|k) & \boldsymbol{Q}(k) \end{bmatrix} \geqslant 0,\ l_i \in \{1 \cdots L\},\ i \in \{0 \cdots N-1\} \tag{13.32}$$

$$\begin{bmatrix} 1 & \star & \star \\ \mathscr{Q}^{1/2}\boldsymbol{x}^{l_{i-1}\cdots l_1 l_0}(k+i|k) & \gamma_i(k)\boldsymbol{I} & \star \\ \mathscr{R}^{1/2}\boldsymbol{u}^{l_{i-1}\cdots l_1 l_0}(k+i|k) & \boldsymbol{0} & \gamma_i(k)\boldsymbol{I} \end{bmatrix} \geqslant 0$$

$$l_i \in \{1,\cdots,L\},\ i \in \{0,\cdots,N-1\} \tag{13.33}$$

$$\begin{bmatrix} \boldsymbol{Q}(k) & \star & \star & \star \\ \boldsymbol{A}_l\boldsymbol{Q}(k)+\boldsymbol{B}_l\boldsymbol{Y}(k) & \boldsymbol{Q}(k) & \star & \star \\ \mathscr{Q}^{1/2}\boldsymbol{Q}(k) & \boldsymbol{0} & \gamma(k)\boldsymbol{I} & \star \\ \mathscr{R}^{1/2}\boldsymbol{Y}(k) & \boldsymbol{0} & \boldsymbol{0} & \gamma(k)\boldsymbol{I} \end{bmatrix} \geqslant 0,\ l \in \{1,\cdots,L\} \tag{13.34}$$

$$-\underline{\boldsymbol{u}} \leqslant \boldsymbol{u}(k|k) \leqslant \overline{\boldsymbol{u}},\ \underline{\boldsymbol{u}} \leqslant \boldsymbol{u}^{l_{i-1}\cdots l_1 l_0}(k+i|k) \leqslant \overline{\boldsymbol{u}}$$

$$i \in \{1,\cdots,N-1\},\ l_{i-1} \in \{1,\cdots,L\} \tag{13.35}$$

$$\begin{bmatrix} \boldsymbol{Q}(k) & \boldsymbol{Y}_j(k)^{\mathrm{T}} \\ \boldsymbol{Y}_j(k) & \overline{\boldsymbol{u}}_j^2 \end{bmatrix} \geqslant 0,\ j \in \{1,\cdots,m\} \tag{13.36}$$

$$-\begin{bmatrix} \underline{\boldsymbol{\psi}} \\ \underline{\boldsymbol{\psi}} \\ \vdots \\ \underline{\boldsymbol{\psi}} \end{bmatrix} \leqslant \tilde{\boldsymbol{\Psi}} \begin{bmatrix} \boldsymbol{x}^{l_0}(k+1|k) \\ \boldsymbol{x}^{l_1 l_0}(k+2|k) \\ \vdots \\ \boldsymbol{x}^{l_{N-1}\cdots l_1 l_0}(k+N|k) \end{bmatrix} \leqslant \begin{bmatrix} \overline{\boldsymbol{\psi}} \\ \overline{\boldsymbol{\psi}} \\ \vdots \\ \overline{\boldsymbol{\psi}} \end{bmatrix}$$

$$l_i \in \{1,\cdots,L\},\ i \in \{0,\cdots,N-1\} \tag{13.37}$$

$$\begin{bmatrix} \boldsymbol{Q}(k) & \star \\ \boldsymbol{\Psi}_s(\boldsymbol{A}_l\boldsymbol{Q}(k)+\boldsymbol{B}_l\boldsymbol{Y}(k)) & \overline{\boldsymbol{\psi}}_s^2 \end{bmatrix} \geqslant 0,\ l \in \{1,2,\cdots,L\},\ s \in \{1,2,\cdots,q\} \tag{13.38}$$

其中，顶点状态预测值 $\begin{bmatrix} \boldsymbol{x}^{l_0}(k+1|k) \\ \boldsymbol{x}^{l_1 l_0}(k+2|k) \\ \vdots \\ \boldsymbol{x}^{l_{N-1}\cdots l_1 l_0}(k+N|k) \end{bmatrix}$ 完全同第 9 章。每个时刻求解 min $\left(\sum_{i=0}^{N-1}\gamma_i(k)+\gamma(k)\right)$，满足约束式(13.32)～式(13.38)得到控制作用。将式(13.2)～式(13.8)与式(13.32)～式(13.38)对比，可见其表观的区别很小。

$$\begin{bmatrix} \boldsymbol{u}(k|k) \\ \boldsymbol{u}(k+1|k) \\ \vdots \\ \boldsymbol{u}(k+N-1|k) \end{bmatrix} \rightarrow \begin{bmatrix} \boldsymbol{u}(k|k) \\ \boldsymbol{u}^{l_0}(k+1|k) \\ \vdots \\ \boldsymbol{u}^{l_{N-2}\cdots l_1 l_0}(k+N-1|k) \end{bmatrix}$$

尽管修改“不大”，但是参数依赖开环预测控制有很多优点：

1）开环预测控制的初始可行集（$k=0$ 时可行的 $x(0)$ 的集合）未必会随着 N 的增大而增大，但参数依赖开环预测控制会；

2）开环预测控制的控制性能未必会随着 N 的增大而提升，但参数依赖开环预测控制会；

3）与开环预测控制相比，参数依赖开环预测控制因能保证递推可行性，故可证明稳定性；

4）反馈预测控制似乎一向被认为是在可行性和最优性上最佳的方法，但实际上充当这个角色的是参数依赖开环预测控制；

5）$N>2$ 时反馈预测控制不能用凸优化求解，但是参数依赖开环预测控制能。

第 8 章对参数依赖开环预测控制的特性进行了分析。但是，参数依赖开环预测控制被奇怪地诟病为“计算量巨大”，得到的研究和采纳非常少。其实，参数依赖换来的好处要比“在线计算三要素”大，没有理由认为参数依赖不值得采用。

部分反馈预测控制是基于多胞描述模型的鲁棒预测控制的主流技术。下面是文献［197］提出的控制策略的约束形式（已按本书符号改写）。

$$\begin{bmatrix} 1 & \star \\ \boldsymbol{x}^{l_{N-1}\cdots l_1 l_0}(k+N|k) & \boldsymbol{Q}(k) \end{bmatrix} \geqslant 0,\ l_i \in \{1\ \cdots L\},\ i \in \{0,\cdots,N-1\} \tag{13.39}$$

$$\begin{bmatrix} 1 & \star & \star \\ \mathscr{Q}^{1/2}\boldsymbol{x}^{l_{i-1}\cdots l_1 l_0}(k+i|k) & \gamma_i(k)\boldsymbol{I} & \star \\ \mathscr{R}^{1/2}[\boldsymbol{F}(k+i|k)\boldsymbol{x}^{l_{i-1}\cdots l_1 l_0}(k+i|k)+\boldsymbol{c}(k+i|k)] & \boldsymbol{0} & \gamma_i(k)\boldsymbol{I} \end{bmatrix} \geqslant 0$$

$$l_i \in \{1,\cdots,L\},\ i \in \{0,\cdots,N-1\} \tag{13.40}$$

$$\begin{bmatrix} \boldsymbol{Q}(k) & \star & \star & \star \\ \boldsymbol{A}_l\boldsymbol{Q}(k)+\boldsymbol{B}_l\boldsymbol{Y}(k) & \boldsymbol{Q}(k) & \star & \star \\ \mathscr{Q}^{1/2}\boldsymbol{Q}(k) & \boldsymbol{0} & \gamma(k)\boldsymbol{I} & \star \\ \mathscr{R}^{1/2}\boldsymbol{Y}(k) & \boldsymbol{0} & \boldsymbol{0} & \gamma(k)\boldsymbol{I} \end{bmatrix} \geqslant 0,\ l \in \{1,\cdots,L\} \tag{13.41}$$

$$-\underline{\boldsymbol{u}} \leqslant \boldsymbol{F}(k|k)\boldsymbol{x}(k|k)+\boldsymbol{c}(k|k) \leqslant \bar{\boldsymbol{u}}$$
$$-\underline{\boldsymbol{u}} \leqslant \boldsymbol{F}(k+i|k)\boldsymbol{x}^{l_{i-1}\cdots l_1 l_0}(k+i|k)+\boldsymbol{c}(k+i|k) \leqslant \bar{\boldsymbol{u}}$$
$$i \in \{1,\cdots,N-1\},\ l_{i-1} \in \{1,\cdots,L\} \tag{13.42}$$

$$\begin{bmatrix} \boldsymbol{Q}(k) & \boldsymbol{Y}_j(k)^{\mathrm{T}} \\ \boldsymbol{Y}_j(k) & \bar{\boldsymbol{u}}_j^2 \end{bmatrix} \geqslant 0,\ j \in \{1,\cdots,m\} \tag{13.43}$$

$$-\begin{bmatrix} \underline{\boldsymbol{\psi}} \\ \underline{\boldsymbol{\psi}} \\ \vdots \\ \underline{\boldsymbol{\psi}} \end{bmatrix} \leqslant \tilde{\boldsymbol{\Psi}} \begin{bmatrix} \boldsymbol{x}^{l_0}(k+1|k) \\ \boldsymbol{x}^{l_1 l_0}(k+2|k) \\ \vdots \\ \boldsymbol{x}^{l_{N-1}\cdots l_1 l_0}(k+N|k) \end{bmatrix} \leqslant \begin{bmatrix} \bar{\boldsymbol{\psi}} \\ \bar{\boldsymbol{\psi}} \\ \vdots \\ \bar{\boldsymbol{\psi}} \end{bmatrix}$$

$$l_i \in \{1,\cdots,L\},\ i \in \{0,\cdots,N-1\} \tag{13.44}$$

$$\begin{bmatrix} \boldsymbol{Q}(k) & \star \\ \boldsymbol{\Psi}_s(A_l Q(k)+\boldsymbol{B}_l\boldsymbol{Y}(k)) & \bar{\boldsymbol{\psi}}_s^2 \end{bmatrix} \geqslant 0,\ l \in \{1,2,\cdots,L\},\ s \in \{1,2,\cdots,q\} \tag{13.45}$$

其中，顶点状态预测值的定义类似第 9 章，需要由下式代入：

$$\begin{bmatrix} x^{l_0}(k+1|k) \\ x^{l_1 l_0}(k+2|k) \\ \vdots \\ x^{l_{N-1}\cdots l_1 l_0}(k+N|k) \end{bmatrix} = \begin{bmatrix} \mathcal{A}_{l_0}(k|k) \\ \mathcal{A}_{l_1}(k+1|k)\mathcal{A}_{l_0}(k|k) \\ \vdots \\ \mathcal{A}_{l_{N-1}}(k+N-1|k)\cdots\mathcal{A}_{l_1}(k+1|k)\mathcal{A}_{l_0}(k|k) \end{bmatrix} x(k)$$

$$+\begin{bmatrix} B_{l_0} & 0 & \cdots & 0 \\ \mathcal{A}_{l_1}(k+1|k)B_{l_0} & B_{l_1} & \ddots & \vdots \\ \vdots & \vdots & \ddots & 0 \\ \mathcal{A}_{l_{N-2}}(k+N-2|k)\cdots\mathcal{A}_{l_1}(k+1|k)B_{l_0} & \heartsuit & \cdots & B_{l_{N-1}} \end{bmatrix}$$

$$\times\begin{bmatrix} u(k|k) \\ u(k+1|k) \\ \vdots \\ u(k+N-1|k) \end{bmatrix}$$

$$\heartsuit = \mathcal{A}_{l_{N-2}}(k+N-2|k)\ \cdots\mathcal{A}_{l_2}(k+2|k)B_{l_1}$$

$$\mathcal{A}_{l_i}(k+i|k) = A_{l_i} + B_{l_i}F(k+i|k),\ i\in\{0,\ 1,\cdots,N-1\}$$

$$F(k+i|k) = F(k+i+1|k-1),\ k>0,\ i\in\{0,\ 1,\cdots,N-2\}$$

$$F(k+N-1|k) = F^*(k-1) = Y^*(k-1)Q^*(k-1)^{-1},\ k>0$$

$$F(i|0) = 0,\ i\in\{0,\ 1,\cdots,N-1\}$$

每个时刻求解 $\min(\sum_{i=0}^{N-1}\gamma_i(k)+\gamma(k))$，满足约束式(13.39)～式(13.45)得到控制作用。将式(13.32)～式(13.38)与式(13.39)～式(13.45)对比，可见其区别很小：

$$\begin{bmatrix} u(k|k) \\ u^{l_0}(k+1|k) \\ \vdots \\ u^{l_{N-2}\cdots l_1 l_0}(k+N-1|k) \end{bmatrix}$$

$$\rightarrow\begin{bmatrix} F(k|k)x(k|k)+c(k|k) \\ F(k+1|k)x^{l_0}(k+1|k)+c(k+1|k) \\ \vdots \\ F(k+N-1|k)x^{l_{N-2}\cdots l_1 l_0}(k+N-1|k)+c(k+N-1|k) \end{bmatrix}$$

在 $k=0$ 时，以上部分反馈预测控制是开环预测控制，但部分反馈预测控制由于恰当地更新了 $F(k+i|k)$，$i\in\{0,\ 1,\cdots,N-1\}$，故能保证递推的可行性和稳定性。

但是，部分反馈预测控制的演变和发展具有多样化的特点。实际上，多数文献中的部分反馈预测控制只是离线确定一个反馈增益 F，采用 $u(k+i|k)=Fx(k+i|k)+c(k+i|k)$。在同样取 $F(k+i|k)=F(k)=F$（F 离线确定）的情况下，基于式(13.39)～式(13.45)的方法在可行域、最优性和控制性能方面必优于其他部分反馈预测控制策略（如文献［138，126，139］）。

文献［138］采用性能指标 $\sum_{i=0}^{N-1}\|c(k+i|k)\|^2$（而不同于基于式（13.39）～式

(13.45) 的方法采用性能指标 $J_0^\infty(k)=\sum_{i=0}^{\infty}[\|\boldsymbol{x}(k+i|k)\|_{\mathscr{Q}}^2+\|\boldsymbol{u}(k+i|k)\|_{\mathscr{R}}^2]$)。这种性能指标比较简单，但是控制性能提升受到限制，也不能反映对无穷时域二次型性能指标 $J_0^\infty(k)$的优化。文献［126，139］改为最小化 $J_0^\infty(k)$的上界。不同于基于式(13.39)～式(13.45)的方法，文献［126］推导上界时用了更多保守的不等式，虽然得到了上界且可用线性规划（而不是 LMI 工具箱）求解，但毕竟其上界更加保守。

不仅如此，基于式(13.39)～式(13.45)的方法严格保证状态约束满足，而文献［138，126，139］的方法不方便处理状态约束。

当然，必须说明，文献［138，126，139］属于标准方法（因此计算量大大降低，在设计稳定性三要素时可以不采用 KBM 公式），离线计算控制增益 $\boldsymbol{F}$ 对应的不变集，该不变集通常为多胞集（多面体凸集），而不同于基于式(13.39)～式(13.45)的方法采用椭圆形不变集。

第 14 章　关于最优性

重写多胞描述模型如下：

$$x(k+1)=A(k)x(k)+B(k)u(k),\ [A(k)\,|\,B(k)]\in\Omega \tag{14.1}$$

其中，$u\in\mathbb{R}^m$为控制输入，$x\in\mathbb{R}^n$为系统状态，而 Ω 定义为如下的多胞：

$$\Omega=\mathrm{Co}\{[A_1\,|\,B_1],\ [A_2\,|\,B_2],\cdots,\ [A_L\,|\,B_L]\}$$

假设 $x(k)$是可测的。

在前面几章所讲述的鲁棒预测控制方法中，$\gamma(k)$是性能指标的上界的上界的上界。为什么要三次“上界”？因为性能指标是

$$J_0^\infty(k)=\sum_{i=0}^{\infty}[\|x(k+i|k)\|_{\mathscr{Q}}^2+\|u(k+i|k)\|_{\mathscr{R}}^2]$$

我们通过认领 $J_N^\infty(k)=\sum_{i=N}^{\infty}[\|x(k+i|k)\|_{\mathscr{Q}}^2+\|u(k+i|k)\|_{\mathscr{R}}^2]$ 的上界 $\|x(k+N|k)\|_{P(k)}^2$，得到

$$J_0^\infty(k)\leqslant\bar{J}_0^N(k)\triangleq\sum_{i=0}^{N-1}[\|x(k+i|k)\|_{\mathscr{Q}}^2+\|u(k+i|k)\|_{\mathscr{R}}^2]+\|x(k+N|k)\|_{P(k)}^2$$

这是第一次“上界”。通常，我们用 KBM 公式或其改进版本确定 $\|x(k+N|k)\|_{P(k)}^2$ 的上界，并用各种方法确定 $J_0^{N-1}(k)=\sum_{i=0}^{N-1}[\|x(k+i|k)\|_{\mathscr{Q}}^2+\|u(k+i|k)\|_{\mathscr{R}}^2]$ 的上界，这是第二次“上界”。这第二次的上界被置于一组约束中，由于要满足比上界对应的约束更多的约束（包括输入和状态的 LMI 约束、当前状态约束等）或更保守的约束（多数的约束，尤其是在化成 LMI 的过程中是保守化处理过的），使其偏离了第二次上界的价值，只能取更高、更大、更远的值，这是第三次“上界”。第三次上界往往是主要矛盾，因此不能忽略第三次上界。三次上界，尤其是第三次上界，使得鲁棒预测控制的最优性变得十分朦胧，有时 $\gamma(k)$的值会大得离谱。

有一种方法可以使 $\gamma(k)$小一些，那就是采用标称性能指标，即性能指标中的状态预测值采用标称模型。根据 6.5 节的思想，可以将 KBM 公式改写为

$$\begin{bmatrix}1 & x(k|k)^{\mathrm{T}}\\ x(k|k) & Q(k)\end{bmatrix}\geqslant 0 \tag{14.2}$$

$$\begin{bmatrix}Q(k) & \star\\ A_lQ(k)+B_lY(k) & Q(k)\end{bmatrix}\geqslant 0,\ l\in\{1,\cdots,L\}$$

$$\begin{bmatrix}Q(k) & \star & \star & \star\\ A_0Q(k)+B_0Y(k) & Q(k) & \star & \star\\ \mathscr{Q}^{1/2}Q(k) & 0 & \gamma(k)I & \star\\ \mathscr{R}^{1/2}Y(k) & 0 & 0 & \gamma(k)I\end{bmatrix}\geqslant 0 \tag{14.3}$$

$$\begin{bmatrix} Q(k) & Y_j(k)^{\mathrm{T}} \\ Y_j(k) & \bar{u}_j^2 \end{bmatrix} \geqslant 0,\ j \in \{1,\cdots,m\} \tag{14.4}$$

$$\begin{bmatrix} Q(k) & \star \\ \Psi_s(A_l Q(k) + B_l Y(k)) & \bar{\psi}_s^2 \end{bmatrix} \geqslant 0,\ l \in \{1,2,\cdots,L\},\ s \in \{1,2,\cdots,q\} \tag{14.5}$$

其中，$[A_0 \mid B_0]$ 为标称模型。但采用式(14.2) ~ 式(14.5)，还没有证据表明能得到具有稳定性保证的鲁棒预测控制的在线方法。

再观察式(13.9) ~ 式(13.17)，即变体反馈预测控制的约束式。一个对最优性朦胧化的公式为式（13.10)，它对切换时域内每个 $F(k+i|k)$（$i=1, 2, \cdots, N-1$）都采用同样一个 $\gamma(k)$，这个 $\gamma(k)$ 同时用于终端约束集内部的那个 $F(k)$。单步性能指标（stage cost），即 $\|x(k+i|k)\|_{\mathscr{Q}}^2 + \|u(k+i|k)\|_{\mathscr{R}}^2$ 的优化似乎被忽略了。文献[48, 49]没有采用式(13.10)，代之以

$$\begin{bmatrix} Q_i(k) & \star \\ A_l Q_i(k) + B_l Y_i(k) & Q_{i+1}(k) \end{bmatrix} \geqslant 0$$

$$i \in \{1,2,\cdots,N-1\},\ l \in \{1,\cdots,L\},\ Q_N = Q$$

$$\begin{bmatrix} Q_i(k) & \star & \star \\ \mathscr{Q}^{1/2} Q_i(k) & \gamma_i(k) I & \star \\ \mathscr{R}^{1/2} Y_i(k) & 0 & \gamma_i(k) I \end{bmatrix} \geqslant 0,\ i \in \{1,2,\cdots,N-1\},\ Q_N = Q \tag{14.6}$$

顺理成章地，文献［48, 49］求解 $\min[\|u(k|k)\|_{\mathscr{R}}^2 + \sum_{i=1}^{N-1}\gamma_i(k) + \gamma(k)]$。但对式（14.6）中第 2 组式子，即关于单步性能指标最优性的约束，其论证也不甚合理。如果按照文献［12］的逻辑，则式（13.10）应该被替换为

$$\begin{bmatrix} Q_i(k) & \star & \star & \star \\ A_l Q_i(k) + B_l Y_i(k) & \dfrac{\gamma_i(k)}{\gamma_{i+1}(k)} Q_{i+1}(k) & \star & \star \\ \mathscr{Q}^{1/2} Q_i(k) & 0 & \gamma_i(k) I & \star \\ \mathscr{R}^{1/2} Y_i(k) & 0 & 0 & \gamma_i(k) I \end{bmatrix} \geqslant 0$$

$$i \in \{1,2,\cdots,N-1\},\ l \in \{1,\cdots,L\},\ Q_N = Q,\ \gamma_N(k) = \gamma(k) \tag{14.7}$$

可求解 $\min[\|u(k|k)\|_{\mathscr{R}}^2 + \frac{1}{N}\sum_{i=1}^{N-1}\gamma_i(k) + \frac{1}{N}\gamma(k)]$，但注意 $\frac{\gamma_i(k)}{\gamma_{i+1}(k)}$ 会带来麻烦。文献［12］采用了离线方法，可以避免这个麻烦。在离线方法中，可以这样改写式（14.7）

$$\begin{bmatrix} Q_i & \star & \star & \star \\ A_l Q_i + B_l Y_i & \gamma_i P_{i+1}^{-1} & \star & \star \\ \mathscr{Q}^{1/2} Q_i & 0 & \gamma_i I & \star \\ \mathscr{R}^{1/2} Y_i & 0 & 0 & \gamma_i I \end{bmatrix} \geqslant 0$$

$$i \in \{1,2,\cdots,N-1\},\ l \in \{1,\cdots,L\},\ Q_N = Q \tag{14.8}$$

其中，P_{i+1} 在求解 Q_i 时已定。注意下角标 i 和 $i+1$ 的顺序在文献［12］中是反向的，但本质相同。

避免$\frac{\gamma_i(k)}{\gamma_{i+1}(k)}$或许是在文献［12］中采用离线方法的一个原因，但$\frac{\gamma_i(k)}{\gamma_{i+1}(k)}$毕竟被式(13.10）抹去了。更重要的原因是，在线方法中，即使采用式（14.7）并能克服$\frac{\gamma_i(k)}{\gamma_{i+1}(k)}$带来的麻烦，单步性能指标的最优性也没有得到贴切的体现。尽管我们能够在文献［48，49，142，146，12］中见到一系列合理的解释，但是千言万语胜不过一句话，即在变体反馈鲁棒预测控制的在线方法中，$\gamma_i(k)$和$\gamma(k)$被过高和偏离地估计了。

但也许还有另一种哲学解释，变体反馈鲁棒预测控制的在线方法不该被理解为切换时域为N，而应该被理解为切换时域为1，这样$\boldsymbol{F}(k+i|k)(i\in\{1,2,\cdots,N-1\})$和$\boldsymbol{F}(k)$一样平等地作为局部控制器，所以它们都该有一个平等的$\gamma_i(k)$和$\gamma(k)$。这种解释似乎使文献［142，146，12］中的逻辑更合乎情理。但若果真如此，则环形LA控制器就更加合理了，它的局部控制器以循环依次利用的方式被解释。下面以微弱的改变重写环形LA控制器的约束组：

$$\begin{bmatrix} 1 & \star \\ \boldsymbol{A}_l\boldsymbol{x}(k|k)+\boldsymbol{B}_l\boldsymbol{u}(k|k) & \boldsymbol{Q}_1(k) \end{bmatrix} \geqslant 0,\ l\in\{1,\cdots,L\} \tag{14.9}$$

$$\begin{bmatrix} \boldsymbol{Q}_i(k) & \star & \star & \star \\ \boldsymbol{A}_l\boldsymbol{Q}_i(k)+\boldsymbol{B}_l\boldsymbol{Y}_i(k) & \boldsymbol{Q}_{i+1}(k) & \star & \star \\ \mathscr{Q}^{1/2}\boldsymbol{Q}_i(k) & \boldsymbol{0} & \gamma_i(k)\boldsymbol{I} & \star \\ \mathscr{R}^{1/2}\boldsymbol{Y}_i(k) & \boldsymbol{0} & \boldsymbol{0} & \gamma_i(k)\boldsymbol{I} \end{bmatrix} \geqslant 0$$
$$i\in\{1,2,\cdots,N\},\ l\in\{1,\cdots,L\},\ \boldsymbol{Q}_{N+1}=\boldsymbol{Q}_1 \tag{14.10}$$

$$-\underline{\boldsymbol{u}}\leqslant\boldsymbol{u}(k|k)\leqslant\overline{\boldsymbol{u}} \tag{14.11}$$

$$\begin{bmatrix} \boldsymbol{Q}_i(k) & \boldsymbol{Y}_{ij}(k)^{\mathrm{T}} \\ \boldsymbol{Y}_{ij}(k) & \overline{\boldsymbol{u}}_j^2 \end{bmatrix} \geqslant 0,\ i\in\{1,2,\cdots,N\},\ j\in\{1,\cdots,m\} \tag{14.12}$$

$$-\underline{\boldsymbol{\psi}}\leqslant\boldsymbol{\Psi}[\boldsymbol{A}_l\boldsymbol{x}(k|k)+\boldsymbol{B}_l\boldsymbol{u}(k|k)]\leqslant\overline{\boldsymbol{\psi}},\ l\in\{1,2,\cdots,L\} \tag{14.13}$$

$$\begin{bmatrix} \boldsymbol{Q}_i(\boldsymbol{k}) & \star \\ \boldsymbol{\Psi}_s(\boldsymbol{A}_l\boldsymbol{Q}_i(k)+\boldsymbol{B}_l\boldsymbol{Y}_i(k)) & \overline{\boldsymbol{\psi}}_s^2 \end{bmatrix} \geqslant 0$$
$$i\in\{1,2,\cdots,N\},\ l\in\{1,2,\cdots,L\},\ s\in\{1,2,\cdots,q\} \tag{14.14}$$

每个时刻求解$\min[\|\boldsymbol{u}(k|k)\|_{\mathscr{R}}^2+\frac{1}{N}\sum_{i=1}^{N}\gamma_i(k)]$，满足约束式(14.9)～式(14.14)，得到控制作用。

目前，文献中广泛研究了经济预测控制方法，实际上是将双层结构预测控制中稳态目标计算层的经济优化问题下行，用经济性能指标代替跟踪控制的性能指标。在经济预测控制中，对性能指标优化的要求更高。相对来说，一般的调节问题和跟踪控制中，对性能指标的优化的要求并不是主要的—当然这不等于说对控制性能的要求不重要。对一般的调节问题和跟踪控制，控制性能并不简单地等价于性能指标的高低。但对经济预测控制，控制性能的评价标准就是性能指标的高低。由于我们已经看到多胞描述模型鲁棒预测控制的最优性往往十分朦胧，因此本书认为这类技术对推导经济预测控制无望。

第 15 章　最大化可应用模型范围

重写多胞描述模型如下：

$$x(k+1)=A(k)x(k)+B(k)u(k),\ [A(k)\mid B(k)]\in\Omega \tag{15.1}$$

其中，$u\in\mathbb{R}^m$ 为控制输入，$x\in\mathbb{R}^n$ 为系统状态，而 Ω 定义为如下的多胞：

$$\Omega=\mathrm{Co}\{[A_1\mid B_1],[A_2\mid B_2],\cdots,[A_L\mid B_L]\}$$

假设 $x(k)$ 是可测的。

前面我们提到过，当 p 不断增大时，式(11.2)～式(11.7)中的 Lyapunov 矩阵可逼近任意关于 ω 连续的正定矩阵。文献［66］给出了任意关于 ω 连续的反馈控制增益和任意关于 ω 连续的 Lyapunov 矩阵的逼近技术，即

$$u(k)=-Y_{p,\omega}S_{p,\omega}(k)^{-1}x(k) \tag{15.2}$$

$$V(x(k))=x(k)^{\mathrm{T}}S_{p,\omega}(k)^{-1}x(k) \tag{15.3}$$

$$X_{p,\omega}=\sum_{l_1=1}^{L}\omega_{l_1}\Big(\sum_{l_2=l_1}^{L}\omega_{l_2}\Big(\cdots\Big(\sum_{l_p=l_{p-1}}^{L}\omega_{l_p}X_{l_1l_2\cdots l_p}\Big)\Big)\Big),\ X\in\{Y,S\}$$

对多胞描述模型，采用｛反馈鲁棒预测控制、变体反馈鲁棒预测控制、部分反馈鲁棒预测控制、参数依赖开环鲁棒预测控制｝中的任意一种时，可以采用如下局部控制器：

$$u(k+i\mid k)=-Y_{p,\omega}(k+i\mid k)S_{p,\omega}(k+i\mid k)^{-1}x(k+i\mid k),\ i\geqslant N$$

$$X_{p,\omega}(k+i\mid k)$$

$$=\sum_{l_1=1}^{L}\omega_{l_1}(k+i)\Big(\sum_{l_2=l_1}^{L}\omega_{l_2}(k+i)\Big(\cdots\Big(\sum_{l_p=l_{p-1}}^{L}\omega_{l_p}(k+i)X_{l_1l_2\cdots l_p}(k)\Big)\Big)\Big)$$

$$X\in\{Y,S\}$$

当在 k 时刻不知道 $\omega_l(k+i)$ 的值时，终端状态要满足如下的约束：

$$\begin{bmatrix}1 & \star\\ x^{l'_{N-1}\cdots l'_1l'_0}(k+N\mid k) & \dfrac{S_{l_1l_2\cdots l_p}}{C(l_1,l_2,\cdots,l_p)}\end{bmatrix}\geqslant 0,\ l_1\leqslant l_2\leqslant\cdots\leqslant l_p$$

$$l_1,l_2,\cdots,l_p\in\{1,\cdots,L\},\ l'_0,l'_1,\cdots,l'_{N-1}\in\{1,\cdots,L\} \tag{15.4}$$

尽管式（15.4）可能比较保守，但是它并不是影响最大可应用模型范围的因素。所谓鲁棒预测控制能够获得最大可应用模型范围，是指一旦某多胞描述模型是可以镇定的（存在某个 Lyapunov 镇定的控制律），则鲁棒预测控制也一定可在一定的吸引域内镇定这个多胞描述模型。在此，我们要区分吸引域和可应用模型范围这两点。对任意一个给定的多胞描述模型，请注意以下要点：

1）如果采用 $u(k+i\mid k)=F(k)x(k+i\mid k)(i\geqslant N)$，则 $F(k)$ 要在平衡点的一定范围内镇定多胞描述模型。实际上，$F(k)$ 决定了可镇定模型范围。如果采用文献［66］那样的方法得到 KBM 公式并设计稳定性三要素，则通过增大 p 可获得最大的可应用模型范围。

2）初始状态 $x(0)$ 是否位于鲁棒预测控制的吸引域内部，决定了鲁棒预测控制能否镇定多胞描述模型。每个设计好、参数已定的鲁棒预测控制都有自己的吸引域，初始状态位于吸

引域之外时优化不可行。

3）终端状态约束影响吸引域，但如果 $F(k)$ 能在平衡点的一定范围内镇定多胞描述模型，则终端状态约束对一定初始状态 $\boldsymbol{x}(0)$ 的范围总是可行的。

4）将 KBM 公式用于鲁棒预测控制稳定性要素的设计，在输入/状态约束的处理方面具有保守性。但是，只要输入/状态的约束界已定（约束包含平衡点为内点），且 $\boldsymbol{F}(k)$ 能在平衡点的一定范围内镇定多胞描述模型，则输入/状态约束的 LMI 对一定初始状态 $\boldsymbol{x}(0)$ 的范围总是可行的。

5）只要鲁棒预测控制的吸引域体积非零，那么如何在｛反馈鲁棒预测控制、变体反馈鲁棒预测控制、部分反馈鲁棒预测控制、参数依赖开环鲁棒预测控制｝中进行选择也不是影响最大可镇定模型范围的因素。

6）在初始状态 $\boldsymbol{x}(0)$ 给定的情况下，采用 $\boldsymbol{u}(k+i|k)=-\boldsymbol{Y}_{p,\omega}(k+i|k)\boldsymbol{S}_{p,\omega}(k+i|k)^{-1}\boldsymbol{x}(k+i|k)$ 和对应的齐次多项式型参数依赖的 $V(\boldsymbol{x}(k+i|k))(i\geqslant N)$，并取充分大的 p，未必能够获得最大可镇定模型范围，我们所说的最大化可镇定模型范围，是指存在适当大小的吸引域，使得模型可以镇定，也就是说验证可镇定模型范围和最大可镇定模型范围可以采用 $\boldsymbol{x}(0)=0$。

7）对｛N、控制方案、稳定性要素｝的不同选择都会影响到吸引域和控制性能（含最优性），但是可镇定模型范围和最大可镇定模型范围仅决定于如何选择局部控制器和 $V(\boldsymbol{x}(k+i|k))$。

对多胞描述模型式（15.1）的鲁棒预测控制，当状态可测时，发展到现在，可以说影响｛控制性能（含最优性）、吸引域、可镇定模型范围｝的瓶颈仍在于稳定性三要素（通常来说就是 KBM 公式和改进版本的应用），具体地说就在于证明不变性的 Lyapunov 函数和局部控制器的选择。采用文献［66］那样的方法，以一种逼近的形式给出了如何获得最大可应用模型范围的策略。有了这种逼近策略，可以说最大的吸引域和最好的控制性能也可以通过采用参数依赖开环鲁棒预测控制和增大 N 获得。由于参数依赖控制是对多胞描述模型最不保守的方案，就像第 7 章的 CLTVQR 那样，增大 N 逼近最好的控制性能和最大的吸引域从理论上是可行的。剩下的问题是，如果采用文献［66］那样的控制律和 Lyapunov 函数，并且取大 N，那么计算量的问题如何解决？这是值得研究的问题。

事实上，还有一种方法能够毫无疑问地获得最大可应用模型范围，那就是采用终端零约束。具体地说，对多胞描述模型的鲁棒预测控制，就是加入如下约束：

$$\boldsymbol{x}^{l_{N-1}\cdots l_1 l_0}(k+N|k)=\prod_{i=0}^{N-1}\boldsymbol{A}_{l_{N-1-i}}\boldsymbol{x}(k)+\left[\prod_{i=0}^{N-2}\boldsymbol{A}_{l_{N-1-i}}\boldsymbol{B}_{l_0},\prod_{i=0}^{N-3}\boldsymbol{A}_{l_{N-1-i}}\boldsymbol{B}_{l_1},\cdots,\boldsymbol{B}_{l_{N-1}}\right]\begin{bmatrix}\boldsymbol{u}(k|k)\\ \boldsymbol{u}^{l_0}(k+1|k)\\ \vdots\\ \boldsymbol{u}^{l_{N-2}\cdots l_1 l_0}(k+N-1|k)\end{bmatrix}=0 \tag{15.5}$$

加入这种终端零约束后，不再需要证明不变性的 Lyapunov 函数和局部控制器，这等价于采用任何证明不变性的 Lyapunov 函数和局部控制器。但注意式（15.5）中的方程有 $L^N n$ 个，而未知数 $\boldsymbol{u}$ 的个数却只有 $(1+L+L^2+\cdots+L^{N-1})m$ 个，因此这个终端零约束是不容易满足的。但本书提出：可以采用方程式（15.5）残差的范数做性能指标，读者可自行验证。

在多胞模型的鲁棒预测控制中采用终端等式约束，对该模型来说比终端零约束更难处理。但也不缺乏尝试，如文献［167］。

第 16 章　状态不可测时的开环优化预测控制

多胞描述模型如下：

$$x(k+1)=A(k)x(k)+B(k)u(k)$$
$$y(k)=C(k)x(k),\ [A(k)|B(k)|C(k)]\in\Omega \tag{16.1}$$

在模型式（16.1）中，$u\in\mathbb{R}^m$为控制输入，$x\in\mathbb{R}^n$为系统状态，$y\in\mathbb{R}^r$为系统输出，而 Ω 定义为如下的“多胞”（polytope；或称凸包，convex hull）：

$$\Omega=\mathrm{Co}\{[A_1|B_1|C_1],[A_2|B_2|C_2],\cdots,[A_L|B_L|C_L]\}$$

也就是说，存在 L 个非负的系数 $\omega_l(k)$，$l\in\{1,\cdots,L\}$ 使得

$$\sum_{l=1}^{L}\omega_l(k)=1,\ [A(k)\mid B(k)\mid C(k)]=\sum_{l=1}^{L}\omega_l(k)\ [A_l|B_l|C_l] \tag{16.2}$$

$[A_l|B_l|C_l]$被称为多胞的顶点，这些顶点值已知即给定。我们一般假设 $\omega_l(k)$的值未知、不可测、不可直接计算。假设 $x(k)$是不可测（不是所有 x 都可测）的，y 是可测的，即在每个时刻 k 都准确地测量出 $y(k)$的值。经常考虑如下关于输入和状态的约束：

$$-\underline{u}\leqslant u(k)\leqslant\overline{u},\ \underline{\psi}\leqslant\Psi x(k+1)\leqslant\overline{\psi},\ \forall k\geqslant 0 \tag{16.3}$$

$\Psi\in\mathbb{R}^{q\times n}$。取 $\Psi=[C_1^{\mathrm{T}},C_2^{\mathrm{T}},\cdots,C_L^{\mathrm{T}}]^{\mathrm{T}}$ 并适当地取$\{\underline{\psi},\overline{\psi}\}$，则 $-\underline{\psi}\leqslant\Psi x(k+1)\leqslant\overline{\psi}$表达了输出约束。

由于状态是不能测量的，因此采用如下的观测器估计状态的实时值：

$$\hat{x}(k+1)=A_{\mathrm{o}}\hat{x}(k)+B_{\mathrm{o}}u(k)+L_{\mathrm{o}}y(k) \tag{16.4}$$

其中，$\hat{x}\in\mathbb{R}^n$为状态估计值，$\{A_{\mathrm{o}},B_{\mathrm{o}},L_{\mathrm{o}}\}$ 为观测器参数矩阵。由于$[A(k)|B(k)|C(k)]$的确切值不知道，所以常规的、针对时不变系统的观测器$\hat{x}(k+1)=A\hat{x}(k)+Bu(k)+L_{\mathrm{o}}[y(k)-C\hat{x}(k)]=(A-L_{\mathrm{o}}C)\hat{x}(k)+Bu(k)+L_{\mathrm{o}}y(k)$被替换成式（16.4）的形式（见文献[60]）。当然，如果 $\omega_l(k)$的实时值准确知道，则式（16.4）可以被替换成如下形式：

$$\hat{x}(k+1)=A(k)\hat{x}(k)+B(k)u(k)+L_{\mathrm{o}}[y(k)-C(k)\hat{x}(k)] \tag{16.5}$$

对式（16.5），一定有读者不太满意，因为按照 Kalman 滤波应该为

$$\hat{x}(k|k)=[I-L_{\mathrm{o}}(k)C(k)]A(k-1)\hat{x}(k-1|k-1)+$$
$$[I-L_{\mathrm{o}}(k)C(k)]B(k-1)u(k-1)+L_{\mathrm{o}}(k)y(k) \tag{16.6}$$

其中，$L_{\mathrm{o}}(k)$可以是时变的。有一点读者需要相信，即

$$\hat{x}(k|k)=\hat{x}(k)$$

假使重写式（16.5）为$\hat{x}(k|k)=[A(k-1)-L_{\mathrm{o}}C(k-1)]\hat{x}(k-1|k-1)+B(k-1)u(k-1)+L_{\mathrm{o}}y(k-1)$，则能够更清楚地看到其与式（16.6）的差别。那么式（16.5）与式（16.6）的这种差别如何解释？在 Kalman 滤波的框架下，式（16.5）应被更恰当地写为

$$\hat{x}(k+1|k)=A(k)\hat{x}(k|k-1)+B(k)u(k)+L_{\mathrm{o}}(k)[y(k)-C(k)\hat{x}(k|k-1)] \tag{16.7}$$

故所谓式（16.5）那样的观测器，实际上是将 Kalman 一步预报器当成了状态观测器。

定义像第9章那样的顶点控制作用和控制时域 N，则得到

$$\hat{\boldsymbol{x}}^{l_0}(k+1|k)=\boldsymbol{A}_{l_0}\hat{\boldsymbol{x}}(k|k)+\boldsymbol{B}_{l_0}\boldsymbol{u}(k|k)$$

$$\hat{\boldsymbol{x}}^{l_i\cdots l_0}(k+i+1|k)=\boldsymbol{A}_{l_i}\hat{\boldsymbol{x}}^{l_{i-1}\cdots l_0}(k+i|k)+\boldsymbol{B}_{l_i}\boldsymbol{u}^{l_{i-1}\cdots l_0}(k+i|k)$$

$$i\in\{1,\cdots,N-1\},\ l_j\in\{1,\cdots,L\},\ j\in\{0,\cdots,N-1\}$$

称$\hat{\boldsymbol{x}}^{l_{i-1}\cdots l_0}(k+i|k)$，$i\in\{1,\cdots,N\}$为顶点状态预测值。基于式（16.1）对未来状态做预报，得到

$$\begin{aligned}\hat{\boldsymbol{x}}(k+1|k)&=\boldsymbol{A}(k)\hat{\boldsymbol{x}}(k|k)+\boldsymbol{B}(k)\boldsymbol{u}(k|k)\\&=\sum_{l_0=1}^{L}\omega_{l_0}(k)\left[\boldsymbol{A}_{l_0}\hat{\boldsymbol{x}}(k|k)+\boldsymbol{B}_{l_0}\boldsymbol{u}(k|k)\right]\\&=\sum_{l_0=1}^{L}\omega_{l_0}(k)\hat{\boldsymbol{x}}^{l_0}(k+1|k)\end{aligned}$$

$$\begin{aligned}\hat{\boldsymbol{x}}(k+2|k)&=\boldsymbol{A}(k+1)\hat{\boldsymbol{x}}(k+1|k)+\boldsymbol{B}(k+1)\boldsymbol{u}(k+1|k)\\&=\sum_{l_1=1}^{L}\omega_{l_1}(k+1)\left[\boldsymbol{A}_{l_1}\hat{\boldsymbol{x}}(k+1|k)+\boldsymbol{B}_{l_1}\boldsymbol{u}(k+1|k)\right]\\&=\sum_{l_1=1}^{L}\omega_{l_1}(k+1)\left[\boldsymbol{A}_{l_1}\sum_{l_0=1}^{L}\omega_{l_0}(k)\hat{\boldsymbol{x}}^{l_0}(k+1|k)+\boldsymbol{B}_{l_1}\sum_{l_0=1}^{L}\omega_{l_0}(k)\boldsymbol{u}^{l_0}(k+1|k)\right]\\&=\sum_{l_1=1}^{L}\sum_{l_0=1}^{L}\omega_{l_1}(k+1)\omega_{l_0}(k)\hat{\boldsymbol{x}}^{l_1l_0}(k+2|k)\\&\ \ \vdots\end{aligned}$$

故这些$\hat{\boldsymbol{x}}(k+i|k)$属于多胞。写成向量的形式为

$$\begin{bmatrix}\hat{\boldsymbol{x}}(k+1|k)\\\hat{\boldsymbol{x}}(k+2|k)\\\vdots\\\hat{\boldsymbol{x}}(k+N|k)\end{bmatrix}=\sum_{l_0\cdots l_{N-1}=1}^{L}\left(\prod_{h=0}^{N-1}\omega_{l_h}(k+h)\begin{bmatrix}\hat{\boldsymbol{x}}^{l_0}(k+1|k)\\\hat{\boldsymbol{x}}^{l_1l_0}(k+2|k)\\\vdots\\\hat{\boldsymbol{x}}^{l_{N-1}\cdots l_1l_0}(k+N|k)\end{bmatrix}\right)$$

$$\sum_{l_0\cdots l_{i-1}=1}^{L}\left(\prod_{h=0}^{i-1}\omega_{l_h}(k+h)\right)=1,\ i\in\{1,\cdots,N\}\tag{16.8}$$

$$\begin{bmatrix}\hat{\boldsymbol{x}}^{l_0}(k+1|k)\\\hat{\boldsymbol{x}}^{l_1l_0}(k+2|k)\\\vdots\\\hat{\boldsymbol{x}}^{l_{N-1}\cdots l_1l_0}(k+N|k)\end{bmatrix}=\begin{bmatrix}\boldsymbol{A}_{l_0}\\\boldsymbol{A}_{l_1}\boldsymbol{A}_{l_0}\\\vdots\\\prod_{i=0}^{N-1}\boldsymbol{A}_{l_{N-1-i}}\end{bmatrix}\hat{\boldsymbol{x}}(k|k)$$

$$+\begin{bmatrix} B_{l_0} & 0 & \cdots & 0 \\ A_{l_1}B_{l_0} & B_{l_1} & \ddots & \vdots \\ \vdots & \vdots & \ddots & 0 \\ \prod_{i=0}^{N-2}A_{l_{N-1-i}}B_{l_0} & \prod_{i=0}^{N-3}A_{l_{N-1-i}}B_{l_1} & \cdots & B_{l_{N-1}} \end{bmatrix} \times \begin{bmatrix} u(k|k) \\ u^{l_0}(k+1|k) \\ \vdots \\ u^{l_{N-2}\cdots l_1 l_0}(k+N-1|k) \end{bmatrix} \tag{16.9}$$

现在，我们定义顶点$\begin{bmatrix} \hat{x}^{l_0}(k+1|k) \\ \hat{x}^{l_1 l_0}(k+2|k) \\ \vdots \\ \hat{x}^{l_{N-1}\cdots l_1 l_0}(k+N|k) \end{bmatrix}$和$\begin{bmatrix} u(k|k) \\ u^{l_0}(k+1|k) \\ \vdots \\ u^{l_{N-2}\cdots l_1 l_0}(k+N-1|k) \end{bmatrix}$的二次型正定函数如下：

$$\begin{aligned} \tilde{J}_0^N(k) = & \sum_{l_0=1}^{L} \| \hat{x}^{l_0}(k+1|k) - \hat{x}_{ss}^{l_0} \|^2_{\mathscr{Q}_{1,l_0}} + \| u(k|k) - u_{ss} \|^2_{\mathscr{R}_0} \\ & + \sum_{l_1=1}^{L}\sum_{l_0=1}^{L} \| \hat{x}^{l_1 l_0}(k+2|k) - \hat{x}_{ss}^{l_1 l_0} \|^2_{\mathscr{Q}_{2,l_1,l_0}} + \| u^{l_0}(k+1|k) - u_{ss} \|^2_{\mathscr{R}_{1,l_0}} \\ & + \cdots \\ & + \sum_{l_{N-1}=1}^{L} \cdots \sum_{l_1=1}^{L}\sum_{l_0=1}^{L} \| \hat{x}^{l_{N-1}\cdots l_1 l_0}(k+N|k) - \hat{x}_{ss}^{l_{N-1}\cdots l_1 l_0} \|^2_{\mathscr{Q}_{N,l_{N-1}\cdots l_1 l_0}} \\ & + \sum_{l_{N-2}=1}^{L} \cdots \sum_{l_1=1}^{L}\sum_{l_0=1}^{L} \| u^{l_{N-2}\cdots l_1 l_0}(k+N-1|k) - u_{ss} \|^2_{\mathscr{R}_{N-1,l_{N-2}\cdots l_1 l_0}} \end{aligned}$$

其中，$\mathscr{Q}_{1,l_0}$，$\mathscr{R}_0$，$\mathscr{Q}_{2,l_1,l_0}$，$\mathscr{R}_{1,l_0}$，$\cdots$，$\mathscr{Q}_{N,l_{N-1}\cdots l_1 l_0}$，$\mathscr{R}_{N-1,l_{N-2}\cdots l_1 l_0}$都是非负的加权矩阵，$u_{ss}$是 u 的稳态目标值，而

$$\begin{bmatrix} \hat{x}_{ss}^{l_0} \\ \hat{x}_{ss}^{l_1 l_0} \\ \vdots \\ \hat{x}_{ss}^{l_{N-1}\cdots l_1 l_0} \end{bmatrix} = \begin{bmatrix} A_{l_0} \\ A_{l_1}A_{l_0} \\ \vdots \\ \prod_{i=0}^{N-1}A_{l_{N-1-i}} \end{bmatrix} \hat{x}_{ss} + \begin{bmatrix} B_{l_0} & 0 & \cdots & 0 \\ A_{l_1}B_{l_0} & B_{l_1} & \ddots & \vdots \\ \vdots & \vdots & \ddots & 0 \\ \prod_{i=0}^{N-2}A_{l_{N-1-i}}B_{l_0} & \prod_{i=0}^{N-3}A_{l_{N-1-i}}B_{l_1} & \cdots & B_{l_{N-1}} \end{bmatrix} \begin{bmatrix} u_{ss} \\ u_{ss} \\ \vdots \\ u_{ss} \end{bmatrix} \tag{16.10}$$

每个时刻以$\begin{bmatrix} \hat{\boldsymbol{x}}^{l_0}\ (k+1|k) \\ \hat{\boldsymbol{x}}^{l_1 l_0}\ (k+2|k) \\ \vdots \\ \hat{\boldsymbol{x}}^{l_{N-1}\cdots l_1 l_0}\ (k+N|k) \end{bmatrix}$和$\begin{bmatrix} \boldsymbol{u}\ (k|k) \\ \boldsymbol{u}^{l_0}\ (k+1|k) \\ \vdots \\ \boldsymbol{u}^{l_{N-2}\cdots l_1 l_0}\ (k+N-1|k) \end{bmatrix}$作为决策变量，求解如下二次规划问题

$$\min \tilde{J}_0^N(k),\ \text{s.t. 式(16.9), 式(16.10), 式(16.12), 式(16.13)} \tag{16.11}$$

$$-\underline{\boldsymbol{u}} \leqslant \boldsymbol{u}(k|k) \leqslant \overline{\boldsymbol{u}},\quad -\underline{\boldsymbol{u}} \leqslant \boldsymbol{u}^{l_{i-1}\cdots l_1 l_0}(k+i|k) \leqslant \overline{\boldsymbol{u}}$$
$$i \in \{1,\cdots,N-1\},\ l_{i-1} \in \{1,\cdots,L\} \tag{16.12}$$

$$-\begin{bmatrix} \underline{\boldsymbol{\psi}} \\ \underline{\boldsymbol{\psi}} \\ \vdots \\ \underline{\boldsymbol{\psi}} \end{bmatrix} \leqslant \tilde{\boldsymbol{\Psi}} \begin{bmatrix} \hat{\boldsymbol{x}}^{l_0}(k+1|k) \\ \hat{\boldsymbol{x}}^{l_1 l_0}(k+2|k) \\ \vdots \\ \hat{\boldsymbol{x}}^{l_{N-1}\cdots l_1 l_0}(k+N|k) \end{bmatrix} \leqslant \begin{bmatrix} \overline{\boldsymbol{\psi}} \\ \overline{\boldsymbol{\psi}} \\ \vdots \\ \overline{\boldsymbol{\psi}} \end{bmatrix}$$
$$l_j \in \{1,\cdots,L\},\ j \in \{0,\cdots,N-1\} \tag{16.13}$$

并将$\boldsymbol{u}(k|k)$送入实际系统，其中$\tilde{\boldsymbol{\Psi}}$是以$\boldsymbol{\Psi}$为对角分块的分块对角矩阵。

称采用式（16.11）的方法为启发式开环输出反馈预测控制，它将第9章的启发式开环预测控制中的$\boldsymbol{x}$替换为$\hat{\boldsymbol{x}}$，表观上的区别就是这么小。该启发式开环输出反馈预测控制有如下特性：

1）比采用稳定性综合要素的输出反馈预测控制方法计算量小；

2）不能从理论上证明或保证稳定性；

3）一个可以圆通的说法是$\hat{\boldsymbol{x}}_{ss}$和$\boldsymbol{u}_{ss}$满足某个稳态非线性方程$\boldsymbol{g}(\hat{\boldsymbol{x}}_{ss}+\boldsymbol{x}_{\mathrm{eq}},\boldsymbol{u}_{ss}+\boldsymbol{u}_{\mathrm{eq}})=\boldsymbol{0}$，或满足$\hat{x}_{ss}=A_{\mathrm{o}}\hat{x}_{ss}+B_{\mathrm{o}}u_{ss}+L_{\mathrm{o}}y_{ss}$。

针对第3）点，其实还有可以改进的地方，在第9章中没有讲。在工业预测控制中，计算$\boldsymbol{x}_{ss}$和$\boldsymbol{u}_{ss}$的模块被称为稳态目标计算模块。在稳态目标计算模块中，虽有采用非线性模型的情况，但多数时候采用线性模型（与动态控制模块所用模型相同）。对含有稳态目标计算的预测控制（称为双层结构预测控制），针对多胞模型的文献甚少。文献［219］给出了采用多胞模型时如何做稳态目标计算的思路。采用文献［219］的思路，可求解满足如下约束的$\{\boldsymbol{x}_{ss},\ \boldsymbol{u}_{ss},\ \boldsymbol{d}_l\}(k)$：

$$\boldsymbol{x}_{ss}(k)=\boldsymbol{A}_l\boldsymbol{x}_{ss}(k)+\boldsymbol{B}_l\boldsymbol{u}_{ss}(k)+\boldsymbol{d}_l(k),\ l\in\{1,\ 2,\cdots,L\} \tag{16.14}$$

$$-\underline{\boldsymbol{u}} \leqslant \boldsymbol{u}_{ss}(k) \leqslant \overline{\boldsymbol{u}} \tag{16.15}$$

$$-\underline{\boldsymbol{\psi}} \leqslant \boldsymbol{\Psi}\boldsymbol{x}_{ss}(k) \leqslant \overline{\boldsymbol{\psi}} \tag{16.16}$$

其中，$\boldsymbol{d}_l(k)$为人工干扰。可以在求解$\{\boldsymbol{x}_{ss},\ \boldsymbol{u}_{ss},\ \boldsymbol{d}_l\}(k)$的性能指标中加入$\sum_{l=1}^{L}\|\boldsymbol{d}_l(k)\|^2$，使$\boldsymbol{d}_l(k)$的幅值得到某种程度的最小化。为达到无静差控制，关于状态的动态预测与其稳态预测必须具有一致性，因此既然采用式(16.14)～式(16.16)，就应该将式(16.1)改写为

$$\boldsymbol{x}(k+1)=\boldsymbol{A}(k)\boldsymbol{x}(k)+\boldsymbol{B}(k)\boldsymbol{u}(k)+\boldsymbol{d}(k)$$

$$d_l(k+1)=d_l(k),\ l\in\{1,2,\cdots,L\}$$
$$y(k)=C(k)x(k),\ [A(k)\mid B(k)\mid C(k)]\in\Omega \tag{16.17}$$

其中，$d(k)=\sum_{l=1}^{L}\omega_l(k)d_l(k)$。显然式(16.14)~式(16.17)不依赖于状态是否可测。

本书作者在文献［18］中，详细讨论了标称模型情况下稳态目标$\{x_{ss},u_{ss}\}(k)$的计算方法。在文献［18］中，$d(k)$（不再是参数依赖的）的估计是采用 Kalman 滤波得到的，而在前面基于文献［219］思路的做法中，$d_l(k)$是由稳态目标计算模块得到的。请问为什么有这个区别？在文献[18]中，我们相信模型$x(k+1)=Ax(k)+Bu(k)$与实际系统失配，所以才添加$d(k)$得到$x(k+1)=Ax(k)+Bu(k)+d(k)$，以与实际系统匹配。但是，对模型式（16.1），我们相信其已经包含了实际系统的动态行为，添加$d_l(k)$完全出自于稳态目标计算的需要，因为通常无法满足$x_{ss}(k)=A_lx_{ss}(k)+B_lu_{ss}(k)$，$l\in\{1,2,\cdots,L\}$。

基于式（16.17），状态预测方程式（16.9）应该改写为

$$\begin{bmatrix}\hat{x}^{l_0}(k+1\mid k)\\ \hat{x}^{l_1l_0}(k+2\mid k)\\ \vdots\\ \hat{x}^{l_{N-1}\cdots l_1l_0}(k+N\mid k)\end{bmatrix}=\begin{bmatrix}A_{l_0}\\ A_{l_1}A_{l_0}\\ \vdots\\ \prod_{i=0}^{N-1}A_{l_{N-1-i}}\end{bmatrix}\hat{x}(k\mid k)$$
$$+\begin{bmatrix}B_{l_0} & 0 & \cdots & 0\\ A_{l_1}B_{l_0} & B_{l_1} & \ddots & \vdots\\ \vdots & \vdots & \ddots & 0\\ \prod_{i=0}^{N-2}A_{l_{N-1-i}}B_{l_0} & \prod_{i=0}^{N-3}A_{l_{N-1-i}}B_{l_1} & \cdots & B_{l_{N-1}}\end{bmatrix}$$
$$\times\begin{bmatrix}u(k\mid k)\\ u^{l_0}(k+1\mid k)\\ \vdots\\ u^{l_{N-2}\cdots l_1l_0}(k+N-1\mid k)\end{bmatrix}$$
$$+\begin{bmatrix}I & 0 & \cdots & 0\\ A_{l_1} & I & \ddots & \vdots\\ \vdots & \vdots & \ddots & 0\\ \prod_{i=0}^{N-2}A_{l_{N-1-i}} & \prod_{i=0}^{N-3}A_{l_{N-1-i}} & \cdots & I\end{bmatrix}\begin{bmatrix}d_{l_0}(k)\\ d_{l_1}(k)\\ \vdots\\ d_{l_{N-1}}(k)\end{bmatrix} \tag{16.18}$$

实时状态预测值仍采用式（16.4）。

我们重新定义顶点$\begin{bmatrix}\hat{x}^{l_0}(k+1\mid k)\\ \hat{x}^{l_1l_0}(k+2\mid k)\\ \vdots\\ \hat{x}^{l_{N-1}\cdots l_1l_0}(k+N\mid k)\end{bmatrix}$和$\begin{bmatrix}u(k\mid k)\\ u^{l_0}(k+1\mid k)\\ \vdots\\ u^{l_{N-2}\cdots l_1l_0}(k+N-1\mid k)\end{bmatrix}$的二次型正定函数如下：

$$\hat{J}_0^N(k)=\sum_{l_0=1}^{L}\|\hat{x}^{l_0}(k+1\mid k)-\hat{x}_{ss}(k)\|_{\mathcal{Q}_{1,l_0}}^2+\|u(k\mid k)-u_{ss}\|_{\mathcal{R}_0}^2$$

$$+\sum_{l_1=1}^{L}\sum_{l_0=1}^{L}\|\hat{\boldsymbol{x}}^{l_1l_0}(k+2|k)-\hat{\boldsymbol{x}}_{ss}(k)\|_{\mathscr{Q}_{2,l_1,l_0}}^2+\|\boldsymbol{u}^{l_0}(k+1|k)-\boldsymbol{u}_{ss}\|_{\mathscr{R}_{1,l_0}}^2$$
$$+\cdots$$
$$+\sum_{l_{N-1}=1}^{L}\cdots\sum_{l_1=1}^{L}\sum_{l_0=1}^{L}\|\hat{\boldsymbol{x}}^{l_{N-1}\cdots l_1l_0}(k+N|k)-\hat{\boldsymbol{x}}_{ss}(k)\|_{\mathscr{Q}_{N,l_{N-1}\cdots l_1l_0}}^2$$
$$+\sum_{l_{N-2}=1}^{L}\cdots\sum_{l_1=1}^{L}\sum_{l_0=1}^{L}\|\boldsymbol{u}^{l_{N-2}\cdots l_1l_0}(k+N-1|k)-\boldsymbol{u}_{ss}\|_{\mathscr{R}_{N-1,l_{N-2}\cdots l_1l_0}}^2$$

其中，$\hat{\boldsymbol{x}}_{ss}$正好满足

$$\begin{bmatrix}\hat{\boldsymbol{x}}_{ss}(k)\\ \hat{\boldsymbol{x}}_{ss}(k)\\ \vdots\\ \hat{\boldsymbol{x}}_{ss}(k)\end{bmatrix}=\begin{bmatrix}\boldsymbol{A}_{l_0}\\ \boldsymbol{A}_{l_1}\boldsymbol{A}_{l_0}\\ \vdots\\ \prod_{i=0}^{N-1}\boldsymbol{A}_{l_{N-1-i}}\end{bmatrix}\hat{\boldsymbol{x}}_{ss}(k)$$
$$+\begin{bmatrix}\boldsymbol{B}_{l_0} & \boldsymbol{0} & \cdots & \boldsymbol{0}\\ \boldsymbol{A}_{l_1}\boldsymbol{B}_{l_0} & \boldsymbol{B}_{l_1} & \ddots & \vdots\\ \vdots & \vdots & \ddots & \boldsymbol{0}\\ \prod_{i=0}^{N-2}\boldsymbol{A}_{l_{N-1-i}}\boldsymbol{B}_{l_0} & \prod_{i=0}^{N-3}\boldsymbol{A}_{l_{N-1-i}}\boldsymbol{B}_{l_1} & \cdots & \boldsymbol{B}_{l_{N-1}}\end{bmatrix}\begin{bmatrix}\boldsymbol{u}_{ss}(k)\\ \boldsymbol{u}_{ss}(k)\\ \vdots\\ \boldsymbol{u}_{ss}(k)\end{bmatrix}$$
$$+\begin{bmatrix}\boldsymbol{I} & \boldsymbol{0} & \cdots & \boldsymbol{0}\\ \boldsymbol{A}_{l_1} & \boldsymbol{I} & \ddots & \vdots\\ \vdots & \vdots & \ddots & \boldsymbol{0}\\ \prod_{i=0}^{N-2}\boldsymbol{A}_{l_{N-1-i}} & \prod_{i=0}^{N-3}\boldsymbol{A}_{l_{N-1-i}} & \cdots & \boldsymbol{I}\end{bmatrix}\begin{bmatrix}\boldsymbol{d}_{l_0}(k)\\ \boldsymbol{d}_{l_1}(k)\\ \vdots\\ \boldsymbol{d}_{l_{N-1}}(k)\end{bmatrix}$$

每个时刻，不求解式（16.11），而是求解二次规划问题

$$\min \hat{J}_0^N(k),\ \text{s.t. 式}(16.18),\text{式}(16.12),\text{式}(16.13) \tag{16.19}$$

并将$\boldsymbol{u}(k|k)$送入实际系统。

问：式（16.11）和式（16.19）哪一个更好？没有哪一个更好，前者适合于$\boldsymbol{x}_{ss}$和$\boldsymbol{u}_{ss}$满足某个稳态非线性方程$\boldsymbol{g}(\boldsymbol{x}_{ss}+\boldsymbol{x}_{\text{eq}},\boldsymbol{u}_{ss}+\boldsymbol{u}_{\text{eq}})=\boldsymbol{0}$，后者适合于$\boldsymbol{x}_{ss}$和$\boldsymbol{u}_{ss}$满足式（16.14）。

请读者注意式（16.17）中出现的$\boldsymbol{d}_l(k)$，它们改变了多胞描述模型$\boldsymbol{x}(k+1)=\boldsymbol{A}(k)\boldsymbol{x}(k)+\boldsymbol{B}(k)\boldsymbol{u}(k)$这个事实，说明多胞描述模型$\boldsymbol{x}(k+1)=\boldsymbol{A}(k)\boldsymbol{x}(k)+\boldsymbol{B}(k)\boldsymbol{u}(k)$并不严格适合于跟踪控制中消除余差的问题（就需要消除余差而言，它更适合于调节问题）。定义$\bar{\boldsymbol{x}}=\boldsymbol{x}-\boldsymbol{x}_{ss}$和$\bar{\boldsymbol{u}}=\boldsymbol{u}-\boldsymbol{u}_{ss}$，用于式（16.17）（不是用于式（16.1）），得到

$$\bar{\boldsymbol{x}}(k+1)=\boldsymbol{A}(k)\bar{\boldsymbol{x}}(k)+\boldsymbol{B}(k)\bar{\boldsymbol{u}}(k)$$
$$\boldsymbol{y}(k)=\boldsymbol{C}(k)\bar{\boldsymbol{x}}(k)+\boldsymbol{C}(k)\boldsymbol{x}_{ss}(k),\ [\boldsymbol{A}(k)|\boldsymbol{B}(k)|\boldsymbol{C}(k)]\in\Omega \tag{16.20}$$

在式（16.20）中$\boldsymbol{d}_l(k)$是不必出现的。$\boldsymbol{y}(k)$的表达式中的尾巴$\boldsymbol{C}(k)\boldsymbol{x}_{ss}(k)$，如果$\boldsymbol{C}(k)=\boldsymbol{C}$为时不变的，可以砍掉，即表示为$\bar{\boldsymbol{y}}(k)=\boldsymbol{C}\bar{\boldsymbol{x}}(k)$。但诚如第9章所说，如果$\boldsymbol{x}_{ss}(k)$是时变的，就像工业双层结构预测控制那样，则关于$\bar{\boldsymbol{x}}$和$\bar{\boldsymbol{u}}$的约束界就得随时变，这对启发式的预测控制技术和工业预测控制并非难事，但对像预测控制综合方法这样的理论问题研究却会带来很大的麻烦。

第 17 章　输出反馈不能来源于简单地推广状态可测时的结果

重写多胞描述模型如下：

$$x(k+1)=A(k)x(k)+B(k)u(k)+D(k)v(k)$$

$$y(k)=C(k)x(k)+E(k)w(k),\ [A(k)|B(k)|C(k)|D(k)|E(k)]\in\Omega \tag{17.1}$$

在模型式（17.1）中，$u\in\mathbb{R}^{n_u}$为控制输入，$x\in\mathbb{R}^{n_x}$为系统状态，$y\in\mathbb{R}^{n_y}$为系统输出，$v\in\mathbb{R}^{n_v}$为过程噪声/干扰，$w\in\mathbb{R}^{n_w}$为量测噪声/干扰，而 Ω 定义为如下的多胞：

$$\Omega=\mathrm{Co}\{[A_1|B_1|C_1|D_1|E_1],[A_2|B_2|C_2|D_2|E_2],\cdots,[A_L|B_L|C_L|D_L|E_L]\}$$

也就是说，存在 L 个非负的系数 $\omega_l(k)$，$l\in\{1,\cdots,L\}$ 使得

$$\sum_{l=1}^{L}\omega_l(k)=1,\ [A(k)|B(k)|C(k)|D(k)|E(k)]=\sum_{l=1}^{L}\omega_l(k)[A_l|B_l|C_l|D_l|E_l] \tag{17.2}$$

$[A_l|B_l|C_l|D_l|E_l]$被称为多胞的顶点，这些顶点值已知即给定。我们一般假设 $\omega_l(k)$的值未知、不可测、不可直接计算。假设 x 是不可测的，y 是可测的。

对多胞模型，输出反馈鲁棒预测控制并没有成为研究热点。到目前为止，针对模型式（17.1）和式（17.2）的输出反馈鲁棒预测控制，本书作者仅见到本书作者（包括与本书作者密切合作过的作者）的预测控制综合方法论文发表过。可以肯定的是，并不是其他学者没有考虑过这个问题，其实还是有少量论文针对$v(k)\equiv 0$，$w(k)\equiv 0$ 的情况研究过这一问题的，对此我们暂时省略描述。早在 2004 年，本书作者考虑$v(k)\equiv 0$，$w(k)\equiv 0$ 的情况，研究了鲁棒输出反馈预测控制，见文献［14］，状态观测器和控制律如下：

$$\hat{x}(k+1)=A_0\hat{x}(k)+B_0u(k)+L_o(y(k)-C_0\hat{x}(k)) \tag{17.3}$$

$$u(k+i|k)=F(k)\hat{x}(k+i|k),\ i\geqslant 0 \tag{17.4}$$

其中，$[A_0\ |\ B_0\ |\ C_0]$ 为标称模型参数，$F(k)$是主优化问题的决策变量。在文献［14］中，对于动态输出反馈中必须考虑状态估计误差集合这一基本问题，采用的方案是令估计状态、估计误差、真实状态在同一个椭圆集合$\mathscr{E}_{Q^{-1}}$中。“必须考虑状态估计误差集合”虽然是个基本问题，但是针对多胞描述模型却是在文献［14］中首先做到/强调的。注意：

什么是动态输出反馈？用状态的估计值或类似状态估计值的信号进行反馈的，叫作动态输出反馈。输出影响了一个信号的动态方程；

什么是输出反馈？用输出进行反馈，包括动态输出反馈和静态输出反馈，都叫作输出反馈。工业预测控制主要是输出反馈的。如果用过去一段时间的输入和输出作为状态，采用非最小实现的状态空间模型，则不需要对状态进行估计，但得到的也是输出反馈，除了广义预测控制（GPC）本质上就如此（见式（3.20））外，更明确的研究见文献［100，211，212，19，251，162］。

“令估计状态、估计误差、真实状态在同一个椭圆集合$\mathscr{E}_{Q^{-1}}$中”的做法相当保守，因此

本书作者在2004年就考虑让扩展状态 $\tilde{\boldsymbol{x}}=[\hat{\boldsymbol{x}}^{\mathrm{T}},\boldsymbol{e}^{\mathrm{T}}]^{\mathrm{T}}$ 在一个大椭圆集合 $\mathscr{E}_{\boldsymbol{Q}^{-1}}$ 中，这就是后来发表的论文[60]。注意文献［60］的 $\boldsymbol{Q}$ 的阶数与 $\tilde{\boldsymbol{x}}$ 的维数相同，而文献［14］的 $\boldsymbol{Q}$ 的阶数与 $\boldsymbol{x}$ 的维数相同，所以这是两个不同的 $\boldsymbol{Q}$，此处为了表达上的方便，以及与文献保持一致的愿望，没有用两个不同的矩阵符号表示。2005年投稿 Automatica 时，作者针对 $\boldsymbol{v}(k)\equiv0$、$\boldsymbol{w}(k)\equiv0$，状态观测器和控制律如下：

$$\hat{\boldsymbol{x}}(k+i+1)=\boldsymbol{A}_{\mathrm{o}}(k)\hat{\boldsymbol{x}}(k+i|k)+\boldsymbol{B}_{\mathrm{o}}\boldsymbol{u}(k+i|k)+\boldsymbol{L}_{\mathrm{o}}\boldsymbol{y}(k+i|k) \tag{17.5}$$

$$\boldsymbol{u}(k+i|k)=\boldsymbol{F}(k)\hat{\boldsymbol{x}}(k+i|k),\ i\geqslant0 \tag{17.6}$$

其中，$\{\boldsymbol{A}_{\mathrm{o}},\boldsymbol{F}\}(k)$ 都是主优化问题中的决策变量。但是论文评审意见中要求考虑噪声/干扰（原因是考虑输出反馈，容易让人想到 Kalman 滤波中的噪声）。根据实际需要发表的结果，文献［60］采用了如下的假设：

a1. $[\boldsymbol{A}|\boldsymbol{B}|\boldsymbol{C}](k)\in\mathrm{Co}\{[\boldsymbol{A}_l|\boldsymbol{B}_l|\boldsymbol{C}_l]\mid l=1,\cdots,L\}$；

a2. $[\boldsymbol{D}|\boldsymbol{E}](k)\in\mathrm{Co}\{[\boldsymbol{D}_l|\boldsymbol{E}_l]\mid l=1,\cdots,p\}$；

a3. $\boldsymbol{v}(k)\in\mathrm{Co}\{\mathscr{V}_1,\mathscr{V}_2,\cdots,\mathscr{V}_{m_{\mathrm{v}}}\}\supseteq\{0\}$，$\boldsymbol{w}(k)\in\mathrm{Co}\{\mathscr{W}_1,\mathscr{W}_2,\cdots,\mathscr{W}_{m_{\mathrm{w}}}\}\supseteq\{0\}$。

采用以上假设表示 a1 ~ a3 中有4个不同的多胞。由于文献［60］的如下特点，这里不再写出它的完整优化问题：

1）它采用的是离线方法，也就是离线地计算一组控制律，在线地适当地从组中选择某一个；

2）如果采用在线方法，即每个时刻求解优化问题，则并不能保证递推可行性；

3）为避免在线更新估计误差集合，加入估计误差约束 $-\bar{\boldsymbol{e}}\leqslant\boldsymbol{e}(k+i|k)\leqslant\bar{\boldsymbol{e}}$（其中 $\bar{\boldsymbol{e}}$ 是离线人工选择的参数），故会给控制器带来较大的保守性。

在忽略一个较弱的差别下，文献［79］可改进为文献［60］，且不再具有以上三个特点。我们此处所说的改进，采用的控制律如下：

$$\boldsymbol{x}_{\mathrm{c}}(k+i+1|k)=\boldsymbol{A}_{\mathrm{c}}(k)\boldsymbol{x}_{\mathrm{c}}(k+i|k)+\boldsymbol{L}_{\mathrm{c}}\boldsymbol{y}(k+i|k) \tag{17.7}$$

$$\boldsymbol{u}(k+i|k)=\boldsymbol{F}_{\mathrm{x}}(k)\boldsymbol{x}_{\mathrm{c}}(k+i|k)+\boldsymbol{F}_{\mathrm{y}}\boldsymbol{y}(k+i|k),\ i\geqslant0 \tag{17.8}$$

其中，$\{\boldsymbol{A}_{\mathrm{c}},\boldsymbol{F}_{\mathrm{x}}\}(k)$ 都是主优化问题的决策变量。容易看出，除式（17.6）中的 $\boldsymbol{F}_{\mathrm{y}}=0$ 外，式(17.5)和式(17.6)与式(17.7)和式(17.8)相比，仅有符号的差别。这个改进当然包括基于假设 a1 ~ a3 的结果，但这里将要列写的优化问题基于一个更一般的假设，即

A0. $\boldsymbol{v}(k)\equiv\boldsymbol{w}(k)$。$[\boldsymbol{A}|\boldsymbol{B}|\boldsymbol{C}|\mathcal{C}|\mathcal{C}'|\boldsymbol{D}\boldsymbol{w}|\boldsymbol{E}\boldsymbol{w}|\mathcal{E}\boldsymbol{w}|\mathcal{E}'\boldsymbol{w}](k)\in\mathrm{Co}\{[\boldsymbol{A}_l|\boldsymbol{B}_l|\boldsymbol{C}_l|\mathcal{C}_l|\mathcal{C}'_l|\boldsymbol{D}_{\mathrm{w}}\bar{\boldsymbol{w}}_l|\boldsymbol{E}_{\mathrm{w}}\bar{\boldsymbol{w}}_l|\mathcal{E}_{\mathrm{w}}\bar{\boldsymbol{w}}_l|\mathcal{E}'_{\mathrm{w}}\bar{\boldsymbol{w}}_l]\,|\,l=1\cdots L\}$。

假设 A0 中，$\mathcal{C}$ 和 $\mathcal{E}$ 的出现是因为文献［79］处理比 $-\underline{\boldsymbol{\psi}}\leqslant\boldsymbol{\Psi}\boldsymbol{x}(k+1)\leqslant\bar{\boldsymbol{\psi}}$ 更一般的如下约束：

$$-\underline{\boldsymbol{\psi}}\leqslant\boldsymbol{\Psi}\boldsymbol{z}(k+1)\leqslant\bar{\boldsymbol{\psi}},\ \boldsymbol{z}=\mathcal{C}(k)\boldsymbol{x}(k)+\mathcal{E}(k)\boldsymbol{w}(k)\in\mathbb{R}^{n_z} \tag{17.9}$$

比如可以取 $\boldsymbol{z}=\boldsymbol{x}$，$\boldsymbol{z}=\boldsymbol{y}$ 等。$\mathcal{C}'$ 和 $\mathcal{E}'$ 的出现是因为文献［79］在二次型性能指标中处理比 $\boldsymbol{x}$ 更一般的如下信号：

$$\boldsymbol{z}'=\mathcal{C}'(k)\tilde{\boldsymbol{x}}(k)+\mathcal{E}'(k)\boldsymbol{w}(k)\in\mathbb{R}^{n_{z'}},\ \tilde{\boldsymbol{x}}=[\boldsymbol{x}^{\mathrm{T}},\boldsymbol{x}_{\mathrm{c}}^{\mathrm{T}}]^{\mathrm{T}}$$

优化问题约束如下：

$$\begin{bmatrix} \boldsymbol{Q}_1 - \boldsymbol{E}_0^{\mathrm{T}}\boldsymbol{Q}_3\boldsymbol{E}_0 & \star \\ I & \rho\boldsymbol{M}_{\mathrm{e}}(k) \end{bmatrix} \geqslant 0, \begin{bmatrix} 1-\rho & \star \\ \boldsymbol{x}_{\mathrm{c}}(k) & \boldsymbol{Q}_3 \end{bmatrix} \geqslant 0 \tag{17.10}$$

$$\sum_{l=1}^{L}\omega_l(k+i)\sum_{j=1}^{L}\omega_j(k+i)\begin{bmatrix} (1-\alpha_{lj})\boldsymbol{Q} & \star & \star & \star & \star \\ \boldsymbol{0} & \alpha_{lj} & \star & \star & \star \\ \sum_{lj} & \boldsymbol{\Gamma}_l\,\bar{\boldsymbol{w}}_j & \boldsymbol{Q} & \star & \star \\ \mathcal{Q}^{1/2}\mathcal{C}_j'\boldsymbol{Q} & \mathcal{Q}^{1/2}\mathcal{E}'\boldsymbol{w}\,\bar{\boldsymbol{w}}_j & \boldsymbol{0} & \gamma\boldsymbol{I} & \star \\ \mathcal{R}^{1/2}\sum_j & \mathcal{R}^{1/2}\boldsymbol{F}_{\mathrm{y}}\boldsymbol{E}_{\mathrm{w}}\,\bar{\boldsymbol{w}}_j & \boldsymbol{0} & \boldsymbol{0} & \gamma\boldsymbol{I} \end{bmatrix} \geqslant 0 \tag{17.11}$$

$$\begin{bmatrix} \boldsymbol{Q} & \star \\ \dfrac{1}{\sqrt{1-\eta_{1s}}}\boldsymbol{\xi}_s\sum_j & \bar{u}_s^2 - \dfrac{1}{\eta_{1s}}(\boldsymbol{\xi}_s\boldsymbol{F}_{\mathrm{y}}\boldsymbol{E}_{\mathrm{w}}\bar{\boldsymbol{w}}_j)^2 \end{bmatrix} \geqslant 0$$

$$j \in \{1, 2, \cdots, L\},\ s \in \{1, 2, \cdots, n_{\mathrm{u}}\} \tag{17.12}$$

$$\sum_{l=1}^{L}\omega_l(k+i)\sum_{j=1}^{L}\omega_j(k+i)$$

$$\begin{bmatrix} \boldsymbol{Q} & \star & \star \\ \boldsymbol{0} & 1 & \star \\ \dfrac{1}{\sqrt{(1-\eta_{2s})(1-\eta_{3s})}}\boldsymbol{\Psi}_s\mathcal{C}_h\sum_{lj}^{1} & \dfrac{1}{\sqrt{(1-\eta_{2s})\eta_{3s}}}\boldsymbol{\Psi}_s\mathcal{C}_h\boldsymbol{\Gamma}_l^1\,\bar{\boldsymbol{w}}_j & \bar{\boldsymbol{\psi}}_s^2 - \dfrac{1}{\eta_{2s}}(\boldsymbol{\Psi}_s\mathcal{E}_{\mathrm{w}}\,\bar{\boldsymbol{w}}_h)^2 \end{bmatrix} \geqslant 0$$

$$h \in \{1, 2, \cdots, L\},\ s \in \{1, 2, \cdots, q\} \tag{17.13}$$

其中，$\boldsymbol{M}_{\mathrm{e}}(k)$是使$\boldsymbol{e}(k)^{\mathrm{T}}\boldsymbol{M}_{\mathrm{e}}(k)\boldsymbol{e}(k) \leqslant 1$的矩阵，而$\boldsymbol{e}(k) = \boldsymbol{x}(k) - \boldsymbol{E}_0^{\mathrm{T}}\boldsymbol{x}_{\mathrm{c}}(k)$。另外，

$$\boldsymbol{Q} = \begin{bmatrix} \boldsymbol{Q}_1 & \boldsymbol{E}_0^{\mathrm{T}}\boldsymbol{Q}_3 \\ \boldsymbol{Q}_3\boldsymbol{E}_0 & \boldsymbol{Q}_3 \end{bmatrix}$$

$$\sum_{lj} = \begin{bmatrix} (\boldsymbol{A}_l + \boldsymbol{B}_l\boldsymbol{F}_{\mathrm{y}}\boldsymbol{C}_j)\boldsymbol{Q}_1 + \boldsymbol{B}_l\hat{\boldsymbol{F}}_{\mathrm{x}}\boldsymbol{E}_0 & (\boldsymbol{A}_l + \boldsymbol{B}_l\boldsymbol{F}_{\mathrm{y}}\boldsymbol{C}_j)\boldsymbol{E}_0^{\mathrm{T}}\boldsymbol{Q}_3 + \boldsymbol{B}_l\hat{\boldsymbol{F}}_{\mathrm{x}} \\ \boldsymbol{L}_{\mathrm{c}}\boldsymbol{C}_j\boldsymbol{Q}_1 + \hat{\boldsymbol{A}}_{\mathrm{c}}\boldsymbol{E}_0 & \boldsymbol{L}_{\mathrm{c}}\boldsymbol{C}_j\boldsymbol{E}_0^{\mathrm{T}}\boldsymbol{Q}_3 + \hat{\boldsymbol{A}}_{\mathrm{c}} \end{bmatrix}$$

$$\sum_{lj}^{1} = [\ (\boldsymbol{A}_l + \boldsymbol{B}_l\boldsymbol{F}_{\mathrm{y}}\boldsymbol{C}_j)\boldsymbol{Q}_1 + \boldsymbol{B}_l\hat{\boldsymbol{F}}_{\mathrm{x}}\boldsymbol{E}_0 \quad (\boldsymbol{A}_l + \boldsymbol{B}_l\boldsymbol{F}_{\mathrm{y}}\boldsymbol{C}_j)\boldsymbol{E}_0^{\mathrm{T}} + \boldsymbol{B}_l\hat{\boldsymbol{F}}_{\mathrm{x}}\ ]$$

$$\sum_{j} = [\ \boldsymbol{F}_{\mathrm{y}}\boldsymbol{C}_jQ_1 + \hat{\boldsymbol{F}}_{\mathrm{x}}\boldsymbol{E}_0 \quad \boldsymbol{F}_{\mathrm{y}}\boldsymbol{C}_j\boldsymbol{E}_0^{\mathrm{T}}\boldsymbol{Q}_3 + \hat{\boldsymbol{F}}_{\mathrm{x}}\ ]$$

$$\hat{\boldsymbol{A}}_{\mathrm{c}} = \boldsymbol{A}_{\mathrm{c}}\boldsymbol{Q}_3,\ \hat{\boldsymbol{F}}_{\mathrm{x}} = \boldsymbol{F}_{\mathrm{x}}Q_3$$

$$\boldsymbol{\Gamma}_l = \begin{bmatrix} \boldsymbol{D}_{\mathrm{w}} + \boldsymbol{B}_l\boldsymbol{F}_{\mathrm{y}}\boldsymbol{E}_{\mathrm{w}} \\ \boldsymbol{L}_{\mathrm{c}}\boldsymbol{E}_{\mathrm{w}} \end{bmatrix},\ \boldsymbol{\Gamma}_l^1 = \boldsymbol{D}_{\mathrm{w}} + \boldsymbol{B}_l\boldsymbol{F}_{\mathrm{y}}\boldsymbol{E}_{\mathrm{w}}$$

每个时刻，以$\{\alpha_{lj}, \eta_{1s}, \eta_{2s}, \eta_{3s}, \gamma, \rho, \hat{\boldsymbol{A}}_{\mathrm{c}}, \hat{\boldsymbol{F}}_{\mathrm{x}}, \boldsymbol{Q}_1, \boldsymbol{Q}_3\}$作为决策变量，最小化$\gamma$，满足约束式(17.10)~式(17.13)，得到控制作用。标量决策变量 $\{\alpha_{lj}, \eta_{1s}, \eta_{2s}, \eta_{3s}\}$ 是因处理噪声/干扰$\boldsymbol{w}$而引入的，在它们已定的情况下约束式(17.10)~式(17.13)都可用 LMI 处理和逼近。

接下来，读者可能对三个问题感兴趣：

q1. 除了定义$\boldsymbol{z}$和$\boldsymbol{z}'$外，还能够说明 A0 比 a1 ~ a3 更一般吗?

q2. 约束式(17.10)~式(17.13)如何解释，它们和第10章的KBM公式有什么关系?

q3. 被忽略的“一个较弱的差别”是什么?

对问题q1的回答是肯定的。$\boldsymbol{D}(k)$和$\boldsymbol{E}(k)$是成形矩阵，故是可调的，不仅其大小可变，其维数也可变，只要$\boldsymbol{D}(k)\boldsymbol{v}(k)$和$\boldsymbol{E}(k)\boldsymbol{w}(k)$保持不变即可。当然，$\boldsymbol{D}(k)$和$\boldsymbol{E}(k)$变化时，$\boldsymbol{v}(k)$和$\boldsymbol{w}(k)$也要变化，才能保证$\boldsymbol{D}(k)\boldsymbol{v}(k)$和$\boldsymbol{E}(k)\boldsymbol{w}(k)$保持不变。这种变化表示我们可以取$\boldsymbol{v}(k)=\boldsymbol{w}(k)$而不会带来保守性。注意，当将$\boldsymbol{D}(k)\boldsymbol{w}(k)$的顶点表示为$\boldsymbol{D}_{\mathrm{w}}\overline{\boldsymbol{w}}_l$时（$\overline{\boldsymbol{w}}_l$不一定是$\boldsymbol{w}(k)$的顶点），不过是采用了一个简单的乘法结合律，就像$(aa')(bb')=a(a'bb')$一样。因此与a1~a3的多胞相比，A0中采用了一个更高维空间的多胞。这个更高维的多胞当然能包含三个低维空间的多胞。采用更一般的假设不会带来保守性，主要优点是使得公式的表达更简洁。

对问题q2，回答是式(17.10)~式(17.13)与KBM的4个公式具有一一对应的关系。KBM的4个公式分别表示初始状态条件、最优性/不变性、输入约束、状态约束；而式(17.10)~式(17.13)分别表示初始扩展状态条件、最优性/不变性、输入约束、$\boldsymbol{z}$的约束。状态反馈→输出反馈、无噪声/干扰→有噪声/干扰、$\boldsymbol{x}\rightarrow\boldsymbol{z}$这些变化带来了式(17.10)~式(17.13)与KBM公式的差别，但是公式的布局并没有改变。从KBM公式的美学角度衡量，式(17.10)~式(17.13)同样是美的。

对问题q3，在回答前还需指出在文献［79］的原文中不是式（17.11），而是代之以如下两个条件：

$$\sum_{l=1}^{L}\omega_l(k+i)\sum_{j=1}^{L}\omega_j(k+i)\begin{bmatrix}(1-\alpha_{lj})\boldsymbol{Q} & \star & \star\\ \boldsymbol{0} & \alpha_{lj}\boldsymbol{I} & \star\\ \sum_{lj} & \boldsymbol{\Gamma}_l\overline{\boldsymbol{w}}_j & \boldsymbol{Q}\end{bmatrix}\geqslant 0 \tag{17.14}$$

$$\sum_{l=1}^{L}\omega_l(k+i)\sum_{j=1}^{L}\omega_j(k+i)\begin{bmatrix}\boldsymbol{Q} & \star & \star & \star\\ \sum_{lj} & \boldsymbol{Q} & \star & \star\\ \mathscr{Q}^{1/2}\mathcal{C}_j'\boldsymbol{Q} & \boldsymbol{0} & \gamma\boldsymbol{I} & \star\\ \mathscr{R}^{1/2}\sum_j & \boldsymbol{0} & \boldsymbol{0} & \gamma\boldsymbol{I}\end{bmatrix}\geqslant 0 \tag{17.15}$$

式（17.14）和式（17.15）分别代表不变性和最优性条件。显然式（17.11）是式（17.14）和式（17.15）的充分条件，但从瞬时可行性的角度，式（17.11）可行等价于式（17.14）和式（17.15）可行。只要式（17.11）被替换成式(17.14)和式(17.15)，则那“一个较弱的差别”就是文献［60］采用了不简化的$\boldsymbol{Q}$（代价是再引入一个$\tilde{\boldsymbol{G}}$），而文献［79］引入$\boldsymbol{E}_0$简化了$\boldsymbol{Q}$。

关于模型式（17.1）和式（17.2）中的$\boldsymbol{D}(k)\boldsymbol{v}(k)$和$\boldsymbol{E}(k)\boldsymbol{w}(k)$，尽管下面的阐述较简单，但是并非不曾引起误解。

（1）在状态/输出预测值中直接考虑了$\boldsymbol{v}$和$\boldsymbol{w}$。仅假设$\boldsymbol{v}$和$\boldsymbol{w}$有界，允许$\boldsymbol{v}$和$\boldsymbol{w}$任意变化，没有其统计特性，故$\boldsymbol{v}$和$\boldsymbol{w}$兼具噪声和干扰的特点。这一点值得注意。其他过程控制文献中，似乎是这样区分噪声和干扰的，即噪声包含在实际物理量的测量值中，或者影响实际物理量的估计值，比如输出噪声，它并没有造成输出真值的变化，因此在状态/输出预测值中不需要考虑；干扰是包含在实际物理量的真值中的，比如输出干扰，它造成了输出真值的变化，因此在状态/输出预测值中需要考虑。

（2）由于 $\boldsymbol{D}(k)$ 和 $\boldsymbol{E}(k)$ 是成形矩阵，因此不能单从 $\boldsymbol{v}(k)$ 和 $\boldsymbol{w}(k)$ 的界来判断噪声/干扰的大小，要从 $\boldsymbol{D}(k)\boldsymbol{v}(k)$ 和 $\boldsymbol{E}(k)\boldsymbol{w}(k)$ 的整体上看噪声/干扰的大小。同时前面说到，假设 $\boldsymbol{v}(k)=\boldsymbol{w}(k)$ 并不失一般性。

（3）以 $\boldsymbol{w}(k)$ 为例，对其界的假设，比较常见的是多胞（凸包）和椭圆两种。假设 $\boldsymbol{w}(k)$ 位于一个椭圆（$\boldsymbol{w}(k)\in\mathscr{E}_{\boldsymbol{P}_{\mathrm{w}}}$，$\boldsymbol{P}_{\mathrm{w}}>0$）并不比假设 $\|\boldsymbol{w}(k)\|\leqslant 1$ 更一般，两者等价，只要适当地改变 $\boldsymbol{w}(k)$ 的成形矩阵。

（4）假设噪声/干扰的界为多胞。如果噪声/干扰某个顶点的负值（相反数）不是顶点，则并不会增大约束式(17.10)～式(17.13)的可行域。比如，如果采用 $\overline{\boldsymbol{w}}_j$ 时式(17.10)～式(17.13)成立，则用 $-\overline{\boldsymbol{w}}_j$ 替换时式(17.10)～式(17.13)仍然成立。以 $\boldsymbol{E}(k)\boldsymbol{w}(k)$ 为例，可将其化成 $\boldsymbol{E}_{\mathrm{w}}\boldsymbol{w}'(k)$，其中 $\boldsymbol{E}_{\mathrm{w}}$ 是一个标称的矩阵。进一步，可得到 $\boldsymbol{E}_{\mathrm{w}}\boldsymbol{w}'(k)\in\mathrm{Co}\{\boldsymbol{E}_{\mathrm{w},h}\sigma(k)\mid h=1,2,\cdots\}$，其中 $\sigma(k)\in[-1,1]$ 的维数为 1，顶点 $\boldsymbol{E}_{\mathrm{w},h}$ 是 $\boldsymbol{E}_{\mathrm{w}}$ 和某些 $\boldsymbol{w}'(k)$ 的顶点合成的结果，一个 $\boldsymbol{w}'(k)$ 的顶点和它的负值中只需选一个参与这种合成。如果 $\boldsymbol{w}'(k)$ 的任意一个顶点的负值也是顶点（因此 $\boldsymbol{w}'(k)$ 的多胞关于 $\{0\}$ 对称），则将 $\boldsymbol{E}(k)\boldsymbol{w}(k)$ 化成顶点表示 $\mathrm{Co}\{\boldsymbol{E}_{\mathrm{w},h}\sigma(k)\mid h=1,2,\cdots\}$ 的过程不需带来保守性（即不需增大多胞的体积）。

（5）顶点表示 $\mathrm{Co}\{\boldsymbol{E}_{\mathrm{w},h}\sigma(k)\mid h=1,2,\cdots\}$ 容易处理，不仅因为 $\sigma(k)$ 是一维的，而且因为它同时是多胞和椭圆形界。

第 18 章　动态输出反馈和二次有界性方法

重写多胞描述模型如下：

$$x(k+1)=A(k)x(k)+B(k)u(k)+D(k)w(k)$$
$$y(k)=C(k)x(k)+E(k)w(k),\ [A(k)|B(k)|C(k)|D(k)|E(k)]\in\Omega \qquad (18.1)$$

在模型式（18.1）中，$u\in\mathbb{R}^{n_u}$为控制输入，$x\in\mathbb{R}^{n_x}$为系统状态，$y\in\mathbb{R}^{n_y}$为系统输出，$w\in\mathbb{R}^{n_w}$为有界噪声/干扰并满足$w(k)\in\mathscr{E}_{P_w}$，而Ω定义为如下的多胞：

$$\Omega=\mathrm{Co}\{[A_1|B_1|C_1|D_1|E_1],[A_2|B_2|C_2|D_2|E_2],\cdots,[A_L|B_L|C_L|D_L|E_L]\}$$

也就是说，存在 L 个非负的系数 $\omega_l(k)$，$l\in\{1,\cdots,L\}$ 使得

$$\sum_{l=1}^{L}\omega_l(k)=1,\ [A(k)\mid B(k)\mid C(k)\mid D(k)\mid E(k)]=\sum_{l=1}^{L}\omega_l(k)[A_l\mid B_l\mid C_l\mid D_l\mid E_l] \qquad (18.2)$$

$[A_l|B_l|C_l|D_l|E_l]$被称为多胞的顶点，这些顶点值已知即给定。我们一般假设 $\omega_l(k)$ 的值未知、不可测、不可直接计算。假设 x 是不可测的，y 是可测的。

在第 17 章，已经采用了如下的控制律：

$$x_c(k+i+1|k)=A_c(k)x_c(k+i|k)+L_cy(k+i|k) \qquad (18.3)$$
$$u(k+i|k)=F_x(k)x_c(k+i|k)+F_yy(k+i|k),\ i\geqslant 0 \qquad (18.4)$$

$\{L_c,F_y\}$是离线确定的，也就是它们并不是在线优化的。为什么要离线确定$\{L_c,F_y\}$？因为当 $\omega_l(k)$ 未知时，同时求解$\{A_c,L_c,F_x,F_y\}$不能化为凸优化问题，对此控制理论中已有定论（即使不考虑 u 和 x 的约束和性能指标的优化），比如见文献［141］。

本书作者 2005 年时正在研究输出反馈预测控制，文献［60］刚刚投稿，希望降低控制器的保守性。现在看来文献［60］的保守性包括如下几个方面：

1）限制状态位于不变集并基于此处理状态相关约束。根据状态可测时鲁棒预测控制的研究经验，现在我们可以说这个保守性应该通过改进稳定性三要素或增大 N 来降低；

2）L_c 和 F_y（在文献［60］中是 L_o 和 $F_y=0$）没有参与 γ 的最小化。从文献［79］的研究经验来看，这个保守性是很显著的；

3）加入估计误差约束是人为的，并非出于控制性能的实际需求。

大概在 2005 年 11 月，本书作者在加拿大 Alberta 大学黄彪教授的实验室做博士后，看到一本资料（应该是博士论文）中有如下动态输出反馈控制律：

$$x_c(k+1)=A_cx_c(k)+B_cy(k) \qquad (18.5)$$
$$u(k)=C_cx_c(k)+D_cy(k),\ i\geqslant 0 \qquad (18.6)$$

本书作者用纸条抄写了该控制律（此后未再见到那本资料），但写成

$$x_c(k+i+1)=A_c(k)x_c(k+i|k)+B_c(k)y(k+i|k) \qquad (18.7)$$
$$u(k+i|k)=C_c(k)x_c(k+i|k)+D_c(k)y(k+i|k),\ i\geqslant 0 \qquad (18.8)$$

带 k 表示要研究预测控制，需在线优化$\{A_c,B_c,C_c,D_c\}(k)$。后来，对 $\omega_l(k)$ 未知的一般情况，本书作者稍微改了一下符号，首次出现于文献［86］，即

$$\boldsymbol{x}_{\mathrm{c}}(k+i+1)=\boldsymbol{A}_{\mathrm{c}}(k)\boldsymbol{x}_{\mathrm{c}}(k+i|k)+\boldsymbol{L}_{\mathrm{c}}(k)\boldsymbol{y}(k+i|k) \tag{18.9}$$

$$\boldsymbol{u}(k+i|k)=\boldsymbol{F}_{\mathrm{x}}(k)\boldsymbol{x}_{\mathrm{c}}(k+i|k)+\boldsymbol{F}_{\mathrm{y}}(k)\boldsymbol{y}(k+i|k),\ i\geqslant 0 \tag{18.10}$$

这是为了更好地体现对文献［60］的继承，以及为了在适当的时候仍采用山寨版的式（18.3）和式（18.4）。

写下式（18.7）和式（18.8）的同时，还抄写了在 $\omega_l(k)$ 已知和未知两种情况下，进行变量代换及将控制律的求解化成 LMI 问题的一些公式。当然，那本资料不是解决预测控制问题的，因此不涉及二次型性能指标的优化及输入/状态约束的处理[⊖]。

另外，要改进文献［60］，噪声/干扰项不能丢掉。虽然文献［60］采用一种方法处理了有界噪声（后来称为范数定界技术），但从不变性条件看起来很笨（见文献［60］的“Proposition2”）。在 2006 年初，本书作者看到文献［20］（研究状态估计问题）所提出的二次有界性概念非常适合在有界噪声/干扰的情况下刻画系统状态的不变性。根据文献［20］，容易得到：

对系统式（18.1）和式（18.2），采用控制律式（18.7）和式（18.8），因此得到闭环系统为 $\hat{\boldsymbol{x}}(k+i+1|k)=\boldsymbol{\Phi}(i,k)\hat{\boldsymbol{x}}(k+i|k)+\boldsymbol{\Gamma}(i,k)\boldsymbol{w}(k+i)$，$\forall i\geqslant 0$。称该闭环系统是二次有界的且具有公共 Lyapunov 矩阵 $\boldsymbol{Q}^{-1}$，如果对所有可能的 $\omega_l(k+i)$ 和 $\boldsymbol{w}(k+i)$，则由 $\tilde{\boldsymbol{x}}(k+i|k)^{\mathrm{T}}\boldsymbol{Q}^{-1}\tilde{\boldsymbol{x}}(k+i|k)\geqslant 1$ 能推出 $\tilde{\boldsymbol{x}}(k+i+1|k)^{\mathrm{T}}\boldsymbol{Q}^{-1}\tilde{\boldsymbol{x}}(k+i+1|k)\leqslant\tilde{\boldsymbol{x}}(k+i|k)^{\mathrm{T}}\boldsymbol{Q}^{-1}\tilde{\boldsymbol{x}}(k+i|k)$。

二次有界性（QB，quadratic boundedness）是由两个词组成的，即二次、有界性。“二次”刻画了系统状态 $\tilde{\boldsymbol{x}}$ 在椭圆 $\mathscr{E}_{\boldsymbol{Q}^{-1}}$ 外部的收敛性态，“有界性”刻画了系统状态 $\tilde{\boldsymbol{x}}\in\mathscr{E}_{\boldsymbol{Q}^{-1}}$ 时的运动形式。“有界性”实际上是“不变性”的代名词，即一旦 $\tilde{\boldsymbol{x}}(k|k)\in\mathscr{E}_{\boldsymbol{Q}^{-1}}$，则对所有 $i\geqslant 0$，$\tilde{\boldsymbol{x}}(k+i|k)\in\mathscr{E}_{\boldsymbol{Q}^{-1}}$。在第 17 章式（17.14）中，我们给出的如下条件就是二次有界性条件：

$$\sum_{l=1}^{L}\omega_l(k+i)\sum_{j=1}^{L}\omega_j(k+i)\begin{bmatrix}(1-\alpha_{lj})\boldsymbol{Q} & \star & \star\\ \boldsymbol{0} & \alpha_{lj}\boldsymbol{I} & \star\\ \sum_{lj} & \boldsymbol{\Gamma}_l\bar{\boldsymbol{w}}_j & \boldsymbol{Q}\end{bmatrix}\geqslant 0$$

当然这不是在 2006 年得到的。

本书作者在 2006 年春季想做的，就是将二次有界性概念和动态输出反馈式（18.7）和式（18.8）相结合，解决输出反馈鲁棒预测控制问题。但是，本书作者毕竟高估了自己的实力或者说是低估了该问题的难度，花费了近 10 年的时间才近似完成原来的设想。下面分别针对 $\omega_l(k)$ 未知和已知两种情况，展示 10 年以来研究的最好公式。

对 $\omega_l(k)$ 未知的情况，多胞描述模型有个名字叫 LPV（linear parameter varying）。这个名字并不好，可是很多文献都在用。词汇“linear parameter varying”根本没有体现出“不确定性”这个意义，而且范数有界不确定性、参数和/或其变化率有界等一些形式的不确定模型也叫 LPV。至少，叫作不确定 LPV（uncertain LPV）会好些。虽如此，在以后的讨论中，我们经常用 LPV 这个名字特指多胞描述模型，因为将 LPV 泛泛地理解为所有“线性参数时变”模型是很宽广的，基本上没有办法给出控制器细节。将二次有界性概念和动态输出反馈

⊖ 对 $\omega_l(k)$ 已知的情形，那些变量代换公式及代表不变性条件的 LMI 已被本书作者完全采用；对 $\omega_l(k)$ 未知的情形，那些变量代换公式及代表不变性条件的 LMI 也对本书作者起到指导作用。

结合的首次尝试体现在文献［76］（第三作者应该就是提供那本资料的人）中，虽然该文辗转在2011年才发表。该文其他方面是对文献［60］的继承，而其将二次有界性概念和动态输出反馈结合的结果也被后来所改进，故多说似乎无用。由于本书作者仅从那本资料中得到变量代换的公式及代表不变性条件的LMI，故相对于KBM公式那样的完整要求而言，尚且缺少初始状态条件、最优性条件、输入约束的处理和状态约束的处理。这些所缺的项目也都在文献［76］中补上，并且在后来改进了。

当$\omega_l(k)$未知时，首先尝试用锥补算法在线求解全部4个参数$\{\boldsymbol{A}_c,\boldsymbol{L}_c,\boldsymbol{F}_x,\boldsymbol{F}_y\}(k)$的是文献［86］。但是，真正首次完成与KBM公式对等结果的是文献［71］。这里列出如下公式：

$$\boldsymbol{M}_1\leqslant\rho\boldsymbol{M}_e(k),\ \boldsymbol{x}_c(k)^{\mathrm{T}}(\boldsymbol{M}_3-\boldsymbol{E}_0\boldsymbol{M}_1\boldsymbol{E}_0^{\mathrm{T}})\boldsymbol{x}_c(k)\leqslant 1-\rho \tag{18.11}$$

$$\sum_{l=1}^{L}\lambda_l(k+i)\sum_{j=1}^{L}\lambda_j(k+i)\begin{bmatrix}(1-\alpha)\boldsymbol{M} & \star & \star & \star\\ \boldsymbol{0} & \alpha\boldsymbol{P}_w & \star & \star\\ \boldsymbol{\Phi}_{lj} & \boldsymbol{\Gamma}_{lj} & \boldsymbol{Q} & \star\\ \begin{bmatrix}\mathscr{Q}^{1/2}\boldsymbol{C}_j & \boldsymbol{0}\\ \mathscr{R}^{1/2}\boldsymbol{F}_y\boldsymbol{C}_j & \mathscr{R}^{1/2}\boldsymbol{F}_x\end{bmatrix} & \begin{bmatrix}\mathscr{Q}^{1/2}\boldsymbol{E}_j\\ \mathscr{R}^{1/2}\boldsymbol{F}_y\boldsymbol{E}_j\end{bmatrix} & \boldsymbol{0} & \gamma\boldsymbol{I}\end{bmatrix}\geqslant 0 \tag{18.12}$$

$$\begin{bmatrix}\boldsymbol{M} & \star & \star\\ \boldsymbol{0} & \boldsymbol{P}_w & \star\\ \boldsymbol{\xi}_s[\boldsymbol{F}_y\boldsymbol{C}_j\quad \boldsymbol{F}_x] & \boldsymbol{\xi}_s\boldsymbol{F}_y\boldsymbol{E}_j & \frac{1}{2}\bar{\boldsymbol{u}}_s^2\end{bmatrix}\geqslant 0,\ j\in\{1,\cdots,L\},\ s\in\{1,\cdots,n_u\} \tag{18.13}$$

$$\sum_{l=1}^{L}\lambda_l(k+i)\sum_{j=1}^{L}\lambda_j(k+i)\begin{bmatrix}\boldsymbol{M} & \star & \star & \star\\ \boldsymbol{0} & \boldsymbol{P}_w & \star & \star\\ \boldsymbol{0} & \boldsymbol{0} & \boldsymbol{P}_w & \star\\ \boldsymbol{\Psi}_s\boldsymbol{C}_h\boldsymbol{\Phi}_{lj}^1 & \boldsymbol{\Psi}_s\boldsymbol{C}_h\boldsymbol{\Gamma}_{lj}^1 & \boldsymbol{\Psi}_s\boldsymbol{E}_h & \frac{1}{3}\bar{\boldsymbol{\psi}}_s^2\end{bmatrix}\geqslant 0$$

$$h\in\{1,\cdots,L\},\ s\in\{1,\cdots,q\} \tag{18.14}$$

其中

$$\boldsymbol{Q}=\begin{bmatrix}\boldsymbol{Q}_1 & \boldsymbol{E}_0^{\mathrm{T}}\boldsymbol{Q}_3\\ \boldsymbol{Q}_3\boldsymbol{E}_0 & \boldsymbol{Q}_3\end{bmatrix},\ \boldsymbol{M}=\boldsymbol{Q}^{-1}=\begin{bmatrix}\boldsymbol{M}_1 & -\boldsymbol{M}_1\boldsymbol{E}_0^{\mathrm{T}}\\ -\boldsymbol{E}_0\boldsymbol{M}_1 & \boldsymbol{M}_3\end{bmatrix} \tag{18.15}$$

$$\boldsymbol{\Phi}_{lj}:=\begin{bmatrix}\boldsymbol{A}_l+\boldsymbol{B}_l\boldsymbol{F}_y\boldsymbol{C}_j & \boldsymbol{B}_l\boldsymbol{F}_x\\ \boldsymbol{L}_c\boldsymbol{C}_j & \boldsymbol{A}_c\end{bmatrix},\ \boldsymbol{\Gamma}_{lj}:=\begin{bmatrix}\boldsymbol{B}_l\boldsymbol{F}_y\boldsymbol{E}_j+\boldsymbol{D}_l\\ \boldsymbol{L}_c\boldsymbol{E}_j\end{bmatrix}$$

$$\boldsymbol{\Phi}_{lj}^1:=[\boldsymbol{A}_l+\boldsymbol{B}_l\boldsymbol{F}_y\boldsymbol{C}_j\quad \boldsymbol{B}_l\boldsymbol{F}_x],\ \boldsymbol{\Gamma}_{lj}^1:=\boldsymbol{B}_l\boldsymbol{F}_y\boldsymbol{E}_j+\boldsymbol{D}_l$$

$\boldsymbol{M}_e(k)$是使$\boldsymbol{e}(k)^{\mathrm{T}}\boldsymbol{M}_e(k)\boldsymbol{e}(k)\leqslant 1$的矩阵，而$\boldsymbol{e}(k)=\boldsymbol{x}(k)-\boldsymbol{E}_0^{\mathrm{T}}\boldsymbol{x}_c(k)$。式(18.11)~式(18.14)分别代表当前扩展状态条件、不变性/最优性条件、输入约束和输出约束，与原版文献［71］的微弱差别就是去掉了$\{\boldsymbol{Z},\boldsymbol{\Gamma}\}$。

在每个时刻，最小化γ，以$\{\alpha,\gamma,\rho,\boldsymbol{A}_c,\boldsymbol{L}_c,\boldsymbol{F}_x,\boldsymbol{F}_y,\boldsymbol{Q}_1,\boldsymbol{Q}_3,\boldsymbol{M}_1,\boldsymbol{M}_3\}$为决策变量，满足

式（18.11）~式（18.14），得到控制作用。这一求解过程采用的是迭代锥补算法，即迭代地采用锥补算法。锥补算法是在必须满足 $\boldsymbol{Q}=\boldsymbol{M}^{-1}$，且同时将正定矩阵 $\boldsymbol{Q}$ 和 $\boldsymbol{M}$ 作为决策变量的情况下，通过迭代地最小化 $\boldsymbol{QP}+\boldsymbol{PQ}$ 的迹，从而找到可行解的方法，见文献［98］。但锥补算法毕竟只是最小化 $\boldsymbol{QP}+\boldsymbol{PQ}$ 的迹而不是最小化 γ，所以文献［71］发明的迭代锥补算法把锥补算法作为迭代最小化 γ 的内循环。应该说，文献［71］的迭代锥补算法是计算量很大的，但也体现了美学特征。

对 $\omega_l(k)$ 已知的情况，多胞描述模型有个名字叫 quasi-LPV（quasi-linear parameter varying）。本书作者接受这个名字也是根据论文评审人的建议。这个名字也不好，可是有些文献用了，实际上叫作不确定 quasi-LPV（uncertain quasi-LPV）会好些。在研究鲁棒预测控制这个问题上，quasi-LPV 和模糊 Takagi-Sugeno 模型撞车了（比如见文献［44，232，229，223，227，234］）。正如上文所说，将二次有界性概念和动态输出反馈结合的首次尝试体现在文献［76］中，虽然该文辗转在 2011 年才发表。文献［76］主要研究一般 LPV 模型，但由于尚未解决同时优化 $\{\boldsymbol{A}_{\rm c},\boldsymbol{B}_{\rm c},\boldsymbol{C}_{\rm c},\boldsymbol{D}_{\rm c},\boldsymbol{Q},\boldsymbol{M}\}$（$\boldsymbol{Q}=\boldsymbol{M}^{-1}$，在文献［76］中尚未改为 $\{\boldsymbol{A}_{\rm c},\boldsymbol{L}_{\rm c},\boldsymbol{F}_{\rm x},\boldsymbol{F}_{\rm y}\}$）的问题，因此文献［76］采用 quasi-LPV 模型的相应优化问题先计算 $\{\boldsymbol{Q},\boldsymbol{M}\}$，然后采用一般 LPV 模型的相应优化问题计算 $\{\boldsymbol{A}_{\rm c},\boldsymbol{B}_{\rm c},\boldsymbol{C}_{\rm c},\boldsymbol{D}_{\rm c}\}$（这和文献［71］同时求解 $\{\boldsymbol{A}_{\rm c},\boldsymbol{L}_{\rm c},\boldsymbol{F}_{\rm x},\boldsymbol{F}_{\rm y},\boldsymbol{Q},\boldsymbol{M}\}$ 是不一样的）。在文献［76］完成后，经过本书作者其后几篇论文的尝试，才得到与 KBM 公式对等的如下公式：

$$\boldsymbol{M}_1\leqslant\rho\boldsymbol{M}_{\rm e}(k),\begin{bmatrix}1-\rho & \star & \star\\ \boldsymbol{x}_{\rm c}(k) & \boldsymbol{Q}_1 & \star\\ \boldsymbol{0} & \boldsymbol{I} & \boldsymbol{M}_1\end{bmatrix}\geqslant 0 \tag{18.16}$$

$$\sum_{l=1}^{L}\lambda_l(k+i)\sum_{j=1}^{L}\lambda_j(k+i)$$

$$\begin{bmatrix}(1-\alpha)\boldsymbol{M}_1 & \star & \star & \star & \star & \star & \star\\ (1-\alpha)\boldsymbol{I} & (1-\alpha)\boldsymbol{Q}_1 & \star & \star & \star & \star & \star\\ \boldsymbol{0} & \boldsymbol{0} & \alpha\boldsymbol{P}_{\rm w} & \star & \star & \star & \star\\ \boldsymbol{A}_l+\boldsymbol{B}_l\hat{\boldsymbol{D}}_{\rm c}\boldsymbol{C}_j & \boldsymbol{A}_l\boldsymbol{Q}_1+\boldsymbol{B}_l\hat{\boldsymbol{C}}_{\rm c}^j & \boldsymbol{B}_l\hat{\boldsymbol{D}}_{\rm c}\boldsymbol{E}_j+\boldsymbol{D}_l & \boldsymbol{Q}_1 & \star & \star & \star\\ \boldsymbol{M}_1\boldsymbol{A}_l+\hat{\boldsymbol{B}}_{\rm c}^l\boldsymbol{C}_j & \hat{\boldsymbol{A}}_{\rm c}^{lj} & \hat{\boldsymbol{B}}_{\rm c}^l\boldsymbol{E}_j+\boldsymbol{M}_1\boldsymbol{D}_l & \boldsymbol{I} & \boldsymbol{M}_1 & \star & \star\\ \mathscr{Q}^{1/2}\boldsymbol{C}_j & \mathscr{Q}^{1/2}\boldsymbol{C}_j\boldsymbol{Q}_1 & \mathscr{Q}^{1/2}\boldsymbol{E}_j & \boldsymbol{0} & \boldsymbol{0} & \gamma\boldsymbol{I} & \star\\ \mathscr{R}^{1/2}\hat{\boldsymbol{D}}_{\rm c}\boldsymbol{C}_j & \mathscr{R}^{1/2}\hat{\boldsymbol{C}}_{\rm c}^j & \mathscr{R}^{1/2}\hat{\boldsymbol{D}}_{\rm c}\boldsymbol{E}_j & \boldsymbol{0} & \boldsymbol{0} & \boldsymbol{0} & \gamma\boldsymbol{I}\end{bmatrix}\geqslant 0 \tag{18.17}$$

$$\begin{bmatrix}\boldsymbol{M}_1 & \star & \star & \star\\ \boldsymbol{I} & \boldsymbol{Q}_1 & \star & \star\\ \boldsymbol{0} & \boldsymbol{0} & \boldsymbol{P}_{\rm w} & \star\\ \boldsymbol{\xi}_s\hat{\boldsymbol{D}}_{\rm c}\boldsymbol{C}_j & \boldsymbol{\xi}_s\hat{\boldsymbol{C}}_{\rm c}^j & \boldsymbol{\xi}_s\hat{\boldsymbol{D}}_{\rm c}\boldsymbol{E}_j & \frac{1}{2}\bar{\boldsymbol{u}}_s^2\end{bmatrix}\geqslant 0$$

$$j\in\{1,\cdots,L\},\ s\in\{1,\cdots,n_{\rm u}\} \tag{18.18}$$

$$\sum_{l=1}^{L}\lambda_l(k+i)\sum_{j=1}^{L}\lambda_j(k+i)$$

$$\begin{bmatrix} \boldsymbol{M}_1 & \star & \star & \star & \star \\ \boldsymbol{I} & \boldsymbol{Q}_1 & \star & \star & \star \\ \boldsymbol{0} & \boldsymbol{0} & \boldsymbol{P}_{\mathrm{w}} & \star & \star \\ \boldsymbol{0} & \boldsymbol{0} & \boldsymbol{0} & \boldsymbol{P}_{\mathrm{w}} & \star \\ \boldsymbol{\Psi}_s\boldsymbol{C}_h(\boldsymbol{A}_l+\boldsymbol{B}_l\hat{\boldsymbol{D}}_{\mathrm{c}}\boldsymbol{C}_j) & \boldsymbol{\Psi}_s\boldsymbol{C}_h(\boldsymbol{A}_l\boldsymbol{Q}_1+\boldsymbol{B}_l\hat{\boldsymbol{C}}_{\mathrm{c}}^j) & \boldsymbol{\Psi}_s\boldsymbol{C}_h(\boldsymbol{B}_l\hat{\boldsymbol{D}}_{\mathrm{c}}\boldsymbol{E}_j+\boldsymbol{D}_l) & \boldsymbol{\Psi}_s\boldsymbol{E}_h & \frac{1}{3}\bar{\boldsymbol{\psi}}_s^2 \end{bmatrix} \geqslant 0$$

$$h\in\{1,\cdots,L\},\ s\in\{1,\cdots,q\} \tag{18.19}$$

其中，$\boldsymbol{M}_{\mathrm{e}}(k)$是使$\boldsymbol{e}(k)^{\mathrm{T}}\boldsymbol{M}_{\mathrm{e}}(k)\boldsymbol{e}(k)\leqslant 1$的矩阵，而$\boldsymbol{e}(k)=\boldsymbol{x}(k)-\boldsymbol{x}_{\mathrm{c}}(k)$。以上4个公式分别代表当前扩展状态条件、不变性/最优性条件、输入约束和输出约束。另外，针对这4个公式采用的控制律是

$$\boldsymbol{x}_{\mathrm{c}}(i+1|k)=\boldsymbol{A}_{\mathrm{c}}(i|k)\boldsymbol{x}_{\mathrm{c}}(i|k)+\boldsymbol{B}_{\mathrm{c}}(i|k)y(i|k) \tag{18.20}$$

$$\boldsymbol{u}(i|k)=\boldsymbol{C}_{\mathrm{c}}(i|k)\boldsymbol{x}_{\mathrm{c}}(i|k)+\boldsymbol{D}_{\mathrm{c}}(i|k)y(i|k) \tag{18.21}$$

其中，控制器参数矩阵是参数依赖的，即

$$\boldsymbol{A}_{\mathrm{c}}(i|k)=\sum_{l=1}^{L}\sum_{j=1}^{L}\lambda_l(k+i)\lambda_j(k+i)\bar{\boldsymbol{A}}_{\mathrm{c}}^{lj}$$

$$\boldsymbol{B}_{\mathrm{c}}(i|k)=\sum_{l=1}^{L}\lambda_l(k+i)\bar{\boldsymbol{B}}_{\mathrm{c}}^{l},\ \boldsymbol{C}_{\mathrm{c}}(i|k)=\sum_{j=1}^{L}\lambda_j(k+i)\bar{\boldsymbol{C}}_{\mathrm{c}}^{j},\ \boldsymbol{D}_{\mathrm{c}}(i|k)=\bar{\boldsymbol{D}}_{\mathrm{c}} \tag{18.22}$$

式（18.16）~式（18.19）中的参数具有如下关系：

反变换

$$\begin{cases} \bar{\boldsymbol{D}}_{\mathrm{c}}=\hat{\boldsymbol{D}}_{\mathrm{c}} \\ \bar{\boldsymbol{C}}_{\mathrm{c}}^{j}=(\hat{\boldsymbol{C}}_{\mathrm{c}}^{j}-\bar{\boldsymbol{D}}_{\mathrm{c}}\boldsymbol{C}_j\boldsymbol{Q}_1)\boldsymbol{Q}_2^{-1} \\ \bar{\boldsymbol{B}}_{\mathrm{c}}^{l}=\boldsymbol{M}_2^{-\mathrm{T}}(\hat{\boldsymbol{B}}_{\mathrm{c}}^{l}-\boldsymbol{M}_1\boldsymbol{B}_l\bar{\boldsymbol{D}}_{\mathrm{c}}) \\ \bar{\boldsymbol{A}}_{\mathrm{c}}^{lj}=\boldsymbol{M}_2^{-\mathrm{T}}(\hat{\boldsymbol{A}}_{\mathrm{c}}^{lj}-\boldsymbol{M}_1\boldsymbol{A}_l\boldsymbol{Q}_1-\boldsymbol{M}_1\boldsymbol{B}_l\bar{\boldsymbol{D}}_{\mathrm{c}}\boldsymbol{C}_j\boldsymbol{Q}_1) \\ \qquad -\boldsymbol{M}_2^{\mathrm{T}}\bar{\boldsymbol{B}}_{\mathrm{c}}^{l}\boldsymbol{C}_j\boldsymbol{Q}_1-\boldsymbol{M}_1\boldsymbol{B}_l\bar{\boldsymbol{C}}_{\mathrm{c}}^{j}\boldsymbol{Q}_2)\boldsymbol{Q}_2^{-1} \end{cases} \tag{18.23}$$

正变换

$$\begin{cases} \hat{\boldsymbol{D}}_{\mathrm{c}}=\bar{\boldsymbol{D}}_{\mathrm{c}} \\ \hat{\boldsymbol{C}}_{\mathrm{c}}^{j}=\bar{\boldsymbol{D}}_{\mathrm{c}}\boldsymbol{C}_j\boldsymbol{Q}_1+\bar{\boldsymbol{C}}_{\mathrm{c}}^{j}\boldsymbol{Q}_2 \\ \hat{\boldsymbol{B}}_{\mathrm{c}}^{l}=\boldsymbol{M}_1\boldsymbol{B}_l\bar{\boldsymbol{D}}_{\mathrm{c}}+\boldsymbol{M}_2^{\mathrm{T}}\bar{\boldsymbol{B}}_{\mathrm{c}}^{l} \\ \hat{\boldsymbol{A}}_{\mathrm{c}}^{lj}=\boldsymbol{M}_1\boldsymbol{A}_l\boldsymbol{Q}_1+\boldsymbol{M}_1\boldsymbol{B}_l\bar{\boldsymbol{D}}_{\mathrm{c}}\boldsymbol{C}_j\boldsymbol{Q}_1+\boldsymbol{M}_2^{\mathrm{T}}\bar{\boldsymbol{B}}_{\mathrm{c}}^{l} \\ \qquad \times\boldsymbol{C}_j\boldsymbol{Q}_1+\boldsymbol{M}_1\boldsymbol{B}_l\bar{\boldsymbol{C}}_{\mathrm{c}}^{j}\boldsymbol{Q}_2+\boldsymbol{M}_2^{\mathrm{T}}\bar{\boldsymbol{A}}_{\mathrm{c}}^{lj}\boldsymbol{Q}_2 \end{cases} \tag{18.24}$$

另外，已经取$\boldsymbol{M}_2=-\boldsymbol{M}_1$，故

$$\boldsymbol{Q}=\begin{bmatrix}\boldsymbol{Q}_1 & \boldsymbol{Q}_3 \\ \boldsymbol{Q}_3 & \boldsymbol{Q}_3\end{bmatrix},\ \boldsymbol{M}=\boldsymbol{Q}^{-1}=\begin{bmatrix}\boldsymbol{M}_1 & -\boldsymbol{M}_1 \\ -\boldsymbol{M}_1 & \boldsymbol{M}_3\end{bmatrix} \tag{18.25}$$

参数依赖控制律式（18.20）~式（18.22）首先在文献［76］采用，但不是采用$\{\hat{\boldsymbol{A}}_{\mathrm{c}}^{lj},\hat{\boldsymbol{B}}_{\mathrm{c}}^{l},\hat{\boldsymbol{C}}_{\mathrm{c}}^{j},\hat{\boldsymbol{D}}_{\mathrm{c}}\}$，而是简化采用$\{\hat{\boldsymbol{A}}_{\mathrm{c}},\hat{\boldsymbol{B}}_{\mathrm{c}},\hat{\boldsymbol{C}}_{\mathrm{c}},\hat{\boldsymbol{D}}_{\mathrm{c}}\}$（为何这样做无从知晓，那张纸条也不在

了)。这种简化得到的是充分条件(“充分”的指代见文献［76］)而不是充要条件。另外,文献［76］并非主要研究 quasi-LPV 情况,因此除了给出不变性/最优性条件、输入约束条件和输出约束条件外,并没有进一步的理论分析。第一篇试图研究 quasi-LPV 模型鲁棒预测控制的在线方法为文献［85］,但正式采用 $\{\hat{\boldsymbol{A}}_c^{lj}, \hat{\boldsymbol{B}}_c^l, \hat{\boldsymbol{C}}_c^j, \hat{\boldsymbol{D}}_c\}$ 并具有式(18.23)和式(18.24)的形式却是在文献［65］中做到的。问:如何想到这种形式的?可能是那张纸条写过,而文献［65］的审稿人要求引用了文献［196］,严格地说在文献［196］中找不到对应形式,此处我们推荐追溯到文献［102, 64］。由于采用了式(18.23)~式(18.24)的形式,因此得到的是一个充要条件(“充要”的指代见文献［65］)。所以,式(18.17)~式(18.19)应该归功于文献［65］,但与原版文献［65］的微弱差别是去掉了$\{\boldsymbol{Z}, \boldsymbol{\Gamma}\}$。然而,文献［65］没有得到式(18.16),因此也没有得到像 KBM 公式所具备的那样的递推可行性。在文献［65］之后,文献［72］进一步确定了式(18.16),并证明了递推可行性。但严格地说,原版文献［72］也没有得到式(18.16),而是得到了

$$\boldsymbol{x}_c(k)^{\mathrm{T}}(\overline{\boldsymbol{M}}_3 - \boldsymbol{M}_1)\boldsymbol{x}_c(k) \leqslant 1-\rho,\ \boldsymbol{M}_1 \leqslant \rho \boldsymbol{M}_e(k)$$
$$\begin{bmatrix} \overline{\boldsymbol{M}}_3 & -\boldsymbol{M}_1 \\ -\boldsymbol{M}_1 & \boldsymbol{M}_4 \end{bmatrix} \geqslant 0,\ \begin{bmatrix} \boldsymbol{M}_1-\boldsymbol{M}_4 & \boldsymbol{I} \\ \boldsymbol{I} & \boldsymbol{Q}_1 \end{bmatrix} \geqslant 0 \tag{18.26}$$

在文献［78］中才将式(18.26)简化为式(18.16),且二者等价!文献［72, 78］都是基于 Takagi-Sugeno 模型所写的(这样做是为方便发表),但它们可纹丝不动地用于quasi-LPV 模型。

下面的问题/总结是,基于一般 LPV 模型和基于 quasi-LPV 模型的关键差别是什么?为什么有这些差别?列述如下:

(1)对一般 LPV 模型,定义 $\boldsymbol{e}=\boldsymbol{x}-\boldsymbol{E}_0^{\mathrm{T}}\boldsymbol{x}_c$,而 $\boldsymbol{x}_c$ 的维数未必和 $\boldsymbol{x}$ 一致。对 quasi-LPV 模型,定义 $\boldsymbol{e}=\boldsymbol{x}-\boldsymbol{x}_c$,故 $\boldsymbol{x}_c$ 的维数和 $\boldsymbol{x}$ 一致。

(2)对 quasi-LPV 模型,可以采用式(18.20)~式(18.22)这种参数依赖的形式,而这种形式又恰好方便用 LMI 技术处理。对一般 LPV 模型,不能采用式(18.20)~式(18.22)这种参数依赖的形式,否则参数未知无法计算 $\boldsymbol{u}(k)$,因此造成不方便用简单的 LMI 技术同时优化 4 个参数$\{\boldsymbol{A}_c, \boldsymbol{L}_c, \boldsymbol{F}_x, \boldsymbol{F}_y\}(k)$。

(3)对一般 LPV 模型,同时优化 4 个参数$\{\boldsymbol{A}_c, \boldsymbol{L}_c, \boldsymbol{F}_x, \boldsymbol{F}_y\}(k)$时,与 Lyapunov 矩阵相关的 4 个矩阵 $\{\boldsymbol{Q}_1, \boldsymbol{Q}_3, \boldsymbol{M}_1, \boldsymbol{M}_3\}$ 都是优化问题的决策变量,因此才需要采用锥补算法。对 quasi-LPV 模型,只有 $\{\boldsymbol{Q}_1, \boldsymbol{M}_1\}$ 为决策变量,这也是其能避开锥补算法所带来的好处。

第 19 章　采用范数定界技术处理有界噪声

重写多胞描述模型如下：

$$x(k+1)=A(k)x(k)+B(k)u(k)+D(k)w(k)$$
$$y(k)=C(k)x(k)+E(k)w(k),\ [A(k)|B(k)|C(k)|D(k)|E(k)]\in\Omega \quad (19.1)$$

在模型式（19.1）中，$u\in\mathbb{R}^{n_u}$为控制输入，$x\in\mathbb{R}^{n_x}$为系统状态，$y\in\mathbb{R}^{n_y}$为系统输出，$w\in\mathbb{R}^{n_w}$为有界噪声/干扰，而 Ω 定义为如下的多胞：

$$\Omega=\mathrm{Co}\{[A_1|B_1|C_1|D_1|E_1],[A_2|B_2|C_2|D_2|E_2],\cdots,[A_L|B_L|C_L|D_L|E_L]\}$$

也就是说，存在 L 个非负的系数 $\omega_l(k)$，$l\in\{1,\cdots,L\}$ 使得

$$\sum_{l=1}^{L}\omega_l(k)=1,\ [A(k)\mid B(k)\mid C(k)\mid D(k)\mid E(k)]=\sum_{l=1}^{L}\omega_l(k)\ [A_l\mid B_l\mid C_l\mid D_l\mid E_l] \quad (19.2)$$

$[A_l|B_l|C_l|D_l|E_l]$被称为多胞的顶点，这些顶点值已知或给定。我们一般假设 $\omega_l(k)$的值未知、不可测、不可直接计算。假设 x 是不可测的，y 是可测的。

在式（17.10）~式（17.13）中有松弛变量 $\eta_{1s}(s\in\{1,2,\cdots,n_u\})$，$\eta_{2s}$和 $\eta_{3s}(s\in\{1,2,\cdots,q\})$。这些松弛变量是在处理输入/$z$ 约束时，因采用了如下的数学命题而产生的：

假设 $P>0$ 为适当阶数的矩阵，而 a 和 b 都是适当维数的向量。则对任何标量 $\eta\in(0,1)$，$(a+b)^{\mathrm{T}}P(a+b)\leqslant\frac{1}{1-\eta}a^{\mathrm{T}}Pa+\frac{1}{\eta}b^{\mathrm{T}}Pb$。

在第 18 章的式（18.11）~式（18.14）和式（18.16）~式（18.19）中，为什么没有这些松弛变量？类似的松弛变量是在文献［60］中就引入了的（见其“Lemma 6”），但是在后续的文献（如文献［76，85，86，65，71，72］）中，本书作者没有再引入这些松弛变量，这等价于运用上面的命题时总是取 $\eta=\frac{1}{2}$，当然实际推导中就没有必要采用以上命题了。到了 2011 年，由文献［71，72］发展的技术令本书作者阶段性满意，因此本书作者重拾文献［60］的技术细节，从中挖掘了范数定界技术。范数定界包括两个词语，“范数”是指一些与噪声有关的项的范数，该范数用正标量表示，故正标量就是这些相关项的界，该界本身是 η 的函数；“定界”就是通过一种优化手段最小化那些界。范数定界是离线完成的。在优化问题的约束中，这些界代替那些与噪声有关的项，故使得优化问题的表达更简单，同时也可避免在线求解 η 的麻烦。

由于本书作者在文献［60］中并没有采用二次有界技术，因此在处理有界噪声时，似乎是被迫想到用界来代替不确定的含噪声项（毕竟这也体现在不变性条件的处理中，而没有利用二次有界性概念的不变性条件也恰好能够接受范数定界技术）。这些巧合和运用概念上的差异，使得本书作者直到 2012 年发表的会议论文[84, 82]中才重新发现了范数定界技术与二次有界技术的关系，并认识到运用范数定界技术能够更一般地降低输入/状态/输出约束中的保守性。

然后，本书作者对文献［84，82］中的结果进行了一系列的改进，尤其是 2016 年发表的论文[75]，直接采用如下的 Lyapunov 矩阵表示：

$$\begin{aligned}Q&=\begin{bmatrix}Q_1 & Q_2^{\mathrm{T}}\\ Q_2 & Q_3\end{bmatrix}\\ &=\begin{bmatrix}Q_1 & -(Q_1-M_1^{-1})M_1M_2^{-1}\\ -M_2^{-\mathrm{T}}M_1(Q_1-M_1^{-1}) & M_2^{-\mathrm{T}}M_1(Q_1-M_1^{-1})M_1M_2^{-1}\end{bmatrix}\\ M&=Q^{-1}=\begin{bmatrix}M_1 & M_2^{\mathrm{T}}\\ M_2 & M_3\end{bmatrix}=\begin{bmatrix}M_1 & M_2^{\mathrm{T}}\\ M_2 & M_2(M_1-Q_1^{-1})^{-1}M_2^{\mathrm{T}}\end{bmatrix}\end{aligned}\tag{19.3}$$

这对输出反馈鲁棒预测控制综合是个不小的发现。文献［75］给出如下约束：

$$M_1\leqslant\rho M_{\mathrm{e}}(k),\begin{bmatrix}1-\rho & \star\\ U(k)x_{\mathrm{c}}(k) & Q_1-N_1\end{bmatrix}\geqslant 0\tag{19.4}$$

$$\begin{aligned}&\sum_{l=1}^{L}\lambda_l(k+i)\sum_{j=1}^{L}\lambda_j(k+i)\begin{bmatrix}(1-\alpha_{lj})\mathcal{M}_P & \star & \star\\ \mathbf{0} & \alpha_{lj}I & \star\\ \overline{\Phi}_{lj} & \hat{\Gamma}_{lj} & \mathcal{Q}_N\end{bmatrix}\geqslant 0\\ &\sum_{l=1}^{L}\lambda_l(k+i)\sum_{j=1}^{L}\lambda_j(k+i)\begin{bmatrix}\mathcal{M}_P & \star & \star & \star\\ \overline{\Phi}_{lj} & \mathcal{Q}_N & \star & \star\\ \mathscr{Q}^{1/2}[C_j\quad \mathbf{0}] & \mathbf{0} & \gamma I & \star\\ \mathscr{R}^{1/2}[F_{\mathrm{y}}C_j\quad \overline{F}_{\mathrm{x}}] & \mathbf{0} & \mathbf{0} & \gamma I\end{bmatrix}\geqslant 0\end{aligned}\tag{19.5}$$

$$\begin{bmatrix}\mathcal{M}_P & \star & \star\\ 0 & I & \star\\ \dfrac{1}{\sqrt{1-\eta_{1s}}}\xi_s[F_{\mathrm{y}}C_j\quad \overline{F}_{\mathrm{x}}] & \dfrac{1}{\sqrt{\eta_{1s}}}\xi_sF_{\mathrm{y}}E_j & \overline{u}_s^2\end{bmatrix}\geqslant 0$$

$$j\in\{1,\cdots,L\},\ s\in\{1,\cdots,n_{\mathrm{u}}\}\tag{19.6}$$

$$\sum_{l=1}^{L}\sum_{j=1}^{L}\lambda_l(k+i)\lambda_j(k+i)$$

$$\begin{bmatrix}\mathcal{M}_P & \star & \star\\ 0 & I & \star\\ \dfrac{1}{\sqrt{(1-\eta_{2s})(1-\eta_{3s})}}\Psi_s\mathcal{C}_h\overline{\Phi}_{lj}^1 & \dfrac{1}{\sqrt{(1-\eta_{2s})\eta_{3s}}}\Psi_s\mathcal{C}_h\hat{\Gamma}_{lj}^1 & \overline{\psi}_s^2-\dfrac{1}{\eta_{2s}}\Psi_s\mathcal{E}_h\mathcal{E}_h^{\mathrm{T}}\Psi_s^{\mathrm{T}}\end{bmatrix}\geqslant 0$$

$$h\in\{1,\cdots,L\},\ s\in\{1,\cdots,q\}\tag{19.7}$$

其中

$$N_1:=M_1^{-1},\ P_1:=Q_1^{-1},\ U:=-M_1^{-1}M_2^{\mathrm{T}}$$

$$\hat{L}_{\mathrm{c}}:=-UL_{\mathrm{c}},\ \overline{A}_{\mathrm{c}}:=-UA_{\mathrm{c}}M_2^{-\mathrm{T}}(M_1-P_1),\ \overline{F}_{\mathrm{x}}:=F_{\mathrm{x}}M_2^{-\mathrm{T}}(M_1-P_1)$$

$$\mathcal{M}_P:=\begin{bmatrix}M_1 & \star\\ M_1-P_1 & M_1-P_1\end{bmatrix},\ \mathcal{Q}_N:=\begin{bmatrix}Q_1 & \star\\ N_1-Q_1 & Q_1-N_1\end{bmatrix}$$

$$\overline{\boldsymbol{\Phi}}_{lj}:=\begin{bmatrix}\boldsymbol{A}_l+\boldsymbol{B}_l\boldsymbol{F}_y\boldsymbol{C}_j & \boldsymbol{B}_l\overline{\boldsymbol{F}}_x\\ \hat{\boldsymbol{L}}_c\boldsymbol{C}_j & \overline{\boldsymbol{A}}_c\end{bmatrix},\ \hat{\boldsymbol{\Gamma}}_{lj}:=\begin{bmatrix}\boldsymbol{D}_l+\boldsymbol{B}_l\boldsymbol{F}_y\boldsymbol{E}_j\\ \hat{\boldsymbol{L}}_c\boldsymbol{E}_j\end{bmatrix}$$

$$\overline{\boldsymbol{\Phi}}_{lj}^1:=[\boldsymbol{A}_l+\boldsymbol{B}_l\boldsymbol{F}_y\boldsymbol{C}_j\quad \boldsymbol{B}_l\overline{\boldsymbol{F}}_x],\ \hat{\boldsymbol{\Gamma}}_{lj}^1:=\boldsymbol{D}_l+\boldsymbol{B}_l\boldsymbol{F}_y\boldsymbol{E}_j$$

$\boldsymbol{M}_e(k)$是使$\boldsymbol{e}(k)^{\mathrm{T}}\boldsymbol{M}_e(k)\boldsymbol{e}(k)\leqslant 1$的矩阵，而$\boldsymbol{e}(k)=\boldsymbol{x}(k)-\boldsymbol{U}(k)\boldsymbol{x}_c(k)$。式(19.4) ~式(19.7) 分别代表当前扩展状态条件、不变性/最优性条件、输入约束和z的约束（$z=\mathcal{C}x+\mathcal{E}w$）。

式（19.4）~式（19.7）比式（18.11）~式（18.14）优越的地方，体现在如下方面：

（1）采用范数定界技术，使得η可以得到优化，而在式（18.11）~式（18.14）中相当于取η为固定的值。当然，从数学上并不能严格地说经过文献［75］优化的η一定比式（18.11）~式（18.14）中那样固定η更好。但是，我们的仿真实例能够说明优化η对可行性和最优性都有显著改进。

（2）$\boldsymbol{e}=\boldsymbol{x}-\boldsymbol{U}\boldsymbol{x}_c$，其中$\boldsymbol{U}=-\boldsymbol{M}_1^{-1}\boldsymbol{M}_2^{\mathrm{T}}$可以在辅助优化问题中求解，具有改进性能的潜力。而在式（18.11）~式（18.14）中，$\boldsymbol{e}=\boldsymbol{x}-\boldsymbol{E}_0^{\mathrm{T}}\boldsymbol{x}_c$，$\boldsymbol{E}_0$是离线固定的。

（3）有一点必须明确，即在$k=0$时刻，需要知道$\boldsymbol{e}(0)$的界。在式（18.11）~式（18.14）中的$\boldsymbol{E}_0$是已知的，而在式（19.4）~式（19.7）中的$\boldsymbol{U}(0)$同样是已知的。进一步，在任意$k>0$时刻，在优化控制律前，需要知道$\boldsymbol{e}(k)$的界，所以即使在文献［75］中，$\boldsymbol{U}(k)$也不能和控制律一起参与优化，只能先于控制律在线更新。另外，文献［75］的技术不允许$\boldsymbol{x}_c$的维数不同于$\boldsymbol{x}$，这一点上略逊于式(18.11)~式(18.14)。

（4）迭代锥补算法涉及的是$\boldsymbol{Q}_1=\boldsymbol{P}_1^{-1}$和$\boldsymbol{M}_1=\boldsymbol{N}_1^{-1}$，而在式（18.11）~式（18.14）中涉及的是更高维的$\boldsymbol{Q}=\boldsymbol{M}^{-1}$。

（5）假设$[\boldsymbol{A}|\boldsymbol{B}|\boldsymbol{C}|\boldsymbol{D}|\boldsymbol{E}|\mathcal{C}|\mathcal{E}](k)\in \mathrm{Co}\{[\boldsymbol{A}_l|\boldsymbol{B}_l|\boldsymbol{C}_l|\boldsymbol{D}_l|\boldsymbol{E}_l|\mathcal{C}_l|\mathcal{E}_l]|_l=1\cdots L]\}$和$\|\boldsymbol{w}(k)\|\leqslant 1$。而式（18.11）~式（18.14）采用的假设是$[\boldsymbol{A}|\boldsymbol{B}|\boldsymbol{C}|\boldsymbol{D}|\boldsymbol{E}](k)\in \mathrm{Co}\{[\boldsymbol{A}_l|\boldsymbol{B}_l|\boldsymbol{C}_l|\boldsymbol{D}_l|\boldsymbol{E}_l]|l=1\cdots L]\}$和$\|\boldsymbol{w}(k)\|_{\boldsymbol{P}_w}\leqslant 1$。当然这是非本质差别，并体现两者处理的物理约束不完全一样（是$\boldsymbol{z}$还是$\boldsymbol{y}$；处理什么样的约束只是一个偶然，而非不得已的选择，只要约束是$\boldsymbol{u}$，$\boldsymbol{y}$，$\tilde{\boldsymbol{x}}$，$\boldsymbol{w}$的线性组合，基本上都可以处理）。

与文献［75］平行的是文献［79］给出的如下约束：

$$\boldsymbol{M}_1\leqslant\rho\boldsymbol{M}_e(k),\ \boldsymbol{x}_c(k)^{\mathrm{T}}(\boldsymbol{M}_3-\boldsymbol{E}_0\boldsymbol{M}_1\boldsymbol{E}_0^{\mathrm{T}})\boldsymbol{x}_c(k)\leqslant 1-\rho \tag{19.8}$$

$$\sum_{l=1}^{L}\lambda_l(k+i)\sum_{j=1}^{L}\lambda_j(k+i)\begin{bmatrix}(1-\alpha_{lj})\boldsymbol{M} & \star & \star\\ \boldsymbol{0} & \alpha_{lj} & \star\\ \boldsymbol{\Phi}_{lj} & \boldsymbol{\Gamma}_l\overline{\boldsymbol{w}}_j & \boldsymbol{Q}\end{bmatrix}\geqslant 0$$

$$\sum_{l=1}^{L}\lambda_l(k+i)\sum_{j=1}^{L}\lambda_j(k+i)\begin{bmatrix}\boldsymbol{M} & \star & \star & \star\\ \boldsymbol{\Phi}_{lj} & \boldsymbol{Q} & \star & \star\\ \mathscr{Q}^{1/2}\mathcal{C}_j' & \boldsymbol{0} & \gamma\boldsymbol{I} & \star\\ \mathscr{R}^{1/2}[\boldsymbol{F}_y\boldsymbol{C}_j\quad \boldsymbol{F}_x] & \boldsymbol{0} & \boldsymbol{0} & \gamma\boldsymbol{I}\end{bmatrix}\geqslant 0 \tag{19.9}$$

$$\begin{bmatrix} M & \star & \star \\ 0 & 1 & \star \\ \frac{1}{\sqrt{1-\eta_{1s}}}\xi_s[F_yC_j \quad F_x] & \frac{1}{\sqrt{\eta_{1s}}}\xi_sF_yE_w\bar{w}_j & \bar{u}_s^2 \end{bmatrix} \geqslant 0$$

$$j \in \{1,\cdots,L\},\ s \in \{1,\cdots,n_u\}$$

$$\sum_{l=1}^{L}\sum_{j=1}^{L}\lambda_l(k+i)\lambda_j(k+i) \tag{19.10}$$

$$\begin{bmatrix} M & \star & \star \\ 0 & 1 & \star \\ \frac{1}{\sqrt{(1-\eta_{2s})(1-\eta_{3s})}}\Psi_s\mathcal{C}_h\Phi_{lj}^1 & \frac{1}{\sqrt{(1-\eta_{2s})\eta_{3s}}}\Psi_s\mathcal{C}_h\Gamma_l^1 & \bar{\psi}_s^2-\frac{1}{\eta_{2s}}(\Psi_s\mathcal{E}_w\bar{w}_h)^2 \end{bmatrix} \geqslant 0$$

$$h \in \{1,\cdots,L\},\ s \in \{1,\cdots,q\} \tag{19.11}$$

其中

$$Q=\begin{bmatrix} Q_1 & E_0^TQ_3 \\ Q_3E_0 & Q_3 \end{bmatrix},\ M=Q^{-1}=\begin{bmatrix} M_1 & -M_1E_0^T \\ -E_0M_1 & M_3 \end{bmatrix}$$

$$\Phi_{lj}:=\begin{bmatrix} A_l+B_lF_yC_j & B_lF_x \\ L_cC_j & A_c \end{bmatrix},\ \Gamma_{lj}:=\begin{bmatrix} B_lF_yE_j+D_l \\ L_cE_j \end{bmatrix}$$

$$\Phi_{lj}^1:=[A_l+B_lF_yC_j \quad B_lF_x],\ \Gamma_{lj}^1:=B_lF_yE_j+D_l$$

$M_e(k)$是使 $e(k)^TM_e(k)e(k)\leqslant 1$ 的矩阵，而 $e(k)=x(k)-E_0^Tx_c(k)$。式（19.8）~式（19.11）分别代表当前扩展状态条件、不变性/最优性条件、输入约束和 z 约束。{式（17.10），式（17.14），式（17.15），式（17.12），式（17.13）} 是式（19.8）~式（19.11）当$\{L_c, F_y\}$离线确定时的特例。

式(19.4)~式(19.7)与式(19.8)~式(19.11)的主要区别，体现在如下方面：

（1）式（19.4）~式（19.7）的性能指标中惩罚的是 y，而式（19.8）~式（19.11）惩罚的是 $z'=\mathcal{C}'(k)\tilde{x}(k)+\mathcal{E}'(k)w(k)$，这是偶然，而非不得已的选择（读者可惩罚任意关于$\tilde{x}$，$y$ 和 w 的线性组合）。

（2）式（19.4）~式（19.7）中采用的是 $U=-M_1^{-1}M_2$，而式（19.8）~式（19.11）采用的是 E_0^T。

（3）对迭代锥补算法，式（19.4）~式（19.7）涉及 $Q_1=P_1^{-1}$ 和 $M_1=N_1^{-1}$，而式（18.11）~式（18.14）涉及更高维的 $Q=M^{-1}$。

（4）在式（19.4）~式（19.7）中假设

$[A|B|C|D|E|\mathcal{C}|\mathcal{E}](k)\in\mathrm{Co}\{[A_l|B_l|C_l|D_l|E_l|\mathcal{C}_l|\mathcal{E}_l]|l=1,\cdots,L]\}$ 和 $\|w(k)\|\leqslant 1$；在式（19.8）~式（19.11）中假设

$[A|B|C|\mathcal{C}|\mathcal{C}'|Dw|Ew|\mathcal{E}w|\mathcal{E}'w](k)\in\mathrm{Co}\{[A_l|B_l|C_l|\mathcal{C}_l|\mathcal{C}'_l|D_w\bar{w}_l|E_w\bar{w}_l|\mathcal{E}_w\bar{w}_l|\mathcal{E}'_w\bar{w}_l]|\ l=1,\cdots,L\}$。

文献［75］的方法和式（19.4）~式（19.7）已被推广用于 quasi-LPV 模型，见文献［78］，得到如下约束：

$$\boldsymbol{M}_1 \leqslant \rho \boldsymbol{M}_{\mathrm{e}}(k),\begin{bmatrix} 1-\rho & \star & \star \\ \boldsymbol{U}(k)\boldsymbol{x}_{\mathrm{c}}(k) & \boldsymbol{Q}_1 & \star \\ \boldsymbol{0} & \boldsymbol{I} & \boldsymbol{M}_1 \end{bmatrix} \geqslant 0 \tag{19.12}$$

$$\sum_{l=1}^{L}\lambda_l(k+i)\sum_{j=1}^{L}\lambda_j(k+i)\begin{bmatrix} (1-\alpha)\boldsymbol{M}_1 & \star & \star & \star & \star & \star & \star \\ (1-\alpha)\boldsymbol{I} & (1-\alpha)\boldsymbol{Q}_1 & \star & \star & \star & \star & \star \\ \boldsymbol{0} & \boldsymbol{0} & \alpha\boldsymbol{P}_{\mathrm{w}} & \star & \star & \star & \star \\ \boldsymbol{A}_l+\boldsymbol{B}_l\hat{\boldsymbol{D}}_{\mathrm{c}}\boldsymbol{C}_j & \boldsymbol{A}_l\boldsymbol{Q}_1+\boldsymbol{B}_l\hat{\boldsymbol{C}}_{\mathrm{c}}^j & \boldsymbol{B}_l\hat{\boldsymbol{D}}_{\mathrm{c}}\boldsymbol{E}_j+\boldsymbol{D}_l & \boldsymbol{Q}_1 & \star & \star & \star \\ \boldsymbol{M}_1\boldsymbol{A}_l+\hat{\boldsymbol{B}}_{\mathrm{c}}^l\boldsymbol{C}_j & \hat{\boldsymbol{A}}_{\mathrm{c}}^{lj} & \hat{\boldsymbol{B}}_{\mathrm{c}}^l\boldsymbol{E}_j+\boldsymbol{M}_1\boldsymbol{D}_l & \boldsymbol{I} & \boldsymbol{M}_1 & \star & \star \\ \mathscr{Q}^{1/2}\boldsymbol{C}_j & \mathscr{Q}^{1/2}\boldsymbol{C}_j\boldsymbol{Q}_1 & \mathscr{Q}^{1/2}\boldsymbol{E}_j & \boldsymbol{0} & \boldsymbol{0} & \gamma\boldsymbol{I} & \star \\ \mathscr{R}^{1/2}\hat{\boldsymbol{D}}_{\mathrm{c}}\boldsymbol{C}_j & \mathscr{R}^{1/2}\hat{\boldsymbol{C}}_{\mathrm{c}}^j & \mathscr{R}^{1/2}\hat{\boldsymbol{D}}_{\mathrm{c}}\boldsymbol{E}_j & \boldsymbol{0} & \boldsymbol{0} & \boldsymbol{0} & \gamma\boldsymbol{I} \end{bmatrix} \geqslant 0 \tag{19.13}$$

$$\begin{bmatrix} \boldsymbol{M}_1 & \star & \star & \star \\ \boldsymbol{I} & \boldsymbol{Q}_1 & \star & \star \\ \boldsymbol{0} & \boldsymbol{0} & \boldsymbol{P}_{\mathrm{w}} & \star \\ \frac{1}{\sqrt{1-\eta_{1s}}}\boldsymbol{\xi}_s\hat{\boldsymbol{D}}_{\mathrm{c}}\boldsymbol{C}_j & \frac{1}{\sqrt{1-\eta_{1s}}}\boldsymbol{\xi}_s\hat{\boldsymbol{C}}_{\mathrm{c}}^j & \frac{1}{\sqrt{\eta_{1s}}}\boldsymbol{\xi}_s\hat{\boldsymbol{D}}_{\mathrm{c}}\boldsymbol{E}_j & \bar{\boldsymbol{u}}_s^2 \end{bmatrix} \geqslant 0$$

$$j \in \{1,\cdots,L\},\ s \in \{1,\cdots,n_{\mathrm{u}}\} \tag{19.14}$$

$$\sum_{l=1}^{L}\sum_{j=1}^{L}\lambda_l(k+i)\lambda_j(k+i)\begin{bmatrix} \boldsymbol{M}_1 & \star & \star & \star \\ \boldsymbol{I} & \boldsymbol{Q}_1 & \star & \star \\ \boldsymbol{0} & \boldsymbol{0} & \boldsymbol{P}_{\mathrm{w}} & \star \\ \spadesuit_1 & \spadesuit_2 & \spadesuit_3 & \bar{\boldsymbol{\psi}}_s^2 - \frac{1}{\eta_{2s}}\boldsymbol{\xi}_s\boldsymbol{\Psi}_{\mathrm{w}}\boldsymbol{P}_{\mathrm{w}}^{-1}\boldsymbol{\Psi}_{\mathrm{w}}^{\mathrm{T}}\boldsymbol{\xi}_s^{\mathrm{T}} \end{bmatrix} \geqslant 0$$

$$h \in \{1,\cdots,L\},\ s \in \{1,\cdots,q\} \tag{19.15}$$

其中

$$\spadesuit_1 = \frac{1}{\sqrt{1-\eta_{2s}}\sqrt{1-\eta_{3s}}}\boldsymbol{\xi}_s\boldsymbol{\Psi}_{\mathrm{x}}(\boldsymbol{A}_l+\boldsymbol{B}_l\hat{\boldsymbol{D}}_{\mathrm{c}}\boldsymbol{C}_j)$$

$$\spadesuit_2 = \frac{1}{\sqrt{1-\eta_{2s}}\sqrt{1-\eta_{3s}}}\boldsymbol{\xi}_s\boldsymbol{\Psi}_{\mathrm{x}}(\boldsymbol{A}_l\boldsymbol{Q}_1+\boldsymbol{B}_l\hat{\boldsymbol{C}}_{\mathrm{c}}^j)$$

$$\spadesuit_3 = \frac{1}{\sqrt{1-\eta_{2s}}\sqrt{\eta_{3s}}}\boldsymbol{\xi}_s\boldsymbol{\Psi}_{\mathrm{x}}(\boldsymbol{B}_l\hat{\boldsymbol{D}}_{\mathrm{c}}\boldsymbol{E}_j+\boldsymbol{D}_l)$$

式（19.12）~式（19.15）比式（18.16）~式（18.19）优越的地方，体现在如下方面：

（1）采用范数定界技术，使得 η 可以得到优化，而在式（18.16）~式（18.19）中相当于取 η 为固定的值。当然，从数学上并不能严格地说经过文献［78］优化的 η 一定比式（18.16）~式（18.19）中那样固定的 η 更好。但是，我们的仿真实例能够说明优化 η 对可行性和最优性都有显著改进。

（2）$\boldsymbol{e}=\boldsymbol{x}-\boldsymbol{U}\boldsymbol{x}_{\mathrm{c}}$，其中 $\boldsymbol{U}=-\boldsymbol{M}_1^{-1}\boldsymbol{M}_2^{\mathrm{T}}$ 可以在辅助优化问题中求解，具有改进性能的潜力。而在式（18.16）~式（18.19）中，$\boldsymbol{e}=\boldsymbol{x}-\boldsymbol{x}_{\mathrm{c}}$，相当于固定 $\boldsymbol{U}=\boldsymbol{I}$。

（3）有一点必须明确，即在 $k=0$ 时刻，需要知道 $\boldsymbol{e}(0)$ 的界，故在式（19.12）~式（19.15）中的 $\boldsymbol{U}(0)$ 是已知的。进一步，在任意 $k>0$ 时刻，在优化控制律前，需要知道 $\boldsymbol{e}(k)$ 的界，所以即使在文献［78］中，$\boldsymbol{U}(k)$ 也不能和控制律一起参与优化，只能先于控制律在线更新。

另外，注意式（18.16）~式（18.19）处理的是输出约束 $-\underline{\boldsymbol{\psi}}\leqslant\boldsymbol{\Psi}_{\mathrm{y}}(k+i+1|k)\leqslant\bar{\boldsymbol{\psi}}$，而式（19.12）~式（19.15）处理更一般的约束 $-\underline{\boldsymbol{\psi}}\leqslant\boldsymbol{\Psi}_{\mathrm{x}}\boldsymbol{x}(k+i+1|k)+\boldsymbol{\Psi}_{\mathrm{w}}\boldsymbol{w}(k+i+1)\leqslant\boldsymbol{\psi}$，（再一次）这是偶然，而非不得已的选择。

范数定界技术既然可以应用到输出反馈鲁棒预测控制中，当然也可以用于状态可测时的预测控制综合。

第 20 章　状态估计误差的滚动更新

重写多胞描述模型如下：

$$x(k+1)=A(k)x(k)+B(k)u(k)+D(k)w(k)$$
$$y(k)=C(k)x(k)+E(k)w(k),\ [A(k)|B(k)|C(k)|D(k)|E(k)]\in\Omega \tag{20.1}$$

在模型式（20.1）中，$u\in\mathbb{R}^{n_u}$为控制输入，$x\in\mathbb{R}^{n_x}$为系统状态，$y\in\mathbb{R}^{n_y}$为系统输出，$w\in\mathbb{R}^{n_w}$为有界噪声/干扰，而 Ω 定义为如下的多胞：

$$\Omega=\mathrm{Co}\{[A_1|B_1|C_1|D_1|E_1],[A_2|B_2|C_2|D_2|E_2],\cdots,[A_L|B_L|C_L|D_L|E_L]\}$$

也就是说，存在 L 个非负的系数 $\omega_l(k)$，$l\in\{1,\cdots,L\}$ 使得

$$\sum_{l=1}^{L}\omega_l(k)=1,\ [A(k)|B(k)|C(k)|D(k)|E(k)]=\sum_{l=1}^{L}\omega_l(k)\ [A_l|B_l|C_l|D_l|E_l] \tag{20.2}$$

$[A_l|B_l|C_l|D_l|E_l]$被称为多胞的顶点，这些顶点值已知或给定。我们一般假设 $\omega_l(k)$ 的值未知、不可测、不可直接计算。假设 x 是不可测的，y 是可测的。

在前面的输出反馈鲁棒预测控制中，我们或者定义 $e(k)=x(k)-x_c(k)$，或者定义 $e(k)=x(k)-E_0^{\mathrm{T}}x_c(k)$，或者定义 $e(k)=x(k)-U(k)x_c(k)$，并在每个采样时刻 k 优化输出反馈控制律前，已经知道了 $e(k)$ 的界。在前面章节给出的类 KBM 公式中，我们基本都是采用了 $e(k)$ 的椭圆形界。对此，我们轻松地写下了："$M_e(k)$ 是使 $e(k)^{\mathrm{T}}M_e(k)e(k)\leqslant 1$ 的矩阵"。但实际上，本书作者得到这样的 $M_e(k)$ 的过程相当曲折，直到在 2011 发表的论文[72, 71]中才正式采用。

本来，早在文献［14］中，已令估计误差位于椭圆集合中，但这个椭圆集合和真实状态、估计状态的椭圆集合是共用的；或者更有针对性地说，"估计误差在一个椭圆集合中"这个事实不是在优化控制律前已知的，而是作为约束参与了控制律的优化。所以，我们称文献［14］采用了估计误差约束。在我们其后发展的技术文献［60，76］中，没有采用椭圆形估计误差约束，而是采用了多面体形估计误差约束，就是如下这样简单：

$$-\bar{e}\leqslant e(k+i|k)\leqslant\bar{e} \tag{20.3}$$

其中，$\bar{e}$是人工选择的参数。在我们开始撰写文献［60，76］的预期中，没有设想过这种人工的估计误差约束会带来很大的保守性，毕竟 KBM 公式中对样子相同的输入/状态约束已经习惯了。但很快本书作者就负责任地说（过去时）：像文献［14，60，76］中加入的估计误差约束并非输出反馈原问题所预设的，因此对其带来的超过预期的保守性是需要竭尽全力降低和消除的。

简单地去掉估计误差约束，不做任何其他改变是不行的。估计误差约束的加入保证了在 $k+1$ 时刻的控制律优化前已知估计误差界（界就是约束，约束就是界）。如果去掉估计误差约束，那就必须采用其他方法在 $k+1$ 时刻的控制律优化前得到更新的估计误差界。我们在文献［88，86］中，分别针对 LPV 和 quasi-LPV 做了两件事：

1）将估计误差约束从求解控制律的主优化问题中删除；

2）引入新的参数来定义真实状态的集合（集合仍然用约束定义），并在一个辅助优化问题中更新这个集合。

真实状态集合和估计误差集合异曲同工，因为估计状态是已知的。所谓删除估计误差约束，就是让估计误差约束不直接/同步影响控制律的优化。因此，文献［88，86］确实去掉了估计误差约束。但是，文献［88，86］除了展示以上两个本书作者坚信"好"的想法外，在技术处理方面尚存在很多问题。

文献［88］最早的完全技术修正版是文献［72］，其中估计误差约束即使在辅助优化问题中也不存在了，估计误差集合换成椭圆形的，这似乎矫枉过正了。不矫枉过正的做法是仍然采用辅助优化问题处理多面体形估计误差约束，本该在文献［65］，但万一读者对此感兴趣，请注意文献［81］的一句话："Based on the procedure in Ding（2010），the works of Ding（2011a，2011b）and Ping et al.（2012）have proposed some approaches for the auxiliary optimisation"（翻译为：基于文献［65］的方法，文献［70，71，16］给出了辅助优化问题）。万一读者对文献［16］感兴趣，还应参考文献［74］所说："which should require $\overline{H}(k)$ to be diagonal"。

文献［86］的最早完全技术修正版是文献［71］，其中辅助优化问题没有了，估计误差集合换成椭圆形的，这似乎矫枉过正了。经过一番努力，文献［73］恢复了辅助优化问题，但其真实状态的集合表示与文献［86］相比仍然矫枉过正。对文献［86］的紧密技术修正版是文献［74］，采用如下的多面体形估计误差约束（集合）：

$$-\boldsymbol{G}(k)\,\bar{\boldsymbol{e}} \leqslant \boldsymbol{H}\boldsymbol{x} - \check{\boldsymbol{x}}(k) \leqslant \boldsymbol{G}(k)\,\bar{\boldsymbol{e}} \tag{20.4}$$

其中，$\boldsymbol{H}$ 离线确定，取 $\boldsymbol{G}(k)$ 为对角矩阵均不失一般性。偏置项 $\check{\boldsymbol{x}}(k)$ 和矩阵 $\boldsymbol{G}(k)$ 在每个 k 时刻，即优化控制律前，在辅助优化问题中更新。根据文献［74］的记录，式（20.4）包含了文献［60，85，88，65，86，16］的多面体定义方法为特例，是一个一般的表示方法。关键是文献［74］能够有效地利用和处理式（20.4）。

下面谈谈辅助优化问题。有时它是必须的（如文献［88，86，65，16，73，74］），有时它是为了把估计误差集合更新得更好而锦上添花的（如文献［72，81，80］）；前者是因为没有采用椭圆形估计误差集合，后者是因为采用了椭圆形估计误差集合。为什么有这个区别？因为采用椭圆形估计误差集合，本书作者做到了用简单的更新公式更新估计误差集合（不用辅助优化），并使得求解控制律的主优化问题递推可行，这在文献［71，72，79，75，78］中均得到了体现。

在单独采用多面体形估计误差集合时，由于不能保证求解控制律的主优化问题递推可行（尽管后来文献［81］给出了递推可行的条件，但是不能强加为优化问题的约束），因此辅助优化问题除了更新估计误差集合外，在后期（如文献［65，16，73，74］，不包括文献［88，86］）的一个重要作用就是确定是否在下个时刻再求解主优化问题。主优化问题不是每个时刻都需要求解，这样可以减低计算量。

如何在用辅助优化问题判断下个时刻是否求解主优化问题时，兼顾控制性能的改进？目前还是个没有彻底解决的问题。如何用辅助优化问题判断下个时刻是否求解主优化问题

(即使采用椭圆形估计误差集合的时候)，并据此严格地提升控制性能？目前还是个没有解决的问题。其他没有解决的问题或没有发表的包括：

1）如何发挥椭圆和多面体两种估计误差集合的综合作用？尽管在文献［71，72，81，80］有一些研究，但是还不够彻底；

2）如何引入自由控制作用，或如何采用｛部分反馈鲁棒预测控制、参数依赖开环优化预测控制｝？文献［77］仅针对 quasi-LPV 模型引入了一个自由控制作用（$N=1$）。文献［75，78］分别针对 LPV 和 quasi-LPV 模型，得到变体反馈输出反馈鲁棒预测控制。

第21章 结 束 语

如果要问本书作者“控制理论是什么”。答复是：你看动态系统的方程，如果我们认为方程输入是不能改变的，则我们考虑方程的解时，面临的是数学问题；如果我们可以改变方程输入，从而使方程的解具有一些我们期望的性质，那我们面临的则是控制理论问题。不管这种说明是否严谨，但控制理论是数学，至少是应用数学。

纯粹的数学要求严谨，基于严谨的数学不断地推演下去才有希望，所以对控制理论也是这个要求。我们不能对一个控制理论的结论说差不多。控制理论中的很大一部分是关于控制系统的稳定性，对稳定性也不能说差不多，是要纤毫必争的。争纤毫是为了发现更好的结论。像纯粹数学领域的黎曼猜想、费马最后猜想、哥德巴赫猜想那样，在争纤毫的过程中创造了很多更大的成就，甚至推动了一些新的研究领域。如果不争纤毫，只用计算机粗略地计算这三个猜想成立，那么100年来就会少发现很多东西。

以下三个故事就是讲控制理论是如何粗略计算的。

故事一：某实际对象有非线性、强耦合、不确定、随机性强、多变量等一系列的复杂性和让人难以捉摸、寝食难安的特点。为此要研究它，必须将它降阶、解耦、简化等，终于得到其一阶惯性纯滞后模型，该模型能“非常好”地逼近原系统的阶跃响应或其他响应，因此该模型居然是足够准确的！然后，用预测控制或其他先进控制策略控制该一阶惯性纯滞后模型，比PID控制强很多，可以用Matlab仿真验证。是控制一阶惯性纯滞后模型，不是控制原来那个具有若干个复杂性的系统。结论是，提出的方案甚为有效。

故事二：为了研究一个具有一般描述的非线性模型，将其转化为多胞描述，也就是用一组线性模型来包含一个非线性模型。设计了该多胞描述的控制器，在假设多胞描述能够包含真实系统的情况下证明了稳定性等。然后得到结论，研究了一般的非线性系统，给出了有效的控制器。

故事三：为了研究一个满足较弱假设的非线性系统，用模糊模型对其进行逼近，并用自适应控制对其进行控制。由于模糊模型是万能逼近器，而自适应控制又能收敛（在一堆复杂的假设下），故能解决非线性系统参数时变的问题。证明了模糊模型在自适应控制律下的稳定性等。然后得到结论，研究了一般的非线性系统，给出了万能控制器。

尽管这三个故事具有相同的特征，但是后面的比前面的更具有迷惑性。第一个故事的主角，如果真的得到什么严格数学结果的话，那么也只是针对一阶惯性纯滞后系统的，不能推广。第二个故事的主角，如果真的得到了什么严格数学结果的话，那么也只是针对多胞描述模型的，不能推广到一般非线性模型，更不可能推广到一般非线性系统。第三个故事的主角，如果真的得到了什么严格数学结果的话，那么也只是针对模糊模型的，当然模型参数还能在一定范围内时变，而不是针对一般的非线性系统。不管是多胞模型，还是模糊模型，在较弱的假设下，它们确实对非线性模型具有任意的逼近精度。但是既然说还要“逼近”，就很难纤毫必争了。

MAC/DMC在很大程度上可以算作一种伪理论，也就是说其算法缺乏严格数学基础。数学理论是在公理的基础上巩固的，尽管公理是不能证明的，但是也不能证伪。有必要实际采用 MAC/DMC 的系统一定不是线性系统，可是 MAC/DMC 的推导是基于叠加原理的。反过来讲，如果真的是线性标称系统的控制，则采用 MAC/DMC 并非合理的选择，因为最优控制一定比 MAC/DMC 更好。要想对 MAC/DMC 进行能够实际有用的稳定性研究，其进展是极度艰难的。

GPC 在很大程度上可以算作一种伪理论。我们先假设被控系统为 CARIMA 模型的形式，然后在线辨识该模型并用于产生控制律。可是，如果实际系统真的是标称的 CARIMA 模型的形式，则没有必要在线辨识，即也可以离线地辨识好这个模型，并采用最优控制方法。有必要采用 GPC 的场合，必须是系统具有时变特性，而且一般要求系统参数随时间变化比较缓慢，在线辨识算法来得及分辨出这种变化。时变特性也可能是由非线性特性产生的，当控制器设定值变化时，非线性发挥显著的作用，采用在线辨识算法可以分辨出这种作用。

关于 Kleinman 控制器与 GPC 等价性的结论，源自本书作者和博士生导师席裕庚教授的密切合作。起初，本书作者希望从系数映射法出发推导 GPC 的稳定性结论。该法是席裕庚教授在 20 世纪八九十年代发明的，可参见其专著中的讨论。后来，本书作者放弃了采用系数映射法，而试图从推广 Clarke 等 1989 年的文献出发解决问题，主要的困难至少包括两点，第一必须得到一个新的 Riccati 迭代的公式；第二，必须同时证明控制增量抑制因子大于零和等于零时，某些矩阵的正定性。对这两点，在当时不是自明的，而是经过反复推导后，发觉用原来的 Riccati 迭代公式没有办法克服矩阵不可逆带来的局限性，而用全部已知的 Kleinman 控制器也不能推导出一个完整的、具有对称性的结论。因此，问题的最终解决是费了极大周折的。

从本书第 5 章开始的预测控制，则试图从理论上保证稳定性，主要从状态空间模型出发；尽管这种做法与实际应用有距离，但是其数学基础相比于 MAC/DMC/GPC 是牢固的。预测控制综合方法有固定的套路，固然有时需要更多的数学知识，但是方向明确，要得到的结论通常也很明确。在预测控制稳定性分析（对已给定的控制器分析稳定性）中，难度往往在于：不知道结论是什么样的；越是具有对称性的简单结论，越难以得到。为此，又要提一下系数映射法，实际上也是很有深度的分析方法，得到的结论也具有简单性、对称性，这是有分量的发明。如果说 Lyapunov 方法是分析手段，系数映射法则是代数手段（数学可分为分析、代数、几何、算术等 4 个部分）。当然，系数映射法和基于 Kleiman 控制器推出的结论，现在看来都很有局限性，不过这毕竟是从现在、而不是从 20 世纪八九十年代时的心态看问题才能得到的结论。

预测控制的一个大目标，是解决工业中广泛采用的结构，即递阶结构下的多周期、多目标、含各层次模型、含各层次优化的复杂系统的理论分析问题，见文献［18］。这是个很大的问题，难度高，离完全解决还相当遥远。所以，采用任何一种模型形式、采用任何综合和分析方法解决了这个大问题，都是一个伟大的智力成果。

近 20 年来，控制理论中的一些热点问题也或多或少影响了预测控制这个研究领域，促成了一批优秀的成果。关于时滞系统的研究一度成为控制理论的研究热点，其中针对预测控制和鲁棒预测控制并不缺少研究成果，如文献［113，112，154，246，39，144，166，28，153，163，203，220，228，189，192，30，202］。网络控制成为研究热点，具有很多研究方法和结论（如文献［172，186，204，210，178，183，226，253，29，111，114，182，184，209，

255, 185]), 但鲁棒预测控制的方法推广到网络控制问题有/将有额外的难度。在鲁棒控制中采用的各种热点模型在预测控制中也得到了研究，除多胞描述模型这个绝对热点外，还有范数有界不确定模型（用 [$\boldsymbol{A} \mid \boldsymbol{B}$] 以外的参数表示不确定性），见文献 [133, 132, 134, 135, 136, 91, 188, 108]；参数和/或参数变化率有界的模型（不需要满足参数非负、和为 1 的假设），见文献 [208, 130, 105]；有界干扰/噪声模型，见文献 [97, 155, 38, 115, 36, 106, 107, 33, 238, 230]。一个迅速增长、并未降温的领域是分布式控制，因此分布式预测控制有一系列成果（如文献 [249, 252, 50, 118, 206, 242, 24, 95, 120, 131, 169, 175, 205, 243, 244, 104, 147, 216]）。

预测控制区别于其他控制理论的特点，即基于滚动优化，却往往成为被诟病的黑点，原因就是计算量大，在这方面不缺乏呼声和解决方案（简单举几个例子，如文献 [181, 187, 193, 218]；略去大量显式 MPC 的论文）。无论是符合热点的研究，还是试图抹去黑点的努力，都丝毫不会使前面所说“大问题”的重要性失色，可参考文献 [213]。对预测控制的已有结果，如果有数学上的统一和方法上的归总，则距离解决大问题就更近了。

参考文献

[1] 丁宝苍．预测控制稳定性分析与综合的若干方法研究［D］．上海：上海交通大学，2003.

[2] 丁宝苍．催化裂化闭环实时优化方法研究［D］．北京：中国石油大学机电学院，2000.

[3] 丁宝苍，杨鹏，李小军，等．基于状态观测器的输入非线性预测控制系统的稳定性分析［C］．中国控制会议．无锡，2000：659－663.

[4] 李小军，丁宝苍，牛永肖．基于部分闭环优化的约束鲁棒调节器的新方法［C］．中国控制与决策年会.天津，2006：133－136.

[5] 席裕庚．预测控制［M］．北京：国防工业出版社，1991.

[6] 袁璞．生产过程动态数学模型及其在线应用［M］．北京：中国石化出版社，1994.

[7] 竺建敏．高级过程控制和闭环实时优化［J］．石油炼制与化工，1995，26（7）：42－48.

[8] 王伟．广义预测控制理论及其应用［M］．北京：科学出版社，1998.

[9] 丁宝苍，席裕庚．输入非线性广义预测控制系统的吸引域分析与设计［J］．自动化学报，2004，30（6）：954－960.

[10] 丁宝苍，席裕庚．基于 Kleinman 控制器的广义预测控制稳定性分析［J］．中国科学 E 辑，2004，34：176－189.

[11] 牛永肖，丁宝苍，孙鹤旭．输入非线性系统的两步法预测控制的鲁棒稳定性［J］．控制与决策 2006，21：457－461.

[12] 丁宝苍，邹涛，李少远．时变不确定系统的变时域离线鲁棒预测控制［J］．控制理论与应用，2006，23（2）：240－244.

[13] 丁宝苍，杨鹏．基于标称性能指标的离线鲁棒预测控制器综合［J］．自动化学报，2006，32（2）：304－310.

[14] 丁宝苍，邹涛．约束时变不确定离散系统的输出反馈预测控制综合［J］．自动化学报，2007，33（1）：78－83.

[15] 丁宝苍．预测控制的理论与方法［M］．北京：机械工业出版社，2008.

[16] 平续斌，丁宝苍，韩崇昭．动态输出反馈鲁棒模型预测控制［J］．自动化学报，2012，38（1）：31－37.

[17] 陈虹．模型预测控制［M］．北京：科学出版社，2013.

[18] 丁宝苍．工业预测控制［M］．北京：机械工业出版社，2016.

[19] H. Akçakaya and L. G. Sümer. An application of robust model predictive control with integral action［J］. Instrumentation Science and Technology，2009，37（4）：410－430.

[20] A. Alessandri，M. Baglietto，and G. Battistelli. Design of state estimators for uncertain linear systems using quadratic boundedness［J］. Automatica，2006，42：497－502.

[21] D. Angeli，A. Casavola，G. Franzé，and E. Mosca. An ellipsoidal off－line MPC scheme for uncertain polytopic discrete－time systems［J］. Automatica，2008，44（12）：3113－3119.

[22] D. Angeli，A. Casavola，and E. Mosca. Constrained predictive control of nonlinear plant via polytopic linear system embedding［J］. International Journal of Robust and Nonlinear Control，2000，10：1091－1103.

[23] M. Bakošová，J. Oravec，and K. Matejičková. Model predictive control－based robust stabilization of a chemical reactor［J］. Chemical Papers，2013，67（9）：1146－1156.

[24] G. Betti，M. Farina，and R. Scattolini. Realization issues，tuning，and testing of a distributed predictive control algorithm［J］. Journal of Process Control，2014，24（4）：424－434.

[25] S. I. Biagiola and J. L. Figueroa. Robust model predictive control of Wiener systems [J]. International Journal of Control, 2011, 84 (3): 432 – 444.

[26] H. H. J. Bloemen, T. J. J. van de Boom, and H. B. Verbruggen. Model – based predictive control for Hammerstein – Wiener systems [J]. International Journal of Control, 2001, 74: 482 – 495.

[27] H. H. J. Bloemen, T. J. J. van de Boom, and H. B. Verbruggen. Optimizing the end – point state – weighting matrix in model – based predictive control [J]. Automatica, 2002, 38: 1061 – 1068.

[28] V. Bobal, M. Kubalcik, P. Dostal, and J. Matejicek. Adaptive predictive control of time – delay systems [J]. Computers and Mathematics with Applications, 2013, 66 (2): 165 – 176.

[29] K. E. Bouazza. Global stabilization of nonlinear networked control system with system delays and packet dropouts via dynamic output feedback controller [J]. Mathematical Problems in Engineering, 2015, 2015 (4): 1 – 11.

[30] S. Bououden, M. Chadli, L. X. Zhang, and T. Yang. Constrained model predictive control for time – varying delay systems: application to an active car suspension [J] . International Journal of Control Automation and Systems, 2016, 14 (1): 51 – 58.

[31] S. Boyd, L. El Ghaoui, E. Feron, and V. Balakrishnan. Linear matrix inequalities in system and control theory [C] . SIAM Studies in Applied Mathematics. SIAM, Philadelphia, Pennsylvania, 1994.

[32] P. Bumroongsri. An offline formulation of MPC for LPV systems using linear matrix inequalities [J]. Journal of Applied Mathematics, 2014, 2014 (1): 1 – 13.

[33] P. Bumroongsri. Tube – based robust MPC for linear time – varying systems with bounded disturbances [J]. International Journal of Control Automation and Systems, 2015, 13 (3): 620 – 625.

[34] P. Bumroongsri and S. Kheawhom. An ellipsoidal off – line model predictive control strategy for linear parameter varying systems with applications in chemical processes [J]. Systems and Control Letters, 2012, 61 (3): 435 – 442.

[35] P. Bumroongsri and S. Kheawhom. An off – line robust MPC algorithm for uncertain polytopic discrete – time systems using polyhedral invariant sets [J]. Journal of Process Control, 2012, 22 (6): 975 – 983.

[36] P. Bumroongsri and S. Kheawhom. Off – line robust constrained MPC for linear timevarying systems with persistent disturbances [J] . Mathematical Problems in Engineering, 2014, 2014 (1): 282 – 290.

[37] X. Cai and S. Y. Li. Performance limitations for a class of Kleinman control systems [J]. Journal of Systems Science and Complexity, 2014, 27 (3): 445 – 452.

[38] M. Canale, L. Fagiano, and M. C. Signorile. Design of robust predictive control laws using set membership identified models [J]. Asian Journal of Control, 2013, 15 (6): 1714 – 1722.

[39] B. D. O. Capron, M. T. Uchiyama, and D. Odloak. Linear matrix inequality – based robust model predictive control for time – delayed systems [J]. IET Control Theory and Applications, 2012, 6 (6): 37 – 50.

[40] A. Casavola, D. Famularo, G. Franzé, and E. Garone. A fast ellipsoidal MPC scheme for discrete – time polytopic linear parameter varying systems [J]. Automatica, 2012, 48 (10): 2620 – 2626.

[41] A. Casavola, M. Giannelli, and E. Mosca. Min – max predictive control strategies for input – saturated polytopic uncertain systems [J]. Automatica, 2000, 36: 125 – 133.

[42] M. S. M. Cavalca, R. K. H. Galvão, and T. Yoneyama. Robust linear matrix inequalitybased model predictive control with recursive estimation of the uncertainty polytope [J]. IET Control Theory and Applications, 2013, 7 (6): 901 – 909.

[43] H. Chen and F. Allgöwer. A quasi – infinite horizon nonlinear model predictive control scheme with guaranteed stability [J]. Automatica, 1998, 34: 1205 – 1217.

[44] Q. X. Chen and L. Yu. A delay – dependent robust fuzzy MPC approach for nonlinear CSTR [J]. Canadian

Journal of Chemical Engineering, 2010, 88 (3): 425 -431
[45] D. W. Clarke, C. Mohtadi, and P. S. Tuffs. Generalized predictive control, Part I: Basic algorithm and Part II: Extensions and interpretations [J]. Automatica, 1987, 23: 137 - 160.
[46] D. W. Clarke and R. Scattolini. Constrained receding - horizon predictive control [J]. IEE Control Theory and Applications, 1991, 138: 347 -354.
[47] F. A. Cuzzola, J. C. Geromel, and M. Morari. An improved approach for constrained robust model predictive control [J] . Automatica, 2002, 38: 1183 - 1189.
[48] M. T. Cychowski. Efficient Strategies for Robust Constrained Model Predictive Control [D]. Cork: Cork Institute of Technology, 2006.
[49] M T. Cychowski and T O' Mahony. Feedback min - max model predictive control using robust one - step sets [J]. International Journal of Systems Science, 2010, 41 (7): 813 -823.
[50] L. Dai, Y. Q. Xia, Y. L. Gao, B. Kouvaritakis, and M. Cannon. Cooperative distributed stochastic MPC for systems with state estimation and coupled probabilistic constraints [J]. Automatica, 2015, 61: 89 -96.
[51] B. Ding and B. Huang. Constrained robust model predictive control for time - delay systems with polytopic description [J]. International Journal of Control, 2007, 80: 509 -522.
[52] B. Ding and B. Huang. New formulation of robust MPC by incorporating off - line approach with on - line optimization [J]. International Journal of Systems Science, 2007, 38: 519 -529.
[53] B. Ding and S. Li. Design and analysis of constrained nonlinear quadratic regulator [J]. ISA Transactions, 2003, 42 (3): 251 -258.
[54] B. Ding, S. Li, and Y. Xi. Stability analysis of generalized predictive control with input nonlinearity based - on Popov' s theorem [J]. 自动化学报, 2003, 29 (4): 582 -588.
[55] B. Ding, S. Li, P. Yang, and H. Wang. Multivariable GPC and Kleinman' s controller: stability and equivalence [C] . In Proceedings of the 3rd International Conference on Machine Learning and Cybernetics. Shanghai, 2004 (1): 329 -333.
[56] B. Ding, H. Sun, P. Yang, H. Tang, and B. Wang. A design approach of constrained linear time - varying quadratic regulation [C] . In Proceedings of the 43rd IEEE Conference on Decision and Control. Atlantis, Paradise Island, Bahamas, 2004 (3): 2954 -2959.
[57] B. Ding and J. H. Tang. Constrained linear time - varying quadratic regulation with guaranteed optimality [J]. International Journal of Systems Science, 2007 (38): 115 - 124.
[58] B. Ding and Y. Xi. A two - step predictive control design for input saturated Hammerstein systems [J]. International Journal of Robust and Nonlinear Control, 2006, 16: 353 -367.
[59] B. Ding, Y. Xi, M. T. Cychowski, and T. O' Mahony. Improving off - line approach to robust MPC based - on nominal performance cost [J] . Automatica, 2007, 43: 158 - 163.
[60] B. Ding, Y. Xi, M. T. Cychowski, and T. O' Mahony. A synthesis approach of output feedback robust constrained model predictive control [J]. Automatica, 2008. 44 (1): 258 -264.
[61] B. Ding, Y. Xi, and S. Li. Stability analysis on predictive control of discrete - time systems with input nonlinearity [J]. 自动化学报, 2003, 29 (6): 827 -834.
[62] B. Ding, Y. Xi, and S. Li. On the stability of output feedback predictive control for systems with input nonlinearity [J]. Asian Journal of Control, 2004, 6 (3): 388 -397.
[63] B. C. Ding. Model predictive control for nonlinear systems represented by a Takagi - Sugeno model [J]. Dynamics of Continuous Discrete and Impulsive Systems, 2009, 6 (6): 859 -886.
[64] B. C. Ding. Quadratic boundedness via dynamic output feedback for constrained nonlinear systems in Takagi-Sugeno' s form [J]. Automatica, 2009, 45 (9): 2093 -2098.

[65] B. C. Ding. Constrained robust model predictive control via parameter – dependent dynamic output feedback [J]. Automatica, 2010, 46 (9): 1517 – 1523.
[66] B. C. Ding. Homogeneous polynomially nonquadratic stabilization of discrete – time Takagi – Sugeno systems via nonparallel distributed compensation law [J]. IEEE Transactions on Fuzzy Systems, 2010, 18 (5): 994 – 1000.
[67] B. C. Ding. Properties of parameter – dependent open – loop MPC for uncertain systems with polytopic description [J]. Asian Journal of Control, 2010, 12 (1): 58 – 70.
[68] B. C. Ding. Comments on "Constrained infinite – horizon model predictive control for fuzzy – discrete – time systems" [J]. IEEE Transactions on Fuzzy Systems, 2011, 19 (3): 598 – 600.
[69] B. C. Ding. Distributed robust MPC for constrained systems with polytopic description [J]. Asian Journal of Control, 2011, 13 (1): 198 – 212.
[70] B. C. Ding. Dynamic output feedback MPC for LPV systems via iterative optimization [C]. In Proceedings of Chinese Control and Decision Conference. Mianyang, 2011: 3289 – 3294.
[71] B. C. Ding. Dynamic output feedback MPC for LPV systems via near – optimal solutions [C]. In Proceedings of the 30th Chinese Control Conference. Yantai, 2011: 3340 – 3345.
[72] B. C. Ding. Dynamic output feedback predictive control for nonlinear systems represented by a Takagi – Sugeno model [J]. IEEE Transactions on Fuzzy Systems, 2011, 19 (5): 831 – 843.
[73] B. C. Ding. New formulation of dynamic output feedback robust model predictive control with guaranteed quadratic boundedness [J]. Asian Journal of Control, 2013, 15 (1): 302 – 309.
[74] B. C. Ding, C. B. Gao, and H. G. Pan. Dynamic output feedback robust MPC using general polyhedral state bounds for the polytopic uncertain system with bounded disturbance [J]. Asian Journal of Control, 2016, 18 (2): 699 – 708.
[75] B. C. Ding, C. B. Gao, and H. G. Pan. Output feedback robust MPC for LPV system with polytopic model parametric uncertainty and bounded disturbance [J]. International Journal, of Control 2016, 89 (8): 1554 – 1571.
[76] B. C. Ding, B. Huang, and F. W. Xu. Dynamic output feedback robust model predictive control [J]. International Journal of Systems Science, 2011, 42 (10): 1669 – 1682.
[77] B. C. Ding and H. G. Pan. Output feedback robust MPC with one free control move for the linear polytopic uncertain system with bounded disturbance [J]. Automatica, 2014, 50 (11): 2929 – 2935.
[78] B. C. Ding and H. G. Pan. Dynamic output feedback predictive control of Takagi – Sugeno model with bounded disturbance [J]. IEEE Transactions on Fuzzy Systems, 2016. doi: 10.1109/TFUZZ.2016.2574907.
[79] B. C. Ding and H. G. Pan. Output feedback robust model predictive control with unmeasurable model parameters and bounded disturbance [J] . Chinese Journal of Chemical Engineering, 2016, 24 (10): 1431 – 1441.
[80] B. C. Ding and X. B. Ping. Dynamic output feedback model predictive control for nonlinear systems represented by Hammerstein – Wiener model [J]. Journal of Process Control, 2012, 22 (9): 1773 – 1784.
[81] B. C. Ding, X. B. Ping, and H. G. Pan. On dynamic output feedback robust MPC for constrained quasi – LPV systems [J]. International Journal of Control, 2013, 86 (12): 2215 – 2227.
[82] B. C. Ding, X. B. Ping, and Y. G. Xi. A general reformulation of output feedback MPC for constrained LPV systems [C]. In Proceedings of the 31st Chinese Control Conference. Hefei, 2012: 4195 – 4200.
[83] B. C. Ding, Y. G. Xi, and S. Y. Li. A synthesis approach of on – line constrained robust model predictive control [J] . Automatica, 2004, 40 (1): 163 – 167.
[84] B. C. Ding, Y. G. Xi, and X. B. Ping. A comparative study on output feedback MPC for constrained LPV systems [C] . In Proceedings of the 31st Chinese Control Conference. Hefei, 2012: 4189 – 4194.

[85] B. C. Ding and L. H. Xie. Robust model predictive control via dynamic output feedback [C]. In Proceedings of the 7th World Congress on Intelligent Control and Automation. Chongqing, 2008: 3388 - 3393.

[86] B. C. Ding and L. H. Xie. Dynamic output feedback robust model predictive control with guaranteed quadratic boundedness [C]. In Proceedings of the Joint 48th IEEE Conference on Decision and Control and 28th Chinese Control Conference. Shanghai, 2009: 16 - 18.

[87] B. C. Ding, L. H. Xie, and W. J. Cai. Distributed model predictive control for constrained linear systems [J]. International Journal of Robust and Nonlinear Control, 2010, 20 (11): 1285 - 1298.

[88] B. C. Ding, L. H. Xie, and F. Z. Xue. Improving robust model predictive control via dynamic output feedback [C]. In Proceedings of Chinese Control and Decision Conference. Guilin, 2009: 2116 - 2121.

[89] P. Falugi, S. Olaru, and D. Dumur. Multi - model predictive control based on LMI: from the adaptation of the state - space model to the analytic description of the controllaw [J]. International Journal of Control, 2010, 83 (8): 1548 - 1563.

[90] P. Falugi, S. Olaru, and D. Dumur. Robust multi - model predictive control using LMIs [J]. International Journal of Control Automation and Systems, 2010, 8 (1): 169 - 175.

[91] D. Famularo and G. Franzé. Output feedback model predictive control of uncertain norm - bounded linear systems [J]. International Journal of Robust and Nonlinear Control, 2011, 21 (8): 838 - 862.

[92] K. P. Fruzzetti, A. Palazoglu, and K. A. Mcdonald. Nonlinear model predictive control using Hammerstein models [J]. Journal of Process Control, 1997, 7 (1): 31 - 41.

[93] Y. M. Fu, B. Zhou, and G. R. Duan. Regional stability and stabilization of time - delay systems with actuator saturation and delay [J]. Asian Journal of Control, 2014, 16 (16): 845 - 855.

[94] P. Gahinet, A. Nemirovski, A. J. Laub, and M. Chilali. LMI Control Toolbox for Use with Matlab, User's Guide [M]. Natick: The Math Works Inc., 1995.

[95] Y. Gao, Y. Xia, and L. Dai. Cooperative distributed model predictive control of multiple coupled linear systems [J]. IET Control Theory and Applications, 2015, 9 (17): 2561 - 2567.

[96] E. Garone and A. Casavola. Receding horizon control strategies for constrained LPV systems based on a class of nonlinearly parameterized Lyapunov functions [J]. IEEE Transactions on Automatic Control, 2012, 57 (9): 2354 - 2360.

[97] R. Ghaemi, J. Sun, and I. V. Kolmanovsky. Robust control of constrained linear systems with bounded disturbances [J]. Automatic Control, IEEE Transactions on, 2012, 57 (10): 2683 - 2688.

[98] L. El Ghaoui, F. Oustry, and M. Ait Rami. A cone complementarity linearization algorithm for static output - feedback and related problems [J]. IEEE Transactions on Automatic Control, 1997, 42: 1171 - 1176.

[99] E. G. Gilbert and K. T. Tan. Linear systems with state and control constraints: the theory and application of maximal output admissible sets [J]. IEEE Transactions on Automatic Control, 1991, 36: 1008 - 1020.

[100] A. H. González, J. M. Perez, and D. Odloak. Infinite horizon MPC with non - minimal state space feedback [J]. Journal of Process Control, 2009, 19 (3): 473 - 481.

[101] G. C. Goodwin and A. M. Medioli. Scenario - based, closed - loop model predictive control with application to emergency vehicle scheduling [J]. International Journal of Control, 2013, 86 (8): 1338 - 1348.

[102] X. P. Guan and C. L. Chen. Delay - dependent guaranteed cost control for T - S fuzzy systems with time delays [J]. IEEE Transactions on Fuzzy Systems, 2004, 12 (2): 236 - 249.

[103] Y. F. Guo and T. H. Pan. Robust stability of uncertain systems over network with bounded packet loss [J]. Journal of Applied Mathematics, 2012, 2012 (3): 3800 - 3844.

[104] H. X. Han, X. H. Zhang, and W. D. Zhang. Robust distributed model predictive control under actuator saturations and packet dropouts with time - varying probabilities [J]. IET Control Theory and Applications,

2016, 10 (5): 534 - 544.

[105] M. B. Hariz, F. Bouani, and M. Ksouri. Robust controller for uncertain parameters systems [J]. ISA Transactions, 2012, 51 (5): 632 - 640.

[106] D. F. He and H. Huang. Input - to - state stability of efficient robust H00 MPC scheme for nonlinear systems [J]. Information Sciences, 2015, 292: 111 - 124.

[107] D. F. He, H. Huang, and Q. X. Chen. Quasi - min - max MPC for constrained nonlinear systems with guaranteed input - to - state stability [J]. Journal of the Franklin Institute, 2014, 351 (6): 3405 - 3423.

[108] D. F. He, H. Huang, and Q. X. Chen. Stabilizing model predictive control of timevarying non - linear systems using linear matrix inequalities [J]. IMA Journal of Mathematical Control and Information, 2014, 33 (1).

[109] T. Hu and Z. Lin. Semi - global stabilization with guaranteed regional performance of linear systems subject to actuator saturation [C]. In Proceedings of the American Control Conference. Chicago, IL, 2000: 4388 - 4392.

[110] T. Hu, D. E. Miller, and L. Qiu. Controllable regions of LTI discrete - time systems with input nonlinearity [C]. In Proceedings of the 37th IEEE Conference on Decision and Control. Tempa, Florida USA, 1998: 371 - 376.

[111] C. C. Hua, S. C. Yu, and X. P. Guan. A robust H_∞ control approach for a class of networked control systems with sampling jitter and packet - dropout [J]. International Journal of Control Automation and Systems, 2014, 12 (4): 759 - 768.

[112] G. S. Huang and S. W. Wang. Use of uncertainty polytope to describe constraint processes with uncertain time - delay for robust model predictive control applications [J]. ISA Transactions, 2009, 48 (4): 503 - 11.

[113] D. H. Ji, H. Park Ju, W. J. Yoo, and S. C. Won. Robust memory state feedbackmodel predictive control for discrete - time uncertain state delayed systems [J]. Applied Mathematics and Computation, 2009, 215 (6): 2035 - 2044.

[114] M. M. Ji, Z. J. Li, and W. D. Zhang. Quantized feedback stabilization of discretetime linear system with Markovian jump packet losses [J]. Neurocomputing, 2015, 158: 307 - 314.

[115] Y. L. Jiang, Y. Y. Zou, and Y. G. Niu. Robust explicit solution of multirate predictive control system with external disturbances [J]. Circuits Systems and Signal Processing, 2013, 32 (5): 2503 - 2515.

[116] T. A. Johansen. Approximate explicit receding horizon control of constrained nonlinear systems [J]. Automatica, 2004, 40: 293 - 300.

[117] F. Khani and M. Haeri. Robust model predictive control of nonlinear processes represented by Wiener or Hammerstein models [J] . Chemical Engineering Scienc, 2015, 129: 223 - 231.

[118] M. Killian, B. Mayer, A. Schirrer, and M. Kozek. Cooperative fuzzy model predictive control [J]. IEEE Transactions on Fuzzy Systems, 2016, 24 (2): 471 - 482.

[119] D. L. Kleinman. Stabilizing a discrete, constant, linear system with application to iterative methods for solving the Riccati equation [J]. IEEE Transactions on Automatic Control, 1974, 19: 252 - 254.

[120] K. Kobayashi, T. Nagami, and K. Hiraishi. Optimal control of multi - vehicle systems with temporal logic constraints [J] . IEICE Transactions on Fundamentals of Electronics Communications and Computer Sciences, E98, 2015, A (2): 626 - 634.

[121] M. V. Kothare, V. Balakrishnan, and M. Morari. Robust constrained model predictive control using linear matrix inequalities [J]. Automatica, 1996, 32: 1361 - 1379.

[122] B. Kouvaritakis, J. A. Rossiter, and J. Schuurmans. Efficient robust predictive control [J]. IEEE Transactions on Automatic Control, 2000, 45: 1545 - 1549.

[123] W. H. Kwon and D. G. Byun. Receding horizon tracking control as a predictive control and its stability proper-

ties [J]. International Journal of Control, 1989, 50: 1807 - 1824.
[124] W. H. Kwon, H. Choi, D. G. Byun, and S. Noh. Recursive solution of generalized predictive control and its equivalence to receding horizon tracking control [J] . Automatica, 1992, 28: 1235 - 1238.
[125] W. H. Kwon and A. E. Pearson. On the stabilization of a discrete constant linear system [J]. IEEE Transactions on Automatic Control, 1975, 20: 800 - 801.
[126] Y. I. Lee and B. Kouvaritakis. A linear programming approach to constrained robust predictive control [J]. IEEE Transactions on Automatic Control, 2000, 45 (9): 1765 - 1770.
[127] D. H. Lee, J. B. Park, and Y. H. Joo. Improvement on nonquadratic stabilization of discrete - time Takagi - Sugeno fuzzy systems: multiple - parameterization approach [J]. IEEE Transactions on Fuzzy Systems, 2010, 18 (2): 425 - 429.
[128] J. W. Lee. Exponential stability of constrained receding horizon control with terminal ellipsoidal constraints [J]. IEEE Transactions on Automatic Control, 2000, 45: 83 - 88.
[129] S. M. Lee. Robust model predictive control using polytopic description of input constraints [J]. Journal of Electrical Engineering and Technology, 2009, 4 (4): 566 - 569.
[130] S. M. Lee, O. M. Kwon, and J. H. Park. Output feedback model predictive tracking control using a slope bounded nonlinear model [J]. Journal of Optimization Theory and Applications, 2014, 160 (1): 239 - 254.
[131] S. M. Lee and H. Myung. Receding horizon particle swarm optimisation - based formation control with collision avoidance for non - holonomic mobile robots [J]. IET Control Theory and Applications, 2015, 9 (14): 2075 - 2083.
[132] S. M. Lee and J. H. Park. Robust H_∞ model predictive control for uncertain systems using relaxation matrices [J]. International Journal of Control, 2008, 81 (4): 641 - 650.
[133] S. M. Lee and J. H. Park. Robust model predictive control for norm - bounded uncertain systems using new parameter dependent terminal weighting matrix [J] . Chaos Solitons and Fractals, 2008, 38 (1): 199 - 208.
[134] S. M. Lee and S. C. Won. Model predictive control for linear parameter varying systems using a new parameter dependent terminal weighting matrix [J]. IEICE Transactions on Fundamentals of Electronics Communications and Computer Sciences, 2006, 89 - A (8): 2166 - 2172.
[135] S. M. Lee and S. C. Won. Robust constrained predictive control using a sector bounded nonlinear model [J]. IET Control Theory and Applications, 2007, 1 (4): 999 - 1007.
[136] S. M. Lee, S. C. Won, and J. H. Park. New robust model predictive control for uncertain systems with input constraints using relaxation matrices [J]. Journal of Optimization Theory and Applications, 2008, 138 (2): 221 - 234.
[137] Y. I. Lee, M. Cannon, and B. Kouvaritakis. Extended invariance and its use in model predictive control [J]. Automatica, 2005, 41: 2163 - 2169.
[138] Y. I. Lee and B. Kouvaritakis. Robust receding horizon predictive control for systems with uncertain dynamics and input saturation [J]. Automatica, 2000, 36: 1497 - 1504.
[139] Y. I. Lee and B. Kouvaritakis. Superposition in efficient robust constrained predictive control [J]. Automatica, 2002, 28: 875 - 878.
[140] Y. I. Lee and B. Kouvaritakis. Constrained robust model predictive control based on periodic invariance [J]. Automatica, , 2006, 42: 2175 - 2181.
[141] F. Leibfritz. An LMI - based algorithm for designing suboptimal static H_2/H_∞ output feedback controllers [J]. SIAM Journal on Control and Optimization, 2001, 39: 1771 - 1735.
[142] D. W. Li and Y. G. Xi. Design of robust model predictive control based on multi - stepcontrol set [J]. 自动

化学报，2009，35：433 - 437.

[143] D. W. Li and Y. G. Xi. The feedback robust MPC for LPV systems with bounded rates of parameter changes [J] . IEEE Transactions on Automatic Control, 2010, 55 (2): 503 - 507.

[144] D. W. Li and Y. G. Xi. Constrained feedback robust model predictive control for polytopic uncertain systems with time delays [J]. International Journal of Systems Science, 2011, 42 (10): 1651 - 1660.

[145] D. W. Li, Y. G. Xi, and F. R. Gao. Synthesis of dynamic output feedback RMPC with saturated inputs [J]. Automatica, 2013, 49 (4): 949 - 954.

[146] D. W. Li, Y. G. Xi, and P. Y. Zheng. Constrained robust feedback model predictive control for uncertain systems with polytopic description [J]. International Journal of Control, 2009, 82 (7): 1267 - 1274.

[147] H. Y. Li, Y. Shi, and W. S. Yang. Distributed receding horizon control of constrained nonlinear vehicle formations with guaranteedγ - gain stability [J]. Automatica, 2016, 68: 148 - 154.

[148] J. Li, D. W. Li, and Y. G. Xi. Multi - step probabilistic sets in model predictive control for stochastic systems with multiplicative uncertainty [J]. IET Control Theory and Applications, 2014, 8 (16): 1698 - 1706.

[149] Y. Li, X. Y. Chen, Z. Z. Mao, and P. Yuan. An improved constrained model predictive control approach for Hammerstein - Wiener nonlinear systems [J]. Journal of Central South University, 2014, 21 (3): 926 - 932.

[150] Z. Lin and A. Saberi. Semi - global exponential stabilization of linear systems subject to input saturation via linear feedback [J]. Systems and Control Letters, 1993, 21: 225 - 239.

[151] Z. Lin, A. Saberi, and A. A. Stoorvogel. Semi - global stabilization of linear discretetime systems subject to input saturation via linear feedback - an ARE - based approach [J]. IEEE Transactions on Automatic Control, 1996, 41: 1203 - 1207.

[152] X. J. Liu, S. M. Feng, and M. M. Ma. Robust MPC for the constrained system with polytopic uncertainty [J]. International Journal of Systems Science, 2012, 43 (2): 248 - 258.

[153] J. B. Lu, D. W. Li, and Y. G. Xi. Probability - based constrained MPC for structured uncertain systems with state and random input delays [J]. International Journal of Systems Science, 2013, 1 (7): 1 - 12.

[154] M. Lu, C. B. Jin, and H. H. Shao. An improved fuzzy predictive control algorithm and its application to an industrial CSTR process [J]. 中国化学工程学报：英文版，2009，17 (1): 100 - 107.

[155] M. Lu, C. B. Jin, and H. H. Shao. Receding horizon H_∞ control for constrained time - delay systems [J]. Journal of Systems Engineering and Electronics, 2009, 20 (2): 363 - 370.

[156] Y. Lu and Y. Arkun. Quasi - min - max MPC algorithms for LPV systems [J] Automatica, 2000, 36: 527 - 540.

[157] L. Magni and R. Sepulchre. Stability margins of nonlinear receding - horizon control via inverse optimality [J]. Systems and Control Letters, 1997, 32: 241 - 245.

[158] M. Mahmood and P. Mhaskar. Enhanced stability regions for model predictive control of nonlinear process systems [J]. Aiche Journal, 2008, 54 (6): 1487 - 1498.

[159] C. Maier, C. Böhm, F. Deroo, and F. Allgöwer. Predictive control for polynomial systems subject to state and input constraints [J]. at - Automatisierungstechnik, 2011, 59 (8): 479 - 488.

[160] W. J. Mao. Robust stabilization ofuncertain time - varying discrete systems and comments on "an improved approach for constrained robust model predictive control" [J]. Automatica, 2003, 39: 1109 - 1112.

[161] Z. Z. Mao. Adaptive control of stochastic Hammerstein - Wiener nonlinear systems with measurement noise [J]. International Journal of Systems Science, 2015, 47 (1): 1 - 17.

[162] M. A. F. Martins and D. Odloak. A robustly stabilizing model predictive control strategy of stable and unstable processes [J]. Automatica, 2016, 67: 132 - 143.

[163] M. A. F. Martins, A. S. Yamashita, B. F. Santoro, and D. Odloak. Robust model predictive control of integrating time delay processes [J]. Journal of Process Control, 2013, 23 (7): 917 - 932.

[164] D. Q. Mayne. Model predictive control: recent developments and future promise [J]. Automatica, 2014, 50: 2967 - 2986.

[165] D. Q. Mayne, J. B. Rawlings, C. V. Rao, and P. O. M. Scokaert. Constrained model predictive control: stability and optimality [J]. Automatica, 2000, 36: 789 - 814.

[166] L. Mei and H. H. Shao. Robust predictive control of polytopic uncertain systems with both state and input delays [J]. 系统工程与电子技术: 英文版, 2007, 18 (3): 616 - 621.

[167] V. T. Minh and F. B. M. Hashim. Tracking setpoint robust model predictive control for input saturated and softened state constraints [J]. International Journal of Control Automation and Systems, 2005, 7 (3): 319 - 325.

[168] M. A. Mohammadkhani, F. Bayat, and A. A. Jalali. Design of explicit model predictive control for constrained linear systems with disturbances [J]. International Journal of Control Automation and Systems, 2014, 12 (2): 294 - 301.

[169] L. Monostori, P. Valckenaers, A. Dolgui, H. Panetto, M. Brdys, and B. C. Csáji. Cooperative control in production and logistics [J]. Annual Reviews in Control, 2015, 39 (1): 12 - 29.

[170] M. Morari and N. L. Ricker. Model Predictive Control Toolbox for Use with Matlab: User's Guide [M]. Version 1. The MathWorks Inc. , 1995.

[171] E. Mosca and J. Zhang. Stable redesign of predictive control [J]. Automatica, 1992, 28: 1229 - 1233.

[172] Q. T. Nguyen, V. Veselý, A. Kozáková, and P. Pakshin. Network robust predictivecontrol systems design with packet loss [J]. Journal of Electrical Engineering, 2014, 65 (1): 3 - 11.

[173] R. C. L. F. Oliveira and P. L. D. Peres. Parameter - dependent LMIs in robust analysis: Characterization of homogeneous polynomially parameter dependent solutions via LMI relaxations [J]. IEEE Transactions on Automatic Control, 2007, 52 (7): 1334 - 1340.

[174] J. M. Ortega and W. C. Rheinboldt. Iterative Solutions of Nonlinear Equations in Several Variables [M]. New York: Academic Press, 1970.

[175] C. K. Pang. Special issue on " Distributed and networked control systems" [J]. Asian Journal of Control, 2015, 17 (1): 1 - 2.

[176] P. Park and S. C. Jeong. Constrained RHC for LPV systems with bounded rates of parameter variations [J]. Automatica, 2004, 40: 856 - 872.

[177] R. K. Pearson and M. Pottmann. Gray - box identification of block - oriented nonlinear models [J]. Journal of Process Control, 2000, 10: 301 - 315.

[178] C. Peng, M. R. Fei, E. Tian, and Y. P. Guan. On hold or drop out - of - order packet sin networked control systems [J]. Information Sciences, 2014, 268 (268): 436 - 446.

[179] B. Pluymers, J. A. K. Suykens, and B. de Moor. Min - max feedback MPC using a timevarying terminal constraint set and comments on "Efficient robust constrained model predictive control with a time - varying terminal constraint set" [J]. Systems and Control Letters, 2005, 54: 1143 - 1148.

[180] M. A. Poubelle, R. R. Bitmead, and M. R. Gevers. Fake algebraic Riccati techniques and stability [J]. IEEE Transactions on Automatic Control, 1988, 33: 379 - 381.

[181] R. B. Qi, H. Mei, C. Chen, and F. Qian. A fast MPC algorithm for reducing computation burden of MIMO [J]. 中国化学工程学报: 英文版, 2015, 23 (12): 2087 - 2091.

[182] L. Qiu, S. B. Li, B. G. Xu, and G. Xu. H1 control of networked control systems based on Markov jump unified model [J]. International Journal of Robust and Nonlinear Control, 2014, 25 (15): 2770 - 2786.

[183] L. Qiu, C. X. Liu, F. Q. Yao, and G. Xu. Analysis and design of networked control systems with random Markovian delays and uncertain transition probabilities [J]. Abstract and Applied Analysis, 2014, 2014 (3): 1-8.

[184] L. Qiu, Y. Shi, F. Yao, G. Xu, and B. Xu. Network-based robust $H_2 = H_\infty$ control for linear systems with two-channel random packet dropouts and time delays [J]. IEEE Transactions on Cybernetics, 2015, 45 (8): 1450-1462.

[185] L. Qiu, F. Yao, G. Xu, S. Li, and B. Xu. Output feedback guaranteed cost control for networked control systems with random packet dropouts and time delays in forward and feedback communication links [J]. IEEE Transactions on Automation Science and Engineering, 2016, 13 (1): 284-295.

[186] L. Qiu, F. Q. Yao, and X. P. Zhong. Stability analysis of networked control systems with random time delays and packet dropouts modeled by Markov chains [J]. Journal of Applied Mathematics, 2013, 2013 (1): 433-444.

[187] F. Rajabi, B. Rezaie, and Z. Rahmani. A novel nonlinear model predictive control design based on a hybrid particle swarm optimization-sequential quadratic programming algorithm: Application to an evaporator system [J]. Transactions of the Institute of Measurement and Control, 2016, 38 (1): 23-32.

[188] D. R. Ramirez, T. Alamo, and E. F. Camacho. Computational burden reduction in min-max MPC [J]. Journal of the Franklin Institute, 2011, 348 (9): 2430-2447.

[189] L. Zhang and X. W. Gao. Approach of synthesizing model predictive control and its applications for rotary kiln calcination process [J]. International Journal of Iron and Steel Research, 2013, 20 (8): 14-19.

[190] J. Richalet, A. Rault, J. L. Testud, and J. Papon. Model predictive heuristic control: application to industrial processes [J]. Automatica, 1987, 14: 413-428.

[191] D. K. Rollins, Y. Mei, S. D. LoveLand, and N. Bhandari. Block-oriented feedforward control with demonstration to nonlinear parametrized Wiener modeling [J]. Chemical Engineering Research and Design, 2016, 109: 397-404.

[192] F. Q. Rossi and R. K. H. Galvão. Robust predictive control of water level in an experimental pilot plant with uncertain input delay [J]. Mathematical Problems in Engineering, 2014, 2014 (2): 1-10.

[193] O. A. Sahed, K. Kara, and M. L. Hadjili. Constrained fuzzy predictive control using particle swarm optimization [J]. Applied Computational Intelligence and Soft Computing, 2015, 2015 (1): 1-15.

[194] H. Salhi and S. Kamoun. A recursive parametric estimation algorithm of multivariable nonlinear systems described by Hammerstein mathematical models [J]. Applied Mathematical Modelling, 2015, 39 (16): 4951-4962.

[195] P. Sarhadi, K. Salahshoor, and A. Khaki-Sedigh. Robustness analysis and tuning of generalized predictive control using frequency domain approaches [J]. Applied Mathematical Modelling, 2012, 36 (12): 6167-6185.

[196] C. Scherer, P. Gahinet, and M. Chilali. Multiobjective output-feedback control via LMI optimization [J]. IEEE Transactions on Automatic Control, 1997, 42: 896-911.

[197] J. Schuurmans and J. A. Rossiter. Robust predictive control using tight sets of predicted states [J]. IEE Control Theory and Applications, 2000, 147 (1): 13-18.

[198] P. O. M. Scokaert and D. Q. Mayne. Min-max feedback model predictive control for constrained linear systems [J]. IEEE Transactions on Automatic Control, 1998, 43: 1136-1142.

[199] P. O. M. Scokaert and J. B. Rawlings. Constrained linear quadratic regulation [J]. IEEE Transactions on Automatic Control, 1998, 43: 1163-1169.

[200] T. Shi, R. Q. Lu, and Q. Lv. Robust static output feedback infinite horizon RMPC for linear uncertain systems

[J]. Journal of the Franklin Institute, 2016, 353 (4): 891 - 902.

[201] T. Shi, H. Y. Su, and J. Chu. An improved model predictive control for uncertain systems with input saturation [J]. Journal of the Franklin Institute, 2013, 350 (350): 2757 - 2768.

[202] Y. J. Shi, S. Q. Li, J. F. Wu, and D. Y. Chen. Model predictive control for discretetime systems with random delay and randomly occurring nonlinearity [J]. Asian Journal of Control, 2015, 17 (5): 1810 - 1820.

[203] D. L. Song, J. D. Han, and G. J. Liu. Active model - based predictive control and experimental investigation on unmanned helicopters in full flight envelope [J]. IEEE Transactions on Control Systems Technology, 2013, 21 (21): 1502 - 1509.

[204] H. B. Song, G. P. Liu, and L. Yu. Networked predictive control of uncertain systems with multiple feedback channels [J]. IEEE Transactions on Industrial Electronics, 2013, 60 (11): 5228 - 5238.

[205] Y. Song. Mixed $H_2 = H_1$ distributed robust model predictive control for polytopic uncertain systems subject to actuator saturation and missing measurements [J]. International Journal of Systems Science, 2014, 47 (4): 777 - 790.

[206] Y. Song and X. S. Fang. Distributed model predictive control for polytopic uncertain systems with randomly occurring actuator saturation and packet loss [J]. IET Control Theory and Applications, 2014, 8 (5): 297 - 310.

[207] J. Sun, G. P. Liu, J. Chen, and D. Rees. Networked predictive control for Hammerstein systems [J]. Asian Journal of Control, 2011, 13 (13): 265 - 272.

[208] H. Suzuki and T. Sugie. Model predictive control for linear parameter varying constrained systems using ellipsoidal set prediction [J]. International Journal of Control, 2007, 80 (2): 314 - 321.

[209] X. M. Tang, H. C. Qu, P. Wang, and M. Zhao. Constrained off - line synthesis approach of model predictive control for networked control systems with network - induced delays [J]. ISA Transactions, 2015, 55 (23): 135 - 144.

[210] X. M. Tang, H. C. Qu, H. F. Xie, and P. Wang. Model predictive control of linear systems over networks with state and input quantizations [J]. Mathematical Problems in Engineering, 2013, 2013 (4): 1 - 8.

[211] V. Veselý and D. Rosinová. Sequential design of robust output model predictive control [J]. International Journal of Innovative Computing Information and Control Ijicic, 2010, 6 (10): 4743 - 4753.

[212] V. Veselý, D. Rosinová, and M. Foltin. Robust model predictive control design with input constraints [J]. ISA Transactions, 2010, 49 (1): 114 - 120.

[213] N. Wada, H. Tomosugi, and M. Saeki. Model predictive tracking control for a linear system under time - varying input constraints [J]. International Journal of Robust and Nonlinear Control, 2013, 23 (9): 945 - 964.

[214] Z. Wan and M. V. Kothare. Efficient robust constrained model predictive control with a time varying terminal constraint set [J]. Systems and Control Letters, 2003, 48: 375 - 383.

[215] Z. Wan and M. V. Kothare. An efficient off - line formulation of robust model predictive control using linear matrix inequalities [J]. Automatica, 2003, 39: 837 - 846.

[216] B. H. Wang, J. C. Wang, L. W. Zhang, and B. Zhang. Explicit synchronization of heterogeneous dynamics networks via three - layer communication framework [J]. International Journal of Control, 2016, 89 (6): 1269 - 1284.

[217] T. T. Wang, W. F. Xie, G. D. Liu, and Y. M. Zhao. Quasi - min - max model predictive control for image - based visual servoing with tensor product model transformation [J]. Asian Journal of Control, 2015, 17 (2): 402 - 416.

[218] W. C. Wang, T. H. Liu, and Y. Syaifudin. Model predictive controller for a micro - PMSM - based five - finger

control system [J]. IEEE Transactions on Industrial Electronics, 2016, 63 (6): 3666 - 3676.

[219] Y. J. Wang and J. B. Rawlings. A new robust model predictive control method I: theory and computation [J]. Journal of Process Control, 2004, 14: 231 - 247.

[220] R. Waschburger and R. K. H. Galvão. Time delay estimation in discrete - time statespace models [J]. Signal Processing, 2013, 93 (4): 904 - 912.

[221] C. T. Wen, X. Y. Ma, and B. E. Ydstie. Analytical expression of explicit MPC solution via lattice piecewise - affine function [J]. Automatica, 2009, 45 (4): 910 - 917.

[222] M. Witczak, M. Buciakowski, and C. Aubrun. Predictive actuator fault - tolerant control under ellipsoidal bounding [J]. International Journal of Adaptive Control and Signal Processing, 2015.

[223] X. Wu, J. Shen, Y. G. Li, and K. Y. Lee. Hierarchical optimization of boilerturbine unit using fuzzy stable model predictive control [J]. Control Engineering Practice, 2014, 30 (9): 112 - 123.

[224] Z. H. Xu, J. Zhao, Y. Yang, Z. J. Shao, and F. R. Gao. Robust iterative learning control with quadratic performance index [J]. Industrial and Engineering Chemistry Research, 2012, 51 (2): 872 - 881.

[225] B. Xue, N. Li, S. Li, and Q. Zhu. Robust model predictive control for networked control systems with quantisation [J]. IET Control Theory and Applications, 2010, 4 (12): 2896 - 2906.

[226] H. C. Yan, Y. Sheng, H. Zhang, and X. D. Zhao. An overview of networked control of complex dynamic systems [J]. Mathematical Problems in Engineering, 2014, 2014 (2): 741 - 764.

[227] Y. Yan and B. L. Su. Design of explicit fuzzy prediction controller for constrained nonlinear systems [J]. Mathematical Problems in Engineering, 2015, 12: 1 - 7.

[228] R. N. Yang, G. P. Liu, P. Shi, C. Thomas, and M. V. Basin. Predictive output feedback control for networked control systems [J]. IEEE Transactions on Industrial Electronics, 2014, 61 (1): 512 - 520.

[229] T. Yang and H. R. Karimi. LMI - based model predictive control for a class of constrained uncertain fuzzy Markov jump systems [J]. Mathematical Problems in Engineering, 2013, 2013 (1): 1 - 13.

[230] W. L. Yang, G. Feng, and T. J. Zhang. Decreasing - horizon robust model predictive control with specified settling time to a terminal constraint set [J]. Asian Journal, of Control, 2016, 18 (2): 1 - 10.

[231] E. Yaz and H. Selbuz. A note on the receding horizon control method [J]. International Journal of Control, 1984, 39: 853 - 855.

[232] Y. Y. Yin and F. Liu. Constrained predictive control of nonlinear stochastic systems [J]. 系统工程与电子技术：英文版, 2010, 21 (5): 859 - 867.

[233] C. P. Yu, C. S. Zhang, and L. H. Xie. A new deterministic identification approach to Hammerstein systems [J]. IEEE Transactions on Signal Processing, 2014, 62 (1): 131 - 140.

[234] J. M. Yu, L. S. Nan, X. M. Tang, and P. Wang. Model predictive control of non - linear systems over networks with data quantization and packet loss [J]. ISA Transactions, 2015, 59: 1 - 9.

[235] S. Y. Yu, C. Böhm, H. Chen, and F. Allgöwer. Model predictive control of constrained LPV systems [J]. International Journal of Control, 2012, 85 (6): 671 - 683.

[236] B. Zhang, H. C. Hong, and Z. Z. Mao. Adaptive control of Hammerstein - Wiener nonlinear systems [J]. International Journal of Systems Science, 2014, 47: 1 - 16.

[237] H. T. Zhang, H. X. Li, and G. R. Chen. Dual - mode predictive control algorithm for constrained Hammerstein systems [J]. International Journal of Control, 2008, 81 (10): 1609 - 1625.

[238] J. F. Zhang, X. S. Cai, W. Zhang, and Z. Z. Han. Robust model predictive control with l_1 - gain performance for positive systems [J]. Journal of the Franklin Institute, 2015, 352 (7): 2831 - 2846.

[239] L. G. Zhang. Automatic offline formulation of robust model predictive control based on linear matrix inequalities method [J]. Abstract and Applied Analysis, 2013, 2013 (1): 112 - 128.

[240] L. G. Zhang and X. J. Liu. The synchronization between two discrete – time chaotic systems using active robust model predictive control [J]. Nonlinear Dynamics, 2013, 74 (4): 905 –910.

[241] L. W. Zhang and J. C. Wang. A novel multi – step model predictive control for multiinput systems [J]. Asian Journal of Control, 2015, 17 (2): 707 –715.

[242] L. W. Zhang, J. C. Wang, Y. Ge, and B. H. Wang. Constrained distributed model predictive control for state – delayed systems with polytopic uncertainty description [J]. Transactions of the Institute of Measurement and Control, 2014, 36 (8): 954 –962.

[243] L. W. Zhang, J. C. Wang, Y. Ge, and B. H. Wang. Robust distributed model predictive control for uncertain networked control systems [J]. IET Control Theory and Applications, 2014, 8 (17): 1843 –1851.

[244] L. W. Zhang, J. C. Wang, and B. H. Wang. Distributed MPC of polytopic uncertain systems: handling quantised communication and packet dropouts [J]. International Journal of Systems Science, 2015, 46 (13): 2393 –2406.

[245] Q. Zhang, Q. J. Wang, and G. L. Li. Nonlinear modeling and predictive functional control of Hammerstein system with application to the turntable servo system [J]. Mechanical Systems and Signal Processing, 2016, s 72 –73: 383 –394.

[246] Y. L. Zhang, J. B. Park, and K. T. Chong. Controller design for nonlinear systems with time delay using model algorithm control (MAC) [J]. Simulation Modelling Practice and Theory, 2009, 17 (10): 1723 –1733.

[247] Y. B. Zhao, G. P. Liu, and D. Rees. Networked predictive control systems based on the Hammerstein model [J]. IEEE Transactions on Circuits and Systems – Ⅱ. Express Briefs, 2008, 55 (5): 469 –473.

[248] Y. B. Zhao, G. P. Liu, and D. Rees. A predictive control – based approach to networked Hammerstein systems: design and stability analysis [J]. IEEE Transactions on Systems Man and Cybernetics – Part B. Cybernetics 2008, 38 (3): 700 –708.

[249] Y. Zheng, S. Y. Li, and H. Qiu. Networked coordination – based distributed model predictive control for large – scale system [J]. IEEE Transactions on Control Systems Technology, 2013, 21 (3): 991 –998.

[250] B. Zhou, D. W. Li, and Z. L. Lin. Control of discrete – time periodic linear systems with input saturation via multi – step periodic invariant sets [J]. International Journal of Robust and Nonlinear Control, 2012, 25 (1): 103 –124.

[251] F. Zhou, H. Peng, Y. M. Qin, X. Y. Zeng, W. B. Xie, and J. Wu. RBF – ARX modelbased MPC strategies with application to a water tank system [J]. Journal of Process Control, 2015, 34: 97 –116.

[252] M. H. Zhu and S. Matínez. On distributed constrained formation control in operatorvehiclead versarial networks [J]. Automatica, 2013, 49 (12): 3571 –3582.

[253] M. H. Zhu and S. Matínez. On the performance analysis of resilient networked control systems under replay attacks [J]. IEEE Transactions on Automatic Control, 2014, 59 (3): 804 –808.

[254] Q. Zhu, K. Warwick, and J. L. Douce. Adaptive general predictive controller for nonlinear systems [J]. Control Theory and Applications, IEE Proceedings D, 1991, 138: 33 –40.

[255] Y. Y. Zou, J. Lam, Y. G. Niu, and D. W. Li. Constrained predictive control synthesis for quantized systems with Markovian data loss [J]. Automatica, 2015, 55: 217 –225.

[256] Y. Y. Zou and S. Y. Li. Robust model predictive control for piecewise affine systems [J]. Circuits Systems and Signal Processing, 2007, 26 (3): 393 –406.

[257] Y. Y. Zou and Y. G. Niu. Predictive control of constrained linear systems with multiple missing measurements [J]. Circuits Systems and Signal Processing, 2013, 32 (2): 615 –630.